中国国家标准汇编

2008年修订-8

中国标准出版社　编

中国标准出版社
北京

图书在版编目（CIP）数据

中国国家标准汇编：2008 年修订．8/中国标准出版社编．—北京：中国标准出版社，2009

ISBN 978-7-5066-5393-0

Ⅰ．中…　Ⅱ．中…　Ⅲ．国家标准-汇编-中国-2008
Ⅳ．T-652.1

中国版本图书馆 CIP 数据核字（2009）第 107666 号

中国标准出版社出版发行
北京复兴门外三里河北街 16 号
邮政编码：100045

网址 www.spc.net.cn
电话：68523946　68517548
中国标准出版社秦皇岛印刷厂印刷
各地新华书店经销

*

开本 880×1230　1/16　印张 38.75　字数 1 146 千字
2009 年 8 月第一版　2009 年 8 月第一次印刷

*

定价 200.00 元

出 版 说 明

1.《中国国家标准汇编》是一部大型综合性国家标准全集。自 1983 年起，按国家标准顺序号以精装本、平装本两种装帧形式陆续分册汇编出版。它在一定程度上反映了我国建国以来标准化事业发展的基本情况和主要成就，是各级标准化管理机构，工矿企事业单位，农林牧副渔系统，科研、设计、教学等部门必不可少的工具书。

2.《中国国家标准汇编》收入我国每年正式发布的全部国家标准，分为“制定”卷和“修订”卷两种编辑版本。

“制定”卷收入上年度我国发布的、新制定的国家标准，顺延前年度标准编号分成若干分册，封面和书脊上注明“20××年制定”字样及分册号，分册号一直连续。各分册中的标准是按照标准编号顺序连续排列的，如有标准顺序号缺号的，除特殊情况注明外，暂为空号。

“修订”卷收入上年度我国发布的、被修订的国家标准，视篇幅分设若干分册，但与“制定”卷分册号无关联，仅在封面和书脊上注明“20××年修订-1，-2，-3，……”字样。“修订”卷各分册中的标准，仍按标准编号顺序排列(但不连续)；如有遗漏的，均在当年最后一分册中补齐。需提请读者注意的是，个别非顺延前年度标准编号的新制定的国家标准没有收入在“制定”卷中，而是收入在“修订”卷中。

读者配套购买《中国国家标准汇编》“制定”卷和“修订”卷则可收齐上一年度我国制定和修订的全部国家标准。

3. 由于读者需求的变化，自 1996 年起，《中国国家标准汇编》仅出版精装本。

4. 2008 年制修订国家标准共 5946 项。本分册为“2008 年修订-8”，收入新制修订的国家标准 46 项。

中国标准出版社

2009 年 5 月

目　　录

ICS 77.150.30
H 62

中华人民共和国国家标准

GB/T 2040—2008
代替 GB/T 2040—2002、GB/T 2044～2047—1980、
GB/T 2049—1980、GB/T 2052—1980、GB/T 2531—1981

铜及铜合金板材

Sheet of copper and copper alloy

2008-06-17 发布　　　　2008-12-01 实施

中华人民共和国国家质量监督检验检疫总局
中国国家标准化管理委员会　发布

前　言

本标准修改采用了 JIS H3100:2006《铜及铜合金薄板、厚板和带材》和 JIS H3110:2006《磷青铜和镍银合金薄板、厚板和带材》，参照采用了欧盟标准 BS EN 1652:1998《铜及铜合金——一般用途的厚板、薄板、带和圆形材》。

本标准代替 GB/T 2040—2002《铜及铜合金板材》、GB/T 2044—1980《镉青铜板》、GB/T 2045—1980《铬青铜板》、GB/T 2046—1980《锰青铜板》、GB/T 2047—1980《硅青铜板》、GB/T 2049—1980《锡锌铅青铜板》、GB/T 2052—1980《锰白铜板》、GB/T 2531—1981《热交换器固定板用黄铜板》。

本标准与 GB/T 2040—2002、GB/T 2044—1980、GB/T 2045—1980、GB/T 2046—1980、GB/T 2047—1980、GB/T 2049—1980、GB/T 2052—1980、GB/T 2531—1981 相比，主要变化如下：

——锡青铜板增加了 QSn8-0.3 牌号(状态为 M、Y_4、Y_2、Y、T)，力学性能采用 JIS H3110:2006 标准中的 C5212 进行了规定。

——黄铜板增加了 H85 牌号(状态为 M、Y_2、Y)和 HPb60-2 牌号(状态为 Y、T)，H70 牌号增加了热轧态(R)，H85 力学性能采用 BS EN 1652:1998 标准中的 CuZn15 进行了规定，HPb60-2 和 H70 力学性能根据用户要求和生产实际情况进行了规定。

——锌白铜板增加了 BZn18-17 牌号(状态为 M、Y_2、Y)，其化学成分和力学性能采用 JIS H3110:2006 标准中的 C7521 进行了规定。

——纯铜板增加了特硬态(T)，力学性能指标采用 BS EN 1652:1998 中 Cu-ETP 的指标。

——将纯铜板和 H62 黄铜板的维氏硬度值进行了调整。

——H65、H68、H70 黄铜板、QSn6.5-0.1 锡青铜板增加了弹硬状态(TY)，且对抗拉强度值和维氏硬度值进行了调整。

——将铬青铜板 QCr0.5、QCr0.5-0.2-0.1 的布氏硬度值调整为维氏硬度值。

——镉青铜板、铬青铜板、锰青铜板、硅青铜板、锡锌铅青铜板、锰白铜板、热交换器固定板用黄铜板的外形尺寸及允许偏差统一按 GB/T 17793 中青铜板、白铜板、黄铜板的要求执行。

——取消了镉青铜板、铬青铜板、锰青铜板、硅青铜板、锡锌铅青铜板、锰白铜板、热交换器固定板用黄铜板标准中理论重量的规定。

本标准由中国有色金属工业协会提出。

本标准由全国有色金属标准化技术委员会归口。

本标准由中铝上海铜业有限公司、中铝洛阳铜业有限公司、中国有色金属工业标准计量质量研究所负责起草。

本标准由中铝沈阳有色金属加工有限公司、宁波兴业电子铜带有限公司参加起草。

本标准主要起草人：邵胜忠、孟惠娟、张健、朱迎利 、陈伟文、孙水珠、刘刚、陈建华。

本标准所代替标准的历次版本发布情况为：

——GB/T 2040—1980、GB/T 2040—1989、GB/T 2040—2002；

——GB/T 2044—1980；

——GB/T 2045—1980；

——GB/T 2046—1980；

——GB/T 2047—1980；

——GB/T 2049—1980；

——GB/T 2052—1980；

——GB/T 2531—1981。

铜及铜合金板材

1 范围

本标准规定了铜及铜合金板材的要求、试验方法、检验规则及标志、包装、运输、贮存及订货单(或合同)内容等。

本标准适用于供一般用途的加工铜及铜合金板材。

2 规范性引用文件

下列文件中的条款通过本标准的引用而成为本标准的条款。凡是注日期的引用文件,其随后所有的修改单(不包括勘误的内容)或修订版均不适用于本标准,然而,鼓励根据本标准达成协议的各方研究是否可使用这些文件的最新版本。凡是不注日期的引用文件,其最新版本适用于本标准。

GB/T 228—2002 金属材料 室温拉伸试验方法

GB/T 230.1 金属洛氏硬度试验 第1部分:试验方法(A、B、C、D、E、F、G、H、K、N、T标尺)

GB/T 232 金属材料 弯曲试验方法

GB/T 351 金属材料 电阻系数测量方法

GB/T 4340.1 金属维氏硬度试验 第1部分:试验方法

GB/T 5121(所有部分) 铜及铜合金化学分析方法

GB/T 5231 加工铜及铜合金化学成分和产品形状

GB/T 6147 精密电阻合金热电动势率测试方法

GB/T 6148 精密电阻合金电阻温度系数测试方法

GB/T 8888 重有色金属加工产品的包装、标志、运输和贮存

GB/T 17793 一般用途的加工铜及铜合金板带材外形尺寸及允许偏差

YS/T 347 铜及铜合金 平均晶粒度测定方法

3 要求

3.1 产品分类

3.1.1 牌号、状态、规格

板材的牌号、状态、规格应符合表1的规定。

3.1.2 标记示例

产品标记按产品名称、牌号、状态、规格和标准编号的顺序表示。标记示例如下:

用H62制造的、供应状态为Y_2、厚度为0.8 mm、宽度为600 mm、长度为1 500 mm的定尺板材,标记为:

铜板 H62Y_2 0.8×600×1 500 GB/T 2040—2008

表1 板材的牌号、状态、规格

牌号	状态	规格/mm		
		厚度	宽度	长度
T2、T3、TP1 TP2、TU1、TU2	R	4 ~60	≤3 000	≤6 000
	M、Y_4、Y_2、Y、T	0.2~12	≤3 000	≤6 000

表 1（续）

<table>
<tr><th rowspan="2">牌　号</th><th rowspan="2">状　态</th><th colspan="3">规　格/mm</th></tr>
<tr><th>厚度</th><th>宽度</th><th>长度</th></tr>
<tr><td>H96、H80</td><td>M、Y</td><td rowspan="3">0.2～10</td><td rowspan="15">≤3 000</td><td rowspan="15">≤6 000</td></tr>
<tr><td>H90、H85</td><td>M、Y_2、Y</td></tr>
<tr><td>H65</td><td>M、Y_1、Y_2
Y、T、TY</td></tr>
<tr><td rowspan="2">H70、H68</td><td>R</td><td>4～60</td></tr>
<tr><td>M、Y_4、Y_2
Y、T、TY</td><td>0.2～10</td></tr>
<tr><td rowspan="2">H63、H62</td><td>R</td><td>4～60</td></tr>
<tr><td>M、Y_2
Y、T</td><td>0.2～10</td></tr>
<tr><td rowspan="2">H59</td><td>R</td><td>4～60</td></tr>
<tr><td>M、Y</td><td>0.2～10</td></tr>
<tr><td rowspan="2">HPb59-1</td><td>R</td><td>4～60</td></tr>
<tr><td>M、Y_2、Y</td><td>0.2～10</td></tr>
<tr><td>HPb60-2</td><td>Y、T</td><td>0.5～10</td></tr>
<tr><td>HMn58-2</td><td>M、Y_2、Y</td><td>0.2～10</td></tr>
<tr><td rowspan="2">HSn62-1</td><td>R</td><td>4～60</td></tr>
<tr><td>M、Y_2、Y</td><td>0.2～10</td></tr>
<tr><td>HMn55-3-1 、HMn57-3-1
HAl60-1-1 、HAl67-2.5
HAl66-6-3-2 、HNi65-5</td><td>R</td><td>4～40</td><td>≤1 000</td><td>≤2 000</td></tr>
<tr><td rowspan="2">QSn6.5-0.1</td><td>R</td><td>9～50</td><td rowspan="2">≤600</td><td rowspan="2">≤2 000</td></tr>
<tr><td>M、Y_4、Y_2
Y、T、TY</td><td>0.2～12</td></tr>
<tr><td>QSn6.5-0.4、QSn4-3
QSn4-0.3、QSn7-0.2</td><td>M、Y、T</td><td>0.2～12</td><td>≤600</td><td>≤2 000</td></tr>
<tr><td>QSn8-0.3</td><td>M、Y_4、Y_2
Y、T</td><td>0.2～5</td><td>≤600</td><td>≤2 000</td></tr>
<tr><td>BAl6-1.5</td><td>Y</td><td rowspan="2">0.5～12</td><td rowspan="2">≤600</td><td rowspan="2">≤1 500</td></tr>
<tr><td>BAl13-3</td><td>CYS</td></tr>
<tr><td>BZn15-20</td><td>M、Y_2、Y、T</td><td>0.5～10</td><td>≤600</td><td>≤1 500</td></tr>
<tr><td>BZn18-17</td><td>M、Y_2、Y</td><td>0.5～5</td><td>≤600</td><td>≤1 500</td></tr>
<tr><td rowspan="2">B5、B19
BFe10-1-1、BFe30-1-1</td><td>R</td><td>7～60</td><td>≤2 000</td><td>≤4 000</td></tr>
<tr><td>M、Y</td><td>0.5～10</td><td>≤600</td><td>≤1 500</td></tr>
</table>

表 1（续）

牌号	状态	规格/mm		
		厚度	宽度	长度
QAl5	M、Y	0.4～12	≤1 000	≤2 000
QAl7	Y_2、Y			
QAl9-2	M、Y			
QAl9-4	Y			
QCd1	Y	0.5～10	200～300	800～1 500
QCr0.5、QCr0.5-0.2-0.1	Y	0.5～15	100～600	≥300
QMn1.5	M	0.5～5	100～600	≤1 500
QMn5	M、Y			
QSi3-1	M、Y、T	0.5～10	100～1 000	≥500
QSn4-4-2.5、QSn4-4-4	M、Y_3、Y_2、Y	0.8～5	200～600	800～2 000
BMn40-1.5	M、Y	0.5～10	100～600	800～1 500
BMn3-12	M			
注：经供需双方协商，可以供应其他规格的板材。				

3.2 化学成分

BZn18-17 牌号的化学成分应符合表 2 的规定，其他牌号的化学成分应符合 GB/T 5231 中相应牌号的规定。

表 2 BZn18-17 的化学成分

牌号	化学成分(质量分数)/%					
	Cu	Ni(含 Co)	Fe	Mn	Pb	Zn
BZn18-17	62.0～66.0	16.5～19.5	≤0.25	≤0.50	≤0.03	余量

3.3 外形尺寸及允许偏差

板材的外形尺寸及允许偏差应符合 GB/T 17793 中相应的规定，未作特别说明时按普通级供货。

3.4 力学性能

板材的横向室温力学性能应符合表 3 的规定。除铅黄铜板（HPb60-2）和铬青铜板（QCr0.5、QCr0.5-0.2-0.1）外，其他牌号板材在拉伸试验、硬度试验之间任选其一，未作特别说明时，仅提供拉伸试验。

表 3 板材的力学性能

牌号	状态	拉伸试验			硬度试验		
		厚度/mm	抗拉强度 R_m/(N/mm²)	断后伸长率 $A_{11.3}$/%	厚度/mm	维氏硬度 HV	洛氏硬度 HRB
T2、T3 TP1、TP2 TU1、TU2	R	4～14	≥195	≥30	—	—	—
	M	0.3～10	≥205	≥30	≥0.3	≤70	—
	Y_1		215～275	≥25		60～90	—
	Y_2		245～345	≥8		80～110	—
	Y		295～380	—		90～120	—
	T		≥350	—		≥110	

表 3（续）

牌号	状态	拉伸试验			硬度试验		
		厚度/mm	抗拉强度 R_m/(N/mm^2)	断后伸长率 $A_{11.3}$/%	厚度/mm	维氏硬度 HV	洛氏硬度 HRB
H96	M Y	0.3～10	≥215 ≥320	≥30 ≥3	—	—	—
H90	M Y_2 Y	0.3～10	≥245 330～440 ≥390	≥35 ≥5 ≥3	—	—	—
H85	M Y_2 Y	0.3～10	≥260 305～380 ≥350	≥35 ≥15 ≥3	≥0.3	≤85 80～115 ≥105	—
H80	M Y	0.3～10	≥265 ≥390	≥50 ≥3	—	—	—
H70、H68	R	4～14	≥290	≥40	—	—	—
H70 H68 H65	M Y_1 Y_2 Y T TY	0.3～10	≥290 325～410 355～440 410～540 520～620 ≥570	≥40 ≥35 ≥25 ≥10 ≥3 —	≥0.3	≤90 85～115 100～130 120～160 150～190 ≥180	— — — —
H63 H62	R	4～14	≥290	≥30	—	—	—
	M Y_2 Y T	0.3～10	≥290 350～470 410～630 ≥585	≥35 ≥20 ≥10 ≥2.5	≥0.3	≤95 90～130 125～165 ≥155	— — — —
H59	R	4～14	≥290	≥25	—	—	—
	M Y	0.3～10	≥290 ≥410	≥10 ≥5	≥0.3	— ≥130	—
HPb59-1	R	4～14	≥370	≥18	—	—	—
	M Y_2 Y	0.3～10	≥340 390～490 ≥440	≥25 ≥12 ≥5	—	—	—
HPb60-2	Y	—	—	—	0.5～2.5	165～190	—
					2.6～10	—	75～92
	T	—	—	—	0.5～1.0	≥180	—
HMn58-2	M Y_2 Y	0.3～10	≥380 440～610 ≥585	≥30 ≥25 ≥3	—	—	—

表 3（续）

牌号	状态	拉伸试验			硬度试验		
		厚度/mm	抗拉强度 R_m/(N/mm²)	断后伸长率 $A_{11.3}$/%	厚度/mm	维氏硬度 HV	洛氏硬度 HRB
HSn62-1	R	4～14	≥340	≥20	—	—	—
	M Y₂ Y	0.3～10	≥295 350～400 ≥390	≥35 ≥15 ≥5	—	—	—
HMn57-3-1	R	4～8	≥440	≥10	—	—	—
HMn55-3-1	R	4～15	≥490	≥15	—	—	—
HAl60-1-1	R	4～15	≥440	≥15	—	—	—
HAl67-2.5	R	4～15	≥390	≥15	—	—	—
HAl66-6-3-2	R	4～8	≥685	≥3	—	—	—
HNi65-5	R	4～15	≥290	≥35	—	—	—
QAl5	M Y	0.4～12	≥275 ≥585	≥33 ≥2.5	—	—	—
QAl7	Y₂ Y	0.4～12	585～740 ≥635	≥10 ≥5	—	—	—
QAl9-2	M Y	0.4～12	≥440 ≥585	≥18 ≥5	—	—	—
QAl9-4	Y	0.4～12	≥585	—	—	—	—
QSn6.5-0.1	R	9～14	≥290	≥38	—	—	—
	M	0.2～12	≥315	≥40	≥0.2	≤120	—
	Y₄	0.2～12	390～510	≥35		110～155	—
	Y₂	0.2～12	490～610	≥8		150～190	—
	Y	0.2～3	590～690	≥5	≥0.2	180～230	—
		>3～12	540～690	≥5		180～230	
	T	0.2～5	635～720	≥1		200～240	—
	TY		≥690	—		≥210	
QSn6.5-0.4 QSn7-0.2	M Y T	0.2～12	≥295 540～690 ≥665	≥40 ≥8 ≥2	—	—	—
QSn4-3 QSn4-0.3	M Y T	0.2～12	≥290 540～690 ≥635	≥40 ≥3 ≥2	—	—	—
QSn8-0.3	M Y₄ Y₂ Y T	0.2～5	≥345 390～510 490～610 590～705 ≥685	≥40 ≥35 ≥20 ≥5 —	≥0.2	≤120 100～160 150～205 180～235 ≥210	— — — — —
QCd1	Y	0.5～10	≥390	—	—	—	—

表 3（续）

牌　号	状　态	拉伸试验			硬度试验		
		厚度/mm	抗拉强度 R_m/(N/mm²)	断后伸长率 $A_{11.3}$/%	厚度/mm	维氏硬度 HV	洛氏硬度 HRB
QCr0.5 QCr0.5-0.2-0.1	Y	—	—	—	0.5～15	≥110	
QMn1.5	M	0.5～5	≥205	≥30	—	—	—
QMn5	M Y	0.5～5	≥290 ≥440	≥30 ≥3	—	—	—
QSi3-1	M Y T	0.5～10	≥340 585～735 ≥685	≥40 ≥3 ≥1	—	—	—
QSn4-4-2.5 QSn4-4-4	M Y_3 Y_2 Y	0.8～5	≥290 390～490 420～510 ≥510	≥35 ≥10 ≥9 ≥5	≥0.8	—	— 65～85 70～90 —
BZn15-20	M Y_2 Y T	0.5～10	≥340 440～570 540～690 ≥640	≥35 ≥5 ≥1.5 ≥1	—	—	—
BZn18-17	M Y_2 Y	0.5～5	≥375 440～570 ≥540	≥20 ≥5 ≥3	≥0.5	— 120～180 ≥150	—
B5	R	7～14	≥215	≥20	—	—	—
	M Y	0.5～10	≥215 ≥370	≥30 ≥10	—	—	—
B19	R	7～14	≥295	≥20	—	—	—
	M Y	0.5～10	≥290 ≥390	≥25 ≥3	—	—	—
BFe10-1-1	R	7～14	≥275	≥20	—	—	—
	M Y	0.5～10	≥275 ≥370	≥28 ≥3	—	—	—
BFe30-1-1	R	7～14	≥345	≥15	—	—	—
	M Y	0.5～10	≥370 ≥530	≥20 ≥3	—	—	—
BAl 6-1.5	Y	0.5～12	≥535	≥3	—	—	—
BAl 13-3	CYS		≥635	≥5	—	—	—
BMn40-1.5	M Y	0.5～10	390～590 ≥590	实测 实测	—	—	—
BMn3-12	M	0.5～10	≥350	≥25	—	—	—
注：厚度超出规定范围的板材，其性能由供需双方商定。							

3.5 弯曲试验

需方如有要求，并在合同中注明时，表 4 所列牌号的板材可进行弯曲试验。弯曲处表面不能有肉眼可见的裂纹。弯曲试验条件按表 4 的规定。

表 4 板材的弯曲试验

牌　号	状　态	厚度/mm	弯曲角度	内侧半径
T2、T3、TP1 TP2、TU1、TU2	M	≤2.0	180°	紧密贴合
		>2.0	180°	0.5 倍板厚
H96、H90、H80、H70 H68、H65、H62、H63	M	1.0～10	180°	1 倍板厚
	Y_2		90°	1 倍板厚
QSn6.5-0.4、QSn6.5-0.1 QSn4-3 、QSn4-0.3、QSn8-0.3	Y	≥1.0	90°	1 倍板厚
	T		90°	2 倍板厚
QSi3-1	Y	≥1.0	90°	1 倍板厚
	T		90°	2 倍板厚
BMn40-1.5	M	≥1.0	180°	1 倍板厚
	Y		90°	1 倍板厚

3.6 晶粒度

需方如有要求，并在合同中注明时，表 5 所列牌号的板材可进行软状态晶粒度的检验。软状态板材的晶粒度应符合表 5 的规定。

表 5 软状态板材晶粒度

牌　号	状　态	晶　粒　度			
		级别	晶粒平均直径/mm	最小直径/mm	最大直径/mm
T2、T3、TP1、TP2、 TU1、TU2	M	—	—	*a*	0.050
H80、H70 H68、H65	M	A 级	0.015	*a*	0.025
		B 级	0.025	0.015	0.035
		C 级	0.035	0.025	0.050
		D 级	0.050	0.035	0.070
注：*a* 是指完全再结晶后的最小晶粒。					

3.7 电性能

需方如有要求，并在合同中注明时，可对 BMn3-12、BMn40-1.5、QMn1.5 牌号的板材进行电性能试验。板材的电性能应符合表 6 的规定。

表 6 板材的电性能

牌　号	电阻率 ρ(20℃±1℃)/ (Ω·mm²/m)	电阻温度系数 α(0℃～100℃)/ 1/℃	与铜的热电动势率 Q(0℃～100℃)/(μV/℃)
BMn3-12	0.42～0.52	$\pm 6\times10^{-5}$	≤1
BMn40-1.5	0.43～0.53	—	—
QMn1.5	≤0.087	$\leq 0.9\times10^{-3}$	—

3.8 表面质量

3.8.1 热轧板材的表面应清洁。

热轧板材的表面不允许有分层、裂纹、起皮、夹杂和绿锈，但允许修理，修理后不应使板材厚度超出允许偏差。

热轧板材的表面允许有轻微的、局部的、不使板材厚度超出其允许偏差的划伤、斑点、凹坑、压入物、辊印、皱纹等缺陷。

3.8.2 长度大于 4 000 mm 热轧板材和软态板材，可不经酸洗供货。

3.8.3 冷轧板材的表面质量应光滑、清洁，不允许有影响使用的缺陷。

4 试验方法

4.1 化学成分仲裁分析方法

板材的化学成分仲裁分析方法按 GB/T 5121 的规定执行。

4.2 力学性能检验方法

板材的拉伸试验按 GB/T 228 的规定执行，拉伸试样应符合 GB/T 228—2002 附录 A 表 A1 中 P02 试样号和附录 B 表 B2 中 P09 试样号的规定；洛氏硬度试验按 GB/T 230.1 的规定进行；维氏硬度试验按 GB/T 4340.1 的规定进行。

4.3 弯曲试验方法

板材的弯曲试验按 GB/T 232 的规定进行。

4.4 晶粒度检验方法

板材的晶粒度检验按 YS/T 347 的规定进行。

4.5 电性能检验方法

4.5.1 板材的电阻率试验按 GB/T 351 的规定执行。

4.5.2 板材的电阻温度系数试验按 GB/T 6148 的规定执行。

4.5.3 板材的热电动势试验按 GB/T 6147 的规定执行。

4.6 尺寸测量方法

板材的外形尺寸应用相应精度的测量工具进行测量，板材的厚度在距端部不小于 100 mm 和距边部不小于 10 mm 处进行测量，测量范围以外的厚度超差不作报废依据。

4.7 表面质量检验方法

板材的表面质量应用目视进行检验。

5 检验规则

5.1 检查和验收

5.1.1 板材应由供方技术监督部门进行检验，保证产品质量符合本标准(或订货合同)的规定，并填写质量证明书。

5.1.2 需方对收到的产品按本标准(或订货合同)的规定进行检验，如检验结果与本标准(或订货合同)的规定不符时，应在收到产品之日起三个月内向供方提出，由供需双方协商解决。如需仲裁，仲裁取样在需方，由供需双方共同进行。

5.2 组批

板材应成批提交验收，每批应由同一牌号、状态和规格组成。每批重量一般应不大于 3 500 kg(如该批为同一熔次，则批重可不大于 6 000 kg)。

5.3 检验项目

每批板材应进行化学成分、外形尺寸、力学性能(拉伸试验或硬度试验)及表面质量的检验；如有要求，还应进行弯曲试验、晶粒度及电性能的检验。

5.4 取样

产品取样应符合表 7 的规定。

表 7 板材的取样规定

检验项目	取样规定	要求的章条号	试验方法的章条号
化学成分	供方在熔铸过程中，每炉取一个试样；需方在每批中任取一个试样。	3.2	4.1
尺寸偏差	逐张检验或在线检验。	3.3	4.6
力学性能	拉伸试验、硬度试验应在每批中任取二张板材，每张沿垂直轧制方向任取一个试样。	3.4	4.2
弯曲试验 晶粒度电性能	应从每批板材中任取二张板材，每张任取一个试样。其中弯曲试验取样应沿板材轧制方向截取。	3.5、3.6、3.7	4.3、4.4、4.5、
表面质量	逐张检验。	3.8	4.7

5.5 检验结果的判定

5.5.1 化学成分试验结果不合格时，则整批判为不合格。

5.5.2 外形尺寸和表面质量不合格时，按张判为不合格。

5.5.3 力学性能、弯曲试验、晶粒度和电性能的的检验结果不合格时，应从该批中再取双倍试样进行该不合格项目的重复试验。如重复试验结果全部合格，则整批判为合格；如重复试验仍有一个试样不合格，则整批判为不合格。

6 标志、包装、运输、贮存

板材的标志、包装、运输、贮存和质量证明书应符合 GB/T 8888 的规定。

7 订货单(或合同)内容

订购本标准所列产品的订货单(或合同)内应包括下列内容：

a) 产品名称；

b) 牌号；

c) 状态；

d) 尺寸规格；

e) 重量或张数；

f) 尺寸允许偏差(较高级、高级或有特殊要求时)；

g) 拉伸试验或硬度试验；

h) 弯曲试验、晶粒度和电性能(有要求时)；

i) 本标准编号；

j) 其他。

ICS 77.150.30
H 62

中华人民共和国国家标准

GB/T 2059—2008
代替 GB/T 2059—2000、GB/T 2067—1980、GB/T 2069—1980、
GB/T 11089—1989、GB/T 15714—1995

铜及铜合金带材

Strip of copper and copper alloy

2008-06-17 发布　　　　2008-12-01 实施

中华人民共和国国家质量监督检验检疫总局
中国国家标准化管理委员会　发布

前　言

本标准修改采用了日本工业标准 JIS H3100—2006《铜及铜合金薄板、厚板和带材》和 JIS H3110—2006《磷青铜和镍银合金薄板、厚板和带材》,参照采用了欧盟标准 BS EN 1652:1998《铜及铜合金——一般用途的厚板、薄板、带和圆形材》。

本标准代替 GB/T 2059—2000《铜及铜合金带材》、GB/T 2067—1980《锡锌铅青铜带》、GB/T 2069—1980《铝白铜(BA16-1.5、BA1 13-3)带》、GB/T 11089—1989《专用铅黄铜带》和 GB/T 15714—1995《焊接管用 H65 黄铜带》。

本标准与 GB/T 2059—2000、GB/T 2067—1980、GB/T 2069—1980、GB/T 11089—1989 和 GB/T 15714—1995 相比,主要变化如下:

——增加了 H63、H85、QSn8-0.3 和 BZn18-17 四个牌号。并采用 JIS H3100—2006 标准的 C2300 牌号和 EN 标准的 CuZn15 牌号规定了 H85 的力学性能;采用 JIS H3110—2006 标准的 C5212 规定了 QSn8-0.3 的力学性能;采用 JIS H3110—2006 标准的 C7521 规定了 BZn18-17 的化学成分和力学性能;

——纯铜类增加了特硬(T)状态,并相应修改了硬(Y)状态的力学性能;

——H70、H68、H65 和 QSn6.5-0.1 增加了弹硬(TY)状态,并采用 JIS H3100—2006 和 JIS H3110—2006 标准修改了抗拉强度值;

——将带材的可供厚度下限由"0.05 mm"改为"大于 0.15 mm",纯铜、普通黄铜类 0.5 mm～3.0 mm 厚度的带材宽度上限由"1 000 mm"扩大到"1 200 mm";

——外形尺寸允许偏差统一按 GB/T 17793 的规定;

——硬度试验由选作供参考项目改为常规检验项目,并规定"拉伸试验、硬度试验任选其一,未作特别说明时,提供拉伸试验";

——拉伸试验的可测厚度由不小于"0.3 mm"改为不小于"0.2 mm 和 0.15 mm",并删除了硬度试验的厚度规定(既所有规格均可进行试验);

——将 TU1、TU2 的力学性能与其他紫铜类合并为一档;

——对纯铜类、H70、H68、H65、H62 和 QSn6.5-0.1 的硬度范围适当减缩,并规定了相应软态硬度上限;

——HPb59-1 特硬(T)状态的抗拉强度由按厚度分档规定统一为不小于 590 N/mm^2;

——删除了杯突试验的选作规定;

——删除了无氧铜带进行含氧量金相法测定的规定。

本标准由中国有色金属工业协会提出。

本标准由全国有色金属标准化技术委员会归口。

本标准由中铝洛阳铜业有限公司、中铝上海铜业有限公司、中国有色金属工业标准计量质量研究所负责起草。

本标准由中铝沈阳有色金属加工有限公司、宁波兴业电子铜带有限公司参加起草。

本标准主要起草人:孟惠娟、邵胜忠、朱迎利、张健、韩卫光、丁顺德、刘刚、陈建华。

本标准所代替标准的历次版本发布情况为:

——GB/T 2059—1980、GB/T 2059—1989、GB/T 2059—2000;

——GB/T 2067—1980;

——GB/T 2069—1980;

——GB/T 11089—1989;

——GB/T 15714—1995。

铜及铜合金带材

1 范围

本标准规定了加工铜及铜合金带材的要求、试验方法、检验规则、标志、包装、运输和贮存及订货单(或合同)内容等。

本标准适用于一般用途的加工铜及铜合金带材。

2 规范性引用文件

下列文件中的条款通过本标准的引用而成为本标准的条款。凡是注日期的引用文件,其随后所有的修改单(不包括勘误的内容)或修订版均不适用于本标准,然而,鼓励根据本标准达成协议的各方研究是否可使用这些文件的最新版本。凡是不注日期的引用文件,其最新版本适用于本标准。

GB/T 228—2002 金属材料 室温拉伸试验方法

GB/T 230.1 金属洛氏硬度试验 第1部分:试验方法(A、B、C、D、E、F、G、H、K、N、T标尺)

GB/T 232 金属材料 弯曲试验方法

GB/T 351 金属材料电阻系数测量方法

GB/T 4340.1 金属维氏硬度试验 第1部分:试验方法

GB/T 5121(所有部分) 铜及铜合金化学分析方法

GB/T 5231 加工铜及铜合金化学成分和产品形状

GB/T 6147 精密电阻合金热电动势率测试方法

GB/T 6148 精密电阻合金电阻温度系数测定方法

GB/T 8888 重有色金属加工产品的包装、标志、运输和贮存

GB/T 17793 一般用途的加工铜及铜合金板带材外形尺寸及允许偏差

YS/T 347 铜及铜合金 平均晶粒度测定方法

3 要求

3.1 产品分类

3.1.1 牌号、状态、规格

带材的牌号、状态和规格应符合表1的规定。

表1 牌号、状态和规格

牌号	状态	厚度/mm	宽度/mm
T2、T3、TU1、TU2 TP1、TP2	软(M)、1/4硬(Y_4) 半硬(Y_2)、硬(Y)、特硬(T)	>0.15~<0.50	≤600
		0.50~3.0	≤1 200
H96、H80、H59	软(M)、硬(Y)	>0.15~<0.50	≤600
		0.50~3.0	≤1 200
H85、H90	软(M)、半硬(Y_2)、硬(Y)	>0.15~<0.50	≤600
		0.50~3.0	≤1 200
H70、H68、H65	软(M)、1/4硬(Y_4)、半硬(Y_2) 硬(Y)、特硬(T)、弹硬(TY)	>0.15~<0.50	≤600
		0.50~3.0	≤1 200

表 1（续）

<table>
<tr><th>牌　号</th><th>状　　态</th><th>厚度/mm</th><th>宽度/mm</th></tr>
<tr><td rowspan="2">H63、H62</td><td rowspan="2">软(M)、半硬(Y_2)
硬(Y)、特硬(T)</td><td>>0.15～<0.50</td><td>≤600</td></tr>
<tr><td>0.50～3.0</td><td>≤1 200</td></tr>
<tr><td rowspan="2">HPb59-1、HMn58-2</td><td rowspan="2">软(M)、半硬(Y_2)、硬(Y)</td><td>>0.15～0.20</td><td>≤300</td></tr>
<tr><td>>0.20～2.0</td><td>≤550</td></tr>
<tr><td>HPb59-1</td><td>特硬(T)</td><td>0.32～1.5</td><td>≤200</td></tr>
<tr><td rowspan="2">HSn62-1</td><td rowspan="2">硬(Y)</td><td>>0.15～0.20</td><td>≤300</td></tr>
<tr><td>>0.20～2.0</td><td>≤550</td></tr>
<tr><td>QAl5</td><td>软(M)、硬(Y)</td><td rowspan="4">>0.15～1.2</td><td rowspan="4">≤300</td></tr>
<tr><td>QAl7</td><td>半硬(Y_2)、硬(Y)</td></tr>
<tr><td>QAl9-2</td><td>软(M)、硬(Y)、特硬(T)</td></tr>
<tr><td>QAl9-4</td><td>硬(Y)</td></tr>
<tr><td>QSn6.5-0.1</td><td>软(M)、1/4 硬(Y_4)、半硬(Y_2)
硬(Y)、特硬(T)、弹硬(TY)</td><td>>0.15～2.0</td><td>≤610</td></tr>
<tr><td>QSn7-0.2、QSn6.5-0.4
QSn4-3、QSn4-0.3</td><td>软(M)、硬(Y)、特硬(T)</td><td>>0.15～2.0</td><td>≤610</td></tr>
<tr><td>QSn8-0.3</td><td>软(M)、1/4 硬(Y_4)、半硬(Y_2)、
硬(Y)、特硬(T)</td><td>>0.15～2.6</td><td>≤610</td></tr>
<tr><td>QSn4-4-4、QSn4-4-2.5</td><td>软(M)、1/3 硬(Y_3)、半硬(Y_2)
硬(Y)</td><td>0.80～1.2</td><td>≤200</td></tr>
<tr><td>QCd1</td><td>硬(Y)</td><td>>0.15～1.2</td><td rowspan="3">≤300</td></tr>
<tr><td>QMn1.5</td><td>软(M)</td><td rowspan="2">>0.15～1.2</td></tr>
<tr><td>QMn5</td><td>软(M)、硬(Y)</td></tr>
<tr><td>QSi3-1</td><td>软(M)、硬(Y)、特硬(T)</td><td>>0.15～1.2</td><td>≤300</td></tr>
<tr><td>BZn18-17</td><td>软(M)、半硬(Y_2)、硬(Y)</td><td>>0.15～1.2</td><td>≤610</td></tr>
<tr><td>BZn15-20</td><td>软(M)、半硬(Y_2)、硬(Y)、特硬(T)</td><td rowspan="2">>0.15～1.2</td><td rowspan="2">≤400</td></tr>
<tr><td>B5、B19、
BFe10-1-1、BFe30-1-1
BMn40-1.5、BMn3-12</td><td>软(M)、硬(Y)</td></tr>
<tr><td>BAl13-3</td><td>淬火＋冷加工＋人工时效(CYS)</td><td rowspan="2">>0.15～1.2</td><td rowspan="2">≤300</td></tr>
<tr><td>BAl6-1.5</td><td>硬(Y)</td></tr>
<tr><td colspan="4">注：经供需双方协商，也可供应其他规格的带材。</td></tr>
</table>

3.1.2 标记示例

产品标记按产品名称、牌号、状态、规格和标准编号的顺序表示。标记示例如下：

用 H62 制造的、半硬(Y_2)状态、厚度为 0.8 mm、宽度为 200 mm 的带材标记为：

带 H62Y_2　0.8×200　GB/T 2059—2008

3.2 化学成分

BZn18-17 牌号的化学成分应符合表 2 的规定，其他牌号的化学成分应符合 GB/T 5231 的相应规定。

表 2 BZn18-17 的化学成分

牌号	化学成分(质量分数)/%					
	Cu	Ni(含 Co)	Fe	Mn	Pb	Zn
BZn18-17	62.0～66.0	16.5～19.5	≤0.25	≤0.50	≤0.03	余量

3.3 外形尺寸及允许偏差

带材的尺寸及尺寸允许偏差应符合 GB/T 17793 的相应规定。未作特别说明时，按普通级供货。

3.4 力学性能

带材的室温力学性能应符合表 3 的规定。拉伸试验、硬度试验任选其一，未作特别说明时，提供拉伸试验。

表 3 带材的力学性能

牌号	状态	拉伸试验			硬度试验	
		厚度/mm	抗拉强度 R_m/(N/mm²)	断后伸长率 $A_{11.3}$/%	维氏硬度 HV	洛氏硬度 HRB
T2、T3 TU1、TU2 TP1、TP2	M	≥0.2	≥195	≥30	≤70	—
	Y_4		215～275	≥25	60～90	
	Y_2		245～345	≥8	80～110	
	Y		295～380	≥3	90～120	
	T		≥350	—	≥110	
H96	M	≥0.2	≥215	≥30	—	—
	Y		≥320	≥3		
H90	M	≥0.2	≥245	≥35	—	—
	Y_2		330～440	≥5		
	Y		≥390	≥3		
H85	M	≥0.2	≥260	≥40	≤85	—
	Y_2		305～380	≥15	80～115	
	Y		≥350	—	≥105	
H80	M	≥0.2	≥265	≥50	—	—
	Y		≥390	≥3		
H70 H68 H65	M	≥0.2	≥290	≥40	≤90	—
	Y_4		325～410	≥35	85～115	
	Y_2		355～460	≥25	100～130	
	Y		410～540	≥13	120～160	
	T		520～620	≥4	150～190	
	TY		≥570	—	≥180	

表 3（续）

牌　号	状态	拉　伸　试　验			硬　度　试　验	
		厚度/mm	抗拉强度 R_m/(N/mm²)	断后伸长率 $A_{11.3}$/%	维氏硬度 HV	洛氏硬度 HRB
H63、H62	M	≥0.2	≥290	≥35	≤95	—
	Y_2		350～470	≥20	90～130	
	Y		410～630	≥10	125～165	
	T		≥585	≥2.5	≥155	
H59	M	≥0.2	≥290	≥10	—	—
	Y		≥410	≥5	≥130	
HPb59-1	M	≥0.2	≥340	≥25	—	—
	Y_2		390～490	≥12		
	Y		≥440	≥5		
	T	≥0.32	≥590	≥3		
HMn58-2	M	≥0.2	≥380	≥30	—	—
	Y_2		440～610	≥25		
	Y		≥585	≥3		
HSn62-1	Y	≥0.2	390	≥5	—	—
QAl5	M	≥0.2	≥275	≥33	—	—
	Y		≥585	≥2.5		
QAl7	Y_2	≥0.2	585～740	≥10	—	—
	Y		≥635	≥5		
QAl9-2	M	≥0.2	≥440	≥18	—	—
	Y		≥585	≥5		
	T		≥880	—		
QAl9-4	Y	≥0.2	≥635	—	—	—
QSn4-3 QSn4-0.3	M	>0.15	≥290	≥40	—	—
	Y		540～690	≥3		
	T		≥635	≥2		
QSn6.5-0.1	M	>0.15	≥315	≥40	≤120	—
	Y_4		390～510	≥35	110～155	
	Y_2		490～610	≥10	150～190	
	Y		590～690	≥8	180～230	
	T		635～720	≥5	200～240	
	TY		≥690	—	≥210	
QSn7-0.2 QSn6.5-0.4	M	>0.15	≥295	≥40	—	—
	Y		540～690	≥8		
	T		≥665	≥2		

表 3（续）

牌　号	状态	厚度/mm	拉伸试验 抗拉强度 R_m/(N/mm²)	拉伸试验 断后伸长率 $A_{11.3}$/%	硬度试验 维氏硬度 HV	硬度试验 洛氏硬度 HRB
QSn8-0.3	M	≥0.2	≥345	≥45	≤120	
	Y_4		390～510	≥40	100～160	
	Y_2		490～610	≥30	150～205	
	Y		590～705	≥12	180～235	
	T		≥685	≥5	≥210	
QSn4-4-4 QSn4-4-2.5	M	≥0.8	≥290	≥35	—	—
	Y_3		390～490	≥10	—	65～85
	Y_2		420～510	≥9	—	70～90
	Y		≥490	≥5	—	—
QCd1	Y	≥0.2	≥390	—	—	—
QMn1.5	M	≥0.2	≥205	≥30	—	—
QMn5	M	≥0.2	≥290	≥30	—	—
	Y	≥0.2	≥440	≥3	—	—
QSi3-1	M	≥0.15	≥370	≥45	—	—
	Y	≥0.15	635～785	≥5		
	T	≥0.15	735	≥2		
BZn15-20	M	≥0.2	≥340	≥35	—	—
	Y_2		440～570	≥5		
	Y		540～690	≥1.5		
	T		≥640	≥1		
BZn18-17	M	≥0.2	≥375	≥20	—	—
	Y_2		440～570	≥5	120～180	
	Y		≥540	≥3	≥150	
B5	M	≥0.2	≥215	≥32	—	—
	Y		≥370	≥10		
B19	M	≥0.2	≥290	≥25	—	—
	Y		≥390	≥3		
BFe10-1-1	M	≥0.2	≥275	≥28	—	—
	Y		≥370	≥3		
BFe30-1-1	M	≥0.2	≥370	≥23	—	—
	Y		≥540	≥3		
BMn3-12	M	≥0.2	≥350	≥25	—	—

表 3（续）

<table>
<tr><th rowspan="2">牌　号</th><th rowspan="2">状态</th><th colspan="3">拉　伸　试　验</th><th colspan="2">硬　度　试　验</th></tr>
<tr><th>厚度/mm</th><th>抗拉强度 R_m/(N/mm²)</th><th>断后伸长率 $A_{11.3}$/%</th><th>维氏硬度 HV</th><th>洛氏硬度 HRB</th></tr>
<tr><td rowspan="2">BMn40-1.5</td><td>M</td><td rowspan="2">≥0.2</td><td>390～590</td><td rowspan="2">实测数据</td><td rowspan="2">—</td><td rowspan="2">—</td></tr>
<tr><td>Y</td><td>≥635</td></tr>
<tr><td>BAl13-3</td><td>CYS</td><td rowspan="2">≥0.2</td><td colspan="2">供实测值</td><td>—</td><td>—</td></tr>
<tr><td>BAl6-1.5</td><td>Y</td><td>≥600</td><td>≥5</td><td>—</td><td>—</td></tr>
<tr><td colspan="7">注：厚度超出规定范围的带材，其性能由供需双方商定。</td></tr>
</table>

3.5　弯曲试验

需方如有要求，并在合同中注明时，表 4 所列牌号的带材可进行弯曲试验。弯曲试验条件应符合表 4 的规定。弯曲处不应有肉眼可见的裂纹。

表 4　带材的弯曲试验

<table>
<tr><th>牌　　号</th><th>状 态</th><th>厚度/mm</th><th>弯曲角度/(°)</th><th>内 侧 半 径</th></tr>
<tr><td rowspan="3">T2、T3、TP1、TP2、TU1
TU2、H96、H90、H80
H70、H68、H65、H63、H62</td><td>M</td><td rowspan="3">≤2</td><td rowspan="3">180</td><td>紧密贴合</td></tr>
<tr><td>Y_2</td><td>1 倍带厚</td></tr>
<tr><td>Y</td><td>1.5 倍带厚</td></tr>
<tr><td rowspan="2">H59</td><td>M</td><td rowspan="2">≤2</td><td>180</td><td>1 倍带厚</td></tr>
<tr><td>Y</td><td>90</td><td>1.5 倍带厚</td></tr>
<tr><td rowspan="3">QSn8-0.3、QSn7-0.2、QSn6.5-0.4
QSn6.5-0.1、QSn4-3
QSn4-0.3</td><td>M</td><td rowspan="3">≥1</td><td rowspan="3">180</td><td>0.5 倍带厚</td></tr>
<tr><td>Y_2</td><td>1.5 倍带厚</td></tr>
<tr><td>Y</td><td>2 倍带厚</td></tr>
<tr><td rowspan="2">QSi3-1</td><td>Y</td><td rowspan="2">≥1</td><td>180</td><td>1 倍带厚</td></tr>
<tr><td>T</td><td>90</td><td>2 倍带厚</td></tr>
<tr><td>BZn15-20</td><td>Y、T</td><td>>0.15</td><td>90</td><td>2 倍带厚</td></tr>
<tr><td rowspan="2">BMn40-1.5</td><td>M</td><td rowspan="2">≥1</td><td>180</td><td rowspan="2">1 倍带厚</td></tr>
<tr><td>Y</td><td>90</td></tr>
</table>

3.6　电性能

需方如有要求，并在合同中注明时，可对 BMn3-12、BMn40-1.5、QMn1.5 牌号的带材进行电性能试验，其电性能应符合表 5 的规定。

表 5　带材的电性能

牌号	电阻率 ρ (20℃±1℃)/(Ω·mm²/m)	电阻温度系数 α (0℃～100℃)/(1/℃)	与铜的热电动势率 Q(0℃～100℃)/(μV/℃)
BMn3-12	0.42～0.52	$\pm6\times10^{-5}$	≤1
BMn40-1.5	0.43～0.53	—	—
QMn1.5	≤0.087	$\leq0.9\times10^{-3}$	—

3.7 晶粒度

需方如有要求，并在合同中注明时，表6所列牌号的带材可进行软状态晶粒度的检验。软状态带材的晶粒度应符合表6的规定。

表6 软状态带材的晶粒度

牌　号	状态	晶　粒　度			
		级别	晶粒平均直径/mm	最小直径/mm	最大直径/mm
T2、T3、TP1、TP2 TU1、TU2	软(M)	—	—	α	0.050
H70 H68 H65	软(M)	A级	0.015	α	0.025
		B级	0.025	0.015	0.035
		C级	0.035	0.025	0.050
		D级	0.050	0.035	0.070
注：α是指完全再结晶后的最小晶粒。					

3.8 表面质量

3.8.1 带材的表面应光滑、清洁，不允许有分层、裂纹、起皮、起刺、气泡、压折、夹杂和绿锈。

3.8.2 带材的表面允许有轻微的、局部的、不使带材厚度超出其允许偏差的划伤、斑点、凹坑、压入物、辊印、氧化色、油迹和水迹等缺陷。

4 试验方法

4.1 化学成分的仲裁分析方法

带材的化学成分的仲裁分析方法按GB/T 5121的规定进行。

4.2 外形尺寸测量方法

带材的外形尺寸应用相应精度的测量工具进行测量。带宽＞100 mm时，在距离边部≥5 mm处测量；带宽≤100 mm时，在距离边部≥3 mm处测量。

4.3 力学性能检验方法

带材的拉伸试验按GB/T 228的规定进行，试样的选取按GB/T 228—2002附录A表A1中P02的规定；维氏硬度试验按GB/T 4340.1的规定进行；洛氏硬度试验按GB/T 230.1的规定进行。

4.4 弯曲试验方法

带材的弯曲试验按GB/T 232的规定进行。

4.5 电性能检验方法

4.5.1 带材的电阻率试验按GB/T 351的规定进行。

4.5.2 带材的电阻温度系数试验按GB/T 6148的规定进行。

4.5.3 带材的热电动势试验按GB/T 6147的规定进行。

4.6 晶粒度检验方法

带材的晶粒度检验按YS/T 347的规定进行。

4.7 表面质量检查方法

带材的表面质量应用目视进行检验。

5 检验规则

5.1 检查和验收

5.1.1 带材应由供方技术监督部门进行检验，保证产品质量符合本标准和(或订货合同)的规定，并填写质量证明书。

5.1.2　需方对收到的产品按本标准(或订货合同)的规定进行复验,复验结果与本标准(或订货合同)的规定不符时,应以书面形式向供方提出,由供需双方协商解决。属于表面质量及尺寸偏差的异议,应在收到产品之日起一个月内提出;其他质量异议,应在收到产品三个月内提出。如需仲裁,仲裁取样应由供需双方共同进行。

5.2　组批

带材应成批提交验收,每批应由同一牌号、状态和规格组成。每批重量应不大于 3 500 kg(如该批为同一熔次,则批重可不大于 6 000 kg)。

5.3　检验项目

每批带材应进行化学成分、外形尺寸、力学性能(拉伸试验或硬度试验)及表面质量的检验。如有要求,还应进行弯曲试验、电性能及晶粒度的检验。

5.4　取样

带材取样应符合表 7 的规定。

表 7　取样

检验项目	取样规定	要求的章条号	试验方法的章条号
化学成分	供方 1 个试样/熔次,需方 1 个试样/批	3.2	4.1
外形尺寸	逐卷检查	3.3	4.2
拉伸性能	任取 2 卷/批,沿轧制方向任取 1 个试样/卷	3.4	4.3
硬度试验	任取 2 卷/批,1 个试样/卷	3.4	4.3
弯曲试验	任取 2 卷/批,1 个试样/卷	3.5	4.4
电性能	任取 2 卷/批,1 个试样/卷	3.6	4.5
晶粒度	任取 2 卷/批,1 个试样/卷	3.7	4.6
表面质量	逐卷检查	3.8	4.7

5.5　检验结果的判定

5.5.1　化学成分不合格时,判该批带材不合格。

5.5.2　带材的外形尺寸偏差和表面质量不合格时,判该卷不合格。

5.5.3　当力学性能、弯曲试验、电性能和晶粒度的试验结果中有试样不合格时,应从该批带材(包括原检验不合格的那卷带材)中另取双倍数量的试样进行重复试验,重复试验结果全部合格,则判整批产品合格。若重复试验结果仍有试样不合格,则判该批带材不合格,或由供方逐卷检验,合格者交货。

6　标志、包装、运输、贮存和质量证明书

产品的标志、包装、运输、贮存和质量证明书应符合 GB/T 8888 的规定。

7　订货单(或合同)内容

订购本标准所列产品的订货单(或合同)内应包括下列内容:

a)　产品名称;

b)　牌号;

c)　供应状态;

d)　尺寸规格;

e)　重量;

f) 尺寸允许偏差(较高级、高级或有特殊要求时);

g) 拉伸试验或硬度试验;

h) 弯曲性能、电性能及晶粒度(有要求时);

i) 本标准编号;

j) 其他。

ICS 71.060.30
G 11

中华人民共和国国家标准

GB/T 2091—2008
代替 GB/T 2091—2003

工业磷酸

Phosphoric acid for industry use

2008-04-01 发布　　2008-09-01 实施

中华人民共和国国家质量监督检验检疫总局
中国国家标准化管理委员会　发布

前言

本标准修改采用日本标准 JIS K 1449:1978(1988 年确认)《磷酸》(日文版)。

本标准根据日本标准 JIS K 1449:1978(1988 年确认)《磷酸》重新起草。

考虑到我国国情,在采用 JIS K 1449:1978 时,本标准做了一些修改,有关技术性差异及结构性差异已编入正文中,并在它们涉及的条款的页边空白处用垂直单线标识。附录 A 和附录 B 中给出了这些技术性差异及结构性差异及原因的一览表以供参考。

本标准代替 GB/T 2091—2003。

本标准与 GB/T 2091—2003 的主要差异:

——合格品的重金属质量分数的指标参数由 0.05%修改为 0.005%(2003 版 4.2,本版 5.2);

——修改了氯化物和重金属试验方法;

——增加了附录 A 和附录 B。

本标准附录 A 和附录 B 为资料性附录。

本标准由中国石油和化学工业协会提出。

本标准由全国化学标准化技术委员会无机化工分会(SAC/TC 63/SC 1)归口。

本标准主要起草单位:湖北兴发化工集团股份有限公司、天津化工研究设计院。

本标准主要起草人:李光明、王相森、熊萍、万金铸、杨正勇。

本标准所代替标准的历次版本发布情况为:

——GB 2091—1980、GB/T 2091—1992、GB/T 2091—2003。

工 业 磷 酸

1 范围

本标准规定了工业磷酸的分类要求、试验方法、检验规则、标志、标签、包装、运输和贮存。

本标准适用于以工业黄磷为原料生产的工业磷酸。该产品主要用于电镀、磷化液和工业磷酸盐的生产。

2 规范性引用文件

下列文件中的条款通过本标准的引用而成为本标准的条款。凡是注日期的引用文件，其随后所有的修改单(不包括勘误的内容)或修订版本均不适用于本标准，然而，鼓励根据本标准达成协议的各方研究是否可使用这些文件的最新版本。凡是不注日期的引用文件，其最新版本适用于本标准。

GB 190—1990 危险货物包装标志

GB/T 605 化学试剂 色度测定通用方法(GB/T 605—2006，ISO 6353-1:1982，EQV)

GB/T 610.1—1988 化学试剂 砷含量的测定(砷斑法)

GB/T 1250 极限数值的表示方法和判定方法

GB/T 3049—2006 工业用化工产品 铁含量测定的通用方法 1，10-菲啰啉分光光度法(ISO 6685:1982，IDT)

GB/T 6678 化工产品采样总则

GB/T 6682—1992 分析实验室用水规格和试验方法(eqv ISO 3696:1987)

HG/T 3696.1 无机化工产品化学分析用标准滴定溶液的制备

HG/T 3696.2 无机化工产品化学分析用杂质标准溶液的制备

HG/T 3696.3 无机化工产品化学分析用制剂及制品的制备

3 分子式、分子量

分子式：H_3PO_4

相对分子质量：97.99(按2005年国际相对原子质量)

4 产品分类

工业磷酸分两种规格：85%磷酸和75%磷酸。

5 要求

5.1 外观：无色透明或略带浅色的稠状液体。

5.2 工业磷酸应符合表1要求。

表 1 要求

项目		指标					
		85%磷酸			75%磷酸		
		优等品	一等品	合格品	优等品	一等品	合格品
色度/黑曾	≤	20	30	40	20	30	40
磷酸(H_3PO_4),w/%	≥	85.0	85.0	85.0	75.0	75.0	75.0
氯化物(以 Cl 计),w/ %	≤	0.000 5	0.000 5	0.000 5	0.000 5	0.000 5	0.000 5
硫酸盐 (以 SO_4 计),w/%	≤	0.003	0.005	0.01	0.003	0.005	0.01
铁(Fe),w/%	≤	0.002	0.002	0.005	0.002	0.002	0.005
砷(As),w/%	≤	0.000 1	0.005	0.01	0.000 1	0.005	0.01
重金属(以 Pb 计),w/%	≤	0.001	0.001	0.005	0.001	0.001	0.005

6 试验方法

6.1 安全提示

本试验方法中使用的部分试剂具有毒性或腐蚀性,操作时须小心谨慎!如溅到皮肤上应立即用水冲洗,严重者应立即治疗。

6.2 一般规定

本标准所用试剂和水在没有注明其他要求时,均指分析纯试剂和 GB/T 6682—1992 中规定的三级水。试验中所用标准滴定溶液、杂质标准溶液、制剂及制品,在没有注明其他要求时,均按 HG/T 3696.1、HG/T 3696.2、HG/T 3696.3 的规定制备。

6.3 外观判定

在自然光条件下用目视法进行判定。

6.4 色度测定

按 GB/T 605 规定方法进行测定。

6.5 磷酸含量的测定

6.5.1 重量法(仲裁法)

6.5.1.1 方法提要

在酸性介质中,试验溶液中的磷酸根与加入的沉淀剂喹钼柠酮形成沉淀。通过过滤、烘干、称量,计算出磷酸含量。

6.5.1.2 试剂

6.5.1.2.1 盐酸;

6.5.1.2.2 喹钼柠酮溶液。

6.5.1.3 仪器

6.5.1.3.1 玻璃砂坩埚:孔径为 5 μm～15 μm;

6.5.1.3.2 电烘箱:温度能控制在 180℃±5℃或 250℃±10℃。

6.5.1.4 分析步骤

6.5.1.4.1 试验溶液的制备

称取约 1 g 试样,精确至 0.000 2 g,置于 100 mL 烧杯中,加 5 mL 盐酸和少量水,盖上表面皿,煮沸 10 min。冷却后移入 500 mL 容量瓶中,加 10 mL 盐酸,用水稀释至刻度,摇匀。

6.5.1.4.2 空白溶液的制备

除不加试样外,其他加入的试剂量与试验溶液的制备完全相同。并与试样同时进行同样处理。

6.5.1.4.3 测定

用移液管移取 10 mL 试验溶液和空白试验溶液分别置于 250 mL 烧杯中,加水至总体积约

100 mL。加 35 mL 喹钼柠酮溶液，盖上表面皿，于水浴中加热至杯内物温度达 75℃±5℃，保持 30 s(加热时不得用明火，加试剂或加热时不能搅拌，以免生成凝块)。冷却至室温，冷却过程中搅拌 3～4 次。用预先在 180℃±5℃或 250℃±10℃干燥至质量恒定的玻璃砂坩埚抽滤上层清液，用倾析法洗涤沉淀 5～6 次，每次用水约 20 mL。将沉淀转移至玻璃砂坩埚中，继续用水洗涤 3～4 次。将玻璃砂坩埚置于 180℃±5℃的电热干燥箱中，烘 45 min 或 250℃±10℃烘 15 min，取出，置于干燥器中冷却至室温，称量，精确至 0.000 2 g。

6.5.1.5 结果计算

磷酸含量以磷酸(H_3PO_4)的质量分数 w_1 计，数值以%表示，按式(1)计算：

$$w_1 = \frac{(m_1 - m_2) \times 0.044\ 28}{m \times (10/500)} \times 100 = \frac{221.4(m_1 - m_2)}{m} \qquad \cdots\cdots(1)$$

式中：

m_1——试验溶液中生成磷钼酸喹啉沉淀的质量的数值，单位为克(g)；

m_2——空白溶液中生成磷钼酸喹啉沉淀的质量的数值，单位为克(g)；

m——试料的质量的数值，单位为克(g)；

0.044 28——磷钼酸喹啉换算成磷酸的数值。

取平行测定结果的算术平均值为测定结果。两次平行测定结果的绝对差值不大于 0.2%。

6.5.2 容量法

6.5.2.1 方法提要

以百里香酚酞为指示液，用氢氧化钠标准滴定溶液滴定磷酸，以确定磷酸的含量。

6.5.2.2 试剂

6.5.2.2.1 氢氧化钠标准滴定溶液：$c(NaOH) \approx 0.5$ mol/L。

6.5.2.2.2 百里香酚酞指示液：1 g/L。

6.5.2.3 分析步骤

称取约 1 g 试样，精确至 0.000 2 g。置于 250 mL 锥形瓶中，加 80 mL 水和 5 滴百里香酚酞指示液，用氢氧化钠标准滴定溶液滴定至溶液变为浅蓝色即为终点。

6.5.2.4 结果计算

磷酸含量以磷酸(H_3PO_4)的质量分数 w_1 计，数值以%表示，按式(2)计算：

$$w_1 = \frac{(V/1\ 000)c\,M}{m} \times 100 \qquad \cdots\cdots(2)$$

式中：

V——滴定试验溶液消耗的氢氧化钠标准滴定溶液的体积的数值，单位为毫升(mL)；

c——氢氧化钠标准滴定溶液浓度的准确数值，单位为摩尔每升(mol/L)；

m——试料的质量的数值，单位为克(g)；

M——磷酸$\left(\frac{1}{2}H_3PO_4\right)$的摩尔质量的数值，单位为克每摩尔(g/moL)($M$=49.00)。

取平行测定结果的算术平均值为测定结果。两次平行测定结果的绝对差值不大于 0.2%。

6.6 氯化物含量的测定

6.6.1 方法提要

在硝酸介质中，试样中的氯化物与加入的硝酸银形成氯化银沉淀，通过与标准比浊液比较，确定试样中氯化物的含量。

6.6.2 试剂

6.6.2.1 硝酸溶液：1+2。

6.6.2.2 硝酸银溶液：17 g/L。

6.6.2.3 氯化物标准溶液：1 mL 溶液含氯(Cl)0.010 mg，即用即配。

用移液管移取 1 mL 按 HG/T 3696.2 配制的氯化物标准溶液，置于 100 mL 容量瓶中，用水稀释至刻度，摇匀。

6.6.3 分析步骤

称取 4.00 g±0.01 g 试样，置于 25 mL 比色管中。加水至体积约 20 mL，加 2 mL 硝酸溶液和 1 mL 硝酸银溶液，用水稀释至刻度，摇匀。放置 10 min 后，与氯化物标准比浊液比较。试验溶液的浊度不大于标准比浊液。

氯化物标准比浊液的制备：用移液管移取 2.0 mL 氯化物标准溶液，置于 25 mL 比色管中，与试样同时同样处理。

6.7 硫酸盐含量的测定

6.7.1 方法提要

在盐酸介质中，试样中硫酸根与加入的氯化钡形成沉淀，通过与标准比浊液比较，确定试样中硫酸盐含量。

6.7.2 试剂

6.7.2.1 乙醇：95%(体积分数)；

6.7.2.2 盐酸溶液：1+3；

6.7.2.3 氯化钡($BaCl_2 \cdot 2H_2O$)溶液：250 g/L；

6.7.2.4 硫酸盐标准溶液：1 mL 溶液含硫酸盐(SO_4)0.010 mg，即用即配。

用移液管移取 1 mL 按 HG/T 3696.2 配制的硫酸盐标准溶液，置于 100 mL 容量瓶中，用水稀释至刻度，摇匀。

6.7.3 分析步骤

优等品、一等品称取 1.00 g±0.01 g 试样，合格品称取 0.50 g±0.01 g 试样，置于 25 mL 比色管中，加 10 mL 水、5 mL 乙醇、1 mL 盐酸溶液，在不断摇动下滴加 3 mL 氯化钡溶液，用水稀释至刻度，摇匀。放置 10 min，与硫酸盐标准比浊液比较。

硫酸盐标准比浊液的制备：优等品是移取 3.0 mL 硫酸盐标准溶液，一等品和合格品是移取5.0 mL 硫酸盐标准溶液，置于 25 mL 比色管中，与试样同时同样处理。

6.8 铁含量的测定

6.8.1 方法提要

同 GB /T 3049—2006 第 3 章。

6.8.2 试剂

同 GB/T 3049—2006 第 4 章。

6.8.3 仪器

同 GB/T 3049—2006 第 5 章。

6.8.4 分析步骤

6.8.4.1 工作曲线的绘制

按 GB/T 3049—2006 中 6.3 的规定，使用 2 cm 的吸收池及相应的铁标准溶液，绘制工作曲线。

6.8.4.2 试验溶液的制备

称取约 3 g 试样，精确至 0.01 g，置于 100 mL 容量瓶中，加水至约 60 mL，用盐酸溶液或氨水溶液调节溶液 pH 接近 2(用精密 pH 试纸检验)。加 1 mL 抗坏血酸溶液、20 mL 缓冲溶液、10 mL 邻菲啰啉溶液，用水稀释至刻度，摇匀。

6.8.4.3 空白试验溶液的制备

除不加试样外，其他加入的试剂量与试验溶液的制备完全相同。并与试样同时进行同样处理。

6.8.4.4 测定

取试验溶液和空白试验溶液，选用 2 cm 吸收池，按 GB/T 3049—2006 中 6.3.3 的规定测量吸光度。

从试验溶液的吸光度中减去空白试验溶液的吸光度，根据工作曲线查出试验溶液中铁的质量。

6.8.5 结果计算

铁含量以铁(Fe)的质量分数 w_2 计，数值以%表示，按式(3)计算：

$$w_2 = \frac{m_1}{m \times 10^3} \times 100 \qquad (3)$$

式中：

m_1——试验溶液中铁的质量的数值，单位为毫克(mg)；

m——试料的质量的数值，单位为克(g)。

取平行测定结果的算术平均值为测定结果。两次平行测定结果的绝对差值不大于 0.000 2%。

6.9 砷含量的测定

6.9.1 方法提要

同 GB/T 610.1—1988 中第 3 章。

6.9.2 试剂

同 GB/T 610.1—1988 中第 4 章。

6.9.2.1 砷标准溶液：1 mL 溶液含砷(As)0.001 mg，即用即配。

用移液管移取 1 mL 按 HG/T 3696.2 配制的砷标准溶液，置于 1 000 mL 容量瓶中，用水稀释至刻度，摇匀。

6.9.3 仪器

同 GB/T 610.1—1988 中第 5 章。

6.9.4 分析步骤

优等品称取 1.00 g±0.01 g 试样，置于测砷仪的广口瓶或三角瓶中；一等品和合格品是称取 1.00 g±0.01 g 试样，置于 100 mL 容量瓶中用水稀释至刻度，摇匀。一等品用移液管移取 2 mL 试液，合格品用移液管移取 1 mL 试液，置于测砷仪的广口瓶或三角瓶中；以下操作按 GB/T 610.1—1988 中第 6 章规定的方法进行测定。试验溶液的砷斑不得深于标准。

砷标准溶液是用移液管移取 1 mL 砷标准溶液，置于测砷仪的广口瓶或三角瓶中；与试样同时同样处理。

6.10 重金属含量的测定

6.10.1 方法提要

在酸性介质中，试样中的重金属离子与硫化钠作用生成棕黄色，通过与标准比色液比较，确定试样中重金属的含量。

6.10.2 试剂

6.10.2.1 氨水溶液：1+9；

6.10.2.2 冰乙酸溶液：1+16；

6.10.2.3 硫化钠溶液；

6.10.2.4 铅标准溶液：1 mL 溶液含铅(Pb)0.001 mg，即用即配。

用移液管移取 1 mL 按 HG/T 3696.2 配制的铅标准溶液，置于 1 000 mL 容量瓶中，用水稀释至刻度，摇匀。

6.10.3 分析步骤

6.10.3.1 试验溶液的制备

称取 10 .0 g±0.01 g 试样，置于 100 mL 容量瓶中，用水稀释至刻度，摇匀。

6.10.3.2 测定

用移液管移取 6 mL 试验溶液(合格品是用移液管移取 2 mL 试验溶液),置于 50 mL 比色管中,用氨水溶液调节 pH 接近 5(用精密 pH 试纸检验)。用水稀释至 35 mL,加 5 mL 冰乙酸和 2～3 滴硫化钠溶液,用水稀释至刻度,摇匀。放置 10 min,与铅标准比色液比较。试液的色度不深于标准。

铅标准比色液的配制:用移液管移取 1 mL 试验溶液和 5 mL 铅标准溶液,置于 50 mL 比色管中,与试样同时同样处理。

7 检验规则

7.1 本标准要求中所列指标项目均为出厂检验项目,应逐批检验。

7.2 生产企业用相同材料,基本相同的生产条件,连续生产或同一班组生产的工业磷酸为一批,每批产品不得大于 120 t。

7.3 按 GB/T 6678 中的规定确定采样单元数。采样时,将采样器自包装桶深度的 3/4 处采样。将采出的样品混匀,样品不少于 500 g。将样品分装于两个清洁、干燥的容器中,密封。并粘贴标签,注明生产厂名、产品名称、规格、等级、批号、采样日期和采样者姓名。一份供检验用,另一份保存备查,保存时间由生产厂根据实际情况确定。

7.4 工业磷酸应由生产厂的质量监督检验部门按照本标准规定进行检验,生产厂应保证所有出厂的产品都符合本标准要求。

7.5 使用单位有权按照本标准的规定对收到的工业磷酸进行验收,验收时间在货到之日起 30 天之内进行。

7.6 检验结果如有指标不符合本标准要求,应重新自两倍量的包装中采样进行复验,复验结果即使只有一项指标不符合本标准的要求时,则整批产品为不合格。

7.7 采用 GB/T 1250 规定的修约值比较法判定检验结果是否符合标准。

8 标志、标签

8.1 工业磷酸包装桶上应有牢固、清晰的标志,内容包括:生产厂名、厂址、产品名称、规格、等级、净含量、批号或生产日期和本标准编号,以及 GB 190—1990 规定的标志 21“腐蚀品”标志。

8.2 每批出厂的工业磷酸都应附有质量证明书,内容包括:生产厂名、厂址、产品名称、商标、规格、等级、净含量、批号或生产日期、产品质量符合本标准的证明和本标准编号。

9 包装、运输、贮存

9.1 工业磷酸应用聚乙烯塑料桶包装,每桶净含量 35 kg。用户有特殊要求,供需协商。

9.2 工业磷酸在运输过程中,要轻提轻放。严禁烈日晒和猛烈撞击,以防容器破裂。

9.3 工业磷酸贮存于干燥通风的库房内,严禁与碱类物品同仓共储。

附　录　A
（资料性附录）
本标准与日本标准的技术性差异

表 A.1 给出了本标准与日本标准 JIS K 1449:1978(1988 年确认)《磷酸》(日文版)技术性差异的一览表。

表 A.1　本标准与日本标准 JIS K 1449:1978 技术性差异

本标准的章条编号	技术性差异	原　因
4	日本标准按质量分数分三类 89%、85%、75%。国家标准只规定了 85%酸和 75%酸。	根据我国生产情况，目前生产 89%磷酸产品厂家较少，还没有达到批量，所以本次修订不增加 89%酸。
5.2	日本标准没有色度，国家标准增加了色度指标项目和参数。	根据用户要求，增加了色度指标。
5.2	标准要求中的部分指标参数进行了调整。	对一等品和合格品的个别指标参数适当放宽。
6.4	增加了色度检测方法。	采用国家标准通用方法。
6.5.1	磷酸含量测定增加了重量法。	该方法是国际标准方法，也是测定磷含量的国家标准通用方法。
6.7	日本标准测定硫酸盐是重量法。国家标准改为比浊法。	重量法测定时间长，比浊法测定简便、快速、准确。
6.8	日本标准测定铁含量是巯基乙酸比色法。国家标准改为邻菲啰啉分光光度法。	邻菲啰啉分光光度法是国际标准通用方法，也是国家标准，本标准等同采用。

附 录 B
（资料性附录）
本标准与日本标准结构性差异

表 B.1 给出本标准与日本标准 JIS K 1449：1978（1988 年确认）《磷酸》（日文版）结构性差异的一览表。

表 B.1 本标准与日本标准 JIS K 1449：1978 结构性差异

本 标 准		日 本 标 准	
章节	内容	章节	内容
前言	前言		—
1	范围	1	适用范围
2	规范性引用文件		—
3	分子式	2	规格
4	分类	3	技术指标
5	要求	4	采样方法
6	试验方法	5	试验方法
7	检验规则		—
8	标志、标签		—
9	包装、运输、贮存		—

ICS 29.120.30
K 30

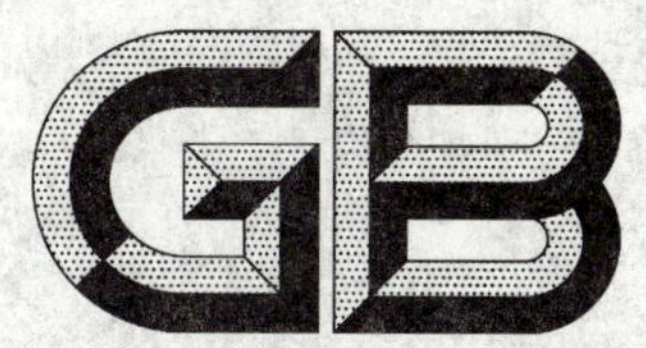

中华人民共和国国家标准

GB 2099.1—2008
代替 GB 2099.1—1996

家用和类似用途插头插座 第1部分：通用要求

Plugs and socket-outlets for household and similar purposes—
Part 1: General requirements

(IEC 60884-1:2006,E3.1,MOD)

2008-09-24 发布　　　　2009-08-01 实施

中华人民共和国国家质量监督检验检疫总局
中国国家标准化管理委员会　发布

前　言

GB 2099 的本部分的全部技术内容为强制性。

GB 2099 是家用和类似用途插头插座系列标准，分为以下几部分：

第 1 部分：通用要求(GB 2099.1)

第 2 部分：特殊要求(GB 2099.2～2099.7)

——带熔断插头的特殊要求

——器具插座的特殊要求

——固定式无联锁带开关插座的特殊要求

——安全特低电压用插头和插座的特殊要求

——转换器的特殊要求

——固定式有联锁带开关插座的特殊要求

本部分是 GB 2099 的第 1 部分，修改采用 IEC 60884-1:2006《家用类似用途插头插座　第 1 部分：通用要求》(第 3.1 版)。本部分与 IEC 60884-1:2006 的主要差异如下：

1. 关于使用环境的温度

IEC 60884-1:2006 第 1 章规定："符合本标准的插头和固定式或移动式插座在通常不超过 25 ℃，偶尔会达到 35 ℃的环境温度中使用。"考虑到我国所处的地理位置，实际自然气候环境温度分布情况，长江以南处于亚湿热带地区和湿热带地区的年平均温度和最高温度较高，湿度较大。因此本部分把使用环境温度改为："符合本部分的插头和固定式插座在通常不超过 35 ℃，偶尔会达到 40 ℃的环境温度中使用。"

2. 关于弹性材料附加试验

IEC 60884-1:2006 第 9 章、第 10 章等有关章节规定：对于使用热塑性材料或弹性材料的电器附件，要在(35±2)℃的环境温度下进行附加试验。考虑到我国使用环境温度严酷情况和第 1 章中使用环境温度的规定，与其对应将"(35±2)℃"改为"(40±2)℃。"

3. 关于湿热试验

IEC 60884-1:2006 的 16.3 规定："(潮湿箱的)空气温度应维持在 20 ℃～30 ℃之间的任何方便值 t±1 K。将试样放进潮湿箱之前，要使试样的温度达到 t～(t+4)℃之间。"考虑到我国部分地区为湿热带气候，并且我国电工电子产品均采用(40±2)℃进行湿热试验，所以本部分规定："放置试样之处的空气温度应维持在(40±2)℃。将试样放进潮湿箱之前，要使试样的温度达到这个温度。"这一规定与我国修改采用 IEC 60068-2-30 而制定的 GB/T 2423.4《电工电子产品基本环境试验规程　试验 Db：交变湿热试验方法》采用的严酷等级相一致。

4. 关于额定电流值

考虑到我国家用三相插头插座系统中有额定电流 25A 这一等级，因此本部分与 IEC 60884-1:2006 相比，在有关章节和表中，增加了额定电流为 25A 电器附件的相关内容和要求。

5. 关于扁销型式适用性

考虑到我国家用插头插座是扁销系统，本部分与 IEC 60884-1:2006 相比，在第 9 章尺寸检查、24.2、24.10、图 30 等相关章节增加了我国家用插头插座系统专用的检查内容，修改了检查尺寸用的量规公差。

6. 关于注的处理

IEC 60884-1:2006 中所有的注，凡与我国情况不符或不适用于我国情况的，在本部分中均予以删去和作适当处理。

本部分代替 GB 2099.1—1996《家用和类似用途插头插座　第一部分:通用要求》。

本部分内容与 GB 2099.1—1996 相比主要变化如下:

1) 修改了第 5 章对试验的一般说明,增加了应进行常规试验的规定(见 5.1、5.2、5.6)。

2) 在型式和额定值的优选组合中,增加了额定电压 130 V、额定电流 2.5 A、25 A(见表 1)。

3) 增加了按指定用途分类插座的相关规定(见 7.2.5、11.6)。

4) 修改了保护接地符号标志、型号、IP 代码标志要求等(见 8.2、8.3、8.6)。

5) 增加了尺寸检查中涉及的家用三相插头插座尺寸、转换器可互换性与不可互换性要求,修改了量规的公差(见 9.1、9.2、9.3、表 2)。

6) 增加了额定电压不超过 130 V,额定电流 2.5 A、25 A 额定值的电器附件的要求和试验方法等方面的内容(见 12.2.1、表 3、13.21、表 14、21、23.2、表 20)。

7) 增加了对带保护门的插座探针试验的规定(见 10.5、21)。

8) 删去了原 13.14"关于多位插座应全部由带接地插套的插座或全部为不带接地插套的插座组成"的规定。

9) 修改和增加了对插头和移动式插座结构的要求和试验方法等内容(见 14.2、14.10、14.11、14.12、14.17、14.18、14.21)。

10) 增加了防危险部件进入的防护、防由于固体物进入有害影响的防护的规定及试验要求(见16.2.1),删去了原 16.2.2、16.2.3。

11) 增加了转换产品涉及的带弹性接地插套的插头、非实心插销的插头、插销带绝缘护套的插头的电器附件的结构、分断容量、正常操作、机械强度、耐非正常热和耐燃、附加试验等要求和试验方法等方面的内容(见 13.17、14.2、20、21、22.1、24.7、24.10、28.1.2、30)。

12) 第 24 章机械强度中的跌落试验试验设备(滚桶)按 GB/T 2423.8 新版要求,24.2 中引进平均特性插座的概念,统一了试验后对插销变形的检查方法。对移动式多位插座增加了 24.13 试验要求。

13) 修改并明确了第 25 章电器附件不同类型和部件的耐热要求。

14) 修改了第 27 章第 8 项带电部件与金属盒、易触及金属部件之间电气间隙的规定(见表 23)。

15) 增加了对固定插座保持接地端子在正常位置的绝缘材料灼热丝试验要求(见 28.1.1)。

16) 增加了附录 A、附录 B(均为规范性附录)和附录 C(资料性附录)。

本部分(GB 2099.1)为 GB 2099 的第 1 部分,是通用要求,是家用和类似用途插头插座的主标准。GB 2099 的第 2 部分:特殊要求(GB 2099.2～2099.7)应与其配合使用。家用和类似用途单相、三相插头插座形式、基本参数和尺寸标准 GB 1002、GB 1003 应与其相互协调、配套。

本部分的附录 A、附录 B 是规范性附录,附录 C 是资料性附录。

本部分由中国电器工业协会提出。

本部分由全国电器附件标准化技术委员会(SAC/TC 67)归口。

本部分起草单位:广州电器科学研究院、TCL-legrand 国际电工、杭州鸿雁电器有限公司、北京松下电工有限公司、顺德松本电工实业有限公司、广东朗能电器有限公司、天基电气(深圳)有限公司、深圳市计量质量检测研究院、罗格朗(北京)电气有限公司、北京 ABB 低压电器有限公司、广州电气安全检测所、奇胜工业(惠州)有限公司、北京突破电气有限公司、慈溪市公牛电器有限公司。

本部分主要起草人:罗怀平、王可健、单朝兰、朱鸿斌、张文捷、陈北煌、朱新杰、安桂龙、管杰、易重、刘丽萍、温永彩、林海青、阮立平、唐衍兰、孙万能、蔡映峰、朱松涛、杨国贤、杨振军。

本部分所代替标准的历次版本发布情况为:

——GB 2099.1—1996;

——GB 2099—1980。

家用和类似用途插头插座 第1部分:通用要求

1 范围

GB 2099 的本部分适用于户内或户外使用的、家用和类似用途的、仅用于交流电、额定电压在 50 V 以上但不超过 440 V、额定电流不超过 32 A、带或不带接地触头的插头和固定式或移动式插座。

对于装有无螺纹端子的固定式插座,额定电流最大仅限为 16 A。

本部分不包括暗装式安装盒的要求;只包括对插座进行试验所必须的明装式安装盒的要求。

注 1:对安装盒的通用要求由 GB 17466 给出。

本部分也适用于装在电线组件中的插头和装在电线加长组件中的插头和移动式插座。本部分还适用于作为电器的一个部件的插头插座,在有关电器标准上另有说明者除外。

本部分不适用于:

——工业用插头插座和耦合器;

——器具耦合器;

——ELV(特低电压)用插头和固定式或移动式插座。

注 2:ELV(特低电压)值在 GB 16895.21 中规定。

——与熔断体、自动开关等组合在一起的固定式插座。

注 3:如果插座上所带指示灯符合有关标准,那么本部分适用于带指示灯的插座。

符合本部分的插头和固定式或移动式插座适合在通常不超过 35 ℃,偶尔会达到 40 ℃[1)] 的环境温度中使用。

注 4:符合本部分要求的插座仅适合于在安装方法和安装位置都不可能使插座周围环境温度超过 40 ℃的设备里使用。

在特殊条件的场所,如船上、车辆上和可能发生爆炸等危险场所,可能要求特殊的结构。

2 规范性引用文件

下列文件中的条款通过 GB 2099 的本部分的引用而成为本部分的条款。凡是注日期的引用文件,其随后所有的修改单(不包括勘误的内容)或修订版均不适用于本部分,然而,鼓励根据本部分达成协议的各方研究是否可使用这些文件的最新版本。凡是不注日期的引用文件,其最新版本适用于本部分。

GB 1002 家用和类似用途单相插头插座 型式、基本参数和尺寸

GB 1003 家用和类似用途三相插头插座 型式、基本参数和尺寸

GB/T 2423.4—1993 电工电子产品基本环境试验规程 试验 Db:交变湿热试验方法(eqv IEC 60068-2-30:1980)

GB/T 2423.8—1995 电工电子产品环境试验 第 2 部分:试验方法 试验 Ed:自由跌落(idt IEC 60068-2-32:1975+A1+A2:1990)

GB 2900.70—2008 电工术语 电器附件(IEC 60050-442:1998,IDT)

---

1) 考虑我国地理气候环境,我国部分地区为湿热带气候,因此规定插头插座的使用环境温度为“通常不超过 35 ℃,偶尔会达到 40 ℃”。IEC 60884-1 该条中规定的环境温度为“通常不超过 25 ℃,偶尔会达到 35 ℃”。根据同样理由,在后面的 10.1 亦相应地将弹性材料或热塑性材料的试验温度改为(40±2)℃[IEC 60884-1 为(35±2)℃]。

GB/T 2900.83—2008 电工术语 电的和磁的器件(IEC 60051-151:2001,IDT)

GB/T 4207—2003 固体绝缘材料在潮湿条件下的相比电痕化指数和耐电痕化指数的测定方法(IEC 60112:1979,IDT)

GB 4208 外壳防护等级(IP 代码)(GB 4208—2008,IEC 529,IDT)

GB 5013(所有部分) 额定电压 450/750 V 及以下的橡胶绝缘电缆(IEC 60245,IDT)

GB 5023(所有部分) 额定电压 450/750 V 及以下的聚氯乙烯电缆(IEC 60227,IDT)

GB/T 5169.10—2006 电工电子产品着火危险试验 第 10 部分:灼热丝/热丝基本试验方法 灼热丝装置和通用试验方法(IEC 60695-2-10:2000,IDT)

GB/T 5169.11—2006 电工电子产品着火危险试验 第 11 部分:灼热丝/热丝基本试验方法 成品的灼热丝可燃性试验方法(IEC 60695-2-11:2000,IDT)

GB/T 5465.2—2008 电气设备用图形符号 第 2 部分:图形符号(IEC 60417DB:2007,IDT)

GB/T 9797—2005 金属覆盖层 镍+铬和铜+镍+铬电镀积层(ISO 1456:2003,IDT)

GB/T 9799—1997 金属覆盖层 钢铁上的锌电镀层(eqv ISO 2081:1986)

GB/T 12599—2002 金属覆盖层 锡电镀层 技术规范和试验方法(ISO 2093:1986,MOD)

GB/T 16842—2008 外壳对人和设备的防护 检验用试具(IEC 61032:1997,IDT)

GB/T 17045—2006 电击防护 装置和设备的通用部分(IEC 61140:2001,IDT)

GB/T 17194—1997 电气导管 电气安装用导管的外径和导管与配件用的螺纹(eqv IEC 60423:1993)

GB 17464—1998 连接器件 接铜导线用的螺纹型和无螺纹型夹紧件的安全要求(idt IEC 60999:1990)

IEC 60050-826:1982 国际电工词汇 第 826 部分:建筑物的电气装置

IEC 60884-2-6:1997 家用和类似用途插头插座 第 2-6 部分:固定式带开关有联锁插座的特殊要求

ISO 1639:1974 锻铜合金 实出部分 机械性能[2)]

ISO 2039-2:1987 塑料硬度的测定 第 2 部分:洛氏硬度

3 术语和定义

在 IEC 60050(151)中给出的以及下列术语和定义适用于 GB 2099 的本部分。

注 1:另有规定者除外,凡用术语“电压”和“电流”一词之处,均指其 r.m.s 值(方均根值)。

注 2:在整个标准中,“接地”一词均用作“保护性接地”。

注 3:术语“电器附件”一词作为通用词,包括插头和插座;术语“移动式电器附件”则包括插头和移动式插座。例如使用电器附件就如图 1a)所示。

注 4:在整个标准中,术语“插座”一词,包括固定式插座和移动式插座,具体提到是固定式的还是移动式的除外。

3.1

插头 plug

具有设计用于与插座的插套插合的插销,并装有用于软缆电气连接和机械定位部件的电器附件。

3.2

插座 socket-outlet

具有设计用于与插头的插销插合的插套,并且装有用于连接软缆的端子的电器附件。

3.3

固定式插座 fixed socket-outlet

用于与固定布线连接的插座。

---

2) 已废止。

3.4

移动式插座　portable socket-outlet

打算连接到软缆上或与软缆构成整体的、而且在与电源连接时易于从一地移到另一地的插座。

3.5

多位插座　multiple socket-outlet

两个或多个插座的组合体。

注：例子如图1b)所示。

3.6

器具插座　socket-outlet for appliances

打算装在电器中的或固定到电器上的插座。

3.7

可拆线插头或可拆线移动式插座　rewirable plug or rewirable protable socket-outlet

结构上能更换软缆的电器附件。

3.8

不可拆线插头和不可拆线移动式插座　non-rewirable plug or non-rewirable portable socket-outlet

由电器附件制造厂进行连接和组装后，在结构上与软缆形成一个整体的电器附件(参见14.1)。

3.9

模压电器附件　mouldled-on accessory

用模具将预先组装好的零部件和软缆端头与绝缘材料压制在一起制成的不可拆线移动式电器附件。

3.10

安装盒　mounting box

供明装或暗装在墙壁、地板或天花板上，与固定式插座一起使用的盒子。

3.11

电线组件　cord set

一根带有一个插头和一个单个连接器的软缆组成的，用于将电器连接到电源的组件。

3.12

电线加长组件　cord extension set

一根带有一个插头和一个一位或多位移动式插座的软缆组成的组件。

3.13

端子　terminal

用于进行外导线电气连接的、可重复使用的、有绝缘或无绝缘的连接器件。

3.14

端头　termination

用于进行外导线电气连接的、不可重复使用的、有绝缘或无绝缘的连接器件。

3.15

夹紧件　clamping unit

在端子中，导线的机械夹紧和电气连接用所必需的部件。

3.16

螺纹型端子　screw-type terminal

用于连接或断开一根导线或用于将两根或多根可以拆卸的导线进行互连的端子，而这种连接是直接地或间接地通过任何种类的螺钉或螺母来进行的。

3.17

柱型端子　pillar terminal

将导线插入孔或槽中并夹紧在螺钉端部之下的螺纹型端子。夹紧压力可以直接由螺钉端部施加或通过受到螺钉端部压力的中间夹紧件来施加。

注：柱型端子的例子由图2示出。

3.18

螺钉端子　screw terminal

将导线夹紧在螺钉头下面的螺纹型端子。夹紧压力可以直接由螺钉头施加，或通过一个中间部件，如垫圈、夹紧板或防松部件之类来施加。

注：螺钉端子的例子由图3示出。

3.19

螺栓端子　stud terminal

将导线夹紧在螺母下面的螺纹型端子。夹紧压力可以由经过适当加工成形的螺母直接施加或通过一个中间部件，如垫圈、夹紧板或防松部件之类来施加。

注：螺栓端子的例子由图3示出。

3.20

鞍型端子　saddle terminal

由两个或多个螺钉或螺母将导线夹紧在鞍型片之下的螺纹型端子。

注：鞍型端子的例子由图4示出。

3.21

罩式端子　mantle terminal

通过螺母将导线夹紧在螺栓槽底部的螺纹型端子。在这种端子中，通过螺母下面的、形状经过适当加工的垫圈或中心销(如螺母是帽式螺母)或通过能将螺母的压力传递到槽内导线上的等效部件将导线夹在螺栓槽底。

注：罩式端子的例子由图5示出。

3.22

无螺纹端子　screwless terminal

用于连接或断开一根硬(单心或绞合)导线或软导线，或互连两根或多根可拆卸的导线的连接器件，而这种连接是在相关导线只剥去绝缘而不作其他任何加工的情况下，直接或间接地通过弹簧、楔块、偏心轮或锥轮等来进行的。

3.23

自攻锁紧螺钉　thread-forming screw

一种具有不间断螺纹的、拧进某种材料后，能使材料位移而形成螺纹的螺钉。

注：自攻锁紧螺钉的例子由图6示出。

3.24

自切螺钉　thread-cutting screw

一种具有间断螺纹的、拧进某种材料后，能削去材料而形成螺纹的螺钉。

注：自切螺钉的例子由图7示出。

3.25

额定电压　rated voltage

制造商给插头或插座规定的电压。在有相关标准时，额定电压就是相关标准规定的电压。

3.26

额定电流　rated current

制造商给插头或插座规定的电流。在有相关标准时，额定电流就是相关标准规定的电流。

3.27

保护门 shutter

装在插座里、用于在插头拔出时能自动地、至少将插套遮蔽起来的活动部件。

3.28

型式试验 type test

对按一定的设计制造的一种或多种器件进行试验,以证明该设计满足一定规范要求的试验。

3.29

常规试验 routine test

对各独立的器件在生产期间和生产之后进行的确定其是否符合指定标准的试验。

3.30

基座(底座) base

支撑插套的插座的部件。

3.31

带电部件 live part

在正常使用中要通电的导线或导电部件,包括中性线,但按惯例不包括 PEN 线(保护接地线)。

[IEV 826-03-01]

3.32

软缆固定部件 cable anchorage

电器附件中能够限制装上的软缆在遇到拉力、推力和转动力时不移位的部件。

3.33

主要部件 main part

带有插座插套的部件。

4 一般要求

电器附件和明装式安装盒在设计和构造上应能保证,在正常使用时,性能可靠,对使用者和周围环境没有本标准意义范围内的危险。

是否合格,通过全部有关的要求和规定的试验来检查。

5 试验概述

5.1 应进行试验以检验符合本标准规定的要求。

要进行下列试验:

——对每一个电器附件的有代表性试样应进行型式试验;

——适用时对每一个按照本标准制造的电器附件应进行常规试验。

条款 5.2～5.5 适用于型式试验,条款 5.6 适用于常规试验。

5.2 除非另有规定,试样按交货状态,并在正常使用的条件下进行试验。

不可拆线电器附件用交货时的型号和尺码的软缆进行试验,不是装在电线组件或电线加长组件的,或不是设备的一个元件的不可拆线电器附件,应装有至少 1 m 长的软缆来进行试验。

不可拆线多位移动式插座按交货时带的软缆进行试验。

不符合任何验收标准活页的插座,应与相应的安装盒一起进行试验。

必须有安装盒才构成完整外壳的插座,应与其安装盒一起进行试验。

5.3 除非另有规定,试验应按各条款的顺序在 15 ℃～35 ℃的环境温度下进行。

在有怀疑时,试验应在(20±5)℃的环境温度下进行。

插头和插座应分别进行试验。

中性线(如有),则作为一个极来处理。

5.4 用3个试样进行所有的有关试验。

12.3.11的试验,要求送交附加插座的试样带有无螺纹端子的总个数至少为5个。

12.3.12的试验,需要送交3个附加插座试样,每个试样要对一个夹紧元件进行试验。

13.22和13.23的每项试验中,需要3个独立膜片的附加试样或3个装有膜片的电器附件的附加试样。

对不可拆线电器附件,23.2和23.4的试验需要6个附加试样。

对于第20章和第21章的试验可能需要附加试样(见第20章、第21章和图43)。

24.10的试验,需要3个附加试样。

第28章的试验,可能需要3个附加试样。

注:试验所需试样数量一览表由附录B给出。

5.5 需送交试样做全部相关项目的试验,如果所有试验都符合,则满足标准要求。

如果一个试样因为装配或制造缺陷在一项试验中不合格,该项试验及可能对其试验结果有影响的前一项(或数项)试验应进行复试,复试及后面的试验应采用另一组全套试样并按照要求的顺序进行,所有试样复试时均应合格。

注:申请者可在按5.4规定的数目送交试样的同时,送交附加试样,以备万一有试样不合格时需要。这样,试验站无需等申请者再次提出要求,即可对附加试样进行试验,并只有再一次出现不合格项目时才判为不合格。如果不同时送交附加试样,则只要有试样不合格即判为不合格。

5.6 常规试验规定见附录A。

6 额定值

6.1 电器附件宜为如表1所示的优选型式和表1所示优选的电压和电流额定值。

表1 型式和额定值的优选组合

类 型	额定电压/ V	额定电流/ A
2P(仅用于不可拆线插头)	130或250	2.5
2P(仅用于不可拆线插头)	130或250	6
2P 2P+⏚	130或250	10 16 32
2P+⏚ 3P+⏚ 3P+N+⏚	440	16 25 32
注:我国现有系统的标准化的值和图形在GB 1002、GB 1003中,转换器用的现有国外系统的标准化的值和图形在IEC 60083中报告。		

注:IEC 60884-1:2002中此处有一条注[3)]。

6.2 在电线加长组件中,移动式插座的额定电流应不得大于插头的额定电流,而移动式插座的额定电压则不得低于插头的额定电压。

是否合格,通过观察检查。

6.3 电器附件宜优选的防护等级为:IP20、IP40、IP44、IP54或IP55。

3) IEC 60884-1:2006中此注的内容为:在下列国家中不允许用固定式2P插座:AT、CH、DE、IT。

7 分类

7.1 电器附件分类

7.1.1 按防触及危险部件和防固体外来物进入有害影响的防护等级分类：

——IP2X：防用手指触及到危险部件和防直径 12.5 mm 及以上的固体外来物进入有害影响防护的电器附件；

——IP4X：防用导线触及到危险部件和防直径 1.0 mm 及以上的固体外来物进入有害影响防护的电器附件；

——IP5X：防用导线触及到危险部件和防灰尘的防护的电器附件。

7.1.2 按防有害进水影响的防护等级分类：

——IPX0：无防进水防护电器附件；

——IPX4：防溅电器附件；

——IPX5：防喷电器附件。

注：关于 IP 代码的说明见 GB 4208。

7.1.3 按接地措施分类：

——无接地触头的电器附件；

——有接地触头的电器附件。

7.1.4 按连接电缆的方法分类：

——可拆线电器附件；

——不可拆线电器附件。

7.1.5 按端子类型分类：

——带有螺纹型端子的电器附件；

——带有仅适于连接硬导线的无螺纹端子的电器附件；

——带有适于连接硬导线和软导线的无螺纹端子的电器附件。

7.2 插座分类

7.2.1 按防触电保护等级分类：

插座按正常使用安装好之后的防触电保护等级分类：

a) 具有正常保护的插座(见 10.1)，或

b) 具有加强保护的插座(见 10.7)。

注：具有加强保护的插座，可以是带保护门的，也可以是不带保护门的。

7.2.2 按有无保护门分类：

插座按有无保护门分类如下：

a) 无保护门的插座，或

b) 有保护门的插座(见 10.5)。

注：在 IEC 60884-1:2006 中此处有一条注[4]。

7.2.3 按插座的使用/安装方法分类：

插座按插座使用/安装方法分类如下：

a) 明装式插座；

b) 暗装式插座；

c) 半暗装式插座；

d) 镶板式插座；

4) IEC 60884-1:2006 中此注的内容为：下列国家不允许用无保护门插座：IT。

e) 框缘式插座；

f) 移动式插座；

g) 台式插座(一位或多位)；

h) 地板暗装式插座；

i) 器具上的插座。

7.2.4 按安装方法分类：

插座按结构决定的安装方法分类如下：

a) 无需移动导线即可拆卸盖或盖板的固定式插座(结构 A)；

b) 不移动导线便无法拆卸盖或盖板的固定式插座(结构 B)。

注：如果一个固定式插座有一个不能与盖或盖板分离的底座(主要部件)，并需要一个无需移动导线即可拆卸的，用以装饰墙壁的附加板才能符合本标准的要求，则只要附加板能符合盖和盖板的要求，这个插座即应视作结构 A 插座。

7.2.5 按指定用途分类：

插座按指定用途分类如下：

a) 对所连接的设备和插座的暴露的导电部件(如有)，有一个单独的接地电路提供接地保护的插座。

b) 对所连接的设备的接地电路希望提供抗电干扰电路的插座。设备的接地电路从为插座的暴露导电部件(如有)提供的保护接地电路上电气隔离。

7.3 插头分类

插头按所连接的设备类别分类如下：

——0 类设备用插头；

——Ⅰ类设备用插头；

——Ⅱ类设备用插头。

关于设备分类的说明见 GB/T 17045。

注：在 IEC 60884-1:2006 此处有一条注[5]。

8 标志

8.1 电器附件应有下列标志：

——额定电流(安培)；

——额定电压(伏特)；

——电源性质的符号；

——中性极、接地极、带电极的符号；

——制造商或销售商的名称或商标或识别标志；

——型号(可以是产品目录编号)；

——对防触及危险部件和防固体有害物进入影响的防护等级的第 1 个特征数，如高于 IP2X 时，第 2 个特征数应同时被标志出；

——对防有害进水影响的防护等级的第 2 个特征数，如高于 IPX0，第 1 个特征数应同时被标志出。

如果插头插座系统允许某一 IP 等级的插头插入另一 IP 等级的插座，这种插头/插座组合产生的防护等级实际上是插头或插座两者中较低的等级。这应在制造商说明书里有关插座的说明中注明。

注 1：防护等级以 GB 4208 为基础。

此外，带无螺纹端子的插座应有下列标志：

——将导线插入无螺纹端子之前，必须剥去绝缘的长度的标志；

---

5) IEC 60884-1:2006 中此注的内容为：下列国家允许 0 类设备用插头：DK、FI、JP、NL、PT、SE。

——如果插座只能连接硬导线，只能连接硬导线的标志。

注 2：上述附加标志可以标在插座上、标在小包装上和/或标在随插座交货的说明书里。

8.2 使用符号时，应使用如下符号：

安培……………………………A；

伏特……………………………V；

交流电…………………………～；

中线……………………………N；

保护接地……………………⏚；

注[6]：以前推荐的符号⏚应逐步改用上述符号来代替（过渡两年）。

防护等级……………………IPXX；

要被安装在粗糙表面上（图 15 的试验壁）的固定式电器附件的防护等级…………IPXX；

无螺纹端子：只适合接受硬导线…………r。

注 1：符号的结构的说明详图由 GB/T 5465.2 给出。

注 2：在 IP 代码中，字母"X"由相应的数字代替。

注 3：由工具结构形成的线条不视作标志。

额定电流和额定电压的标志可以单独采用数字。这些数字可以排成一行，用斜线隔开，或将额定电流的数字放在额定电压的数字上面并用一条水平线隔开。

电源性质的标志应紧靠在额定电流和额定电压数字的后面。

注 4：电流、电压和电源性质可以这样标志：

$$16\text{A } 440\text{V}\sim \text{ 或 } 16/440\sim \text{ 或 } \frac{16}{440}\sim$$

8.3 对固定式插座，下列标志应标在主要部件上：

——额定电流、额定电压和电源性质；

——制造商或销售商的名称或商标或识别标志；

——导线插入无螺纹端子（如有）之前应剥去的绝缘长度；

——型号，可以是目录号。

注 1：型号可以仅仅是序号。在产品上标志有困难的，可以标在小包装上。[7]

安全所必需的并预定要单独出售的部件，如盖板等，必须标出制造商或销售商的名称或商标或识别标志和型号。

注 2：附加型号可以标在主要部件上，也可以标在与之有关的外壳的外面。

如有 IP 代码，应标在当插座按正常使用安装和接线时清晰可辨的位置。

按 7.2.5 的 b）项分类的插座，应用一个三角形来标识，并应在插座安装好后明显可见。如果这类插座具有一个区别于正常电路所用的交界面结构的除外。

注 3：在 IEC 60884-1:2006 此处有一条注[8]。

8.4 对插头和移动式插座，8.1 中规定的标志（型号除外）应在电器附件接线和安装时清晰易辨。

Ⅱ类设备用的插头和移动式插座，不得标出Ⅱ类结构的符号。

注：可拆线的电器附件的型号可以标在外壳和盖的里面。

8.5 中性线专用端子应标出字母 N。

连接保护导线的接地端子应标出符号⏚。

上述标志不得位于螺钉或其他易拆卸的部件上。

注 1："易拆卸的部件"是指在正常安装插座和组装插头时可以拆卸的那些部件。

注 2：不可拆线电器附件中的端头不必标志。

6） 此注是根据我国情况增加的。目前 IEC 60884-1:2006 中保护接地符号仅规定用⏚。

7） 注释的后一句是根据产品的实际情况增加的。

8） IEC 60884-1:2006 中此注的内容为：下列国家由国家安装法规要求用橙色三角形符号：CA、US。

注3：2P+⊜的插头插座应遵循面对插座接地极在上方、左边是N极、右边是L极的标注规定。

用以连接不构成插座主要功能的导线的端子应有明显的特征，其用途不言自明或已在固定到电器附件的布线图中注明者除外。

电器附件端子可通过如下办法来识别：

——用GB/T 5465.2的图形符号或颜色和/或字母－数字系统构成的标志，或

——本身的物理尺寸或相对位置。

霓虹灯或指示灯的引线不视作本条所述的导线。

8.6 对与插座成一个整体的明装式安装盒，如IP代码高于IP20，其IP代码应标在与其相对应外壳的外面，并使插座按正常使用安装和接线之后清晰易辨。

8.7 声明带有IP代码高于IPX0防护等级的固定式暗装式或半暗装式插座，应通过其标志或制造商产品目录或使用说明书，给出其位置和特殊措施(例如：安装盒、安装面的类型、插头等)，确保获得规定的防护等级。

是否合格，通过观察检查。

8.8 标志应经久耐用，清晰易辨。

是否合格，通过观察并进行如下试验检查。

用手以浸透水的布片擦15 s后，再以浸透汽油的布片擦15 s。

注1：用印、铸、压或刻制做的标志不进行本试验。

注2：建议所用汽油为溶剂己烷，其芳族含量体积比最大为0.1%，贝壳松脂丁醇值为29，初沸点约为65 ℃，干点约为69 ℃，密度为0.68 g/cm³。

9 尺寸检查

9.1 电器附件和明装式安装盒应符合相应的标准和插头插座系统量规(如有)的要求。

符合相应的标准的插头，应保证能插入相应的固定式或移动式插座。

单相插头插座应符合GB 1002的要求。

三相插头插座应符合GB 1003的要求。

是否合格，通过下列来检查。

首先，插座要用符合相应标准要求的、具有最大尺寸的插销的插头插入10次和拔出10次。插销的尺寸通过测量或用量规来检查。

除非另有规定，量规的制造公差应如表2所示要求。量规的设计应采用标准中最不利的尺寸。

注：在某些场合(例如：中心之间的距离)，可能必需检查两者最极端的尺寸。

表2 量规公差

检查下列项目用量规	量规公差/mm
插销直径或厚度	$^{0}_{-0.02}$
与插销直径和与接触表面之间的距离相应的插孔的尺寸	$^{+0.02}_{0}$
插销宽度	$^{0}_{-0.05}$
插销长度	$^{0}_{-0.1}$
插销间距	$^{0}_{-0.02}$或$^{+0.02}_{0}$(视情况而定)
从插合面到插套初触点的距离(插座用)	$^{0}_{-0.05}$或$^{+0.05}_{0}$(视情况而定)
导入零件	±0.03

9.2 在某一给定的系统内，插头应不能与下列插合：

——电压额定值较高的或电流额定值较低的插座；

——带电极数不同的插座[9)]；专门制造允许与极数较少的插头插合的插座除外，但不得有任何危险，例如带电极与接地触头之间的连接或接地电路断路等。

——如果插头是0类设备的插头，与带接地触头的插座插合。

0类或Ⅰ类设备用的插头应不可能插入专为插合Ⅱ类设备的插头而设计的插座。

是否合格，通过观察或用量规来进行手动试验检查。量规制造公差应符合表2的规定。

在有怀疑情况下，不可插入性检查通过应用合适的量规，施力1 min来检查。对于额定电流不超过16 A的电器附件施加150 N的力，对于其他的电器附件施加250 N的力。

如所用的弹性材料和热塑性材料会影响试验结果，此项试验应在(40±2)℃[10)]的环境温度下进行，电器附件和量规均应处于此温度。

注：对硬质材料，如热固性树脂、陶瓷材料等，只要符合相关的标准就保证能符合此项要求。

9.3 转换器尺寸可以与标准尺寸规定的不同，但必须在技术上有先进性，对符合标准尺寸的电器附件的功能和安全无不利影响，特别是要符合可互换性和不可互换性的要求。

然而，具有上述差异的电器附件应符合本标准所有其他的适用要求。

10 防触电保护

注：对于本章，油漆、瓷漆和喷涂的绝缘涂层不视为绝缘材料。

10.1 插座应能做到，当插座按正常使用要求安装和接好线后，带电部件是不易触及的，即使是那些不用工具便可拆下的部件被拆除之后也应如此。

插头的带电部件当插头部分或完全插入插座时，应是不易触及的。

注：在IEC 60884-1:2006此处有一条注[11)]。

是否合格，通过观察，(必要时)通过下列试验检查：

试样按正常使用安装，并装上横截面积最小的导线试验，然后用表3规定的横截面积最大的导线重复试验。

用IEC 61032中的试具B标准试验指，施加到各个可能的位置上。用电压在40 V～50 V之间的电指示器显示试验指与相关部分的接触情况。

对于插头，将试验指施加到插头与插座部分和完全插合时的各个可能的位置上。

对由于使用热塑性材料或弹性材料可能导致不符合要求的电器附件，要在(40±2)℃[10)]的环境温度下进行附加试验，电器附件也应达到此温度。

在此附加试验期间，电器附件要经受75 N的力达1 min，此力是通过IEC 61032的试具11的直的无节试验指的端部来施加的。将装有上述规定的电指示器的试验指施加到绝缘材料变形会损坏电器附件的安全的所有位置上，但不施加在膜片和类似位置上。对薄壁敲落孔进行此附加试验施加力为10 N。

在本试验期间，电器附件及其有关的安装部件不应变形到使有关标准规定的用以确保安全的尺寸过度改变，而且不应触及到带电部件。

然后，将插头和移动式插座每个试样都按如图8所示的办法，以150 N的力，压在两个扁平平面之间达5 min。试样从试验装置卸下后15 min再进行检查，试样不应变形到使有关标准规定的、用以确保

9) 此条在我国仅适用于转换器插座。

10) 与我国使用环境温度严酷情况对应，改为(40±2)℃。IEC 60884-1:2006原文中为(35±2)℃。后面类似的对弹性或热塑性材料电器附件的试验温度的规定同理。

11) IEC 60884-1:2006中此注的内容为：在下列国家不进行插头部分插入试验：CH、CA、DK、JP、US。

安全的那些尺寸过度地改变。

10.2 当电器附件按正常使用要求接线和安装完毕后仍是易触及的部件,用以固定底座和插座的盖和盖板的、与带电部件隔开的小螺钉和类似部件除外,应由绝缘材料制成。但固定式插座的盖或盖板和插头和移动式插座的易触及部件,如满足10.2.1或10.2.2的要求,可以由金属材料制成。

10.2.1 金属盖或盖板要通过附加绝缘来保护,附加绝缘由固定到盖或盖板或固定到电器附件的本体的绝缘衬垫或绝缘隔层来制成。这些绝缘衬垫或绝缘隔层如果没有永久性的损坏,应不能被拆下,或应设计成不能更换在不正确的位置上,如果缺少了它们,使电器附件变得不可行或明显不完整。同时,例如通过固定螺钉,甚至导线从它的端子脱出来,也不存在引起带电部件和金属盖或盖板之间意外接触的危险。此外,应采取措施,防止爬电距离和电气间隙降到表23规定值以下。

在单极插入的情况下,10.3中规定的要求适用。

是否合格,通过观察检查。

上述的衬垫和隔层应符合第17章和第27章试验的要求。

10.2.2 在固定盖或盖板本身的过程中,金属盖或盖板能通过低阻连接自动接地。

当插头完全插入时,插头的带电插销和插座的接地的金属盖之间的爬电距离和电气间隙,应分别符合表23的第2项和第7项的要求;此外,在单极插入的情况下,10.3中规定的要求适用。

注1:允许用固定螺钉或其他的方法。

注2:在IEC 60884-1:2006此处有一条注[12]。

是否合格,通过观察和进行11.5试验来检查。

10.3 插头的任一个插销,在其他任何插销处于易触及状态时,应不能与插座的带电插套插合。

是否合格,通过手动试验和用按有关标准中最不利的尺寸制成的量规来检查,量规的公差应按表2规定。

对带有热塑性材料的外壳或本体的电器附件,试验应在(40±2)℃的环境温度下进行,电器附件和量规均须处于此温度。

对带有橡胶材料或PVC材料制成的外壳和本体的插座,要对量规施加75 N的力达1 min。

对装有金属盖或盖板的固定式插座,当另一个插销或另一些插销与金属盖或盖板接触时,任一个插销与插套之间距离要求至少为2 mm。

注1:下列措施中,若至少采用一种,即可防止单极插入:

——足够大的盖或盖板;

——其他措施(如保护门)。

注2:在IEC 60884-1:2006此处有一条注[13]。

10.4 插头的外部零件应由绝缘材料制成。但装配螺钉之类、载流插销、接地插销、接地条、环绕插销的金属环和满足10.2要求的易触及部件除外。

与插销同轴,环绕插销的环(如有)的总尺寸应不超过8 mm。

是否合格,通过观察检查。

10.5 带保护门的插座在结构上还应做到在不插入插头时,用图9和图10所示的探针不得触及到带电部件。

探针应施加到仅与带电插套对应的插入孔,并应不接触到带电部件。

为确保这一防护等级,插座在结构上应做到,当插头被拔出时,带电插套能自动被遮闭。

要达到这一要求的机构,应是不会轻易被插头以外任何东西所驱动,而且应不能依靠容易丢失的部

12) IEC 60884-1:2006中此注的内容为:在下列国家不允许这种替换:FI、DK(仅IPX0设备)、NO、FI、SE(仅移动式电器附件)。

13) IEC 60884-1:2006中此注的内容为:下列国家不允许用保护门作为防单极插入的唯一措施:AT、BE、CA、CZ、DE、ES、FI、NL、PT、UK、US。

件来实现这一目的。

用电压在 40 V～50 V 之间的电指示器来显示相关部件的接触情况。

是否合格，通过观察和用插座在插头完全拔出状态下，用上述探针进行如下试验。

按图 9 要求的探针，用 20 N 的力施加到与带电插套对应的插入孔。

探针依次从三个方向施加在保护门最不利的位置，同一位置三个方向的每个方向约为 5 s 时间。

在每次操作期间，应不旋转探针，探针应以 20 N 维持力的方式来施加，当探针从一个方向变动到另一个方向时，不施加力，但不能拔出探针。

然后，按图 10 所示的钢制探针，以三个方向施加 1 N 的力，每个方向约 5 s 时间，是独立碰触，每一次碰触后都要拔出探针。

对带有热塑性材料外壳和本体的插座，试验要在(40±2)℃的环境温度下进行，插座和探针均应处于这一温度。

10.6　插座的接地插套(如有)在设计上应做到：不会因插头的插入而出现危及安全的变形。

是否合格，通过下列试验检查：

将插座放置在使插套处于铅垂的位置。

将与插座类型配套的试验插头，用 150 N 的力插入插座中并保持 1 min。

此试验之后，插座应还能符合第 9 章的要求。

10.7　带加强保护的插座在结构上应能做到：当按正常使用要求安装和接线时，带电部件应是不易触及的。

是否合格，通过观察，并通过在无插头插入的最不利的条件下，用 1.0 mm 直径的探针(见图 10)向所有易触及表面施加 1 N 的力来检查。

对带有热塑性材料外壳和本体的插座，试验要在(40±2)℃的环境温度下进行，插座和探针均应处于这一温度。

在此试验期间，用探针应不可能触及到带电部件。

要采用 10.1 所述的电指示器。

11　接地措施

11.1　带接地触头的电器附件在结构上应能做到：插头插入时，接地插销应先与接地插套连接，然后，载流插销才带电。

当拔出插头时，载流插销应在接地插销断开之前断开。

是否合格，通过对照插头插座型式、基本参数和尺寸标准，检查试样来确定。

注：符合相应标准尺寸的要求即保证符合本要求。

11.2　可拆线电器附件的接地端子应符合第 12 章的有关要求。

这些接地端子尺码应与相应电源端子尺码相同。

带接地触头的可拆线电器附件的接地端子应是在内部的。

固定式插座可以有一个附加的外部接地端子。这个接地端子的尺码应适用于连接至少 6 mm^2 的导线。

固定式插座的接地端子，应固定到底座或固定到一个牢牢固定在底座的部件上。

固定式插座的接地插套应被固定到底座或固定到盖子上。如果固定到盖子上，接地插套应在盖子处于正常位置时，能自动地、可靠地连接到接地端子上。触点应镀银，或应具有不亚于镀银的防腐耐磨能力。

在正常使用中可能出现的各种条件下，包括盖子固定螺钉的松脱和盖子的马虎安装情况等，均应能保证符合这种接地连接的要求。

除了上述连接之外，接地电路的各个部分应成为一个完整导体，或者是用铆钉、焊接等办法可靠地连接在一起。

注 1：关于对固定到盖子上的接地插套与接地端子之间的连接要求，采用实心插销和弹性插套即可满足。

注 2：在本条的要求中，螺钉不视作触头的部件。

注 3：在考虑接地电路各部分之间连接的可靠性时，应考虑可能的腐蚀影响。

11.3　在带接地插套的固定式插座中，绝缘失效时会变成带电的易触及的金属部件，均应永久地、牢靠地接到接地端子上。

注 1：本要求不适用于 10.2.1 中提及的金属盖板。

注 2：在本要求中，用以固定底座、盖或盖板的、与带电部件隔离的小螺钉之类的零件，不视作“绝缘失效时会变成带电的易触及的金属部件”。

注 3：本要求意味着，对装有金属外壳，而且外壳上带有外部接地端子的固定式插座，这个端子必须与固定到底座的端子互连起来。

11.4　带有 IP 代码高于 IPX0 的插座，而且绝缘外壳具有多于一个电缆入口，除非插座的接地端子本身在设计上能做到可以将接地进线和接地出线连接在一起，则应装有一个内部固定接地端子，或为浮动端子提供足够的空间，允许保证接地电路连续性用的进线和出线的连接。

浮动端子不按第 12 章的要求。

是否符合 11.2 至 11.4 的要求，通过观察和进行第 12 章的试验检查。

是否符合保证浮动端子用的足够的空间的要求，通过进行用制造商规定类型的端子试验连接来检查。

11.5　接地端子与易触及金属部件之间的连接应是低电阻连接。

是否合格，通过下列试验检查。

在接地端子和每个易触及金属部件之间，轮流通以来自空载电压不超过 12 V 的交流电源的 1.5 倍的额定电流或 25 A 电流（二者取较大者）。

测出接地端子与易触及金属部件之间的电压降，并根据电流和这一压降计算出电阻。

无论如何，电阻不得大于 0.05 Ω。

注：要注意，测量探头端部与被试金属部件之间的接触电阻不得影响试验结果。

11.6　按照 7.2.5b)项要求，用在所连接的设备希望提供抗电干扰电路的固定式插座，应装有接地插套，并且它的端子要从任何金属安装设施上电气隔离开，或从可以被连接到系统的保护接地电路的其他暴露导电部件上电气隔离开。

是否合格，通过观察检查。

12　端子和端头

12.1　一般要求

在端子上进行的所有试验，除 12.3.11 和 12.3.12 外，均应在第 16 章试验之后进行。

12.1.1　可拆线固定式插座应装有带螺纹夹紧的端子或无螺纹端子

可拆线插头和可拆线移动式插座应装有带螺纹夹紧的端子。

如果使用预先锡焊的软线，则应注意，在螺纹型端子里，预先锡焊区应处于按正常使用连接时的夹紧区的外侧。

端子中夹紧导线用的部件，虽然可用于将端子保持在正常位置或防止端子转动，但不得用于固定其他任何零部件。

12.1.2　不可拆线电器附件应通过锡焊、熔焊、压接或等效永久性连接（如端头），不得使用螺钉端子或快速连接端子。

不允许压接预先锡焊的软导线，但焊接处于夹紧区外侧者除外。

12.1.3　是否合格，通过观察和通过 12.2 或 12.3 中适用的试验检查。

12.2 连接外部铜导线用的螺纹夹紧型端子

12.2.1 电器附件应装有允许正确连接如表 3 所示的标称横截面积的铜导线的端子。

表 3 额定电流和可连接的铜导线的标称横截面积之间的关系

电器附件 电流和型式	硬铜导线(单心或绞合线)[c]		软铜导线	
	标称横截面积/ mm^2	最粗导线的直径/ mm	标称横截面积/ mm^2	最粗导线的直径/ mm
6A	—	—	0.75～1.5	1.73
10A 2P 和 2P+⏚ (固定式电器附件)	1～2.5 [a]	2.13	—	—
10A 2P 和 2P+⏚ (移动式电器附件)	—	—	0.75～1.5	1.73
16A 2P 和 2P+⏚ (固定式电器附件)	1.5～2×2.5 [b]	2.13	—	—
16A 2P 和 2P+⏚ (移动式电器附件)	—	—	0.75～1.5	1.73
16A 除 2P 和 2P+⏚外 (固定式电器附件)	1.5～4	2.72	—	—
16A 除 2P 和 2P+⏚外 (移动式电器附件)	—	—	1～2.5	2.21
25A [d] (固定式电器附件)	2.5～6	3.30	—	—
25A [d] (移动式电器附件)	—	—	1.5～4	3.00
32A (固定式电器附件)	2.5～10	4.32	—	—
32A (移动式电器附件)	—	—	2.5～6	3.87

[a] 端子应允许连接两根直径为 1.45 mm,横截面积为 1.5 mm^2 的导线。

[b] 某些国家要求 3 根 2.5 mm^2 的导线或 2 根 4 mm^2 的导线串接。

[c] 允许使用软线。

[d] 25 A 是根据我国系统实际情况增加的。

导线所占空间至少应等于图 2、图 3、图 4 或图 5 中规定值。

是否合格,通过观察、测量和分别接上规定的最小标称横截面积和最大标称横截面积的导线来检查。

12.2.2 螺纹夹紧型端子应可以连接未经特别处理的导线。

是否合格，通过观察来检查。

注：术语"特别处理"是指导线的线丝的锡焊、电缆焊片的使用、孔眼的制作等，但不包括导线插入端子前的整形和对软电线端部的绞扭。

12.2.3 螺纹夹紧型端子应有足够的机械强度。

夹紧导线用的螺钉和螺栓应有米制 ISO 螺纹（相当国家普通螺纹）或在螺距上和机械强度上与其相当的螺纹。

螺钉不应用软的金属或易于蠕变的金属，例如锌或铝来制造。

是否合格，通过观察和通过 12.2.6 和 12.2.8 试验来检查。

注：暂时地，SI（国际单位制）螺纹、BA（美国协会）螺纹和 UN（统一标准）螺纹均视为在螺距上和机械强度上均可与米制 ISO 螺纹相比的螺纹。

12.2.4 螺纹夹紧型端子应能耐腐蚀。

本体由 26.5 规定的铜和铜合金制成的端子被视为满足本要求。

12.2.5 螺纹夹紧型端子在设计和结构上应做到：在夹紧导线时，无过度损伤导线。

是否合格，通过下列试验检查：

端子应放在图 11 的试验装置中，并按表 3 的规定接上硬（单心或绞合）导线和/或软导线：分别先接上标称横截面积最小的导线，再接上标称横截面积最大的导线；夹紧螺钉或螺帽要用表 6 规定的力矩来拧紧。

如果规定不用硬绞合导线的场合，本试验可以仅用硬单心导线进行。在这种情况下，无需下一步试验。

试验导线的长度应是 75 mm 加上表 9 中规定的高度（H）值。

将导线端部插进平板中的相应套管里，平板定位于试验设备下面的距离 H 处。套管孔直径和 H 值均由表 9 给出。套管应位于水平面内，使其中心线能作一个直径 75 mm 的并与处于水平面里的夹紧装置的中心同心。然后使平板以（10±2）r/min 的速率旋转。

将表 9 规定的重物挂在导线的端部。试验应持续约 15 min。

试验期间，导线既不得脱出夹紧件也不得在夹紧件处断开。导线不得损伤到无法再用。

如果标准里规定有单心硬导线，而且已经用绞合硬导线进行了第一次试验，则应用单心硬导线来复试。

12.2.6 螺纹夹紧型端子应设计得能将导线牢牢地夹紧在两个金属表面之间。

是否合格，通过观察和通过下列试验进行检查：

将端子接上表 3 规定的最小和最大标称横截面积的单心硬导线或绞合导线（对于固定式插座）和软导线（对插头和移动式插座）。用表 6 有关栏里规定的力矩的 2/3 将端子螺钉拧紧。

如果螺钉有带槽的六角螺钉头，所施加的力矩应为表 6 第 3 栏中规定力矩的 2/3。

然后，使每根导线经受表 4 规定的拉力达 1 min，拉力施加方向为导线的轴向，但不得用爆发力。

表 4 螺纹型端子拉力试验值

端子所能连接的导线的标称横截面积/mm^2	拉力/N
>0.75～1.5	40
>1.5～2.5	50
>2.5～4	50
>4～6	60
>6～10	80

如果夹紧件夹紧两根或三根导线，则应依次向每根导线施加相应的拉力。

试验期间，导线不得在端子内明显地窜位。

12.2.7 螺纹夹紧型端子应设计或放置得在拧紧螺钉或螺母时,硬单心导线或绞合导线的线丝均不可能脱出。

是否合格,通过下列试验检查:

端子接上具有表3中规定的最大标称横截面积的导线。

固定式插座的端子既要用硬单心导线又要用硬绞合导线来检查。

插头和移动式插座的端子要以软导线来检查。

用以连接两根或三根导线的端子,要接上允许数目的导线来检查。

端子所接的导线的结构如表5所示。

表5 导线的结构

标称横截面积/mm^2	线丝的数目(n)和线丝的$n\times$标称直径(mm)		
	软导线	硬单心导线	硬绞合导线
0.75	24×0.20	—	—
1.00	32×0.20	1×1.13	7×0.42
1.5	30×0.25	1×1.38	7×0.52
2.5	50×0.25	1×1.78	7×0.67
4.0	56×0.30	1×2.25	7×0.86
6.0	84×0.30	1×2.76	7×1.05
10.0	—	1×3.57	7×1.35

在将硬单心导线或绞合导线插入端子的夹紧机构之前,应将导线的线丝弄直。此外,可将硬绞合导线拧动,使之能大约恢复到原来的形状。而软导线要朝一个方向扭合,使其在约20 mm的长度内均匀地扭合一整圈。

将导线插进端子的夹紧机构达规定的最小距离,或者如无规定距离,则插至从端子的另一侧突出而且最易使线丝穿出的位置为止。

然后,以表6相应栏规定的力矩的2/3拧紧夹紧螺钉。

对软导线按上述方法但朝相反方向拧,用一根新导线重复试验。

试验之后,不得有任何线丝从夹紧件中脱出,爬电距离和电气间隙亦不得减小到第23章的规定值。

12.2.8 螺纹夹紧型端子应被固定在电器附件里,并应做到:当拧紧或拧松夹紧螺钉或螺母时,不会引起端子本身松脱。

注1:这些要求,并不意味着端子一定要设计得无法使他们旋转或移位,但必须将这种旋转和移位严格限制在避免不符合本标准的要求。

注2:涂覆密封胶或树脂可视作足以防止松脱的措施,但要求:

——在正常使用过程中,不得使密封胶或树脂受到应力;

——在本标准规定的最不利条件下,不得因端子的温度而降低密封胶或树脂的效能。

是否合格,通过观察、测量并进行下列试验检查:

将一根表3中规定的最大标称横截面积的硬单心铜导线放入端子中。

如规定不用硬单心导线的场合,本试验可以用硬绞合导线来进行。

在将硬单心导线或绞合导线插入端子的夹紧机构之前,应将导线的线丝弄直。此外可将硬绞合导线拧动,使之能大约恢复到原来的形状。

将导线插进端子的夹紧机构达规定的最小距离,或者如无规定距离,则插至从端子的另一侧突出而且处于最易使线丝穿出的位置为止。

用一合适的试验用螺钉旋具或扳手将螺钉和螺母拧紧和拧松5次。当拧紧时,施加的力矩要等于表6相应栏里或相应的图2、图3和图4中的表里所示的力矩,二者中取较高者。

每次拧松螺钉或螺母时，均要移动导线。

如果螺钉有带槽的六角螺钉头，仅用螺钉旋具进行试验，所施加的力矩值在表6第3栏给出。

表6 检验螺纹型端子机械强度用的拧紧扭矩

螺纹的标称直径/mm	力矩/(N·m)		
	1[a]	2[b]	3[c]
≤2.8	0.2	0.4	—
>2.8～3.0	0.25	0.5	—
>3.0～3.2	0.3	0.6	—
>3.2～3.6	0.4	0.8	—
>3.6～4.1	0.7	1.2	1.2
>4.1～4.7	0.8	1.8	1.2
>4.7～5.3	0.8	2.0	1.4

[a] 第1栏适用于拧紧后不会从螺孔中突出的无头螺钉，而且，亦适用于不能用刀口比螺钉直径宽的螺钉旋具来拧紧的其他螺钉。

[b] 第2栏适用于用螺钉旋具来拧紧的其他螺钉和适用于用除螺钉旋具以外的工具来拧紧的螺钉和螺母。

[c] 第3栏适用于用螺钉旋具来拧紧的罩式端子的螺母。

试验期间，端子不得松动，不得有会影响端子再度使用的损坏，即诸如螺钉断裂，导致无法再用适当的螺钉旋具来拧动的螺钉头，槽的损坏和螺纹、垫圈或U型卡的损坏等。

注1：罩式端子的标称直径就是带槽的螺栓的标称直径。

注2：试验用的螺钉旋具刀口形状宜适合于被试的螺钉头。

注3：不得用爆发力来拧紧螺钉和螺母。

12.2.9 用螺纹夹紧型的接地端子的夹紧螺钉和螺母应充分锁定，以避免意外松动；而且应是不用工具便无法将其拧松的。

是否合格，通过手动试验检查。

注：一般说来，图2、图3、图4和图5所示的端子的结构，能提供足够的弹性并能符合要求；对于其他的结构，可能需要采取专门的措施，如：使用不太可能被意外拆掉的、具有足够弹性的部件等。

12.2.10 螺纹夹紧型的接地端子，应做到不会因这些部件与接地铜导线或与其接触的其他金属之间的接触，而引起腐蚀的危险。

接地端子的本体应由黄铜或耐腐蚀性能不亚于黄铜的其他金属制成，除非它是金属框架或外壳的一部分；而后一种情况下，其螺钉或螺母应由黄铜或耐腐蚀性能不亚于黄铜的其他金属制成。

如果接地端子的本体是铝合金框架或外壳的一部分，则要采取措施，避免铜与铝或铝合金之间的接触而引起腐蚀的危险。

是否合格，通过观察检查。

注：经受得住腐蚀试验的电镀钢制成的螺钉或螺母，被视为耐腐蚀性不亚于黄铜的金属制品。

12.2.11 对于柱型端子，夹紧螺钉与导线完全插入时其端部之间的距离应至少为图2中规定的值。

注：夹紧螺钉与导线端部之间的最小距离，仅适用于导线不能直接穿过的柱型端子。

对于罩式端子，被固定部件与导线端部（当导线完全插入时）之间的距离应至少为图5中规定的值。

是否合格，在将表3中规定的最大标称横截面积的单心导线完全插入并完全夹紧之后，通过测量检查。

12.3 外部铜导线用的无螺纹端子

12.3.1 无螺纹端子可以是仅适用于硬的铜导线，也可以是既适合于硬的又适合于软的铜导线的类型。

对于后一种类型的端子，要先用硬导线试验，然后再用软导线重复试验。

注：12.3.1不适用于装有下列端子的插座：

——在将导线夹紧之前，需要专门部件固定到导线上的无螺纹端子，例如平推式连接器；

——需要将导线扭接的无螺纹端子，例如扭接头的无螺纹端子；

——通过刺穿绝缘的办法与导线直接接触的无螺纹端子。

12.3.2 无螺纹端子应有两个夹紧件，每个均应能正确地连接表7所示的标称横截面积的硬铜导线或硬和软铜导线。

表7 无螺纹端子的额定电流和可连接的铜导线的横截面积之间的关系

额定电流/ A	导线		
	标称横截面积/ mm^2	最粗硬导线的直径/ mm	最粗软导线的直径/ mm
10～16	1.5～2.5	2.13	2.21

当必须连接两根导线时，每根导线应插入一个分开的单独的夹紧件里（但不一定要插入分开的孔中）。

是否合格，通过观察，并且通过接上最小和最大标称横截面积的导线来检查。

12.3.3 无螺纹端子应能连接未经专门处理的导线。

是否合格，通过观察检查。

注：术语“专门处理”，包括导线线丝的焊接、端子端部的使用等，但不包括导线插入端子前的整型和对软导线的绞扭加固等。

12.3.4 无螺纹端子中，主要用于载流的部件应由26.5中规定的材料制成。

是否合格，通过观察并且通过化学分析检查。

注：弹簧、弹性件、夹紧板之类，不视为端子中的主要载流部件。

12.3.5 无螺纹端子应设计得既有足够的接触压力来夹紧规定的导线，并不会过分损伤导线。

应将导线夹紧在两个金属表面之间。

注：如果导线明显地有深的或尖锐的压痕，则视作受到过分损伤。

是否合格，通过观察和进行12.3.10的试验检查。

12.3.6 导线应如何才能连接和断开这一点必须是清楚的。

要使导线断开，除了拉动导线外，还必须进行一项操作，即借助或不借助一般用途工具通过手动操作将导线断开。

为使导线连接或断开的工具而开的孔，与为导线而开的孔之间应有明显的区别。

是否合格，通过观察，并且进行12.3.10的试验检查。

12.3.7 打算用于将两根或多根导线互连的无螺纹端子，在设计上应能做到：

——在导线插入过程中，某根导线的夹紧件的动作不应受到其他导线夹紧件动作的影响；

——在断开导线的过程中，导线可以同时断开，也可以分别断开；

——每根导线应插入到单独的夹紧件里（但不一定非要插入分开的孔里）；

——应能按设计要求牢牢夹紧任何根数的导线，直到最多根导线。

是否合格，通过观察并且通过以适当根数和尺码的导线进行试验检查。

12.3.8 固定式插座无螺纹端子，在设计上应明显地显示出导线适当插入，如果导线插入会降低表23要求的爬电距离和/或电气间隙，或影响插座的功能，则还应能防止导线过度插入。

注：为实现本要求，可以在插座上标志或在随同插座的说明书上给一个适当的记号，标明将导线插入无螺纹端子之前所必须剥去的导线绝缘的长度。

是否合格，通过观察和进行12.3.10的试验检查。

12.3.9 无螺纹端子应恰当地固定到插座上。

在安装过程中，无螺纹端子不应因导线的连接或断开而松动。

是否合格，通过观察和进行12.3.10的试验检查。

仅用密封胶覆盖而无其他锁定措施是不够的，然而可以用自固树脂来固定在正常使用时不会受到机械应力的端子。

12.3.10 无螺纹端子应能经受得住正常使用时出现的机械应力。

是否合格，通过如下试验检查，该试验要用去掉绝缘的导线在每个试样的一个无螺纹端子上进行，每次试验均要使用新的试样。

先用表7规定的最大标称横截面积的硬的单心铜导线，然后用表7规定的最小标称横截面积的硬的单心铜导线来进行本试验。

将导线连接和断开5次，每次均要用新的导线，但第5次除外。第5次要将用作第4次连接的导线夹紧在同一位置。每次连接时，或将导线尽量推入端子里，或者插入到可明显看出已经适当连接。

每次连接之后，导线要经受表8中所示值的拉力。施力达1 min，但不得使用爆发力。施力的方向，为导线所占空间的纵轴的方向。

表8 无螺纹型端子的拉力试验值

额定电流/A	拉力/N
10～16	30

在施力的过程中，导线不得脱出无螺纹端子。

然后，用12.3.2规定的最大和最小横截面积的硬绞合铜导线重复试验，但这些导线仅连接和断开一次。

用以连接硬软两种导线的无螺纹端子，也要用软导线作5次连接和断开的试验。

对带有无螺纹端子的固定式插座，要用试验装置使每根导线以(10±2)r/min的速率作圆周运动15 min。试验装置的示例由图11示出。在试验过程中，导线端部悬挂的重物由表9示出。

表9 铜导线在机械负载试验下的弯曲值

导线的标称横截面积[a]/mm^2	套管孔直径[b]/mm	距离(H)/mm	与导线对应的重物/kg
0.5	6.5	260	0.3
0.75	6.5	260	0.4
1.0	6.5	260	0.4
1.5	6.5	260	0.4
2.5	9.5	280	0.7
4.0	9.5	280	0.9
6.0	9.5	280	1.4
10.0	9.5	280	2.0

[a] mm^2 与AWG尺码之间对应关系见GB 17464。

[b] 如果套管孔直径不够大，要将导线捆绑才能插进套管孔，可以改用大一个尺码的套管。

试验期间，导线不得在夹紧件里明显窜位。

这些试验之后，端子和夹紧件均不得松动，导线不得有会影响今后使用的损坏。

12.3.11 无螺纹端子应能经受得住正常使用时出现的电应力和热应力。

是否合格，进行如下a)和b)试验检查。这些试验在5个从未做过任何其他试验的插座的无螺纹端子上进行。

这两项试验均用新的铜导线进行。

a) 无螺纹端子接上表10规定的标称横截面积、长1 m硬单心导线，并通以表10中规定的值的交流电流达1 h。

试验在每个夹紧件上进行。

表 10 检验无螺纹端子在正常使用中电应力和热应力的试验电流

额定电流/A	试验电流/A	导线的标称横截面积/mm^2
10	17.5	1.5
16	22	2.5
注：对于额定电流小于 10 A 的插座，试验电流应按比例确定，导线的横截面积选 1.5 mm^2。		

试验期间，电流不流经插座，仅流经端子。

这一试验结束后，应立即测出在通过额定电流的情况下每个无螺纹端子两端的电压降。

其电压降均不得超过 15 mV。

应在每个无螺纹端子的两端，尽可能靠近接触点的地方测量。

如果端子的背后连接是不易触及的，试样可以由生产厂适当处理，但必须注意，不得影响端子的性能。

在本试验及其测量期间，还应注意，导线及测量装置均不得明显移动。

b) 已经进行过上述 a)项电压降测量的无螺纹端子应按如下进行试验：

试验期间通以等于表 10 规定的试验电流。

整个测试装置，包括导线在内，在电压降的测量完成之前均不得移动。

端子应经受 192 个温度周期，每个周期的持续时间约为 1 h，并应按如下程序进行：

——通电流约 30 min；

——随后，断电约 30 min。

在每 24 个温度周期之后和在第 192 个温度周期完了之后，应按 a)项的规定，测出每个无螺纹端子的电压降。

无论如何，电压降均不得大于 22.5 mV 或在第 24 个温度周期之后测得的值的两倍，二者中取较小值。

试验之后，在无任何附加放大的情况下，以正常或校正视力进行观察，观察结果应证明，无任何会明显影响今后使用的变化，如裂痕、变形等。

此外，还要重复进行 12.3.10 中规定的机械强度试验。所有试样均应能经受得住这项试验。

12.3.12 无螺纹端子的设计应保证所连接的单心硬导线，即使在接线过程中已经弯曲（例如装进安装盒内），而且弯曲应力已传到夹紧件中，也能被夹紧。

是否合格，通过用 3 个未做过任何试验的插座的试样来检查。

试验设备的原理图见图 12 a)。该设备在结构上应能做到：

——能使正确插入到端子里的规定的导线得以朝 12 个方向、每个方向相差 30°±5°中的任何一个方向弯曲，而且，

——开始点与原来点可以相差 10°～20°。

注 1：不必规定基准方向。

要使导线由直的位置弯曲到试验位置，可以通过一合适的装置，在离端子有一定距离之处向导线施加规定的力来实现。

弯曲装置的设计应保证：

——施力的方向为垂直于未弯曲的导线方向；

——实现弯曲但在夹紧件内不伴随有导体的旋转或窜位；

——在进行规定的电压降测量时，能保持施力状态。

应采取措施，当导线按图 12 b)所示的方法接好后，能测出被试夹紧件两端的电压降。

将试样安装在试验装置的固定部件上，使插入被试夹紧件里的规定的导线能够自由弯曲。

注 2：必要时，可将被插入的导线永久地绕过障碍物，使之不会影响试验的结果。

注 3：在某些场合，将试验中妨碍受力导体弯曲的那些部件拆掉，但引导导线的部件除外。

为避免氧化，应在去掉导线的绝缘之后立即进行试验。

将夹紧件按正常使用要求，接上表 11 中规定的最小标称横截面积的硬单心铜导线后，使之经受第一顺序的试验；如果第一顺序试验通过，要在同一夹紧件上接上最大标称横截面积的硬单心铜导线，进行第二顺序的试验。

弯曲导线的力由表 12 示出。这 100 mm 的距离由导线的端子端部起，包括导线的导槽，量到导线的施力点为止。

试验要用连续电流（即试验过程中，不要使电流关断再接通）进行。要用合适的电源及电路中接入合适的电阻，使试验期间，电流的变化维持在±5%的范围之内。

表 11　无螺纹端子弯曲试验用的硬铜导线的标称横截面积

插座的额定电流/A	试验导线的标称横截面积/mm²	
	第 1 顺序试验	第 2 顺序试验
≤6 >6～16	1.0[a] 1.5	1.5 2.5

[a] 要是没有国家规定，在固定安装中允许使用 1.0 mm² 的导线。

表 12　弯曲试验的力值

试验导线的标称横截面积/mm²	使试验导线弯曲所用的力[a]/N
1.0 1.5 2.5	0.25 0.5 1.0

[a] 此力应选得能使加到导线的应力接近弹性限度。

被试的夹紧件通以试验电流等于插座的额定电流。朝图 12 a）所示的 12 个方向中的任一个方向，向插在被试夹紧件中的导线施加表 12 规定的力。测出此夹紧件两端的电压降。然后将力撤掉。

按同样的方法，连续地、逐个地朝图 12 a）所示的其余 11 个方向中的每一个方向施加这样的力。

如果在这 12 个试验方向中，有一个方向的电压降大于 25 mV，则要继续朝这个方向施力，直至电压降降到 25 mV 以下为止，但施力的时间不得超过 1 min。在电压降降到低于 25 mV 时，再朝同一个方向施力 30 s，在这 30 s 期间，电压降不得增大。

试样组里的其他两个插座，要按同一试验程序来试验，但施力的 12 个方向要变动，使每个试样的施力方向相差约 10°。

如果有一个试样在施力的任一方向上不合格，则要在另一组试样上重复进行试验。复试时，所有的试样均应合格。

13　固定式插座的结构

13.1　插座插套的组合件应有足够的弹性，以确保对插头插销有足够的接触压力。

是否合格，通过观察和进行第 9 章，第 21 章和第 22 章的试验检查。

13.2　插座的插套和插销应能耐腐蚀和耐磨损。

是否合格，通过观察并进行 26.5 的试验检查。

13.3　绝缘衬垫和绝缘隔层等应有足够的机械强度。

是否合格，通过观察并进行第 24 章的试验检查。

13.4 插座在结构上应能：

——易于把导线插入和连接到端子里；

——易于将底座固定到墙上或固定到安装盒里；

——使导线正确定位；

——使底座的下面与底座的安装表面之间或底座的侧面与外壳（盖子或安装盒）之间有足够的空间，在插座装好之后，导线的绝缘不会压在不同极性的带电部件上。

注：本要求并不意味着端子的金属部件必须受到绝缘隔层或绝缘突肩的保护，才能避免由于端子金属部件的不正确安装而与导线绝缘接触的危险。

对预定要安装在安装板上的明装式插座，可能要有接线槽才能符合本要求。

此外，分类为结构 A 的插座应能在不使导线移位的情况下，使盖或盖板易于定位或拆卸。

是否合格，通过观察并且通过表 3 中规定的最大标称横截面积的导线来进行安装试验检查。

13.5 插座的设计应不会因插合表面的任何突出物而阻碍与有关插头完全插合。

是否合格，通过用最大长度插销的插头尽量插入插座时，测定插座与插头的插合表面之间的间隙不应超过 1 mm。

13.6 如果盖子装有插销插入孔用的衬套，则应不可能从外面拆除它们，也应不可能在拆掉盖子时使它们意外地从里面脱落。

是否合格，通过观察和必要时通过手动试验进行检查。

13.7 用以确保防触电功能的盖、盖板或其零件，应在两个或多个点上用有效的固定件固定在正常位置上。

如果盖、盖板或其零件是用另外的办法，如用凸缘来定位的，则其可以用单个固定件（如一个螺钉）来固定。

注 1：建议盖或盖板的固定件应是不能自行脱落的。使用紧密配合的厚硬纸板垫圈之类作紧固件即可视为足以紧固螺钉防止自行脱落。

注 2：如果符合本条要求，非接地金属部件与带电部件之间的爬电距离和电气间隙值符合表 23 的规定，则不再认为是易触及部件。

凡是用结构 A 的插座的盖或盖板的固定件固定底座的，则应具备一种措施以保证即使在拆掉盖或盖板之后，还能将底座固定在正常位置。

是否合格，通过按 13.7.1，13.7.2 或 13.7.3 的试验检查。

13.7.1 对螺钉型固定件固定的盖或盖板：

仅通过观察检查。

13.7.2 对不靠螺钉来固定的、而且拆卸时要靠垂直于安装或支承表面方向的力（见表 13）才能拆掉的盖或盖板：

——如拆掉后，用标准试验指可以触及带电部件的，应进行 24.14 的试验检查；

——如拆掉后，用标准试验指可以触及到与带电部件之间的爬电距离和电气间隙为表 23 中规定值的非接地金属部件的，应进行 24.15 的试验检查；

——如拆掉后，用标准试验指仅能触及到

- 绝缘部件，或
- 接地的金属部件，或
- 与带电部件之间的爬电距离和电气间隙值为表 23 中规定值两倍的金属部件，或
- 不大于 25 V(a.c.)的安全特低电压电路中的带电部件的

进行 24.16 的试验来检查。

表 13 对不靠螺钉固定的盖、盖板或操纵部件所施加的力

拆掉盖、盖板或其部件之后，用标准试验指能触及的部位	试验依据的章、条	施加的力/N			
		符合 24.17 和 24.18 的要求的插座		不符合 24.17 和 24.18 的要求的插座	
		不得脱出	应脱出	不得脱出	应脱出
带电部件	24.14	40	120	80	120
与带电部件之间的爬电距离和电气间隙符合表 23 的值的非接地的金属部件	24.15	10	120	20	120
绝缘部件、接地的金属部件、≤25 V(a.c.)安全特低电压电路的带电部件或者与带电部件之间的爬电距离与电气间隙值为表 23 中两倍的金属部件	24.16	10	120	10	120

13.7.3 对不靠螺钉来固定的、而且要用说明书或其他文件给出的按制造商规定的工具来拆卸的盖或盖板：

是否合格，进行 13.7.2 的同样的试验来检查。但当朝垂直于安装或支承表面的方向施加不大于 120 N 的力时，盖板或其零件不必脱出。

13.8 用作带接地插套的插座的盖板，与用作无接地插套的插座的盖板如果互换会使插座不符合7.1.3 分类要求，则应是不可互换的。

注：本要求适用于同一制造商生产的电器附件。

是否合格，通过观察和进行安装试验检查。

13.9 明装式插座的结构应保证，当按正常使用安装和接线时，外壳上除了插头插销的插入孔或其他触头(如侧面接地触头或定位装置)的孔之外，再无其他任何开孔。

排水孔，外壳或安装盒与导管、电缆、接地触头(如有)之间的小间隙，外壳或安装盒与橡胶密封圈或膜片之间、以及与敲落孔之间的小间隙可忽略不计。

是否合格，通过观察和通过用如表 14 规定的最小标称横截面积的电缆进行的安装试验检查。

13.10 将插座安装在安装面上、安装盒里或外壳里所用的螺钉或其他零部件应是从正面易接触到的。这些零部件不得用于固定其他部件。

13.11 共用一个底座的多位插座，应装有对并联的插套进行互连的连接片(条)。这些连接片(条)的固定，应与电源线的连接是互相独立的。

13.12 各用独立底座的多位插座，应设计得能确保每个底座正确定位。每个底座的固定应与整个多位插座在安装面上的固定分开。

是否符合 13.10～13.12 的要求，通过观察检查。

13.13 明装式插座的安装板应有足够的机械强度。

是否合格，通过在13.4的试验之后进行观察和进行24.3的试验检查。

13.14 插座应能经受得住插进插座里的电器所施加的横向应力。

对于额定电流不大于16 A和电压不大于250 V的插座，是否合格，通过图13所示的装置检查。

将每个试样安装在与通过插套水平面相垂直的垂直表面上。然后将图13所示的装置与插座完全插合，并在此试验装置上悬挂一重物，重物施加的力为5 N。

1 min后，取下此装置并使插座在安装面上转90°角。试验共进行四次，每次插合之后，均应将插座转动90°角。

试验期间，该装置不得脱出。

试验之后，插座不得有本标准意义范围内的损坏，尤其是必须符合第22章的要求。

注：其他插座不做此项试验。

13.15 插座不得为灯座的一个不可分割的部分。

是否合格，通过观察检查。

13.16 IP等级高于IP20的插座，当按正常使用装有导管或带护套的电缆时，而且在无插头插入情况下应与它的IP等级相对应。

具有IPX4和IPX5防护等级的明装式插座应开一个排水孔。

如果插座有一个排水孔，此孔直径应不小于5 mm或面积不小于20 mm^2（长和宽不小于3 mm）。

如果盖的位置使得插座只能有一个安装位置，那么排水孔应在该位置上有效。当插座安装在铅垂墙上时，排水孔至少在两个安装位置上有效：一个安装位置是导线从顶部进入，另一个安装位置是导线从底部进入。

如果有盖子弹簧，它应由耐腐蚀材料，例如，青铜或不锈钢制成。

是否合格，通过观察、测量和进行16.2的有关试验检查。

注1：当插头不处于正常位置时，可以用加盖子的办法达到完全封闭的目的。

注2：本要求并不意味着，当插头不处于正常位置时，盖子（如有）或插销的插孔必须是封闭的，但插座必须能通过检验防进水的有关试验。

注3：只有在设计上能保证外壳与墙壁有至少5 mm的间隙或能提供一个至少具有规定尺寸的排水通道的前提下，外壳背部的排水孔才能视为有效。

13.17 接地插销应有足够的机械强度。

是否合格，通过观察来检查。对于非实心的插销，在第21章试验之后，通过14.2试验检查。

13.18 接地插套和中性插套应锁紧以防止旋转，而且只有在拆开插座外壳之后借助于工具才能卸下。

是否合格，通过观察和手动试验检查。

注：在拆下用工具才能拆下的外壳之后，不借助工具便能拆下插套的设计是不允许的。

13.19 接地电路的金属条不得有任何会损坏电源导线绝缘的毛刺。

是否合格，通过观察检查。

13.20 装在安装盒里的插座应设计得：在安装盒安装在正常位置之后，但在插座装进安装盒之前，能对导线线端进行加工处理。

是否合格，通过观察检查。

13.21 电缆入口应能使电缆导管或护套进入，从而给电缆提供完善的机械保护。

明装式插座在结构上应能做到：电缆导管或护套至少可进入外壳1 mm。

明装式插座的导管入口，如多于一个者，至少有两个入口应能接纳GB/T 17194规定的尺码为16，20，25或32的导管，或这些导管中任意两种尺码的导管的组合。

明装式插座的导管入口最好能容纳表14或制造商规定的尺寸的电缆。

表 14 明装式插座用外部电缆尺寸限值

额定电流/A	导线标称横截面积/mm^2	导线数目	电缆外部尺寸限值/mm	
			最 小	最 大
10	1～2.5	2	6.4	13.5
		3		14.5
16	1.5～2.5	2	7.4	13.5
		3		14.5
	1.5～4	4	7.6	18
		5		19.5
25[a]	2.5～6	4	8.9	22
		5		24.5
32	2.5～10	2	8.9	24
		3		25.5
		4		28
		5		30.5

注：上述规定的电缆外部尺寸限值以 GB 5023 和 GB 5013 为依据。

a 25A 一栏是根据我国插座系统的实际情况增加的。

是否合格，通过观察和进行测量检查。

注：合适尺寸的电缆入口，亦可用敲落孔或合适的插入件等办法获得。

13.22 电缆入口的膜片(密封圈)应牢牢地固定，而且，不得因正常使用时出现的任何机械的或热的应力而移位。

是否合格，通过观察并进行如下试验检查：

膜片应安装在电器附件里进行试验。

首先，电器附件要装上已经受过 16.1 规定的老化处理的膜片。

然后，按 16.1 的规定将电器附件放进加热室 2 h。加热室温度应维持在(40±2)℃。

这一阶段完了后，立即用(GB/T 16842 试具 11 所示的)直的无节试验指的端部，向膜片的各个不同部位施加 30 N 的力达 5 s。

在这些试验期间，膜片不得有能使带电部件变为易触及的变形。

对在正常使用过程中可能会受到轴向拉力的膜片，要施加 30 N 的轴向拉力 5 s。

试验期间，膜片不得脱出。

然后，再用未经受过任何处理的膜片重复试验。

13.23 建议电缆入口里的膜片在设计上和在用料上做到：在环境温度很低的时候，仍能将电缆插入电器附件里。

注：在 IEC 60884-1:2006 中此处有一条注[14]。

当有要求时，是否合格，通过如下试验检查：

将电器附件装上从未经受过老化处理的膜片，无开口的膜片应适当刺穿。

---

14) IEC 60884-1:2006 中此注内容为：在由于安装实际应用在冷条件下，下列国家要求符合这个建议要求：AT、CA、CH、CZ、DK、FI、NO、SE。

然后，将电器附件放进(−15±2)℃的冷冻箱里存放 2 h。

此后，将电器附件从冷冻箱里取出，随即，趁电器附件还冷，便将电缆插入；应能不过度用力即可将最大直径的电缆穿过膜片。

13.22 和 13.23 的试验之后，膜片不得出现有害的变形、裂痕或类似的会导致不符合本标准要求的损坏。

14 插头和移动式插座的结构

14.1 不可拆线电器附件应能做到：

——若不使电器附件永久地无用，便不能将软电缆从电器附件上拆下；

——用手或用一般用途的工具，如螺钉旋具，无法将电器附件打开。

注：不能用原来的零件或原料重新装配电器附件者，则该电器附件便视作永久无用。

是否合格，通过观察和手动试验及 24.14.3 试验进行检查。

14.2 移动式电器附件的插销应有足够的机械强度。

是否合格，通过第 24 章试验检查。对于非实心插销电器附件，还要在第 21 章试验之后，进行下列试验检查。

用直径为 4.8 mm 的钢棒，向按图 14 要求支承好的插销，施加 100 N 的力 1 min。施力时，使钢棒的轴线垂直于插销的轴线。

施力期间，在插销施力点位置尺寸的缩小不得大于 0.15 mm。

移开钢棒后，无论在任何方向，插销尺寸变化不得大于 0.6 mm。

14.3 插头的插销应该是：

——锁定，不能旋转；

——不拆散插头便不能将其拆下；

——在插头按正常使用接线并装配好之后，牢牢固定在插头的本体里。

应不可能将插头的接地插销或中性线插销或触头置换在任何不正确的位置上。

是否合格，通过观察，进行手动试验和 24.2，24.10 的试验检查。

14.4 移动式插座的接地插套和中性线插套应锁定，不得旋转，并只有在拆散插座之后，借助工具才能拆下。

是否合格，通过观察，进行手动试验检查；对一位移动式插座，还要进行 24.2 的试验检查。

14.5 插座插套组件应有足够的弹性，能够确保对插头插销有足够的接触压力。

在插座插套组件中与插销部分接触用于在插头完全插进插座时可以接通电流的部件：

——不得用绝缘材料，陶瓷或其他具备相适合的特点的材料除外；

——应确保至少在每个插销的两个相对的侧面上有金属接触。

——插套的接触压力应不仅取决于焊接连接处。

是否合格，通过观察和进行第 9 章，第 21 章和第 22 章的试验检查。

14.6 插销和插套应是耐腐蚀的和耐磨的。

是否合格，进行适当的试验检查。此项试验，正在考虑中。

14.7 可拆线移动式电器附件的外壳，应能将端子和软缆的端部完全包封住。

其结构应能使导线得到正确连接，而且当电器附件按正常使用要求接线并装配好之后，不会有下列的危险：

——导线线芯互相挤压，导致导线绝缘破损；

——连接到带电端子导线的线芯压在易触及的金属部件上；

——连接到接地端子的导线的线芯压在带电部件上。

14.8 可拆线移动式电器附件应设计得端子螺钉或螺母不会松脱，也不会偏离正常位置，即不会导致带电部件和接地端子之间，或带电部件与连接到接地端子的金属部件之间形成电气连接。

是否符合14.7和14.8的要求，通过观察和进行手动试验检查。

14.9 带接地触头的可拆线移动式电器附件应设计有充裕的空间，使接地导线有一定裕度，万一应力缓冲机构失效时，接地导线接头只有在载流导线接头受力之后才受力；而且，在应力过度的情况下，接地导线应在载流导线断裂之后断裂。

是否合格，进行如下试验检查：

将软缆连接到电器附件时，要将载流导线沿着最短的路径从应力缓冲机构引导到相应的端子。

在正确连接好载流导线之后，将接地导线的线芯引导到接地端子，然后，在比其正确连接所需的长度长8 mm之处剪断。

然后，将接地导线也连接到接地端子。当将电器附件正确装配之后，应能容纳由接地导线的过长部分形成的线环。

对带接地触头的不可拆线非模压电器附件，端头与电缆固定部件之间的导线长度应调整得：如果软缆在其固定部件中滑动，载流导线比接地导线先受力。

是否合格，通过观察检查。

14.10 可拆线移动式电器附件的端子和不可拆线移动式电器附件的端头应定位或屏蔽得达到：在电器附件中从导体上松脱线丝时，也不应出现触电的危险。

不可拆线模压移动式电器附件，应提供措施防止因导线线丝的松脱而降低导线与电器附件所有易触及外表面(插头的插合面除外)之间最小隔离距离的要求。

是否合格，通过下列检查：

——对可拆线电器附件，进行14.10.1试验；

——对不可拆线非模压电器附件，进行14.10.2试验；

——对不可拆线模压电器附件，按14.10.3进行检验和观察。

14.10.1 从具有表3规定的最小的标称横截面积的软导线的端部去掉6 mm长的绝缘。使绞合导线的一根线丝保持自由状态，而将其余的线丝按正常使用情况完全插入并夹紧在端子里。

然后，将自由线丝朝各个可能的方向弯曲，但不应撕破绝缘层，并且不得绕障碍物急剧弯曲。

注：不得绕障碍物急剧弯曲，并不是说在试验期间，要将自由线丝保持直的状态。如果认为在插头或移动式插座的正常装配过程中，例如，在将盖子推进去时，会出现这种急剧弯曲现象，就应使之急剧弯曲。

连接到带电端子的导线中的自由线丝不得碰触到任何易触及金属部件；当电器附件装配好之后，该线丝不得冒出壳外。

连接到接地端子的导线中的自由线丝不得触及带电部件。

必要时，要在自由线丝处于另一位置的情况下重复试验。

14.10.2 从装上的横截面积的导线的端部，剥去一段绝缘。剥去的绝缘长度等于制造商声明的所设计最大剥离长度再加上2 mm。将软导线的一根线丝处于自由并最不利的位置，然而将其余的线丝，按电器附件结构所使用的方式端接好。

弯曲这根线丝，但不要撕裂后面的绝缘。要向每个可能的方向弯曲，但是不要绕着障碍物急剧弯曲。

注：不得绕障碍物急剧弯曲，并不是说在试验期间，要将自由线丝保持直的状态。如果认为在插头或移动式插座的正常装配过程中，例如，将盖子推进去时，会出现急剧弯曲现象，就应使之急剧弯曲。

连接到带电端子的导线中的自由线丝应不碰触到任何易触及金属部件，或不降低爬电距离和电气间隙，使通过任何结构上的间隙到外部表面距离低于1.5 mm。

连接到接地端子的导线中的自由线丝，应不碰触到任何带电部件。

14.10.3 不可拆线模压电器附件应检查并证实，确有采取措施防止导线线丝的分散和/或防止带电部件通过绝缘到外部易触及表面的最小距离降至1.5 mm以下(插头的插合面除外)。

注：“措施”的验证可能要求对产品结构或安装方式的检查。

14.11 对可拆线移动式电器附件：

——如何解除应力和如何防止扭绞应是明确的；

——软线固定部件，或至少是软线固定部件的一部分，应与插头或移动式插座的一个组成部分成一整体，或是固定在其上的；

——不得采用权宜措施，例如将软缆打结，或用绳子捆绑其端部等；

——软线固定部件应适合于可能要连接的不同类型的软缆；

——如有用于夹紧软缆用的螺钉，应不用于固定任何其他的元件；

注：这不排除有用作为将软缆保持在一定位置的盖，当拆下这个盖后，软线固定部件仍能将电缆保持在电器附件中。

——软线固定部件应为绝缘材料制品，或装有固定到金属部件的绝缘衬垫；

——软线固定部件中的金属零部件，包括夹紧螺钉，均应与接地电路绝缘。

是否合格，通过观察，如果适用，还可进行手动试验检查。

14.12 可拆线移动式电器附件和不可拆线非模压移动式电器附件，应不可能在不用工具的情况下拆除用以保证防触电保护的盖、盖板或其部件。

是否合格，进行如下检查：

——对用螺钉固定的盖、盖板或其部件，通过观察进行检查；

——对不靠螺钉固定的并在拆去后可能触及到带电部件的盖、盖板或其部件。通过 24.14 试验进行检查。

14.13 如果移动式插座的盖子装有插销插入孔用的衬套，则应不可能从外面将它们拆除，在拆掉盖子之后，亦不可能使它们意外地从里侧脱落。

14.14 预定要进入电器附件内部的螺钉应是不能自行脱落的。

注：用紧密配合的垫圈或硬纸板之类来固定，即可视作为足以防止自行脱落。

是否符合 14.13 和 14.14 的要求，通过观察检查。

14.15 插头的插合面在插头按正常使用要求接线和装配好之后，除了插销之外，应无任何突出物。

是否合格，接上表 3 中规定的最大标称横截面积的导线之后通过观察检查。

注：接地触头不视为插合面上的突出物。

14.16 移动式插座的设计，应保证不会因插合面的任何突出物而不能与其相应的插头完全插合。

是否合格，进行 13.5 的试验检查。

14.17 IP 代码高于 IP20 的电器附件，当被装上电缆后，应按它的 IP 等级来密封。

IP 代码高于 IP20 的插头在按正常使用要求接上软缆之后，除插合表面之外，应是充分密封的。

IP 代码高于 IP20 的移动式插座，即使按正常使用要求装了软缆而且在无插头插合的情况下，也应保持充分密封状态。

如有盖弹簧，盖弹簧应为耐腐蚀材料，例如青铜或不锈钢制品。

是否合格，通过观察和进行 16.2 的试验检查。

注：插头不处于正常使用位置，保持充分密封的要求可以通过盖子来实现。

本要求并不是说，当插头不处于正常使用位置时，盖子(如有)或插销的插孔必须是封闭的，但电器附件必须能通过防有害进水的试验。

14.18 移动式插座中，用于将插座挂到墙上或其他安装表面的悬挂装置，应不会与带电部件接触。

用于将移动式插座挂到墙上或其他安装面上的悬挂装置与带电部件之间不得有任何敞开的口。

是否合格，通过观察，并进行 24.11，24.12，24.13 的试验检查。

14.19 与开关、断路器或其他装置组合在一起的移动式插座组合装置，如没有相关的组合产品标准，应符合各个适用标准的有关要求。

是否合格，根据相应标准检查。

注：与 RCDs 的组合装置，见 GB 20044。

14.20 移动式电器附件不得为灯座的一个不可分割的部分。

是否合格,通过观察检查。

14.21 专门作为Ⅱ类设备的插头可以是可拆线或不可拆线的。

如果这些插头是装在电线组件上的,则此电线组件应装有Ⅱ类设备用的连接器。

如果这些插头是装在电线加长组件上的,则此电线加长组件应装有Ⅱ类设备用的移动式插座。

注1:在 IEC 60884-1:2006 中此处有一条注[15]。

注2:在 IEC 60884-1:2006 中此处有一条注[16]。

是否合格,通过观察检查。

14.22 装在电器附件里的元件,如开关和熔断体等,均应符合有关标准要求。

是否合格,通过观察,必要时,还要按有关标准对元件进行试验检查。

14.23 如果插头与插入式电器成为一体,该电器不得使插销过热,并且不得对固定式插座施加过度的应力。

注:与插头成为一体的电器有带可充电蓄电池的剃须刀、灯及插入式变压器等。

额定值大于 16 A,250 V 的插头不得成为其他电器的整体部件。

对带或不带接地插销,额定值不大于 16 A,250 V 的两极插头,是否合格,进行 14.23.1 和 14.23.2 的试验检查。

注:其他插头的试验正在考虑中。

14.23.1 将电器的插头插进符合本部分要求的固定式插座里,插座所连接的电源电压,等于该电器的最高额定电压的 1.1 倍。

1 h之后,插销的温升不得超过 45 K。

14.23.2 将设备插入符合本标准的固定式插座里,使插座围绕着穿过带电插套的轴的、在距离插座插合面后面 8 mm 处的、并与这一插合面平行的水平轴线而旋转。

为使插合面维持在垂直平面而必须施加到插座的附加力矩不得大于 0.25 N·m。

14.24 插头的形状和制造的材料应保证,用手能容易地将插头从相应的插座中拔出。

此外,抓夹面应设计成无须拉动软缆即能将插头拔出。

是否合格,通过视检检查,如有怀疑通过试验来检查。

注:可能的试验例子在附录 C 中给出。

14.25 移动式电器附件的电缆入口里的膜片,应符合 13.22 和 13.23 的要求。

15 联锁插座

与开关联锁的插座在结构上应能做到:在插座插套仍然带电的时候,插头不能插入插座,亦不能从插座完全拔出,而且直至插头几乎完全插合时,插座的插套才会带电。

是否合格,通过观察和进行手动试验检查。

注:其他的试验要求在 IEC 60884-2-6 中规定。

16 耐老化、由外壳提供的防护和防潮

16.1 耐老化

电器附件应具有耐老化性能。

仅作装饰用的部件,如某些盖子等,如可能的话应拆掉,不进行本试验。

是否合格,进行如下试验检查:

电器附件按正常使用安装好,然后,在具有环境空气的成分和压力的大气并自然通风的加热箱里经受试验。

---

15) IEC 60884-1:2006 中此注内容为:下列国家不允许Ⅱ类设备用可拆线插头:AT、CH、CZ、DE、FI、NL、NO、SK。

16) IEC 60884-1:2006 中此注内容为:下列国家不允许Ⅱ类设备用电线加长组件:CZ、DE、DK、IT、SK、UK。

IP代码高于IPX0的电器附件,要按16.2的规定安装和装配好之后进行试验。

对移动式插座,符合第20章规定要求的试验插头在试验时应插入插座内。

对带盖子的电器附件,其试验插头应设计成当它插进插座时,盖子能够闭合。

对移动式插座,将试验插头从插座拔出后,按照22.2的规定要求用单插销量规检查插套组件的接触压力。在30 s内量规不得从插套组件上滑落。

加热箱里温度为(70±2)℃。

试样要在加热箱里存放7 d(168 h)。

推荐使用电热加热箱。

自然通风可以通过加热箱壁上的孔来实现。

经过上述处理之后,将试样从加热箱中取出,然后在室温和相对湿度在45%与55%之间的环境里至少存放4 d(96 h)。

在无任何放大的情况下,试样不得有正常或校正视力所能看见的裂痕,其材料亦不得发黏变滑。检验发黏变滑的方法如下:

用干的粗布片裹着食指,以5 N的力压在试样上。

试样上不得留有布纹,而布片不得粘有试样的材料。

试验之后,试样不得有不符合本标准要求的损坏。

注:5 N的力可用如下方法来获得:

——将试样放在天平的一个托盘上,另一个托盘放上等于试样质量再加上500 g的一个砝码;

——然后,用裹着干的粗布片的食指按着试样,使天平恢复平衡状态。

16.2 由外壳提供的防护

外壳应能提供符合电器附件标志的IP等级的防护。包括防危险部件的进入的防护、防由于固体物进入有害影响的防护和防水进入的有害影响的防护。

是否合格,通过16.2.1和16.2.2试验进行检查。

16.2.1 防危险部件进入和防由于固体物进入有害影响的防护

电器附件和它的外壳应提供防危险部件进入和防由于固体物进入有害影响的防护等级。

将固定式插座按正常使用要求安装在垂直表面上。暗装式和半暗装式插座按制造商的说明书要求,安装在适当的安装盒里。

带螺纹压盖或膜片的电器附件要装上和连接上表3规定的连接范围的电缆。压盖用24.6试验时规定力矩2/3来旋紧。

外壳的螺钉要用表6中规定力矩的2/3来旋紧。

不用工具即可拆掉的部件要拆掉。

如果电器附件已成功地通过本试验,然后对这些单一电器附件的组合视为通过本试验。

注:压盖不灌注密封胶或类似物体。

16.2.1.1 防危险部件进入防护

进行GB 4208规定的相关试验(参见第10章)。

16.2.1.2 防由于固体物进入有害影响的防护

进行GB 4208规定的相关试验。

第一位特征数是5的电器附件,被认为是第2种类电器附件。灰尘的渗入量不应影响电器附件良好运行和损害安全。

不应将试验指施加到排水孔。

16.2.2 防有害进水

电器附件和它的外壳应能提供与它的IP等级相应的防有害进水的保护等级。

是否合格,在下列规定的条件下,通过GB 4208相关试验检查。

暗装式和半暗装式插座按制造商说明书的规定，用适当的安装盒固定于模拟电器附件使用的垂直测试壁里。

如制造商说明书规定电器附件可适用于安装在毛糙的墙上，应采用图15所示的测试壁，该测试壁由表面平滑的砖砌成。将安装盒安装到测试壁里时，应使测试壁与安装盒紧密无间。

注1：如果用密封胶将安装盒固定到测试壁，密封胶不得影响被试试样的密封性能。

注2：图15所示的那种安装盒，边缘是在基准平面里的。制造商规定的安装盒，边缘可能在其他位置。

明装式插座按正常使用要求安装在垂直位置，接上制造商规定的电缆或导管或两者，电缆应具有表3规定的与插座额定值相应的最大和最小标称横截面积的导线。

移动式插座在平整的水平表面上进行试验。试验时，插座应处于正常使用过程软电缆不会受到应力的位置。插座要接上表17规定的软缆，电缆导线的最大和最小标称横截面积要符合表3的规定，与插座的额定值相对应。

安装电器附件时需要旋动的外壳螺钉要用表6中规定力矩的2/3来旋紧。

压盖要以24.6试验期间所施力矩的2/3旋紧。

注3：压盖不灌注密封胶或类似物体。

不用工具即可拆掉的部件要拆掉。

外壳防护等级低于IPX5的插座，如有排水孔，按正常使用要求，在最低的位置打开一个排水孔。外壳防护等级等于或高于IPX5的插座，如有排水孔，试验期间，排水孔不得打开。

插座要在无插头插合的情况下进行试验，如果有盖，还要关上盖来试验。

注4：在IEC 60884-1:2006中此处有一条注[17)]。

插头试验时，要先与固定式插座完全插合，再与移动式插座完全插合。如果插头插座系统规定了这两种插座的防水保护等级，这两种插座应是同一系统、同一防水保护等级的。

注5：在某些系统中，插头和插座可以不具有相同的防护等级。

要小心，不要移动、碰撞、振动插头插座组件，以免影响试验结果。

如果电器附件有已被打开的排水孔，观察结果应证明：进入试样的水没有积聚，而是在对整个插头插座组件造成危害之前便已排出。

试样在完成了本条的试验之后的5 min之内，应经受17.2的电气强度试验。

16.3 耐潮

电器附件应能耐受正常使用时可能出现的潮湿。

是否合格，通过本条规定的潮湿处理来检查。潮湿处理之后，应立即进行第17章规定的绝缘电阻测量和电气强度试验。

进线孔，如有，应让其敞开着，如果有敲落孔，则让其中之一敞开着。

不用借助工具即可拆下的部件要拆下，并与主要部件一起经受潮湿处理；弹簧盖在此项处理过程中要打开。

潮湿试验应在含有相对湿度维持在91%～95%之间的空气的潮湿箱里进行。

放置试样之处的空气温度应维持在(40±2)℃[18)]。

将试样放进潮湿箱之前，要使试样的温度达到这个温度。

试样要在潮湿箱里存放达：

——2 d(48 h)——对IP代码为IPX0电器附件；

——7 d(168 h)——对IP代码高于IPX0电器附件。

17） IEC 60884-1:2006中此注内容为：下列国家固定式插座同时要用插头插合时进行试验：AT、AU、DK。

18） 根据GB/T 2423和我国的具体环境条件，本部分规定防潮试验温度为(40±2)℃。IEC 60884-1:2006此处规定为20 ℃～30 ℃之间的任何值 $t\pm1$ K。

注 1：在大多数情况下，在潮湿处理之前将试样保持在这个温度至少 4 h，即可使试样达到规定的温度。

注 2：要获得 91%与 95%之间的相对湿度，可在潮湿箱里放置硫酸钠（Na_2SO_4）或硝酸钾（KNO_3）的饱和水溶液，并且使溶液与空气有足够大的接触面。

注 3：为了在潮湿箱内达到规定条件，必须保持箱内空气不断循环，而且通常要使用隔热箱。

本项处理结束后，试样不得出现本标准意义上的损坏。

17 绝缘电阻和电气强度

电器附件应有足够的绝缘电阻和电气强度。

是否合格，通过如下试验检查。这项试验是紧接着 16.3 的试验之后，把不用工具即可拆除的部件和为了试验而拆除掉的部件重新装好之后在潮湿箱或者在已使样品达到规定温度的房间里进行。

17.1 绝缘电阻要用一个约 500 V 的直流电压来测量，而测量应在电压施加后 1 min 进行。

绝缘电阻不得小于 5 MΩ。

17.1.1 对插座，绝缘电阻要依次在如下部位测量

a) 在所有连接在一起的极与本体之间，测量要在插头处于插合的情况下进行；

b) 依次在每一极与所有其他极之间，这些所有其他极要在插头处于插合的情况下连接到本体上；

c) 在任何金属外壳和与其绝缘衬垫的内表面相接触的金属箔之间；

注 1：本试验只是在必须有绝缘衬垫才能提供绝缘的情况下才进行。

d) 在软线固定部件的任何金属部件（包括夹紧螺钉）与移动式插座的接地端子或接地插套之间；

e) 在移动式插座的软线固定部件的任何金属部件与插入到正常的接线位置的、与软缆的最大直径（见表 17）一样粗的金属杆之间。

a）和 b）中所用的“本体”一词，包括易触及的金属部件、支承暗装式插座底座的金属框架、与用绝缘材料制成的外部易触及部件的外表面相接触的金属箔、底座或盖和盖板的固定螺钉，外部装配螺钉及接地端子和接地插套。

注 2：不可拆线移动式插座不进行 c）、d）和 e）项测量。

注 3：在用金属箔包裹绝缘材料部件的外表面或将金属箔放置得与绝缘材料部件内表面相接触的同时，用 IEC 61032:1997 试具 11 所示的直的无节试验指以不明显的力把金属箔压入孔或沟槽中。

17.1.2 对插头，绝缘电阻应依次地在下列部件上测量

a) 在所有连接在一起的极与本体之间；

b) 依次在每一极与连接到本体上的所有其他极之间；

c) 在软线固定部件的任何金属部件，包括夹紧螺钉，与接地端子或接地插销之间；

d) 在软线固定部件的任何金属部件与插入到正常接线位置的，与软线或软缆的最大直径（见表 17）一样粗的金属杆之间。

在 a）和 b）中所用的“本体”一词，包括易触及的金属部件、外部装配螺钉、接地端子、接地插销和与用绝缘材料制成的易触及部件的外表面（除插合面之外）相接触的金属箔。

注 1：不可拆线插头不进行 c）和 d）项测量。

注 2：在用金属箔包裹绝缘材料部件的外表面或将金属箔放置得与绝缘材料部件内表面相接触的同时，以不明显的力，用 GB/T 16842 试验指 11 所示的直的无节试验指把金属箔压在孔或沟槽中。

17.2 在 17.1 所规定的部件之间，施加基本上是正弦波形的、频率为 50 Hz 的电压 1 min。

试验电压应为如下：

——对额定电压 130 V 及以下的电器附件，1 250 V；

——对额定电压 130 V 以上的电器附件，2 000 V。

开始时，施加的电压应不大于规定值的一半，然后，迅速地提高到规定值。

试验期间，不得出现闪络或击穿现象。

注 1：试验所用的高压变压器在设计上必须做到：当把输出电压调到相应的试验电压后使输出端子短路时，输出电

流至少为 200 mA。

注 2：在输出电流小于 100 mA 时，过电流继电器不得动作。

注 3：应注意，所施加的试验电压的方均根值应在±3%的范围内。

注 4：不会引起电压降的辉光放电可忽略不计。

18 接地触头的工作

接地触头应提供足够的接触压力，而且，在正常使用时不得劣化。

是否合格，进行第 19 章和第 21 章的试验检查。

19 温升

电器附件在结构上应符合如下的温升试验要求：

不可拆线的电器附件按交货状态进行试验。

可拆线电器附件应接上表 15 所示的标称横截面积的聚氯乙烯绝缘导线。

表 15 温升试验用铜导线的标称横截面积

额定电流/A	标称横截面积/mm²	
	移动式电器附件的软导线	固定式电器附件的(单心或绞合)硬导线
≤10	1	1.5
>10～16	1.5	2.5
>16	4	6

端子螺钉或螺母要用 12.2.8 规定的力矩的 2/3 拧紧。

注 1：为了确保端子的正常冷却，与它们相连接的导线的长度应至少为 1 m。

暗装式电器附件要安装在暗装式安装盒里。安装盒放置于松木槽里。松木槽与安装盒之间填满灰泥，使安装盒的正面边缘不会高出松木槽的正表面，也不能低于正表面 5 mm 以上。

注 2：这一试验组合体在制成后，应至少先晾干 7 d 才进行试验。

松木槽可以由多于一小块拼凑而成。松木槽的大小应能使至少有 25 mm 的木头包围着灰泥；灰泥包围着安装盒，在安装盒各边和底部最大尺寸处，灰泥的厚度都保证在 10 mm～15 mm 之间。

注 3：松木槽里的腔穴可以是圆柱形。

连接到插座的电缆应从安装盒的顶部进入。进入点要密封，防止空气循环。安装盒内，每根导线的长度为(80±10)mm。

明装式插座固定于木块表面的中心，该木块至少厚 20 mm，宽 500 mm，高 500 mm。

其他类型的插座按制造商的说明安装，如果没有这种说明，要安装在正常使用时为最严酷条件的位置。

试验组合体应放在不通风的环境里进行试验。

插座要用试验插头进行试验。该试验插头的插销应为黄铜制品，并应具有规定的最小尺寸。

对于本试验，在端子上测量温升。

插头的试验应该在不通风的环境中进行，且应将其置于一块木板中央，此木板应至少为 20 mm 厚、500 mm 宽、500 mm 高。

对插头试验如下：

符合图 44 中尺寸要求的夹紧元件与热电偶一起安装在插头的每个带电插销和接地插销(如有的话)上。然后将螺钉大约放置在插销裸露部分的中央，并用 0.8 N·m 的扭矩拧紧。

然后通以表 20 规定的交流电 1 h。

对带有单边接地触头和弹性接地触头的插头，要用固定式插座进行试验，该插座要符合本标准要求，要尽量具有平均特性，但接地接销(如有的话)尺寸要最小。

将插头插入插座，使表 20 规定的交流电通过 1 h。

注 4：试验中应采取足够措施避免电击。

对三极或更多极的电器附件，试验期间使电流流经相触头。此外，还要使电流流经中性触头和附近的相触头，也要使电流流经接地触头和最接近的相触头。在进行这项试验时，接地触头不论数目多少均视作一个极。

如果是多位插座，要在每种类型和电流额定值的一个插座上分别进行试验。

利用热电偶来测定温度。

热电偶所指示的温升不得超过 45 K。

注 5：在进行 25.3 的试验时，对即使与载流部件和接地电路部件接触，但不是用作保持载流部件和接地电路部件在正常位置所必需的绝缘材料外部部件的温升亦应确定。

注 6：如果电器附件装有调光开关、熔断体、开关、能量调节器等，这些元件在进行本试验时要短路。

20 分断容量

电器附件应有足够的分断容量。

是否合格，要用合适的试验设备对插座和对转换器非实心插销的插头进行试验检查。试验设备的示例见图 16。

可拆线的电器附件要装上第 19 章的试验规定的导线。

注 1：对图 16 所示试验设备的修改正在考虑中。

注 2：万一保护门失效，可以用手动操作的办法对带保护门的插座重复进行试验。

插座要用试验插头来试验，该试验插头的插销应由黄铜制成，适用时还可带绝缘护套。插销应具有最大的规定尺寸，偏差为$_{-0.06}^{\ 0}$ mm，而且插销与插销之间的间距为标称距离，偏差为$_{\ 0}^{+0.05}$ mm。就绝缘护套的端部而言，只要护套的尺寸在有关标准活页的公差范围之内即可。

注 3：插销绝缘护套端部的形状对本试验并不重要，只要护套能符合有关标准活页的要求即可。

注 4：黄铜插销的原料如 ISO 1639 规定 CuZn39 Pb2-M 型。插销的微结构应是均匀的。

插销的端部应倒圆。

插头要用符合本标准要求的固定式插座来试验。所选插座应尽量具有平均特性。

注 5：在开始试验之前，要注意确保试验插头的插销处于完好状态。

对额定电压不大于 250 V、额定电流不大于 16 A 的电器附件，试验设备的行程应在 50 mm～60 mm 之间。

注 6：其他额定值的电器附件的行程正在考虑中。

将插头插入拔出插座 50 次(100 个行程)，插拔速率为：

——对额定电流不大于 16 A、额定电压不大于 250 V 的电器附件，每分钟 30 个行程；

——对其他电器附件，每分钟 15 个行程。

注 7：一个行程是插头的一次插入或一次拔出。

试验电压是额定电压的 1.1 倍。试验电流是额定电流的 1.25 倍。

从插头与插座插合到拔出期间，通电的时间为：

——对于额定电流不大于 16 A 的电器附件：$1.5_{\ 0}^{+0.5}$ s。

——对于额定电流 16 A 以上的电器附件：$3_{\ 0}^{+0.5}$ s。

电器附件要用 $\cos\varphi=0.6\pm0.05$ 交流电进行试验。

接地电路，如有，不通电流。

试验要按图 17 所示的接线。带中性触头的两极(2P＋N 和 2P＋N＋⏚)电器附件，要连接到三相系统中的两根相线与中性线上。

电阻器和电感器不并联。如果用空心电感器，就要将一个能消耗掉流经电感器电流的 1％的电阻器与这个空心电感器并联起来。

如果电流波形为基本正弦波形，也可以用铁芯电感器。

三极电器附件的试验要用三芯电感器。

易触及金属部件、金属支架和任何支承暗装式插座底座的金属支架均要通过选择开关 C 连接。对两极电器附件，则有半数的行程要连接到电源的一个极，而另一半行程要在另一个极上完成。对三极电器附件，每个极要完成行程总数的 1/3。

如果是多位插座，则要在每种类型和额定值的一个插座上分别进行试验。

试验期间，不应出现持续闪弧。

试验之后，试样应不能有影响进一步使用的损坏，插销的插入孔不得有影响本标准意义内安全性能的损坏。

21 正常操作

电器附件应能经受得住正常使用时出现的机械、电和热应力而不会出现过度的磨损或其他有害影响。

是否合格，用合适的试验装置对插座和对转换器带有弹性接地插套的插头或带非实心插销的插头进行试验检查。试验设备的示例见图 16。

注 1：对图 16 所示试验设备的修改正在考虑中。

（对插座进行试验用的）试验插销和（对带弹性接地插套的插头或带非实心插销的插头进行试验用的）固定式插座，要在第 4 500 个和第 9 000 个行程之后更换。

应按照图 43 规定的程序进行。

应允许制造商指出试验程序从图 43 的哪点开始，是点①、点②还是点③。

如果制造商指出从点②或是点③开始，则应在之前已经受过第 20 章试验的新试样上进行试验，这是相应的起始点②或③所要求的条件。

插座要用试验插头来试验，该试验插头和插销应由黄铜制成，适用时还可带绝缘护套。插销应具有规定的最大尺寸，偏差为 $_{-0.06}^{\ 0}$ mm；插销与插销之间的间距为标称距离，偏差为 $_{\ 0}^{+0.05}$ mm。就绝缘护套的端部而言，只要护套的尺寸在有关标准活页的公差范围之内即可。

注 2：插销绝缘护套端部的形状对试验并不重要，只要护套能符合有关标准活页的要求即可。

注 3：黄铜插销的材料应符合 ISO 1639 规定，CuZn39 Pb-2M 型。插销的微结构应是均匀的。

插销的端部应倒圆。

插头要用符合本标准要求的固定式插座来试验。所选插座应尽量具有平均特性。

注 4：在开始试验之前，要注意确保试验插头的插销处于完好状态。

试样要在 $\cos\varphi = 0.8 \pm 0.05$ 的电路中，以额定电压和表 20 中规定的交流电流进行试验。

将插头插入和拔出插座 5 000 次（10 000 个行程），插拔的速率为：

——对额定电流不大于 16 A，额定电压小于等于 250 V 的电器附件，每分钟 30 个行程；

——对其他电器附件，每分钟 15 个行程。

注 5：一个行程就是插头的一次插入或者一次拔出。

对额定电流不超过 16 A 的电器附件，在插头每次插拔过程中使电流流过。

在所有其他场合下，在一次插拔过程中通以试验电流，在另一次插拔时则不通电流。

从插头插合到拔出期间，通试验电流的时间为：

——对于额定电流不大于 16 A 的电器附件：$1.5_{\ 0}^{+0.5}$ s。

——对于额定电流大于 16 A 的电器附件：$3_{\ 0}^{+0.5}$ s。

接地电路，如有，不通电流。

按第 20 章所示的接线进行试验，选择开关 C 按第 20 章的规定操作。

如果是多位插座，试验要在每种类型和额定值的一个插座上分别进行试验。

试验过程中，不应出现持续闪弧现象。

试验之后，试样不应出现：

——会影响今后使用的磨损；

——外壳、绝缘衬垫或隔层等的劣化；

——会影响插销正常工作的插孔的损坏；

——电气或机械连接的松脱；

——密封胶渗漏。

对带保护门的插座进行如下试验：用图 9 的探针对相对于带电插销的插孔保护门施加高达 20 N 的力。

将探针施加到保护门最不利的位置，在同一个位置依次以三个不同的方向施加。在三个方向的每一个方向上约 5 s 时间。

在每一次施加期间，探针应不旋转，并且应施加维持 20 N 的力，当探针从一个方向换成另一个方向时不施加力，但不要拔出探针。

然后，用图 10 的探针向三个方向施加 1 N 的力，在三个方向的每一方向上约 5 s 时间。并且独立施力，即每施力一次就把探针拔出。

在所加的相应力保持不变的情况下，图 9 和图 10 的探针不得碰触到带电部件。

用一个电指示器来显示与有关部件的接触，指示器的工作电压不小于 40 V，不大于 50 V。

这时，试样应能符合第 19 章的要求，而试验电流要等于进行第 21 章正常操作试验所需要的试验电流，任一点的温升不超过 45 K；而且还应能经受得住按 17.2 的要求进行的电气强度试验，但与 17.2 不同的是，如电器附件的额定电压为 250 V，试验电压要减到 1 500 V，额定电压为 130 V，试验电压减到1 000 V。

注 6：在进行本条的电气强度试验之前，不重复 16.3 规定的潮湿处理。

在本章的试验之后，进行 13.2 和 14.2 的试验。

22 拔出插头所需的力

电器附件的结构应使插头容易插入和拔出，并应能防止插头在正常使用时脱出插座。

在进行本试验时，弹性接地触头不论多少均视为一极；非弹性接地触头不论多少均不被视为一极。

注 1：用于接地的实心插销是非弹性接地触头。

有联锁电器附件要在已解锁的位置进行试验。

是否合格，检查办法如下：

对插座而言：

——进行一项试验以证明将插头从插座拔出所需要的最大力不大于表 16 的规定值；

——进行一项试验以证明将单极插销量规从各个插套组件拔出所需的最小力不小于表 16 的规定值。

对弹性接地插套组件的插头而言：

——进行一项试验以证明将单极插销量规从单个弹性接地插套组件中拔出所需要的最大力不大于表 16 的规定值；

——进行一项试验以证明将单极插销量规从单个弹性接地插套组件中拔出所需要的最小力不小于表 16 的规定值。

22.1 最大拔出力的验证

22.1.1 插座试验

将插座固定在图 18 所示的试验设备的安装板 A 上，使插座的插套的轴线铅垂，并使插头插销的插入孔朝下。

试验插头的插销为经硬化处理的钢制品，并精细地研磨过。插销在有效长度之内，表面粗糙度为 0.6 μm($\overset{0.6}{\bigtriangledown}$)～0.8 μm($\overset{0.8}{\bigtriangledown}$)，插销之间的距离为标称距离，偏差为±0.05 mm。

我国系统插销的厚度尺寸，应各自具有最大的规定尺寸，允许偏差$_{-0.01}^{\ 0}$ mm。

转换器用的圆插销的直径或其他类型插销与插套接触面间尺寸，应各自具有最大的规定尺寸，允许偏差$_{-0.01}^{\ 0}$ mm。

注 1：最大的规定尺寸是标称尺寸加上最大偏差。

每次试验前，用冷的化学脱脂剂，将插销的油脂擦掉。

注2：当使用规定的试验液体时，要采取足够的预防措施，防止吸入毒气。

将带有最大尺寸插销的试验插头插入插座并从插座拔出10次，然后，再将试验插头插入并用适当的夹紧装置D将承载主砝码F和附加砝码G的砝码盘E挂在试验插头上。附加砝码所施加的力应等于表16所示的最大拔出力的1/10。

主砝码、附加砝码、夹紧装置、砝码盘和插头共施加一个合力等于表16规定的最大的拔出力。

将主砝码挂在插头上，挂时不得摇晃。必要时，使附加砝码从50 mm的高度跌落到主砝码上。

插头不得留在插座里。

22.1.2 弹性接地插套组件的插头试验

将图19所示的试验插销量规插进弹性接地插套组件，使插头保持垂直状态，量规则朝下悬挂。

试验插销量规为经硬化处理的钢制品，在有效长度之内，其表面粗糙度为0.6 μm（$\overset{0.6}{\bigtriangledown}$）～0.8 μm（$\overset{0.8}{\bigtriangledown}$）。

圆形插销的直径以及其他形状插销的接触表面间的距离应分别具有最大的规定尺寸及偏差$_{-0.01}^{\ 0}$ mm。量规的质量应保证其所能施加的力等于表16的规定值。

注1：最大的规定尺寸就是标称尺寸加上最大偏差。

试验前，用冷的化学脱脂剂将插销的油脂擦掉。

注2：如使用规定的试验液体时，要采取足够的预防措施，防止吸入毒气。

将最大尺寸的试验插销插入接地插套并拔出10次。然后再将试验插销插入，则插销不得留在插套组件内。

22.2 最小拔出力的验证

将图19所示的试验插销量规插进插座或插头中每个单独的插套里，插座或插头的放置要使量规垂直朝下。

如果有保护门，应使之不起作用，以免影响试验。

试验插销量规为经硬化处理的钢制品，在有效长度之内，其表面粗糙度为0.6 μm（$\overset{0.6}{\bigtriangledown}$）～0.8 μm（$\overset{0.8}{\bigtriangledown}$）。

量规的插销部分的横截面尺寸应等于相关标准所示的最小值$_{-0.01}^{\ 0}$ mm，而长度则足以与插座的插套充分接触。量规的总质量应等于表16的规定值。

如果插座是预期让具有不同标称尺寸的插销的插头都能插入（对GB 1002单相两极双用插座，圆插销部分参照GB 1002表17），则插座应选用相应的最小尺寸。

在此情况下，表16中电器附件的额定值就是带有最小尺寸插销的插头的额定值。

注1：最小的规定尺寸就是标称尺寸减去最大偏差。

每次试验之前，用冷的化学脱脂剂，将插销的油脂擦掉。

注2：当使用规定的试验液体时，要采取足够的预防措施，防止吸入毒气。

将试验插销量规插进插套组件里。

试验插销量规要轻轻插入，而且应小心，在检查最小拔出力时，不要碰撞插套组件。在30 s之内，量规不得从插套组件脱落。

表16 插头和插座的最大和最小拔出力

额定值	极数	拔出力/N		
		多插销量规最大	单插销量规最小	单插销量规最大[a]
≤10 A	2	40	1.5	17
	3	50		

表 16（续）

额 定 值	极 数	拔出力/N		
		多插销量规最大	单插销量规最小	单插销量规最大[a]
>10 A～16 A	2	50	2	18
	3	54		
	多于 3	70		
>16 A～32 A	2	80	3	27
	3	80		
	多于 3	100		

[a] 此拔出力仅是检测插头的弹性接地插套组件时所用的。

23 软缆及其连接

23.1 可拆线插头和可拆线移动式插座应装有软缆固定部件，使导线在端子或端头之处不受包括绞拧在内的应力，并使导线的护套受到保护而不被磨损。

软缆的铠装套，如有，应夹紧在软缆固定部件里。

是否合格，通过观察及 23.2 的试验检查。

不可拆线插头和不可拆线移动式插座的设计应使电线固定在正常位置并使电线两端不受绞拧力和应力。

软缆的铠装套，如有，应将其固定在电器附件内。

是否合格，通过 23.2 和 23.4 的试验检查。

23.2 电缆固定的有效性要用图 20 所示的设备进行如下试验检查：

不可拆线电器附件要按交货状态进行试验。试验要在新的试样上进行。

可拆线电器附件，先接上表 17 规定的最小标称横截面积的电缆进行试验，然后，接上最大横截面积的电缆进行试验。

表 17 软缆固定部件可容纳的软缆的外部尺寸

电器附件的额定值	极数[b]	软缆的类型（电缆代号）	导线数及标称横截面积/mm^2	软缆外部尺寸的限值/mm	
				最小	最大
6 A～10 A ≤250 V[a]	2	60227IEC42 60227IEC53	2×0.75 2×0.75	2.7×5.4 3.8×6.0	3.2×6.4 5.2×7.6
6 A～10 A ≤250 V	2	60227IEC42 60227IEC53	2×0.75 2×1	2.7×5.4 6.4	3.2×6.4 8.0
	3	60227IEC53 60227IEC53	3×0.75 3×1	6.4	8.4
>10 A～16 A ≤250 V	2	60227IEC42 60227IEC53	2×0.75 2×1.5	2.7×5.4 7.4	3.2×6.4 9.0
	3	60227IEC53 60227IEC53	3×0.75 3×1.5	6.4	9.8

表 17（续）

电器附件的额定值	极数[b]	软缆的类型（电缆代号）	导线数及标称横截面积/mm²	软缆外部尺寸的限值/mm	
				最小	最大
16 A ＞250 V	3	60227IEC53 60227IEC53	3×1 3×2.5	6.8	12.0
	4	60227IEC53 60227IEC53	4×1 4×2.5	7.6	13.0
	5	60227IEC53 60227IEC53	5×1 5×2.5	8.3	14.0
＞16 A ≤440 V	2	60227IEC53 60245IEC66	2×2.5 2×6	8.9 13.5	11.0 18.5
	3	60227IEC53 60245IEC66	3×2.5 3×6	9.6 14.5	12.0 20.0
	4	60227IEC53 60245IEC66	4×2.5 4×6	10.5 16.5	13.0 22.0
	5	60227IEC53 60245IEC66	5×2.5 5×6	11.5 18.0	14.0 24.5

[a] 专为双线扁型软缆而设计。

[b] 接地触头，不论数目多少，均视为一极。

设计仅与扁软缆配用的电器附件，仅以规定类型的扁软缆来试验。

将可拆线电器附件的导线或软缆插入端子，将端子螺钉拧紧到刚好足以防止导线移位为止。

软缆固定部件要按正常方式使用。如有夹紧螺钉，要用表 6 规定值的 2/3 的力矩拧紧。

在重新装配好试样之后，各组成部分均应配合得恰到好处，而且应不可能将软缆再明显地推入试样。

将试样放在试验设备上，使进入试样处的软缆的轴线保持铅垂。

然后，使软缆经受如下的拉力 100 次：

——如额定电流为 2.5 A，50 N；

——如额定电流为大于 2.5 A～16 A、额定电压不大于 250 V，60 N；

——如额定电流为大于 2.5 A～16 A、额定电压大于 250 V，80 N；

——如额定电流大于 16 A，100 N。

拉力每次施加 1 s，施力时不得用爆发力。

应注意使软缆的所有部位（线芯、绝缘和护套）同时受到大小一样的拉力。

随即，使软缆经受表 18 中规定的力矩达 1 min。

表 18 软缆固定部件的扭矩试验值

插头或移动式插座的额定值	软缆（线芯数×标称横截面积 mm²）				
	2×0.5	2×0.75	3×0.5	3×0.75	（2 或更多）×1
≤16 A ≤250 V	0.1 N·m	0.15 N·m	0.15 N·m	0.25 N·m	0.25 N·m
16 A ＞250 V	—	—	—	—	0.35 N·m
＞16 A	—	—	—	—	0.425 N·m

装有双芯扁线的插头不进行力矩试验。

试验之后，软缆的位移不得大于 2 mm。对可拆线电器附件，导线端在端子里不得明显移动；对不可拆线电器附件，电气连接点不得断开。

为测量纵向位移，在软缆经受拉力之前，在软缆上距试样端部或软缆保护装置约 20 mm 处作一记号。

对不可拆线电器附件，如果试样无明显的端部或无软缆保护装置，则要在试样的本体上作一附加记号。

试验之后，应在软缆经受拉力的同时，测出软缆上的记号相对于试样或软缆护套的位移。

此外，对额定电流不大于 16 A 的可拆线电器附件，应进行手动试验检查，以确定是否适合于连接表 19 规定的相应的电缆。

表 19　可拆线电器附件中可容纳的软缆的最大尺寸

电器附件的额定值	极数[b]	软缆的类型（电缆代号）	导线数及标称横截面积/mm²	软缆的最大尺寸/mm
6 A～10 A ≤250 V[a]	2	60245IEC51	2×0.75	8.0
6 A～10 A ≤250 V	2	60245IEC53	2×1	8.8
	3	60245IEC53	3×1	9.2
>10 A～16 A ≤250 V	2	60245IEC53	2×1.5	10.5
	3	60245IEC53	3×1.5	11.0
16 A >250 V	3	60245IEC53	3×2.5	13.0
	4	60245IEC53	4×2.5	14.0
	5	60245IEC53	5×2.5	15.5

a 专为双线扁型软缆而设计。

b 接地触头，不论数目多少，均视为一极。

23.3　不可拆线插头和不可拆线移动式插座均应装有一根符合 GB 5023 或 GB 5013 的要求的软缆。导线的标称横截面积与电器附件的额定值之间的关系在表 20 的有关栏目里给出。

注：表 20 亦规定了用于温升及正常操作试验的试验电流。

表 20　温升试验（第 19 章）和正常操作试验（第 21 章）的电器附件额定值、试验导线的横截面积和试验电流之间的关系

电器附件的额定值	可拆线固定式电器附件 试验电流/A		可拆线移动式电器附件 试验电流/A		不可拆线移动式插座			不可拆线插头		
	第 19 章	第 21 章	第 19 章	第 21 章	标称横截面积/mm²	试验电流/A 第 19 章	试验电流/A 第 21 章	标称横截面积/mm²	试验电流/A 第 19 章	试验电流/A 第 21 章
2.5 A 130/250 V	—	—	—	—	—	—	—	双芯扁线	1	1
								0.5	2.5	2.5
								0.75	4	2.5
								1	4	2.5
6 A 130/250 V	9	6	8.4	6	—	—	—	双芯扁线	1	1
								0.5	2.5	2.5
								0.75	9	6
								1	9	6

表 20（续）

电器附件的额定值	可拆线固定式电器附件		可拆线移动式电器附件		不可拆线移动式插座			不可拆线插头		
	试验电流/A		试验电流/A		标称横截面积/mm²	试验电流/A		标称横截面积/mm²	试验电流/A	
	第 19 章	第 21 章	第 19 章	第 21 章		第 19 章	第 21 章		第 19 章	第 21 章
10 A 130/250 V	16	10	14	10	0.75 1 1.5	10 12 16	10 10 10	0.5 0.75 1	2.5 10 12	2.5 10 10
16 A 130/250 V	22	16	20	16	1 1.5	12 16	12 16	双芯扁线 0.5 0.75 1 1.5	1 2.5 10 12 16	1 2.5 10 12 16
16 A 130/250 V	22	16	20	16	1[a] 1.5	16 16	16 16	双芯扁线 0.5 0.75 1 1[a] 1.5	1 2.5 10 12 16 16	1 2.5 10 12 16 16
16 A 440 V	22	16	20	16	1.5	16	16	0.75 1 1.5 2.5	10 12 16 22	10 12 16 22
25 A 440 V	32	25	31	25	2.5	25	25	2.5 4	25 31	25 25
32 A 130/250/440 V	40	32	40	32	2.5	25	25	2.5 4 6	25 31 42	25 31 32

注 1：只有在长度 2 m 以下时，才允许用双芯扁线和标称横截面积 0.5 mm² 的软缆。

注 2：装在电线组件里的插头和连接器，应各自按有关的标准（插头按本标准而连接器按 GB 17465 系列标准）进行试验，每个附件应独自进行试验。

注 3：额定电流与表上所列的不同的附件，其试验电流应在高一级或低一级的标准额定值之间，用插入法来确定，但第 19 章的可拆线移动式电器附件的试验电流除外，此试验电流为：

对 $I_n \leqslant 10$ A，试验电流 $=1.4I_n$。

对 $I_n > 10$ A，试验电流 $=1.25I_n$。

注 4：在实际中允许使用大于上述标称横截面积的导线。

[a] 只有在长度 2 m 以下时，才允许用横截面积为 1 mm 的软缆。

软缆的导线数应与插头或插座极数相等；如有接地触头，则不论个数多少，均视作一极。接到接地触头的导线应采用绿/黄双色线。

是否合格，通过观察、测量和检查软缆是否符合 GB 5023 或 GB 5013 的要求来鉴定。

23.4 不可拆线插头和不可拆线移动式插座在设计上应能做到：软缆在进入电器附件处不会过度弯曲。

为此目的而装的护套应为绝缘材料制品，而且应以可靠的方法固定。

注1：螺旋型金属弹簧，不论是裸金属的还是覆有绝缘材料的，均不得用作软缆护套。

是否合格，通过观察和用图21所示的装置进行弯曲试验检查。

该试验要在新的试样上进行。

将试样固定到试验装置的摆动机构上，使摆动机构处于行程的中点时，软缆在进入试样处的轴线与水平线垂直并经过摆动轴。

将接有扁线的试样安装得使截面的主轴与摆动轴平行。

电器附件应按如下方法固定到试验装置：

——对于插头，在插销上固定；

——对于移动式插座，在朝软缆的方向、距插合面4 mm～5 mm处固定，在试验期间，应将最大尺寸的试验插头插入移动式插座。

通过调节摆动机构的固定部件与摆动轴之间的距离，将电器附件定位得当试验装置的摆动机构满行程移动时，软缆所作的横向运动最小。

注2：为了能易于通过实验来找出在试验期间软缆横向运动最小的安装位置，弯曲试验装置在结构上应能做到：安装在摆动机构上的电器附件的各个不同支架均很容易地调节。

注3：建议用一种方法(例如刻一条槽，或用一根针)来判断软缆横向运动是否最小。

将软缆加上一个重物作负载，使所加的力为：

——20 N，对软缆标称横截面积大于0.75 mm^2 的电器附件；

——10 N，对其他电器附件。

给导线通以电器附件的额定电流或如下规定的电流，二者中，取较小者：

——16 A，对软缆标称横截面积大于0.75 mm^2 的电器附件；

——10 A，对软缆标称横截面积等于0.75 mm^2 的电器附件；

——2.5 A，对软缆标称横截面积小于0.75 mm^2 的电器附件。

导线之间的电压应等于试样的额定电压。

使摆动机构摆动90°角(铅垂线两侧各45°)，弯曲次数为10 000，弯曲速率为每分钟60次。

注4：一次弯曲是向前或向后的一次运动。

在5 000次弯曲之后，将带圆截面积软缆的试样在摆动机构内转动90°角；带扁软缆的试样则仅朝垂直于导线轴线所在的平面的方向弯曲。

在弯曲试验期间应：

——电流不得中断；

——导线之间不得短路。

注5：如果电流的值增大到等于电器附件的试验电流的2倍，则视作软缆的导线之间出现短路。

试验之后，护套(如有)不得与本体分离，软缆的绝缘不得出现磨损的迹象，导线的断线丝不得刺穿绝缘而外露成为易触及的。

24 机械强度

电器附件、明装式安装盒、螺纹压盖和罩盖应有足够的机械强度，能经受得住安装及使用过程中产生的机械应力。

是否合格，通过如下规定的24.1～24.13中合适的试验检查：

——对各种固定式插座……24.1；

——对要直接安装在一表面上的带有底座的固定式插座……24.3；

——对移动式单个插座：

● 带非弹性或非热塑性材料外壳、盖子或本体的 ………………………………… 24.2；

● 带弹性或热塑性材料外壳、盖子或本体的 ……………………… 24.2,24.4 和 24.5；

——对移动式多位插座：

● 带非弹性或非热塑性材料外壳、盖子或本体的……………………………… 24.1 和 24.9；

● 带弹性或热塑性材料外壳、盖子或本体的 ……………………… 24.1、24.4 和 24.9；

——对插头：

● 带非弹性或非热塑性材料外壳、盖子或本体的 ……………………… 24.2 和 24.10；

● 带弹性或热塑性材料外壳、盖子或本体的 ……………… 24.2,24.4,24.5 和 24.10；

——对 IP 代码高于 IP20 电器附件的螺纹压盖……………………………………………… 24.6；

——对插销装有绝缘护套的插头……………………………………………………………… 24.7；

——对带保护门的插座………………………………………………………………………… 24.8；

——对明装安装盒……………………………………………………………………………… 24.1；

——对带有悬挂机构的移动式插座 ……………………………… 24.11,24.12 和 24.13；

——对移动式插座的盖子 ……………………………………………………………………… 24.19。

24.1 用图 22,图 23,图 24 和图 25 所示的冲击试验装置对试样进行冲击。

该冲击元件具有一个半径为 10 mm、由洛氏硬度为 85HR～100HR 的聚酰胺制成的半球面；元件的质量为(150±1)g。

将冲击元件牢牢地固定到外径 9 mm、壁厚 0.5 mm 的钢管的下端，将钢管的支点定位于钢管的上端，使钢管只能在铅垂的平面内摆动。

支点的轴线应在冲击元件轴线的上方(1 000±1)mm 处。

聚酰胺冲击元件的洛氏硬度用一个直径为(12.700±0.002 5)mm 的球来测定，初始负载为(100±2)N，附加负载为(500±2.5)N。

注 1：有关测定塑料的洛氏硬度的详细资料由 ISO 2039-2 给出。

该试验装置在设计上应能做到：必须将 1.9 N～2.0 N 之间的力施加到冲击元件的表面上，才能将钢管维持在水平位置。

将试样装在标称厚 8 mm、长宽均约为 175 mm 的一块胶合板上，胶合板的顶边和底边被牢牢固定在安装支架的刚性托架上。

安装支架的质量为(10±1)kg，并且应通过转轴装在刚性框架上。框架则固定到实心墙上。

安装时，要做到：

——可将试样放置得冲击点落于通过转轴轴线的铅垂面上；

——可以使试样水平移动并绕垂直于胶合板表面的轴线转动；

——使胶合板可以绕垂直轴线朝两个方向各转动 60°。

明装式插座和明装式安装盒，按正常使用要求安装在胶合板上。

无敲落孔的进线孔应保持打开状态；有敲落孔者，应将其中之一个打开。

暗装式插座先要安装在一硬质木块或具有类似机械特性的材料的凹槽里，安装好后，再整个地固定在一块胶合板上，而不是固定在其相应的安装盒里。

如用的是木块，则木纹的方向必须垂直于冲击的方向。

暗装式螺钉固定型插座，应用螺钉固定到凹陷在木块里的凸耳上。暗装卡爪固定型插座应以卡爪卡入木块槽里。

进行冲击之前，用等于表 6 中规定力矩的 2/3 将底座和盖子的固定螺钉拧紧。

试样应安装得使冲击点位于通过转轴的轴线的铅垂面上。

使冲击元件从表 21 规定的高度落下。

表 21 冲击试验的跌落高度

跌落高度/mm	经受冲击的外壳部位	
	IPX0 的电器附件	高于 IPX0 的电器附件
100	A 和 B	—
150	C	A 和 B
200	D	C
250	—	D

注：A——正表面上的部位，包括凹陷部位。

B——按正常使用要求安装之后，突出安装表面(与墙壁的距离)不超过 15 mm 的部位，上述 A 类部位除外。

C——按正常使用安装好之后，突出安装表面(与墙壁的距离)超过 15 mm，但不超过 25 mm 的部位，上述 A 类部位除外。

D——按正常使用安装好之后，突出安装表面(与墙壁的距离)超过 25 mm 的部位，上述 A 类部位除外。

由试样中最突出安装表面的部位来确定的撞击能量要施加在除上述 A 类部位以外的所有部位上。

跌落高度是当摆锤被释放的一瞬间测试点与冲击点之间的垂直距离。测试点应标在冲击元件的表面上。测试点的确定办法是：使一条线通过摆的钢管轴与冲击元件轴的相交点并垂直于两轴所在的平面，这条线与冲击元件表面的相交点即为测试点。

对试样进行冲击，并且要使冲击点均匀分布，敲落孔不进行冲击。

进行冲击的方法如下：

——对 A 类部位，冲击 5 次[见图 26a)和图 26b)]：

- 对中心处进行一次冲击；
- 在试样水平移动后，在中心处与边缘之间的最不利点各冲击一次；
- 然后，在试样绕垂直于胶合板的轴线转动 90°之后，在类似点上各冲击一次。

——对 B 类(如适用)、C 类和 D 类部位，冲击 4 次：

- 在胶合板绕垂直轴的方向转动 60°之后，在试样可以进行冲击的一个侧面冲击一次[见图 26c)]；
- 在胶合板绕垂直轴向相反的方向转动 60°以后，在试样可以进行冲击的另一个侧面上冲击一次[见图 26c)]；

在试样绕其垂直于胶合板的轴线转动 90°之后：

- 在胶合板绕垂直轴方向转动 60°之后，在试样上可以进行冲击的一个侧面上冲击一次[见图 26d)]；
- 在胶合板绕垂直轴向相反的方向转动 60°以后，在试样可以进行冲击的另一侧面上冲击一次[见图 26d)]。

如有进线口，则试样要安装得使两行冲击点与进线口的距离尽量相等。

多位插座的盖板和其他盖子要按相应数目的单独盖子来处理，但对任何一点只冲击一次。

对 IP 代码大于 IPX0 的插座试验时，盖子(如有)要合上。此外，对当打开盖子时会暴露的部件，要进行相应次数的冲击。

试验之后，试样不得有本标准意义范围内的损坏，尤其是带电部件应不变为易触及的：

——在 10.1 规定的条件下，GB/T 16842 的试具 B 试验指不得触及带电部件；

——在 10.1 规定的条件下，用 10 N 的力，GB/T 16842 的试具 11 试验指不得触及带电部件；

——对带加强保护的电器附件，用 1 N 的力，图 10 的钢丝不得触及带电部件。

如有怀疑，则应验证能否在拆卸或更换外部部件如安装盒、外壳、盖子或盖板等的情况下而不会使这些部件或其绝缘衬垫破裂。

如果由内盖支承的外部盖板破裂，则应在内盖上重复进行试验；试验后，内盖不得破裂。

注 2：表面层的损伤、不会使爬电距离或电气间隙降至低于 27.1 的值的小凹痕，以及不会影响防触电保护或防有害进水的小碎片等均可以忽略不计。

在无附加放大的情况下，正常或校正视力看不见的裂缝及增强纤维模制件等的表面裂缝等均可忽略不计。

如果即使电器附件的任一部分被忽略，这个电器附件仍能符合本标准的要求，则电器附件的这部分的外表面的裂纹或孔可以忽略不计。如果装饰性盖子为一内盖所支承，而且在卸下装饰性盖子之后内盖仍能经受得住试验，则装饰性盖子的破裂可忽略不计。

24.2 可拆线电器附件要装上 23.2 规定的软缆进行试验。软缆应具有表 3 规定的最小标称横截面积，并应有离保护装置外端约 100 mm 的自由长度。

用表 6 规定值的 2/3 的力矩，将端子螺钉和装配螺钉拧紧。

不可拆线的电器附件按交货状态进行试验，从电器附件伸出的软缆的自由长度约为 100 mm。

试样要逐个地经受 GB/T 2423.8 试验 Ed：自由跌落程序 2 的试验。跌落的次数为：

——1 000 次，如果试样不带软缆时重量不超过 100 g；

——500 次，如果试样不带软缆时重量超过 100 g，但不超过 200 g；

——100 次，如果试样不带软缆时重量超过 200 g。

滚桶的旋转速度为 5 r/min，即试样每分钟跌落 10 次。

试验之后，试样不得出现本标准意义内的损坏，尤其是：

——无任何零部件松脱；

——插销不得变形以至于无法插入符合有关标准的插座，并且能符合 9.1 和 10.3 的要求(但用平均特性的插座检查，对插头施加的插入力等于 1.5 倍拔出力)；

——当先朝一个方向，再朝相反方向施加一个 0.4 N·m 的力矩 1 min 时，插销不得转动。

注 1：在试验后的检查过程中，应特别注意软缆的连接。

注 2：如果防触电保护性能不受影响，则即使有小碎片脱落也可判为合格。

注 3：表面层的损伤、不会使爬电距离或电气间隙降至低于 27.1 的规定值的小凹痕可忽略不计。

24.3 明装式插座的底座先固定到硬钢板制成的圆柱体上，圆筒的半径等于固定孔之间的距离的 4.5 倍，但绝不小于 200 mm。固定孔的轴线所在的平面要垂直于圆柱体的轴线，而且是平行于穿过固定孔之间距离的中心的半径。

将固定螺钉逐渐拧紧，对螺纹直径不大于 3 mm 的螺钉，所用力矩最大为 0.5 N·m，而对螺纹直径大于 3 mm 的螺钉，则最大力矩为 1.2 N·m。

然后，将插座以类似方法固定到平钢板上。

试验期间和试验之后，插座均不得出现会影响今后使用的损坏。

24.4 使试样经受用图 27 所示的试验装置所进行的冲击试验。

将放在 40 mm 厚的海绵橡胶块上的试验装置，连同试样一起放进温度为(−15±2)℃的冷冻箱里至少 16 h。

这一阶段末了时，依次将每个试样按图 27 所示的方法放置在正常使用位置上，让落锤自 100 mm 的高度跌落。该落锤的质量为(1 000±2)g。

试验之后，试样应不出现本标准意义范围内的损坏。

24.5 使试样以图 8 所示的方法经受压缩试验，压力板的温度、底座的温度和试样的温度均为(23±2)℃，施加的力为 300 N。

将试样先放在图 8 所示的位置 a)上，施力的时间为 1 min。然后，再将试样放在图 8 所示的位置 b)上，并使之再经受上述的力 1 min。

将试样从试验装置取出 15 min 后，试样应不出现本标准意义范围内的损坏。

24.6 在螺纹压盖上装上一圆柱形金属棒，棒的直径小于密封圈内径、取最近的整数，这个金属棒的直径单位为 mm。

然后用合适的扳手将压盖拧紧，加到扳手的力矩如表 22 所示，历时 1 min。

表 22　压盖的扭矩试验值

试验棒直径/mm	力矩/N·m	
	金属压盖	模铸材料压盖
≤14	6.25	3.75
>14～20	7.5	5.0
>20	10.0	7.5

试验之后，压盖及试样的外壳应不出现本标准意义范围内的损坏。

24.7　装有绝缘护套插销的插头，要以如图 28 所示装置进行如下试验：

试验装置由一根水平放置的横梁构成，此横梁以其中心点为支点，将一段直径为 1 mm 的钢丝弯成 U 型，U 的底边要为一直线，U 的两端分别牢牢地固定到横梁的一端，使 U 的底边直线部分从横梁的下方突出并与横梁支点的轴线平行。

用一合适的夹具将插头夹住，使钢丝的直线部分靠在插销上并与插销成直角；插销倾斜向下，与水平线成 10°角。

向横梁加载，使钢丝向插销施加的力为 4 N。

使插头在横梁轴线所在的平面内朝水平方向前后运动，并使钢丝与插销摩擦。这样摩擦的插销长度约为 9 mm，其中有约 7 mm 是套绝缘护套的。往返运动 20 000 次(每个方向各 10 000 次)，运动的速率为每分钟 30 次。

该试验要在每个试样的一个插销上进行。

试验之后，插销应不出现会影响安全或影响今后使用的损坏，特别是绝缘护套不得磨穿或起皱。

24.8　对于带保护门的插座，其保护门应设计得能经受得住正常使用时可能出现的机械应力。例如：当插头的插销无意地被强压在插座插孔的保护门时。

是否合格，通过如下试验检查。试验要在经受过 16.1 处理和经受过第 21 章试验的试样上进行，也要用未经过 16.1 处理的、经受过第 21 章试验的试样上进行。

用同一个系统的插头的一个插销朝垂直于插座正表面的方向，向一个插孔的保护门施加 40 N 的力达 1 min。

对于为防止单极插入而装设的保护门，这个力应该是 75 N，而不是 40 N。

如果插座是设计用于插入不同型号的插头者，试验要用最大尺寸插销的插头来进行。

插销不得与带电部件接触。

用电压不小于 40 V 但不大于 50 V 的电指示器来显示与有关部件接触的情况。

试验之后，试样应不出现本标准意义上的损坏。

注：出现在表面上的、不会影响插座今后使用的小凹痕可忽略不计。

24.9　将可拆线的多位移动式插座装上表 3 中规定的标称横截面积最小的最轻型软缆。

如图 29 所示，将软缆自由端固定到墙上，固定点离地面的高度为 750 mm。

将试样抓住，使软缆处于水平状态。然后使试样跌落到混凝土地板上 8 次。每次跌落后，在固定点处将软缆转 45°角。

试验之后，试样应不出现本标准意义范围内的损坏，尤其是部件不得松动或脱落。

IP 代码高于 IPX0 电器附件应再按 16.2 的规定经受有关试验。

注：不会影响防触电保护和防有害进水的小碎片和凹痕可忽略不计。

24.10　本试验在新的试样上进行。

如图 30 所示，将插头放置在具有适合于插头插销的孔的硬钢板上。

孔的中心之间的距离，应与插头的型式、参数、尺寸标准中的每一插销横截面的中心之间的距离相同。

对于扁形插销，每个孔的尺寸，应等于插销截面的外围尺寸向各个方向（共四个方向）增加(2±0.22)mm。

对转换器用的圆形插销，每个孔的直径，应等于绕插销截面增大(6±0.5)mm的圆。

将插头放置在钢板上，使插销的中心与孔的中心重叠。

朝插销纵轴的方向，依次向每个插销施加一个拉力，等于表16规定的最大拔出力达1 min。施力时，不得用爆发力。

把插头放置在温度为(70±2)℃的加热箱里，1 h之后，在加热箱内施加拉力。

试验之后，使插头冷却到环境温度。这时，任何插销在插头本体的位移不得大于1 mm。

24.11 移动式插座用于悬挂到墙壁上的空间与带电部件之间的隔层，如果挂到墙上可能会经受机械应力，那么应对隔层进行下列试验。

用直径为3 mm，球形端部半径为1.5 mm的圆柱形钢棒对隔层施力10 s。应朝垂直于支承墙表面的方向，施加到最不利的位置。这个力要等于插头的最大拔出力（如22.2表16中规定）的1.5倍。

这个钢棒不得刺入隔层。

24.12 将接有软缆的移动式插座按正常使用悬挂在墙上，挂钉为一圆柱形钢棒，其尺寸与24.11所述棒的尺寸一样，其长度足以触到隔层的背面。

将23.2中所描述的、用于检查软缆固定装置的拉力，朝最不利位置施加在电源软缆上达10 s。

在这一过程中，移动式插座悬挂装置不得断裂，或者，如果断裂，带电部件亦不得为标准试验指所触及。

24.13 用钉体直径为3 mm的圆头螺钉，按正常使用情况将移动式插座悬挂在墙上，使该插座经受拉力试验。拉力要等于表16中为相应插头而规定的最大拔出力。施力时，不得使用爆发力。

拉力施加10 s，并垂直于插座的插合面，使悬挂装置受到最大的力。

试验过程中，用以将移动式插座悬挂在墙上的悬挂装置不得破裂，或即使破裂，带电部件亦不得为GB/T 16842的试具B标准试验指所触及。

注：如果悬挂装置多于一个，则24.11、24.12和24.13的试验应在每个悬挂装置上进行。

24.14 在对使盖、盖板或其部件脱出或不脱出所需要的力进行检查时，插座要按正常使用安装好。

暗装式插座要装进相应的安装盒里，安装盒要按正常使用要求安装，使安装盒的突缘与墙壁齐平，而且要装上盖、盖板或其部件。

插头和移动式插座以适当的方式安装，使力能施加在盖、盖板或其部件上。

如果盖、盖板或其部件装有锁紧机构，而此机构又是不需借助工具便可操作的，要将机构解锁。

固定式插座按24.14.1和24.14.2的规定（见13.7.2）检查是否合格。

插头和移动式插座按24.14.3检查是否合格。

24.14.1 盖和盖板的不可拆性的验证

朝垂直于安装表面的方向逐渐施力，使作用于盖或盖板或其部件中心的力分别为：

——40 N，对符合24.17和24.18试验要求的盖、盖板或其部件，或

——80 N，对其他的盖、盖板或其部件。

该力要施加1 min，盖或盖板应不脱出。

然后，在新试样上重复该试验。先在支承框架周围按图31所示装上一块厚(1±0.1)mm的硬材料板，然后将盖板装在墙壁上。

注：硬材料板用以模拟墙纸，而且可以由许多片构成。

试验之后，试样应不出现本标准意义上的损坏。

24.14.2 盖或盖板的可拆性的验证

用钩朝垂直于安装或支承表面的方向向盖、盖板或其部件，逐渐施加不大于120 N的力。钩要依次

挂在为拆卸盖、盖板或其部件而设置的沟槽、孔等里。

盖或盖板应脱出。

对每一个不靠螺钉固定的独立部件进行10次试验。拆卸力要每次施加到为拆卸该可分离部件而设置的不同的沟槽、孔等上，施加的力尽可能均匀分布在实际施用点上。

然后，在新试样上重复进行试验，先在支承框架周围按图31所示装一块厚(1±0.1)mm硬材料板，然后将盖或盖板装在墙壁上。

试验之后，试样应不出现本标准意义范围内的损坏。

24.14.3 对于插头和移动式插座，对盖、盖板或其部件要逐渐施加一个力，直到达到80 N，并保持1 min，但是这个电器附件的其他部件要被固定着。

本试验应在最不利的条件下进行。

在试验期间，盖、盖板或其部件应不脱出。

然后用120 N的力重复本试验。

a) 对可拆线插头和可拆线移动式插座的盖、盖板或其部件，在本试验期间可以脱出，但试样应不出现本标准意义范围内的损坏；

b) 对不可拆线非模压电器附件，在试验期间，盖、盖板或其部件可以脱出，但该电器附件应永久失效(见14.1)。

24.15 试验按24.14的规定进行，但按24.14.1试验时，施加的力为：

——10 N，对于符合24.17和24.18的试验要求的盖或盖板；

——20 N，对于其他盖或盖板。

24.16 试验按24.14的规定进行，但按24.14.1试验时，对所有的盖或盖板所施加的力均为10 N。

24.17 将图32所示的量规推向按图33的规定、不用螺钉固定在安装面或支承面上的每一个盖或盖板的每一边。量规的B面靠在安装表面或支承表面上，A面垂直于B面。量规要以正确的角度放在受试的每一边。

如果盖或盖板是用无螺钉方法固定到具有同一外形尺寸的另一盖或盖板或安装盒的，则量规的B面应放置在与连接线同一平面上，盖或盖板的轮廓线不得超出支承表面的轮廓线。

当从点X开始，朝箭头Y的方向(见图34)重复测量时，量规的C面与受试边的轮廓线之间的、平行于B面测得的距离不得减小(放置于距离包括B面在内的一个平面不足7 mm之处的、并且符合24.18的试验要求的槽沟、孔反向锥度等除外)。

24.18 用1 N的力施加图35的量规，在将量规按图36所示朝平行于安装或支承表面的方向、并朝垂直于受试部件的方向施加时，量规不得进入任何沟槽、孔或反向锥度等的上半部1 mm以上。

注：图35的量规是否已进入1 mm以上，根据垂直于B面并包括沟、槽、孔、反向锥度等的轮廓线的上半部的一个表面来进行验证。

24.19 将移动式插座的盖子放置在一个环境温度为(25±5)℃、类似于图38所示的电器设备中进行耐压试验。

电器设备由两个钢钳组成，钢钳是一个半径为25 mm、宽为15 mm、长为50 mm的圆柱面。50 mm的长度可被延长，这取决于被测附件的大小。

边角处为倒成半径为2.5 mm的圆。

将试样夹紧，以使钢钳的正面与盖子的正面重合。

通过钢钳施加的力为(20±2)N。

1 min后，盖子仍然处于压力下，其尺寸应符合相应的标准要求。

将试样旋转90度重复做此试验。

25 耐热

电器附件及明装式安装盒应能耐热。

表 24 电器附件不同类型和部件的耐热

试样		按 25.1 试验	按 25.2 试验	按 25.3 试验	按 25.4 试验
A	明装式安装盒、可分离的盖、可分离的盖板及可分离的框架，包裹在相插销孔和中性插销插孔周围的 2 mm 宽的热塑材料的正面部分除外	—	—	×	—
B	移动式电器附件，A 项所包括的部件除外	×	×	×	×
C	天然橡胶、合成橡胶或二者的混合材料或与 PVC 而制成的移动式电器附件	×	×	—	×
D	固定式插座，A 项所包括的部件除外	×	×	×	—
E	天然橡胶、合成橡胶或者二者混而制成的固定插座	×	×	—	—
×：适用的试验； —：不适用的试验。					

用做装饰目的部件比如某些盖子，不进行上述任何一项试验。

25.1 将试样存放在温度为(100±2)℃的加热箱里 1 h。

试验期间，试样不得出现影响今后使用的变化，而且，如有密封胶，不得流动到露出带电部件。

试验结束后，使试样冷却到大约室温。当电器附件按正常使用要求安装好后，甚至 GB/T 16842 试验指 B 施加不大于 5 N 的力时，应不触及通常是不可触及的带电部件。

试验结束后，标志仍应清晰可辨。

只要不损害本标准意义范围内的安全，则密封胶的褪色、起泡或轻微位移均可忽略不计。

25.2 用以将载流部件和接地电路的部件保持在正常位置所必需的绝缘材料部件，和由宽度为 2 mm 的热塑性材料制成的、相及中性插座插孔周围正面部件，要经受图 37 所示设备进行的球压试验，但安装盒里用以将接地端子保持在正常位置所必需的绝缘部件，要按 25.3 的规定进行试验。

注：如果不可能在受试试样上进行试验，则应从试样上割下至少 2 mm 厚的小块试样进行试验。如果这样做仍不可行，则可以用不大于 4 层、每层均是从试样上割下的试件来进行试验，但这些层试件的总厚度不得小于 2.5 mm。

将被试部件放置在至少 3 mm 厚的钢板上，使之与钢板直接接触。

将被试部件的表面置于水平位置，并用 20 N 的力将试验设备的半球状顶部压住该表面。

应将试验负载和支承装置放在加热箱内足够长的时间，以确保试验开始之前，负载和支承装置已经达到稳定的试验温度。

试验要在温度为(125±2)℃的加热箱内进行。

1 h 之后，将球从试样上卸下，在 10 s 之内，将试样浸入冷水，冷却至大约室温。

测出钢球压痕的直径，此直径应不超过 2 mm。

25.3 虽然与载流部件和接地电路部件接触，但不是将他们保持在正常位置所必需的绝缘材料部件，应按 25.2 的规定进行球压试验。但试验要在(70±2)℃或在(40±2)℃加上第 19 章的试验期间在有关部件测得的最高温升，取二者中较高的温度。

25.4 用图 38 所示的试验装置对试样进行压缩试验，该试验要在温度为(80±2)℃的加热箱内进行。

该试验装置由两块钢制的夹块组成，夹块具有一个半径为 25 mm 的圆柱形表面，宽度为 15 mm、长度为 50 mm。50 mm 这一长度可视被试电器附件的尺码而增大。

棱角应倒圆，倒圆半径为 2.5 mm。

将试样夹在夹块之间，使夹块压在正常使用时所抓的部位上，夹块的中心线尽量与这个部位的中心重合。通过夹块施加的力为 20 N。

1 h之后，卸下夹块，试样应不出现本标准意义范围内的损坏。

26 螺钉、载流部件及其连接

26.1 不论是电气连接还是机械连接，均应能经受得住正常使用时出现的机械应力。

在电器附件的安装过程中要用的机械连接，可以用自攻锁紧螺钉或自切螺钉来完成，但条件是上述这两种螺钉必须是与它们要插入的工件一起供货的。此外，安装过程中要用的自切螺钉必须是由电器附件的有关部件来锁紧的。

传递接触压力的螺钉或螺母应与金属螺纹啮合。

是否合格，通过观察检查，对传递接触压力的或连接电器附件时要拧动的螺钉或螺母，还要进行如下试验检查。

注 1：端子的检查要求由第 12 章给出。

将螺钉或螺母拧紧和拧松：

——10 次，对与绝缘材料螺纹相啮合的螺钉或绝缘材料螺钉；

——5 次，对所有其他情况。

与绝缘材料螺纹相啮合的螺钉或螺母和绝缘材料螺钉，每次均应完全拆下，再重新拧合。

试验应使用合适的螺钉旋具或其他工具来进行，施加的力矩按表 6 规定。

试验期间，应不出现有损于螺钉连接的进一步使用的损坏，如螺钉的断裂、会使相应的螺钉旋具无法使用的螺钉头槽的损坏和螺纹、垫圈或 U 形卡等的损坏。

注 2：连接电器附件时要拧动的螺钉或螺母，包括用以固定盖或盖板的螺钉等，但不包括用以连接螺纹导管的连接件和用以固定固定式插座底座的螺钉。

注 3：试验用螺钉旋具刀口的形状应与被试螺钉头相配。螺钉和螺母不得用爆发力来拧紧。盖的损坏可忽略不计。

注 4：螺钉连接视作部分地由第 21 章和第 24 章的试验来检查的连接。

26.2 对与绝缘材料螺纹相啮合的螺钉和安装过程中连接电器附件时要拧动的螺钉，必须保证将它们正确地导入螺孔或螺母里。

是否合格，通过观察和进行手动试验检查。

注：如果能用被固定部件、用阴螺纹的凹槽或用去掉前导螺纹的螺钉来引导螺钉，防止螺钉斜向插入，则可满足“正确导入”的要求。

26.3 电气连接应如此设计，使得接触压力不通过绝缘材料（但陶瓷、纯云母或其性能适用的其他材料除外）来传递。除非金属部件有足够弹性，足以补偿绝缘材料的任何可能的收缩和变形。

本要求允许带有金属扁芯软线的连接，如果这种连接中的接触压力是由在所有正常使用条件下，特别是在绝缘部件收缩、老化或冷变形的情况下，均能可靠地、稳定地保持接触的绝缘部件来施加的话。

用刺穿金属扁芯软线绝缘的办法进行的连接应是可靠的。

是否合格，通过观察，对最后一项要求，还要通过试验检查，这项试验现正在考虑之中。

注：绝缘材料的适用与否，应从其尺寸稳定程度方面来考虑。

26.4 螺钉和铆钉，不论作电气连接还是机械连接，均应加以锁紧，以防松动和转动。

是否合格，通过观察和手动试验检查。

注 1：弹簧垫圈可以起到良好的锁紧作用。

注 2：对于铆钉，只要有非圆形的铆钉体或合适的 V 型凹槽即可。

注 3：受热时会软化的密封胶，仅对正常使用过程中不会受到扭力的螺钉连接才会起到良好的锁定作用。

26.5 载流部件，包括端子（及接地端子）的载流部件，应该由在电器附件工作时可能发生条件下能满足所需的机械强度、导电率和耐腐蚀性能等要求的金属制成。

是否合格，通过观察，必要时还要通过化学分析来检查。

注：在允许的温度范围内和在正常的化学污染条件下，适用的金属有：

——铜。

——含铜量至少为58%的合金，对冷轧板制成的部件；含铜量至少为50%的合金，对其他部件。

——含铬量至少为13%、含碳量不大于0.09%的不锈钢。

——符合GB/T 9799镀锌层要求的钢，但镀层厚度至少为：

对IPX0电器附件，1号工作条件，5 μm；

对IPX4电器附件，2号工作条件，12 μm；

对IPX5电器附件，3号工作条件，25 μm。

——符合GB/T 9797镍铬镀层要求的钢，但镀层厚度至少为：

对IPX0电器附件，2号工作条件，20 μm；

对IPX4电器附件，3号工作条件，30 μm；

对IPX5电器附件，4号工作条件，40 μm。

——符合GB/T 12599锡镀层要求的钢，但镀层厚度至少为：

对IPX0电器附件，2号工作条件，12 μm；

对IPX4电器附件，3号工作条件，20 μm；

对IPX5电器附件，4号工作条件，30 μm。

凡会经受机械磨损的载流部件，不得用带有镀层的钢材来制造。

在潮湿条件下，彼此间电化学电势差较大的金属应不得互相接触。

是否合格，通过试验检查，但此项试验正在考虑中。

注：本条的要求不适用于端子中的螺钉、螺母、垫圈、夹紧板及类似零件。

26.6 正常使用时会有滑动动作的触头，应用耐腐蚀的金属来制造。

是否符合26.5和26.6的要求，应通过观察检查，有怀疑时，还要通过化学分析来检查。

26.7 自攻锁紧螺钉和自切螺钉不得用来连接载流部件。

可以用自攻螺钉提供接地的连续性，条件是在正常使用时，不需要拧动这种螺钉连接，而且每个连接至少要有两个螺钉。

是否合格。通过观察检查。

27 爬电距离、电气间隙和通过密封胶的距离

27.1 爬电距离、电气间隙和通过密封胶的距离应不小于表23所示的值。

表23 爬电距离、电气间隙和通过绝缘密封胶的距离

说明	mm
爬电距离：	
1. 不同极性的带电部件之间。	4[a]
2. 带电部件与：	
——易触及的绝缘材料部件表面之间，	3
——接地金属部件包括接地电路部件之间，	3
——支承暗装式插座底座的金属框架之间，	3
——用以固定固定式插座底座、盖或盖板的螺钉或零件之间，	3
——外部装配螺钉之间，插头插合面上的及与接地电路相隔离的螺钉除外。	3
3. 当插头完全插入时，插头的插销及与插销连接的金属部件与同一系统的插座中易触及未接地金属部件[b]之间，而且这些易触及部件是处于最不利结构的情况下[c]。	6[d]
4. 当插头完全插入时，插座中易触及的未接地金属部件[b]与同一系统中插头的插销及与插销相连的金属部件之间，而且插销及与其连接的部件是处于最不利结构的情况下[c]。	6[d]
5. 当不插插头时，插座的带电部件与其易触及的未接地金属部件[b]之间。	6[d]

表 23（续）

说　明	mm
电气间隙：	
6. 不同极性的带电部件之间。	3
7. 带电部件与：	
——易触及绝缘部件表面之间，	3
——第 8 项和第 9 项未提及的接地金属部件包括接地电路部件之间，	3
——支承暗装式插座底座的金属框架之间，	3
——用以固定固定式插座底座、盖或盖板的螺钉或零件之间，	3
——外部装配螺钉之间，插头插合面上的及其与接地电路相隔离的螺钉除外。	3
8. 带电部件与：	
——在插座处于最不利位置的情况下专门接地的金属盒[e] 之间，	3
——在插座处于最不利位置的情况下无绝缘衬垫的不接地金属盒之间，	4.5
——插座和插头中易触及的不接地或功能接地的金属部件[b] 之间。	6
9. 带电部件与明装式插座的底座的安装表面之间。	6
10. 带电部件与明装式插座的底座里导线凹槽(如有)的底部之间。	3
通过密封胶的距离：	
11. 覆盖了至少 2 mm 密封胶的带电部件与明装式插座的底座的安装表面之间。	4[a]
12. 覆盖了至少 2 mm 密封胶的带电部件与明装式插座的底座里的任何导线凹槽(如有)底部之间。	2.5
[a] 对额定电压不大于 250 V 的电器附件，此值要降至 3 mm。 [b] 螺钉及其类似零件除外。 [c] 最不利结构可以通过相应标准中涉及的有关系统规定的量规来检查。 [d] 对额定电压不大于 250 V 的电器附件，此值要降至 4.5 mm。 [e] 专门接地的金属盒是指仅适用于在要求将金属盒接地的电气装置里使用的金属盒。	

是否合格，通过测量检查。

对可拆线的电器附件，测量要在接上表 3 中规定的最大标称横截面积的导线的试样上进行，还要在不接导线的试样上进行。

将导线插入端子并连接得使导线的绝缘能碰触到夹紧件的金属部件，或者，如导线的绝缘因结构的阻碍而碰触不到金属部件者，则应连接得使导线的绝缘能碰触到阻碍物的外侧。

对不可拆线电器附件，测量要在交货状态的试样上进行。

插座要在与插头插合时检查，还要在不与插头插合时检查。

通过绝缘材料外部部件的槽或孔的距离的测量，要用与易触及表面(插头插合面除外)相接触的金属箔；金属箔应以 GB/T 16842 试具 11 的试验指推进到角落之中，但不压进孔中。

对 GB 4208 的 IP20 的明装式插座，要按 13.22 的规定将最不利的导管或电缆插入插座内，插入的距离为 1 mm。如果支承暗装式插座的底座的金属框架是可移动的，则要将该框架放置在最不利位置。

注 1：宽度小于 1 mm 的槽的爬电距离值即为槽的宽度。

注 2：计算总电气间隙时，任何宽度不足 1 mm 的间隙均可忽略不计。

注 3：明装式插座的底座的安装表面包括安装插座时与底座相接触的任何表面。如果底座的背面装有金属板，此板不视作安装表面。

27.2　绝缘密封胶不应突出于盛放该密封胶的腔穴的边缘。

27.3　明装式插座在背后不得有裸露的载流条。

是否符合 27.2 和 27.3 的要求，通过观察检查。

28　绝缘材料的耐非正常热、耐燃和耐电痕化

28.1　耐非正常热和耐燃

由于电气作用会经受热应力、而且如果劣化则会损害电器附件安全的绝缘材料部件，应不受非正常

热和火的过度的影响。

是否合格，进行28.1.1的试验检查，此外，对插销带有绝缘护套的插头，还要进行28.1.2试验检查。

28.1.1 灼热丝试验

试验应在下列条件下，按GB/T 5169.10和GB/T 5169.11进行。

——对用以将固定式电器附件的载流部件和接地电路部件保持在正常位置所必需的绝缘材料部件，试验应在850 ℃的温度下进行；用以将接地端子保持在安装盒内正常位置的绝缘材料部件，试验应在650 ℃下进行；

注1：固定在插座主要部件(底座)的侧面接地触头，对不插插头时可拆卸的盖，不视为保持在正常位置所需的部件。

——对用以将移动式电器附件的载流部件和接地电路的部件保持在正常位置所必需的绝缘材料部件，试验应在750 ℃的温度下进行；

——对不是将载流部件和接地电路部件保持在正常位置所必需的绝缘材料部件，即使是与载流部件和接地电路部件相接触，试验应在650 ℃的温度下进行。

如果规定的试验必须在同一试样上多于一个地方进行，则必须小心，做到确保已作的试验所引起的劣化不会影响将要进行的试验结果。

小部件中，凡每个表面均完全在一个15 mm直径的圆之内，或在这表面的任何部位均在一个15 mm直径的圆的外侧，且在这一表面的任何地方均放不下一个8 mm的圆者，不进行本分条款的试验(见图39图示说明)。

注2：检查一个表面时，最大尺寸不超过2 mm的表面上的突出部位和孔可忽略不计。

陶瓷材料部件不进行这些试验。

注3：进行灼热丝试验的目的是，要保证电热试验丝在规定条件下不会使绝缘材料部件着火，或要保证绝缘材料零部件在规定的条件下被电热试验丝点着，但仅在有限的时间内燃烧，而火势不会因火焰或从被试零件上跌落到用绢纸覆盖的木板的燃烧颗粒而蔓延。

如可能，试样应为完整的电器附件。

注4：如试验无法在完整的电器附件上进行，可切下适当的部分来进行试验。

试验在一个试样上进行。

试验时，用灼热丝灼烧一次。

如有怀疑，试验可再在两个试样上重复进行。

试验期间，试样应放置在最不利的使用位置上(受试表面要处于垂直位置)。

考虑到预期的使用条件，即受热的或灼热的元件可能与试样相接触，所以应使灼热丝的端部灼烧到规定的试样表面。

如果属于下列情况，应视作灼热丝试验合格：

——无可见的火焰又无持续的辉光，或

——在灼热丝移去后30 s内，试样上的火焰熄灭或辉光消失。

绢纸不得起火，松木板不得烧焦。

28.1.2 插销带有绝缘护套的插头试样，要用图40所示的试验装置进行试验。

该试验装置由一绝缘板A和金属部件B组成。A和B之间应有3 mm的空隙。这一距离通过调节达到，应不影响插销四周的空气循环。

绝缘板A的正表面应为圆形，并应是平的。其直径应等于有关标准活页中给出的插头插合面最大允许尺寸的两倍。

绝缘板A的厚度应为5 mm。

金属部件B应是黄铜制品，长度至少20 mm，形状与有关标准活页规定的插头的最大轮廓线一样。

该金属部件的其余部分，应加工成通过传导方式加热被试电器附件，并且能将通过对流和辐射对被试电器附件的热传递降到最低。

在距离金属部件正表面7 mm处的对称位置上插入热电偶。如图40所示。

金属部件B中的插销插孔的尺寸，应比有关标准活页给出的插销最大尺寸大0.1 mm；插销间的距离应与有关的标准活页中给出的相同;插孔应有足够的深度。

注1:为便于清理插孔,金属部件B可以由两个以上的组件组成。

当试验设备达到稳定温度时,将试样插入试验装置内,放置在最不利的水平位置上。稳定温度用热电偶进行测量,对额定电流2.5 A的电器附件,该温度为(120±5)℃;对额定电流更大的电器附件,该温度为(180±5)℃。

维持温度在相应的值下达3 h。

然后,从试验装置取下试样,允许试样冷却到室温,再在室温下保持至少4 h。

最后,试样插销的绝缘护套要按第30章的规定,但在环境温度下进行冲击试验和肉眼检查。

注2:肉眼检查时,在无任何附加放大的情况下,应没有正常或校正视力下可见的裂痕,而且绝缘护套尺寸的变化应不足以损害防意外接触的保护。

28.2 耐电痕化

对高于IPX0的电器附件,保持带电部件在正常位置的绝缘材料部件应由具有耐电痕化性能的材料制成。

是否合格,按GB/T 4207检查:

陶瓷部件不进行此试验。

将被试部件的平表面(如可能,至少为15 mm×15 mm)放置在水平位置上。

被试材料用试验溶液A进行试验,滴与滴之间相隔(30±5)s时,应能通过175 V耐电痕化指数试验。

在滴完50滴之前,电极之间不得出现闪络或击穿现象。

29 防锈性能

铁质部件,包括盖和表面安装盒,均应妥为保护,以防生锈。

是否合格,通过如下试验检查:

将待试部件用合适的脱脂剂,以除掉所有的油脂。

然后,将部件浸入(20±5)℃、氯化铵含量为10%的水溶液中达10 min。

将试样上的液滴甩掉,但不擦干,然后,将试样放进装有温度为(20±5)℃的饱和水汽的盒子中达10 min。

试样在(100±5)℃的加热箱内烘10 min后,试样表面不得出现锈迹。

注1:锐边上的锈迹或可擦掉的淡黄锈膜均可忽略不计。

注2:对小弹簧之类及会受到磨损的不易触及部件,有一层油脂,即足以防锈。对这类部件,只有在对油脂层的功效有怀疑时,才进行试验,而且试验前不去除油脂。

30 带绝缘护套的插销的附加试验

插销绝缘护套的材料应能耐受得住接近恶劣连接条件下可能出现的高温,以及特殊使用条件下的低温等应力。

是否合格,进行如下试验检查。

30.1 高温压力试验

用图41所示的装置对试样进行试验。该装置装有一供圆插销试验用的边缘宽0.7 mm的矩形片[见图41a)],或供其他插销试验用的直径为6 mm、宽为0.7 mm的圆形片[见图41b)]。

将试样放置在如图41所示的位置。

通过该叶片(矩形片或圆形片)施加的力为2.5 N。

将该装置,连同装在正常位置上的试样一起,放在温度为(200±5)℃的加热箱中2 h。

然后,将试样从装置上卸下,在10 s内将试样浸入冷水中冷却。

测量处于压痕点位置的绝缘材料厚度,与试验之前原来的数据相比,减少值不应超过50%。

注:2.5 N和(200±5)℃均为暂定值。

30.2 静态湿热试验

将一组三个试样按 GB/T 2423.4—1993 的规定经受两个湿热循环。

试样经此处理并经恢复到环境温度之后，经受下列试验：

——按第 17 章的规定进行绝缘电阻和电气强度试验；

——按 24.7 的规定进行磨损试验。

30.3 低温试验

将一组三个试样保持在(－15±2)℃的温度下达 24 h。

试样经恢复到环境温度之后，经受如下试验：

——按第 17 章的规定进行绝缘和电气强度试验；

——按 24.7 的规定进行磨损试验。

30.4 低温冲击试验

用图 42 所示的装置对试样进行冲击试验。落锤的质量是(100±1)g。

将放在厚 40 mm 海绵橡胶垫上的装置，连同试样一起，放进温度为(－15±2)℃的冷冻箱里至少 24 h。

在这时间结束时，依次将每个试样放在图 42 所示正确的位置上，让落锤从 100 mm 高度落下。同一试样要经受 4 次连续的冲击，在每一次冲击之间，试样要转动 90°。

试验之后，允许试样恢复到大约室温，然后进行检查。

在无任何附加放大的情况下，绝缘护套应无正常或校正视力下可见的裂痕。

注：30.3 和 30.4 试验中所说的 24 h 冷却时间，包括设备冷却所需时间在内。

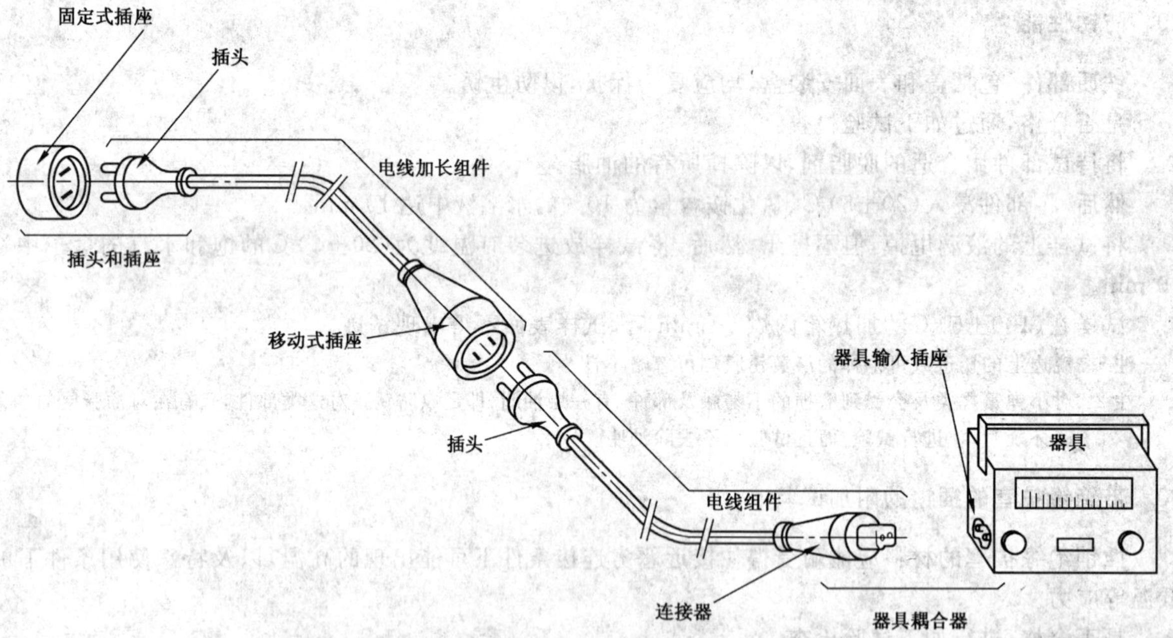

a) 各种电器附件及其使用的示意图

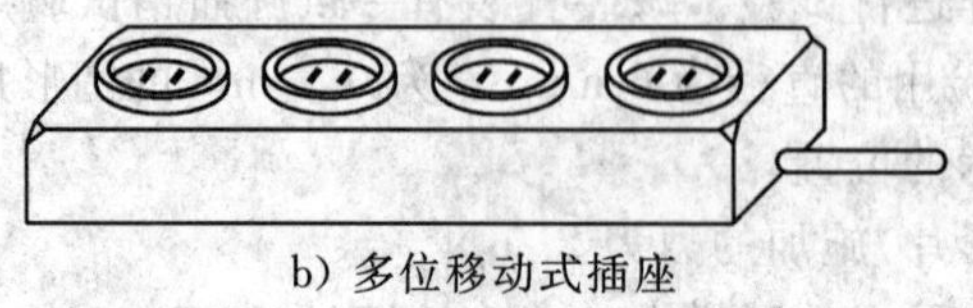

b) 多位移动式插座

图 1 电器附件的图例

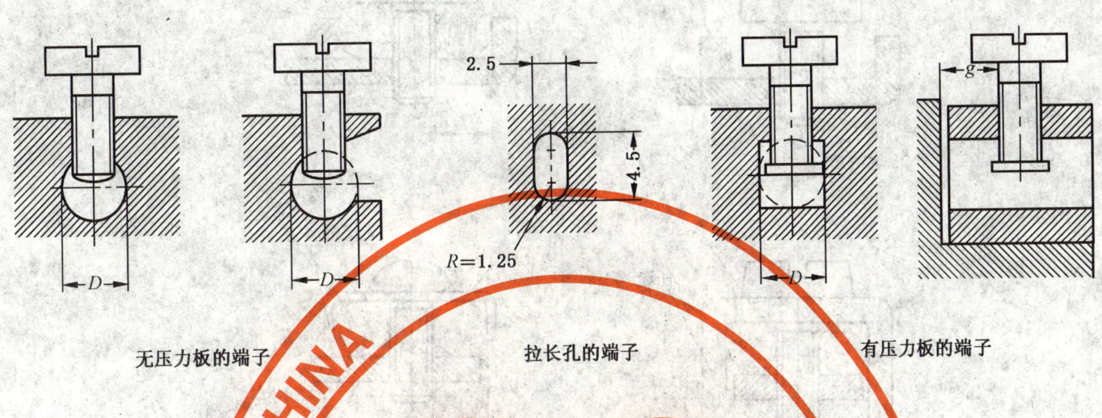

端子所接导线的横截面积/mm^2	导线所占空间的最小直径 D(或最小尺寸)/mm	夹紧螺钉与导线完全插入时的线端之间的最小距离 g/mm		力矩/N·m					
				1[a]		2[a]		3[a]	
		一颗螺钉	两颗螺钉	一颗螺钉	两颗螺钉	一颗螺钉	两颗螺钉	一颗螺钉	两颗螺钉
≤1.5	2.5	1.5	1.5	0.2	0.2	0.4	0.4	0.4	0.4
2.5(圆孔)	3.0	1.5	1.5	0.25	0.2	0.5	0.4	0.5	0.4
2.5(拉长孔)	2.5×4.5	1.5	1.5	0.25	0.2	0.5	0.4	0.5	0.4
4	3.6	1.8	1.5	0.4	0.2	0.8	0.4	0.8	0.4
6	4.0	1.8	1.5	0.4	0.25	0.8	0.5	0.8	0.5
10	4.5	2.0	1.5	0.7	0.25	1.2	0.5	1.2	0.5

[a] 这些值适用于表6相应栏里所述的螺钉。

端子中,含有螺钉孔的部件和与螺钉一起将导线夹紧的部件,可以是两个独立的部件,装有U型卡的端子就是这样。

导线所占空间的形状可以与上图所示的不同,但必须能与直径等于 D 栏所规定的最小值的圆,或能与可连接达 2.5mm² 导线横截面积的拉长孔的最小轮廓线内接。

图2 柱型端子

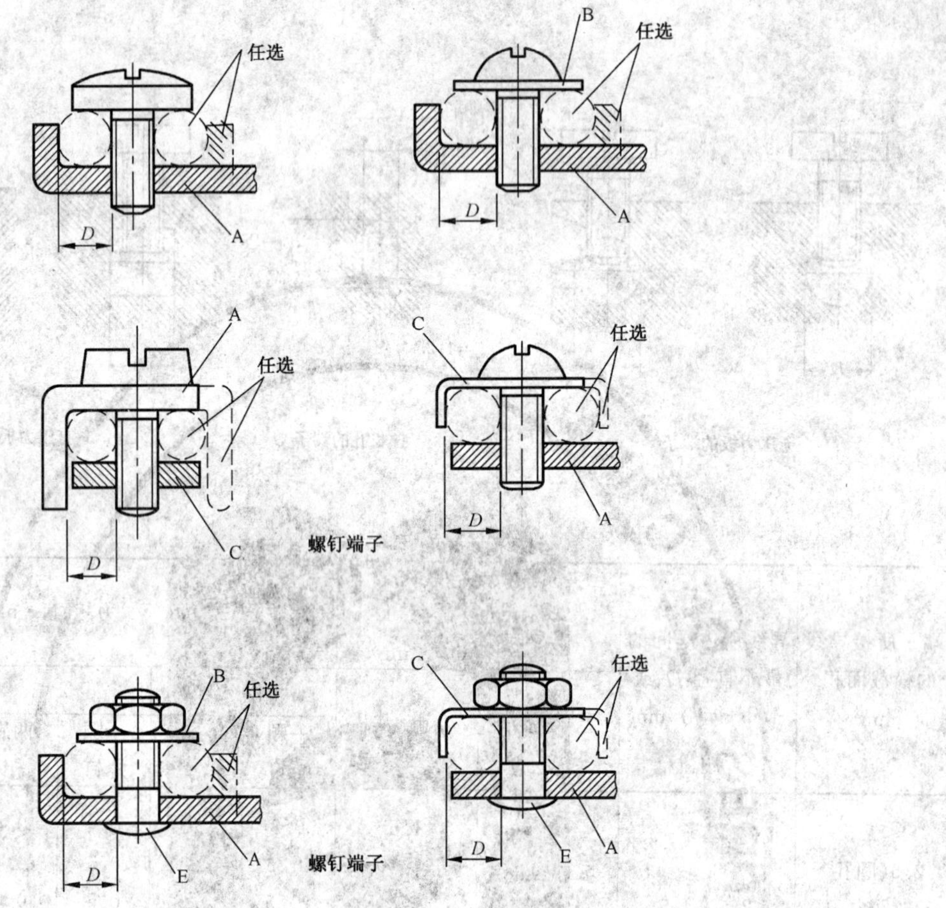

A——被固定部件；
B——垫圈或夹紧板；
C——防散部件；
D——导线所占空间；
E——螺栓。

a) 不要求垫圈或夹紧板的螺钉/螺栓　b) 要求垫圈或夹紧板或防散部件的螺钉/螺栓

端子所接导线的横截面积/mm^2	导线所占空间的最小直径 D/mm	力矩(N·m)	
		3[a]	
		一颗螺钉或螺栓	两颗螺钉或螺栓
≤1.5	1.7	0.5	—
≤2.5	2.0	0.8	—
≤4	2.7	1.2	0.5
≤6	3.6	2.0	1.2
≤10	4.3	2.0	1.2

[a] 这些规定值适用于表 6 相应栏里所述的螺钉。

将导线保持在正常位置的部件，可以是绝缘材料制品，但夹紧导线所需的压力必须是不通过绝缘材料来传递。

当需要连接两根 2.5 mm^2 的导线时，可连接≤2.5 mm^2 导线的端子的第二空间可用以连接第二根导线。

图 3　螺钉端子和螺栓端子

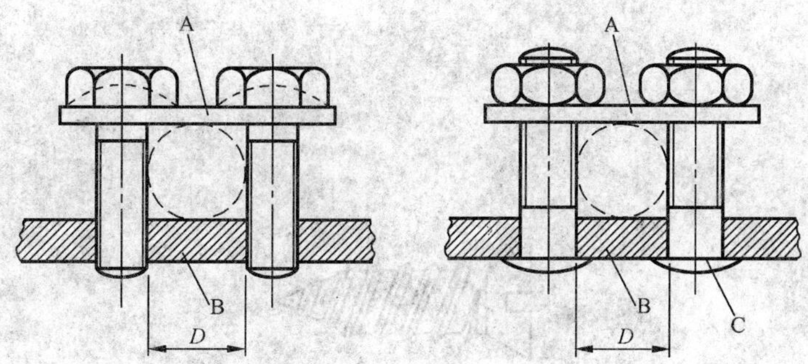

A——鞍架；

B——被固定部件；

C——螺栓；

D——导线所占空间。

端子所接导线的横截面积/ mm²	导线所占空间最小直径 D/ mm	力矩/ N·m
≤4	3.0	0.5
≤6	4.0	0.8
≤10	4.5	1.2

导线所占空间的形状可以与图中所示的不同，但必须能与直径等于 D 栏所规定的最小值的圆内接。

为了能通过反转鞍架的办法来容纳大、小两种横截面积的导线，鞍架的上表面和下表面的形状可以不同。

图4　鞍型端子

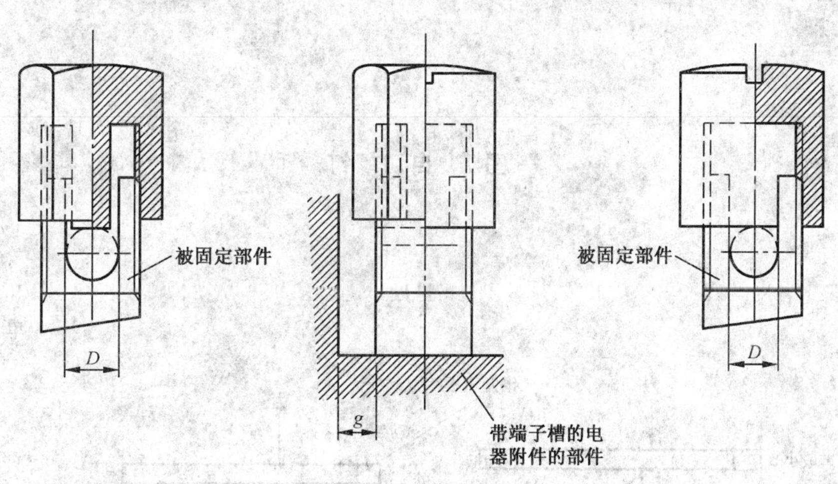

端子所接导线的横截面积/ mm²	导线所占空间最小直径 D[a]/ mm	被固定部件与导线完全插入时的线端之间的最小距离 g/ mm
≤1.5	1.7	1.5
≤2.5	2.0	1.5
≤4	2.7	1.8
≤6	3.6	1.8
≤10	4.3	2.0

[a] 为了获得可靠连接，导线所占空间的底部必须稍为倒圆。

注：所施加的力矩为表6第2栏或第3栏的规定值。

图5　罩式端子

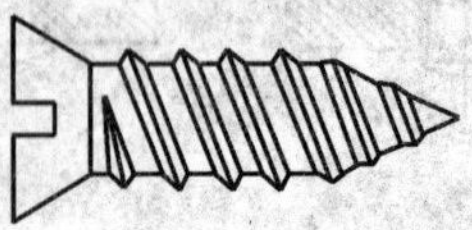

图6 自攻锁紧螺钉

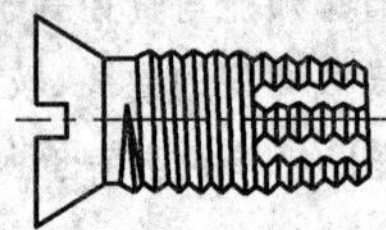

图7 自切螺钉

单位为毫米

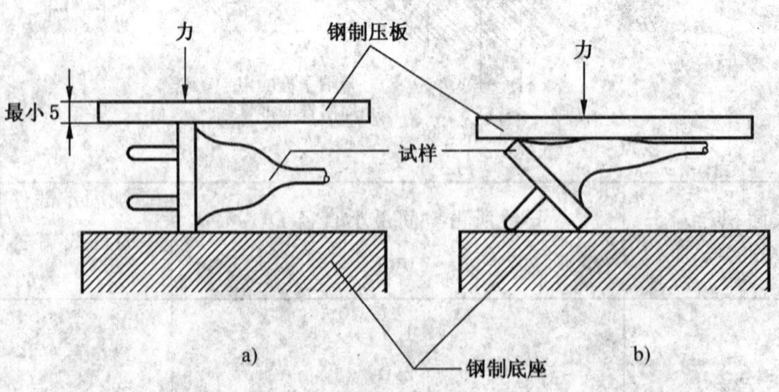

图8 24.5的压缩试验装置

单位为毫米

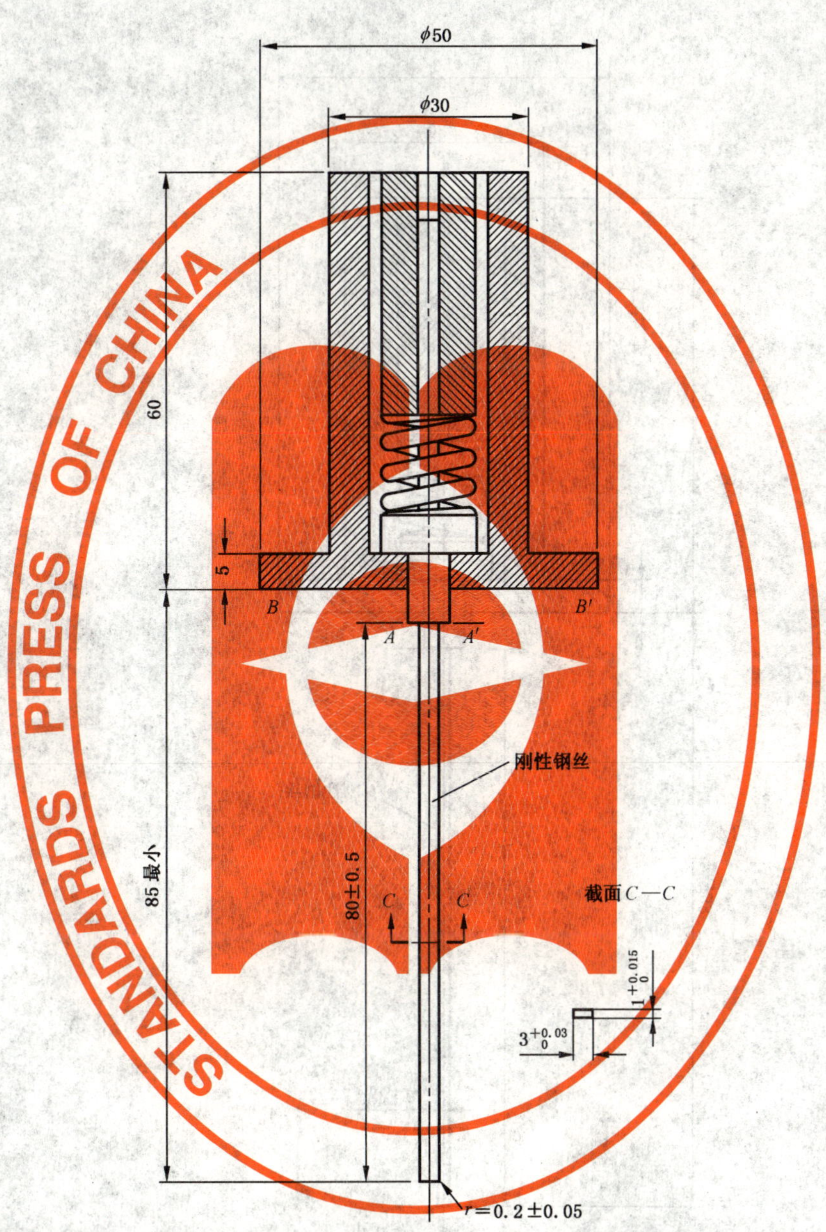

为校正探针，要朝刚性钢丝的轴的方向施加 20 N 的推力。探针的内弹簧应具有这样的特性：施加 20 N 的力时，能使表面 $A—A'$ 基本上与表面 $B—B'$ 齐平。

图 9　检查保护门内带电部件的不可触及性用的探针

单位为毫米

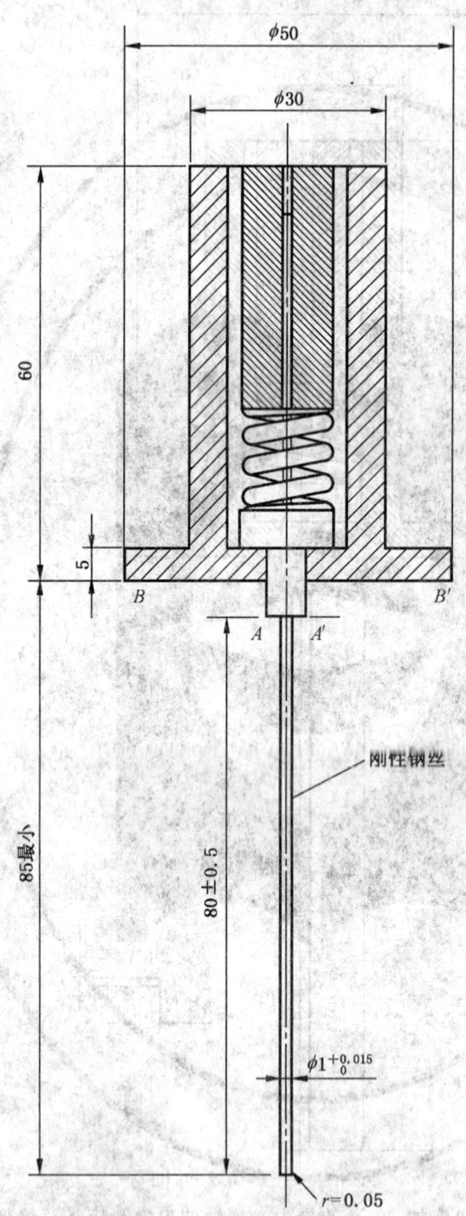

为校正探针，要朝刚性钢丝的轴的方向施加 1 N 的推力。探针的内弹簧应具有这样的特性：施加 1 N 的力时，能使表面 A—A'基本上与表面 B—B'齐平。

图 10　检查保护门内带电部件及有加强保护插座的带电部件的不可触及性用的探针

单位为毫米

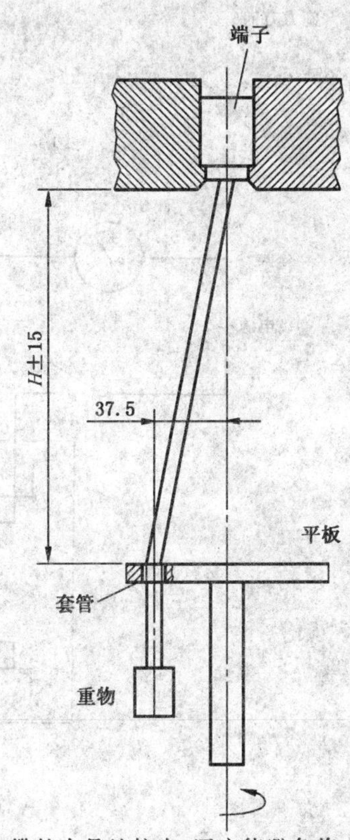

注：套管孔应能使作用于电缆的力是纯拉力，还应能避免将力矩传到夹紧装置里的导线。

图 11　检查导线受损程度的装置

单位为毫米

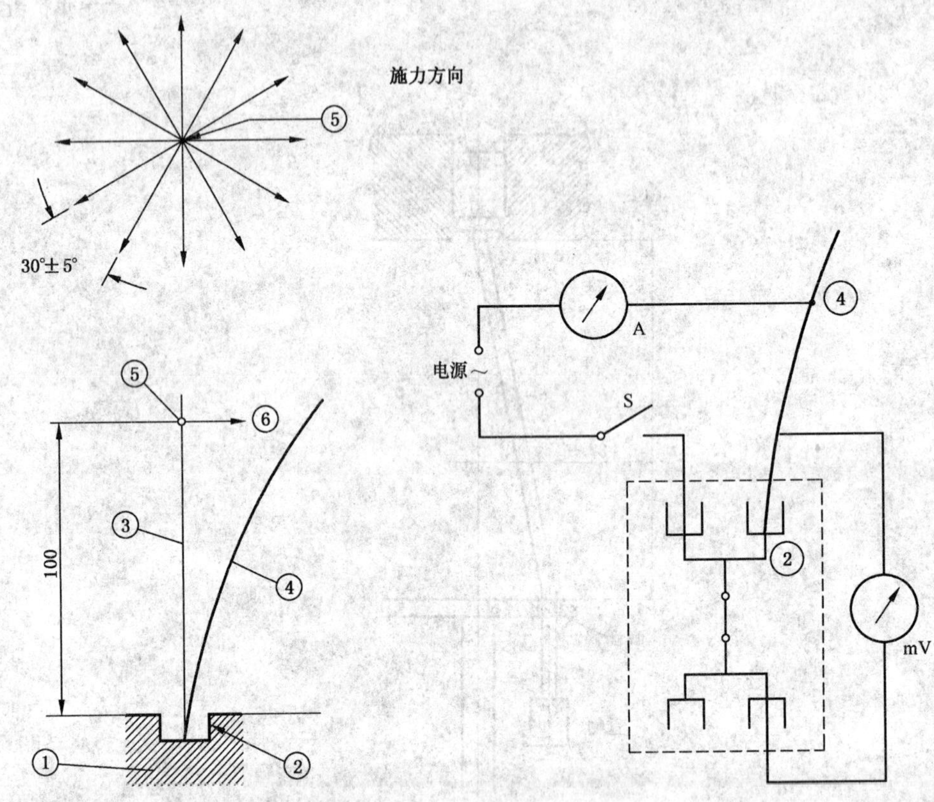

A——安培表；
mV——毫伏表；
S——开关；
①——试样；
②——受试的夹紧件；
③——试验导线；
④——被弯曲的试验导线；
⑤——使导线弯曲的力的施加点；
⑥——弯曲力(垂直于直的导线)。

a) 无螺纹端子弯曲试验装置的原理

b) 测量在无螺纹端子上弯曲试验期间的电压降的试验装置的示例

图12 弯曲试验示意图

单位为毫米

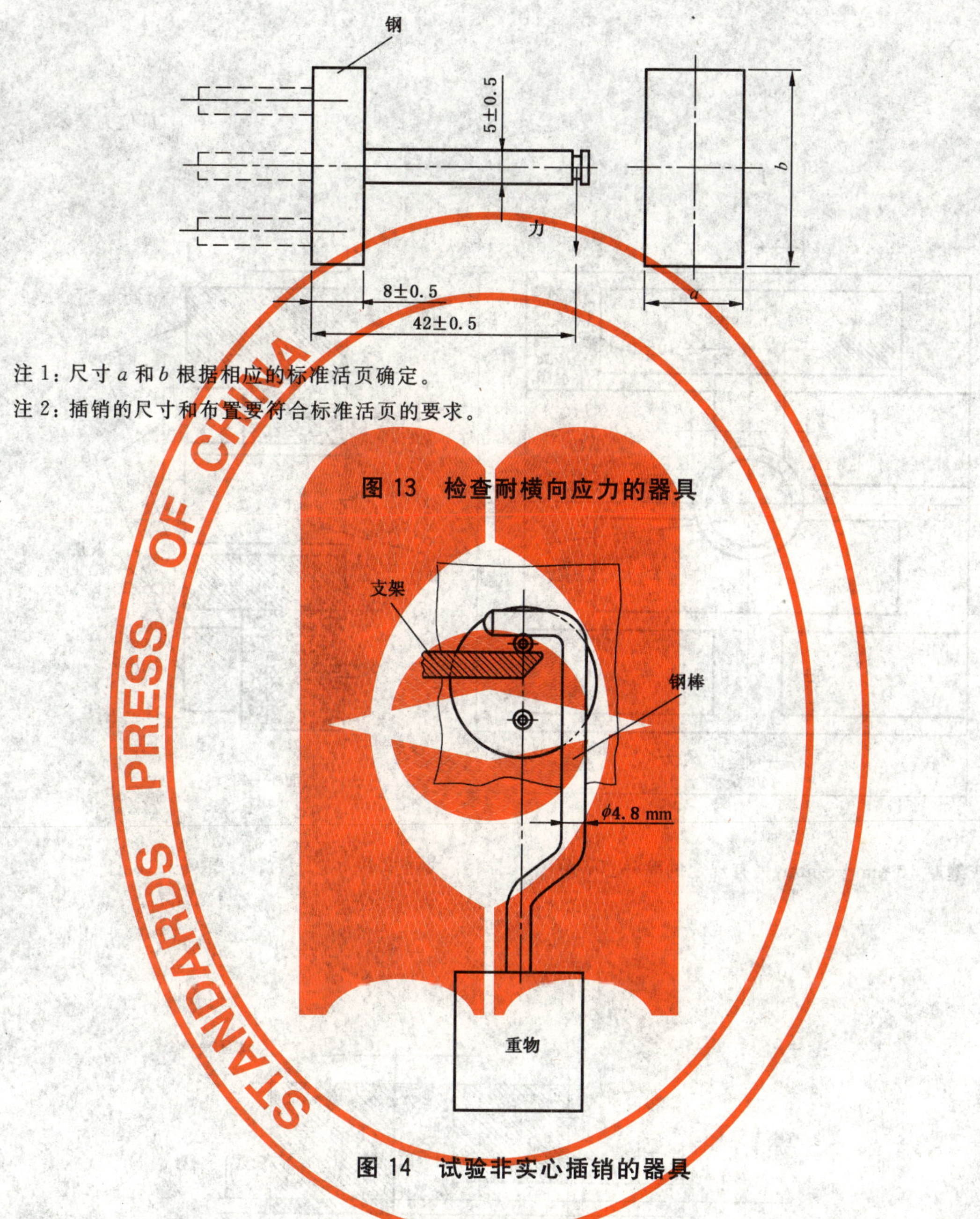

注 1：尺寸 a 和 b 根据相应的标准活页确定。

注 2：插销的尺寸和布置要符合标准活页的要求。

图 13　检查耐横向应力的器具

图 14　试验非实心插销的器具

单位为毫米

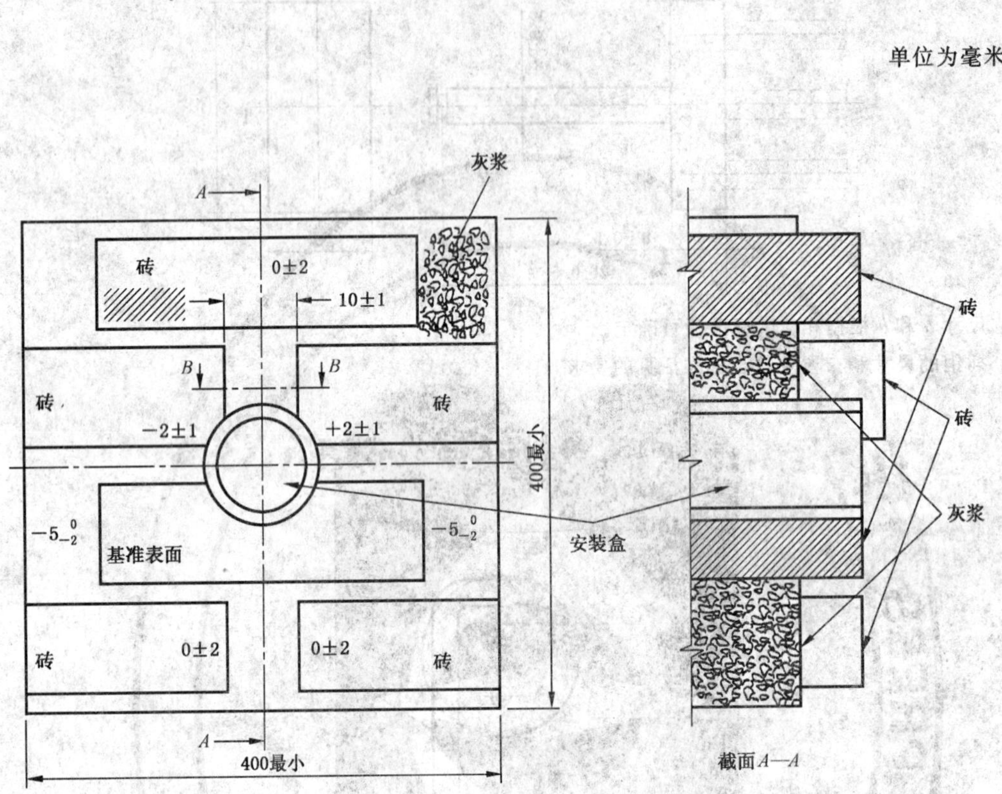

所有灰缝厚 10 mm±5 mm,另有规定的除外。

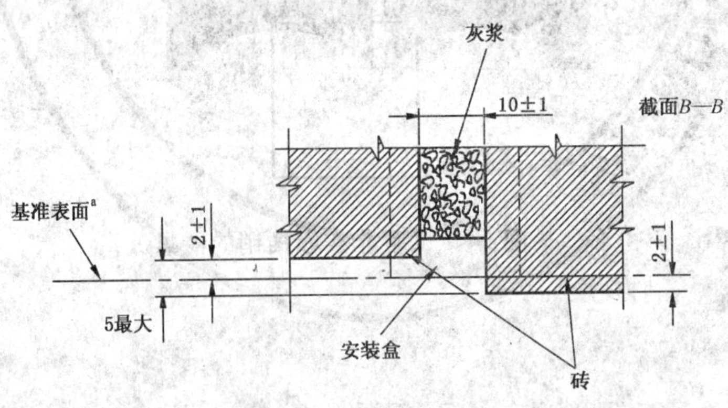

[a] 或由制造商规定。

图 15　16.2.1 所要求的试验壁

单位为毫米

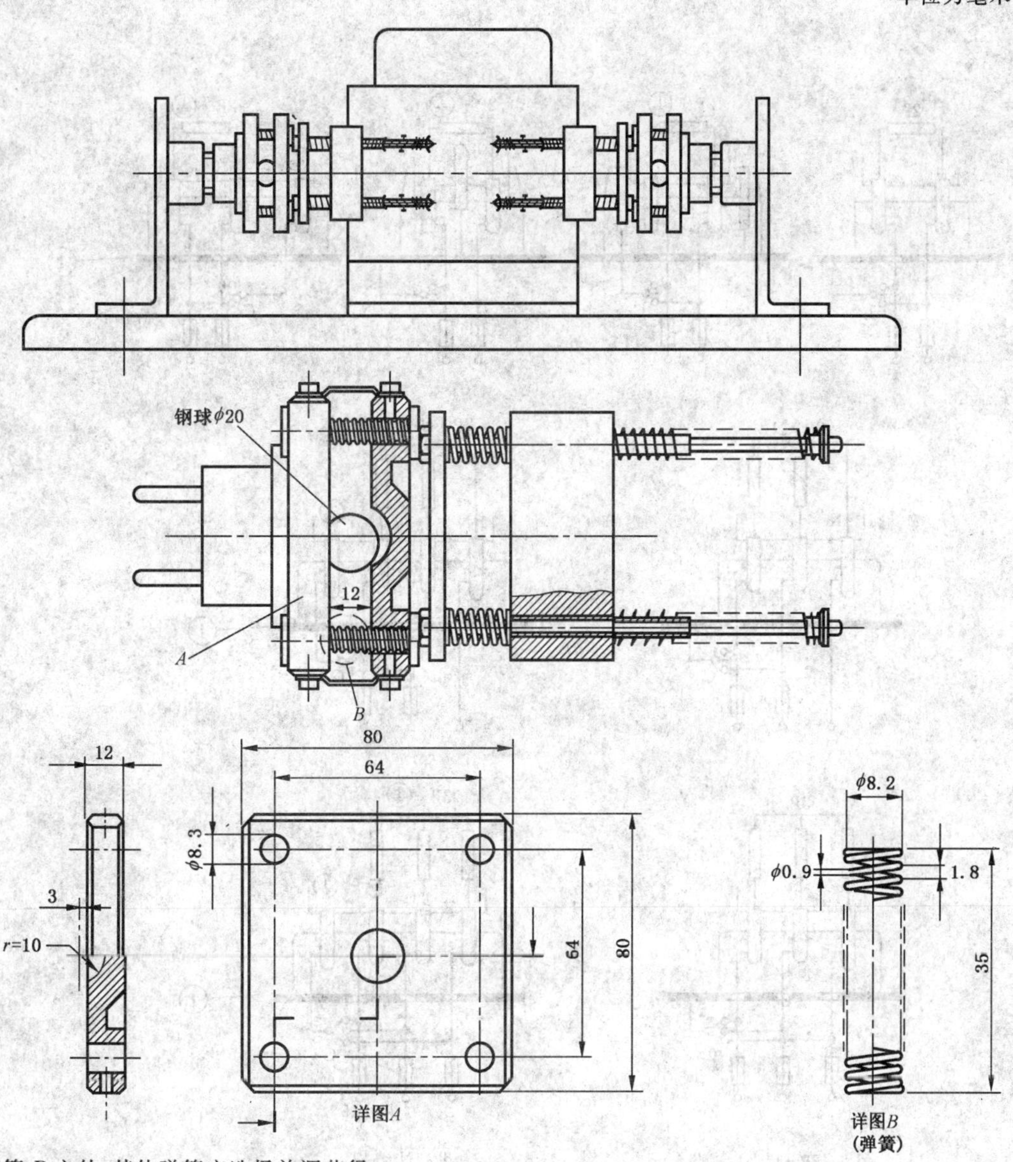

除弹簧 B 之外，其他弹簧应选择并调节得：

在插头与插座分离的位置时，加在插头载架上的力等于下表规定的值。

额定值	极数	加在插头载架上的力/N
≤10A	2	3.5
	3	4.5
>10A～16A	2	7.2
	3	8.1
	多于 3	9
>16A～32A	2	12.6
	3	12.6
	多于 3	14.4

当压缩距离为完全分离位置的长度与完全压缩位置的长度之差的 1/3 时，弹簧能施加的力应等于第 22 章规定的相应的最大拔出力的 1.2 倍。

图 16　分断容量和正常操作试验装置

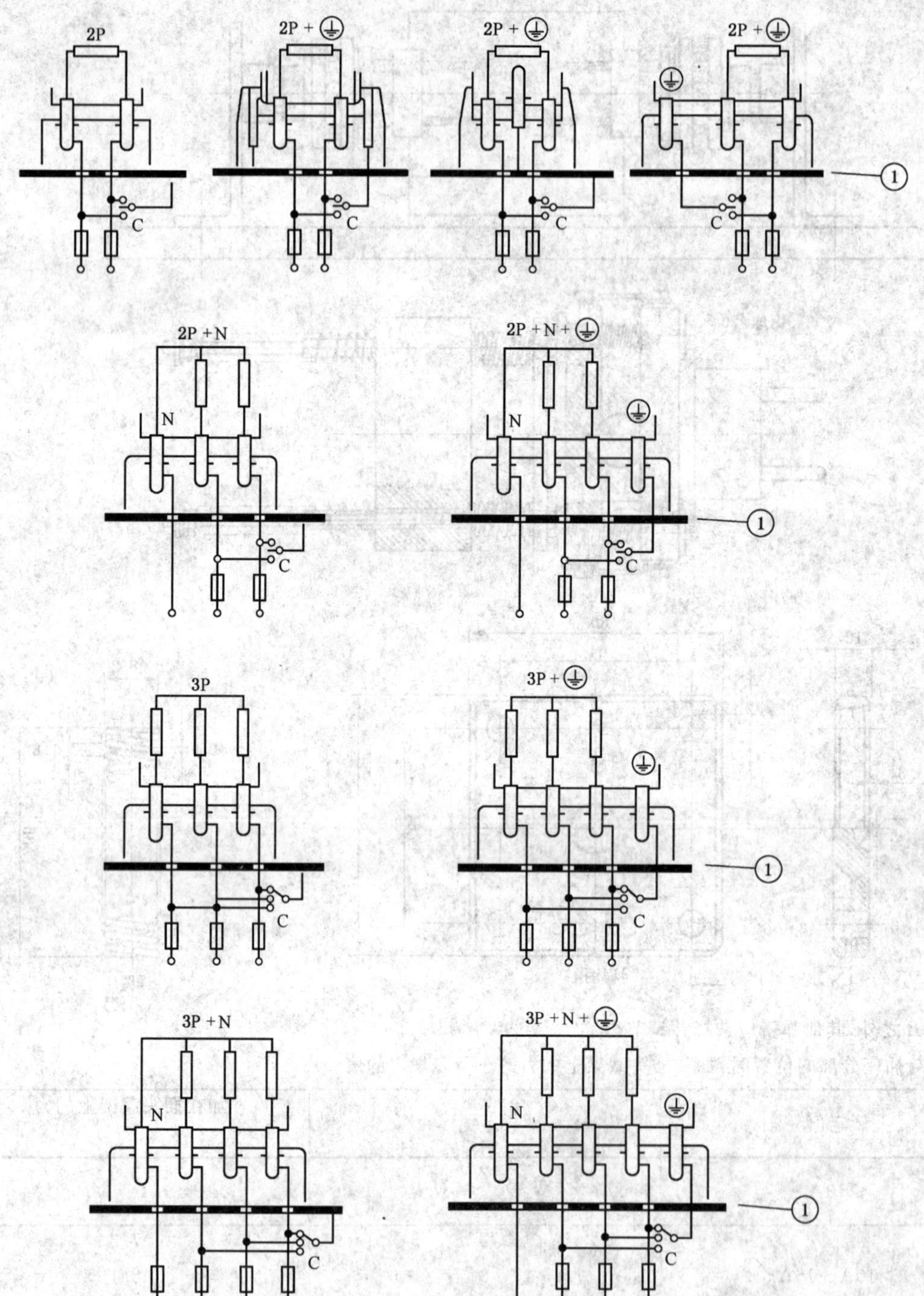

1——金属支架。

图 17 分断容量和正常操作试验用的电路图

单位为毫米

元件

A——安装板；

B——试样；

C——试验用插头；

D——夹子；

E——托架；

F——主砝码；

G——附加砝码。

图 18　检查最大拔出力的装置

注 1：质量应均匀分布在插销中心线的周围。

注 2：尺寸按相关的标准活页。

图 19　检查最小拔出力的量规

单位为毫米

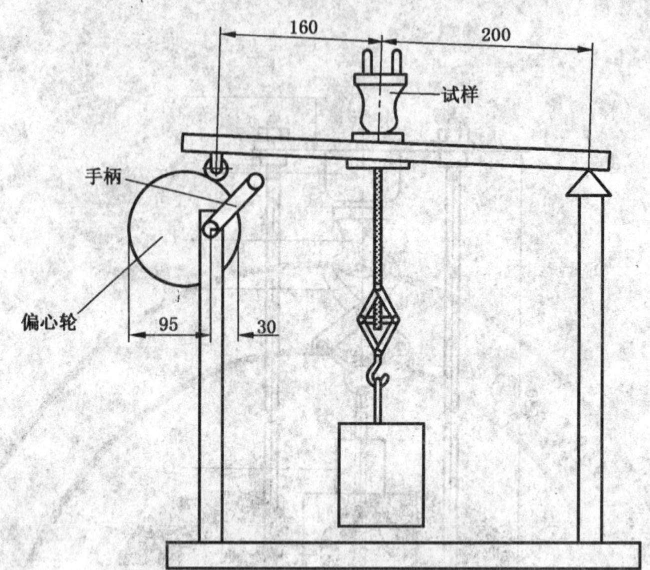

图 20　试验软缆保持力的装置

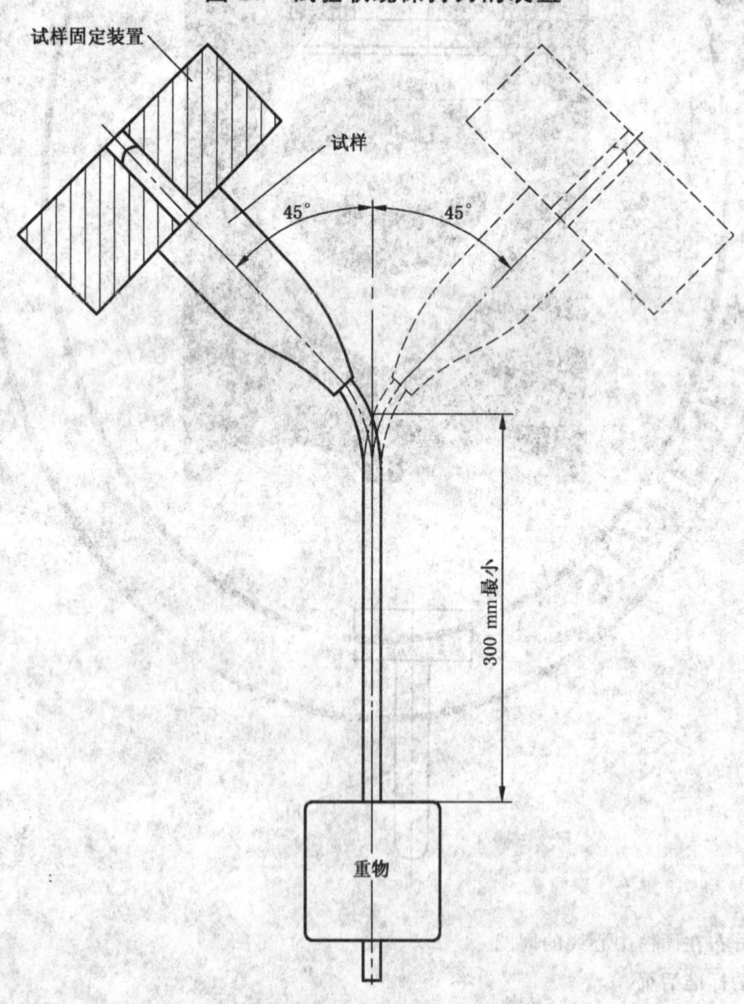

应能按 23.4 的注释的要求，用螺纹心轴来调节电器附件的不同支架。

图 21　弯曲试验装置

单位为毫米

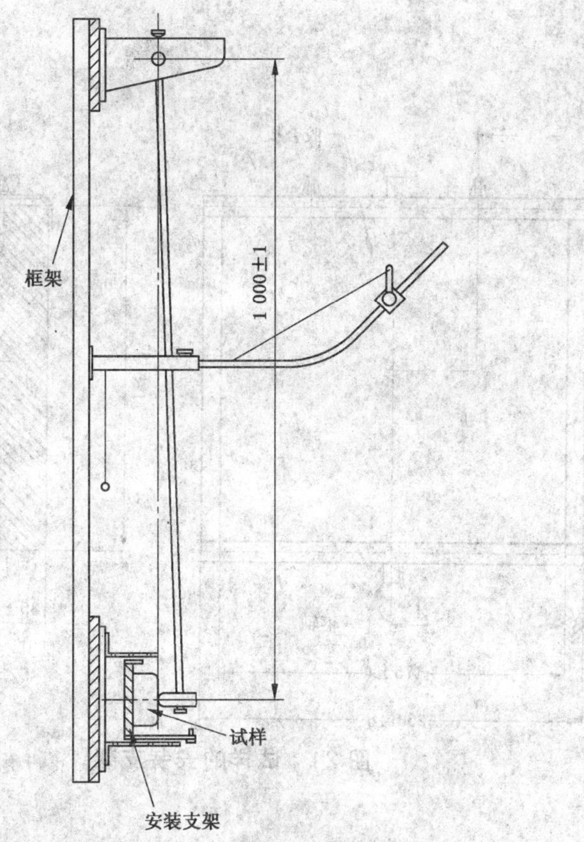

图 22　冲击试验装置

单位为毫米

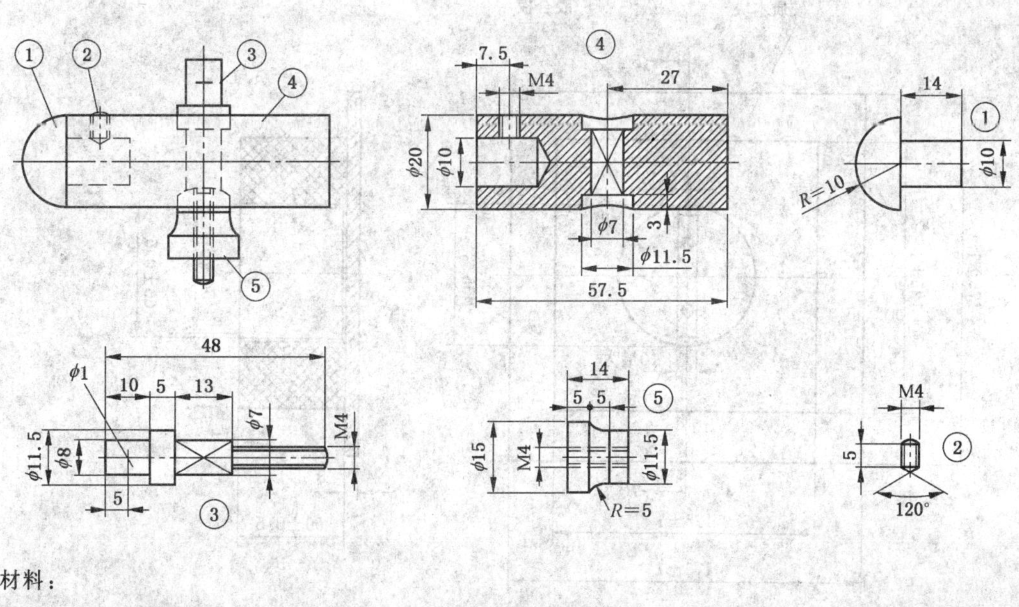

材料：

①——聚酰胺

②③④⑤——钢 Fe360

图 23　锤的详图

单位为毫米

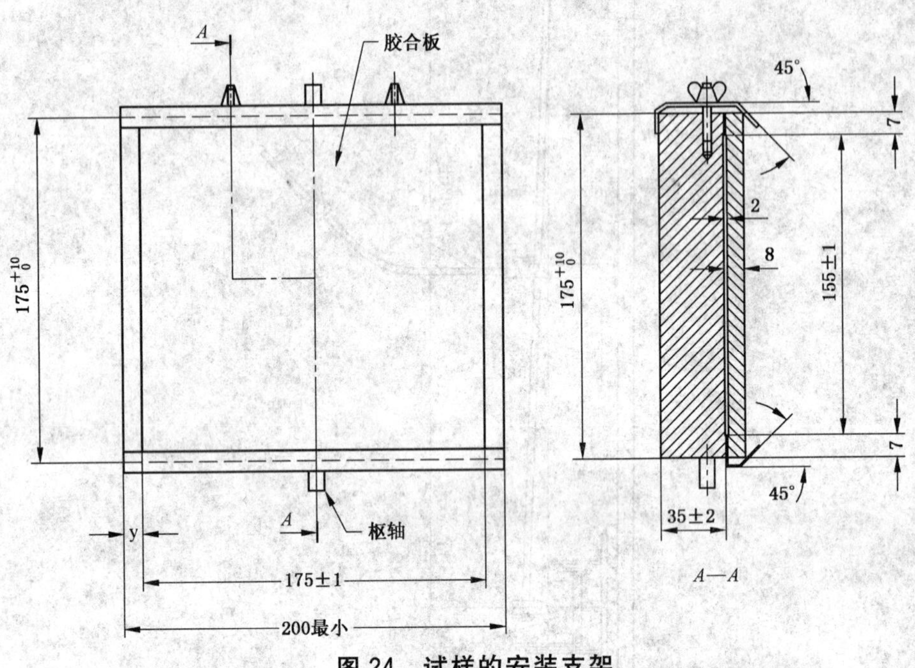

图 24 试样的安装支架

单位为毫米

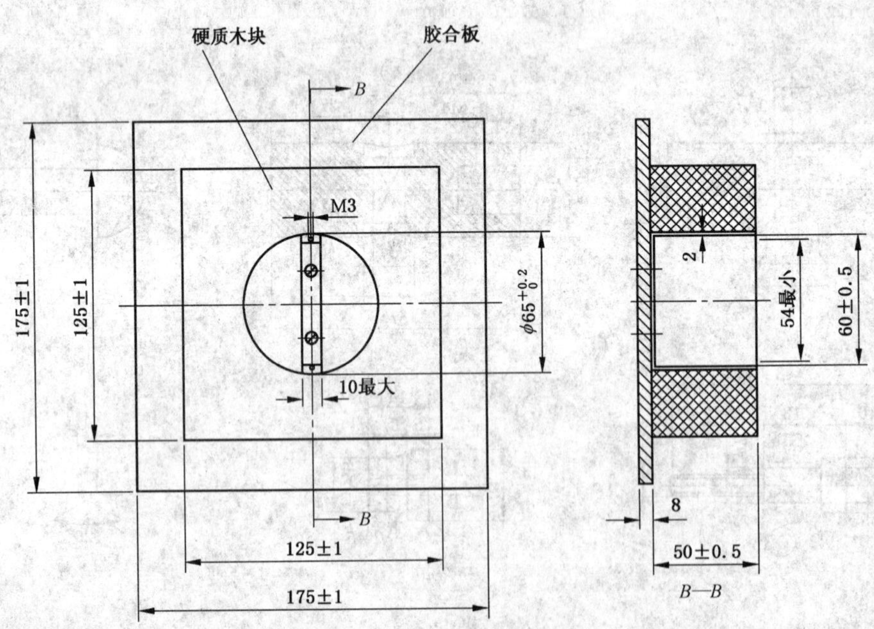

硬质木块凹槽的尺寸仅是示例而已，有更多的运用尺寸在考虑中。

图 25 暗装式电器附件用的安装木块

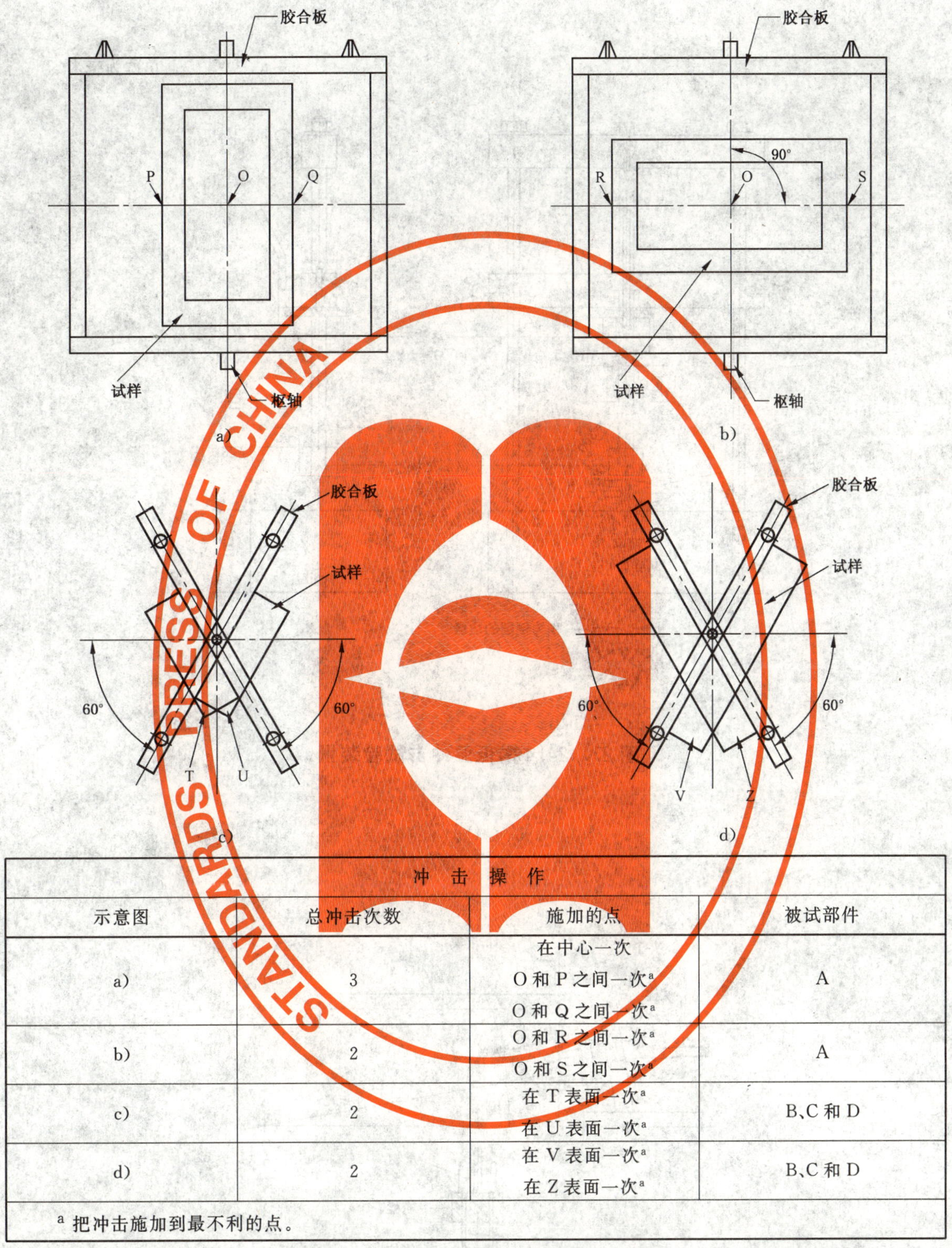

冲击操作			
示意图	总冲击次数	施加的点	被试部件
a)	3	在中心一次 O 和 P 之间一次[a] O 和 Q 之间一次[a]	A
b)	2	O 和 R 之间一次[a] O 和 S 之间一次[a]	A
c)	2	在 T 表面一次[a] 在 U 表面一次[a]	B、C 和 D
d)	2	在 V 表面一次[a] 在 Z 表面一次[a]	B、C 和 D

[a] 把冲击施加到最不利的点。

图 26　按表 21 冲击应用所示的示意图

单位为毫米

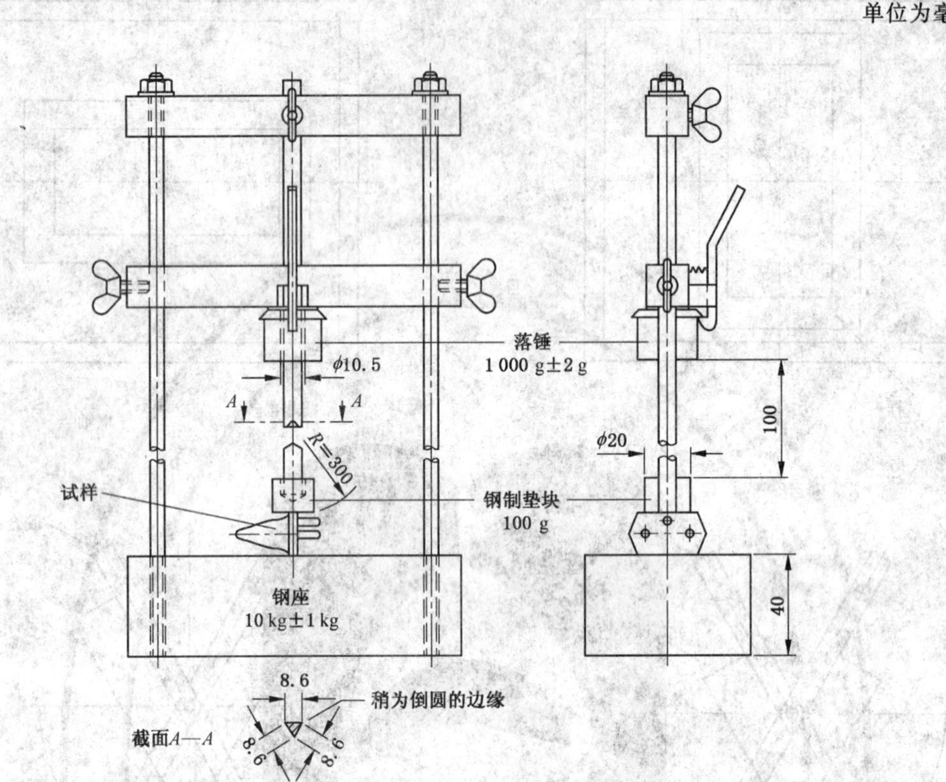

图 27　24.4 的低温冲击试验装置

单位为毫米

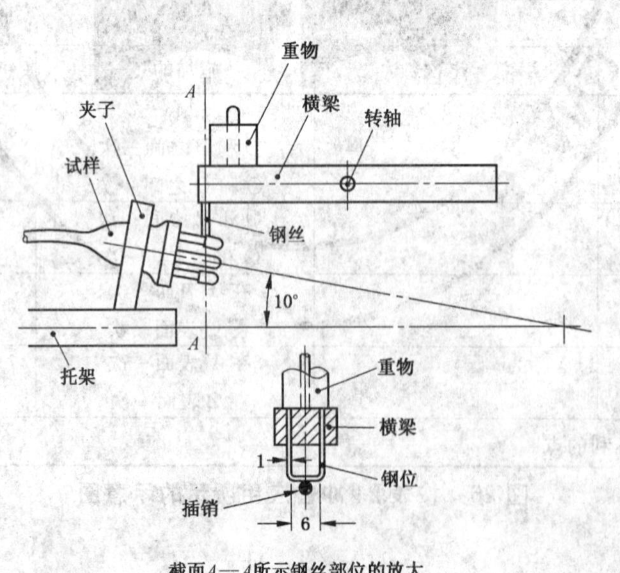

图 28　插头插销绝缘套上磨损试验用的装置

单位为毫米

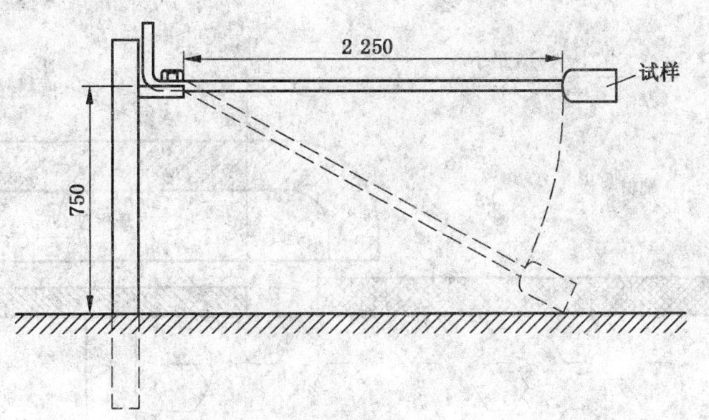

图 29　多位移动式插座机械强度试验装置

单位为毫米

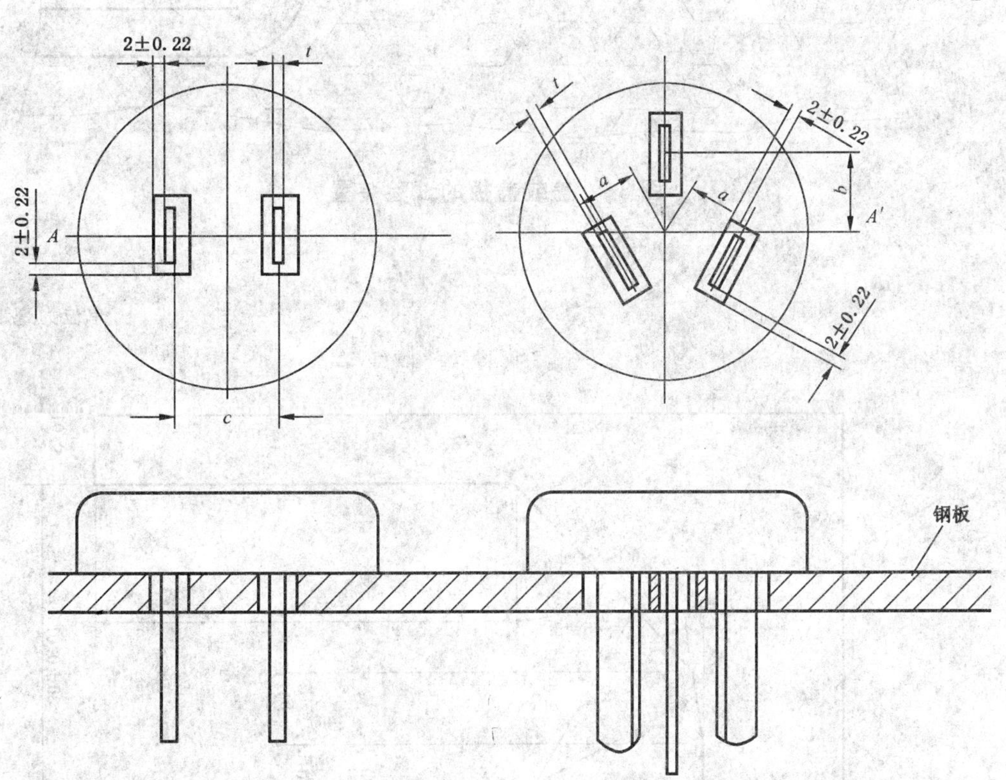

t——插销厚度；

a、*b*、*c*——插销间距。

图 30　验证插销在插头上的牢固程度的试验装置

单位为毫米

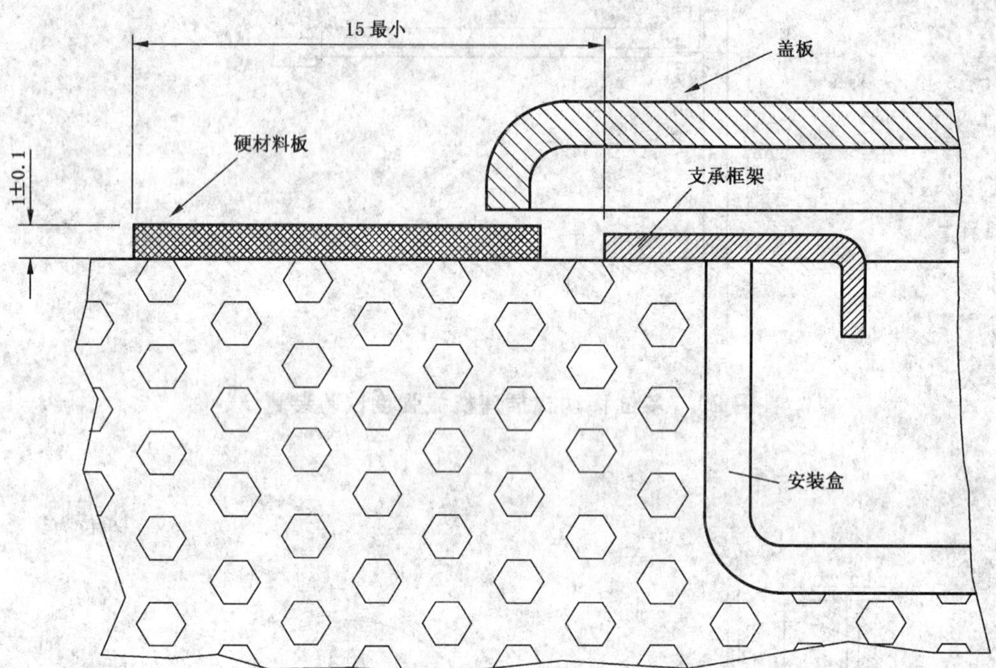

图 31 盖或盖板的试验装置

单位为毫米

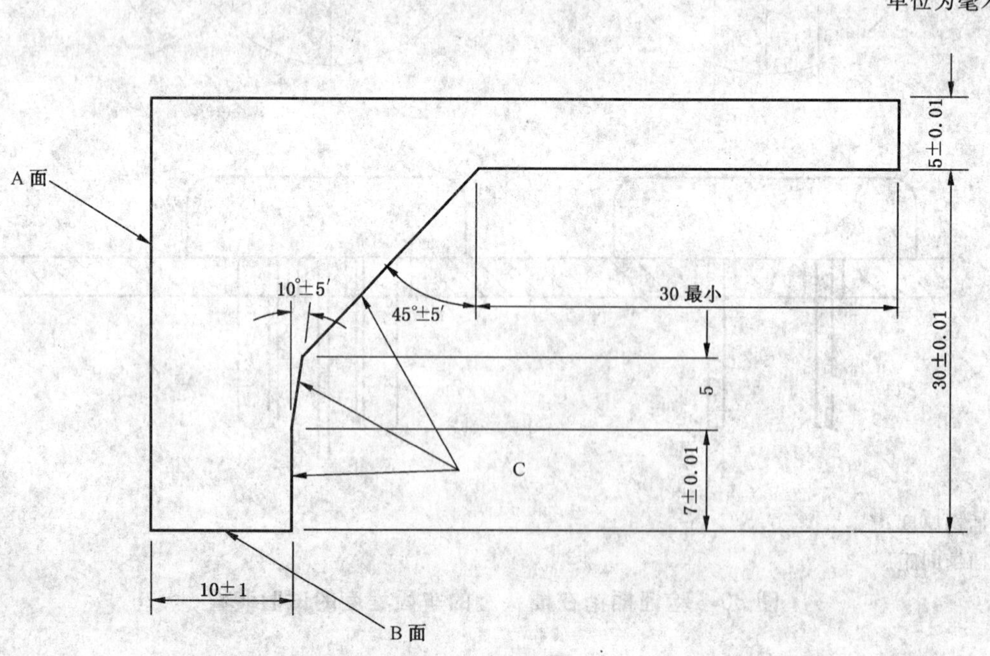

图 32 检验盖或盖板轮廓线用的量规(厚约 2 mm)

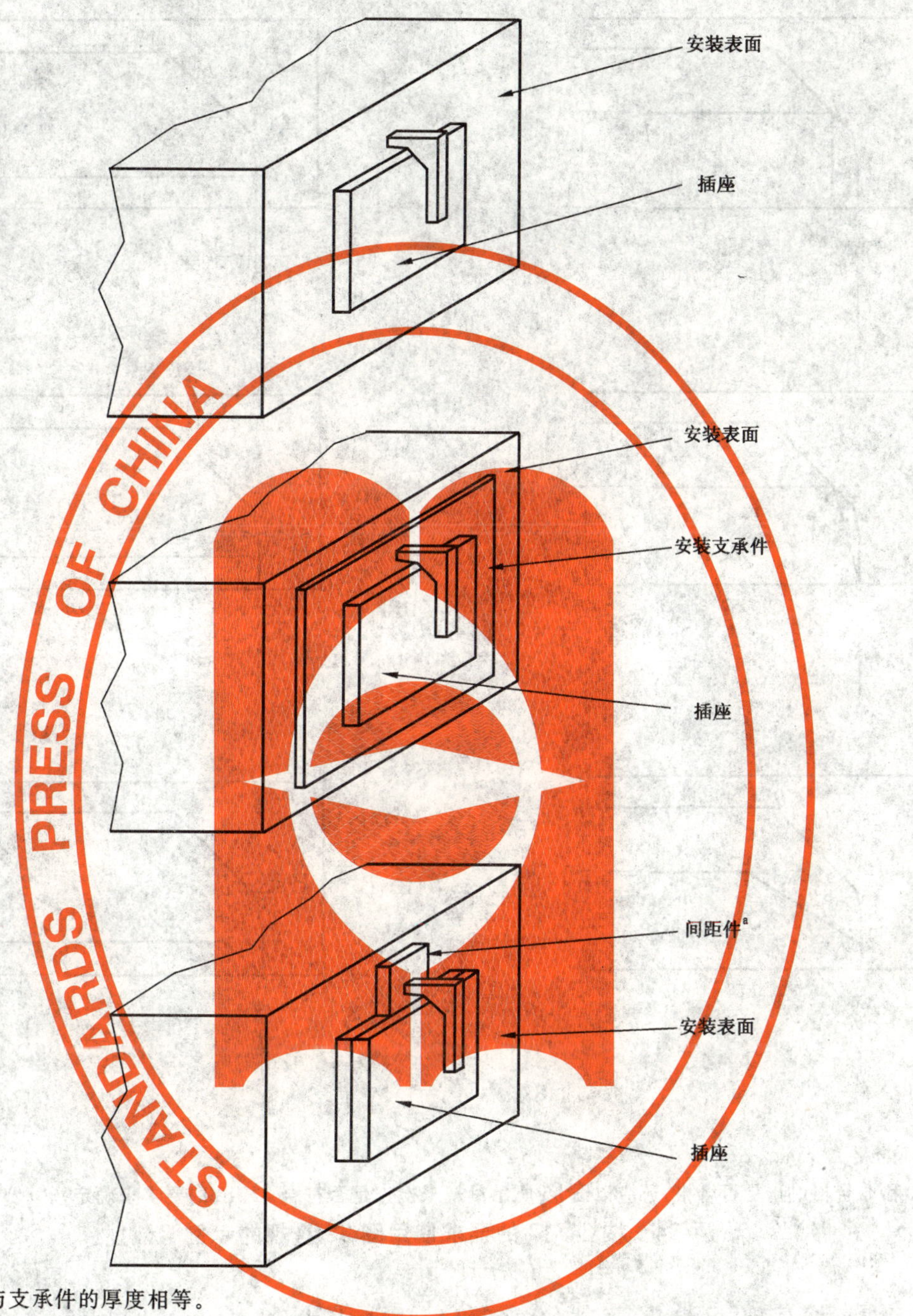

[a] 间距件与支承件的厚度相等。

图 33　向在不用螺钉固定于安装表面或支承表面上的盖使用图 32 的量规的示例

单位为毫米

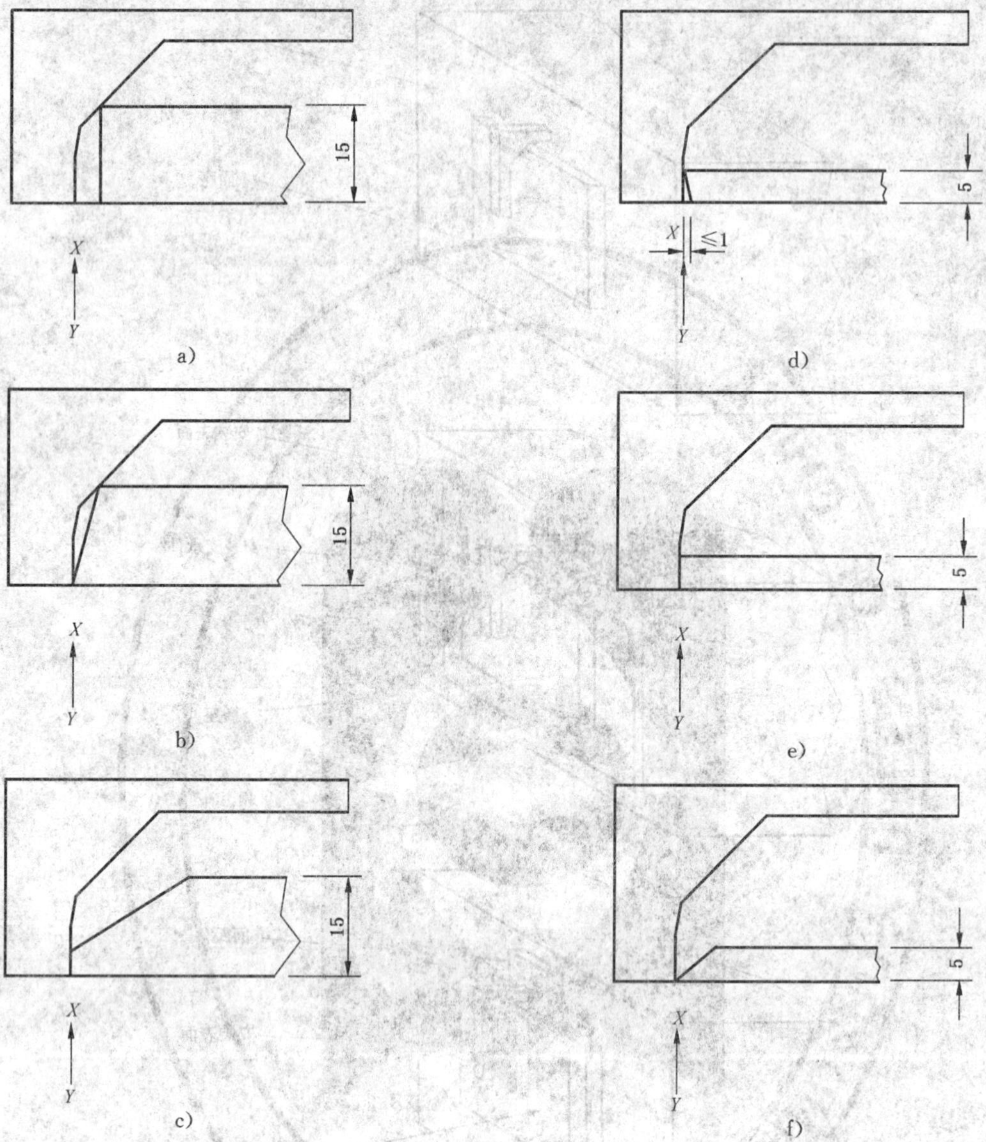

15
X
Y
a)
5
X
≤1
Y
d)
15
X
Y
b)
5
X
Y
e)
15
X
Y
c)
5
X
Y
f)

a)和 b)不合格。

c),d),e)和 f)合格(但,是否合格,还应以图 35 所示量规来检查是否符合 24.18 的要求来确定)。

图 34　按 24.17 的要求使用图 32 量规的示例

单位为毫米

试验棒（金属）
ϕ2.5 +0.05 0
直角锐边
100 最小

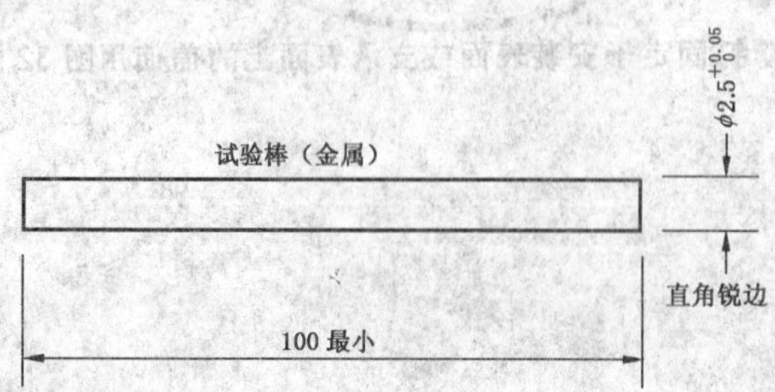

图 35　检验沟槽、孔及反向锥度用的量规

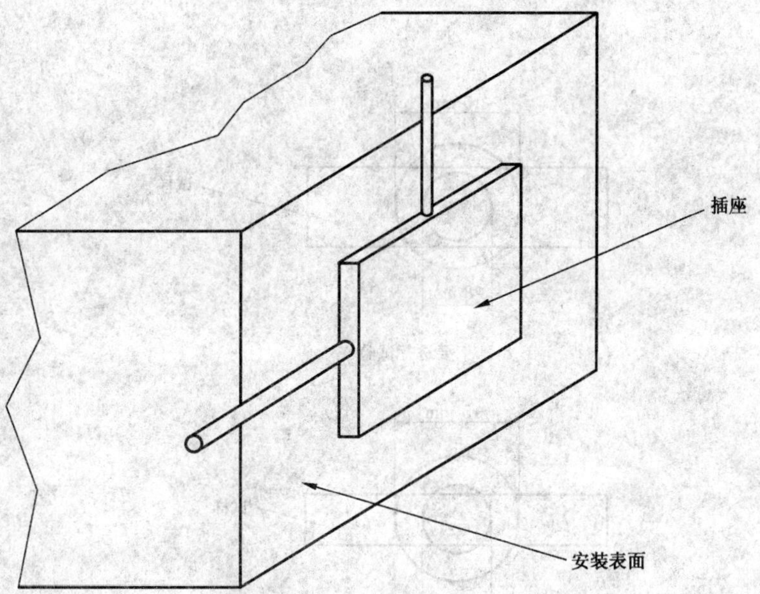

图 36　图 35 的量规的施加方向示意图

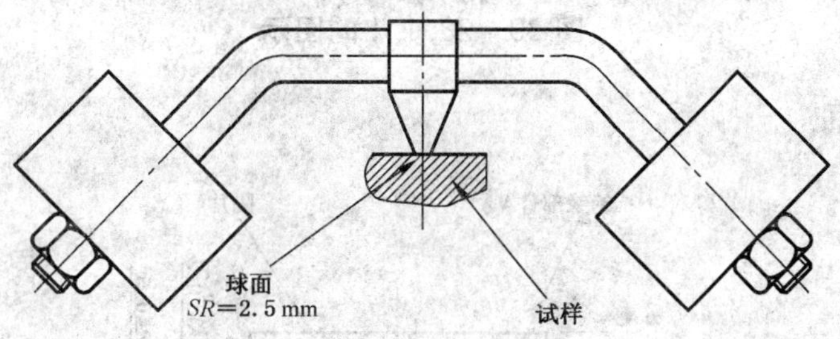

图 37　球压试验装置

单位为毫米

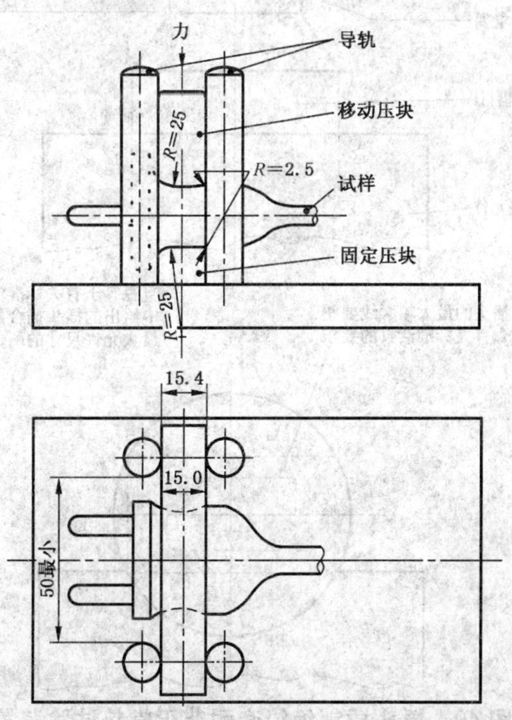

图 38　25.4 的检验耐热性能的压缩试验装置

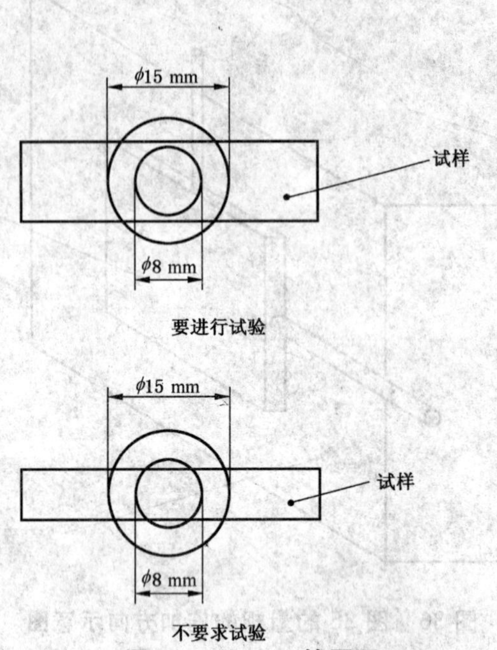

图 39　28.1.1 的图示

单位为毫米

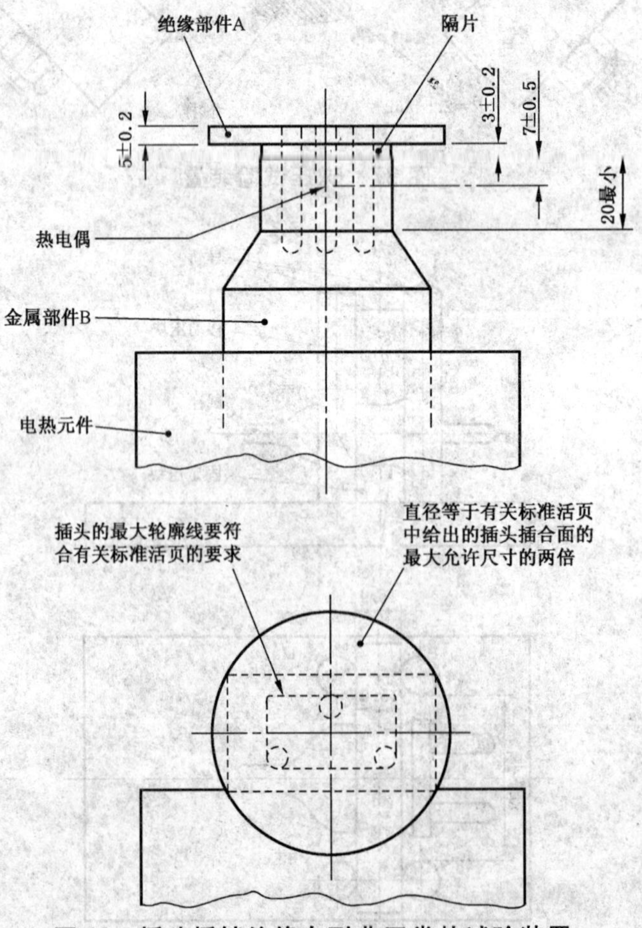

图 40　插头插销绝缘套耐非正常热试验装置

单位为毫米

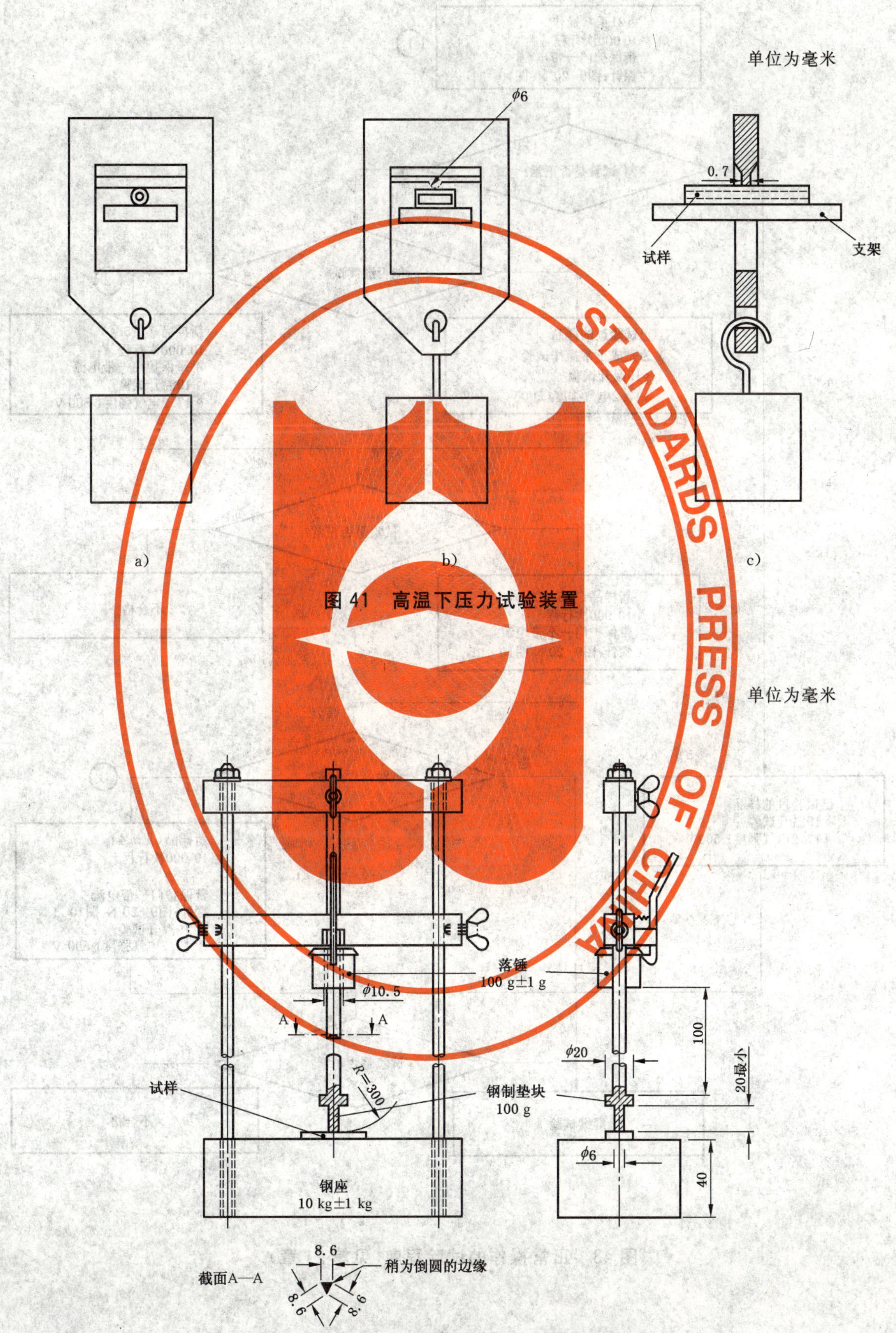

图 41　高温下压力试验装置

图 42　带有绝缘套的插销的冲击试验装置

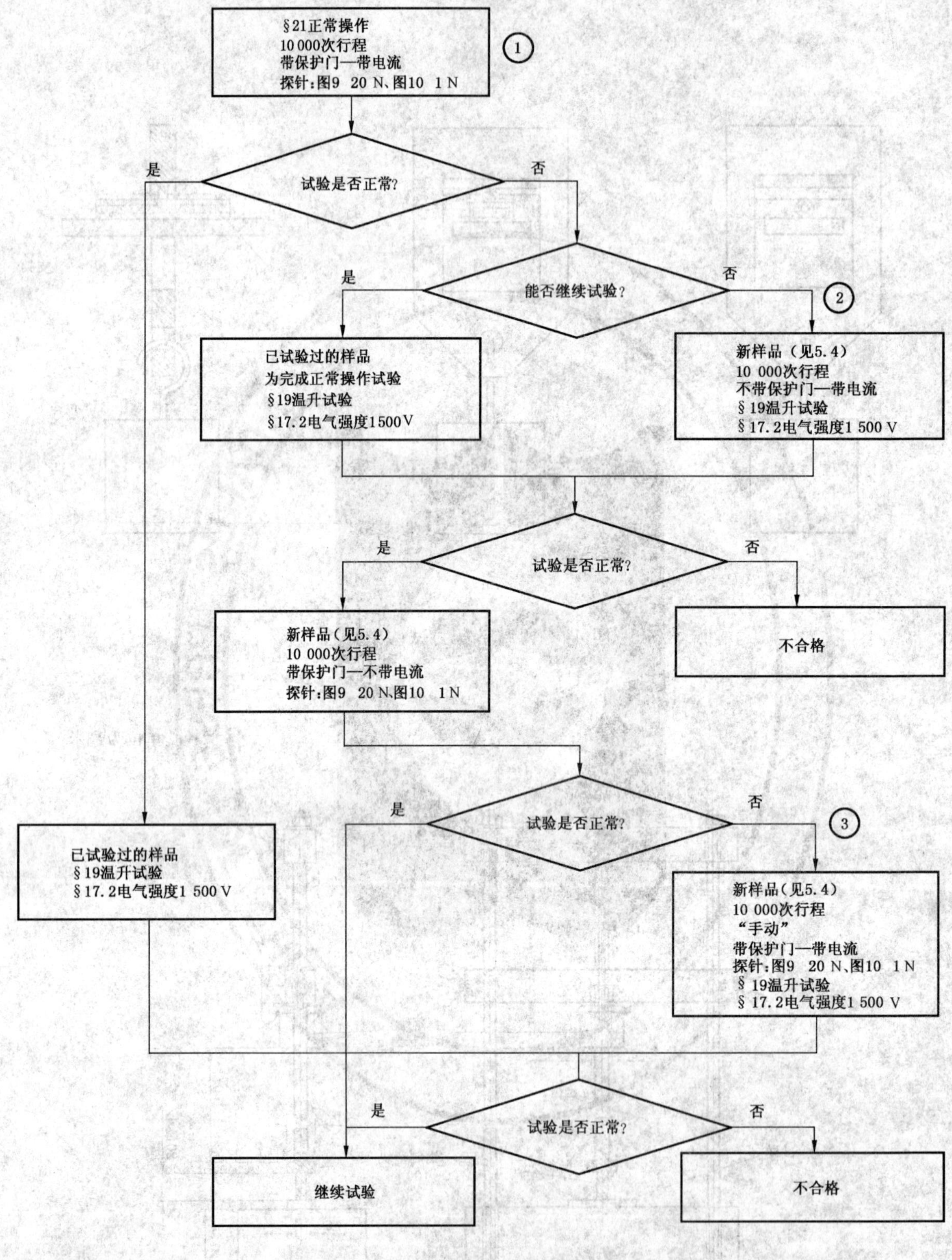

图 43 正常操作的试验程序(见第 21 章)

单位为毫米

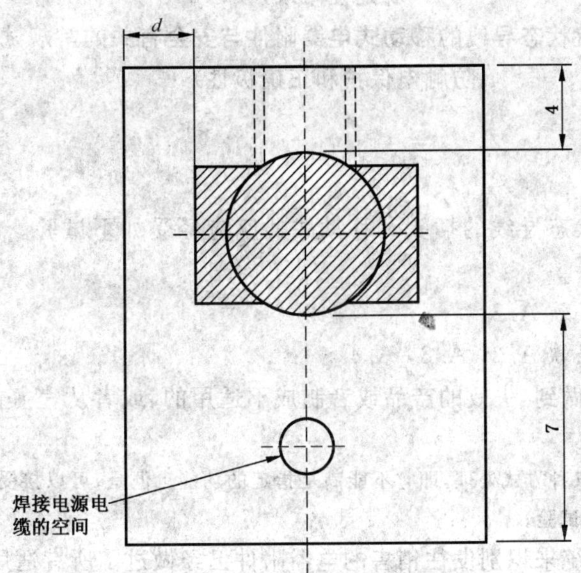

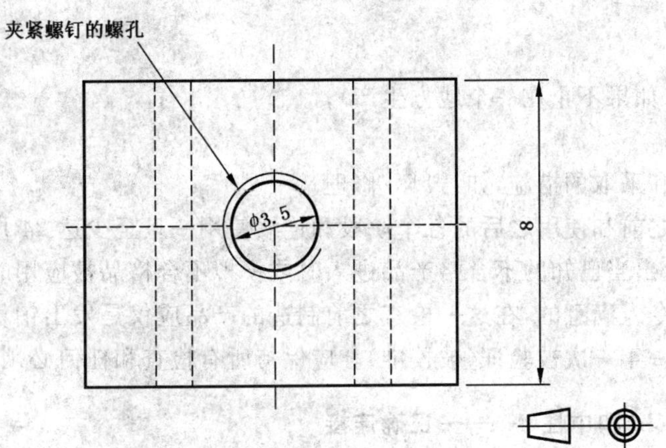

材料：至少含有52％铜的黄铜；

公差：±0.2 mm，除非另有说明。

注1：阴影区的尺寸为插头插销尺寸的最大值＋0.8 mm。

注2：1.5≤d≤3。

注3：热电偶应放置于阴影区内，但不能放在夹紧螺钉正下方。

图44　第19章温升试验的夹紧元件示意图

附 录 A
（规范性附录）
带有按交货状态导线的移动式电器附件与安全有关的常规试验
（防触电保护和正确极性）

A.1 总论（概述）

如适用，所有带有按交货状态导线的插头和移动式插座应经受如下试验。图示说明在表 A.1 中给出：

——两极带极性系统： 条款 A.2。

——两极以上： 条款 A.2，A.3，A.4。

试验设备或制造系统应能做到，失效的产品或者制成不适用的、或者从完好的产品中识别出来，以使得它们不能被发出销售。

注：“不适用”是指电器附件以某种方式处理，即它不能满足指定的功能。但是，可以接受可纠正的产品（通过可靠的系统）可以被修理和重复试验。

应可能通过过程或制造系统来识别发往销售的电器附件已经做过了所有适用的试验。

制造商应保持所进行的试验的记录如下：

——产品类型；

——试验数据；

——制造的地点（如果不止在一个地方生产）；

——被试的数量；

——失效的个数和采取的措施，如：毁坏/修理。

试验设备在使用之前和使用之后的各个阶段和连续使用一旦至少达 24 h 时，应进行检查。在这些检查期间，设备应显示出当已知的不合格产品进入时或模拟不合格品被应用时，应识别出不合格品。

如果这个检查是令人满意的，在这一检查之前制造的产品应仅是发出销售的产品。

试验设备应至少一年一次被验证（被校准）。应保持所有检查和任何必须的校准的记录。

A.2 带极性系统，相（L）和中性（N）——正确连接

对于带极性的系统，试验应使用 SELV 来进行，施加时间不少于 2 s：

注 1：在带有自动定时试验设备上，2 s 的时间可以减少到不少于 1 s。

——对插头和移动式插座，单独的软缆 L 线和 N 线最远端和电器附件对应的 L 和 N 插销或插套之间；

——对电线加长组件，在软缆一端的 L 和 N 插销和在软缆另一端对应的 L 和 N 插套之间。

极性应正确。

注 2：也可以用其他适用的试验。

对要用在三相电源上的插头和移动式插座，本试验应检查：相导线的连接应以正确的相序。

A.3 接地连续性

本试验应使用 SELV 来进行，施加时间不少于 2 s：

注 1：在带有自动定时试验设备上，2 s 的时间可以减少到不少于 1 s。

——对于插头和移动式插座，软缆接地导线最远端和电器附件接地插销或插套之间，如适用；

——对电线加长组件，在软缆各端电器附件对应的接地插销或接地插套之间。

应能显示出连续性。

注 2：也可以用其他适用的试验。

A.4 相(L)或中性(N)对地(⏚)之间短路/误接和爬电距离和电气间隙降低

试验应通过在电源末端，例如对插头施加一个电压来进行，时间不少于 2 s：

——对额定电压不大于 130 V 的电器附件，电压为 1 250 V±10%；

——对额定电流大于 130 V 的电器附件，电压为 2 000 V±10%。

注 1：在带有自动定时试验设备上，2 s 的时间可以减少到不少于 1 s。

——对所有额定电压的电器附件，使用 1.2/50 μs 4 kV 峰值的波形进行脉冲电压试验，对各个极施加三个脉冲，时间间隔不小于 1 s：

- 在 L 和⏚之间；
- 在 N 和⏚之间。

注 2：在本试验中，L 和 N 可以被连接在一起。

应不出现闪络。

表 A.1 带按交货状态导线的移动式电器附件要进行的常规试验的图示说明

条款	极数	
	2	2 以上
A.2	×	×
A.3	—	×
A.4	—	×

附 录 B
（规范性附录）
试验所需试样一览表

按5.4试验所需样品数量如下：

条款和分条款		试样数量		
		固定式插座	移动式插座	插 头
6	额定值	A	A	A
7	分类	A	A	A
8	标志	A	A	A
9	尺寸的检查	ABC	ABC	ABC
10	防触电保护	ABC	ABC	ABC
11	接地措施	ABC	ABC	ABC
12	端子和端头	ABC[a]	ABC	ABC
13	固定式插座的结构	ABC[b]	—	—
14	插头和移动式插座的结构	—	ABC[b]	ABC[b]
15	联锁插座	ABC	ABC	—
16	耐老化、由外壳提供的防护和防潮	ABC	ABC	ABC
17	绝缘电阻和电气强度	ABC	ABC	ABC
18	接地触头的工作	ABC	ABC	ABC
19	温升	ABC	ABC	ABC
20	分断容量	ABC	ABC	ABC
21	正常操作	ABC	ABC	ABC
22	拔出插头所需的力	ABC	ABC	—
23	软缆及其连接	—	ABC[c]	ABC[c]
24	机械强度	ABC[de]	ABC[d]	ABC[f]
25	耐热	ABC	ABC	ABC
26	螺钉、载流部件及其连接	ABC	ABC	ABC
27	爬电距离、电气间隙和通过密封胶的距离	ABC	ABC	ABC
29	防锈性能	ABC	ABC	ABC
28.1	耐非正常热和耐燃	DEF	DEF	DEF
28.2	耐电痕化[g]	DEF	DEF	DEF
30	带有绝缘套的插销的附加试验	—	—	GHI[h]
	总 数	6	6	9

[a] 12.3.10试验要用一组附加试样，12.3.11试验要用5个附加无螺纹端子，12.3.12要用一组附加样品。

[b] 13.22和13.23试验各需要用一组附加膜片。

[c] 对各类型电缆和横截面积的不可拆线电器附件，23.2和23.4试验需要一组附加试样。

[d] 带保护门插座24.8试验需要一组附加试样。

[e] 24.14.1和24.14.2的试验需要一组附加试样。

[f] 24.10有关插头的试验需要一组附加试样。

[g] 可能要用一组附加试样。

[h] 插销带绝缘护套的插头30.2和30.3试验需要一组附加试样。

附 录 C
（资料性附录）
选择性夹紧试验

C.1 夹紧试验

测试之前，图 C.1 所示的对比插头应该用金属刷清洁。

对比插头、用于测试的插头和进行试验的每个人的双手，都应用肥皂和清水洗净并擦干。

测试设备由带有能安全连接对比插头和试验插头的测量装置构成，同时可以减少在拉动过程中可能出现的转动。模拟插头插入插座使用时相同系统中，插头插座的啮合面应该对插销有一个开口，确保运动部件的安全。

注：其他测量力的办法也可以使用。

试验插头的安装应设计成插头正面与面板相齐平。

代表性设备如图 C.2 所示。

在剪去靠近插头的软缆时应该确保试验插头能够牢固与试验设备相连。

试验人员应该夹紧试验插头，并且在拉动过程中使用最大的拉力。

使用稳定的直线拉力直到插头可以自由的用手拔出。

施力人员在拉的过程中不应该观看测力表。

拉的过程中应该将最大的拉力记录下来。

紧跟着拉力试验，将对比插头固定在试验设备上并用同一只手施加一个对比拉力。

将最大拉力记录下来。

用于试验插头的拉力和对比插头拉力的比值应该计算出来并且记录下来。

上述的对比拉力过程应该在相同的插头上由同一个试验人员另外操作两次。

用于每一对插头（试验插头/对比插头）的拉力的比值应该计算出来并且记录下来。

每个试验员将按照上述方法检测三个插头（总共九次对比拉力试验），并且将三对插头的比值计算出来记录下来。如果某试验员测得一对插头拉力比值（试验插头/对比插头）结果达到 0.8 或者更大，那么该试验可以结束，试验结果视作成立。

如果上述比值小于 0.8，另外两个试验员将按照上述方法重新检测三个插头（每个试验员做九次对比试验。

如果试验结果满足以下所有条件将视为符合要求：

a) 每对拉力比值（试验插头/对比插头）为 0.55 或者至少其中两个拉力（用于三个试验的拉力）的比值更大。

b) 至少其中两个插头（试验用三个插头）由试验员检测满足条款 a）。同时满足

c) 至少两个试验员的检测结果满足条款 b）。

如果只有一个试验员得到的结果满足条款 b），那么应制造商要求，原来并未参与试验的其他两个人也要分别对三个插头按前述要求进行试验。

如果另外两个试验员的试验结果满足条款 a）和 b），那么该试验结果就成立。

所有试验结果都不能低于表 16 规定的拔出相应插座所需要的最大拔出力。

单位为毫米

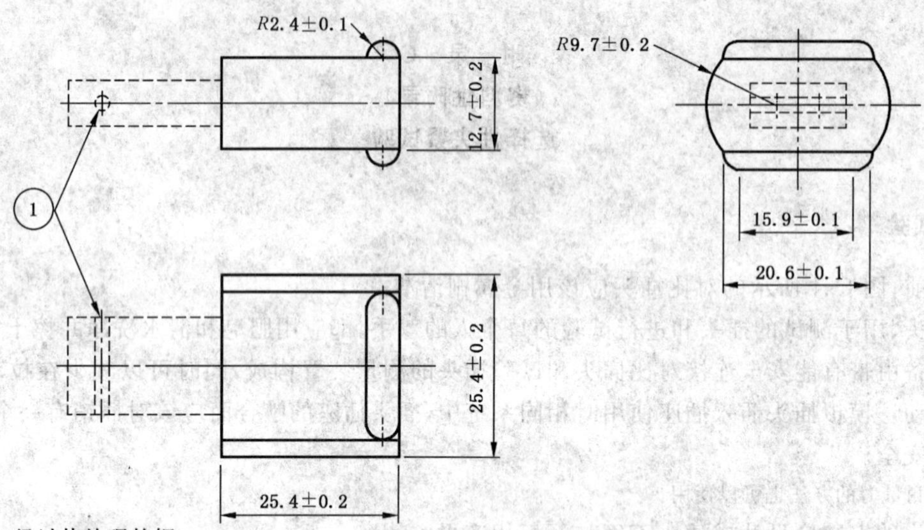

材料：例如经过热处理的钢。

夹紧表面的表面粗糙度：0.6 μm～0.8 μm。

①——插销固定孔。

注：尺寸要适合于试验试样及图 C.2 中的试验试样。

图 C.1 夹紧试验用对比插头

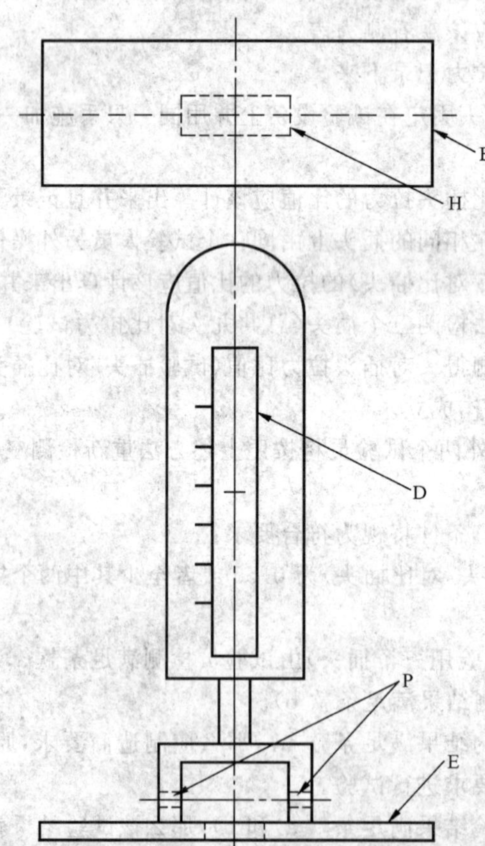

E——模拟接触面；

H——固定工具的插孔；

P——夹住固定工具的插销的孔；

D——测量工具。

注：此图仅做参考，并不是用来给出试验设备的设计。

图 C.2 插头夹紧试验的试验设备示例

C.2 夹紧试验

本试验是由验证试验插头有无下列特征之一的试验组成。

——插头至少有 55 mm 的可用长度，用于轴向的夹紧；

——插头的凹进处可以容纳一个直径为(12±0.1)mm 的圆球从两端各插进插头至少 2 mm，或者从一端插进至少 4 mm；

——插头具有特殊的用于拔出的部件(如钩、环等)。

只需至少满足上述任意一个条件，试验结果即视作成立。

参 考 文 献

IEC/TR 60083:1997 IEC成员国标准化的家用和类似用途插头和插座.

IEC 60320(所有部分) 家用和类似用途器具耦合器.

IEC 60364-4-41:2001 建筑物电气装置 第4-41部分:安全保护 防触电保护.

IEC 60417-1:2000 设备用图形符号 第1部分:概述和应用.

IEC 60670:1989 家用和类似用途固定式电气装置的电器附件用外壳的通用要求.

IEC 61540:1999 电器附件——家用和类似用途无完整过电流保护的移动式剩余电流装置(PRCDs).

ICS 29.120.30
K 30

中华人民共和国国家标准

GB 2099.3—2008
代替 GB 2099.3—1997

家用和类似用途插头插座 第2部分:转换器的特殊要求

Plugs and socket-outlets for household and similar purposes—Part 2: Particular requirements for adaptors

(IEC 60884-2-5: 1995, MOD)

2008-12-30 发布 2010-06-01 实施

中华人民共和国国家质量监督检验检疫总局
中国国家标准化管理委员会 发布

前　言

本部分除 9.1 最后一段、9.3、14.103 为推荐性内容外，其余内容全部为强制性。

GB 2099《家用和类似用途插头插座》分为以下几部分：

第 1 部分：通用要求

第 2 部分：特殊要求

——带熔断器插头的特殊要求

——器具插座的特殊要求

——转换器的特殊要求

——固定式无联锁带开关插座的特殊要求

——固定式有联锁带开关插座的特殊要求

——安全特低电压用插头和插座的特殊要求

本部分是 GB 2099 的第 2 部分：转换器的特殊要求。

本部分修改采用 IEC 60884-2-5：1995《家用类似用途插头插座　第 2 部分：转换器的特殊要求》(第 1 版)。本部分与 IEC 60884-2-5：1995 的主要差异如下：

1) 第 2 章规范性引用文件中增加 IEC 60083；将引用标准 IEC 60669-2-1：1994 改为 GB 16915.2—2000(eqv IEC 60669-2-1：1996)，比 IEC 60669-2-1：1994 更新版本。
2) 因要与 GB 2099 的第 1 部分新版协调并配合，第 5 章标题改为"试验概述"。
3) 第 9 章尺寸检查按我国转换器使用场合和要求对 9.1、9.3 作相应修改。
4) 因要与 GB 2099 的第 1 部分新版协调并配合，第 16 章标题作相应修改。
5) 因要与 GB 2099 的第 1 部分新版协调并配合，标准中引用的图序号作相应修改。
6) 在第 24 章中增加 24.9 要求。

本部分代替 GB 2099.3—1997《家用和类似用途插头插座　第 2 部分：转换器的特殊要求》。

本部分内容与 GB 2099.3—1997 相比主要变化如下：

1) 第 2 章规范性引用文件中将引用标准 IEC 60669-2-1：1994 改为 GB 16915.2—2000(等效采用 IEC 60669-2-1：1996)，比 IEC 60669-2-1：1994 更新版本。
2) 因要与 GB 2099 的第 1 部分新版协调并配合，第 5 章标题改为"试验概述"。
3) 第 9 章尺寸检查按我国转换器使用场合和要求对 9.1、9.3 作相应修改。
4) 因要与 GB 2099 的第 1 部分新版协调并配合，第 16 章标题作相应修改。
5) 因要与 GB 2099 的第 1 部分新版协调并配合，标准中引用的图序号作相应修改。
6) 考虑出境用转换器产品要求，24.7、28.1、28.1.2 在本标准中为适用。

本部分应与 GB 2099.1 配合使用。

本部分的附录 A 为规范性附录。

本部分由中国电器工业协会提出。

本部分由全国电器附件标准化技术委员会(SAC/TC 67)归口。

本部分起草单位：中国电器科学研究院、北京突破电气有限公司、慈溪市公牛电器有限公司、杭州鸿雁电器有限公司、浙江正泰建筑电器有限公司、天基电气(深圳)有限公司、浙江跃华电讯有限公司、宁波同事电器有限公司、惠州雷士光电科技有限公司、北京市产品质量监督检验所、北京中科可来博电子技术有限公司、广州电气安全检验所、TCL-罗格朗国际电工(惠州)有限公司、中国家用电器研究院、国家日用电器质量监督检验中心。

本部分主要起草人：罗怀平、林海青、阮立平、单朝兰、陈玉、安桂龙、孙路伟、何均匀、王朝圣、虞春唐、冯松云、温永彩、蔡映峰、朱松涛、黄顺亲、邹华山、张楠、贾玉霖、虞春耀。

本部分所代替标准的历次版本发布情况为：

——GB 2099.3—1997。

IEC 前言

1） IEC（国际电工委员会）是由各国电工委员会（IEC 国家委员会）组成的世界性标准化组织，IEC 任务是促进电工电子领域内各种标准化问题的国际合作。为此，除了组织其他活动外，还出版各种国际标准，把 IEC 的国际标准委托给技术委员会制定，任何对所讨论问题感兴趣的 IEC 国家委员会可以参加这个制定工作。同 IEC 建立联系的国际组织、政府组织和非政府组织也可参加这一制定工作，IEC 按照它与国际标准化组织（ISO）达成的协议所规定的条件与其密切合作。

2） IEC 关于技术问题的正式决议或协议，是由对该问题特别感兴趣的国家委员会派代表参加的技术委员会制定的，并尽可能准确地表达了国际上对该问题的一致意见。

3） 这些决议或协议以标准、技术报告或导则的形式出版，以推荐方式供国际使用，并在此意义上为各国家委员会所接受。

4） 为了促进国际上的统一，IEC 国家委员会承诺在其国家标准或区域性标准里尽可能忠实地采用 IEC 国际标准，IEC 标准与相应国家标准或区域性标准之间有不一致之处应尽可能在国家标准或区域性标准中明确指出。

5） IEC 提供认可的无标识的程序，但不对供用来验证与其标准不一致的设备负责。

国际标准 IEC 60884-2-5 由 IEC/TC 23：电器附件技术委员会中的 SC 23B：插头插座和开关分技术委员会制定的。

本出版物以下列文件为基础：

国际标准草案文件	表决报告
23B/425/DIS	23B/454/RVD

有关本标准表决通过的详细信息，可以从上述表中的表决报告中找到。

本第 2 部分标准应与 IEC 60884-1：1994（第二版）《家用和类似用途插头插座　第 1 部分：通用要求》结合使用。本标准列出了将 IEC 60884-1 变为 IEC 标准："转换器的特殊要求"所必需的变更。

说明第 1 部分适用的地方，仅是指包含与转换器有关的要求的地方适用。

本标准使用下列印刷形式：

——正文中的要求：以罗马字体形式；

——试验说明：以斜体字形式；

——注释内容：以小些的罗马字体形式。

家用和类似用途插头插座
第 2 部分：转换器的特殊要求

1 范围

GB 2099.1 的第 1 章做下述变动后适用。

在第五行之后增加如下内容：

本部分仅适用于交流电、带保护门和不带保护门、带熔断器和不带熔断器的转换器。

本部分所论及的熔断器不用作器具或器具的零件的过载保护。

增加：

注：不带保护门的转换器在下列国家不准使用：意大利(IT)、挪威(NO)。

2 规范性引用文件[1)]

下列文件中的条款通过 GB 2099 的本部分的引用而成为本部分的条款。凡是注日期的引用文件，其随后所有的修改单(不包括勘误的内容)或修订版均不适用于本部分，然而，鼓励根据本部分达成协议的各方研究是否可使用这些文件的最新版本。凡是不注日期的引用文件，其最新版本适用于本部分。

GB 2099.1 的第 2 章作下述变动后适用。

增加引用标准：

GB/T 13539(所有部分)　低压熔断器(IDT IEC 60269)

GB 16915.2—2000　家用和类似固定电气装置的开关　第 2 部分：特殊要求　第 1 节：电子开关(eqv IEC 669-2-1：1996)

IEC 60083　IEC 成员国标准化家用和类似用途插头插座

3 定义

GB 2099.1 第 3 章做下述变动后适用。

注 3 改为：

3 术语“电器附件”一词作为通用词，包括插头、插座和转换器；而“移动式电器附件”包括插头、移动式插座和转换器。

增加下述内容注 5：

5 “转换器”一词作为通用词，包括所有类型的转换器，具体提到的特殊类型者除外。

3.25 改为：

额定电压　rated voltage

生产厂给电器附件规定的电压。如有相应的标准，即指标准中所规定的电压。

3.26 改为：

额定电流　rated current

生产厂给电器附件规定的电流。如有相应的标准，即指标准中所规定的电流。

---

1) 本章引用标准按我国现行标准情况引用 GB 16915.2—2000(比 IEC 60669-2-1：1994 版更新一个版本)；按转换器要求增加引用 IEC 60083 出版物。

增加下述定义：

3.101

转换器　adaptor

由一个插头部分和一个或多个插座部分两者作为一个整体单元所构成的移动式电器附件。

3.102

带熔断器的转换器　fused adaptor

一个或多个载流极里装有可更换的熔断器的转换器。

3.103

带熔断器的极性转换器　polarized fused adaptor

结构上能做到当插入到安装在一个有极性的布线装置里的插座时，能维持中线与相线之间正确关系的带熔断器的转换器。

3.104

多位转换器　multiway adaptor

插座部分允许同时插入一个以上插头的一种转换器。

3.105

型式转换器　conversion adaptor

能把一种或多种型式的插头连接到不是为接受这些插头而设计的一个插座上的一种转换器。

3.106

中间转换器　intermediate adaptor

允许通过调光开关、定时开关、光电开关等控制装置，把一种或多种型式的插头连接到插座的一种转换器。中间转换器可以是整体式中间转换器或由软线连接起来的转换器，后者可以是可拆线的，也可以是不可拆线的。

注：控制装置它本身应符合其相应的标准，如电子开关应符合 GB 16915.2。

3.107

可拆线中间转换器　rewireable intermediate adaptor

具有可更换软线或软缆结构的一种转换器。

3.108

不可拆线中间转换器　non-rewireable intermediate adaptor

由生产厂将转换器与软线或软缆接好并组装成整体结构的一种转换器(见 14.1)。

3.109

外部软缆　external cable

中间转换器外接部分的软缆。可能是电源电缆，也可能是连接设备分离部分之间的软缆。

4　一般要求

GB 2099.1 的第 4 章适用。

5　试验概述[2)]

GB 2099.1 的第 5 章适用。

6　额定值

GB 2099.1 的第 6 章下述变动后适用。

---

2)　因要与 GB 2099.1 协调并配合，本章标题改为“试验概述”。

增加下述内容：

6.101　转换器的额定电压不得低于与它相接插的相应插座的额定值。

6.102　转换器的额定电流取以下二者的低者：

——转换器插头部分的额定电流；

——插到转换器上的所有插头的额定电流之和。

6.103　带熔断器的转换器的最小额定值，应等于标在熔断器上的额定值。

6.104　转换器的每个插座部分的额定电流应等于或大于插入转换器的任何插头的额定电流的最大值。

6.105　带整体式控制装置的中间转换器额定电流，应等于控制装置的额定电流，或等于安装控制器的插座的额定电流。应是它们二者的低者。

是否符合6.101～6.104的要求，通过观察进行检查。

7　分类

GB 2099.1的第7章适用。

8　标志

GB 2099.1的第8章作下述变动后适用。

8.1　第一个破折号(——)的内容改为：

——额定电流(A)和/或功率(W)

在分条款的最后增加下列内容：

用MAX(或最大)一词来完整标识额定电流和/或功率。

注3：这些标志举例如下：

MAX 2 000 W-MAX 10A，或

2 000 W-10 A MAX，或

MAX 10 A，或

10 A MAX

(其中“MAX”允许用汉字“最大”表示)

注4：功率应用电源标称电压来计算。

当连接好最后一个插头后，最大允许功率的标志应清晰易分辨，而且在多位转换器上的标志不能标在插座的插合面上。

带熔断器的转换器应有表明转换器内装有熔断器的标志，该标志可以用符号示出。

可拆线的带熔断器的中间转换器应有表明其熔断器的额定电流的标志，该标志可以标在中间转换器上，也可标志在所附的标签上。

不可拆线的带熔断器的转换器应永久地标出与所附的软线和有关的器具相适应的、由生产厂家规定的熔断器的额定电流。

8.2　增加：

熔断器 …………………………………………………………………………………… —▭—

9　尺寸的检查

GB 2099.1的第9章作下述变动后适用。

9.1[3]　第三段、第四段改为：

与我国插座系统插合的转换器的插头部分应符合GB 1002、GB 1003插头的要求。与我国插头插合的转换器的插座部分应符合GB 1002、GB 1003插座的要求。在满足标准要求情况下，允许将

3)　按我国转换器使用场合和要求对9.1作相应修改。

GB 1002 标准 2P 插座中插孔与 2P+⏚插座插孔排列组合，但插孔不应与重合。

与国外插座系统插合（因旅游和公务等因素在境外使用）的转换器的插头部分应符合 IEC 60083 的要求。

9.3[4] 改为：

与国外插头插合（涉外宾馆等场所用）的转换器的插座部分可与我国插座系统规定的型式和尺寸不同，但应符合 IEC 60083 和有关国外标准规定的插座型式和尺寸，对符合标准尺寸的电器附件的功能和安全无不利影响，特别是要符合可互换性和不可互换性的要求。

10 防触电保护

GB 2099.1 的第 10 章作下述变动后适用。

10.1 第二段内容改为：

当转换器的插头与同一系统的插座部分地或全部地插合时，转换器的插头部分的带电部件应是不易触及的。

第六段内容改为：

对转换器，当转换器与同一系统的插座部分或全部插合时，将试验指施加到各个可能的位置上。

增加下列内容：

10.101 除非将带熔断器的转换器完全从插座中拔出，或已设计成在更换熔断器时，能防止人和带电部件发生偶然接触，否则，应是无法卸下或更换转换器里的熔断器。

是否合格，通过观察检查。

10.3 第一段内容改为：

在任何其他载流插销处于易触及状态时，应不能使相关插头的插销与转换器的带电插套或转换器的插销与同一系统的插座的带电插套插合。

10.4 第一段内容改为：

转换器的外部零件应为绝缘材料制品。但装配螺钉之类、载流和接地插销、接地条及环绕插销的金属环等除外。

10.5 第一段的内容改为：

转换器带保护门的插座部分在结构上还应做到：在不与插头插合的情况下，用图 10[5] 所示的探针是不能触及到带电部件的。

11 接地措施

GB 2099.1 的第 11 章适用。

12 端子

GB 2099.1 的第 12 章作下述变动后适用。

12.1.1 第二段的内容改为：

可拆线中间转换器应装有螺纹夹紧型端子。

13 固定式插座的结构

GB 2099.1 的第 13 章不适用。

4） 按我国转换器使用场合和要求对 9.3 作相应修改。

5） 在 IEC 60884-2-5：1995 中为图 4，在配合使用的 GB 2099.1 中为图 10。

14 插头和移动式插座的结构

GB 2099.1 的第 14 章作下述变动后适用。

标题改为：

移动式电器附件的结构

14.1 改为：

不可拆线中间转换器应能做到：

——若不使转换器永久地无用，便不能将软缆或软线从转换器上拆下，而且，

——用手或一般用途的工具，如螺钉旋具，无法将电器附件打开。

是否合格，通过观察检查。

注：不能用原来的零件或原料重新装配成原转换器者，则该转换器便视作永久地无用。

14.2 第一段的内容改为：

转换器的插销应有足够的机械强度。

14.3 开头五行的内容改为：

转换器的插销应：

——锁定，不能旋转；其旋转不影响其安全和功能者除外；

——不拆散转换器便不能拆下；

——在转换器按正常使用接线并装配好之后，牢牢固定在转换器的本体里。

当按生产厂家的说明装配和固定转换器的插销时，应不可能将其接地或中线插销或触头重新放置到任何不正确的位置上。

14.4 第一段的内容改为：

转换器的接地插套和中线插套在使用时应锁定，不得旋转，并只有在拆散转换器之后，借助工具才能拆下。

14.11 第一行改为：

对可拆线中间转换器：

14.13 改为：

如果转换器的盖子装有插销插入孔用的衬套，则应不可能从外面将衬套拆除；在拆掉盖子之后，亦不可能使衬套意外地从里侧脱落。

是否合格，通过观察检查。

14.15 第一段的内容改为：

转换器的插合面在转换器按正常使用要求接线和装配好之后，除了插销之外，应再无其他任何凸出物。

14.16 第一段的内容改为：

转换器应设计得不会因插合面的任何凸出物而不能与其相应的插头完全插合。

14.23 第一个注释改为：

注：与插头成为一体的电器有转换器、剃须刀、带可充电蓄电池的灯及插入式变压器等。

14.23.2 第一段内容之后增加：

对转换器，转换器的每个插座部分应先插合相应的插头，插头带有一根长 1 m、符合 60227 IEC 53 标准的圆软缆，其标称横截面积为 0.75 mm^2。

注 1：导线数应与相应插头的极数一样。

在本条最后增加下列内容：

对转换器，在试验期间应注意使软线或软缆自由悬挂。

注2：下列国家要求有较高的扭矩值：瑞典——装有符合 IEC 60083 标准活页 C2a 插座部分的转换器，要求有 0.5 Nm 的扭矩。

注3：代替相应的插头和软缆的量规，正在考虑中。

增加下列内容：

14.23.101　转换器应能承受得住可能由插入其中的装置所施加的横向应力。

是否合格，通过图 13[6] 所示的装置进行下列试验检查。

首先，试样被安装在一个垂直面上，使通过带电插套的平面成水平方向。试验表面应位于垂直位置并平行于垂直安装表面。

然后，完全插入该装置，并在垂直向下方向施加 5 N 的力。

1 min 后，撤去该装置，转换器在安装表面上旋转 90°，试验四次，每次插合面旋转 90°。试验期间该装置不得拔出。该试验对转换器的每个插座部分应重复试验。

试验之后，转换器不得有影响本标准意义范围内的破坏，尤其应符合第 22 章的要求。

14.24　改为：

转换器的形状及制造的材料，应能易于用手将转换器从相应的插座中拔出。

此外，抓夹面应设计成无须拉动软缆即能将转换器拔出。

是否合格，通过正在考虑中的一项试验来检查。

14.25　GB 2099.1 中本条内容不适用。

增加下列内容：

14.101　如果转换器的插座部分的任何一个插座带有接地插套或触头，那么其插头部分亦应有接地插销或触头。

注：把带接地触头的插座与 0 类设备用的不带接地触头的插头之间连接起来的转换器是不允许的。

是否合格，通过观察和 11.5 的试验进行检查。

14.102　用在极性插座中的转换器应设计成：其内部连接应保证插头的插销、插座的插套和端子（如有），对转换器的输入和输出部分应保持相同的极性。

是否合格，通过观察，有必要时，进行电气连续性试验来检查。

14.103[7]　建议多位转换器的设计与结构最好能做到当多位转换器直接插入到固定式暗装插座时，两个或多个多位转换器彼此之间应不能够互相插合。

是否合格，通过观察进行检查。

注：上述建议仅适用于同一制造商生产的转换器。如果某一特定系统的标准规定了多位转换器不能够相互插合的相关细节，则上述建议适用于任何制造商生产的多位转换器。

14.104　如果外部软缆的绝缘达不到相应国家标准要求和软缆与包裹在 17.2 规定的绝缘层外的金属箔之间的电气强度试验不符合要求，则该软缆被当作是裸导体。

14.105　在带熔断器的转换器的本体内，应装有符合 GB/T 13539 的有关要求的合适的熔断器（见 14.22）。

熔丝应安装在转换器插头插销和与其对应的插座插套之间。

在极性系统里，熔断器应安装在相线插头插销与对应的相线插座插套之间。

熔断器不得安装在接地电路里。

转换器应设计成当装配好之后，不会使熔断器处于不良接触状态。

是否合格，通过观察进行检查。

6）在 IEC 60884-2-5：1995 中为图 6，在配合使用的 GB 2099.1 中为图 13。

7）14.103 在本部分中非强制性要求，暂不考核。

15 联锁插座

GB 2099.1 的第 15 章作下述变动后适用。

标题改为:

转换器的联锁插座部分。

第一段的内容改为:

与开关联锁的转换器的插座部分在结构上应能做到:在插座插套仍然带电的时候,插头不能插入插座,也不能从插座中拔出,而且直至插头几乎完全插合时,插座的插套才会带电。

16 耐老化、由外壳提供的防护和防潮[8)]

GB 2099.1 的第 16 章适用。

17 绝缘电阻和电气强度

GB 2099.1 的第 17 章作下述变动后适用。

17.1.1 改为:

对转换器,绝缘电阻要依次在如下部位间测量:

a) 在所有连接在一起的极与用绝缘材料制成的外部易触及部件的外表面相接触的金属箔,包括外部装配螺钉之间;

b) 依次在每一极与所有其他连接在一起的极之间;

c) 在软线固定部件的任何金属部件包括夹紧螺钉与接地插销或接地端子(如有)之间;

d) 对中间转换器,在软线固定部件的任何金属部件与插入到与正常位置的软缆(或软线)的最大直径(见表 17)一样粗的金属杆之间。

注 1:端子不能直接触及的,例如,在不可拆线的转换器,这些试验应用如插销之类的易触及部件来进行试验。

注 2:在用金属箔包裹绝缘材料部件的外表面或将金属箔放置得与绝缘材料部件内表面相接触的同时,以不明显的力,用尺寸与图 2 所示的标准试验指一样的无节试验指把金属箔压在孔或沟槽中。

17.1.2 GB 2099.1 的本条内容不适用。

18 接地触头的工作

GB 2099.1 的第 18 章适用。

19 温升

GB 2099.1 的第 19 章作下述变动后适用。

第十段和第十一段的内容改为:

转换器要用固定式插座进行试验;该插座要符合标准的要求,要尽量具有平均特性,但接地插销(如有),尺寸要最小。

将转换器插进插座,并通以表 101 规定的交流电 1 h。

第十三段的后面增加:

通过转换器的试验电流:

——要符合相应插座部位的额定电流,并依次通过每单个插座部位。

——要符合转换器的额定电流,并按插座部位的不同额定值成正比划分,应同时通过所有插座部位。

---

8) 因要与 GB 2099.1 协调并配合,本章标题作修改。

20 分断容量

GB 2099.1 的第 20 章作下述变动后适用。

第二段的内容改为：

是否合格，用图 16[9] 所示的试验设备对转换器的插座部分和非实心插销的插头部分进行试验检查。

第四段的内容改为：

转换器的插座部分要用试验插头来试验，该试验插头的插销应由黄铜制成，而且应该有最大的规定尺寸，偏差为－0.06 mm，而且插销与插销之间的间距为标称距离，偏差为＋0.05 mm。但就绝缘护套而言，只要它们的尺寸是在有关的标准中给出的偏差范围之内便足够了。

第六段后增加：

转换器的插头部分要用符合标准要求的并尽量选具有平均特性的固定式插座来进行试验。

第八段的内容改为：

将转换器的插头部分插(进)拔(出)插座 50 次(100 个行程)，插拔速率为：

——对额定电流不大于 16 A，额定电压不大于 250 V 的转换器，每分钟 30 个行程；

——对其他转换器，每分钟 15 个行程。

倒数第二段前面增加：

转换器的每个插座部分和插头部分应独立进行试验。

21 正常操作

GB 2099.1 的第 21 章作下述变动后适用。

第二段的内容改为：

是否合格，用图 16[10] 所示的试验设备对转换器的插座部分和带弹性接地插套或带非实心插销的插头部分进行试验检查。

注 6 改为：

注 6：转换器用符合本标准要求的固定式插座来试验，所选插座应尽量具有平均特性。

第六段的内容改为：

转换器的每个插座部分和插头部分应分开试验。

将插头插入和拔出转换器的插座部分 5 000 次(10 000 个行程)，转换器的插头部分插入和拔出插座 1 000 次(2 000 个行程)，插拔速率为：

——对额定电流不大于 16 A，额定电压不大于 250 V 的转换器，每分钟 30 个行程；

——对其他转换器，每分钟 15 个行程。

22 拔出插头所需的力

GB 2099.1 的第 22 章作下述变动后适用。

第一段的内容改为：

转换器的结构应使插头容易插入和拔出，并在正常使用时应能防止插头从转换器的插座部分中脱出。

22.1 第一段的内容改为：

将转换器固定在图 18[11] 所示的试验设备的安装板 A 上，使插座的插套的轴线铅垂，并使插头插销的插入孔朝下。

---

9) 在 IEC 60884-2-5:1995 中为图 12，在配合使用的 GB 2099.1 中为图 16。

10) 在 IEC 60884-2-5:1995 中为图 12，在配合使用的 GB 2099.1 中为图 16。

11) 在 IEC 60884-2-5:1995 中为图 13，在配合使用的 GB 2099.1 中为图 18。

23 软缆及其连接

GB 2099.1 的第 23 章作下述变动后适用。

23.1 第一段的内容改为：

中间转换器应装有软线固定部件，使导线在接点到端子或端头之处能不受包括绞拧在内的应力，并使导线的护套受到保护而不被磨损。

23.3 第一段和表 20 改为：

不可拆线中间转换器应装有一根符合 GB 5023 或 GB 5013 要求的软缆或软线，导线的横截面积与中间转换器的额定值之间的关系在表 101 的有关栏目里给出。

注：表 101 也规定了温升和正常操作试验时的试验电流。

供控制用的外部软缆或软线应符合 14.104 要求。

表 101

电器附件的额定值	转换器		用软缆或软线连接的不可拆线中间转换器		
	试验电流/A		横截面积/mm^2	试验电流/A	
	第 19 章	第 21 章		第 19 章	第 21 章
2.5 A 130/250 V	4	2.5	0.75 1	4 4	2.5 2.5
6 A 130/250 V	8.4	6	0.75 1	9 9	6 6
10 A 130/250 V	14	10	0.75 1	10 12	10 10
16 A 130/250 V	20	16	0.75 1 1.5	10 12 16	10 12 16
16 A 440 V	20	16	1.5 2.5	16 22	16 22
32 A 130/250/440 V	40	32	2.5 4 6	25 31 42	25 31 32
注：额定电流与表上所列的不同的附件，其试验电流应在高一级或低一级的标准额定值之间，用插入法来确定。					

23.4 第一段的内容改为：

带软缆或软线的不可拆线中间转换器应设计成：软缆或软线在进入转换器处不会过度弯曲。

24 机械强度

GB 2099.1 的第 24 章作下述变动后适用。

第一段和第二段的内容改为：

转换器应有足够的机械强度，能经受得住在使用过程中产生的机械应力。

是否合格，通过如下规定的合适的试验检查：

——对转换器：

● 带非弹性或非热塑性材料外壳、盖或本体的 ………… 24.2,24.9[12)] 和 24.10；

● 带弹性或热塑性外壳、盖子或本体的 …… 24.2,24.4,24.5,24.9[13)] 和 24.10；

——对转换器的插头中带绝缘套的插销…………………………………………………… 24.7；

——对带保护门的转换器的插座部分…………………………………………………… 24.8。

24.2 在第五段之后增加：

对转换器：

——50 次，如果试样的质量不超过 50 g；

——25 次，如果试样的质量超过 50 g。

最后破折号(——)的内容改为：

——当先朝一个方向，再朝相反方向各施加一个 0.4 Nm 的力矩 1 min 时，插销不得转动。插销的转动不会危及其安全和性能的转换器不进行此项试验。

最后增加：

注 4：只要符合第 10 章的要求和设备的运行不会引起危险的情况下，装在中间转换器内的设备的部件的损坏可忽略。

24.7 第一段改为：

转换器插头部分带有绝缘护套的插销要经受如图 28[14)] 所示装置的试验。

24.8 第一段的内容改为：

转换器的带保护门的插座部分的保护门应设计得能经受得住正常使用时，例如，当插头的插销无意地被强压在插座插孔的保护门时，可能出现的机械应力。

24.10 第一段的内容改为：

如图 30[15)] 所示，将转换器放置在具有适合于转换器插头部分的插销的孔的刚性钢板上。

25 耐热

GB 2099.1 的第 25 章适用。

26 螺钉、载流部件及其连接

GB 2099.1 的第 26 章适用。

27 爬电距离、电气间隙和通过密封胶的距离

GB 2099.1 的第 27 章作下述变动后适用。

表 23

第 2 项的第五个破折号(——)的内容改为：

——外部装配螺钉，转换器插合面上的及与接地电路相隔离的螺钉除外。…………3 mm。

第 3 项的内容改为：

当完全插合时，转换器的插销及和插销连接的金属部件与插座中易触及未接地金属部件[b)] 之间，而且这些易触及部件是处于最不利结构的情况下[c)] …………6 mm[d)] 。

12） 24.9 仅用于考核带软缆的转换器的插座部分。

13） 24.9 仅用于考核带软缆的转换器的插座部分。

14） 在 IEC 60884-2-5:1995 中为图 23，在配合使用的 GB 2099.1 中为图 28。

15） 在 IEC 60884-2-5:1995 中为图 25，在配合使用的 GB 2099.1 中为图 30。

第 4 项的内容改为：

插座中易触及的未接地金属部件[b)]与完全插合的转换器的插销及和插销连接的金属部件之间，而且这些金属部件是处于最不利结构[c)]的情况下；…………6 mm[d)]。

第 5 项的内容改为：

(不插插头)转换器的插座部分的带电部件与其易触及的不接地金属部件[b)]之间；…………6 mm[d)]。

第 7 项的第五个破折号(——)的内容改为：

——外部装配螺钉，转换器插合面上的及其与接地电路相隔离的螺钉除外；…………3 mm。

27.1 第五段的内容改为：

转换器要在与插座插合时检查，还要在与相应插头插合和不插合时检查。

28 绝缘材料的耐非正常热、耐燃和耐漏电痕化

GB 2099.1 的第 28 章作下述变动后适用。

28.1 第二段改为：

是否合格通常用 28.1.1 试验来检查，此外，对于装有绝缘护套的转换器的插销，要通过 28.1.2 的试验来检查。

28.2 第一段改为：

带绝缘护套插销的转换器试样要用如图 40[16)] 所示的试验装置来试验。

29 防锈性能

GB 2099.1 的第 29 章适用。

30 带绝缘套的插销的附加试验

GB 2099.1 的第 30 章适用。

16) 在 IEC 60884-2-5:1995 中为图 26，在配合使用的 GB 2099.1 中为图 40。

ICS 29.120.30
K 30

中华人民共和国国家标准

GB 2099.4—2008/IEC 60884-2-3:2006

家用和类似用途插头插座 第2部分：固定式无联锁带开关插座的特殊要求

Plugs and socket-outlets for household and similar purposes—Part 2:Particular requirements for switched socket-outlets without interlock for fixed installations

(IEC 60884-2-3:2006,IDT)

2008-12-30 发布　　2010-02-01 实施

中华人民共和国国家质量监督检验检疫总局
中国国家标准化管理委员会 发布

前　言

本部分全部技术内容为强制性。

GB 2099《家用和类似用途插头插座》分为以下几部分：

第1部分：通用要求

第2部分：特殊要求

——带熔断器插头的特殊要求

——器具插座的特殊要求

——转换器的特殊要求

——固定式无联锁带开关插座的特殊要求

——固定式有联锁带开关插座的特殊要求

——安全特低电压用插头插座的特殊要求

本部分是GB 2099的第2部分：固定式无联锁带开关插座的特殊要求。

本部分等同采用IEC 60884-2-3:2006《家用和类似用途插头插座　第2部分：固定式无联锁带开关插座的特殊要求》(第2版)。

本部分应与GB 2099.1《家用和类似用途插头插座　第1部分：通用要求》配合使用。

本部分由中国电器工业协会提出。

本部分由全国电器附件标准化技术委员会(SAC/TC 67)归口。

本部分起草单位：中国电器科学研究院、杭州鸿雁电器有限公司、浙江正泰建筑电器有限公司、广东松本电工电器有限公司、霍尼韦尔朗能电器系统技术(广东)有限公司、惠州雷士光电科技有限公司、奇胜工业(惠州)有限公司、TCL罗格朗国际电工(惠州)有限公司、浙江跃华电讯有限公司、天基电气(深圳)有限公司。

本部分主要起草人：罗怀平、单朝兰、刘远方、张文捷、何秀峰、何均匀、唐衍兰、邹华山、王朝圣、安桂龙、沈森强。

IEC 前言

1) IEC(国际电工委员会)是由各个国家电工委员会(IEC 国家委员会)组成的世界性标准化组织。IEC 的宗旨是促进在与电气和电子领域标准化有关问题上的国际合作。为此目的,IEC 除了开展其他活动之外,还出版国际标准。这些标准的制定工作是委托各技术委员会来完成的。IEC 的成员各国家委员会,只要对要制定的标准感兴趣,均可参加其制定工作。与 IEC 有联系的国际性的、官方的组织亦参与标准的制定工作。IEC 和世界标准化组织(ISO)遵照双方协议规定的条件,密切合作。

2) 由于每个技术委员会中均有来自对相关问题感兴趣的国家委员会的代表,故 IEC 的有关技术问题的正式决议或协议都在最大限度上表达了国际上对于相关问题的一致看法。

3) 产生的文本以推荐的形式用于国际用途,并以标准、技术规范、技术报告或是导则的形式出版,并在此意义上为各国家委员会接受。

4) 为了促进国际上的统一,IEC 各国家委员会负责将 IEC 国际标准透明地、最大可能地转化为国家或地区性标准。IEC 标准和相应的国家或地区性标准之间如有任何差异,应在标准转化之后清楚地说明。

5) IEC 并未制定任何认可标志的程序。如有某设备宣称其符合 IEC 的某一项标准时,IEC 对此不负责任。

6) 所有的使用者须保证他们应该拥有最新的版本。

7) 不管是何时何地的及直接的还是间接的,或者使用或借助本 IEC 出版物或其他 IEC 出版物而产生的出版物成本(包括合法费用)及费用,IEC 或其董事、雇员、服务人员或者代理机构(包括个人专家和技术委员会的成员)和 IEC 国家委员会无义务对任何个人损失、财产损失或者其他的由于自然原因导致的损失负责。

8) 注意本出版物引用的规范性引用。为了准确地使用本出版物,相关的引用出版物是必不可少的。

9) 注意 IEC 出版物中可能涉及到一些专利课题的成分。IEC 无义务去确定任何或所有的这些专利。

国际标准 IEC 60884-2-3 是由 IEC TC 23:电器附件技术委员会 SC 23B 插头插座及开关分技术委员会制定的。

IEC 60884-2-3 的本第 2 版取消并代替了 1989 年的第 1 版,形成了技术性修订。与 IEC 60884-2-3:1989 版相比,主要差异如下:

要与 IEC 60884-1 第 3 版配合使用。

本标准以下列文件为基础:

国际标准草案文件	表决报告
23B/831/FDIS	23B/848/RVD

本标准表决的详情,见上表所列的表决报告。

本标准是按照 ISO/IEC 导则第 2 部分编写的。

本第 2-3 部分打算与 IEC 60884-1 配合使用。本文件是以 IEC 60884-1 的第 3 版为基础制定的。

本第 2-3 部分补充和修改 IEC 60884-1 的相应条款,使之转化成本 IEC 标准:固定式无连锁带开关插座的特殊要求。

在第 2-3 部分中第 1 部分的章条适用的在本标准继续适用。凡在本标准中注明“增加”、“修改”或者“替代”的内容，则第 1 部分中的有关内容均应作相应改动。

第 1 部分所没有的章条、图或表从 101 起开始编号。

当第 1 部分条款被表明适用时，仅适用于包含固定式无连锁带开关插座相关的要求。

IEC 60884 系列所有部分的列表在总标题下：家用和类似用途插头插座。在 IEC 网站上可查到。

家用和类似用途插头插座　第2部分：固定式无联锁带开关插座的特殊要求

1　范围

GB 2099.1 的本章做下列修改后适用：

第一段由下述内容代替：

本部分适用于家用和类似用途供户内户外用的、带或不带接地触头、额定电压不超过 440 V、额定电流不超过 32 A 的交流固定式无连锁带开关的插座。

注 101：带开关的插座同样可以由 GB 2099.1 规定的插座和 GB 16915.1 规定的开关组合制成。

2　规范性引用文件

下列文件中的条款通过 GB 2099 的本部分的引用而成为本部分的条款。凡是注日期的引用文件，其随后所有的修改单(不包括勘误的内容)或修订版均不适用于本部分，然而，鼓励根据本部分达成协议的各方研究是否可使用这些文件的最新版本。凡是不注日期的引用文件，其最新版本适用于本部分。

GB 2099.1 的本章适用。

3　术语和定义

GB 2099.1 的本章做下列修改后适用。

增加：

3.101

带开关插座　switched socket-outlet

是指由工厂装配的插座和控制该插座的开关所组成的单元。

3.102

多位带开关插座　multiple switched socket-outlet

是指装有多于一个的带开关插座的电器附件，并且各个插座由它自身的开关来控制。

注：我国产品允许一个开关控制一位插座，也允许一个开关控制多位插座。[1)]

3.103

开关　switch

设计用以接通或分断一个或多个电路里的电流的装置。

3.104

一次操作　one operation

动触头从一个动作位置到另一个动作位置的位置转移。

4　一般要求

GB 2099.1 的本章适用。

5　试验概述

GB 2099.1 的本章适用。

---

1)　此注是根据我国产品实际情况增加的说明。

6 额定值

GB 2099.1 的本章做下列修改后适用。

增加：

6.101 带开关插座的开关的电流和电压额定值应不小于受它控制的插座的额定值。

7 分类

GB 2099.1 的本章做下列修改后适用。

7.2 增加：

7.2.101 带开关插座分类：

7.2.101.1 按操作开关的方法分类

——旋转开关；

——倒扳开关；

——跷板开关；

——按钮开关；

——拉线操作开关。

7.2.101.2 按中性线受开关控制分类

——中性线受开关控制；

——中性线不受开关控制。

8 标志

GB 2099.1 的本章做下列修改后适用。

8.1 在第七划线后增加：

——小间隙结构的符号(有此结构时)。

8.2 在第 1 个注前面增加：

小间隙结构 …………………………………………………………………… m

“断”位置(off) ……………………………………………………………… ○

“通”位置(on) ……………………………………………………………… |

在第 3 个注后增加[2)]：

注 4：符号“○”应仅用于正常间隙结构开关。

注 5：也可用其他合适的耐久的方法来显示开关触头位置。

增加：

8.101 连接相线(电源导线)的接线端子应有识别标记，除非连接方法本身不重要，是不言而喻的，或已在接线图上标明者外。这种端子应以字母 L 为识别标记，如果这种端子不只一个，则应分别以字母 L1、L2、L3 等来识别，而且，这些字母可各带一个箭头来示出其相应的端子。

对两极、三极和四极的开关，除非端子本身的关系是不言而喻的，否则，与任何一个极相对应的端子亦应有此类识别标记(如适用)，以区别于其他极对应的端子。

这些标记不应标在螺钉或其他易拆卸部件上。

是否合格，通过观察进行检查。

8.102 两极、三极和四极开关和额定电压超过 250 V 或额定电流超过 16 A 的开关应有标志，清楚地标示出起动元件朝不同位置移动的方向或开关的实际位置。

---

2) 按 GB 16915.1 规定和根据我国产品实际情况增加注 4、注 5。

该标志应在带开关插座的正面，当装上盖或盖板后应清晰可见。如果这些标志标在盖、盖板上，应确保不可能将这些零部件安装在会导致标志错误的位置上。

起动元件移动方向的标识，可以用符号表示。

“通”位置(on)应清楚标示。

是否合格，通过观察进行检查。

9 尺寸的检查

GB 2099.1 的本章适用。

10 防触电保护

GB 2099.1 的本章做下列修改后适用。

增加：

10.101 对于在带开关的插座中用于操作开关的旋钮、操作杆、按钮、跷板和类似部件应为绝缘材料制品，否则，必须用双重绝缘或加强绝缘将它们的易触及金属部件与开关机构的金属件隔开，或将它们的易触及金属部件牢靠接地。

是否合格，通过观察并进行第 17 章和第 21 章的试验检查。

10.102 开关机构中的不与带电部件绝缘的金属部件，如转轮或跷板的心轴或枢轴等，不应伸出外壳。

是否合格，通过观察检查。必要时可将起动元件拆下或破坏掉。

注：如果必须破坏起动元件，是否合格的检查应在第 28 章的试验后进行。

10.103 带开关插座按正常使用安装好后，开关机构中的金属部件，如转轮或跷板的心轴或枢轴等应是不易触及的。

此外，这些金属部件应与易触及的金属部件，包括支撑暗装式开关底座的可能要安装在金属安装盒里的金属框架等绝缘，还应与将底座固定到其支架的螺钉绝缘。

如果开关机构中的金属部件与带电部件隔开，二者间的爬电距离和电气间隙为条款 27.1 规定值的至少两倍，或将这些金属部件牢靠接地，就不需要满足上述附加要求。

是否合格，通过观察检查，必要时还要进行测量并进行第 17 章和第 20 章的试验检查。

11 接地措施

GB 2099.1 的本章适用。

12 端子和端头

GB 2099.1 的本章适用。

13 固定式插座的结构

GB 2099.1 的本章做下列修改后适用。

增加：

13.101 开关结构应与插座上的极数相匹配。中性线不受开关控制的插座的中性极不控制除外。

接地触头不作为一个极，接地电路不应受控制。

开关操作元件的位置应不阻碍相应插头的正常插入，操作元件的正确操作也不应因相应插头的正常插入而受阻。

13.102 旋转开关的旋钮应牢固地耦合到旋转轴或操作机构的部件上。

对这个旋钮施加轴向的 100 N 的拉力 1 min。

之后，仅有一个操作方向的开关的旋钮(如可能)不用过度力朝相反方向转动 100 次。

这项试验期间,旋钮应不脱离。

13.103 开关的操作元件被释放时,应能自动地处于与动触头相应的位置,但单按钮的开关除外,此类开关的操作元件可以处于一个单一的静止位置。

是否合格,通过观察和手动试验进行检查。

13.104 开关的结构应能保证其动触头只能静止于"通"或"断"的位置上。但如果动触头的中间位置与起动元件的中间位置相对应,而且,静触头与动触头之间有足够的绝缘强度,则动触头也可以处于中间位置。

是否合格,可以通过观察,如有必要按17.2要求电压施加在静触头和动触头之间并处于中间位置时进行检查。

13.105 开关在结构上应能做到当开关缓慢操作时不会产生过度的闪弧。

是否合格,通过操作开关来检查。在第21章试验结束后,将电路再分断10次,每次用手均匀稳定地推动起动元件超过2 s时间,如可能,使动触头正好停在中间位置,然后释放起动元件。

在试验期间,不应出现持续闪弧。

13.106 带有操作多于一个极的开关的带开关插座,应能同时接通和断开所有的极,但中性线带开关的多极开关除外,中性线不应在其他极之前断开,在其他极之后接通。

是否合格,通过观察和手动试验来检查。

13.107 如果由于安装的目的拆去盖和盖板,那么机构的动作应与盖和盖板无关。

是否合格,通过下述方法检查:不装盖和盖板,将开关与一个灯串联,并且如正常使用般不用过度的力操作起动元件。

试验期间,灯不应闪烁。

14 插头和移动式插座的结构

GB 2099.1的本章不适用。

15 联锁插座

GB 2099.1的本章不适用。

16 耐老化、由外壳提供的防护和防潮

GB 2099.1的本章适用。

17 绝缘电阻和电气强度

GB 2099.1的本章做下列修改后适用。

17.1 代替最后一句:

除了17.1.1的g)、h)项绝缘电阻不小于2 MΩ外,其余的绝缘电阻不小于5 MΩ。

17.1.1 在第2个注后增加

对带开关插座的开关,绝缘电阻应按下列顺序测量:

f) 连接在一起的所有极与本体之间,开关在"通"的位置上;

g) 各个极依次与所有其他连接到本体的极之间,开关在"通"的位置上;

h) 当开关处于"通"位置时电气上连接在一起的端子之间,开关要处于"断"的位置。

注:在f)和g)中提及的术语"本体"包括易触及金属部件、支承暗装式带开关插座底座的金属框架、操作键、与易触及外部部件和操作键外表面绝缘材料接触的金属箔、用来操作开关的拉线、链条、杆的固定点、底座或盖和盖板的固定螺钉、外部装配螺钉、接地端子和机构中需要与带电部件绝缘的任何金属部件(见10.102)。

18 接地触头的工作

GB 2099.1 的本章适用。

19 温升

GB 2099.1 的本章适用。

20 分断容量

GB 2099.1 的本章做下列修改后适用。

增加：

带开关插座中的开关应有足够的接通和分断能力。

本项试验所用试验装置其原理如图 101 所示，试验装置同时用于正常操作试验。

开关接上第 19 章试验所规定的导线。

开关以 1.1 倍额定电压和 1.25 倍额定电流进行试验。以下列均匀的速率进行 200 次操作：

——额定电流不大于 10 A 的开关，每分钟 30 次操作；

——额定电流大于 10 A 但小于 25 A 的开关，每分钟 15 次操作；

——额定电流是 25 A 或 25 A 以上的开关，每分钟 7.5 次操作。

对于预定作双向操作的旋转开关，起动元件向一个方向转动总操作次数的一半，向另一个方向转动剩余的操作次数。

本次试验通过施加交流电($\cos\varphi=0.6\pm0.05$)来进行。

试验期间不应出现持续闪弧现象。

试验之后，试样不应出现影响继续使用的损坏。

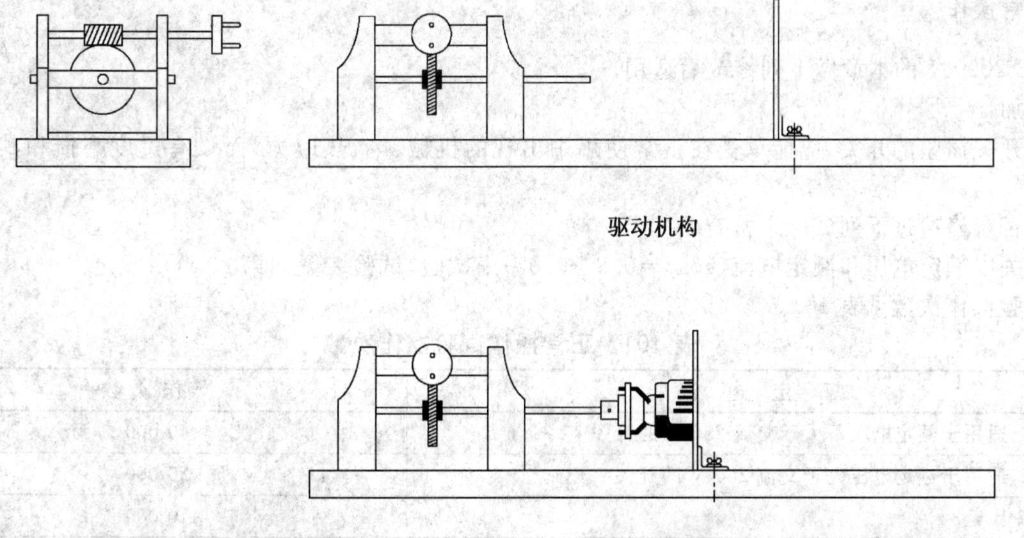

图 101 测试带开关插座中的开关的通断能力和正常操作用装置示例

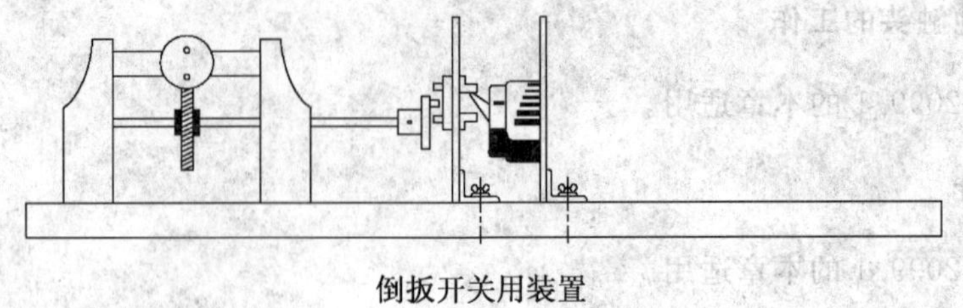

倒扳开关用装置

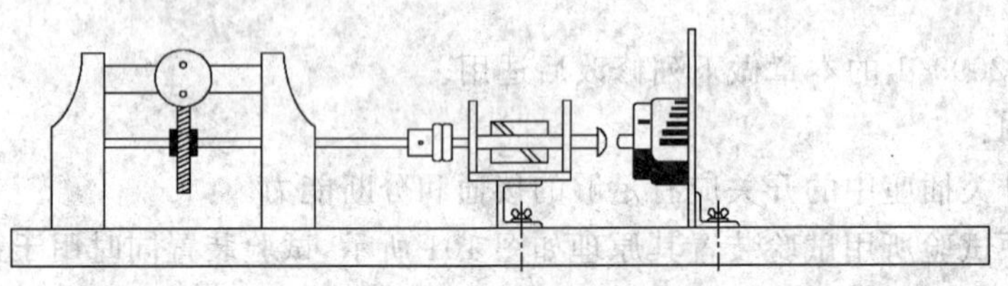

跷板开关和按钮开关用装置

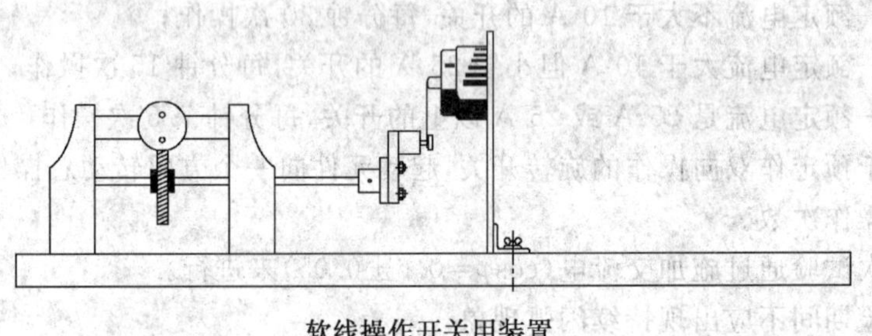

软线操作开关用装置

图 101（续）

21 正常操作

GB 2099.1 的本章做下列修改后适用。

增加：

带开关插座的开关，应能承受在正常使用中出现的机械、电、热应力，而没有过度磨损和其他有害影响。

是否合格通过下列试验来检查：

开关以额定电压和额定电流（$\cos\varphi=0.8\pm0.05$）来试验，试验装置如第 20 章所规定。

试验操作次数见表 101。

表 101 正常操作试验操作次数

额定电流	操作次数
≤16 A，适用于额定电压不大于交流 250 V 的开关	40 000
≤16 A，适用于额定电压大于交流 250 V 的开关	20 000
16 A 以上至 32 A	10 000

操作的速率按第 20 章的规定。

对于预定作双向操作的旋转开关，总操作次数的 3/4 向顺时针方向操作，剩余的操作次数向逆时针方向操作。

试验期间，试样应能正常地操作。

试验之后，试样应能承受第 17 章规定的电气强度试验和第 19 章规定的温升试验，但试验电流减至额定电流值。

试样应不出现：

——影响继续使用的损坏；
——如动作元件的位置被指明，动作元件的位置和动触头位置方向不一致；
——外壳、绝缘衬垫或隔板损坏，致使开关不能继续操作或已不符合第10章的要求；
——电气或机械连接松脱；
——密封胶渗漏；
——开关动触头相对位移。

本章的电气强度试验之前，不再重复进行16.3的潮湿处理。

本试验期间，试样不加润滑剂。

22 拔出插头所需的力

GB 2099.1的本章适用。

23 软缆及其连接

GB 2099.1的本章不适用。

24 机械强度

GB 2099.1的本章适用。

25 耐热

GB 2099.1的本章适用。

26 螺钉、载流部件及其连接

GB 2099.1的本章适用。

27 爬电距离、电气间隙和通过密封胶的距离

GB 2099.1的本章做下列修改后适用。

增加：

27.101 对于在带开关插座中的开关，爬电距离、电气间隙和通过密封胶的距离应不小于表102所示的值。

表102 爬电距离、电气间隙和通过密封胶的距离

说明	mm
爬电距离：	
1. 当触头分开时各个独立的带电部件之间；	3
2. 带电部件与：	
——机构中要求与带电部件绝缘的金属部件之间(见10.102)；	3
3. 机构中，要求与易触及金属部件绝缘的金属部件(见10.103)与：	
——固定底座、盖或盖板的螺钉或器件之间；	
——支承暗装式带开关插座底座的金属框架之间；	
——易触及金属件之间；	3
电气间隙：	
4. 当触头分开时，被分隔的带电部件之间；	3[a]
5. 带电部件与机构中要求与带电部件绝缘的金属部件之间(见10.102)；	3
6. 机构中要求与易触及的金属部件绝缘的金属部件(10.103)与：	
——固定底座、盖或盖板的螺钉或器件之间；	
——支承暗装式带开关插座底座的金属框架之间；	
——易触及金属部件之间。	3
[a] 对于小间隙结构的开关里触头分开过程中移动的带电部件，当触头分开时，这个值可降至1.2 mm。	

是否合格，通过测量来检查。

28 绝缘材料的耐非正常热、耐燃和耐电痕化

GB 2099.1 的本章适用。

29 防锈性能

GB 2099.1 的本章适用。

30 带有绝缘护套的插销的附加试验

GB 2099.1 的本章不适用。

ICS 29.120.30
K 30

中华人民共和国国家标准

GB 2099.5—2008/IEC 60884-2-6:1997

家用和类似用途插头插座　第2部分：固定式有联锁带开关插座的特殊要求

Plugs and socket-outlets for household and similar purposes—Part 2:Particular requirements for switched socket-outlets with interlock for fixed installations

(IEC 60884-2-6:1997,IDT)

2008-12-30 发布　　2010-02-01 实施

中华人民共和国国家质量监督检验检疫总局
中国国家标准化管理委员会　发布

前　言

本部分全部技术内容为强制性。

GB 2099《家用和类似用途插头插座》分为以下几部分：

第 1 部分：通用要求

第 2 部分：特殊要求

——带熔断器插头的特殊要求

——器具插座的特殊要求

——转换器的特殊要求

——固定式无联锁带开关插座的特殊要求

——固定式有联锁带开关插座的特殊要求

——安全特低电压用插头插座的特殊要求

本部分是 GB 2099 的第 2 部分：固定式有联锁带开关插座的特殊要求。

本部分等同采用 IEC 60884-2-6:1997《家用和类似用途插头插座　第 2 部分：固定式有联锁带开关插座的特殊要求》。

本部分应与 GB 2099.1《家用和类似用途插头插座　第 1 部分：通用要求》配合使用。

本部分由中国电器工业协会提出。

本部分由全国电器附件标准化技术委员会(SAC/TC 67)归口。

本部分起草单位：中国电器科学研究院、浙江正泰建筑电器有限公司、杭州鸿雁电器有限公司、广东松本电工电器有限公司、奇胜工业(惠州)有限公司、浙江跃华电讯有限公司、天基电气(深圳)有限公司。

本部分主要起草人：蒙智强、施济华、单朝兰、张文捷、何志国、唐衍兰、王朝圣、安桂龙、郑立清。

IEC 前言

1） IEC(国际电工委员会)是由各个国家电工委员会(IEC 国家委员会)组成的世界性标准化组织。IEC 的宗旨是促进在与电气和电子领域标准化有关问题上的国际合作。为此目的,IEC 除了开展其他活动之外,还出版国际标准。这些标准的制定工作是委托各技术委员会来完成的。IEC 的成员各国家委员会,只要对要制定的标准感兴趣,均可参加其制定工作。与 IEC 有联系的国际性的、官方的组织亦参与标准的制定工作。IEC 和世界标准化组织(ISO)遵照双方协议规定的条件,密切合作。

2） 由于每个技术委员会中均有来自对相关问题感兴趣的国家委员会的代表,故 IEC 的有关技术问题的正式决议或协议都在最大限度上表达了国际上对于相关问题的一致看法。

3） 产生的文档以推荐的形式用于国际用途,并以标准、技术规范、技术报告或是导则的形式出版,并在此意义上为各国家委员会接受。

4） 为了促进国际上的统一,IEC 各国家委员会负责将 IEC 国际标准透明地、最大可能地转化为国家或地区性标准。IEC 标准和相应的国家或地区性标准之间如有任何差异,应在标准转化之后清楚地说明。

5） IEC 并未制定任何认可标志的程序。如有某设备宣称其符合 IEC 的某一项标准时,IEC 对此不负责任。

6） 所有的使用者须保证他们应该拥有最新的版本。

7） 不管是何时何地的及直接的还是间接的,或者使用或借助本 IEC 出版物或其他 IEC 出版物而产生的出版物成本(包括合法费用)及费用,IEC 或其董事、雇员、服务人员或者代理机构(包括个人专家和技术委员会的成员)和 IEC 国家委员会无义务对任何个人损失、财产损失或者其他的由于自然原因导致的损失负责。

8） 注意本出版物引用的规范性引用。为了准确地使用本出版物,相关的引用出版物是必不可少的。

9） 注意 IEC 出版物中可能涉及到一些专利课题的成分。IEC 无义务去确定任何或所有的这些专利。

国际标准 IEC 60884-2-6 是由 IEC TC 23:电器附件技术委员会 SC 23B 插头插座及开关分技术委员会制定的。

与 IEC 60884-1 第 3 版配合使用。

本标准以下列文件为基础:

国际标准草案文件	表决报告
23B/521/FDIS	23B/530/RVD

本标准表决的详情,见上表所列的表决报告。

本标准是按照 ISO/IEC 导则第 2 部分编写的。

本第 2-6 部分打算与 IEC 60884-1 配合使用。本文件是以 IEC 60884-1 的第 3 版为基础制定的。

本第 2-6 部分补充和修改 IEC 60884-1 的相应条款,使之转化成本 IEC 标准:固定式有连锁带开关插座的特殊要求。

在第 2-6 部分中第 1 部分的章条适用的在本标准继续适用。凡在本标准中注明“增加”、“修改”或者“替代”的内容,则第 1 部分中的有关内容均应作相应改动。

第 1 部分所没有的章条、图或表从 101 起开始编号。

当第 1 部分条款被表明适用时,仅适用于包含固定式有连锁带开关插座相关的要求。

IEC 60884 系列所有部分的列表在总标题下:家用和类似用途插头插座。在 IEC 网站上可查到。

家用和类似用途插头插座　第2部分：固定式有联锁带开关插座的特殊要求

1　范围

GB 2099.1 的本章做下列修改后适用：

GB 2099 的本部分适用于家用和类似用途供户内或户外使用的、带或不带接地触头的、额定电压 50 V 以上但不超过 440 V、额定电流不超过 32 A 的交流固定式有联锁带开关插座。

符合本部分的有联锁带开关插座，由符合 GB 2099.1 的插座和符合 GB 16915.1 和/或 GB 16915.2 的开关联锁组成一个完整的部分。

对于装有无螺纹端子的固定式附件，额定电流最大仅限为 16 A。

本部分不包括暗装安装盒的要求。

本部分包括对插座进行试验所必须的明装式安装盒的要求。

注 1：对安装盒的通用要求由 GB 17466 给出。

注 2：本部分不适用带有符合 GB 10963，GB 16916 和 GB 16917 的装置的有联锁装置的插座。本部分可以作为这些相关附件的要求和测试指引。

本部分不适用于：

——有联锁装置工业用插座；

——ELV 的有联锁装置的插座。

符合本部分要求的附件适合在通常不超过 35 ℃，偶尔会达到 40 ℃的环境温度中使用。

2　规范性引用文件

GB 2099.1 的本章做下列修改后适用：

增加下列引用标准：

GB 16915.1—2003　家用和类似用途固定式电气装置的开关　第 1 部分：通用要求(IEC 60669-1:2000，MOD)

GB 16915.2—2000　家用和类似用途固定式电气装置的开关　第 2 部分：特殊要求　第 1 节：电子开关(eqv IEC 60669-2-1:1996)

3　术语和定义

GB 2099.1 的本章做下列修改后适用。

增加下列术语和定义：

3.101

联锁　interlock

电气式或电子式或机械式，或以上三种任意的组合的装置，这种装置能在插头与插座正确插合之前避免插头的插销或者插套带电，同时，当插头的插销或插套带电时使插头不能拔出或者在拔出插头之前让插座的插套断电。

3.102

有联锁带开关插座　switched socket-outlet with interlock

由工厂装配的有联锁装置的一个插座和控制这个插座的一个连体开关所组成的单元。

3.103

保持装置 retaining device

插头正确插入后保持插头在位并能防止插头被无意拔出的机械装置。

4 一般要求

GB 2099.1 的本章适用。

5 试验概述

GB 2099.1 的本章做下列修改后适用：

5.4 在第四段后增加：

第 15 章的试验，可能需要 3 个附加试样。

6 额定值

GB 2099.1 的本章适用。

7 分类

GB 2099.1 的本章做下列修改后适用。

7.2 增加：

7.2.101 有联锁带开关插座分为：

7.2.101.1 按开关的起动方法分类：

——旋转开关；

——倒扳开关；

——跷板开关；

——按钮开关；

——触摸开关；

——接近开关；

——光控开关；

——声控开关；

——其他外部感应开关。

7.2.101.2 按开关的极数分类：

——单极开关；

——双极开关；

——三极开关；

——三极带零线开关。

7.2.101.3 按联锁的类型分类：

——机械式；

——电气式；

——电子式；

——以上三种任意的组合。

7.2.101.4 按保持装置分类：

——不带保持装置；

——带保持装置。

8 标志

GB 2099.1 的本章做下列修改后适用。

8.1 在第二个注前增加：

——小间隙结构符号，如适用；

——微间隙结构符号，如适用；

——半导体转换器件的符号，如适用。

8.2 在注前增加：

——小间隙结构符号 ………………………………………………… m

——微间隙结构符号 ………………………………………………… μ

——半导体转换器件的符号 …………………………………… （正在考虑中）

——“断”位置(off) ……………………………………………… ○

——“通”位置(on) ……………………………………………… |

在第 3 个注后增加[2]：

注 4：符号“○”应仅用于正常间隙结构开关。

注 5：也可用其他合适的耐久的方法来显示开关触头位置。

增加：

8.101 连接相线(电源导线)的接线端子应有识别标记，除非连接方法本身不重要，是不言而喻的，或已在接线图上标明者外。这种端子应以字母 L 为识别标记，如果这种端子不只一个，则应分别以字母 L1、L2、L3 等来识别，而且，这些字母可各带一个箭头来示出其相应的端子。

对两极、三极和四极的开关，除非端子本身的关系是不言而喻的，否则，与任何一个极相对应的端子亦应有此类识别标记(如适用)，以区别于其他极对应的端子。

这些标记不应标在螺钉或其他易拆卸部件上。

是否合格，通过观察进行检查。

8.102 两极、三极和四极开关和额定电压超过 250 V 或额定电流超过 16 A 的开关应有标志，清楚地标示出起动元件朝不同位置移动的方向或开关的实际位置。

该标志应在带开关插座的正面，当装上盖或盖板后应清晰可见。如果这些标志标在盖、盖板上，应确保不可能将这些零部件安装在会导致标志错误的位置上。

起动元件移动方向的标识，可以用符号表示。

“通”位置(on)应清楚标示。

是否合格，通过观察进行检查。

9 尺寸检查

GB 2099.1 的本章适用。

10 防触电保护

GB 2099.1 的本章做下列修改后适用。

增加：

10.101 旋钮、操作杆、按钮、跷板等应为绝缘材料制品，否则必须用双重绝缘或加强绝缘将它们的易触及的金属部件与开关机构的金属部件隔开，或将它们的易触及金属部件牢靠接地。

2) 按 GB 16915.1 规定和根据我国产品实际情况增加注 4、注 5。

是否合格，通过观察并进行第17章和第21章的试验检查。

注：对“双重绝缘”和“加强绝缘”的定义见GB/T 12501。

10.102 开关机构中的不与带电部件绝缘的金属部件，如转轮或跷板的心轴或枢轴等，不应伸出外壳。

是否合格，通过观察检查。如果有必要，起动元件可以拆下或破坏掉。

如果不得不将起动元件破坏，就要进行第28章的试验检查。

10.103 有联锁带开关插座按正常使用要求安装好之后，其开关机构金属部件，如转轮或跷板的心轴或枢轴等，应是不易触及的。

此外，这些金属部件应与易触及金属部件，包括支撑暗装式有联锁带开关插座底座的可能要安装在金属安装盒里的金属框架等绝缘，还应与将底座固定到其支架的螺钉绝缘。

如果开关机构中的金属部件与带电部件隔开，二者间的爬电距离和电气间隙为27.1规定值的至少两倍，或将这些金属部件牢靠接地，就不需要满足上述附加要求。

是否合格，通过观察，必要时，还要进行测量并进行第17章和第20章的试验检查。

11 接地措施

GB 2099.1的本章适用。

12 端子和端头

GB 2099.1的本章适用。

13 固定式插座的结构

GB 2099.1的本章做下列修改后适用。

增加：

13.101 开关的极数应与插座上的极数相匹配。中线无开关的插座的中性极不受控制的除外。

接地触头不做为一个极，接地电路不应受到开关控制。

开关操作元件的位置应不阻碍相应插头的正常插入，操作元件的正确操作也不应因为相应插头的正常插入而受阻。

注：如果有怀疑，可以通过用相应的标准尺寸系统的插头和插座来检查。

是否合格，通过观察和手动试验来检查。

13.102 旋转开关的旋钮应牢固的耦合到旋转轴或操作机构的部件上。

通过下列试验来检查是否合格：

对这个旋钮施加轴向的100 N的拉力1 min。

之后，仅有一个操作方向的开关的旋钮，如可能，不用过度的力朝相反的方向转动100次。

试验期间，旋钮不应脱离。

13.103 开关的起动元件被释放时应能自动处于动触头相应的位置，但单按钮开关的起动元件可以处于单一静止位置。

13.104 开关的动触头应只能静止于“通”或“断”的位置上。

13.105 开关缓慢操作时，不会出现过度的弧光。

13.106 有联锁带开关插座的所有电极应基本上同时接通和断开。

13.107 如果盖或盖板在安装时是可拆的，开关机构的动作应与盖或盖板是否存在无关。

是否合格，通过下述方法检查：不装盖和盖板，将开关与一个灯串联，并且如正常使用一般不用过度的力操作起动元件。

试验期间，灯不应闪烁。

14 插头和移动式插座的结构

GB 2099.1的本章不适用。

15 联锁插座

GB 2099.1的本章做下列修改后适用：

当插座的插套带电的时候，有联锁带开关插座应不能插入插头或者完全的从插座中拔出，当插头完全的插入插座时插座的插套才能带电。

是否合格，完成第12章的测试后通过15.1和15.2的试验检查。

15.1 不带保持装置的有联锁带开关插座应：

——开关的动触头与插座机械的耦合起来，当拔出插头的时候，触头应在之前断开或者在插头的插销与插座的插套断开的同时断开；

——与相应的插头接合后联锁装置能正确的操作；

——不会因插头的正常磨损而削弱联锁装置的操作。

是否合格，通过15.1.1和第21章的试验来检查。

15.1.1 有联锁带开关插座按图101连接。

测试按如下进行：

在没有插头插入的情况下试图使开关装置闭合。开关的触点不应闭合。

通过相位端子与插座插套之间的连续性测试确保达到上述条件。

插入按图101连接的插头，开关装置闭合。A1灯应该不亮，A2灯应该亮。

在最不利的方向缓慢的拔出插头，A1灯应该亮。

如果符合这些条件可认为测试完成。

注1：在A1灯亮的时间期间A2灯的亮度有可能减弱。

注2：对灯是否亮的情况有怀疑时，应该用示波器重复测试。

对三个试样的每个试样进行上述的测试3次。

注3：这个测试可能会用到由制造商提供的特别准备的试样。

15.2 带保持装置的有联锁带开关插座应：

——联锁装置应与开关的操作装置机械的连接起来使得当插套带电的时候，插头不能从插座中拔出，当开关装置在“ON”位置的时候，插头也不能够插入插座；

——带上任何补充的零件联锁装置都能正确的操作。

是否合格，通过观察，手动试验和15.2.1的测试来检查。

15.2.1 带机械保持装置的有联锁带开关插座，将插头插入插座锁住进行下列的试验：

施加一个轴向的力到插入到带联锁带开关、机械保持装置在锁定位置上的插座的插头上。将带联锁带开关插座固定在图18所示的试验设备的安装板A上，使插座的插套的轴线铅垂，并使插头插销的插入孔朝下。

试验插头的插销为经硬化处理的钢制品，并经精心倒圆。插销在有效长度内，表面粗糙度不超过0.8 μm，插销之间的距离为标称距离，偏差为±0.05 mm。

试验插头应具有最小的规定尺寸，公差为 $^{+0.01}_{0}$ mm

每次试验前将插销上的油脂除掉。

将试验插头插入插座并从插座中拔出10次。然后再将试验插头插入，并用适当的夹紧装置D将一个重量挂在试验插头上。插头、夹紧装置和砝码盘施加的合力等于120 N。

试验期间插头不应从插座脱落，机械保持装置应保持在锁定的位置上。

试验后带联锁带开关插座无本标准意义内的损坏。

对于此试验，接地触头视为一个极。

16 耐老化、由外壳提供的防护和防潮

GB 2099.1的本章适用。

17 绝缘电阻和电气强度

GB 2099.1 的本章做下列修改后适用。

17.1 代替最后一句：

除了 17.1.1 的 g)、h)项绝缘电阻不小于 2 MΩ 外，其余的绝缘电阻不小于 5 MΩ。

17.1.1 在第 2 个注后增加：

对带开关插座的开关，绝缘电阻应按下列顺序测量：

f) 连接在一起的所有极与本体之间，开关在“通”的位置上；

g) 各个极依次与所有其他连接到本体的极之间，开关在“通”的位置上；

h) 当开关处于“通”位置时电气上连接在一起的端子之间，开关要处于“断”的位置。

注：在 f)和 g)中提及的术语“本体”包括易触及金属部件、支承暗装式带开关插座底座的金属框架、操作键、与易触及外部部件和操作键外表面绝缘材料接触的金属箔、用来操作开关的拉线、链条、杆的固定点、底座或盖和盖板的固定螺钉、外部装配螺钉、接地端子和机构中需要与带电部件绝缘的任何金属部件(见 10.102)。

18 接地触头的工作

GB 2099.1 的本章适用。

19 温升

GB 2099.1 的本章适用。

20 分断容量

GB 2099.1 的本章做下列增加后适用：

20.101 有联锁带开关插座所带的开关应该符合 GB 16915.1 或 GB 16915.2 的要求。

21 正常操作

GB 2099.1 的本章做下列修改后适用：

有联锁带开关插座应经受得住正常使用情况的机械应力、电应力和热应力而不会出现过度的磨损或其他有害的影响。

通过下列的试验检查是否合格：

a) 开关应符合 GB 16915.1 或 GB 16915.2 相应章节的要求。

b) 试样要在 $\cos\varphi=0.8\pm0.05$ 的电路中，以额定电流和额定电压将插头插入和拔出插座 5 000 次。

试验之后，试样应能经受得住按 17.2 的要求进行的电气强度试验；还应能符合第 19 章温升试验的要求，试验电流减小至试样的额定电流。

试验之后，试样不应出现：

——会影响今后使用的磨损；

——如果标明了起动元件的位置，起动元件与动触头二者位置的不一致；

——外壳、绝缘衬垫或隔层损坏，致使开关不能再操作或已经不符合第 10 章的要求；

——电气或机械连接的松脱；

——密封胶渗漏；

——开关动触头的相对位移。

在进行本条的电气强度试验之前，不重复 16.3 规定的潮湿处理。

然后进行第 15 章的试验检查试样的联锁机构。

22 拔出插头所需的力

GB 2099.1 的本章做下列修改后适用。

在第三段后增加下列注：

注：带保持装置的有联锁带开关插座在保持装置没有锁住的情况下测试。

23 软缆及其连接

GB 2099.1 的本章不适用。

24 机械强度

GB 2099.1 的本章适用。

25 耐热

GB 2099.1 的本章适用。

26 螺钉、载流部件及其连接

GB 2099.1 的本章适用。

27 爬电距离、电气间隙和通过密封胶的距离

GB 2099.1 的本章做下列修改后适用。

增加：

27.101 对有联锁带开关插座的所带的开关的爬电距离、电气间隙和通过密封胶的距离应符合 GB 16915.1 或 GB 16915.2 相应章节的要求。

28 绝缘材料的耐非正常热、耐燃和耐电痕化

GB 2099.1 的本章适用。

29 防锈

GB 2099.1 的本章适用。

30 带绝缘护套的插销的附加试验

GB 2099.1 的本章不适用。

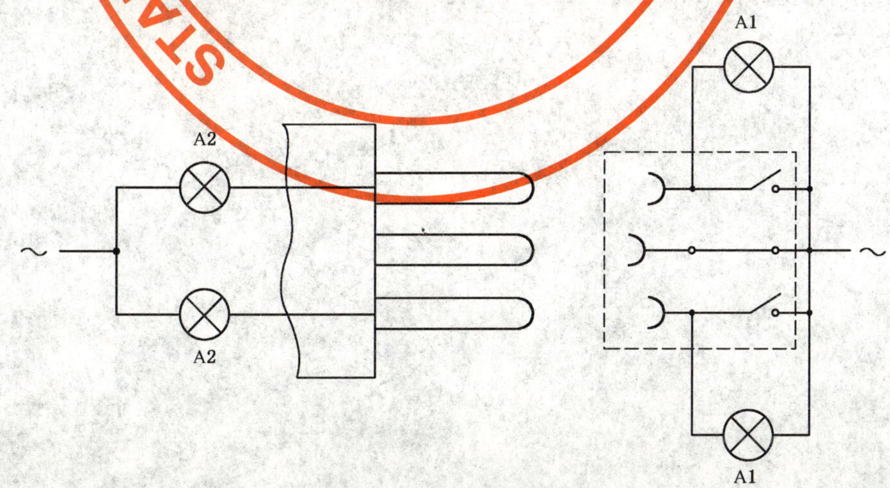

图 101　15.1 的试验电路

ICS 29.120.30
K 30

中华人民共和国国家标准

GB 2099.6—2008/IEC 60884-2-1:2006

家用和类似用途插头插座
第2部分:带熔断器插头的特殊要求

Plugs and socket-outlets for household and similar purposes—
Part 2:Particular requirements for fused plugs

(IEC 60884-2-1:2006,IDT)

2008-12-30 发布 2010-02-01 实施

中华人民共和国国家质量监督检验检疫总局
中国国家标准化管理委员会 发布

前　言

本部分全部技术内容为强制性。

GB 2099《家用和类似用途插头插座》分为以下几个部分：

第1部分：通用要求

第2部分：特殊要求

——带熔断器插头的特殊要求

——器具插座的特殊要求

——转换器的特殊要求

——固定式无联锁带开关插座的特殊要求

——固定式有联锁带开关插座的特殊要求

——安全特低电压用插头插座的特殊要求

本部分是GB 2099的第2部分：带熔断器插头的特殊要求。

本部分等同采用IEC 60884-2-1:2006《家用和类似用途插头插座　第2-1部分：带熔断器插头的特殊要求》(第2版)。

本部分应与GB 2099.1《家用和类似用途插头插座　第1部分：通用要求》配合使用。

本部分由中国电器工业协会提出。

本部分由全国电器附件标准化技术委员会(SAC/TC 67)归口。

本部分起草单位：中国电器科学研究院、浙江跃华电讯有限公司、浙江正泰建筑电器有限公司、杭州鸿雁电器有限公司、天基电气(深圳)有限公司、宁波唯尔电器有限公司、奇胜工业(惠州)有限公司、正威科技(深圳)有限公司、豪利士电线装配(深圳)有限公司。

本部分主要起草人：高一盼、罗怀平、王朝圣、陈玉、刘新春、单朝兰、安桂龙、冯涌麟、唐衍兰、王长明、邓洪玲。

IEC 前言

1) IEC(国际电工委员会)是由各个国家电工委员会(IEC 国家委员会)组成的世界性标准化组织。IEC 的宗旨是促进在与电气和电子领域标准化有关问题上的国际合作。为此目的,IEC 除了开展其他活动之外,还出版国际标准、技术规范、技术报告、公众可获取规范(PAS)和指南等(此后一律统称"IEC 出版物")。这些标准的制定工作是委托各技术委员会来完成的。IEC 的成员各国家委员会,只要对要制定的标准感兴趣,均可参加其制定工作。与 IEC 有联系的国际性的、官方和非官方的组织亦参与标准的制定工作。IEC 和世界标准化组织(ISO)遵照双方协议规定的条件,密切合作。
2) 由于每个技术委员会中均有来自对相关问题感兴趣的国家委员会的代表,故 IEC 的有关技术问题的正式决议或协议都在最大限度上表达了国际上对于相关问题的一致看法。
3) 产生的文档以推荐的形式用于国际用途,并在此意义上为各国家委员会接受。IEC 应尽一切努力确保 IEC 出版物的技术内容准确无误,但是对于任何最终使用者使用出版物的方式和误读,IEC 不负责任。
4) 为了促进国际上的统一,IEC 各国家委员会负责将 IEC 国际标准透明地、最大可能地转化为国家或地区性标准。IEC 标准和相应的国家或地区性标准之间如有任何差异,应在标准转化之后清楚地说明。
5) IEC 并未制定任何认可标志的程序。如有某设备宣称其符合 IEC 的某一项标准时,IEC 对此不负责任。
6) 所有的使用者须保证他们应该拥有最新的版本。
7) 不管是直接的还是间接的,或使用或借助本 IEC 出版物或其他 IEC 出版物而产生的出版物成本(包括合法费用)及费用,IEC 或其董事,雇员,服务人员或者代理机构(包括个人专家和技术委员会的成员)和 IEC 国家委员会无义务对任何个人损失,财产损失或者其他任何性质的损失负责。
8) 注意本出版物引用的规范性引用。为了准确地使用本出版物,相关的引用出版物是必不可少的。
9) 注意 IEC 出版物中可能涉及到一些专利课题的成分。IEC 无义务去确定任何或所有的这些专利。

国际标准 IEC 60884-2-1 是由 TC 23:电器附件技术委员会中的 SC 23B:插头插座及开关分技术委员会制定的。

IEC 60884-2-1 的第 2 版取消并代替了 1987 年出版的第 1 版,形成了技术性修订。与前一版相比,主要的变化如下:

——对 IEC 60884-1 第 3 版的校准;

——修改了第 14 章,澄清了对于带熔断器的插头在极性或非极性系统中使用时的结构要求。

本出版物以下列文件为基础:

国际标准草案文件	表决报告
23B/829/ FDIS	23B/846/RVD

本标准表决的详情,见上表所列的表决报告。

本标准是按照 ISO/IEC 导则第 2 部分编写的。

本第 2-1 部分将与 IEC 60884-1 配合使用，本标准是以 IEC 60884-1 的第 3 版(2002)为基础制定的。

本第 2-1 部分补充和修改了 IEC 60884-1 中的相应条款，使之转化成本 IEC 标准：带熔断器插头的特殊要求。

在本第 2-1 部分中，第 1 部分的章条适用的在本标准继续适用。凡在本标准中注明“增加”、“修改”或者“替代”的内容，则第 1 部分中的有关内容均应作相应改动。

IEC 60884 系列所有部分的列表在总标题下：家用和类似用途插头插座。在 IEC 网站上可查到。

IEC 委员会决定本出版物的内容将一直保持不变，直至 IEC 网站上公布的关于本出版物的数据里面标明的修订结果日期。在此日期之前，本出版物将被：

- 再次确认；
- 撤销；
- 被修订版本替代；
- 修订。

家用和类似用途插头插座
第2部分:带熔断器插头的特殊要求

1 范围

GB 2099.1 的本章做下列修改后适用。

增加:

GB 2099 的本部分适用于带熔断器的插头,此处的熔断器主要打算用于保护软线或者软缆。

这些熔断器并不用于保护电器或者电器零部件超载。

IEC 60884-2-1:2006 中此处有一条注。[1)]

2 规范性引用文件

下列文件中的条款通过 GB 2099 的本部分的引用而成为本部分的条款。凡是注日期的引用文件,其随后所有的修改单(不包括勘误的内容)或修订版均不适用于本部分,然而,鼓励根据本部分达成协议的各方研究是否可使用这些文件的最新版本。凡是不注日期的引用文件,其最新版本适用于本部分。

GB 2099.1 的第2章作下列修改后适用。

增加:

GB 13539.1—2002 低压熔断器 第1部分:通用要求(IEC 60269-1:1998,IDT)

GB 13539.3—1999 低压熔断器 第3部分:非熟练人员使用的熔断器的补充要求(主要用于家用和类似用途的熔断器)(idt IEC 60269-3:1987)

修改:

GB/T 5465.2 电器设备用图形符号 第2部分:图形符号(GB/T 5465.2—2008,IEC 60417 DB:2007,IDT)

3 术语和定义

GB 2099.1 的本章做下列修改后适用。

增加:

3.101

带熔断器的插头 fused plug

装有一个或多个可替换的熔断体的插头。

4 一般要求

GB 2099.1 的本章适用。

5 试验概述

GB 2099.1 的本章适用。

6 额定值

GB 2099.1 的本章做下列修改后适用。

增加:

---

1) IEC 60884-2-1:2006 中此注的内容为:带熔断器的插头在下列国家不被使用:丹麦。

6.101 带熔断器的插头的最小额定电流应该大于或等于打算按照标志安装的熔断器的额定电流。

7 分类

GB 2099.1 的本章适用。

8 标志

GB 2099.1 的本章做下列修改后适用。

8.1 增加：

带熔断器的插头应有表明此插头内装有熔断器的标志，该标志可以用符号来表示。

可拆线式带熔断器的插头应永久性地标出可以安装在插头上的熔断器的最大额定电流。该标志可以标在插头上，也可以标在永久标签上。

不可拆线式带熔断器的插头应永久性地标出由制造商声明的与其所附的软缆或软线、相关电器相符合的熔断器的额定电流。

是否合格，通过观察进行检查。

8.2 增加：

熔断器 ——[符号]——(GB 5465.2)

9 尺寸的检查

GB 2099.1 的本章适用。

10 防触电保护

GB 2099.1 的本章做下列修改后适用。

增加下列内容：

10.101 除非将插头完全从插座中拔出，否则不能将带熔断器的插头内的熔断体取出或替换。

是否合格，通过观察进行检查。

11 接地措施

GB 2099.1 的本章适用。

12 端子和端头

GB 2099.1 的本章适用。

13 固定式插座的结构

GB 2099.1 的本章不适用。

14 插头和移动式插座的结构

GB 2099.1 的本章做下列修改后适用。

增加：

14.101 熔断体应是可以替换的。

应在带熔断器的插头内部提供一个符合 GB 13539.1—2002 和 GB 13539.3—1999 要求的合适的熔断体进行保护，如适用。

熔断体不应安装在接地电路内。

对于在非极性系统中使用的插头，熔断体应安装在所有的载流极内(相极和中性极)。

对于在极性系统中使用的插头，熔断体应只能安装在每一个相极内。

熔断体应该安装在装置于软缆或软线的导体的端头或端子插套与相应的插销护套中间。

插头应设计成当其被装配后能够与熔断体保持充分的接触。

极性系统中带熔断器的插头应设计成当将其被插入装有极性接线装置的插座内时，它能够在中性极和相极之间或相极之间保持正确的关系。

是否合格，通过观察进行检查。

15 联锁插座

GB 2099.1 的本章不适用。

16 耐老化、由外壳提供的防护和防潮

GB 2099.1 的本章适用。

17 绝缘电阻和电气强度

GB 2099.1 的本章适用。

18 接地触头的工作

GB 2099.1 的本章适用。

19 温升

GB 2099.1 的本章做下列修改后适用。

最后一段替换为：

端子的温升不应超过 52 K。

20 分断容量

GB 2099.1 的本章适用。

21 正常操作

GB 2099.1 的本章适用。

22 拔出插头所需的力

GB 2099.1 的本章适用。

23 软缆、软线及其连接

GB 2099.1 的本章适用。

24 机械强度

GB 2099.1 的本章适用。

25 耐热

GB 2099.1 的本章适用。

26 螺钉、载流部件及其连接

GB 2099.1 的本章适用。

27 爬电距离、电气间隙和通过密封胶的距离

GB 2099.1 的本章适用。

28 绝缘材料的耐非正常热、耐燃和耐电痕化

GB 2099.1 的本章适用。

29 防锈性能

GB 2099.1 的本章适用。

30 带有绝缘护套的插销的附加试验

GB 2099.1 的本章适用。

ICS 77.140.70
H 44

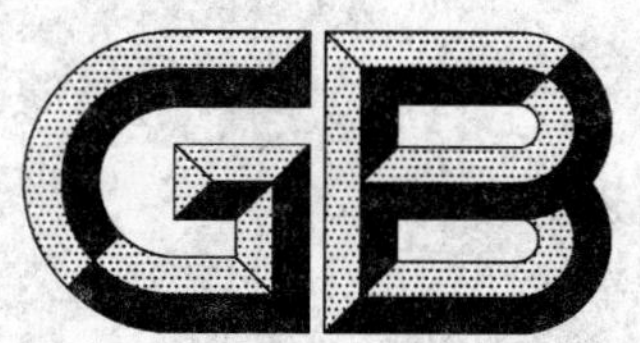

中华人民共和国国家标准

GB/T 2101—2008
代替 GB/T 2101—1989

型钢验收、包装、标志及质量证明书的一般规定

General requirement of acceptance, packaging, marking, and certification for section steel

2008-05-13 发布　　　　2008-11-01 实施

中华人民共和国国家质量监督检验检疫总局
中国国家标准化管理委员会　发布

前　言

本标准代替 GB/T 2101—1989《型钢验收、包装、标志及质量证明书的一般规定》。

本标准与 GB/T 2101—1989 相比，主要变化如下：

——规范了咬合法包装示意图；

——修改了复验与判定规则。

本标准由中国钢铁工业协会提出。

本标准由全国钢标准化技术委员会归口。

本标准起草单位：唐山钢铁股份有限公司、冶金工业信息标准研究院、首钢总公司、鞍山宝得钢铁有限公司。

本标准主要起草人：冯超、李致清、邓翠青、任翠英、唐牧、王洪新。

本标准所代替标准的历次版本发布情况为：

GB/T 2101—1980、GB/T 2101—1989。

型钢验收、包装、标志及质量证明书的一般规定

1 范围

本标准规定了型钢(条钢和盘条)的验收、包装、标志及质量证明书的一般技术要求。

本标准适用于热轧、冷拉(轧)、锻制及热处理型钢。

2 规范性引用文件

下列文件中的条款通过本标准的引用而成为本标准的条款。凡是注日期的引用文件,其随后所有的修改单(不包括勘误的内容)或修订版均不适用于本标准,然而,鼓励根据本标准达成协议的各方研究是否可使用这些文件的最新版本。凡是不注日期的引用文件,其最新版本适用于本标准。

GB/T 17505—1998 钢及钢产品交货一般技术要求(GB/T 17505—1998,eqv ISO 404:1992)

3 检验规则

3.1 检查和验收

3.1.1 型钢的质量由供方质量监督部门进行检查和验收。

3.1.2 供方必须保证交货的型钢符合有关标准的规定,需方有权按相应标准的规定进行检查和验收。

3.1.3 需方应在拆捆前按照型钢每捆的标志检查该捆型钢的长度、重量、每捆根数等内容,对上述内容有质量异议时不应拆捆。

3.2 组批规则

型钢应成批检验和验收,组批规则按相应标准的规定。

3.3 取样数量和取样部位

试验用取样数量、取样部位按相应标准的规定。

3.4 复验与判定规则

3.4.1 如果不合格的结果是从试验中测得的,仅规定单个值(例如拉伸试验、弯曲试验)时,应采用下列方法:

a) 试验单元是单件产品时,应对不合格项目做相同类型的双倍试验,双倍试验应全部合格,否则,产品应拒收;

b) 试验单元不是单件产品时,除非另有协议,供方可以将抽样产品从试验单元中挑出,也可不挑出:

1) 如果抽样产品不从试验单元中挑出,应从同一批中再任取双倍数量的试样进行该不合格项目的复验。复验结果应全部合格。

2) 如果抽样产品从试验单元中挑出,应随机从同一试验单元中选出另外两个抽样产品。然后从两个抽样产品中分别制取的试样,在与第一次试验相同的条件下再做一次同类型的试验,其试验结果应全部合格。

c) 成卷交货的产品复验不合格时,允许对该批产品逐卷进行检验,合格的单件产品允许交货。

3.4.2 按序贯方法得到的试验结果不合格时,如冲击试验,应按照 GB/T 17505—1998 中的 8.3.4.3.3 的要求进行判定。

3.4.3 出现白点时不允许复验。

3.5 其他

“试验结果无效”、“力学和化学试验结果的修约”和“重新分类和返修”的规定，可参照GB/T 17505—1998中8.4和8.5和第9章的规定。

4 包装

4.1 尺寸小于或等于30 mm的圆钢、方钢、钢筋、六角钢、八角钢和其他小型型钢；边宽小于50 mm的等边角钢；边宽小于63 mm×40 mm的不等边角钢；宽度小于60 mm的扁钢；每米重量不大于8 kg的其他型钢必须成捆交货。其他规格的型钢如果选择成捆交货，其成捆要求也应符合本标准要求。每捆型钢应用钢带、盘条或铁丝捆扎结实，并一端平齐。

根据需方要求并在合同中注明亦可先捆扎成小捆，然后将数小捆再捆成大捆。示例见图1。

图1 由小捆捆成大捆包装示意图

4.2 成捆交货型钢的包装应符合表1的规定。包装类别通常由供方选择，经供需双方协议并在合同中注明可采用其他包装类别。

表1

包装类别	每捆重量/kg 不大于	捆扎道次		同捆长度差/mm 不大于
		长度≤6 000 mm	长度>6 000 mm	
		不少于		
1	2 000	4	5	1 000
2	4 000	3	4	2 000
3	5 000	3	4	—

4.2.1 倍尺交货的型钢、同捆长度差不受上表限制。

4.2.2 同一批中的短尺应集中捆扎，少量短尺集中捆扎后可并入大捆中，与该大捆的长度差不受上表限制。

4.2.3 长度小于或等于2 000 mm的锻制钢材，捆扎道次应不少于2道。

4.2.4 采用人工进行装卸的型钢，需在合同中注明。每捆重量不得大于80 kg，长度等于或者大于6 000 mm，均匀捆扎不少于3道；长度小于6 000 mm，捆扎不少于2道。

4.3 成捆交货的工字钢、角钢、槽钢、方钢、扁钢等应采用咬合法或堆剁法包装，见图2和图3。

4.4 冷拉钢、银亮钢应成捆或成盘交货，包装除符合表1的规定外，还应涂防锈油或防锈涂剂，用中性防潮纸和包装材料依次包裹，铁丝捆牢。捆重不得大于2 t。

4.5 热轧盘条应成盘或成捆(可由数盘组成)交货。盘和捆均用铁丝、盘条或钢带捆扎牢固，不少于2道。

4.6 对于钢帘线用钢等有特殊要求的产品，根据需方要求可增加防锈和防碰伤包装。

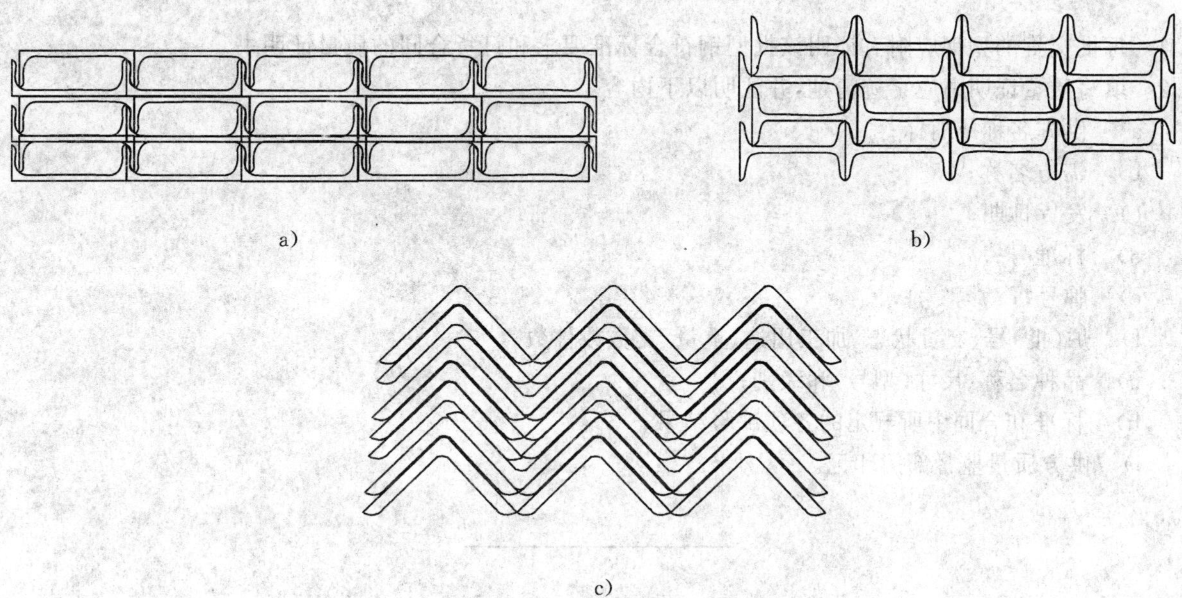

a)

b)

c)

图 2 咬合法包装示意图

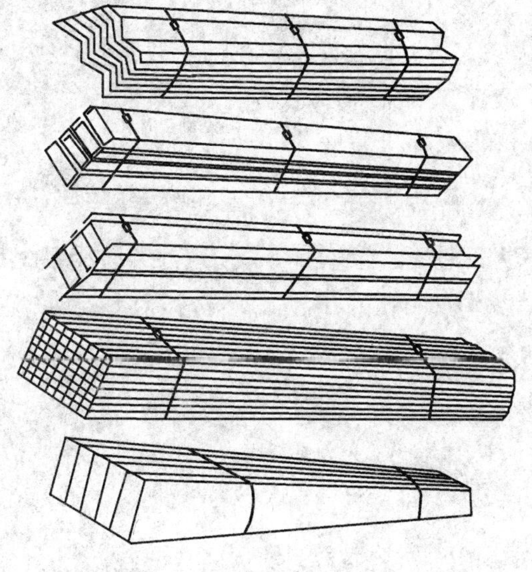

图 3 堆剁包装示意图

5 标志

5.1 型钢的标志应包括供方名称(商标)、牌号、炉(批)号、型号、规格、重量或每捆根数等。标志可采用热轧印、打钢印、喷印、盖印、挂标牌、粘贴标签和放置卡片等方式。标志应字迹清楚,牢固可靠。

5.2 逐根交货的型钢(冷拉钢除外),应在端面或靠端部逐根作上牌号、炉(批)号等印记。成捆交货的普通中型型钢可不逐根标记。

5.3 成捆(盘)交货的型钢,每捆(盘)至少挂两个标牌,标牌上应有供方名称(或厂标)、牌号、炉(批)号、尺寸(或型号)、重量等印记。

每根型钢作有标志时,可不挂标牌。

5.4 型钢涂色应符合有关标准的规定。

6 质量证明书

6.1 每批交货的型钢应附有证明该批型钢符合标准要求和订货合同的质量证明书。

6.2 填写质量证明书应字迹清楚,并注明以下内容:

a) 供方名称或商标;

b) 需方名称;

c) 发货日期;

d) 标准号;

e) 牌号;

f) 炉(批)号、交货状态、加工用途、重量、支数或件数;

g) 品种名称、尺寸(型号)和级别;

h) 标准和合同中所规定的各项试验结果;

i) 供方质量监督部门印记。

ICS 77.140.65
H 49

中华人民共和国国家标准

GB/T 2103—2008
代替 GB/T 2103—1988

钢丝验收、包装、标志及质量证明书的一般规定

General requirements for acceptance, packing, marking and quality certification of steel wire

2008-08-19 发布 2009-04-01 实施

中华人民共和国国家质量监督检验检疫总局
中国国家标准化管理委员会 发布

前　言

本标准代替 GB/T 2103—1988《钢丝验收、包装、标志及质量证明书的一般规定》。

本标准与 GB/T 2103—1988 相比，主要变化如下：

——对优质钢丝以外的钢丝，加严形状、尺寸和表面检查数量；

——力学性能取样数量的变化，优质钢丝由抽取 10％修改为 5％；

——包装类型的变化，由Ⅰ、Ⅱ、Ⅱc、Ⅲ、Ⅳ及Ⅴ共 6 种，修改为 A～G 共 7 种；

——包装名称的变化，将防潮、防锈油和气相防锈包装合并为防锈包装；

——包装方法的变化，修改了防护包装和防锈包装的外包装，增加不带芯轴或带芯轴密排层绕包装、线轴包装和带线架包装；

——修改了直条钢丝的捆扎道次；

——包装材料的变化，将一般钢丝和优质钢丝的捆扎钢丝和捆扎钢带的要求，合并为无镀层钢丝的要求；

——增加了包装方法(见附录 A)。

本标准附录 A 为资料性附录。

本标准由中国钢铁工业协会提出。

本标准由全国钢标准化技术委员会归口。

本标准主要起草单位：东北特殊钢集团有限责任公司、冶金工业信息标准研究院、贵州钢绳股份有限公司、宝钢集团上海二钢有限公司。

本标准主要起草人：徐效谦、真娟、王玲君、戴石锋、杨红英、周代义。

本标准所代替标准的历次版本发布情况为：

——GB 2103—1980，GB/T 2103—1988。

钢丝验收、包装、标志及质量证明书的一般规定

1 范围

本标准规定了钢丝的验收规则、包装、标志、质量证明书及贮存和运输等。

本标准适用于钢丝验收、包装、标志及质量证明书的一般规定，当钢丝产品标准另有规定时，应按相应产品标准规定执行。

2 规范性引用文件

下列文件中的条款通过本标准的引用而成为本标准的条款。凡是注日期的引用文件，其随后所有的修改单(不包括勘误的内容)或修订版均不适用于本标准，然而，鼓励根据本标准达成协议的各方研究是否可使用这些文件的最新版本。凡是不注日期的引用文件，其最新版本适用于本标准。

GB/T 4879—1999 防锈包装

YB/T 025—2002 包装用钢带

YB/T 5294—2006 一般用途低碳钢丝

JB/T 6067—1999 气相防锈塑料薄膜

JB/T 6071 气相防锈剂

QB/T 1319 气相防锈纸

SH/T 0692—2000 防锈油

3 验收规则

3.1 检查和验收

3.1.1 钢丝的检查和验收由供方质量监督部门进行。

3.1.2 供方必须保证交货的钢丝符合相应产品标准和合同的要求。需方有权按相应产品标准和合同的要求进行验收。

3.2 组批规则

钢丝应成批验收。每批钢丝由同一牌号、同一炉号(或同一生产批号)、同一形状、同一尺寸及同一交货状态的钢丝组成。

3.3 取样数量

3.3.1 钢丝的取样数量应符合相应产品标准的规定。

3.3.2 如果产品标准未规定取样数量，则按下列规定执行：

钢丝应逐盘进行形状、尺寸和表面检查。

从检查合格的钢丝中抽取5%，但不少于三盘，进行力学性能试验及其他试验。

3.4 复验与判定规则

在检查中，如有某一项检查结果不符合产品标准或合同的要求，则该盘不得交货。并从同一批未经试验的钢丝盘中取双倍数量的试样进行该不合格项目的复验(包括该项试验所要求的任一指标)，复验结果即使有一个试样不合格，则不得整批交货，但允许对该批产品逐盘检验，合格产品允许交货。供方可以对复验不合格钢丝进行分类加工(包括热处理)后，重新提交验收。

4 包装

4.1 包装类型

4.1.1 钢丝按 GB/T 4879—1999 中的3级包装(防锈期限2年)规定进行包装,包装类型和要求应符合表1规定。包装类型应在产品标准中规定,或在合同中注明。未注明的由供方根据产品特性和运输方法确定包装方式。经供需双方协商,也可采用其他方法进行包装。

表1 钢丝的包装类型及包装要求

包装类型	包装名称	防锈剂	内包装	外包装	捆扎
A	无防护包装	—	—	—	盘卷捆扎不少于4处,直条按表2规定
B	防护包装	—	—	防潮、防水、无腐蚀材料或聚丙烯编织物等	盘卷捆扎不少于4处,直条按表2规定
C	防锈包装	防锈油、脂	中性石蜡纸、聚乙烯薄膜或中性复合材料等	麻布、塑料编织物或其他材料	盘卷捆扎不少于4处,直条按表2规定
D	不带芯轴或带芯轴密排层绕包装	防锈油或气相缓蚀剂	硬(纤维)纸套桶、中性石蜡纸或气相防锈塑料薄膜	麻布、塑料编织物或其他材料	内、外包装捆扎均不少于4处
E	线轴包装	气相缓蚀剂	袋装干燥剂、热塑封包或铝塑薄膜真空封装	瓦楞纸箱	底部垫板,塑料封包
F	工字轮包装	防锈油或气相缓蚀剂	中性石蜡纸	塑料编织物或其他材料	外捆扎不少于2处
G	容器包装	防锈油或气相缓蚀剂	内衬气相防锈塑料薄膜或气相防锈纸,干燥剂	包装桶或木箱	牢固封严

4.1.2 直条钢丝要用镀锌钢丝(或软钢丝)捆扎结实,捆扎道次应符合表2规定。

表2 直条钢丝的最少捆扎道次

钢丝长度/m	最少捆扎道次	
	内捆扎	外捆扎
≤3.0	3	3
>3.0～6.0	3	4
>6.0～9.0	4	5
>9.0	5	6

4.2 包装方法

4.2.1 钢丝可以选用成捆、不带芯轴或带芯轴密排层绕、缠线轴(工字轮)、带线架或装容器包装;直条钢丝可以成捆或装箱包装。根据产品标准规定或需方要求,可以供应定盘重、定捆重或定尺长度的钢丝。

4.2.2 钢丝具体包装方法参见附录A《钢丝包装方法》。

4.3 包装材料

4.3.1 捆扎用钢丝或钢带的技术指标应不低于表3规定。若采用其他捆扎材料,材料性能应不低于捆扎钢丝或钢带的要求。

4.3.2 内包装材料应选用中性石蜡纸、聚乙烯薄膜、气相防锈纸和气相防锈塑料薄膜等中性、耐油、防潮的包装材料,也可用耐油复合材料直接包装。

4.3.3 防锈材料

4.3.3.1 防锈油应选用SH/T 0692—2000标准中列出的溶剂稀释型防锈油、润滑油型防锈或气相防锈油中的任一种或几种混合使用。若采用其他防锈油,其质量不应低于上述防锈油的技术指标。

4.3.3.2 要求气相防锈的钢丝应采用符合QB/T 1319规定的气相防锈纸,或符合JB/T 6067—1999规定的气相防锈塑料薄膜包装,或放入气相防锈粉剂、片剂、丸剂等符合JB/T 6071规定的气相缓蚀剂,内包装要求密封。

表3 捆扎用钢丝或钢带的技术要求

捆扎材料	钢丝分类	无镀层钢丝		镀层钢丝	
	钢丝直径/mm	<1.6	≥1.6	<1.6	≥1.6
捆扎钢丝	标准	YB/T 5294—2006,1类镀锌(SZ)丝或强度相近的软钢丝		YB/T 5294—2006,1类镀锌(SZ)丝	
	直径/mm	≤1.6	>1.6～2.0	≤1.6	>1.6～2.0
捆扎钢带	标准	YB/T 025—2002,Ⅱ-P-G类		YB/T 025—2002,Ⅱ-P-D类	
	规格/mm	0.4～0.6×13～16	>0.6～0.8×13～32	0.4～0.6×13～16	>0.6～0.8×13～32

5 标志

钢丝内外包装均应挂有标牌,标牌字迹要清晰,绑敷牢固、不易脱落,标牌上应包含但不限于以下内容:

a) 供方名称或商标;
b) 产品名称;
c) 牌号;
d) 炉号或批号;
e) 尺寸(规格);
f) 外包装标牌上应注明毛重、净重及件数。

6 质量证明书

每批钢丝必须附有质量证明书,质量证明书应包含但不限于以下内容:

a) 供方名称或商标;
b) 需方名称;
c) 发货日期;
d) 产品标准号;
e) 产品名称及牌号(组别);
f) 炉号或批号;
g) 尺寸(规格);
h) 交货状态;
i) 重量、件数;

j) 合同号；

k) 产品标准规定的各项检验结果(包括参考性指标)；

l) 包装类型；

m) 质量监督部门印章。

7 贮存和运输

7.1 钢丝应在清洁、干燥、并在防雨防潮条件下分类贮存。

7.2 钢丝应平稳装卸，整齐堆垛，防止从高处跌落。

7.3 钢丝在中途转运过程中应放在干燥场地，底层用干燥垫木，上面用雨布封严，防止受潮。

附 录 A
（资料性附录）
钢丝包装方法

A.1 成捆包装

A.1.1 每捆钢丝允许由一盘卷或数盘卷钢丝组成，除需方另有要求，每捆钢丝重量由供方根据生产和运输条件确定，一般不大于 2 000 kg。

A.1.2 每盘卷应由一根钢丝组成，要用镀锌钢丝（或软钢丝）、钢带或不影响钢丝表面质量并能满足捆扎要求的材料捆扎结实，捆扎应均匀，不少于 4 处。用钢带包装时，带下必须衬垫无腐蚀性软垫。直径小于 0.7 mm 的成盘钢丝，可用自身端头缠绕扎紧；直径不大于 4 mm 的成盘钢丝，端头应弯入盘内或作标志；直径大于 4 mm 的成盘钢丝，端头应有明显标志。

A.2 不带芯轴和带芯轴密排层绕包装

在可拆卸工字轮或收线轴上套一个硬质（纤维）套桶，层绕排线完成后钢丝端头作标识，连同套桶一起卸下，在两端套上硬质（纤维）档环，用镀锌钢丝或不影响钢丝表面质量并能满足捆扎要求的材料捆扎结实，捆扎应均匀，不少于 4 处。按表 1 要求作内、外包装，并捆扎妥当。

A.3 线轴（工字轮）包装

钢丝整齐排绕在线轴（工字轮）上，端部有明显标识。线轴（工字轮）缠绕钢丝高度不得超过 90%，外缠一层气相防锈纸或气相防锈塑料薄膜，再用热缩塑料套封或铝塑薄膜真空封装。封装的线轴装入尺寸合适的瓦楞纸箱中，纸箱表面标志要明显，不易脱落。

A.4 带线架包装

使用带锥度的钢制装线架，将架杆装线部位用塑料薄膜包裹好，架底套上木制环板，然后采用倒立式下线机将钢丝直接卸在线架上，达到额定重量（或长度）后，在钢丝端部作标记，顶部加盖环板，钢丝外围用中性包装纸、塑料薄膜成编织布围裹，再用包装带将上下盖板与线架捆扎牢靠。带线架包装可以单架交货，也可以两个线架套装交货；线架可以一次性使用（丢弃线架），也可以反复使用。

A.5 容器包装

A.5.1 带芯轴的硬纸（纤维）桶包装

倒立式下线机将钢丝直接下到中间带有芯轴的硬纸（纤维）桶中，硬纸（纤维）桶中放入防锈粉和干燥剂，顶部和底部加环形盖板密封，再用钢带捆牢。纸桶一般内衬塑料薄膜，也可用气相防锈塑料薄膜覆盖。几个纸桶可装在一个木质托架上，用钢带捆牢即可发运。

A.5.2 硬纸（纤维）桶、铁桶或木箱包装

将内包装好的盘卷钢丝或带芯轴层绕钢丝直接装入桶或木箱中，加入防锈粉和干燥剂，密封包装。集中包装发运程序同上。

ICS 77.140.65
H 49

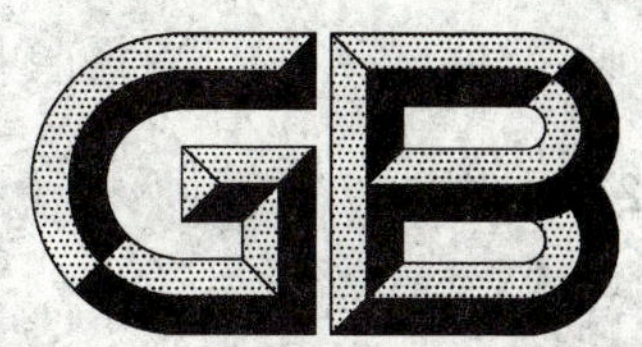

中华人民共和国国家标准

GB/T 2104—2008
代替 GB/T 2104—1988

钢丝绳包装、标志及质量证明书的一般规定

Steel wire ropes—Packing, marking and certificate—General requirements

2008-08-19 发布　　　　2009-04-01 实施

中华人民共和国国家质量监督检验检疫总局
中国国家标准化管理委员会　发布

前　言

本标准代替 GB/T 2104—1988《钢丝绳包装、标志及质量证明书的一般规定》。

本标准与 GB/T 2104—1988 相比主要变化如下：

——改进工字轮包装；

——将工字轮包装金属丝(带)或塑料包装带在距轮缘内部不大于 150 mm 处捆扎二道，改为 200 mm；

——在标志和包装中增加了生产许可证编号；

——删除附表 1。

本标准由中国钢铁工业协会提出。

本标准由全国钢标准化技术委员会归口。

本标准主要起草单位：宝钢集团上海二钢有限公司、贵钢绳股份有限公司、冶金工业信息标准研究院。

本标准主要起草人：周代义、张军、王姜敏、杨红英、王玲君、戴石锋。

本标准所代替标准的历次版本发布情况为：

——GB 2104—1980，GB/T 2104—1988。

钢丝绳包装、标志及质量证明书的一般规定

1 范围

本标准规定了钢丝绳的三种包装方法、标志及质量证明书等内容。

本标准适用于钢丝绳包装、标志及质量说明书的一般要求。当产品标准或需方有具体规定时，按相应规定执行。

2 包装

2.1 一般情况下，每条钢丝绳都应单独包装。

2.2 包装方法分下列3种。包装类型应在合同中注明。若未注明，由供方选择。

2.2.1 方法一：无工字轮包装

钢丝绳应用镀锌铁丝（或低碳钢丝）、钢带或不影响钢丝绳表面质量并能满足捆扎要求的材料捆扎结实、均匀，用防潮材料包严缠紧，包装材料端部用金属丝（带）扎牢，最后用镀锌铁丝（或低碳钢丝）、钢带或塑料包装带捆扎结实、均匀。根据钢丝绳卷外径大小和重量，考虑横向捆扎和纵向捆扎（见图1），金属丝捆扎端头必须平伏。

除非另有要求，每卷钢丝绳的重量不应大于500 kg。

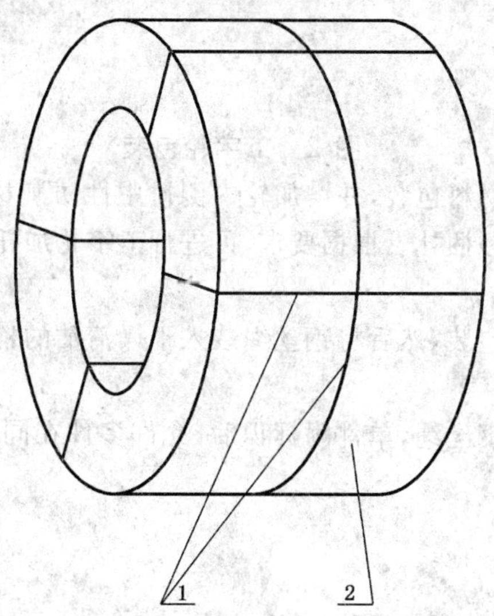

1——金属丝（带）或塑料包装带；

2——外包装。

图1 无工字轮包装

2.2.2 方法二：工字轮包装

工字轮可选用木材、钢、钢木或其他适当材料制成，应有足够的强度，以保证正常运输中不受损坏。

工字轮应不潮湿，木质工字轮应干燥且中心轴孔必要时用金属材料加固。工字轮轮芯直径由供方选择，但要保证所卷钢丝绳拆卷后不变形。工字轮边缘应高出所卷钢丝绳的最外层：直径小于15 mm的钢丝绳，其高出量不应小于钢丝绳直径的2倍；直径大于或等于15 mm的钢丝绳，其高出量不应小于30 mm。

为保证防潮效果，在卷绳前，轮芯和轮壁可衬一层中性防潮纸或其他中性防潮材料。卷绳时，钢丝绳应排绕整齐、紧密。卷绳后，应切净绳头松散部分并将其固定结实。然后，在外层钢丝绳上紧密地包上一层中性防潮材料，再用金属丝（带）或塑料包装带在距轮缘内侧不大于 200 mm 处捆扎二道（见图2），不应有明显外露的钢丝绳。如捆扎道的间距大于 500 mm，应在中间部位增加一道（见图 2 虚线部位），用金属丝捆扎的端头应平伏。

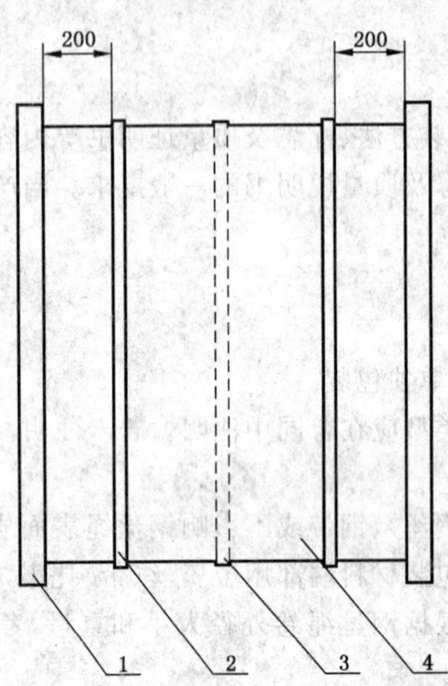

1——工字轮；

2、3——金属丝（带）或塑料包装带；

4——外包装。

图 2 工字轮包装

根据需要，工字轮增加防护材料包装，并增加轮内侧衬中性防潮材料，外层再用木板或其他相当的防护材料覆盖，最后用金属丝（带）捆扎。根据要求，可进行工字轮加托盘（托架）包装。

2.2.3 方法三：桶（箱）包装

2.2.3.1 先按 2.2.1 或 2.2.2 包装，然后将钢丝绳装入干燥清洁的桶（箱）中，桶（箱）盖应封闭严实，以便防污防潮。

2.2.3.2 对定尺有要求的卷装钢丝绳，单件附标识后，允许多件在同一桶（箱）内，对于裸装钢丝绳，在桶（箱）内应加防潮材料。

3 标志

钢丝绳包装外部应附有牢固清晰的标牌，其上注明：

a） 供方名称和商标、地址；

b） 钢丝绳名称；

c） 产品标准号；

d） 钢丝绳的直径、结构、表面状态、捻法和长度；

e） 钢丝绳净重和毛重；

f） 钢丝绳公称抗拉强度；

g） 钢丝绳破断拉力或钢丝破断拉力总和；

h） 钢丝绳出厂编号；

i） 钢丝绳制造日期；

j) QS 标志；

k) 生产许可证号(需要时)；

l) 检查员印记。

4 质量证明书

交货钢丝绳应附有质量证明书，其中应注明：

a) 供方名称、地址、电话和商标；

b) 钢丝绳名称；

c) 产品标准编号；

d) 钢丝绳的直径、结构、表面状态、捻法和长度；

e) 钢丝绳净重；

f) 钢丝绳公称抗拉强度；

g) 钢丝绳中试验钢丝的公称直径和公称抗拉强度；

h) 实测钢丝绳破断拉力或实测钢丝破断拉力总和；

i) 钢丝绳中钢丝试验结果(具体按产品标准要求)；

j) 钢丝绳出厂编号；

k) 技术监督部门印记；

l) 生产许可证号(需要时)；

m) 质量证明书编号；

n) 质量证明书审核员的印记或签名；

o) 开具质量证明书日期。

ICS 71.080
G 18

中华人民共和国国家标准

GB/T 2279—2008
代替 GB/T 2279—1989,GB/T 2599—1997

焦 化 甲 酚

Coking cresol

2008-05-13 发布　　2008-11-01 实施

中华人民共和国国家质量监督检验检疫总局
中国国家标准化管理委员会 发布

前　言

本标准整合修订 GB/T 2279—1989《邻甲酚》和 GB/T 2599—1997《工业甲酚》标准。

本标准代替 GB/T 2279—1989 和 GB/T 2599—1997。

本标准与原标准相比主要变化如下：

——调整规范性引用文件；

——技术要求中增加了外观和优等品等级；

——优等品中增加了中性油试验(浊度法)指标；

——增加了数值修约规则的内容；

——增加了汽车槽车、集装罐包装运输的内容；

——增加了安全注意事项的内容；

——用含量指标代替了蒸馏试验指标；

——取消了间甲酚含量的测定按 GB/T 2602 进行的规定；

——中性油指标修改为中性油试验(浊度法)。

本标准由中国工业钢铁协会提出。

本标准由冶金工业信息标准研究院归口。

本标准起草单位：上海宝钢化工有限公司、冶金工业信息标准研究院。

本标准主要起草人：李峻海、唐政、李倩怡、李慧珍、韩仕兵、虞建增、陈新、孙伟。

本标准所代替标准的历次版本发布情况为：

——GB/T 2279—1980、GB/T 2279—1989；

——GB/T 2599—1981、GB/T 2599—1997。

焦 化 甲 酚

1 范围

本标准规定了焦化甲酚的技术要求、试验方法、检验规则、标志、包装、运输、贮存和安全注意事项。

本标准适用于从煤焦油、含酚污水制取的粗酚，经精馏制得的焦化甲酚。

2 规范性引用文件

下列文件中的条款通过本标准的引用而成为本标准的条款。凡是注日期的引用文件，其随后所有的修改单(不包括勘误的内容)或修订版均不适用于本标准，然而，鼓励根据本标准达成协议的各方研究是否可使用这些文件的最新版本。凡是不注日期的引用文件，其最新版本适用于本标准。

GB 190 危险货物包装标志

GB/T 1999 焦化产品轻油类取样方法

GB/T 2281 焦化油类产品密度试验方法

GB/T 2288—2008 焦化产品水分测定方法

GB/T 2601 酚类产品组成的气相色谱测定方法

GB/T 6705—2008 焦化苯酚

GB/T 8170 数值修约规则

3 技术要求

焦化甲酚的技术要求应符合表1的规定。

表 1

项目		指标					
		邻甲酚		间对甲酚		工业甲酚	
		优等品	一等品	优等品	一等品	优等品	一等品
外观		白色至浅黄褐色结晶		无色至褐色透明液体		无色至棕褐色透明液体	
密度(20℃)/(g/cm³)		—		1.030～1.040		1.03～1.05	
水分(质量分数)/%	不大于	0.3	0.5	0.3	0.5	1.0	
中性油试验(浊度法)/#	不大于	2	—	10		10	
苯酚含量(质量分数)/%	不大于	—	2.0	5		—	
邻甲酚含量(质量分数)/%	不小于	99.0	96.0	—		—	
2,6-二甲酚含量(质量分数)/%	不大于	—	2.0	—		—	
间甲酚含量(质量分数)/%	不小于	—		50	45	41	34
甲酚类+二甲酚类含量(质量分数)/%	不小于	—		—		60	
三甲酚类含量(质量分数)/%	不大于	—		—		5	

注1：邻甲酚液体状态时外观为无色或略有颜色的透明液体。

注2：甲酚类包含 C_7H_8O 全部异构体；二甲酚类包含 $C_8H_{10}O$ 全部异构体。

注3：三甲酚类包含 $C_9H_{12}O$ 全部异构体。

4 试验方法

4.1 外观的测定：将试样（邻甲酚为熔化试样）倒入内径 22 mm 的无色透明玻璃试管中，于透射光下目测其颜色。

4.2 密度的测定按 GB/T 2281 规定进行。

4.3 水分测定按 GB/T 2288—2008 方法一蒸馏法或方法三卡尔·费休法规定进行；以方法一蒸馏法规定进行仲裁。

4.4 中性油试验（浊度法）测定按 GB/T 6705—2008 附录 A 规定进行。

4.5 苯酚含量、邻甲酚含量、2,6-二甲酚、间甲酚含量、甲酚类＋二甲酚类含量和三甲酚类含量测定按 GB/T 2601 规定进行。

5 检验规则

5.1 焦化甲酚的质量检验和验收由质量监督部门进行。

5.2 试样的采取和制备按 GB/T 1999 规定进行。

5.3 对桶装已凝固的邻甲酚试样，采样时必须将整桶样品全部熔融。熔样时要把桶盖打开，同时防止水汽侵入。

5.4 数值的修约按 GB/T 8170 规定进行。

6 标志、包装、运输、贮存

6.1 产品装入洁净、干燥的汽车槽车、集装罐或镀锌铁桶中，封口后发货。

6.2 汽车槽车、集装罐、包装桶上应标有“有毒品”标志，标志要求应符合 GB 190 规定；包装桶上还应标明：产品名称、产品标准编号、商标、净重、供方名称和地址。

6.3 每批出厂产品都应附有质量证明书。证明书内容包括：产品名称、产品标准编号、供方名称、地址、批号、净重、等级、发货日期和本标准规定的各项检验结果。

6.4 产品在运输和贮存中要远离火种、热源，注意通风，应与氧化剂、食用化学品隔离，存放在干燥处。如露天堆放要防止雨水侵入。

6.5 供方应提供本产品的危险化学品安全技术说明书（MSDS）和安全标签。

7 安全注意事项

7.1 甲酚属有机腐蚀品。可燃并有腐蚀性和毒性。工作场所职业接触限制为 10 mg/m^3。

7.2 工作场所应当安装排毒设备、备有必要的消防设施、急救药箱，进入工作场所必须使用个人防护用品（如防护眼镜、橡皮手套、防护面具、口罩、工作服等）。

7.3 对着火的甲酚灭火时，要用雾状水、泡沫、二氧化碳、沙土。

7.4 当皮肤触及甲酚后，应迅速用肥皂水洗去。

ICS 71.080
G 18

中华人民共和国国家标准

GB/T 2281—2008
代替 GB/T 2281—1996, GB/T 15243—1994

焦化油类产品密度试验方法

Determination of density of coking oil products

2008-05-13 发布　　　　2008-11-01 实施

中华人民共和国国家质量监督检验检疫总局
中国国家标准化管理委员会　发布

前言

本标准整合 GB/T 2281—1996《焦化轻油类产品密度试验方法》和 GB/T 15243—1994《焦化粘油类产品密度试验方法》,在修订过程中,将测定轻油类产品和粘油类产品的密度的两个方法合并为一个。

本标准代替 GB/T 2281—1996 和 GB/T 15243—1994。

本标准与 GB/T 2281—1996、GB/T 15243—1994 相比主要做了以下修改:

——整合后标准名称为《焦化油类产品密度试验方法》。

——增加了“警告”、“规范性引用文件”。

——“范围”改为适用于焦化油类产品的密度测定。

——“试验原理”较以前叙述的更加明确一些。

——“试验仪器”中量筒给出最低限度,密度计使用附录 B 规定的焦化产品专用密度计或符合 SH/T 0316 中的 SY—05 石油标准密度计。

——“试验步骤”中轻油和粘油的密度测定方法合并在一起,并对粘油类产品的密度测定加了前处理步骤。增加了试样处理步骤。

——取消原附录 B 中的密度系数表。

——取消了“8 仲裁”。

本标准的附录 A、附录 B 为规范性附录。

本标准由中国钢铁工业协会提出。

本标准由冶金工业信息标准研究院归口。

本标准起草单位:内蒙古包钢钢联股份有限公司、冶金工业信息标准研究院。

本标准主要起草人:段素兰、赵永红、张彤山、庞文娟、谢晓霞、宁宇平、孙伟。

本标准所代替标准的历次发布情况为:

——GB 2281—1980、GB 8032—1987、GB/T 2281—1996;

——GB 3065.1—1982、GB 8352.1—1987、GB/T 15243—1994。

焦化油类产品密度试验方法

警告：焦化油类产品易燃有毒有害，对皮肤和眼睛有刺激，有吸入毒气或侵入皮肤的危险，要戴防毒口罩、防护眼镜和防护手套，试验操作要在强制通风橱中进行，与火源保持距离。

1 范围

本标准规定了焦化油类产品密度试验原理、试验仪器、试验步骤、结果计算、重复性。

本标准适用于焦化油类产品的密度测定。

2 规范性引用文件

下列文件中的条款，通过本标准的引用而成为本标准的条款。凡是注日期的引用文件，其随后所有的修改单(不包括勘误的内容)或修订版均不适用于本标准，然而，鼓励根据本标准达成协议的各方研究是否可使用这些文件的最新版本。凡是不注日期的引用文件，其最新版本适用于本标准。

GB/T 8170 数值修约规则

YB/T 2305 焦化产品试验用玻璃温度计

SH/T 0316 石油密度计技术条件

3 原理

试样在规定的试验温度下，用规定的密度计测定试样的密度。待试样静止，温度达到平衡后，记录温度计和密度计的读数，换算到20℃时的密度，以符号 ρ_{20} 表示，单位 g/cm³。

4 仪器

4.1 密度计量筒：由透明玻璃制成，其内径至少比密度计(4.2)外径大 25 mm，其高度应使密度计在试样中飘浮时，密度计底部与量筒底部的间距至少有 25 mm。

4.2 密度计：所用密度计应符合附录 B 规定的焦化产品专用密度计或符合 SH/T 0316 中的 SY—05 石油标准密度计。

4.2.1 三种苯用密度计范围：0.850 0～0.900 0，g/cm³，分格值为 0.000 5 g/cm³。

4.2.2 其他产品用密度计范围：0.830～0.890、0.890～0.950、0.950～1.010、1.010～1.070、1.070～1.130、1.010～1.070、1.070～1.130、1.130～1.190、1.190～1.250，g/cm³，分格值 0.001 g/cm³。

4.3 温度计：0℃～50℃，符合 YB/T 2305 中 COK9C 温度计的规定。

4.4 水浴：恒温水浴。

5 试验步骤

5.1 将试样混合均匀。粘油类产品在低于 60℃的水浴上缓慢加热，边加热边搅拌，使其全部溶化，除去上部可见水分。

5.2 按表 1 的要求，将混合均匀的试样，小心倒入干燥洁净的密度计量筒中，避免试样飞溅和生成空气泡，所取试样的液位高度低于密度量筒上沿 35 mm～40 mm，粘油类产品将密度计量筒置于预先加热到 40℃～50℃(洗油 15℃～35℃不用预热)的水浴中，将温度计轻轻插入试样中，当试样温度达到规定的温度范围时，将密度计轻轻插入，待密度计与温度均稳定时，读记试样温度，并同时按所使用密度计规定读记其视密度，以 ρ_a 表示。在读取数值时不允许试样有气泡，密度计不能与量筒壁接触，弯月面的形状应保持不变。

表 1

产品名称	仪器		试验温度
	量筒	密度计	
焦化苯、焦化甲苯、焦化二甲苯	4.1	4.2.1	10℃～30℃
纯吡啶、粗苯	4.1	4.2.2	15℃～25℃
间对甲酚、工业甲酚、工业二甲酚、工业喹啉	4.1	4.2.2	10℃～40℃
煤焦油、木材防腐油、炭黑用焦化原料油	4.1	4.2.2	40℃～50℃
洗油	4.1	4.2.2	15℃～35℃

5.3 其他未列出的焦化油类产品的密度测定，可参照 5.1、5.2 的规定进行。

5.4 产品易燃有毒，试验完毕，试样应统一回收处理，不可随意乱倒。

6 结果计算

6.1 计算

校准到 20℃时的密度按下式计算：

$$\rho_{20} = \rho_t + K(t-20) \quad (1)$$

$$\rho_t = \rho_a + C \quad (2)$$

式中：

ρ_{20}——20℃时的密度，单位为克每立方厘米（g/cm³）；

ρ_t——试样在 t℃时的密度，单位为克每立方厘米（g/cm³）；

ρ_a——t℃时的视密度，单位为克每立方厘米（g/cm³）；

C——密度计的校正值；

K——每增减 1℃时样品密度的平均温度校正值，见附录 A；

t——测定密度时试样的温度，单位为摄氏度（℃）。

6.2 数字修约

数字修约按 GB/T 8170 规定进行。

7 重复性

计算结果的重复性 r 见表 2。

表 2

产品名称	重复性/(g/cm³)
焦化苯、焦化甲苯、焦化二甲苯	不大于 0.000 5
纯吡啶，工业喹啉，粗苯	不大于 0.001
间对甲酚、工业甲酚、工业二甲酚、木材防腐油、洗油	不大于 0.002
煤焦油、炭黑用焦化原料油	不大于 0.004

附 录 A
（规范性附录）
密度平均校正值 *K*

表 A.1 样品温度每增减 1℃，密度的平均校正值 *K*

样品名称	*K* 值	密度计范围/(g/cm^3)
苯	0.001 05	0.850 0～0.900 0
甲苯	0.000 92	0.850 0～0.900 0
二甲苯	0.000 85	0.850 0～0.900 0
酚类	0.000 81	1.010～1.070
纯吡啶	0.000 93	0.950～1.010
工业喹啉	0.000 76	1.070～1.130
粗苯	0.001 05	0.830～0.890
煤焦油	0.000 6	1.130～1.250
木材防腐油	0.000 7	1.010～1.130
炭黑用焦化原料油	0.000 7	1.010～1.130
洗油	0.000 8	1.010～1.130

附 录 B
（规范性附录）
焦化产品专用密度计

表 B.1 密度计测量范围

序号	型号	测量范围/(g/cm³)	分格值/(g/cm³)	允差范围/(g/cm³)	标尺距离及分号/mm	标准温度/℃	读数方法
1	YB-2	0.830～0.890	0.001	±0.001	0.5	20	上缘
2	YB-2	0.890～0.950	0.001	±0.001	0.5	20	上缘
3	YB-2	0.950～1.010	0.001	±0.001	0.5	20	上缘
4	YB-2	1.010～1.070	0.001	±0.001	0.5	20	上缘
5	YB-2	1.070～1.130	0.001	±0.001	0.5	20	上缘
6	YB-2	1.130～1.190	0.001	±0.001	0.5	20	上缘
7	YB-2	1.190～1.250	0.001	±0.001	0.5	20	上缘
8	YB-2	1.250～1.310	0.001	±0.001	0.5	20	上缘

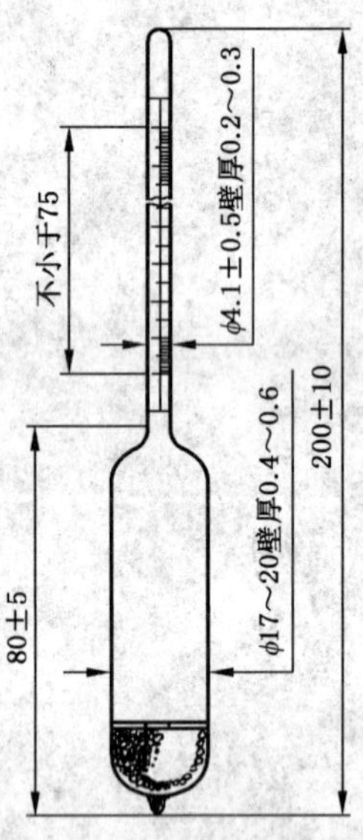

图 B.1 焦化产品专用密度计

ICS 71.080.15
G 18

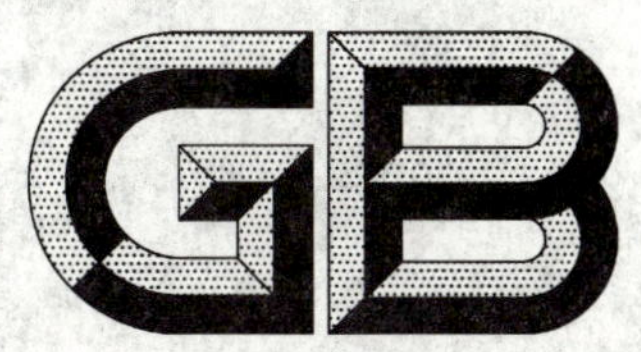

中华人民共和国国家标准

GB/T 2283—2008
代替 GB/T 2283—1993

焦化苯

Coking benzene

2008-12-06 发布　　2009-10-01 实施

中华人民共和国国家质量监督检验检疫总局
中国国家标准化管理委员会　发布

前言

本标准代替 GB/T 2283—1993《焦化苯》。

本标准与 GB/T 2283—1993《焦化苯》相比，主要变化如下：

——适用范围及指标中增加了加氢法所得焦化苯的内容；

——将焦化苯的产品质量等级修改为优等品、一等品和合格品；

——将焦化苯的颜色测定方法修改为按照铂-钴比色法测定；

——增加了焦化苯中苯纯度及杂质含量的指标，并在附录中提供了气相色谱测定方法；

——增加了焦化苯中总硫含量的指标；

——对部分指标数值作了修订；

——增加了安全注意事项的有关内容；

——按照国家有关法规的要求做了编辑性修改。

本标准的附录 A 为规范性附录。

本标准由中国钢铁工业协会提出。

本标准由全国钢标准化技术委员会归口。

本标准起草单位：武钢焦化公司、冶金工业信息标准研究院。

本标准主要起草人：何水、曹素梅、魏松波、盛军波、刘翠霞、常红兵、孙伟。

本标准所代替标准的历次版本发布情况为：

——GB 2283—1980、GB/T 2283—1993。

焦　化　苯

1　范围

本标准规定了焦化苯的技术要求、试验方法、检验规则、标志、包装、运输、贮存、质量证明书和安全注意事项。

本标准适用于从焦炉煤气中回收的粗苯经酸洗或加氢、精馏所得的焦化苯。

2　规范性引用文件

下列文件中的条款通过本标准的引用而成为本标准的条款。凡是注日期的引用文件，其随后所有的修改单(不包括勘误的内容)或修订版均不适用于本标准，然而，鼓励根据本标准达成协议的各方研究是否可使用这些文件的最新版本。凡是不注日期的引用文件，其最新版本适用于本标准。

GB 190　危险货物包装标志

GB/T 1815　苯类产品溴价的测定

GB/T 1816　苯类产品中性试验

GB/T 1999　焦化油类产品取样方法

GB/T 2281　焦化油类产品密度试验方法

GB/T 2282　焦化轻油类产品馏程的测定

GB/T 3145　苯结晶点测定法

GB/T 3208　苯类产品总硫含量的微库仑测定方法

GB/T 8035　焦化苯类产品酸洗比色的测定方法

GB/T 8036　焦化苯类产品颜色的测定方法

GB/T 8170　数值修约规则与极限数值的表示和判定

GB/T 14326　苯中二硫化碳含量的测定方法

GB/T 14327　苯中噻吩含量的测定方法

3　技术要求

焦化苯的技术指标应符合表1的规定。

表 1

项　目		指　标		
		优等品	一等品	合格品
外观		透明液体，无可见杂质		
颜色(铂-钴)	不深于	20#		
密度(20 ℃)/(g/cm³)		0.878～0.881	0.876～0.881	
苯的含量(质量分数)/%	不小于	99.90	99.60	—
甲苯的含量(质量分数)/%	不大于	0.05	—	—
非芳烃的含量(质量分数)/%	不大于	0.1	—	—
馏程[大气压 101 325 Pa，(包括 80.1 ℃)]/℃	不大于	—	—	0.9

表 1（续）

项　　目		指　　标		
		优等品	一等品	合格品
结晶点/℃	不小于	5.45	5.20	5.00
酸洗比色(按标准比色液)	不深于	0.05	0.10	0.20
溴价/(g/100 mL)	不大于	0.03	0.06	0.15
二硫化碳/(g/100 mL)	不大于	—	0.005	0.006
噻吩/(g/100 mL)	不大于	—	0.04	0.06
总硫/(mg/kg)	不大于	1	—	—
中性试验		中性		
水分		室温(18 ℃～25 ℃)下目测无可见不溶解的水		
注：槽车中苯的水层高度大于 5 mm，铁桶中苯的水层高度大于 1 mm 不得发货。若产品已运至需方时复检超过上述规定应由供需双方协议。				

4　试验方法

4.1　外观的测定：将试样注入 100 mL 玻璃量筒中，在 20 ℃±3 ℃下观察，应是透明液体、无可见杂质。

4.2　颜色(铂-钴)的测定按 GB/T 8036 的规定进行。

4.3　密度的测定按 GB/T 2281 的规定进行。

4.4　苯、甲苯、非芳烃含量的测定按附录 A 规定进行。

4.5　馏程的测定按 GB/T 2282 的规定进行。

4.6　结晶点的测定按 GB/T 3145 的规定进行。

4.7　酸洗比色的测定按 GB/T 8035 的规定进行。

4.8　溴价的测定按 GB/T 1815 的规定进行。

4.9　二硫化碳的测定按 GB/T 14326 的规定进行。

4.10　噻吩的测定按 GB/T 14327 或附录 A 的规定进行，以 GB/T 14327 为仲裁法。

4.11　总硫的测定按 GB/T 3208 的规定进行。

4.12　中性试验的测定按 GB/T 1816 的规定进行。

4.13　水分的测定：将试样在室温(18 ℃～25 ℃)下放置 1 h，目测有无不溶解的水。

5　检验规则

5.1　焦化苯的质量检验和验收由质量技术监督部门进行。用户有权按本标准规定验收产品。

5.2　试样的采取和制备按 GB/T 1999 的规定进行。

5.3　数值的修约按 GB/T 8170 的规定进行。

6　标志、包装、运输及贮存和质量证明书

6.1　焦化苯须装入洁净、干燥的槽车或铁桶中，并将槽车口铅封后发给需方。

6.2　槽车、铁桶上应标有“易燃液体”标志，标志要求符合 GB 190 的规定，铁桶上还应标明：产品名称、产品标准编号、商标、净重、供方名称和地址。

6.3　每批产品出厂时应附有质量证明书，证明书内容包括：供方名称、产品名称、批号、毛重、净重、车号、注册商标、发货日期和本标准规定的各项检验结果、质量等级、本标准编号等。

6.4　本品易挥发并有毒，故须贮存于阴凉通风处，运离火种及热源，应与氧化剂分开存放。如采用贮罐

存放时，贮罐区应设立严禁火种标志，罐装时应控制流速并设有导除静电的接地装置。搬运时应轻装轻卸，防止包装破损。

6.5 生产单位应按有关标准提供危险化学品安全技术说明书(MSDS)和安全标签。

7 安全注意事项

7.1 苯为无色透明液体，易燃，有毒，具有芳香味。在空气中最高允许浓度为 40 mg/m^3，人吸入超浓度苯蒸气或皮肤经常接触苯能引起中毒。

7.2 工作场所应当安装排毒设备、必要的消防设施、急救药箱，应使用个人防护用品(如防护眼镜、橡皮手套、防护面具、口罩、工作服等)。

7.3 对着火的苯灭火时，可用泡沫、干粉、二氧化碳、沙土。

7.4 当皮肤上沾染苯后，应脱去被污染的衣着，用肥皂水和清水彻底冲洗。

附 录 A
（规范性附录）
焦化苯中苯及杂质含量的气相色谱测定方法

A.1 范围

A.1.1 本方法规定了焦化苯中苯及杂质含量的测定原理、仪器和设备、试剂和材料、试验步骤、结果计算等。

A.1.2 本方法适用于测定苯纯度（质量分数）在99.5%以上的样品。

A.2 原理

将已知含量的内标物加入试样内，用注射器取一定量的这种混合物注入色谱仪气化室，汽化的混合物被载气携带，分流一部分进入毛细管柱。在柱出口处追加氮气后由氢火焰检测器（FID）检测组分。

以正壬烷为内标物，计算出芳香烃和非芳香烃等杂质的总量，以100%减去杂质的总量即得苯的纯度。

A.3 仪器和设备

A.3.1 气相色谱仪：具有氢火焰检测器，且灵敏度优于10 g/s（苯）。

A.3.2 色谱工作站或色谱数据处理器（电子积分仪）。

A.3.3 色谱柱：石英弹性毛细管柱30 m×0.25 mm×0.25 μm，固定相为：交联聚乙二醇，或能达到分离要求的同类型毛细管柱。

A.3.4 分析天平：感量0.1 mg。

A.3.5 微量注射器：1 μL、10 μL、50 μL。

A.3.6 移液管：1 mL。

A.3.7 容量瓶：25 mL。

A.4 试剂和材料

A.4.1 内标物：正壬烷，纯度要求为色谱纯。

A.4.2 氢气：纯度≥99.99%。

A.4.3 氮气：纯度≥99.99%。

A.4.4 空气：净化后的压缩空气。

A.4.5 试剂：2-甲基戊烷，环己烷，庚烷，甲基环戊烷，甲基环己烷，噻吩，甲苯，正壬烷，以上试剂均为色谱纯。

A.5 试验步骤

A.5.1 气相色谱仪的准备

A.5.1.1 按表A.1所规定的条件调整气相色谱仪，允许根据实际情况作适当变动，保证苯中环己烷与庚烷的分离度（R）大于1.5，分离度（R）按式（A.1）求得：

$$R=\frac{2(t_{R(2)}-t_{R(1)})}{Y_{1/2(2)}+Y_{1/2(1)}} \qquad \text{(A.1)}$$

式中：

R——分离度；

$t_{R(1)}$——环己烷的保留值，单位为毫米(mm)；

$t_{R(2)}$——庚烷的保留值，单位为毫米(mm)；

$Y_{1/2(1)}$——环己烷的半峰宽，单位为毫米(mm)；

$Y_{1/2(2)}$——庚烷的半峰宽，单位为毫米(mm)。

表 A.1 典型色谱参数

控制项目	控制值	控制项目	控制值
检测器	火焰离子	载气	氮气
柱	石英毛细管	柱流量(N_2)/(mL/min)	2.0
长度/m	30	柱前压(N_2)/MPa	0.12
固定相	交联聚乙二醇	氢气(H_2)/(mL/min)	35
内径/mm	0.25	空气(Air)/(mL/min)	350
膜厚/μm	0.25	半峰宽/min	3
柱温/℃	50	分流比	56∶1
汽化温度/℃	200	尾吹(N_2)/(mL/min)	25
检测温度/℃	250	进样量/μL	0.4
—	—	最小峰面积	0

A.5.1.2 在典型色谱操作条件下，苯中主要杂质组分的定性结果见表 A.2，试样的典型色谱图见图 A.1。

表 A.2 苯样品主要杂质组分定性结果

组分名称	苯样品中各组分绝对保留时间(t)	苯样品中各组分相对保留值(R_i)	标准物质相对保留值(R_s)
苯	2.721	1.000	1.000
2-甲基戊烷	1.468	0.537	0.540
环己烷	1.591	0.579	0.580
庚烷	1.605	0.587	0.589
甲基环戊烷	1.653	0.605	0.607
甲基环己烷	1.749	0.640	0.643
噻吩	3.618	1.330	1.333
甲苯	3.870	1.421	1.426

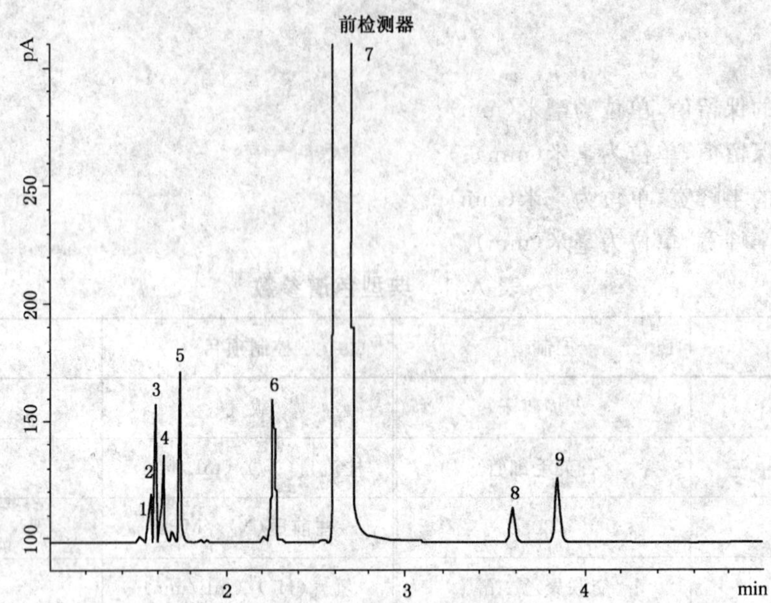

1——二甲基戊烷；
2——环己烷；
3——庚烷；
4——甲基环戊烷；
5——甲基环己烷；
6——壬烷；
7——苯；
8——噻吩；
9——甲苯。

图 A.1　苯试样色谱图

A.5.2　校正因子的测定

A.5.2.1　用移液管取 20 mL 左右苯注入清洁、干燥的 25 mL 容量瓶内，用 50 μL 注射器分别将 2-甲基戊烷、环己烷、庚烷、甲基环戊烷、甲基环己烷、噻吩、甲苯、正壬烷等需要定量的杂质各 50 μL 注入容量瓶内，用增量法分别称出各组分的质量，称准至 0.1 mg，混合均匀，此液即为测定校正因子的标准样。

A.5.2.2　在 A.5.1 规定的条件下，进行标准样的色谱测定，进样后，按下仪器的启动开关。

A.5.2.3　按公式(A.2)计算各组分相对于内标物(正壬烷)的相对校正因子。

$$F_i = \frac{A_s}{A_i} \times \frac{m_i}{m_s} \qquad \text{(A.2)}$$

式中：

F_i——相对校正因子；

A_s——正壬烷的峰面积，单位为平方毫米(mm^2)；

A_i——组分的峰面积，单位为平方毫米(mm^2)；

m_i——组分的质量，单位为克(g)；

m_s——内标物的质量，单位为克(g)。

参考的相对校正因子见表 A.3。

表 A.3　苯中各组分相对校正因子

组分名称	2-甲基戊烷	环己烷	庚烷	甲基环戊烷	甲基环己烷	噻吩	甲苯
校正因子(F_i)	1.251 5	1.094 2	1.23	1.356 4	1.355 9	0.845 7	1.364 7

A.5.3 样品的测定

用增量法称出试验与内标物比 1 000∶1 的分析用样品，称准至 0.1 mg。如试验中杂质含量大于 0.1%可适当增加正壬烷的量，使其在色谱图中获得峰面积与杂质峰大致一样。

按 A.5.1 规定的条件下待色谱仪稳定后即可用微量注射器取 0.4 μL 均匀的苯试样，按下仪器的启动开关。

A.6 结果计算

A.6.1 按公式(A.3)计算甲苯、非芳烃和噻吩各组分含量，苯峰前面的峰总和即为非芳烃含量。取两次平行试验结果的算术平均值作为试验中杂质的测定结果，准确至 0.01%。

$$X_i = \frac{A_i F_i m_s}{A_s m} \times 100 \qquad \text{(A.3)}$$

式中：

X_i——组分 i 的质量分数，%；

A_i——组分 i 的峰面积，单位为平方毫米(mm^2)；

F_i——组分 i 的校正因子；

A_s——正壬烷的峰面积，单位为平方毫米(mm^2)；

m_s——正壬烷质量，单位为克(g)；

m——试样质量，单位为克(g)。

A.6.2 按公式(A.4)计算苯的纯度：

$$X_{苯} = 100 - \sum X_i \qquad \text{(A.4)}$$

式中：

$X_{苯}$——苯的纯度(质量分数)，%；

X_i——组分 i 的质量分数，%。

A.6.3 本方法测定的为噻吩的质量分数，当要求噻吩浓度 $C_{噻吩}$ 数值以 g/100 mL 的单位表示时，按公式(A.5)计算：

$$C_{噻吩} = \frac{\rho \times 100 \times X_{噻吩}}{100} = 0.88 X_{噻吩} \qquad \text{(A.5)}$$

式中：

ρ——样品在 20 ℃时的密度，按 0.88 g/cm^3 计；

$X_{噻吩}$——噻吩的质量分数，%。

A.7 精密度

焦化苯中杂质含量的重复性(r)见表 A.4。

表 A.4 焦化苯中杂质含量的重复性(r)

组　分	非芳烃	噻吩	甲苯
重复性(r)/%	0.07	0.02	0.02

ICS 71.080
G 18

中华人民共和国国家标准

GB/T 2286—2008
代替 GB/T 2286—1991

焦炭全硫含量的测定方法

Coke—Determination of total sulfur

2008-08-19 发布 2009-04-01 实施

中华人民共和国国家质量监督检验检疫总局
中国国家标准化管理委员会 发布

前　言

本标准与 ISO 344:1992(E)《固体矿燃料——全硫的测定——艾氏卡法》和 ISO 351:1996(E)《固体矿燃料——全硫的测定——高温燃烧法》的一致性程度为非等效。

本标准代替 GB/T 2286—1991《焦炭全硫含量的测定方法》。

本标准与 GB/T 2286—1991 相比主要作了以下修改:

——修改了书写格式、术语、符号;

——将标准英文名称“Coke—Determination of total sulphur”改为“Coke—Determination of total sulfur”;

——增加“前言”部分;

——不再将标准分为篇;

——增加“试验报告”内容;

——“试验准备”不再单独列为一章,“试验准备”内容移到“试验步骤”中;

——按 ISO 351:1996(E)规定增加空白试验内容;

——附录 A 标准溶液的配制与标定按 GB/T 601—2002 进行了修改完善。

本标准的附录 A 为规范性附录。

本标准由中国钢铁工业协会提出。

本标准由全国钢标准化技术委员会归口。

本标准主要起草单位:中钢集团鞍山热能研究院、冶金工业信息标准研究院。

本标准主要起草人:杨金霞、王伟、于银萍、王雄、郭法清、孙伟。

本标准 1980 年首次发布,1991 年第一次修订。

焦炭全硫含量的测定方法

1 范围

本标准规定了焦炭全硫含量测定的原理、试剂和材料、仪器设备、试样的采取、试验步骤、结果计算和精密度。

本标准适用于焦炭全硫含量的测定，方法一为艾氏卡法，方法二为高温燃烧法，在仲裁分析时应采用艾氏卡法。

2 规范性引用文件

下列文件中的条款通过本标准的引用而成为本标准的条款。凡是注日期的引用文件，其随后所有的修改单(不包括勘误的内容)或修订版均不适用于本标准，然而，鼓励根据本标准达成协议的各方研究是否可使用这些文件的最新版本。凡是不注日期的引用文件，其最新版本适用于本标准。

GB/T 601　化学试剂　标准滴定溶液的制备

GB/T 1997　焦炭试样的采取和制备

3 方法一(艾氏卡法)

3.1 原理

将试样与艾氏剂充分混合，在一定温度下灼烧，使焦炭中硫转化成硫酸盐。然后使硫酸根离子生成硫酸钡沉淀，根据硫酸钡的质量计算试样中的全硫含量。

3.2 试剂和材料

警告——处理试剂时应小心，其中很多是有毒和有腐蚀性的。

除非另有说明，在分析中仅使用确认为分析纯的试剂和蒸馏水或去离子水或相当纯度的水。

3.2.1 氯化钡。

3.2.2 氧化镁：化学纯。

3.2.3 无水碳酸钠：化学纯。

3.2.4 硝酸银。

3.2.5 艾氏剂：称取2份质量的氧化镁与1份质量的无水碳酸钠，研细至粒度小于0.2 mm，混合均匀，贮于密闭的容器中。

3.2.6 过氧化氢：浓度30%。

3.2.7 盐酸溶液：密度1.19 g/cm^3。

3.2.8 硝酸：密度1.42 g/cm^3。

3.2.9 氯化钡溶液(100 g/L)：称取100 g氯化钡，溶于水，用水稀释至1 000 mL。

3.2.10 盐酸溶液：(1+1)。

3.2.11 硝酸银溶液(10 g/L)：称取1 g硝酸银，溶于水，用水稀释至100 mL，加几滴硝酸，贮于深色瓶中。

3.2.12 甲基红指示剂溶液(1 g/L)：称取0.1 g甲基红，溶于50 mL乙醇中，用水稀释至100 mL。

3.2.13 定性滤纸：中速，ϕ90 mm～ϕ110 mm。

3.2.14 定量滤纸：中速，ϕ90 mm～ϕ110 mm。

3.3 仪器和设备

3.3.1 分析天平：感量0.000 1 g。

3.3.2 托盘天平:感量 0.01 g。

3.3.3 马弗炉:带有测温和控温装置,能保持温度 800 ℃~850 ℃,附有热电偶和高温计。炉子后壁插入热电偶的小孔位置应使热电偶的测温点处于恒温区的中部,并距炉底 20 mm~30 mm,后部有一导出废气的烟囱。

3.3.4 干燥器:内装变色硅胶或粒状无水氯化钙。

3.3.5 烧杯:400 mL。

3.3.6 瓷坩埚:30 mL 和 20 mL 两种。

3.4 试样的制备

按 GB/T 1997 的规定进行。

3.5 试验步骤

3.5.1 于 30 mL 瓷坩埚(3.3.6)内称取艾氏剂(3.2.5)2 g(称准至 0.1 g)和粒度小于 0.2 mm 的试样 1 g(称准至 0.000 2 g),用镍铬丝混合均匀,再用 1 g(称准至 0.1 g)艾氏剂(3.2.5)覆盖。

3.5.2 将盛有试样的坩埚移入马弗炉(3.3.3)内,在 1 h~1.5 h 内将炉温逐渐升至 800 ℃~850 ℃,并在该温度下加热 1 h~1.5 h。

3.5.3 将坩埚从马弗炉中取出,冷却至室温后,用玻璃棒搅松灼烧物(如发现有未烧尽的试样颗粒,应在 800 ℃~850 ℃下继续灼烧 0.5 h),并将其移入 400 mL 烧杯中,用热水仔细冲洗坩埚内壁,将冲洗液加入烧杯中,再加入 100 mL~150 mL 热水,用玻璃棒捣碎灼烧物(如果这时发现尚有未烧尽的试样颗粒,则本次试验作废)。

3.5.4 加 1 mL 过氧化氢(3.2.6)于烧杯中,将其加热至 80 ℃,并保持 30 min。

3.5.5 用定性滤纸(3.2.13)过滤,并用热蒸馏水将灼烧物冲洗至滤纸上,继续以热蒸馏水仔细冲洗滤纸上的灼烧物,其次数不得少于 10 次。

3.5.6 将滤液煮沸 2 min~3 min,排出过剩的过氧化氢,向滤液中加 2~3 滴甲基红指示剂溶液(3.2.12),以指示其排除是否完全。滴加盐酸溶液(3.2.10)直至颜色变红,再多加 1 mL,煮沸 5 min,除去二氧化碳,此时溶液的体积约为 200 mL。

3.5.7 将烧杯盖上表面皿,减少加热量至溶液停止沸腾,取下表面皿,将 10 mL 氯化钡溶液(3.2.9)缓缓滴入热溶液中,同时搅拌溶液,盖上表面皿,并使溶液在略低于沸点的温度下保持 30 min。

3.5.8 用定量滤纸(3.2.14)过滤,并用热水洗至无氯离子为止[用硝酸银溶液(3.2.11)检验]。

3.5.9 将沉淀物连同滤纸移入已知质量的 20mL 瓷坩埚(3.3.6)中,先在电炉上灰化滤纸,然后移入温度为 800 ℃~850 ℃的马弗炉内灼烧 20 min,取出坩埚,稍冷后放入干燥器(3.3.4)中,冷却至室温称量。

3.5.10 空白试验

每批试样应进行空白试验。除不加试样外,其他试验步骤同 3.5.1~3.5.9。

3.6 结果计算

3.6.1 空气干燥基全硫($S_{t,ad}$)测定结果按式(1)计算:

$$S_{t,ad} = \frac{(m_1 - m_2) \times 0.137\ 4}{m} \times 100 \qquad \cdots\cdots(1)$$

式中:

m_1——硫酸钡的质量,单位为克(g);

m_2——空白试验硫酸钡的质量,单位为克(g);

m——试样的空气干燥基质量,单位为克(g);

0.137 4——每克硫酸钡相当于硫的质量。

试验结果取两次测定结果的算术平均值。并表示至小数点后二位。

3.6.2 干基全硫($S_{t,d}$)的结果按式(2)计算:

$$S_{t,d} = \frac{S_{t,ad}}{100 - M_{ad}} \times 100 \qquad \cdots\cdots(2)$$

式中：

M_{ad}——分析试样的水分含量，质量分数(%)。

3.7 精密度

二次测定结果间的差值不得超过表1的规定：

表 1

$S_{t,d}$/%	重复性 $S_{t,d}$/%	再现性 $S_{t,d}$/%
≤1.00	0.04	0.1
>1.00	0.1	0.2

3.8 试验报告

试验报告应包含下列信息：

a) 试样编号；

b) 依据的标准；

c) 使用方法；

d) 结果计算；

e) 与标准的偏离；

f) 试验中观察到的异常现象；

g) 试验日期。

4 方法二(高温燃烧法)

4.1 原理

在1 250 ℃管式炉内，焦炭试样于氧气流中燃烧，焦炭中硫生成硫的氧化物，被过氧化氢溶液吸收，生成硫酸溶液，用氢氧化钠标准溶液滴定，根据其耗量，计算焦炭中全硫含量。

4.2 试剂和材料

警告——处理试剂时应小心，其中很多是有毒和有腐蚀性的。

除非另有说明，在分析中仅使用确认为分析纯的试剂和蒸馏水或去离子水或相当纯度的水。

4.2.1 氢氧化钠：优级纯。

4.2.2 氧气：纯度不低于99.5%。

4.2.3 过氧化氢：浓度30%。

4.2.4 硫酸：1.84 g/cm³。

4.2.5 过氧化氢[约3%(质量分数)]溶液：取100 mL过氧化氢(4.2.3)，用水稀释至1 000 mL。

4.2.6 氢氧化钠标准滴定溶液[$c(NaOH)=0.01$ mol/L]。

4.2.6.1 氢氧化钠标准滴定溶液使用前按照附录A的要求配制氢氧化钠标准溶液[$c(NaOH)=0.1$ mol/L]稀释或按照GB/T 601规定进行。

注：也可使用四硼酸钠(优级纯)标准滴定溶液[$c(1/2Na_2B_4O_7\cdot 10H_2O)=0.01$ mol/L]。

4.2.7 硫酸标准溶液[$c(1/2H_2SO_4)=0.01$ mol/L]。

注：硫酸标准溶液使用前用附录中配制的硫酸溶液[$c(1/2H_2SO_4)=0.1$ mol/L]稀释。

4.2.8 甲基红-次甲基蓝混合指示剂的配制：

4.2.8.1 将次甲基蓝乙醇溶液(1 g/L)与甲基红乙醇溶液(1 g/L)按1+2体积比混合。

4.2.8.2 称取0.125 g甲基红溶于50 mL乙醇中，用水稀释至100 mL，称取0.083 g亚甲基蓝，溶于50 mL乙醇中，用水稀释至100 mL，分别贮存于棕色瓶中。使用前按1+1体积比混合，贮存于棕色滴瓶中。

注：上述两种指示液，可任选一种，混合后的指示液有效期为7天。

4.3 仪器设备

4.3.1 高温管式炉:用硅碳棒或硅碳管加热,带有控温装置,使炉温能保持在 1 250 ℃±10 ℃的范围内。

4.3.2 燃烧管:用高温瓷、刚玉或石英制成,管总长约 750 mm,一端外径 22 mm,内径 19 mm,长约 690 mm,另一端外径 10 mm,内径约 7 mm,长约 60 mm。

4.3.3 燃烧舟:用高温瓷或刚玉制成,长 77 mm,上宽 12 mm,下宽 9 mm,高 8 mm。

4.3.4 吸收瓶:锥形烧瓶,容积 250 mL。

4.3.5 镍铬丝钩:直径约 2 mm,长 650 mm,一端弯成小钩。

4.3.6 硅橡胶管:外径 11 mm,内径 8 mm,长约 80 mm。

4.4 试样的制备

按 GB/T 1997 的规定进行。

4.5 试验步骤

4.5.1 试验准备

4.5.1.1 将仪器按图 1 顺序连接备用。

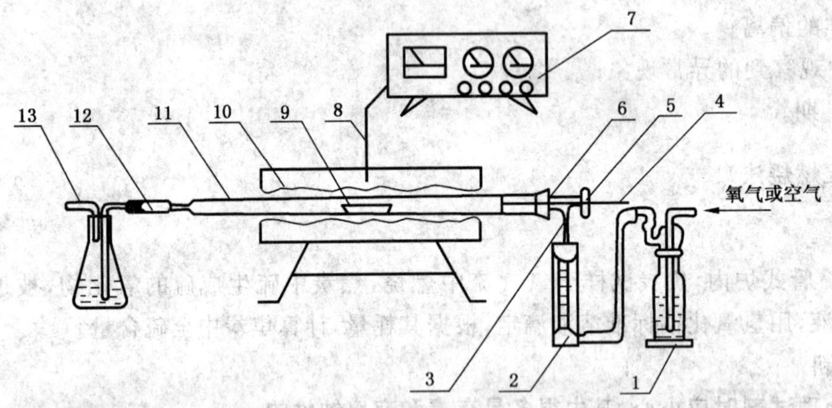

1——缓冲瓶;
2——流量计;
3——T 形管;
4——镍铬丝钩;
5——翻胶帽;
6——橡皮塞;
7——温度控制器;
8——热电偶;
9——燃烧舟;
10——高温管式炉;
11——燃烧管;
12——硅胶管;
13——吸收瓶。

图 1 高温燃烧法定硫装置

4.5.1.2 用量筒量取 100 mL 过氧化氢溶液(4.2.5),倒入吸收瓶中,加(2~3)滴混合指示液(4.2.8),根据溶液的酸碱度,用硫酸标准溶液(4.2.7)或氢氧化钠标准溶液(4.2.6)调至溶液呈灰色,装好橡胶塞和气体导管。在工作的条件下,检查装置的各个连接部分的气密性,并通氧气(4.2.2),保持吸收液呈灰色。

4.5.2 称取约 0.2 g 粒度小于 0.2 mm 的试样(称准至 0.000 2 g),于预先在 1 250 ℃灼烧过的燃烧舟中。

4.5.3 将高温管式炉升温至 1 250 ℃±10 ℃,通入氧气(4.2.2),并保持流量 700 mL/min 左右。用镍铬丝钩(4.3.5)将盛有试样的燃烧舟(4.3.3)缓缓地推入燃烧管的恒温区,燃烧 10 min 后停止供氧。取下吸收瓶的橡胶塞,并用镍铬丝钩取出燃烧舟。

注 1:也可以用水抽或真空泵抽吸空气进行试验,其流量为 1 000 mL/min 左右。

注 1:当所用气体对试验结果有影响时,应加高锰酸钾溶液,氢氧化钾溶液和浓硫酸等净化装置。

4.5.4 将吸收瓶取下,用水冲洗气体导管的附着物于吸收瓶中,补加混合指示剂溶液(2~3)滴,用 0.01 mol/L的氢氧化钠标准滴定溶液滴定至溶液由紫红色变成灰色,即为终点,记下氢氧化钠标准滴定溶液的消耗量。

4.5.5 空白试验

每批试样应进行空白试验。除不加试样外,其他试验步骤同 4.5.1.2~4.5.4。

4.6 结果计算

4.6.1 分析基全硫($S_{t,ad}$)测定结果按式(3)计算:

$$S_{t,ad} = \frac{V \times c \times 0.016}{m} \times 100 \qquad (3)$$

式中:

V——试样测定时氢氧化钠标准滴定溶液的用量,单位为毫升(mL);

c——氢氧化钠标准滴定溶液的浓度,单位为摩尔每升(mol/L);

m——试样的质量,单位为克(g);

0.016——与 1.00 mL 氢氧化钠标准滴定溶液[$c(NaOH)=1.000$ mol/L]相当的硫的质量,单位为克(g)。

试验结果取两次测定结果的算术平均值,并修约至小数点后二位。

4.6.2 干基全硫($S_{t,d}$)的结果按式(4)计算:

$$S_{t,d} = \frac{S_{t,ad}}{100 - M_{ad}} \times 100 \qquad (4)$$

式中:

M_{ad}——分析试样的水分含量,质量分数(%)。

4.7 精密度

重复性:不大于 0.05%。

再现性:不大于 0.1%。

4.8 试验报告

试验报告应包含下列信息:

a) 试样编号;

b) 依据的标准;

c) 使用方法;

d) 结果计算;

e) 与标准的偏离;

f) 试验中观察到的异常现象;

g) 试验日期。

附　录　A
（规范性附录）
标准溶液的配制与标定

A.1　氢氧化钠标准溶液(4.2.6)[c(NaOH)＝0.1 mol/L]

A.1.1　配制

称取 110 g 氢氧化钠，溶于 100 mL 水中，摇匀，注入聚乙烯容器中，密闭放置至溶液清亮。用塑料管虹吸 5.4 mL 上层清液，注入 1 000 mL 无二氧化碳的水中摇匀。

A.1.2　标定

称取 0.75 g 于 105 ℃～110 ℃电炉箱中干燥至恒量的工作基准试剂邻苯二甲酸氢钾，溶于 50 mL 无二氧化碳的水中，加 2 滴酚酞(10 g/L)指示液，用配制好的氢氧化钠溶液滴定至溶液呈粉红色，并保持 30 s，同时作空白试验。

氢氧化钠标准滴定溶液的浓度[c(NaOH)]，数值以摩尔每升(mol/L)表示，按式(A.1)计算：

$$c(\mathrm{NaOH}) = \frac{m}{(V_1 - V_2) \times 0.2042} \quad \cdots\cdots(\mathrm{A.1})$$

式中：

m——邻苯二甲酸氢钾的质量的准确数值，单位为克(g)；

V_1——氢氧化钠溶液的体积的数值，单位为毫升(mL)；

V_2——空白试验氢氧化钠的体积的数值，单位为毫升(mL)；

0.204 2——邻苯二甲酸氢钾的毫摩尔质量的数值，单位为克每毫摩尔(g/mmol)。

A.2　硫酸标准溶液(4.2.7)[$c(1/2H_2SO_4)$＝0.1 mol/L]

A.2.1　配制

量取 3 mL 的硫酸，缓缓注入 1 000 mL 水中，冷却，摇匀。

注：溴甲酚绿—甲基红指示液的配制。

溶液 Ⅰ：称取 0.1 g 溴甲酚绿，溶于乙醇(95%)用乙醇(95%)稀释至 100 mL。

溶液 Ⅱ：称取 0.2 g 甲基红，溶于乙醇(95%)用乙醇(95%)稀释至 100 mL。

取 30 mL 溶液Ⅰ、10 mL 溶液 Ⅱ，混匀。

A.2.2　标定

称取 0.2 g 于 270 ℃～300 ℃高温炉中灼烧至恒重的工作基准试剂无水碳酸钠。溶于 50 mL 水中，加 10 滴溴甲酚绿-甲基红指示液，用配制好的硫酸溶液滴定至溶液由绿色变为暗红色，煮沸 2 min，冷却后继续滴定至溶液再呈暗红色。同时作空白试验。

硫酸标准滴定溶液的浓度[$c(1/2H_2SO_4)$]，数值以摩尔每升(mol/L)表示，按式(A.2)计算：

$$c(1/2\mathrm{H_2SO_4}) = \frac{m}{(V_1 - V_2) \times 0.05299} \quad \cdots\cdots(\mathrm{A.2})$$

式中：

m——无水碳酸钠的质量的准确数值，单位为克(g)；

V_1——硫酸溶液的体积的数值，单位为毫升(mL)；

V_2——空白试验硫酸溶液的体积的数值，单位为毫升(mL)；

0.052 99——无水碳酸钠的毫摩尔质量的数值，单位为克每毫摩尔(g/mmol)。

ICS 71.080
G 18

中华人民共和国国家标准

GB/T 2288—2008
代替 GB/T 2288—1980、GB/T 5074—1985、GB/T 6711—1986

焦化产品水分测定方法

Coking products—Determination of moisture content

2008-05-13 发布 2008-11-01 实施

中华人民共和国国家质量监督检验检疫总局
中国国家标准化管理委员会
发布

前言

本标准是在 GB/T 2288—1980《焦化产品水分测定方法》、GB/T 5074—1985《焦化产品水分含量的微库仑测定方法》、GB/T 6711—1986《黄血盐钠水分的测定方法》三项标准的基础上，将蒸馏法、恒重法及卡尔·费休法三个焦化产品水分的测定方法合并为一项标准，用于高温煤焦油经加工所得产品水分的测定。

本标准代替 GB/T 2288—1980、GB/T 5074—1985、GB/T 6711—1986。

本标准与 GB/T 2288—1980、GB/T 5074—1985、GB/T 6711—1986 相比主要变化如下：

——增加了前言、规范性引用文件等；

——修订了适用范围内容；

——增加了原理、试样采取要求、修订了试验步骤；

——修订了测定方法，试验步骤修订为容量法，并增加了卡尔·费休试剂对水的滴定度重复性。

本标准由中国钢铁工业协会提出。

本标准由冶金工业信息标准研究院归口。

本标准主要起草单位：上海宝钢化工有限公司、冶金工业信息标准研究院。

本标准主要起草人：陆辉、龚嘉祥、祁秀梅、罗红妍、孙伟。

本标准所代替标准的历次版本发布情况为：

——GB/T 2288—1980；

——GB/T 5074—1985；

——GB/T 6711—1986。

焦化产品水分测定方法

1 范围

本标准规定了焦化产品水分测定的原理、试样的采取、试剂、仪器、试验步骤、结果计算、报告和精密度。

本标准适用于焦化产品水分的测定。

2 规范性引用文件

下列文件中的条款通过本标准的引用而成为本标准的条款。凡是注日期的引用文件，其随后所有的修改单(不包括勘误的内容)或修订版均不适用于本标准，然而，鼓励根据本标准达成协议的各方研究是否可使用这些文件的最新版本。凡是不注日期的引用文件，其最新版本适用于本标准。

GB/T 1999 焦化产品轻油类取样方法

GB/T 2000 焦化固体类产品取样方法

GB/T 2289 焦化粘油类产品取样方法

3 试样采取

按 GB/T 1999、GB/T 2000 和 GB/T 2289 规定进行。

4 方法一 蒸馏法

4.1 原理

一定量的试样与无水溶剂混合，进行蒸馏测定其水分含量，并以质量分数表示。

4.2 试剂

4.2.1 甲苯：无水。

4.2.2 纯苯：无水。

4.3 仪器

4.3.1 蒸馏瓶：硬质难熔玻璃制成，平底或圆底短颈，容积 500 mL，瓶颈具有 24/29 标准磨口。

4.3.2 冷却管：内管长 300 mm、外管长 250 mm 的直形冷却管，下端具有直径 19/26 标准磨口(如图 1 所示)。

4.3.3 接受管：容积为 2 mL，分刻度为 0.05 mL，最大误差为 0.02 mL，如图 2 所示；容积为 10 mL，分刻度为 0.1 mL，最大误差为 0.06 mL，如图 3 所示；容积为 25 mL，分刻度为 0.2 mL，最大误差为 0.1 mL，如图 4 所示。每种接受管上端具有 19/26 标准磨口，与冷却管下端的标准磨口相配，接受支管下端具有直径 24/29 标准磨口，与蒸馏瓶的标准磨口相配。

4.3.4 天平：感量 0.2 g。

4.3.5 量筒：容积 50 mL、100 mL。

4.3.6 煤气灯或带无级可调电炉。

4.4 试验步骤

4.4.1 在室温下称取均匀试样 100 g(称准至 0.2 g)和量取甲苯 50 mL，置于洁净、干燥的蒸馏瓶中，细心摇匀。

4.4.1.1 测定煤沥青、固体古马隆的水分时，称取粉碎小于 13 mm 的试样 100 g，溶剂量为 100 mL。

4.4.1.2 测定粗轻吡啶的水分时，以纯苯为溶剂。

4.4.2　根据被测物质中预计的水分含量，选取适当的接受管，连接蒸馏瓶、接受管和冷却管（水分测定器如图5所示）。在冷却管上端用少许脱脂棉塞住，以防空气中水分在冷却管内部凝结。

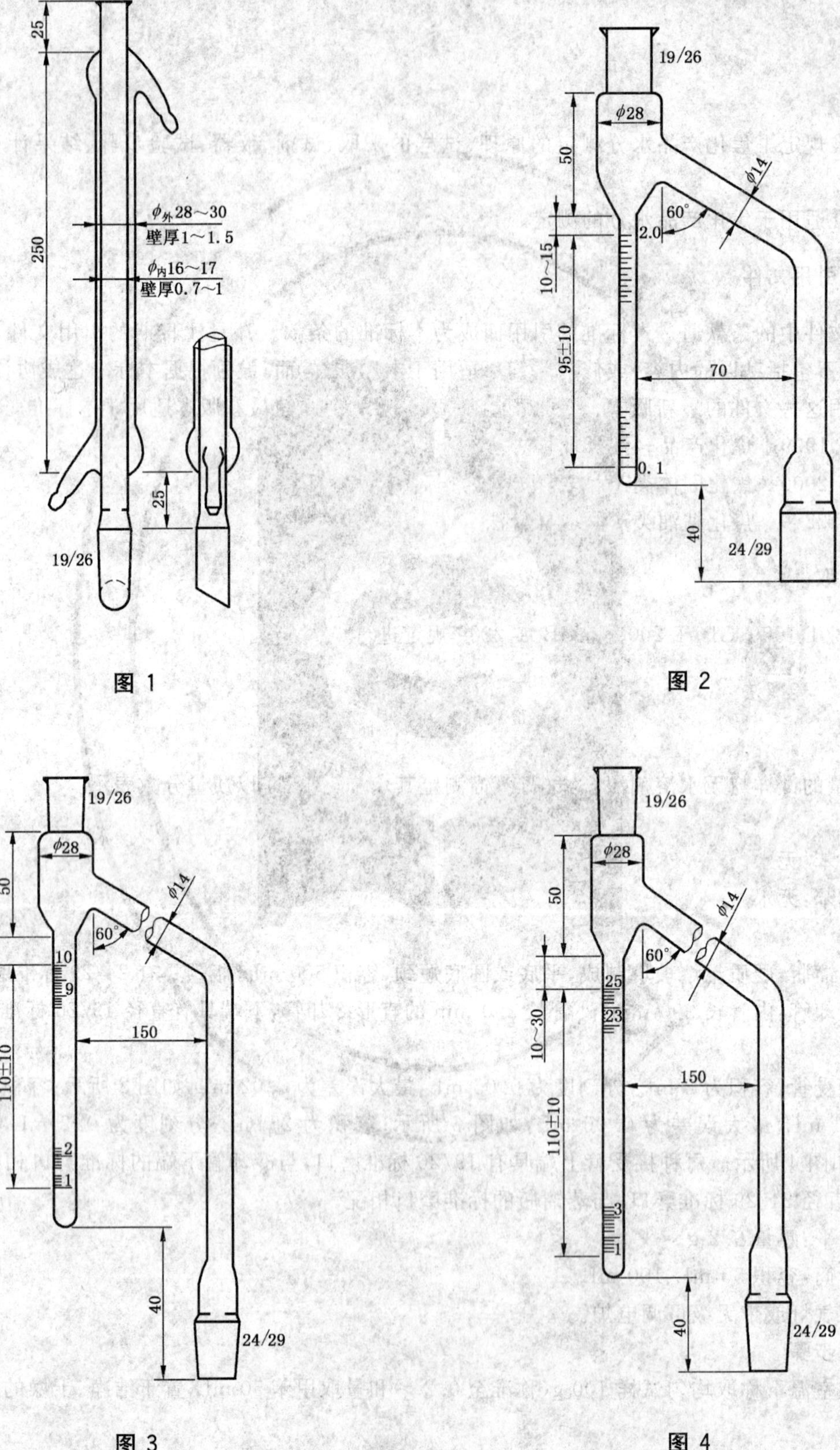

图 1

图 2

图 3

图 4

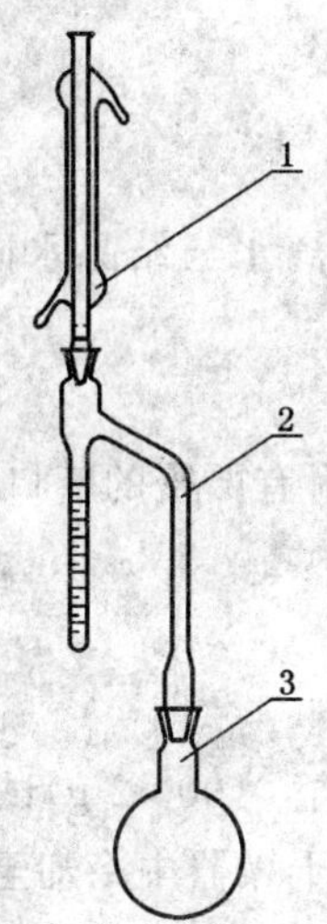

1——冷却管；

2——接受管；

3——蒸馏瓶。

图 5 水分测定器装置图

4.4.3 加热煮沸，使冷凝液以每秒钟 2 滴～5 滴的速度从冷却管末端滴下。当接受管中水分不再增加时，再加大火焰或增加电压，至少加热 5 min 后，停止蒸馏。

4.4.4 待接受管里的液体温度降到室温时，读记水层体积。如接受管内液体混浊时，则将接受管放入温水中，使其澄清，然后冷却到室温读数。

4.5 结果计算

试样水分质量分数(X_1)%按式(1)计算：

$$X_1 = \frac{V}{m} \times 100 \quad \cdots\cdots (1)$$

式中：

V——接受管中水分的体积，单位为毫升(mL)；

m——试样质量，单位为克(g)。

注：假定接受管里水的密度在室温时为 1.00 g/cm³。

4.6 结果报告

4.6.1 使用 2 mL 和 10 mL 接受管，报告水分含量，精确到 0.01%；使用 25 mL 接受管，报告水分含量，精确到 0.1%。

4.6.2 取两个水分测定结果的算术平均值作为水分含量。

4.7 精密度

测定结果的精密度要求见表 1。

表 1 焦化产品水分测定的精密度要求

产品名称		重复性(r)/%	再现性(R)/%
煤焦油、洗油、粗蒽、粗酚	水分≤5%	0.2	0.2
	水分＞5%	0.5	0.5
煤沥青	水分≤5%	0.2	0.2
	水分＞5%	0.3	0.3
粗轻吡啶		0.5	0.5
工业酚、炭黑用原料油、木材防腐油		0.2	0.2
重质苯、固体古马隆、重苯		0.1	0.1
工业甲酚、工业二甲酚、邻甲酚、间对甲酚		0.05	0.05

5 方法二 恒重法

5.1 原理

在 105℃～110℃的温度下，试样中的游离水与结晶水同时失去。根据试样所含的结晶水，换算游离水的含量，以质量分数表示。

5.2 仪器

5.2.1 称量瓶：直径 40 mm，高 25 mm，并附有严密的磨口塞。

5.2.2 电热恒温干燥箱：能保持 105℃～110℃。

5.2.3 电子天平：感量 0.000 1 g。

5.3 试验步骤

5.3.1 用已恒重的称量瓶称取约 2 g（称准至 0.000 2 g）试样置于 105℃～110℃电热恒温干燥箱中。

5.3.2 在此温度下干燥 120 min，取出放在干燥器中冷却至室温，称量，并进行恒重检查，每次 30 min，重复进行至最后两次称量之差小于 0.001 g。

5.4 结果计算

试样水分质量分数（X_2）%按式（2）计算：

$$X_2=\frac{(m-m_1)-(A\times m\times x^f)}{m}\times 100 \quad \cdots\cdots(2)$$

式中：

x^f——试样含量，百分比（%）；

m——试样质量，单位为克（g）；

m_1——干燥后试样质量，单位为克（g）；

A——结晶水的总质量与试样分子质量之比值。

5.5 结果报告

结果报告水分含量，精确到 0.01%。取重复测定两个结果的算术平均值作为测定结果。

5.6 精密度

重复性 r：不大于 0.2%；

再现性 R：不大于 0.4%。

6 方法三 卡尔·费休法

6.1 原理

在含有吡啶、甲醇等有机溶剂中，试样中的水与卡尔·费休试剂发生如下反应：

$$H_2O+I_2+SO_2+3C_5H_5N \longrightarrow 2C_5H_5N\cdot HI+C_5H_5N\cdot SO_3$$

$$C_5H_5N\cdot SO_3+CH_3OH \longrightarrow C_5H_5N\cdot HSO_4CH_3$$

根据此反应原理，利用双铂电极作指示电极，一边检测其极化电位，一边控制滴定速度直到发现滴定终点。根据滴定所消耗的卡尔·费休试剂的量，计算试样水分含量，以质量分数表示。

6.2 试剂

6.2.1 碘：分析纯。

6.2.2 无水甲醇：分析纯。

6.2.3 无水吡啶：分析纯。

6.2.4 无水亚硫酸钠：分析纯；或亚硫酸氢钠：分析纯。

6.2.5 硫酸：分析纯，密度 1.84。

6.2.6 氢氧化钠：分析纯，40%（质量分数）溶液。

6.2.7 二次蒸馏水或去离子水。

6.2.8 卡尔·费休试剂:称取碘 65.8 g,加入到干燥的 1 000 mL 细口瓶中,再加入 121.3 mL 无水吡啶,用软木塞塞紧,使碘全部溶解后,加入 325 mL 无水甲醇,摇匀,将细口瓶置于冰浴中,按图 6 装置连接,通入二氧化硫不少于 55 g,所得深褐色溶液即是卡尔·费休试剂。

注:可直接使用商品化的卡尔·费休试剂。

1——滴液漏斗(内盛浓硫酸);

2——亚硫酸氢钠贮瓶;

3——浓硫酸贮瓶;

4——空瓶;

5——卡尔·费休试剂贮瓶;

6——40%氢氧化钠贮瓶;

7——台秤;

8——冰浴。

图 6 卡尔·费休试剂制备装置

6.3 仪器

6.3.1 卡尔·费休水分测定仪。

6.3.1.1 检测电极(双铂电极)。

6.3.1.2 电磁搅拌器。

6.3.2 微量进样器。

6.3.3 实验室一般仪器。

6.4 试验步骤

6.4.1 水值的测定

6.4.1.1 向滴定瓶内注入适量无水甲醇,使搅拌时铂电极恰好浸没于液面下,打开电磁搅拌器,用卡尔·费休试剂滴定至终点。

6.4.1.2 用微量进样器将 0.005 g~0.02 g 蒸馏水加到滴定瓶中,并对进样前后进样器的质量进行称量(称准至 0.000 1 g),记录数据。用卡尔·费休试剂滴定至终点,同时记录消耗卡尔·费休试剂的毫升数,或按照仪器提示,输入数值,仪器可自动输出卡尔·费休试剂水的滴定度。

6.4.1.3 卡尔·费休试剂对水的滴定度(F),mg/mL,按式(3)计算:

$$F=\frac{m}{V} \qquad \cdots\cdots(3)$$

式中:

m——所加水的质量,单位为毫克(mg);

V——消耗卡尔·费休试剂的体积,单位为毫升(mL)。

6.4.1.4 重复 6.4.1.1~6.4.1.3 步骤,取重复测定两个结果的算术平均值作为卡尔·费休试剂水的滴定度。

6.4.1.5 卡尔·费休试剂对水的滴定度的重复性：不大于 0.200 0 mg/mL。

6.4.2 **试样分析**

6.4.2.1 **减量法**

称取适量试样加入经过 6.4.1 处理过的滴定瓶中，试样的加入量参考表 2，试样称准至 0.000 1 g，用卡尔·费休试剂滴定至终点，并记录消耗卡尔·费休试剂的毫升数。当需进行空白试验时，测定并记录加入试样过程中瓶塞打开的时间。

6.4.2.2 **体积法**

用移液管移取适量体积的试样加入到经过 6.4.1 处理过的滴定瓶中，试样的加入量参考表 2，用卡尔·费休试剂滴定至终点，并记录消耗卡尔·费休试剂的毫升数。当需进行空白试验时，测定并记录加入试样过程中瓶塞打开的时间。试样的质量按式(4)计算：

$$m = D \times V_m \qquad \cdots\cdots(4)$$

式中：

m——试样的质量，单位为克(g)；

D——在试样采集时的温度下测得的密度，单位为克/立方厘米(g/cm³)；

V_m——试样的体积，单位为毫升(mL)。

6.4.3 **空白试验**

当仪器、环境等变化影响试样测定时，需进行空白试验。试验时不加试样，按 6.4.2 步骤进行，瓶塞打开时间为 6.4.2 试样测定步骤中加入试样时瓶塞打开的时间。

表 2 试样加入量与其水分含量的关系

水 分 值	试剂对水滴定度(5 mg/mL)	试剂对水滴定度(2 mg/mL)	试剂对水滴定度(1 mg/mL)
100 mg/kg～0.1%	150g(mL)～15g(mL)	60g(mL)～6g(mL)	30g(mL)～3g(mL)
0.1%～1%	15g(mL)～1.5g(mL)	6g(mL)～0.6g(mL)	3g(mL)～0.3g(mL)
1%～10%	1.5g(mL)～0.15g(mL)	0.6g(mL)～0.06g(mL)	0.3g(mL)～0.03g(mL)

6.5 **结果计算**

6.5.1 试样水分质量分数(X_3)%按式(5)或式(6)计算。

6.5.1.1 不进行空白试验时：

$$X_3 = \frac{V \times F}{m \times 1\,000} \times 100 \qquad \cdots\cdots(5)$$

式中：

F——卡尔·费休试剂对水的滴定度，单位为毫克/毫升(mg/mL)；

V——试样消耗的卡尔·费休试剂的体积，单位为毫升(mL)；

m——试样质量，单位为克(g)。

6.5.1.2 进行空白试验时：

$$X_3 = \frac{(V - B) \times F}{m \times 1\,000} \times 100 \qquad \cdots\cdots(6)$$

式中：

F——卡尔·费休试剂对水的滴定度，单位为毫克/毫升(mg/mL)；

V——试样消耗的卡尔·费休试剂的体积，单位为毫升(mL)；

B——空白试验消耗的卡尔·费休试剂的体积，单位为毫升(mL)；

m——试样质量，单位为克(g)。

6.5.2 若仪器设定为自动输出结果，则直接从仪器上记录最终分析结果。

6.6 结果报告

报告水分含量,精确到0.01%。取重复测定两个结果的算术平均值作为测定结果。

6.7 精密度

重复性 r:不大于0.03%。

ICS 71.080
G 18

中华人民共和国国家标准

GB/T 2293—2008
代替 GB/T 2293—1997

焦化沥青类产品喹啉不溶物试验方法

Pitch products of coal carbonization—Determination of quinoline-insoluble

2008-05-13 发布　　　　2008-11-01 实施

中华人民共和国国家质量监督检验检疫总局
中国国家标准化管理委员会　发布

前　言

本标准代替 GB/T 2293—1997《焦化固体类产品喹啉不溶物试验方法》。

本标准与 GB/T 2293—1997 相比主要做了以下修改：

——标准名称改为《焦化沥青类产品喹啉不溶物试验方法》；

——增加了“警告”用语；

——喹啉试剂修改为“纯度达到 95％以上的化学纯或工业品”；

——试验步骤离心试管中加入 25 mL 喹啉，干燥箱温度 115℃～120℃；

——每次所用热喹啉、热甲苯洗涤的量做了规定。

本标准由中国钢铁工业协会提出。

本标准由冶金工业信息标准研究院归口。

本标准起草单位：内蒙古包钢钢联股份有限公司、冶金工业信息标准研究院。

本标准主要起草人：赵永红、段素兰、张彤山、金蝶翔、谢晓霞、宁宇平、孙伟。

本标准所代替标准的历次版本发布情况为：

——GB/T 2293—1980、GB/T 2293—1997。

焦化沥青类产品喹啉不溶物试验方法

1 范围

本标准规定了用高温煤焦油生产的焦化沥青类产品喹啉不溶物试验方法的试验原理、仪器和试剂、试样的采取和制备、试验步骤、结果计算与精密度。

本标准适用于用高温煤焦油生产的焦化沥青类产品喹啉不溶物含量的测定。

2 规范性引用文件

下列文件中的条款通过本标准的引用而成为本标准的条款。凡是注日期的引用文件,其随后所有的修改单(不包括勘误的内容)或修订版均不适用于本标准,然而,鼓励根据本标准达成协议的各方研究是否可使用这些文件的最新版本。凡是不注日期的引用文件,其最新版本适用于本标准。

GB/T 2000 焦化产品固体类取样方法

GB/T 2291 煤沥青试验室试样的制备方法

GB/T 6003.1 金属丝编织网试验筛

GB/T 8170 数值修约规则

3 试验原理

一定质量的试样,在规定的试验条件下,用喹啉进行溶解,对不溶物进行过滤、烘干、计算其质量分数。

4 仪器和试剂

4.1 仪器

4.1.1 烧杯:100 mL。

4.1.2 称量瓶:直径 35 mm,高 70 mm,并附有严密的磨口盖。

4.1.3 干燥器:内装干燥剂。

4.1.4 恒温水浴:温度控制在 75℃±5℃。

4.1.5 抽滤瓶:容积为 500 mL~1 000 mL。

4.1.6 真空泵:1 L/s,极限真空度 0.067 Pa。

4.1.7 玻璃漏斗:直径 80 mm。

4.1.8 滤纸:直径 125 mm,中速定量滤纸。

4.1.9 洗瓶:容积 200 mL~500 mL,带刻度。

4.1.10 离心机:转速为 0 r/min~4 000 r/min,带 50 mL 离心试管。

4.1.11 天平:感量 0.000 1 g。

4.1.12 筛子:符合 GB/T 6003.1 规定的 $\phi 200\times 50-0.5/0.315$ 筛子。

4.2 试剂

警告:喹啉、甲苯对皮肤和眼睛有刺激,有吸入毒气或侵入皮肤的危险,要戴防毒口罩、防护眼镜和防护手套,试验操作要在强制通风橱中进行,与火源保持距离。

4.2.1 喹啉:纯度达到 95%以上的化学纯或工业品。

4.2.2 甲苯：化学纯或工业甲苯。

5 试样的采取和制备

5.1 试样的采取按 GB/T 2000 的规定进行。

5.2 试样的制备按 GB/T 2291 的规定进行，烘干后用研钵研磨成通过(4.1.12)筛的颗粒。

5.3 对软沥青试样，应将试样溶解，搅拌均匀，保证溶解温度不超过 150℃，溶解时间不超过 10 min。

6 试验步骤

6.1 试验准备

6.1.1 将滤纸置于甲苯中浸泡 24 h 取出晾干，烘干后备用。

6.1.2 将两张在甲苯中浸泡过的滤纸折成双层漏斗形置于称量瓶中干燥并恒重。

6.2 试验步骤

6.2.1 称取制备好的试样 1 g(称准至 0.000 2 g)，煤沥青试样置于洁净的 100 mL 烧杯中，改质沥青试样置于离心试管中，加入 25 mL 喹啉，用玻璃棒搅拌均匀。

6.2.2 将上述装有试样的烧杯或离心试管，与装有喹啉的洗瓶一起浸入 75℃±5℃的恒温水浴中，试样不时搅拌，30 min 后取出，准备抽滤。

6.2.3 对装有改质沥青试样的离心试管应置于离心机中，在 4 000 r/min 的转速下离心 20 min 后取出再抽滤。

6.2.4 装好过滤漏斗，放入 6.1.2 规定的滤纸，并让滤纸紧贴在漏斗上，不要有空隙，用喹啉浸润，将溶解后的试样慢慢倒入滤纸中，试样尽量倒在漏斗中间，同时进行抽滤。

6.2.5 用大约 20 mL 热喹啉分数次(每次 5 mL～7 mL)洗涤烧杯或离心试管，使残渣全部转移到滤纸上，再用大约 30 mL 的热喹啉多次(每次 5 mL～7 mL)洗涤滤纸上的残渣，并同时进行抽滤。

6.2.6 抽干后每次用 10 mL 左右热甲苯重复过滤洗涤，洗至无明显黄色。

6.2.7 滤干后取出滤纸，置于原来的称量瓶中，在 115℃～120℃干燥箱中干燥 90 min 后取出，稍冷，置于干燥器中冷却至室温，并称量至恒重。

7 结果计算

7.1 计算

喹啉不溶物质量分数按下式计算：

$$w(\%) = \frac{m_2 - m_1}{m} \times 100$$

式中：

$w(\%)$——喹啉不溶物的质量分数；

m_2——称量瓶、滤纸及喹啉不溶物总质量，单位为克，g；

m_1——滤纸和称量瓶的质量，单位为克，g；

m——试样质量，单位为克，g。

7.2 数字修约

数字修约按 GB/T 8710 规定进行。

8 精密度

8.1 煤沥青

重复性 r：不大于 0.8%；再现性 R：不大于 1.0%。

8.2 **改质沥青**

重复性 r:不大于 1.0%;再现性 R:不大于 1.5%。

8.3 **软沥青**

重复性 r:由供需双方协议。

ICS 71.080
G 18

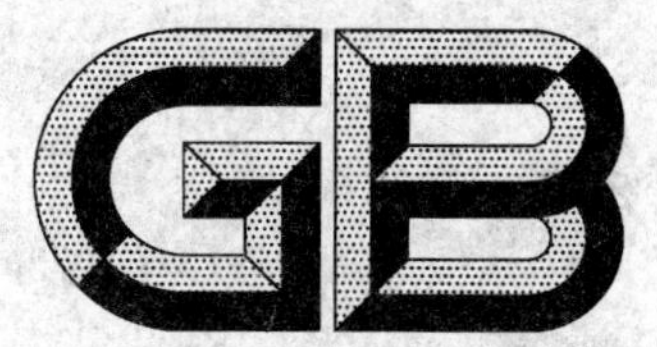

中华人民共和国国家标准

GB/T 2295—2008
代替 GB/T 2295—1980，GB/T 3069.1—1986

焦化固体类产品灰分测定方法

Determination of the ash content of coking solid products

2008-08-19 发布　　2009-04-01 实施

中华人民共和国国家质量监督检验检疫总局
中国国家标准化管理委员会　发布

前　言

本标准是在 GB/T 2295—1980《煤沥青灰分测定方法》和 GB/T 3069.1—1986《萘灰分的测定方法》的基础上进行整合的 。

本标准代替 GB/T 2295—1980《煤沥青灰分测定方法》、GB/T 3069.1—1986《萘灰分的测定方法》。

本标准与 GB/T 2295—1980、GB/T 3069.1—1986 相比主要变化如下：

——灼烧温度由 815 ℃±10 ℃提高至 900 ℃±10 ℃；

——煤沥青、改质沥青、固体古马隆-茚树脂灼烧时间缩短至 1 h；

——修改了标准名称；

——仪器和设备增加煤气灯或加热器。

本标准由中国钢铁工业协会提出。

本标准由全国钢标准化技术委员会归口。

本标准起草单位：中钢集团鞍山热能研究院、鞍钢新轧股份有限公司、冶金工业信息标准研究院。

本标准主要起草人：于银萍、孙金铎、王伟、王雄、杨金霞、孙伟。

本标准所代替标准的历次发布情况为：

——GB/T 2295—1980；

——GB/T 3069.1—1986。

焦化固体类产品灰分测定方法

1 范围

本标准规定了焦化固体类产品灰分测定的原理、仪器、试样的制备、试验步骤、结果计算。

本标准适用于高温煤焦油经加工所得的焦化固体类产品灰分的测定。

注：焦化固体类产品包括煤沥青、改质沥青、精萘、工业萘、压榨萘、固体古马隆-茚树脂等。

2 规范性引用文件

下列文件中的条款，通过本标准的引用而成为本标准的条款。凡是注日期的引用文件，其随后所有的修改单(不包括勘误的内容)或修订版均不适用于本标准，然而，鼓励根据本标准达成协议的各方研究是否可使用这些文件的最新版本。凡是不注日期的引用文件，其最新版本适用于本标准。

GB/T 2000　焦化固体类产品取样方法

GB/T 2291　煤沥青实验室试样的制备方法

3 原理

称取一定量的焦化固体产品试样，先用小火加热除掉大部分挥发物后，置于900 ℃±10 ℃马弗炉中灰化至恒重，以其残留物质量占试样质量的百分数作为灰分。

4 仪器和设备

4.1　马弗炉：带有调温装置，能保持温度900 ℃±10 ℃。附有热电偶和高温计，炉子后壁具有插入热电偶的小孔，小孔的位置应使热电偶的热接触点在炉膛内能保持距炉底20 mm～30 mm位置。炉门有一通气孔。

马弗炉应有一个适当的恒温区，其温度波动不超过900 ℃±10 ℃。恒温区的温度是在关闭的炉中用热电偶测定的。带保护管的热电偶每年校正一次。

4.2　煤气灯或加热器：煤气灯或可调电炉等。

4.3　瓷蒸发皿：容积50 mL。

4.4　干燥器：内装干燥剂。

4.5　分析天平：分度值0.000 1 g。

5 试样的采取和制备

5.1　固体试样的采取按GB/T 2000规定进行。

5.2　煤沥青试样的制备按GB/T 2991规定进行。

6 试验步骤

6.1　按表1称取一定质量试样(称准至0.000 2 g)放在预先灼烧至900 ℃±10 ℃并恒重过的瓷蒸发皿中。不同试样的质量和灼烧时间见表1。

6.2　盛样的蒸发皿在煤气灯上(或可调电炉)用小火(以不冒烟为准)慢慢加热，至大部分挥发物挥发后，放在加热至900 ℃±10 ℃打开的马弗炉炉门口，待挥发物完全挥发后再慢慢推进炉中，(或将测定不挥发物后的残余物慢慢推进900 ℃±10 ℃马弗炉中)，按规定时间(见表1)灼烧，取出检查应无黑色颗粒，在空气中冷却5 min后，置于干燥器内，冷却至室温，称量。然后进行恒重检查，每次15 min，直到连续两次质量差在 0.000 6 g 以内为止。计算时取最后一次质量。

表 1

试样名称	取　　样	灼烧时间
煤沥青、改质沥青、固体古马隆-茚树脂	小于 3 mm 的干燥试样 3 g	1 h
焦化萘	20 g	30 min

7　结果计算

灰分的计算如式(1)所示。

$$A = \frac{m_2 - m_1}{m - m_1} \times 100 \quad \cdots\cdots(1)$$

式中：

A——空气干燥试样灰分，质量分数(%)；

m_1——蒸发皿质量，单位为克(g)；

m_2——灼烧后蒸发皿和残余物的质量，单位为克(g)；

m——蒸发皿和试样的质量，单位为克(g)。

取两次测定结果的算术平均值作为试样的测定结果。

8　精密度

灰分测定的重复性 r 和再现性 R 见表 2 规定。

表 2

煤沥青、改质沥青、固体古马隆-茚树脂	重复性 r 和再现性 R 均不超过 0.05%
焦化萘	—

ICS 71.040.30
G 62

中华人民共和国国家标准

GB/T 2304—2008
代替 GB/T 2304—1988

化学试剂　无砷锌粒

Chemical reagent—Zinc granular free from arsenic

(ISO 6353-2:1983, Reagents for chemical analysis—
Part 2: Specifications—First series, NEQ)

2008-05-15 发布　　2008-11-01 实施

中华人民共和国国家质量监督检验检疫总局
中国国家标准化管理委员会　发布

前　言

本标准与 ISO 6353-2:1983《化学分析试剂——第 2 部分:规格——第 1 系列》R40“锌”的一致性程度为非等效。

本标准代替 GB/T 2304—1988《化学试剂　无砷锌》,与 GB/T 2304—1988 相比主要变化如下:

——标准名称改为“无砷锌粒”;

——增加了性状(本版的第 3 章);

——取消了外形、适用于测定含砷量试验(1988 年版的 3.1、3.2、4.1、4.2);

——硫化合物一项改用化学试剂通用方法测定(1988 年版的 4.3.2,本版的 5.4)。

本标准由中国石油和化学工业协会提出。

本标准由全国化学标准化技术委员会化学试剂分会(SAC/TC 63/SC 3)归口。

本标准起草单位:国药集团化学试剂有限公司。

本标准主要起草人:陈浩云、陈红。

本标准于 1977 年首次发布,于 1988 年第一次修订。

化学试剂　无砷锌粒

元素符号：Zn

相对分子质量：65.39（根据2005年国际相对原子质量）

1　范围

本标准规定了化学试剂中无砷锌粒的性状、规格、试验、检验规则和包装及标志。

本标准适用于化学试剂中无砷锌粒的检验。

2　规范性引用文件

下列文件中的条款通过本标准的引用而成为本标准的条款。凡是注日期的引用文件，其随后所有的修改单（不包括勘误的内容）或修订版均不适用于本标准，然而，鼓励根据本标准达成协议的各方研究是否可使用这些文件的最新版本。凡是不注日期的引用文件，其最新版本适用于本标准。

GB/T 601　化学试剂　标准滴定溶液的制备

GB/T 602　化学试剂　杂质测定用标准溶液的制备（GB/T 602—2002，ISO 6353-1：1982，NEQ）

GB/T 603　化学试剂　试验方法中所用制剂及制品的制备（GB/T 603—2002，ISO 6353-1：1982，NEQ）

GB/T 6682　分析实验室用水规格和试验方法（GB/T 6682—2008，ISO 3696：1987，MOD）

GB/T 9723—2007　化学试剂　火焰原子吸收光谱法通则

GB/T 9728　化学试剂　硫酸盐测定通用方法（GB/T 9728—2007，ISO 6353-1：1982，NEQ）

GB 15346　化学试剂　包装及标志

HG/T 3921　化学试剂　采样及验收规则

3　性状

本试剂为银白色均匀金属颗粒，溶于稀酸及氢氧化钠溶液中。每5 g样品为30粒～50粒。

4　规格

无砷锌粒的规格见表1。

表1

名　　称	分 析 纯
硫酸不溶物，w/%	≤0.04
硫化合物（以 SO_4 计），w/%	≤0.01
铁（Fe），w/%	≤0.01
砷（As），w/%	≤0.000 01
铅（Pb），w/%	≤0.01

5 试验

5.1 警告

本试验方法中使用的部分试剂具有毒性或腐蚀性，一些试验过程可能导至危险情况，操作者应采取适当的安全和健康措施。

5.2 一般规定

本章中除另有规定外，所用标准滴定溶液、标准溶液、制剂及制品，均按 GB/T 601、GB/T 602、GB/T 603 的规定制备，实验用水应符合 GB/T 6682 中三级水规格，样品均按精确至 0.01 g 称量，所用溶液除“乙醇(95%)”为体积分数外，以“%”表示的均为质量分数。

5.3 硫酸不溶物

称取 5 g 样品，加 80 mL 硫酸溶液(1+7)，在 1 h～2 h 内溶解完后，用已在 105℃±2℃恒量的 4 号玻璃滤埚过滤，以硫酸溶液$\left[c(\frac{1}{2}H_2SO_4)=1\ \mathrm{mol/L}\right]$洗涤 5 次～6 次，再以“乙醇(95%)”洗涤 3 次～4 次。于 105℃±2℃电烘箱中干燥至恒量。滤渣质量不得大于 2 mg。

5.4 硫化合物

称取 2 g 样品，加 15 mL 水、1 mL“30%过氧化氢”及 10 mL 盐酸，在水浴上蒸至近干，冷却，溶于水(必要时过滤)，稀释至 50 mL。取 10 mL，稀释至 20 mL，加 0.5 mL 盐酸溶液(20%)酸化后，按 GB/T 9728的规定测定。溶液所呈浊度不得大于标准比浊溶液。

标准比浊溶液的制备是取含 0.04 mg 的硫酸盐(SO_4)标准溶液，稀释至 20 mL，与同体积试液同时同样处理。

5.5 铁

按 GB/T 9723—2007 的规定测定。

5.5.1 仪器条件

光源：铁空心阴极灯；

波长：248.3 nm；

火焰：乙炔-空气。

5.5.2 测定方法

称取 10 g 样品，置于烧杯中，分次加入 70 mL 硝酸溶液(25%)，缓缓加热，使反应平稳进行[必要时可多加 10 mL 硝酸溶液(25%)]，样品溶解完全后，冷却，移入 100 mL 容量瓶中，用硝酸溶液(25%)稀释至刻度。取 10 mL，共 4 份，分别用硝酸溶液(25%)稀释至 100 mL 后，按 GB/T 9723—2007 中7.2.2的规定测定，结果按 7.2.3 的规定计算。

5.6 铅

按 GB/T 9723—2007 的规定测定。

5.6.1 仪器条件

光源：铅空心阴极灯；

波长：283.3 nm；

火焰：乙炔-空气。

5.6.2 测定方法

同 5.5.2。

5.7 砷

5.7.1 制剂的制备

5.7.1.1 盐酸溶液(30%)

量取 85 mL 盐酸，稀释至 100 mL。

5.7.1.2 **氯化亚锡盐酸溶液**

称取0.4 g二水合氯化亚锡,溶于100 mL盐酸溶液(30%)中。

5.7.2 **测定方法**

称取15 g样品,置于250 mL双颈烧瓶中(砷测定装置见图1),量取120 mL氯化亚锡盐酸溶液,注入分液漏斗中,取5 mL吸收液(二乙基二硫代氨基甲酸银-三乙基胺三氯甲烷溶液)注入吸收管中,从分液漏斗往双颈烧瓶中缓慢滴加氯化亚锡盐酸溶液(调节滴加速度保证稳定地产生氢气),直至无砷锌粒全溶。操作时间约1 h。取下吸收管(勿使吸收液倒吸),用三氯甲烷将吸收液补充至5 mL,摇匀。溶液所呈紫红色不得深于标准比色溶液。

标准比色溶液的制备是取5 g样品及含0.001 mg的砷(As)标准溶液,与样品同时同样处理。

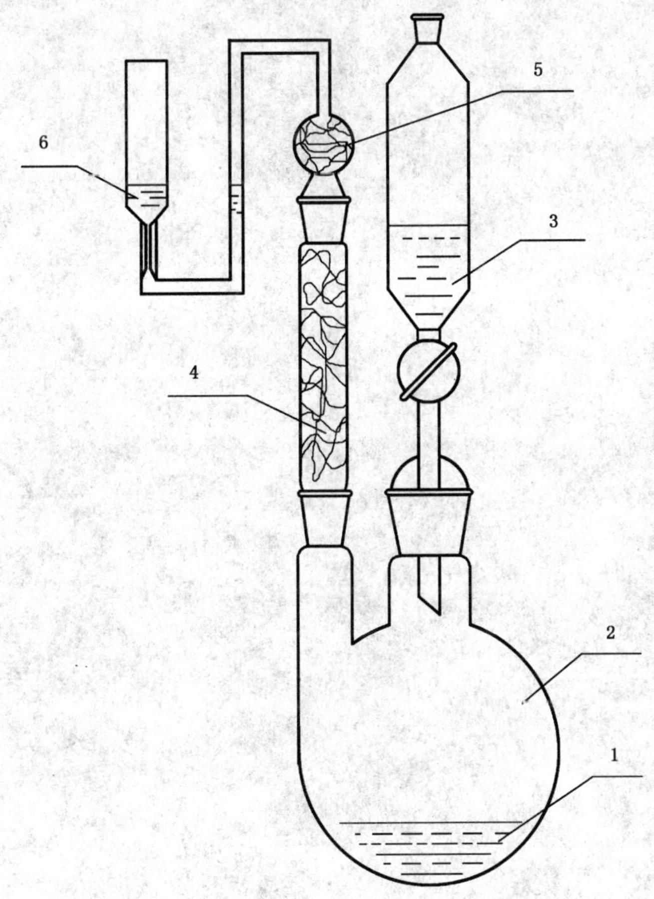

1——样品;
2——双颈烧瓶;
3——分液漏斗;
4——氯化钙管;
5——乙酸铅棉花;
6——吸收管。

图1 砷测定装置示意图

6 检验规则

按HG/T 3921的规定进行采样及验收。

7 包装及标志

按 GB 15346 的规定进行包装、贮存与运输，并给出标志。

包装单位：第 4 类；

内包装形式：NBY-4、NBY-5、NB-7、NB-8、NB-10、NB-11、NB-13、NB-15；

隔离材料：GC-2、GC-3、GC-4；

外包装形式：WB-1、WB-2、WB-3。

ICS 71.040.30
G 62

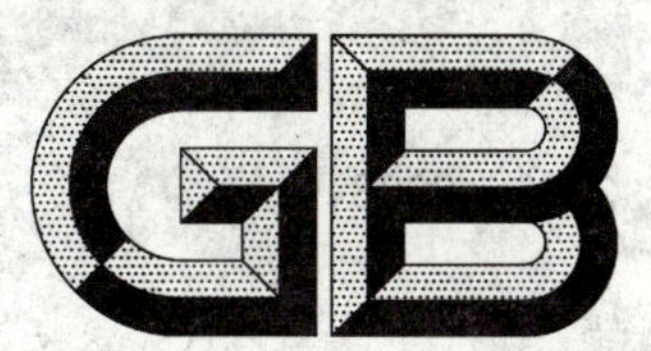

中华人民共和国国家标准

GB/T 2306—2008
代替 GB/T 2306—1997

化学试剂 氢氧化钾

Chemical reagent—Potassium hydroxide

(ISO 6353-2:1983, Reagents for chemical analysis—Part 2: Specifications—First series, NEQ)

2008-05-15 发布　　2008-11-01 实施

中华人民共和国国家质量监督检验检疫总局
中国国家标准化管理委员会　发布

前言

本标准与 ISO 6353-2:1983《化学分析试剂——第 2 部分:规格——第 1 系列》中 R24“氢氧化钾”的一致性程度为非等效。

本标准代替 GB/T 2306—1997《化学试剂 氢氧化钾》,与 GB/T 2306—1997 相比主要变化如下:

——含量分析纯规格由“82.0%”(质量分数)提高到“85.0%”(1997 年版的第 4 章,本版的第4 章);

——碳酸盐分析纯、化学纯规格由“2.0%”、“3.0%”调整为“1.5%”、“2.0%”(1997 年版的第 4 章,本版的第 4 章);

——澄清度试验的规格由“合格”调整为“2 号”、“4 号”、“6 号”(1997 年版的第 4 章,本版的第 4 章);

——调整了钠的取样量(1997 年版的 5.9.2,本版的 5.10.2)。

本标准由中国石油和化学工业协会提出。

本标准由全国化学标准化技术委员会化学试剂分会(SAC/TC 63/SC 3)归口。

本标准起草单位:江苏强盛化工有限公司。

本标准主要起草人:归向红。

本标准于 1959 年首次发布,于 1980 年第一次修订,1997 年第二次修订。

化学试剂　氢氧化钾

警告:本标准规定的一些试验过程可能导致危险情况,使用者有责任采取适当的安全和健康措施。

分子式:KOH

相对分子质量:56.11(根据2005年国际相对原子质量)

1　范围

本标准规定了化学试剂中氢氧化钾的性状、规格、试验、检验规则和包装及标志。

本标准适用于化学试剂中氢氧化钾的检验。

2　规范性引用文件

下列文件中的条款通过本标准的引用而成为本标准的条款。凡是注日期的引用文件,其随后所有的修改单(不包括勘误的内容)或修订版均不适用于本标准,然而,鼓励根据本标准达成协议的各方研究是否可使用这些文件的最新版本。凡是不注日期的引用文件,其最新版本适用于本标准。

GB/T 601　化学试剂　标准滴定溶液的制备

GB/T 602　化学试剂　杂质测定用标准溶液的制备(GB/T 602—2002,ISO 6353-1:1982,NEQ)

GB/T 603　化学试剂　试验方法中所用制剂及制品的制备(GB/T 603—2002,ISO 6353-1:1982,NEQ)

GB/T 609　化学试剂　总氮量测定通用方法(GB/T 609—2006 ,ISO 6353-1:1982,NEQ)

GB/T 6682　分析实验室用水规格和试验方法(GB/T 6682—2008,ISO 3696:1987,MOD)

GB/T 9723—2007　化学试剂　火焰原子吸收光谱法通则

GB/T 9727　化学试剂　磷酸盐测定通用方法(GB/T 9727—2007,ISO 6353-1:1982,NEQ)

GB/T 9728　化学试剂　硫酸盐测定通用方法(GB/T 9728—2007,ISO 6353-1:1982,NEQ)

GB/T 9729　化学试剂　氯化物测定通用方法(GB/T 9729—2007,ISO 6353-1:1982,NEQ)

GB/T 9734—2008　化学试剂　铝测定通用方法(ISO 6353-1:1982,NEQ)

GB/T 9735　化学试剂　重金属测定通用方法(GB/T 9735—2008,ISO 6353-1:1982,NEQ)

GB/T 9739　化学试剂　铁测定通用方法(GB/T 9739—2006,ISO 6353-1:1982,NEQ)

GB/T 9742　化学试剂　硅酸盐测定通用方法(GB/T 9742—2008,ISO 6353-1:1982,NEQ)

GB 15258　化学品安全标签编写规定

GB 15346　化学试剂　包装及标志

HG/T 3484　化学试剂　标准玻璃乳浊液和澄清度标准

HG/T 3921　化学试剂　采样及验收规则

3　性状

本试剂为白色均匀粒状或片状固体。易吸收空气中水分及二氧化碳,易溶于水。

4　规格

氢氧化钾规格见表1。

表 1

名称	优级纯	分析纯	化学纯
含量(KOH),w/%	≥85.0	≥85.0	≥80.0
碳酸盐(以 K_2CO_3 计),w/%	≤1.0	≤1.5	≤2.0
澄清度试验/号	≤2	≤4	≤6
氯化物(Cl),w/%	≤0.005	≤0.01	≤0.025
硫酸盐(SO_4),w/%	≤0.003	≤0.005	≤0.01
总氮量(N),w/%	≤0.000 5	≤0.001	≤0.005
磷酸盐(PO_4),w/%	≤0.001	≤0.005	≤0.01
硅酸盐(SiO_3),w/%	≤0.01	≤0.02	≤0.1
钠(Na),w/%	≤1.0	≤2.0	≤2.0
镁(Mg),w/%	≤0.000 5	—	—
铝(Al),w/%	≤0.002	≤0.005	—
钙(Ca),w/%	≤0.002	≤0.005	≤0.02
铁(Fe),w/%	≤0.000 5	≤0.001	≤0.002
镍(Ni),w/%	≤0.000 1	≤0.000 5	—
锌(Zn),w/%	≤0.001	—	—
重金属(以 Pb 计),w/%	≤0.001	≤0.002	≤0.003

5 试验

5.1 一般规定

本章中除另有规定外,所用标准滴定溶液、标准溶液、制剂及制品,均按 GB/T 601、GB/T 602、GB/T 603 的规定制备,实验用水应符合 GB/T 6682 中三级水规格,样品均按精确至 0.01 g 称量,所用溶液以%表示的均为质量分数。

5.2 含量

5.2.1 试验溶液的制备

迅速称取 10 g 样品,置于锥形瓶中,加 200 mL 无二氧化碳的水,立即用带有钠石灰管的胶塞塞紧,溶解后,冷却,移入 250 mL 容量瓶中,稀释至刻度。

5.2.2 测定方法

取 50.00 mL 试验溶液,注入具塞锥形瓶中,加 95 mL 无二氧化碳的水及 5 mL 氯化钡溶液(100 g/L),摇匀,放置 15 min。加 2 滴酚酞指示液(10 g/L),用盐酸标准滴定溶液[c(HCl)=1 mol/L]滴定至溶液红色消失。保留溶液继续测定碳酸盐的含量。

氢氧化钾的质量分数 w,数值以%表示,按式(1)计算:

$$w=\frac{VcM}{m\times\left(\frac{50}{250}\right)\times 1\ 000}\times 100 \quad\cdots\cdots(1)$$

式中:

V——盐酸标准滴定溶液体积的数值,单位为毫升(mL);

c——盐酸标准滴定溶液浓度的准确数值,单位为摩尔每升(mol/L);

M——氢氧化钾摩尔质量的数值,单位为克每摩尔(g/mol)[M(KOH)=56.11];

m——样品质量的数值,单位为克(g)。

5.3 碳酸盐

于测定氢氧化钾含量后的溶液(5.2.2)中,加 10 滴溴甲酚绿-甲基红指示液,用盐酸标准滴定溶液[c(HCl)=1 mol/L]滴定至溶液由绿色变为暗红色,煮沸 2 min,冷却后,继续滴定至溶液呈暗红色。

碳酸盐的质量分数 w,数值以%表示,按式(2)计算:

$$w=\frac{VcM}{m\times\left(\frac{50}{250}\right)\times 1\ 000}\times 100 \qquad \cdots\cdots(2)$$

式中:

V——盐酸标准滴定溶液体积的数值,单位为毫升(mL);

c——盐酸标准滴定溶液浓度的准确数值,单位为摩尔每升(mol/L);

M——碳酸钾摩尔质量的数值,单位为克每摩尔(g/mol) $\{M[\frac{1}{2}(K_2CO_3)]=69.10\}$;

m——样品质量的数值,单位为克(g)。

5.4 澄清度试验

称取 10 g 样品,溶于 100 mL 水中,其浊度不得大于 HG/T 3484 中规定的下列澄清度标准:

优级纯 ……………………… 2 号;
分析纯 ……………………… 4 号;
化学纯 ……………………… 6 号。

5.5 氯化物

量取 5 mL 试验溶液(5.2.1),用硝酸溶液(25%)中和,稀释至 20 mL 后,按 GB/T 9729 的规定测定。溶液所呈浊度不得大于标准比浊溶液。

标准比浊溶液的制备是取含下列数量的氯化物标准溶液:

优级纯 ………………………0.01 mg Cl;
分析纯 ………………………0.02 mg Cl;
化学纯 ………………………0.05 mg Cl。

稀释至 20 mL,与同体积试液同时同样处理。

5.6 硫酸盐

取 10 mL 试验溶液(5.2.1),用盐酸溶液(20%)中和,稀释至 20 mL,加 0.5 mL 盐酸溶液(20%)酸化后,按 GB/T 9728 的规定测定。溶液所呈浊度不得大于标准比浊溶液。

标准比浊溶液的制备是取含下列数量的硫酸盐标准溶液:

优级纯 ………………………0.012 mg SO_4;
分析纯 ………………………0.020 mg SO_4;
化学纯 ………………………0.040 mg SO_4。

稀释至 20 mL,与同体积试液同时同样处理。

5.7 总氮量

取 50 mL(化学纯取 25 mL)试验溶液(5.2.1),稀释至 140 mL 后,按 GB/T 609 的规定测定。溶液所呈黄色不得深于标准比色溶液。

标准比色溶液的制备是取含下列数量的氮标准溶液:

优级纯 ………………………0.01 mg N;
分析纯 ………………………0.02 mg N;
化学纯 ………………………0.05 mg N。

稀释至 140 mL,与同体积试液同时同样处理。

5.8 磷酸盐

称取 2 g 样品，置于塑料杯中，加少量水溶解，用硝酸溶液（25%）中和，稀释至 50 mL。取 5 mL，加 2 滴饱和 2,4-二硝基酚指示液，滴加硝酸溶液（13%）至溶液黄色刚刚消失，稀释至 10 mL 后，按 GB/T 9727 的规定测定。有机层所呈蓝色不得深于标准比色溶液。

标准比色溶液的制备是取含下列数量的磷酸盐标准溶液：

优级纯 ……………………………0.002 mg PO_4；

分析纯 ……………………………0.010 mg PO_4；

化学纯 ……………………………0.020 mg PO_4。

稀释至 5 mL，与同体积试液同时同样处理。

5.9 硅酸盐

称取 1 g（化学纯取 0.5 g）样品，置于塑料杯中，加少量水溶解，用硫酸溶液（20%）中和，稀释至 50 mL。取 5 mL，加 2 滴饱和 2,4-二硝基酚指示液，滴加硫酸溶液（5%）至溶液黄色刚刚消失，稀释至 10 mL 后，按 GB/T 9742 的规定测定。溶液所呈蓝色不得深于标准比色溶液。

标准比色溶液的制备是取含下列数量的硅酸盐标准溶液：

优级纯 ……………………………0.01 mg SiO_3；

分析纯 ……………………………0.02 mg SiO_3；

化学纯 ……………………………0.05 mg SiO_3。

稀释至 5 mL，与同体积试液同时同样处理。

5.10 钠

按 GB/T 9723—2007 的规定测定。

5.10.1 仪器条件

光源：钠空心阴极灯；

波长：589.0 nm；

火焰：乙炔-空气。

5.10.2 测定方法

称取 1 g 样品，溶于水，用盐酸溶液（20%）中和，稀释至 500 mL。取 0.5 mL，共 4 份。按 GB/T 9723—2007 中 7.2.2 的规定测定，结果按 7.2.3 的规定计算。

5.11 镁

按 GB/T 9723—2007 的规定测定。

5.11.1 仪器条件

光源：镁空心阴极灯；

波长：285.2 nm；

火焰：乙炔-空气。

5.11.2 测定方法

称取 10 g 样品，溶于水，用盐酸溶液（20%）中和，稀释至 100 mL。取 20 mL，共 4 份。按 GB/T 9723—2007 中 7.2.2 的规定测定，结果按 7.2.3 的规定计算。

5.12 铝

称取 0.5 g 样品，溶于水，用盐酸溶液（20%）中和，稀释至 10 mL 后，按 GB/T 9734—2008 中 6.1 的规定测定。溶液所呈红色不得深于标准比色溶液。

标准比色溶液的制备是取含下列数量的铝标准溶液：

优级纯 ……………………………0.010 mg Al；

分析纯 ……………………………0.025 mg Al。

稀释至 10 mL，与同体积试液同时同样处理。

5.13 钙

称取1 g样品,溶于水,用盐酸溶液(20%)中和,稀释至100 mL。取10 mL(化学纯取5 mL,稀释至10 mL),加10 mL"乙醇(95%)"(体积分数)、0.5 mL混合碱及1 mL乙二醛缩双邻氨基酚乙醇溶液(2 g/L),摇匀,放置5 min。用5 mL三氯甲烷萃取(温度不超过30℃),立即比色。有机层所呈红色不得深于标准比色溶液。

标准比色溶液的制备是取含下列数量的钙标准溶液:

优级纯 ……………………………0.002 mg Ca;

分析纯 ……………………………0.005 mg Ca;

化学纯 ……………………………0.010 mg Ca。

稀释至10 mL,与同体积试液同时同样处理。

5.14 铁

取10 mL试验溶液(5.2.1),用盐酸溶液(20%)调节溶液的pH值至2后,按GB/T 9739的规定测定。溶液所呈红色不得深于标准比色溶液。

标准比色溶液的制备是取含下列数量的铁标准溶液:

优级纯 ……………………………0.002 mg Fe;

分析纯 ……………………………0.004 mg Fe;

化学纯 ……………………………0.008 mg Fe。

稀释至10 mL,与同体积试液同时同样处理。

5.15 镍

称取5 g样品,溶于水,用盐酸溶液(20%)中和,稀释至25 mL,加2 mL二甲基乙二醛肟氢氧化钠溶液(10 g/L)及1 mL过二硫酸钾溶液(50 g/L),摇匀。溶液所呈红色不得深于标准比色溶液。

标准比色溶液的制备是取含下列数量的镍标准溶液:

优级纯 ……………………………0.005 mg Ni;

分析纯 ……………………………0.025 mg Ni。

稀释至25 mL,与同体积试液同时同样处理。

5.16 锌

按GB/T 9723—2007的规定测定。

5.16.1 仪器条件

光源:锌空心阴极灯;

波长:213.9 nm;

火焰:乙炔-空气。

5.16.2 测定方法

同5.11.2。

5.17 重金属

称取1 g样品,溶于水,加2 mL硝酸,在水浴上蒸干,残渣溶于适量的水,用氢氧化钠溶液(5 g/L)调节样品溶液pH值至4,稀释至20 mL后,按GB/T 9735的规定测定。溶液所呈暗色不得深于标准比色溶液。

标准比色溶液的制备是取含下列数量的铅标准溶液:

优级纯 ……………………………0.01 mg Pb;

分析纯 ……………………………0.02 mg Pb;

化学纯 ……………………………0.03 mg Pb。

稀释至20 mL,与同体积试液同时同样处理。

6 检验规则

按 HG/T 3921 的规定进行采样及验收。

7 包装及标志

按 GB 15346 的规定进行包装、贮存与运输，并给出标志，其中：
包装单位：第 4 类；
内包装形式：NB-7、NB-8、NB-10、NB-11、NB-13、NB-15；
外包装形式：WB-1、WB-2、WB-3；
标签：符合 GB 15258 的规定，注明"腐蚀性物品"。

ICS 29.240.10
K 47

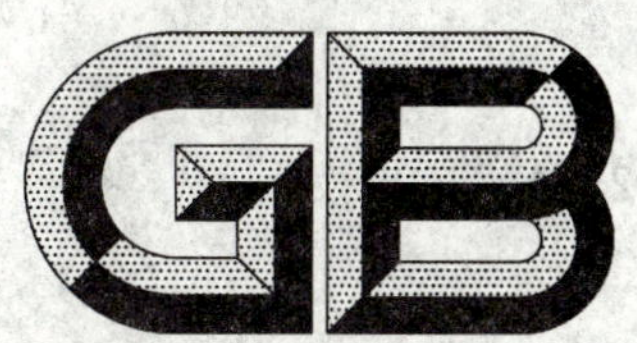

中华人民共和国国家标准

GB/T 2314—2008
代替 GB 2314—1997

电力金具通用技术条件

General technical requirements for electric power fittings

(IEC 61284:1997, Overhead lines—
Requirements and tests for fittings, MOD)

2008-09-24 发布 2009-08-01 实施

中华人民共和国国家质量监督检验检疫总局
中国国家标准化管理委员会 发布

前 言

本标准修改采用 IEC 61284:1997《架空线路——金具的要求和试验》,同时考虑我国具体情况,增加了预绞式金具机械试验内容。

本标准和 IEC 61284:1997 相比,主要有以下区别:

——本标准中未列入定义条目,这些定义已在 GB/T 5075 中给出;

——对金具的外观质量提出了技术要求;

——给出了悬垂线夹、耐张线夹的技术要求;

——未列入磁损试验。

本标准代替 GB 2314—1997《电力金具通用技术条件》。

本标准与 GB 2314—1997 相比,主要进行了以下修改:

——将 GB/T 2317.4—2000 中“电力金具标志与包装”的内容整合到本标准中;

——因产业升级和技术进步涉及的 1997 版本中部分技术要求进行了修订。

本标准的附录 A 为资料性附录。

本标准由中国电力企业联合会提出。

本标准由全国架空线路标准化技术委员会(SAC/TC 202)归口。

本标准负责起草单位:国网北京电力建设研究院。

本标准参加起草单位:浙江省电力设计院。

本标准主要起草人:董吉谔、薄通、徐乃管、尤传永、刘长青、赵全江、王景朝、周立宪。

本标准所代替标准的历次版本发布情况为:

——GB 2314—1985、GB 2314—1997。

电力金具通用技术条件

1 范围

本标准规定了架空电力线路、变电站及电厂配电装置用电力金具(以下简称金具)在设计、制造及安装使用等方面的通用技术条件。

本标准适用于额定电压在35 kV以上架空电力线路、变电站及电厂配电装置用的金具。对在严重腐蚀、污秽的环境、高海拔地区、高寒地区等条件下使用的金具尚应满足其他相关标准的有关规定。

2 规范性引用文件

下列文件中的条款通过本标准的引用而成为本标准的条款。凡是注日期的引用文件,其随后所有的修改单(不包括勘误的内容)或修订版均不适用于本标准,然而,鼓励根据本标准达成协议的各方研究是否可使用这些文件的最新版本。凡是不注日期的引用文件,其最新版本适用于本标准。

GB/T 196 普通螺纹 基本尺寸(GB/T 196—2003,ISO 724:1993,MOD)

GB/T 197 普通螺纹 公差(GB/T 197—2003,ISO 965-1:1998,MOD)

GB/T 1804 一般公差 未注公差的线性和角度尺寸的公差(GB/T 1804—2000,eqv ISO 2768-1:1989)

GB/T 2315 电力金具 标称破坏载荷系列及连接型式尺寸

GB/T 2317.1 电力金具 机械试验方法

GB/T 2317.2 电力金具 电晕和无线电干扰试验(GB/T 2317.2—2000,neq IEC 61284:1997)

GB/T 2317.3 电力金具 热循环试验方法

GB/T 4056 高压线路悬式绝缘子连接结构和尺寸(GB/T 4056—1994,eqv IEC 60120:1984;eqv IEC 60471:1977)

GB/T 5075 电力金具名词术语

DL/T 768.7 电力金具制造质量 钢铁件热镀锌层

DL/T 1098 间隔棒技术条件和试验方法

DL/T 1099 防振锤技术条件和试验方法

3 基本要求

3.1 金具应采用按规定程序批准的图样制造。

3.2 金具应承受安装、维修及运行中可能出现的有关机械载荷,并能满足设计工作电流(包括短路电流)、工作温度及环境条件等各种工况的要求。

3.3 金具的标称破坏载荷及连接型式尺寸应符合GB/T 2315的规定。

3.4 金具的各连接部件应保证在运行中不致松脱,与线路带电检修有关的金具尚应保证安全和便于拆装。

3.5 金具应尽量减少磁滞、涡流损失。金具应尽量限制电晕的影响。用于额定电压330 kV及以上的金具,当不采用屏蔽装置时,金具本身应具有防电晕特性。

3.6 金具应采用图样规定的材料和生产工艺制造。

3.7 金具外观质量除了厂标、型号等标识清晰可辨之外,还应符合下列要求。

3.7.1 黑色金属铸件的外观质量

a) 铸件表面应光洁、平整，不允许有裂纹等缺陷；

b) 铸件的重要部位（指不允许降低机械载荷的部位，以产品图样标注为准）不允许有气孔、砂眼、缩松、渣眼及飞边等缺陷存在；

c) 在与其他零件连接及与导线、地线接触部位（如挂耳、线槽）不允许有胀砂、结疤、毛刺等妨碍连接及损坏导线或地线的缺陷。

3.7.2 锻制件、冲压件的外观质量

a) 冲裁件的剪切断面斜度偏差应小于板厚的十分之一；

b) 锻件、冲压件、剪切件应平整光洁，不允许有毛刺、开裂和叠层等缺陷；

c) 锻件、热弯件不允许有过烧、叠层、局部烧熔及氧化皮存在。

3.7.3 铝制件的外观质量

a) 铝制件表面应光洁、平整，不允许有裂纹等缺陷；

b) 铝制件的重要部位（指不允许降低机械载荷的部位，以产品图样标注为准）不允许有缩松、气孔、砂眼、渣眼、飞边等缺陷；

c) 铝制件与导线接触面及与其他零件连接的部位，接续管与压模的压缩部位，以及有防电晕要求的部位，不允许有胀砂、结疤、凸瘤等缺陷；

d) 铝制件的电气接触面，不允许有碰伤、划伤、凹坑、凸起、压痕等缺陷。

3.7.4 铜铝件的电气接触面外观质量

铜铝件与导线的接触面应平整、光洁，不允许有毛刺或超过板厚极限偏差的碰伤、划伤、凹坑、凸起及压痕等缺陷。

3.7.5 焊接件的外观质量

a) 焊缝应为细密平整的细鳞形，并应封边，咬边深度不大于 1 mm；

b) 焊缝应无裂纹、气孔、夹渣等缺陷。

3.7.6 紧固件外观质量

a) 紧固件表面不应有锌瘤、锌渣、锌灰存在；

b) 外螺纹、内螺纹应光整；

c) 螺杆、螺母均不应有裂纹；

d) 螺杆头部应打印性能等级标记。

4 分类要求

4.1 悬垂线夹

4.1.1 悬垂线夹应考虑裸线或包缠护线条等多种使用条件。

4.1.2 船式悬垂线夹，其船体线槽的曲率半径应不小于导线、地线直径的 8 倍。

4.1.3 悬垂线夹应具有一个能允许船体回转的水平轴。

4.1.4 悬垂线夹应明确使用的限定范围，如最大出口角、最小出口角和允许回转角等。

4.1.5 悬垂线夹的设计应减少微风振动对导线、地线产生的影响，并应避免对导线、地线产生应力集中或损伤。悬垂线夹的设计还应考虑在导线、地线水平不平衡张力作用下，减少船体回转轴的磨损。

4.1.6 固定型悬垂线夹对导线、地线的握力，与其导线、地线计算拉断力之比应不小于表 1 的规定，或由供需双方商定。

4.1.7 悬垂线夹与被安装的导线、地线间应有充分的接触面，以减少由故障电流引起的损伤。

表 1 悬垂线夹握力与导线、地线计算拉断力之比

绞线类别	铝钢截面比 α	百分比(%)
钢绞线、铝包钢绞线、钢芯铝包钢绞线	—	14
钢芯铝绞线	$\alpha \leqslant 2.3$	14
钢芯铝合金绞线	$2.3 < \alpha \leqslant 3.9$	16
铝包钢芯铝绞线	$3.9 < \alpha \leqslant 4.9$	18
钢芯耐热铝合金绞线	$4.9 < \alpha \leqslant 6.9$	20
铝包钢芯铝合金绞线	$6.9 < \alpha \leqslant 11.0$	22
铝包钢芯耐热铝合金绞线	$\alpha > 11.0$	24
铝绞线、铝合金绞线、铝合金芯铝绞线	—	24
铜绞线	—	28

4.2 耐张线夹、接续金具和接触金具

4.2.1 承受电气负荷的金具，无论是承受张力的或非承受张力的，均不应降低导线的导电能力。

4.2.2 用于电气接续的金具应满足 GB/T 2317.1～2317.3 的要求。

4.2.3 要求承受电气负荷性能的金具应符合下列规定：

a) 导线接续处两端点之间的电阻，压缩型金具，应不大于同样长度导线的电阻；非压缩型金具，应不大于同样长度导线电阻的 1.1 倍；

b) 导线接续处的温升应不大于被接续导线的温升；

c) 所有承受电气负荷的金具，其载流量应不小于被安装导线的载流量。

4.2.4 耐张线夹、接续金具和接触金具对导线、地线的握力，其与导线、地线计算拉断力之比应不小于表 2 的规定。

表 2 耐张线夹、接续金具和接触金具握力与导线、地线计算拉断力之比

金 具 类 别	百分比(%)
架空电力线路用压缩型金具(耐张线夹、接续金具) 预绞式接续金具和预绞式耐张线夹	95
架空电力线路用非压缩型金具(螺栓型耐张线夹、楔型耐张线夹)	90
绝缘线用耐张线夹、变电站用耐张线夹	65
接触金具(T 型线夹及设备线夹)	10

4.2.5 非压缩型耐张线夹与承受张力的导线相互接触时，其弯曲延伸部分出口处的曲率半径不应小于被安装导线直径的 8 倍。

4.2.6 金具的导电接触面应涂导电脂，对于压缩型金具应采用防止氧化腐蚀的导电脂，填充金具内部的空隙。

4.2.7 所有压缩型金具应使内部孔隙为最小，以防止运行中潮气的侵入。

4.2.8 耐张线夹、接续金具和接触金具与导线的连接处，应避免两种不同金属间产生的双金属腐蚀问题。

4.2.9 耐张线夹、接续金具和接触金具应考虑安装后，在导线与金具的接触区域，不应出现由于微风振动、导线震荡或其他因素引起的应力过大导致的导线损坏现象。

4.2.10 耐张线夹、接续金具和接触金具应避免应力集中现象，防止导线或地线发生过大的金属冷变形。

4.3 **保护金具**

4.3.1 保护金具应能承受微风振动作用而不引起疲劳损坏。

4.3.2 电气保护金具应能承受一定的静态机械载荷的作用，均压屏蔽金具要保证安全支撑一个人的体重。

4.3.3 补修管应考虑对导线最外层断股数不多于 1/3 的情况下进行修补。

4.3.4 防振锤应满足 DL/T 1099 的要求，间隔棒应满足 DL/T 1098 的要求。

4.4 **母线金具**

4.4.1 母线固定金具应能承受机械载荷，其值与所安装的高压支柱绝缘子的要求相配合。

4.4.2 母线伸缩节在承受伸缩量 32 mm 及往返 1.00×10^3 次以后，不得发生疲劳损坏。

4.4.3 采用闪光焊或摩擦焊接工艺制造的铜铝过渡金具，在铜铝焊接处应能承受 180°弯曲而不出现焊缝断裂情况。钎焊工艺制造的铜铝过渡金具及冷轧的铜铝过渡复合片铜与铝表面的复合面积应不小于总接触面的 75%。

5 材料及防腐

5.1 制造金具的材料，应按图样的规定选用(参见附录 A)；或选用能满足使用要求并经用户同意的其他材料。

5.2 制造金具的金属材料应满足使用寿命的要求，应不易出现金属材料晶粒间或应力腐蚀，也不得由此引起导线或地线任何部位的腐蚀。

5.3 压缩型金具的金属材料应能承受压缩产生的冷变形，钢质压缩件压缩后应具有足够的冲击强度。钢质接续管应选用含碳量不大于 0.15%的优质钢，铝质压缩件应采用纯度不低于 99.5%的铝。

5.4 尽可能采用不敏感的钢材，如必须采用敏感性的钢材，则要避免严重的冷加工。在高寒地区使用的金具应采用低冷脆性材料。

5.5 以铜合金材料制造的金具，其铜含量应不低于 80%。

5.6 采用非金属材料制造的金具，应具有良好的抗老化性能，能经受工作温度而不发生性能劣化，并具有足够的防臭氧，防紫外线及防空气污秽的能力。

5.7 在户外的金具其黑色金属部件，除灰铸铁外，表面均应参照 DL/T 768.7 进行热浸镀锌的防腐处理。亦可采用供需双方同意的其他方法获得等效的防腐性能。

5.8 对于两种接触电位不同的金属相互间接触时，需采取特殊措施，以免引起电势腐蚀，降低接触性能。这个要求也适用于直接与导线相接触的金具部件。

5.9 金具紧固件的外螺纹应在热浸镀锌前按 GB/T 196 的规定加工或辗制，然后进行热浸镀锌；而内螺纹可在热浸镀锌前或后进行加工，如果在热浸镀锌后加工，则应在加工后涂防腐油脂。

金具用的外螺纹在任何情况下，不允许缩小螺纹外径；受剪螺杆不允许缩杆，不受剪切控制的螺杆允许缩杆，但其缩杆后的直径不得小于螺纹中径。

6 结构及尺寸公差

6.1 受剪螺栓的螺纹，允许进入受力板件的深度不大于该板件厚度的三分之一。

6.2 U 型挂板连接方式的挂板宽度不宜大于 100 mm，否则应采用整板钻孔的槽型连接型式。

6.3 凡接触导线、地线的各种线夹及接续金具，其出线口应做成圆滑的喇叭口状。

6.4 金具的结构应避免积水。

6.5 球、窝的连接尺寸应符合 GB/T 4056 的规定。

6.6 金具的尺寸及公差，应保证金具满足规定的机械及电气性能要求；经镀锌的金具，其尺寸均为镀锌后的尺寸。

6.7 对未注尺寸偏差的部位，其极限偏差应符合下列规定：

a) 金具的基本尺寸小于或等于 50 mm 时，其允许极限偏差为±1.0 mm；

b) 金具的基本尺寸大于 50 mm 时，其允许极限偏差为基本尺寸的±2%。

6.8 在弯曲处的板件宽度尺寸极限偏差应符合 GB/T 1804 的规定，选用Ⅴ级。

6.9 冲压件、锻件及热弯杆件基本尺寸的极限偏差应按图样要求，其未注公差按 GB/T 1804 的规定选用Ⅴ级。

6.10 钢接续管外径及内径尺寸极限偏差应符合表 3 的规定。

表 3 钢接续管外径及内径尺寸极限偏差

单位为毫米

外径 D		内径 d	
基本尺寸	极限偏差	基本尺寸	极限偏差
$D \leqslant 14$	±0.2	$d \leqslant 9$	±0.15
$14 < D \leqslant 22$	−0.2～+0.3		
$22 < D \leqslant 34$	−0.2～+0.4	$9 < d \leqslant 16$	±0.20

6.11 挤压铝管外径及内径尺寸极限偏差应符合表 4 的规定。

表 4 挤压铝管外径及内径尺寸极限偏差

单位为毫米

外径 D		内径 d	
基本尺寸	极限偏差	基本尺寸	极限偏差
$D \leqslant 32$	±0.4	$d \leqslant 22$	−0.3
$32 < D \leqslant 50$	+0.6	$22 < d \leqslant 36$	−0.4
$50 < D \leqslant 80$	+1.0	$36 < d \leqslant 55$	−0.5

7 标志与包装

7.1 金具必须按图样的规定，做出清晰的永久性的标志，其内容包括：

a) 金具的识别标志(型号)；

b) 制造厂识别标志(厂标)。

7.2 标志方法及要求：

a) 金具的标志部位明显；

b) 用铸造方法生产的金具，应在铸造时一并铸出标志，凹字应与金具表面在同一水平上，外加凸槽加框；

c) 用冲压或锻造方法生产的钢制金具应在热浸镀锌前压出标志；铝制品金具应采用压印法标志。

7.3 对压缩型金具应作压起迄点位置的标志；对预绞丝制品应有安装起始位置标志。

7.4 金具的包装必须保证在运输中不致因包装不良而损伤金具，其包装的材质必要时可由供需双方商定。

7.5 作为导电体的金具，必须在图样规定的电气接触表面上涂以导电脂，并加套保护；铜、铝管状金具应将管口封堵，以防止在运输和储藏中受到损伤或弄脏。

7.6 包装物上应标明：

a) 制造厂名称、厂标；

b) 产品名称、型号；

c) 包装数量、质量；

d) 必要的其他标志。

7.7 每件包装体总质量不超过 50 kg。

7.8 每件包装体应附有技术检验部门及检验员印章的产品合格证及必要的技术文件。

7.9 根据用户要求,供方应提供有关金具组装及使用注意事项的说明书。

附 录 A
（资料性附录）
材料标准及紧固件标准

A.1 材料标准

GB/T 470—1997 锌锭
GB/T 699—1999 优质碳素结构钢
GB/T 700—2006 碳素结构钢
GB/T 1173—1995 铸造铝合金
GB/T 1196—2002 重熔用铝锭
GB/T 1220—2007 不锈钢棒
GB/T 1348—1988 球墨铸铁件
GB/T 2040—2002 铜及铜合金板材
GB/T 3190—1996 变形铝及铝合金化学成分
GB/T 3196—2001 铆钉用铝及铝合金线材
GB/T 3880.1—2006 一般工业用铝及铝合金板、带材 第1部分:一般要求
GB/T 3880.2—2006 一般工业用铝及铝合金板、带材 第2部分:力学性能
GB/T 3880.3—2006 一般工业用铝及铝合金板、带材 第3部分:尺寸偏差
GB/T 4437.1—2000 铝及铝合金热挤压管 第1部分:无缝圆管
GB/T 6892—2006 一般工业用铝及铝合金挤压型材
GB/T 8162—1999 结构用无缝钢管
GB/T 9439—1988 灰铸铁件
GB/T 9440—1988 可锻铸铁件
GB/T 11352—1989 一般工程用铸造碳钢件
YB/T 5004—2001 镀锌钢绞线

A.2 紧固件标准

GB/T 12—1988 半圆头方颈螺栓
GB/T 41—2000 六角螺母 C级
GB/T 67—2000 开槽盘头螺钉
GB/T 68—2000 开槽沉头螺钉
GB/T 93—1987 标准型弹簧垫圈
GB/T 95—2002 平垫圈 C级
GB/T 798—1988 活节螺栓
GB/T 953—1988 等长双头螺柱 C级
GB/T 1972—2005 碟形弹簧
GB/T 5780—2000 六角头螺栓 C级

GB/T 5781—2000　六角头螺栓　全螺纹　C 级
DL/T 682—1999　母线金具用沉头螺钉
DL/T 764.1—2001　电力金具专用紧固件　六角头带销孔螺栓
DL/T 764.2—2001　电力金具专用紧固件　闭口销
JB/T 8181—1999　绝缘子串元件球窝联接用锁紧销

ICS 29.240.20
K 51

中华人民共和国国家标准

GB/T 2315—2008
代替 GB/T 2315—2000

电力金具
标称破坏载荷系列及连接型式尺寸

Nominal failing load series and coupling dimensions for electric power fittings

2008-09-24 发布　　2009-08-01 实施

中华人民共和国国家质量监督检验检疫总局
中国国家标准化管理委员会　发布

前言

本标准代替 GB/T 2315—2000《电力金具标称破坏载荷系列及连接型式尺寸》。

本标准与 GB/T 2315—2000 相比，主要修改如下：

——根据实际生产需要，增加了标称破坏载荷 550 kN，取消了 500 kN。

本标准由中国电力企业联合会提出。

本标准由全国架空线路标准化技术委员会(SAC/TC 202)归口。

本标准负责起草单位：国网北京电力建设研究院。

本标准参加起草单位：四平线路器材厂。

本标准主要起草人：董吉谔、徐乃管、薄通、王立涛、吴国宏、刘长青、周立宪、吴学猛。

本标准所代替标准的历次版本发布情况为：

——GB/T 2315—1985、GB/T 2315—2000。

电力金具
标称破坏载荷系列及连接型式尺寸

1 范围

本标准规定了电力金具标称破坏载荷系列及槽型、环型和球窝连接尺寸。

本标准适用于架空电力线路电力金具(以下简称金具)。

2 规范性引用文件

下列文件中的条款通过本标准的引用而成为本标准的条款。凡是注日期的引用文件,其随后所有的修改单(不包括勘误的内容)或修订版均不适用于本标准,然而,鼓励根据本标准达成协议的各方研究是否可使用这些文件的最新版本。凡是不注日期的引用文件,其最新版本适用于本标准。

GB/T 2317.1 电力金具试验方法 第1部分:机械试验(GB/T 2317.1—2008,IEC 61284:1997,MOD)

GB/T 2317.2 电力金具 电晕与无线电干扰试验方法(GB/T 2317.2—2000,IEC 61284:1997,NEQ)

GB/T 3098.1 紧固件机械性能 螺栓、螺钉和螺柱(GB/T 3098.1—2000,ISO 898-1:1999,IDT)

GB/T 4056 高压线路悬式绝缘子连接结构和尺寸(GB/T 4056—2008,IEC 60120:1984,IDT)

3 术语和定义

下列术语和定义适用于本标准。

3.1

标称破坏载荷 normal failure load

金具不允许发生机械破坏的最小载荷。

4 标称破坏载荷系列

标称破坏载荷系列分为13个等级,其标记、螺栓直径及材料强度如表1。

表1 标称破坏载荷系列

标 记	4	7	10	12	16	21	25	32	42	55	64	84	100
标称破坏载荷/kN	40	70	100	120	160	210	250	320	420	550	640	840	1 000
螺栓直径/mm	16	16	18	22	24	24	27	30	36	36	42	48	52
螺栓抗拉强度/MPa	≥400				≥600								

5 连接型式

连接型式分为槽型连接、环型连接和球窝连接三种。

5.1 槽型连接尺寸

5.1.1 槽型连接尺寸应符合图1和表2的规定。

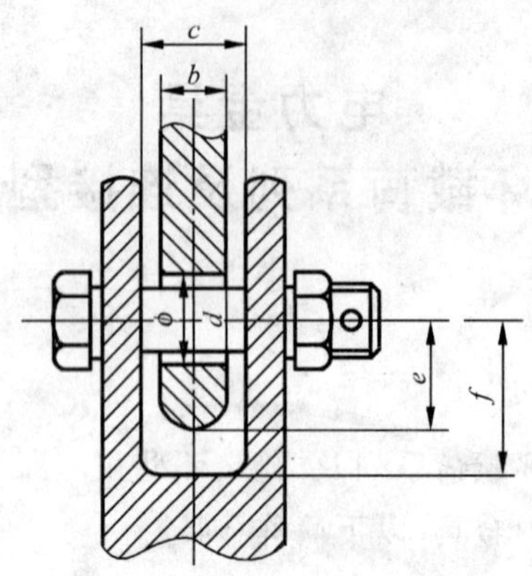

图 1　槽型连接示意图

表 2　槽型连接尺寸

标　记		4	7	10	12	16	21	25	32	42	55	64	84	100
螺栓孔径/mm	ϕ	18	18	20	24	26	26	30	33	39	39	45	51	55
孔径偏差/mm		±0.5						±0.75						
单板厚度/mm	b	12	16	16	16	18	20	24	28	32	32	36	36	40
双板开档/mm	c	15	19	19	20	22	24	28	32	36	36	40	44	49
孔边距/mm	e	20	22	24	30	32	32	36	40	45	48	55	62	66
槽深/mm　≥	f	22	24	26	32	34	34	38	42	48	51	58	66	70
材料强度/MPa　≥		375				500								

5.1.2　槽型连接的螺栓必须按 GB/T 3098.1 作出性能等级标记。

5.1.3　槽型连接的标记同标称破坏载荷的标记。

5.2　环型连接尺寸

5.2.1　标称破坏载荷与相应的环型连接尺寸应符合图 2、表 3 的规定。

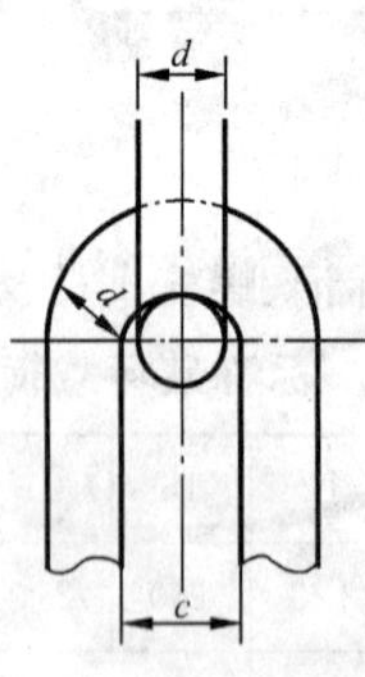

图 2　环型连接示意图

表 3　环型连接尺寸

标　记	4	7	10	12	16	21	25	32	42	55	64	84	100
d,mm	12	16	16	18	20	20	24	28	32	32	36	40	45
c,mm	15	19	19	22	24	24	28	32	36	36	40	44	49
材料强度,MPa　≥	375		500										

5.2.2 环型连接标记同标称破坏载荷标记。

5.3 球窝连接尺寸

5.3.1 球窝连接尺寸按 GB/T 4056 执行。

5.3.2 球型连接用标称脚杆直径作连接标记。

示例：球形连接标称破坏载荷 210 kN，标称脚杆直径 24 mm。

标记为：球型 24 210 kN(GB/T 4056)

6 试验方法

槽型连接、环型连接和球窝连接的机械试验按 GB/T 2317.1 执行，电晕与无线电干扰试验按 GB/T 2317.2 执行。

ICS 29.240.20
K 51

中华人民共和国国家标准

GB/T 2317.1—2008
代替 GB/T 2317.1—2000

电力金具试验方法 第1部分:机械试验

Test method for electric power fittings Part 1:Mechanical tests

(IEC 61284:1997,Overhead lines—Requirements and tests for fittings,MOD)

2008-09-24 发布 2009-08-01 实施

中华人民共和国国家质量监督检验检疫总局
中国国家标准化管理委员会 发布

前言

GB/T 2317《电力金具试验方法》共有4个部分,分别是:

GB/T 2317.1 电力金具试验方法 第1部分:机械试验

GB/T 2317.2 电力金具试验方法 第2部分:电晕和无线电干扰试验

GB/T 2317.3 电力金具试验方法 第3部分:热循环试验

GB/T 2317.4 电力金具试验方法 第4部分:验收规则

本部分是GB/T 2317的第1部分。

本部分修改采用了IEC 61284:1997《架空线路——金具的要求和试验》,也考虑了我国具体情况,增加了预绞式金具机械试验内容。

本部分和IEC 61284:1997相比,主要有以下区别:

——增加了均压屏蔽金具的强度、接触金具的弯曲和母线金具的试验方法;

——考虑我国具体情况,增加了预绞式金具机械试验内容;

——按我国习惯表达进行了修改:如增加了"连接金具——机械损伤载荷及破坏载荷试验时的典型载荷分解图"。对于增加载荷的方式,本部分采用了文字叙述,而IEC标准采用了图示的方式;

——标注中定义用语不完全一致,如IEC中的"规定的最小破坏载荷",在本部分中为"标称破坏载荷"。

本部分代替GB/T 2317.1—2000《电力金具 机械试验方法》。

本部分与GB/T 2317.1—2000相比,主要进行了以下修改:

——对部分术语的定义进行了调整,使定义更为明确清晰;

——将原标准第4章标题"试验型式及试件数量"改为"试验类别"。试验类别分别用"目的"和"一般要求"两条来定义,定义更为清楚;

——对连接金具和悬垂线夹的"试验布置"的文字内容进行了大幅修改,对试验布置的描述更为清楚易懂,也与IEC标准的对应部分相吻合;

——对连接金具和悬垂线夹的"判定准则"的内容进行了大幅修改,不再区分型式试验、抽样试验和例行试验,代替以统一的判定准则;

——将6.1标题"机械损伤载荷和机械破坏载荷"修改为"机械载荷试验";

——将原标准6.2.1和6.2.2的内容进行合并,并增加一种试验方法可供选择。

本部分由中国电力企业联合会提出。

本部分由全国架空线路标准化技术委员会(SAC/TC 202)归口。

本部分负责起草单位:国网北京电力建设研究院。

本部分参加起草单位:南京线路器材厂、浙江省电力设计院。

本部分主要起草人:薄通、徐乃管、董吉谔、陈宁、刘长青、尤传永、邹春宁、王景朝、周立宪。

本部分所代替标准的历次版本发布情况为:

——GB/T 2317—1985、GB/T 2317.1—2000。

电力金具试验方法　第1部分：机械试验

1　范围

本部分规定了电力金具的机械试验方法。

本部分适用于额定电压10 kV及以上架空电力线路、变电站及电厂配电装置用的电力金具（以下简称金具）。

2　规范性引用文件

下列文件中的条款通过GB/T 2317的本部分的引用而成为本部分的条款。凡是注日期的引用文件，其随后所有的修改单（不包括勘误的内容）或修订版均不适用于本部分，然而，鼓励根据本部分达成协议的各方研究是否可使用这些文件的最新版本。凡是不注日期的引用文件，其最新版本适用于本部分。

GB/T 2317.4　电力金具　验收规则　标志与包装

GB/T 8287.2　高压支柱瓷绝缘子　第2部分：尺寸与特性（GB/T 8287.2—1999，neq IEC 60273）

DL/T 763　架空线路用预绞式金具技术条件

DL/T 1098　间隔棒技术条件和试验方法

DL/T 1099　防振锤技术条件和试验方法

3　术语和定义

下列术语和定义适用于本部分。

3.1

机械破坏载荷　mechanical failure load

在规定的试验条件下，能施加于金具的最大载荷。

3.2

机械损伤载荷　mechanical damage load

在规定的试验条件下，金具不出现永久变形条件下所能承受的最大载荷。

3.3

标称破坏载荷　normal failure load

由需方提出或由供方规定的，金具不发生机械破坏的最小载荷。

3.4

滑移　slip

采用某种方式紧固导线的金具，在施加载荷后，导线与金具之间出现相对位移，以致试验载荷无法继续上升时，则此现象称为滑移。

3.5

握力　holding force

对导线有紧固要求的金具，在不出现滑移现象时所能承受的最大载荷。

4　试验类别

4.1　机械型式试验

4.1.1　目的

机械型式试验是为了确定设计特性，通常只做一次，只有在设计、材料或工艺更改时才重做。

4.1.2 一般要求

按 GB/T 2317.4 执行。试件的主要尺寸应与正式产品相同。

4.2 机械抽样试验

4.2.1 目的

机械抽样试验是为了验证产品质量。

4.2.2 一般要求

按 GB/T 2317.4 执行。金具应按批次进行抽样试验,试件应从提供验收的批量金具中随机抽样。

4.3 机械例行试验

4.3.1 目的

机械例行试验是为了证明金具是否符合专门的技术要求,淘汰有缺陷的金具。

4.3.2 一般要求

凡需要进行例行试验的金具,应对其逐个进行非破坏性试验。

5 连接金具的试验

5.1 试验布置

被试金具应以接近于运行时受力状态进行试验布置,见图 1。

若被试金具无法按实际受力状态进行试验,则可将作用在金具上的总载荷分解成若干分载荷,这些分载荷相继作用在同一金具上,或作用在同一批样品的其他金具上,并保证这种载荷分解能符合金具的实际受力情况,见图 2。

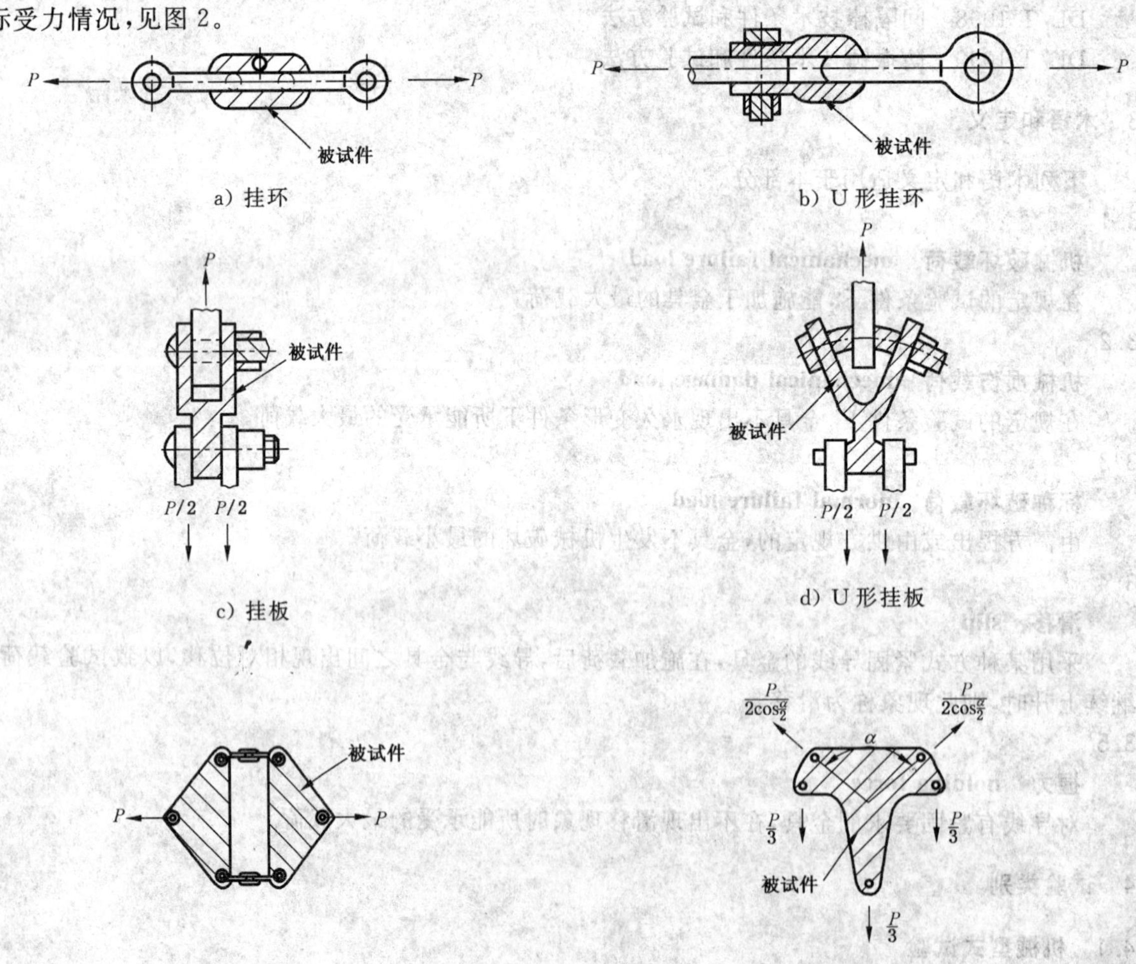

图 1 连接金具 机械损伤载荷及破坏载荷试验的典型布置图

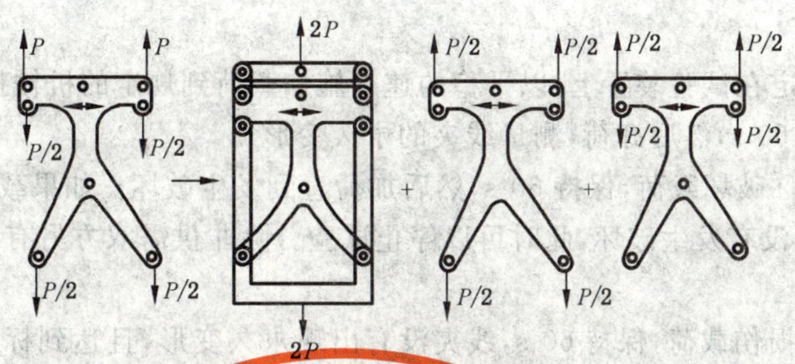

图 2　连接金具　机械损伤载荷及破坏载荷试验时的典型载荷分解图

5.2　试验步骤

a）将金具固定在拉力试验机上，以平稳的速度施加载荷到规定的机械损伤载荷；

b）将该载荷保持 60 s，然后卸荷，测量金具的永久变形量；

c）再次加荷到金具的标称破坏载荷，保持 60 s，然后加荷直到金具发生破坏。如果载荷达到标称破坏载荷的 1.2 倍，金具还没有发生破坏，此时可以停止试验。除非供需双方另有约定。

5.3　判定准则

在达到规定的机械损伤载荷，保持 60 s，金具没有出现永久变形，且达到标称破坏载荷，保持 60 s，线夹没有出现破坏，则试验通过。

6　悬垂线夹的试验

6.1　机械载荷试验

6.1.1　试验布置

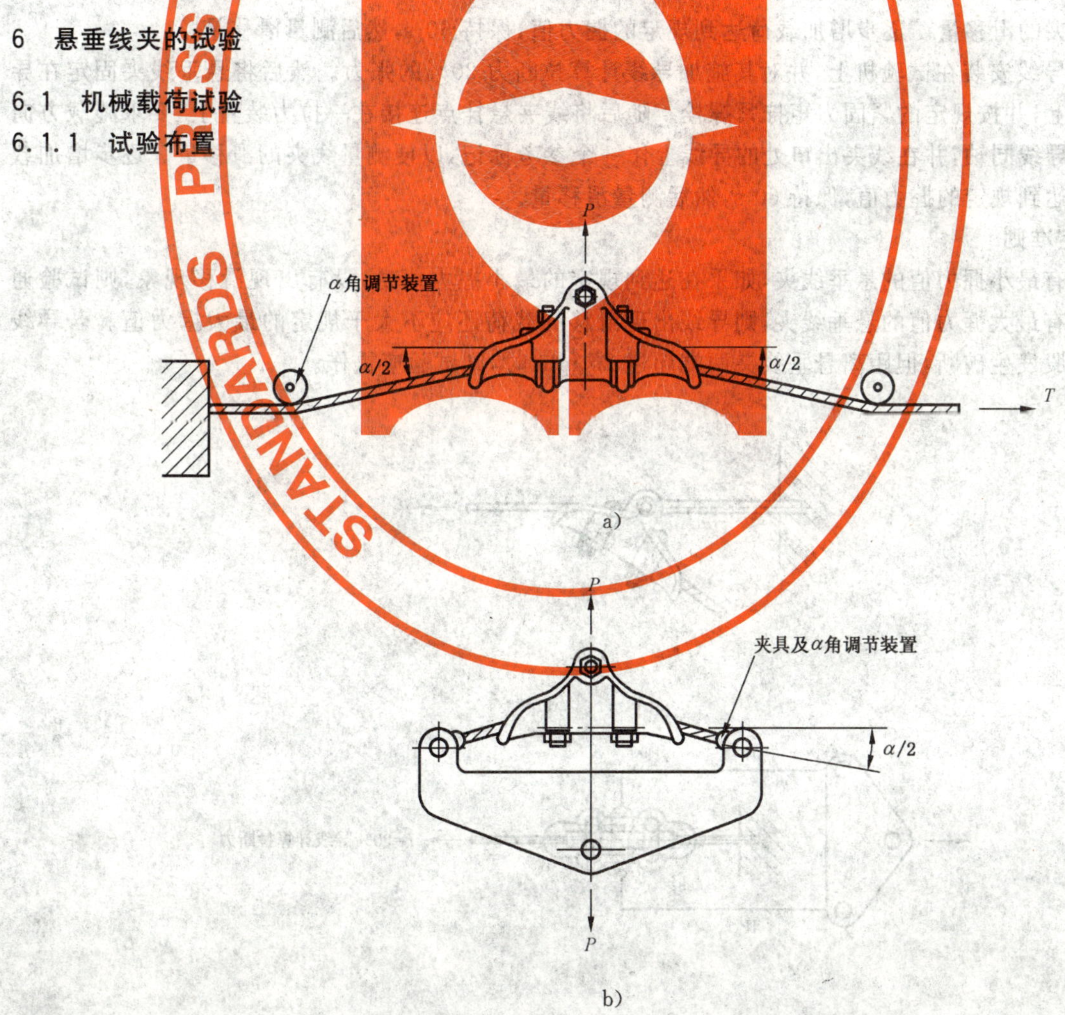

图 3　悬垂线夹　垂直损伤及破坏载荷试验典型布置图

6.1.2 试验步骤

a) 将悬垂线夹固定在试验装置上，以平稳的速度施加载荷到规定的机械损伤载荷；

b) 将该载荷保持 60 s，然后卸荷，测量线夹的永久变形；

c) 再次加荷到标称破坏载荷，保持 60 s，然后加荷直到发生破坏。如果载荷达到标称破坏载荷的 1.2 倍，线夹还没有发生破坏，此时可以停止试验。除非供需双方另有约定。

6.1.3 判定准则

在达到规定的机械损伤载荷，保持 60 s，线夹没有出现永久变形，且达到标称破坏载荷，保持 60 s，线夹没有出现破坏，则试验通过。

6.2 握力试验

6.2.1 试验布置与试验步骤

试验应选用与该线夹相匹配的导线。若运行状态下使用护线条，则试验时也应在导线上包缠护线条。被试线夹与拉力试验机夹具之间的距离不小于导线外径的 100 倍，并不得使导线起灯笼。每次握力试验都要使用新的悬垂线夹样品及新的护线条。

握力试验的布置可采取图 4a)、b)两种方法中任一种进行。

a) 将导线安装在试验机上，并对其施加导线计算拉断力 20%的张力。然后将悬垂线夹固定在导线上，并按规定的紧固力矩拧紧螺栓。随后将导线张力降为零，将线夹悬挂点与拉力试验机相连，向整个试件施加规定握力 20%的力，并在线夹出口处的导线上作一个参考标记，以便测量线夹的滑移量。逐步增加载荷达到规定的握力值，保持 60 s，然后测量滑移量；

b) 将导线安装在试验机上，并对其施加导线计算拉断力 20%的张力。然后将悬垂线夹固定在导线上，并按规定的紧固力矩拧紧螺栓。随后将线夹悬挂点连接在一拉力装置上，要求施载方向与导线同轴，并在线夹出口处的导线上作一个参考标记，以便测量线夹的滑移量。逐步增加载荷达到规定的握力值，保持 60 s，然后测量滑移量。

6.2.2 判定准则

对仅具有最小握力值的悬垂线夹，如果在达到规定的最小握力值时，没有出现滑移现象，则试验通过。对还具有最大握力值的悬垂线夹，则导线出现滑移的载荷还应不大于规定的最大握力值。若导线的一股或几股发生破断，但距离悬垂线夹两端超过 25 mm 时，则试验应重作。

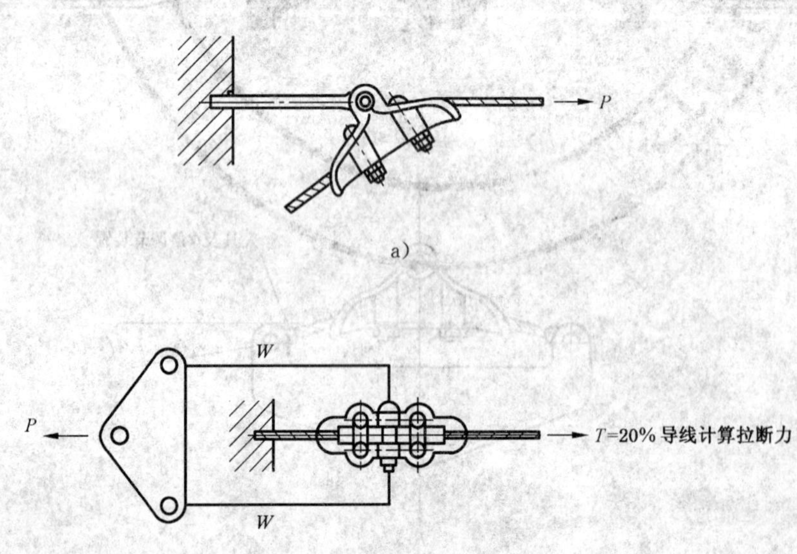

图 4 悬垂线夹握力试验典型布置图

7 耐张线夹与接续金具的试验

7.1 握力试验

7.1.1 试验布置

试验应选用与被试金具相匹配的导线。被试金具与导线连接时不得使导线起灯笼。试件中金具与金具之间或金具与夹具之间的导线长度应不小于导线外径的100倍，且不小于2.5 m。当试验两个耐张线夹和一个接续管时，试验布置如图5所示。

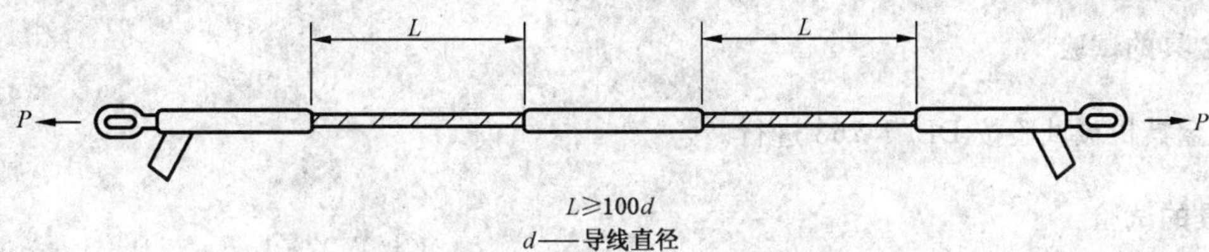

图5 耐张线夹及接续金具 握力试验典型布置图

7.1.2 试验步骤

a) 将被试金具安装在拉力试验机上，施加载荷达到导线计算拉断力的20%，在金具出口端的导线上作一个参考标记，以测量导线相对于金具的滑移量；

b) 在不少于30 s时间内，将张力逐步增加到导线计算拉断力的50%，保持120 s；

c) 在不少于30 s的时间内，将张力逐步增加到规定的握力值，保持60 s。

7.1.3 判定准则

在试验中导线相对金具没有出现滑移现象，并且导线没有出现断股或破坏，则试验通过。

7.2 机械载荷试验

7.2.1 试验布置

将金具安装在拉力试验机上，受力状态应与运行中一致，可以用圆棒或同样尺寸的钢缆代替导线。试验布置见图6、图7所示。

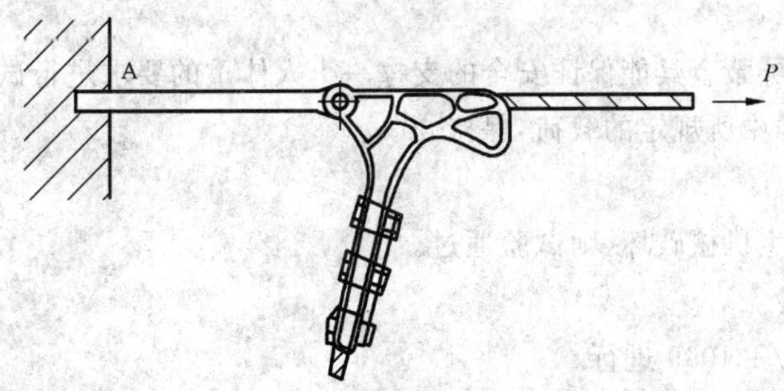

图6 耐张线夹及接续金具 机械损伤载荷及破坏载荷试验典型布置图

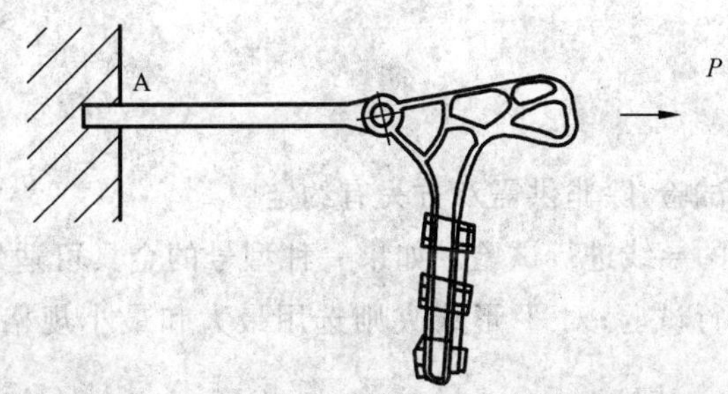

图7 耐张线夹及接续金具 对施工安装挂点进行机械损伤试验典型布置图

7.2.2　试验步骤

a)　以平稳的速度施加载荷到规定的机械损伤载荷，保持 60 s，然后卸载，测量金具的永久变形；

b)　再次逐步加荷到金具的标称破坏载荷，保持 60 s，然后加荷直到金具发生破坏。如果载荷达到标称破坏载荷的 1.2 倍，金具还没有发生破坏，此时可以停止试验。除非供需双方另有约定。

7.3　判定准则

在达到机械损伤载荷时金具没有出现永久变形，并在达到标称破坏载荷时，金具没有发生破坏，则试验通过。

8　预绞式金具的试验

预绞式金具机械试验按 DL/T 763 进行。

9　保护金具的试验

9.1　补修管拉力试验

9.1.1　试验布置

选用与补修管相匹配的导线，并将导线最外层中相邻的若干线股切断，断口的位置应分散布置在大约 3 倍导线直径的一段导线长度内。然后按厂家要求的方法安装上补修管。随后在导线的端部安装夹具附件，注意不要使导线起灯笼，补修管两侧与夹具之间的长度应不小于导线外径的 100 倍。将试件安装在拉力试验机上。试验布置可参照图 5。

9.1.2　试验步骤

a)　在不少于 30 s 时间内，将载荷逐步增加到导线计算拉断力的 50%，保持 120 s；

b)　继续增加载荷逐步至导线计算拉断力的 95%，保持 60 s。

9.1.3　判定准则

如果在试验后补修管没有损坏，并且导线或地线没有断股或破坏，则认为试验通过。

9.2　均压屏蔽金具的强度试验

9.2.1　试验布置

按用户要求或按均压屏蔽金具能保证安全的支撑一个人体重的要求进行试验。先按照运行状态布置安装金具，施加设计图样中所规定的载荷，保持 60 s。

9.2.2　判定准则

如果试验后金具未发生机械破坏，则试验通过。

9.3　防振锤及间隔棒试验

9.3.1　防振锤试验按 DL/T 1099 进行。

9.3.2　间隔棒试验按 DL/T 1098 进行。

10　接触金具的试验

10.1　试验要求

10.1.1　接触金具只进行型式试验，除非供需双方另有约定。

10.1.2　应选用与金具相匹配的导线进行试验。如果一种型号的金具可适用于多个规格的导线，则应选用最大和最小规格的导线进行试验；对 T 形线夹则选用最大和最小规格的导线的组合情况进行试验。

10.1.3　如果金具适用于多种材料的导线，则应对每种材料和绞线进行试验。

10.1.4 如果某个系列型号的金具属于一种通用设计，并且该系列包括三种或更多种型号的金具，则应选取最大、最小和中间型号的三种金具进行试验。

10.2 滑移试验

10.2.1 试验布置

将金具安装在相匹配的导线上，如果这种金具用的导线不止一种规格，应在最大和最小规格导线上进行试验。将被试金具固定在试验机上，其受力状态应接近于实际运行状态。

10.2.2 试验步骤

a) 施加载荷到导线计算拉断力的5%，然后在导线上作一个检测金具相对位移的标记；

b) 继续增加载荷逐步至导线计算拉断力的10%，保持60 s。

10.2.3 判定准则

导线与金具间无相对滑移，且导线与金具均无损伤，则试验通过。

10.3 拉伸试验

10.3.1 试验布置

a) 选用与T形线夹相匹配的主导线，先将主导线安装在拉力试验机上，并施加主导线计算拉断力10%的载荷；

b) 将T形线夹安装在带载荷的主导线上，T形线夹每侧的导线长度应不小于100倍的导线外径。

10.3.2 试验步骤

a) 在不短于30 s的时间内，把载荷逐渐增加到导线计算拉断力的50%，保持120 s；

b) 在不短于30 s的时间内，继续增加载荷逐步至导线计算拉断力的95%，保持60 s。

10.3.3 判定准则

若主导线无损伤，则试验通过。

10.4 弯曲试验

对采用闪光焊接工艺或摩擦焊接工艺制造的铜与铝的过渡板进行此项试验。用试验机使铜铝焊接处弯曲180°，压头半径为2.5倍的板厚。若焊缝不断裂，则试验通过。

11 母线金具的试验

11.1 试验要求

11.1.1 母线金具只进行型式试验，除非供需双方另有约定。

11.1.2 母线固定金具应进行抗弯试验。施加在金具上的弯矩应按GB/T 8287.2的规定，换算成金具所受弯矩进行抗弯试验。

11.1.3 母线伸缩节只进行疲劳试验。

11.2 抗弯试验

11.2.1 试验布置

母线固定金具应按使用的实际情况固定在支座上，并按受力方向将金具连同支座安装在万能试验机工作台上，如图8所示，使金具受力点在万能材料试验机压头中心线上。

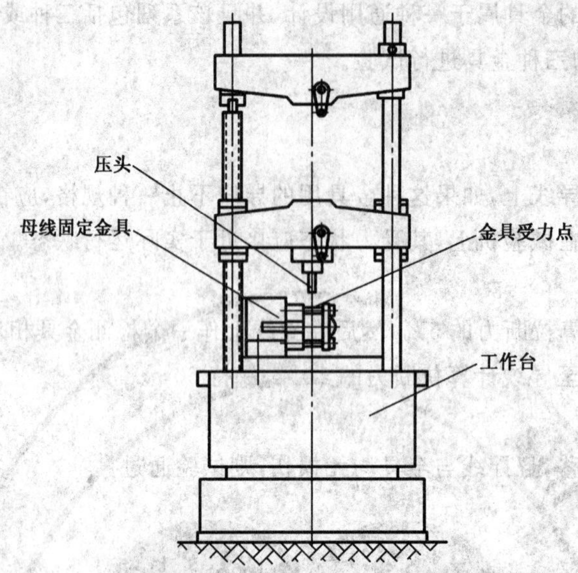

图 8 母线固定金具试验布置图

11.2.2 试验步骤

a） 压头加力至弯矩的 40%，保持 60 s，卸荷后测量金具的永久变形；

b） 继续增加载荷逐步至机械破坏载荷值，保持 60 s，然后加荷直到金具发生破坏。如果达到机械破坏载荷的 1.2 倍，金具还没有发生破坏，此时可以停止试验，除非供需双方另有约定。

11.2.3 判定准则

在弯矩达到 40%，保持 60 s，金具没有出现永久变形，且在弯矩达到机械破坏载荷的规定，保持 60 s，金具没有出现破坏，则试验通过。

11.3 疲劳试验

母线伸缩节应进行伸缩量 32 mm，往返 10^3 次的疲劳试验，往返频率 40 次/h～60 次/h，若伸缩节及焊缝无损坏，则试验通过。

ICS 29.240.20
K 51

中华人民共和国国家标准

GB/T 2317.2—2008
代替 GB/T 2317.2—2000

电力金具试验方法
第2部分:电晕和无线电干扰试验

Test method for electric power fittings—
Part 2:Corona and RIV tests for electric power fittings

(IEC 61284:1997,Overhead lines—
Requirements and tests for fittings, MOD)

2008-12-30 发布　　2009-10-01 实施

中华人民共和国国家质量监督检验检疫总局
中国国家标准化管理委员会　发布

前言

GB/T 2317《电力金具试验方法》共有4个部分，分别是：

GB/T 2317.1《电力金具试验方法　第1部分：机械试验》

GB/T 2317.2《电力金具试验方法　第2部分：电晕和无线电干扰试验》

GB/T 2317.3《电力金具试验方法　第3部分：热循环试验》

GB/T 2317.4《电力金具试验方法　第4部分：验收规则》

本部分是GB/T 2317的第2部分。

本部分修改采用IEC 61284:1997《架空线路　金具的要求和试验》，借鉴了IEC 61284中有关名词定义、试验方法、接受判据以及试品布置的部分内容。本部分考虑了我国具体的实际情况，与IEC 61284:1997的区别包括：

① 试验中只采用电压法，而未用梯度法；

② 试品布置未采用映射面的金属墙和塔身构架；

③ 规定了确定试验电压的方法。

本部分代替GB/T 2317.2—2000。

与GB/T 2317.2—2000相比较，本次修订的主要内容如下：

——适用金具的电压等级从500 kV增加到了750 kV，并增加了750 kV电压对应的内容；

——对部分定义的文字进行了调整，使各条款的定义更为明确；

——可见电晕和无线电干扰试验中，明确了模拟横担的尺寸规定；

——原"4.7　接受判据"修改为"4.6　判定准则"，将本条内容修改为"在规定电压下，试品应无可见电晕，无线电干扰电压不大于规定值(通常为1 000 μV，也可由需方确定)，则试验通过。"；

——删掉"5　试验报告"。

本部分附录A为规范性附录。

本部分由中国电力企业联合会提出。

本部分由全国架空线路标准化技术委员会归口。

本部分负责起草单位：中国电力科学研究院。

本部分参加起草单位：国网武汉高压研究院。

本部分主要起草人：王来、谷莉莉、易辉、张学军、谢梁。

本部分所代替标准的历次版本发布情况：

——GB/T 2317—1985、GB/T 2317.2—2000。

电力金具试验方法
第2部分:电晕和无线电干扰试验

1 范围

GB/T 2317 的本部分规定了架空电力线路电力金具的电晕和无线电干扰试验方法、程序和判据。

本部分适用于 330 kV～750 kV 交流高压架空线路使用的金具,变电站所用金具可参照执行。

2 规范性引用文件

下列文件中的条款通过 GB/T 2317 的本部分的引用而成为本部分的条款。凡是注日期的引用文件,其随后所有的修改单(不包括勘误的内容)或修订版均不适用于本部分,然而,鼓励根据本部分达成协议的各方研究是否可使用这些文件的最新版本。凡是不注日期的引用文件,其最新版本适用于本部分。

GB 311.1 高压输变电设备的绝缘配合(GB 311.1—1997,IEC 60071-1:1993,NEQ)

GB/T 2900.19 电工术语 高电压试验技术和绝缘配合(GB/T 2900.19—1994,IEC 60071-1:1993,NEQ)

GB/T 6113(所有部分) 无线电骚扰和抗扰度测量设备和测量方法规范(CISPR 16-1 所有部分,IDT)

JB/T 3567 高压绝缘子无线电干扰试验方法

3 术语和定义

GB/T 2900.19 确立的以及下列术语和定义适用于本部分。

3.1

可见电晕 visual corona

电力金具表面附近空气绝缘局部击穿而产生的气体放电现象,一般可用肉眼、望远镜或紫外成像仪等仪器观察到。

3.2

电晕起始电压 inception corona voltage

在试品上施加的电压逐渐升高直至试品上发生可见电晕时的电压。

3.3

电晕熄灭电压 extinction corona voltage

当试品上发生可见电晕后,逐步降低所施加的电压直至可见电晕消失时的电压。

3.4

无线电干扰电压 radio interference voltage

RIV

试品产生电晕时对周围无线电接收设备造成干扰信号的强弱以无线电干扰电压来衡量,单位为 μV。

在通讯领域,通常用无线电干扰电平来衡量无线电干扰的强度,单位为分贝(dB)。干扰电平和干扰电压的关系如下:

$$A = 20 \log \frac{U}{U_0} \qquad (1)$$

式中：

A——分贝值；

U——实测的干扰电压(μV)；

U_0——基准电压，1 μV。

无线电干扰电压、可见电晕与施加电压之间典型关系如图 1 所示。

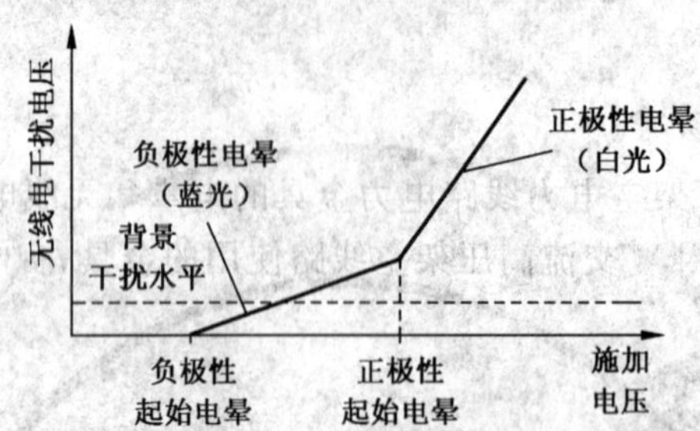

图 1 无线电干扰电压、可见电晕与施加电压之间关系

4 可见电晕和无线电干扰电压试验

4.1 试品布置

布置试品时应了解安装被试金具的架空线路几何尺寸、布置和最高运行电压。在本试验中是以单相导线来模拟三相输电线路导线上的场强。因此，试品组装和布置时应尽可能与实际线路相同。对绝缘子的金具试验，应把绝缘子元件和金具组成完整的绝缘子(串)装置，线路金具应安置在导线或子导线上。导线或子导线可以用直径相同的光滑金属棒或金属管来模拟。导线的两端应安装屏蔽环或球，以屏蔽端部电晕。模拟横担长度为绝缘子串长的 2 倍，宽度与实际线路杆塔横担宽度相当。

可见电晕和无线电干扰试验的试品布置相同，二者可同时试验，也可分别试验。试品布置参见图 2～图 4。图 2、图 3 和图 4 的布置分别适用于悬垂串、耐张串和档中的金具。

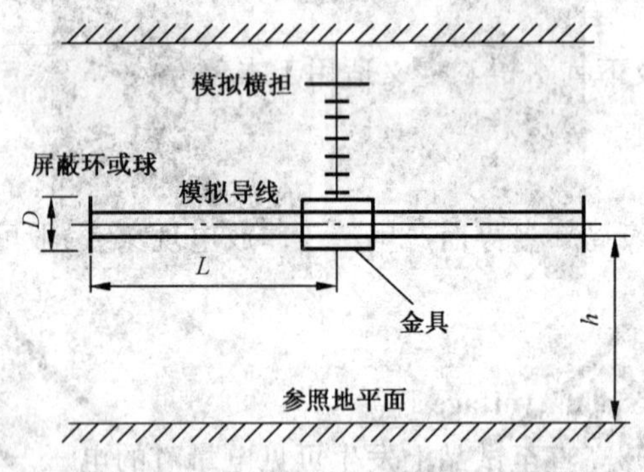

图 2 悬垂装配试品的典型布置

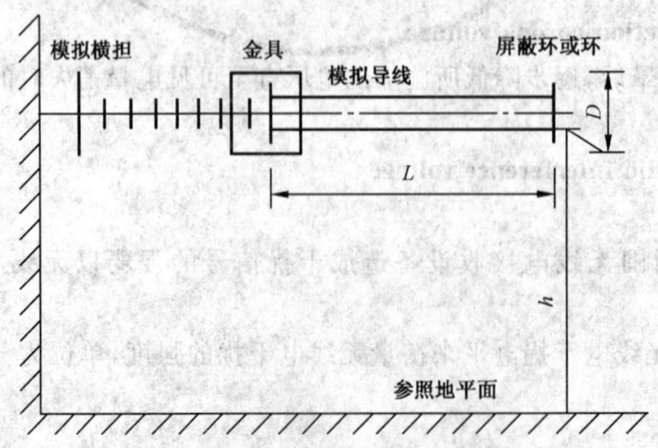

图 3 耐张装配试品的典型布置

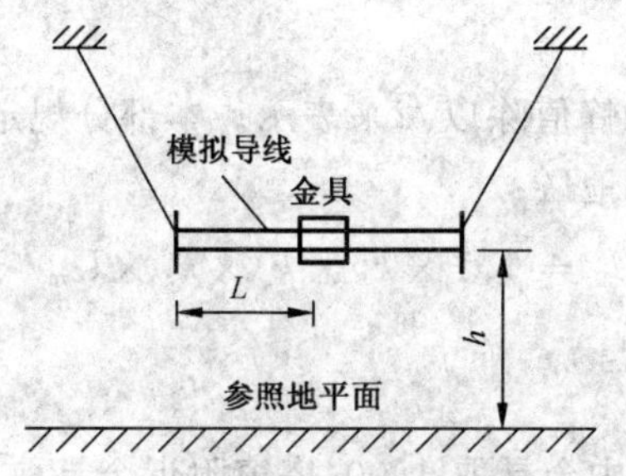

图 4　档中金具的典型布置

图中各有关参数如表 1 所示：

表 1　试品布置的有关尺寸

U_N[a]/kV	h/(m±5%)	L/(m±10%)	L_1[b]/m	L_2[b]/m
330	4	4D	3D	3D
500	6	4D	3D	3D
750	8	4D	3D	3D
注：对于多回路的试品布置由供需双方协商确定。				

[a] U_N 为系统额定电压，D 为屏蔽环或球的直径(m)。$D \geqslant 1.2$ 倍分裂导线间距。

[b] L_1 是金具与均压环之间的距离，L_2 是金具之间的距离。

平行于导线的墙面与试品间的距离 S 应满足：2 h≤S≤4 h。

试验时，一般应将试品逐个进行试验，也可以 3 只试品(不包括均压环之类的金具)一起试验，但试品的布置应符合表 1 的规定。试验中若有 1 只试品在规定电压下发生可见电晕或 RIV 不满足要求，则应重新对试品进行逐个试验。

4.2　试验回路和仪器设备

无线电干扰试验回路应符合 JB/T 3567 的要求，回路如附录 A 所示，所用仪器应符合 GB/T 6113 的有关规定。

观测电晕可用肉眼、望远镜和紫外成像仪等设备；记录电晕可用照相机、紫外成像仪或映像增强器等仪器设备。

4.3　试品数量

型式试验、抽样试验各抽 3 只。试品应清洁干净。

4.4　试验程序

4.4.1　可见电晕试验

用肉眼、望远镜观察可见电晕，试验应在黑暗条件下进行，观测者需在黑暗条件下停留 15 min 以上，以适应黑暗条件下的观测；紫外成像仪可用于白天非黑条件下进行可见电晕电压试验。试验时逐步升高施加在试品上的电压，直至观察到试品电晕的产生，维持 5 min，并记录该电压作为电晕起始电压；然后逐步降低施加在试品上的电压，直至试品上的电晕消失为止，维持 5 min，并记录该电压为电晕熄灭电压。上述试验重复三次，分别取其平均值作为该试品的电晕起始电压和电晕熄灭电压。

4.4.2　无线电干扰试验

进行无线电干扰试验时，应进行背景干扰测量。背景干扰应在无试品或试品没有干扰的条件下对试验回路进行测量，原则上，背景干扰电压应不大于试品干扰电压的 30%。

首先在试品上施加规定电压的 120%，并维持 5 min，然后降到规定电压的 30%，再逐级升高电压，直到规定电压的 120%，而后再逐级降低电压至规定电压的 30%。在第二次降压过程中同时记录施加电压和无线电干扰电压值，由此可作出一条干扰电压和施加电压的关系曲线。通常每级电压为规定电压值的 10%。

4.5 试验电压

试验电压的有效值应以电压的峰值除以$\sqrt{2}$来表示。本部分规定的试验电压：

1） 在海拔 1 000 m 及以下的地区：

$$U_0 = 1.1 \times k_1 \times k_2 \times k_3 \times U_m / \sqrt{3} \quad \cdots\cdots (2)$$

式中：

U_m——系统最高运行电压，kV；

k_1——试品位置修正系数，档中金具取 1.00，塔窗附近金具取 1.05；

k_3——试品悬挂高度修正系数，如表 2 所示；

k_2——气象修正系数，在环境温度为 10 ℃～40 ℃、相对湿度为 20%～70%的条件下，只作空气密度修正：

$$k_2 = \frac{p_1}{p_2} \times \frac{273 + t_0}{273 + t_1} \quad \cdots\cdots (3)$$

式中：

p_1——试验时的大气压强，kPa；

p_0——标准大气压强，kPa；

t_0——标准温度 20 ℃；

t_1——试验时的温度，℃。

表 2 悬挂高度修正系数

U_N[b]/kV \ h[a]/m	4	6	8	10	12	14
330	1.0	1.05	1.075	—	—	—
500	0.925	1.000	1.050	1.075	—	—
750	—	0.930	1.000	1.050	1.090	1.105
注：对于多回路的试品布置由供需双方协商确定。						

[a] h——试品悬挂高度；

[b] U_N——系统额定电压。

2） 当金具用于海拔高于 1 000 m 但不高于 4 000 m 的地区时，试验电压应按 GB 311.1 进行海拔修正

$$U_H = k_H \times U_0 \quad \cdots\cdots (4)$$

$$k_H = \frac{1}{1.1 - 0.1H} \quad \cdots\cdots (5)$$

式中：

H——海拔高度，km。

4.6 判定准则

在规定电压下，试品应无可见电晕，无线电干扰电压不大于规定值（通常为 1 000 μV，也可由需方确定），则试验通过。

附 录 A
（规范性附录）
无线电干扰试验回路

无线电干扰试验回路如图 A.1 所示，按照 JB/T 3567 的规定，主要参数如下：

a) 测量频率：$f=(0.5\pm0.05)$MHz 或$(1+0.1)$MHz；

b) 等效电阻：$R_L=(R_1+R_2/\!/R_m)=300(\Omega)$，其中 R_m 为仪器内阻；

c) 调谐阻抗：Z_S，在测量频率下$(Z_S+R_L)=(300\pm40)\Omega$，相角不超过 20°。

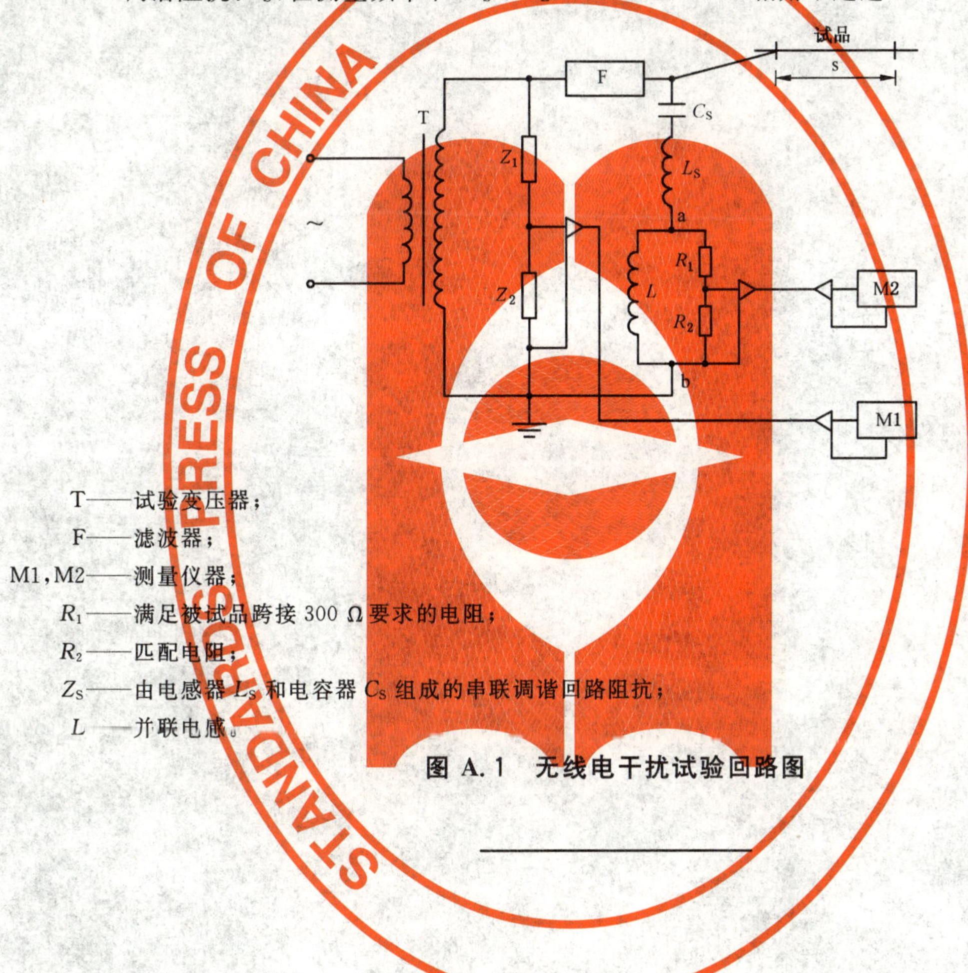

T——试验变压器；

F——滤波器；

M1，M2——测量仪器；

R_1——满足被试品跨接 300 Ω 要求的电阻；

R_2——匹配电阻；

Z_S——由电感器 L_S 和电容器 C_S 组成的串联调谐回路阻抗；

L——并联电感。

图 A.1 无线电干扰试验回路图

ICS 29.240.20
K 51

中华人民共和国国家标准

GB/T 2317.3—2008
代替 GB/T 2317.3—2000

电力金具试验方法
第3部分：热循环试验

**Test method for electric power fittings—
Part 3: Heat cycle tests for electric power fittings**

(IEC 61284:1997, Overhead lines—
Requirements and tests for fittings, MOD)

2008-12-30 发布 2009-10-01 实施

中华人民共和国国家质量监督检验检疫总局
中国国家标准化管理委员会 发布

前　言

GB/T 2317《电力金具试验方法》共有4个部分,分别是:

GB/T 2317.1 《电力金具试验方法　第1部分:机械试验》

GB/T 2317.2 《电力金具试验方法　第2部分:电晕和无线电干扰试验》

GB/T 2317.3 《电力金具试验方法　第3部分:热循环试验》

GB/T 2317.4 《电力金具试验方法　第4部分:验收规则》

本部分是GB/T 2317的第3部分。

本部分在修订时修改采用了IEC 61284:1997《架空线路　金具的要求和试验》的相关内容。本部分和IEC 61284:1997相比,主要有以下区别:

① 将温升试验、电阻试验单独列出,以便于根据不同要求进行产品的试验、检测;

② 在IEC标准相关数值的基础上,对热循环次数 N 及温升 T_f 进行了补充;

③ 对承受拉力的A类和不承受拉力的B类电气接续金具的试验方法进行了统一。

本部分代替GB/T 2317.3—2000。

本部分与GB/T 2317.3—2000相比,主要进行了以下修改:

——将原标准第3章"一般要求"改为"概述",并取消了原标准3.2,使内容清晰,有利于标准的执行;

——对"试件数量"的规定修改为"按GB/T 2317.4的规定执行。";

——"试验规则"一章中,对部分条款的文字进行了调整,使各条款的定义更为明确;

——新增加了"电阻试验",并作为新标准的第6章;

——新增加了"温升试验",并作为新标准的第7章;

——"热循环试验"作为新标准的第8章,并且增加了"对于耐热导线等具有较高运行温度的其他导线配套金具试验方法可参照执行。";

——对附录F中的公式进行了修正。

本部分的附录A、附录B、附录C、附录D、附录E、附录F是规范性附录。

本部分由中国电力企业联合会提出。

本部分由全国架空线路标准化技术委员会归口。

本部分负责起草单位:中国电力科学研究院。

本部分参加起草单位:南京线路器材厂。

本部分主要起草人:薄通、徐乃管、董吉谔、陈宁、刘长青、尤传永、王景朝、周立宪。

本部分所代替标准的历次版本发布情况:

——GB/T 2317—1985、GB/T 2317.3—2000。

电力金具试验方法
第 3 部分:热循环试验

1 范围

GB/T 2317 的本部分规定了电力金具的热循环试验方法。

本部分适用于电气接续金具的电阻、温升及热循环电气性能的试验。

2 规范性引用文件

下列文件中的条款通过 GB/T 2317 的本部分的引用而成为本部分的条款。凡是注日期的引用文件,其随后所有的修改单(不包括勘误的内容)或修订版均不适用于本部分,然而,鼓励根据本部分达成协议的各方研究是否可使用这些文件的最新版本。凡是不注日期的引用文件,其最新版本适用于本部分。

GB/T 2314 电力金具 通用技术条件

GB/T 2317.4 电力金具试验方法 第 4 部分:验收规则

3 概述

电气接续金具按受力情况可分为承受拉力(A 类)和不承受拉力(B 类)两类(见附录 A)。

4 试件

4.1 试件数量

按 GB/T 2317.4 的规定执行。

4.2 连接两种及以上导线的电气接续金具

对于连接两种及以上导线的电气接续金具,选择在最大规格和最小规格的导线上进行试验。

4.3 准备

电气接续金具及导线上的接触表面,应按厂家的说明进行处理,然后将其安装在新导线上,不得有松动。

5 试验规则

5.1 试验条件

试验应在环境温度 15 ℃~30 ℃较为不通风的条件下进行。试验布置应使金具之间或为便于试验而引入的其他连接件之间保持一定的距离,要足以保证忽略掉热扰动的影响。试件的支撑方式,应使空气可以绕试件自由环流而自然冷却。如果采用加速冷却,则应在整个试验布置区进行均匀冷却。

试验应使用新导线,对承受拉力的电气接续金具可以施加不超过导线计算拉断力 20%的张力。

5.2 参照导线

为测量电阻和温度,试验回路应包括具有一定长度的一根导线,作为测量金具电阻和温度的参照体。如果布置中一个接续金具要连接两种规格的导线,那么应将较小的导线作为参照导线。参照导线的长度不得小于导线直径的 100 倍,最长不超过 4 m。

5.3 电位测点

测量电阻时的测点位置应位于距离各电气接续金具端部 25 mm 处的导线上。对于参照导线的电位测点可采用附录 B 和附录 C 的示意图方式。

注：电位测试点不必焊接。附录 D 中电位测点的实用操作方法可以得到满意的性能。

5.4 试验回路的安装

试验回路的典型布置见附录 B 和附录 C。

5.5 测量方法

5.5.1 电阻测量方法

各试验电气接续金具及参照导线，其电阻测量应在 5.3 规定的电位测点之间进行。

测量电阻时应读出参照导线的温度和试验电气接续金具的温度，并按下式求出 20 ℃时的电阻值。

$$R_{20}=\frac{R_\theta}{1+\alpha_{20}(\theta-20)}$$

式中：

R_θ——测得的电阻值；

θ——测量电阻时的电气接续金具或参照导线的温度，℃；

α_{20}——电阻温度系数，取值为：

对于铜、铝和钢芯铝绞线，$\alpha_{20}=4\times10^{-3}/℃$；

对于铝合金，$\alpha_{20}=3.6\times10^{-3}/℃$。

测量电阻应在 15 ℃～30 ℃之间的稳定环境温度下进行，测量的电阻为直流电阻。电流引入点距电气接续金具的距离不得小于导线直径的 50 倍，并应与导线的全部线股有效接续，在计算导线等效电阻时要考虑到这一条件。

测量电阻用的仪表误差不大于 1%，或不大于 0.5 μΩ。

注：当采用附录 F 中的统计法这一判定方法时，测量电阻的误差会增加试件不能通过试验的可能性。为此，要考虑以下情况：

——热电势会影响低电阻的测量精度(约 10 μΩ)，作为补偿应改变引线电流方向，取两次测量电阻的平均值作为试件实际电阻值。

——测量电阻前要有一段时间的恒温或冷却，恒温或冷却时间的长短会影响到测量值，因此，切断电源后需要足够长的时间。为了缩短试验时间，允许对试件作强迫冷却。

5.5.2 温度测量方法

电气接续金具、参照导线以及环境温度应使用热电偶或其他合适仪器进行测量。测量精度为 2 ℃或更高精度。

记录的电气接续金具温度应是其表面最热部分的温度。测温探头紧贴于试件表面，或在试件上打个小孔，将测温探头插入小孔中。对于参照导线，测温探头应置于导线长度中央，且可靠固定好。对于绞合导线，测温探头应置于线股中。对于整根导体可打一小孔，测温探头放在小孔中(见附录 B 和附录 C)。

整个试验中都要测量环境温度，测温探头应设置在不受电气回路发热影响的地方。

6 电阻试验

6.1 试验程序

按 5.3 规定确定电位测点，按 5.5.1 规定的测量方法，测试出参照导线与试件的直流电阻，并算出平均值作为实际电阻值。

6.2 判定准则

对于压缩型金具，如果其电阻值不大于与金具等长的参照导线电阻值，则试验通过。对于非压缩型金具，如果其电阻值不大于与金具等长的参照导线电阻值的 1.1 倍，则试验通过。

7 温升试验

7.1 试验程序

在试验回路中通入试验电流，按5.5.2规定的测量方法，在恒温30 min的后15 min内，测试出参照导线与试件的温度。应重复3次～5次温升试验，并计算其温升值。取试验结果的平均值作为测试结果。

7.2 判定准则

如果试件的温升不大于参照导线的温升，则试验通过。

8 热循环试验

8.1 总则

热循环试验包括 N 次载流循环，循环次数和温升按表1执行。

每次热循环包括对试验回路的一次通电加热过程和紧随其后的切断电流的冷却过程。热循环试验应使用交流电进行。

对于耐热导线等具有较高运行温度的其他导线配套金具试验方法可参照执行，或由供需双方协商确定。

表1 循环次数 N 的选择

循环次数 N	温升 T_f/℃
500	100
300	115
200	122
100	130

8.2 试验程序

a) 按4.3要求准备好试件。试验回路中布置4个试件，试验前应按5.5.1的要求，测量各试件电阻及参照导线的电阻。根据试件长度，计算或测出参照导线等效长度上的电阻值；

b) 让电流通过试验回路，试验电流的大小和通电时间的长短应使参照导线的温度升至环境温度以上 T_f+5 ℃，恒温30 min。为缩短试验时间，可加大初期电流以加速加热，但不得超过试验电流的1.5倍；

c) 加热过程结束，切断电流，让导线冷却至高于环境温度5 ℃以内，为缩减冷却时间，允许强迫冷却；

d) 重复操作，进行 $0.1N\pm0.02N$ 次循环；

e) 在 $0.1N\pm0.02N$ 次热循环中，应在最后5次循环中的某一次，在恒温30 min的后15 min内，测量导线及试件的温度；

f) 然后将试件温度冷却至环境温度，测量导线及试件的电阻；

g) 继续进行热循环，在每个 $0.1N$ 次热循环末测量温度和电阻，直至完成 $0.5N$ 次循环；

h) 在以后的 $0.5N$ 次循环中，每个 $0.05N(\pm0.01N)$ 次循环要测量电阻，每个 $0.1N(\pm0.02N)$ 次循环要测量温度。

试验过程中不得对试件进行紧固和调整。上述试验程序以图表形式示于附录E中。

8.3 判定准则

如果试验满足下列要求，则试验通过：

a) 试验回路中每个试件的初始电阻值与4个试件初始电阻平均值的差值不应超过平均值的30%；

b) 每 0.1*N* 次热循环时，试件表面温度不得超过参照导线的温度；

c) 在每 0.1*N* 次热循环末，在环境温度下测得的试件电阻不得超过参照导线等效长度电阻；

d) 在后 0.5*N* 次热循环中，试件的平均电阻不得大于初始电阻值的 1.5 倍；

e) 电阻与热循环关系曲线图应表明有一合理概率，即后 0.5*N* 次热循环中电阻的增加不得超过同期电阻平均值的 15%。确定此概率的方法应符合附录 F 的要求。

附 录 A
（规范性附录）
常用的电气接续金具型式

A.1 受拉的接续金具(A 类)

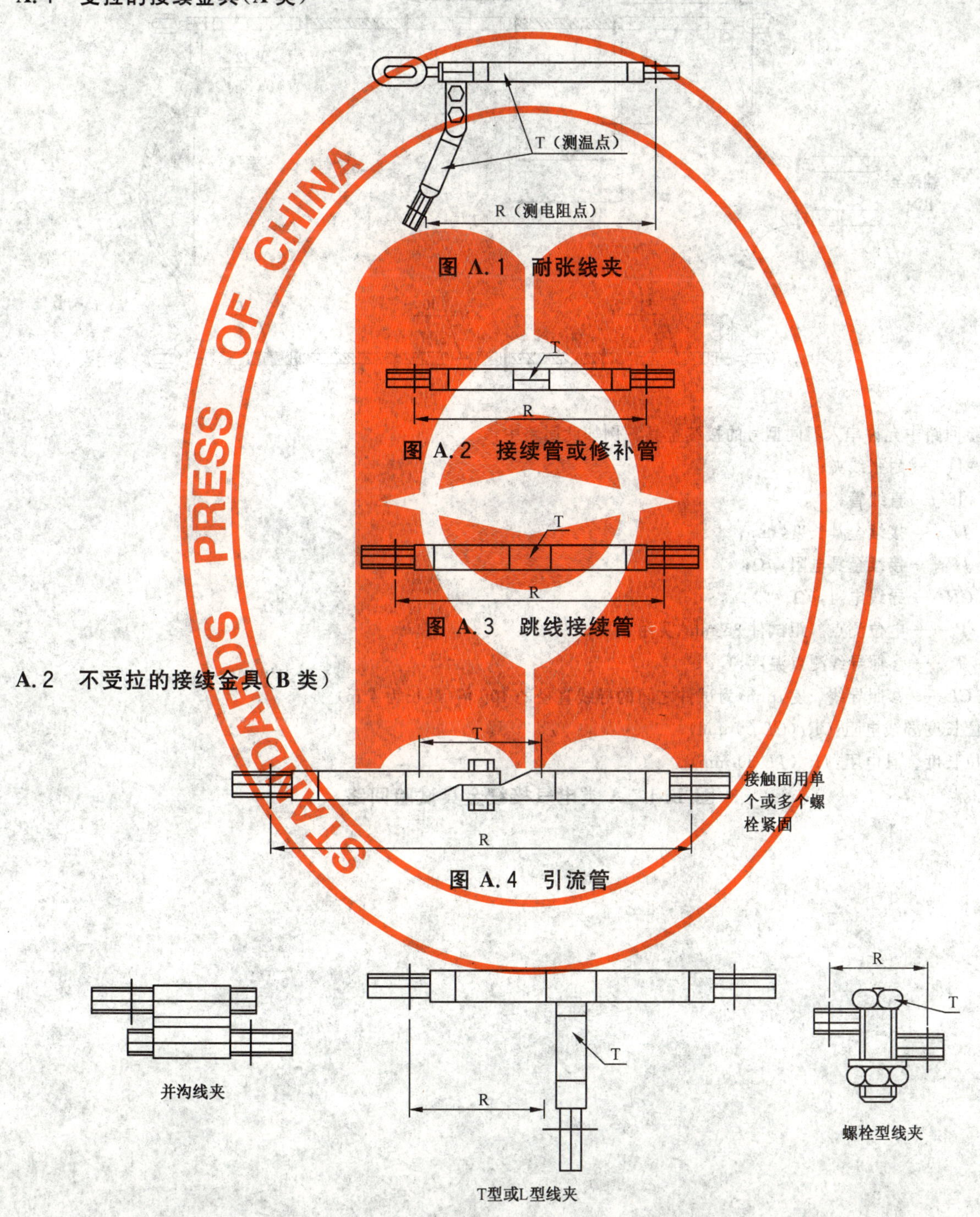

图 A.1 耐张线夹

图 A.2 接续管或修补管

图 A.3 跳线接续管

A.2 不受拉的接续金具(B 类)

图 A.4 引流管

图 A.5 分支式接续管

附 录 B
（规范性附录）
A类电气接续金具的典型试验回路

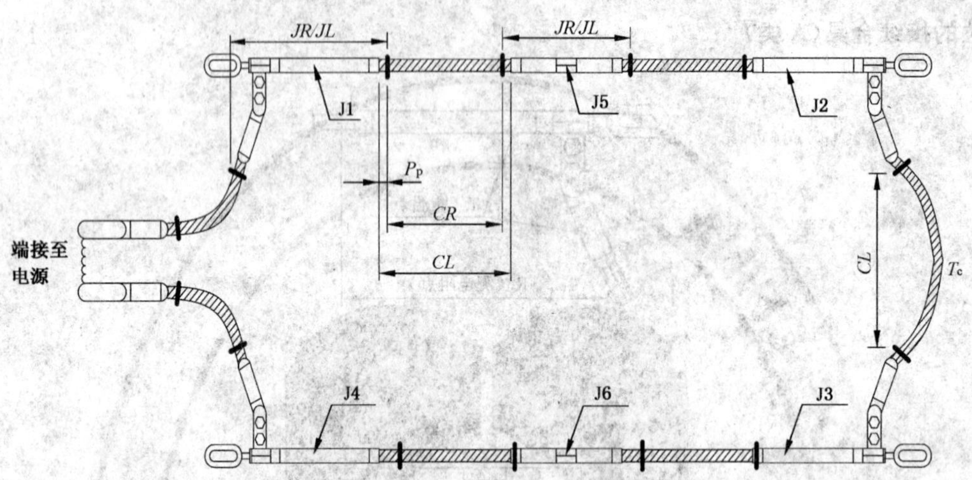

试验回路中允许串入不同型号的接续金具。例如此回路中：

J1～J4——耐张线夹；

J5～J6——直线管；

JL——接续金具长度，mm；

JR——接续金具电阻，μΩ；

CR——导线电阻，μΩ；

P_p——电位测点。距试件 25 mm，见附录 D；

T_c——参照导线测点温度，℃；

CL——参照导线长度，mm，为试件之间的导线直径的 100 倍（最长为 4 m）。

单位长度导线电阻：*CR*/(*CL*-50 mm)；

单位长度金具电阻：*JR*/(*JL*-50 mm)。

图 B.1 A类电气接续金具试验回路

附 录 C
（规范性附录）
B 类电气接续金具的典型试验回路

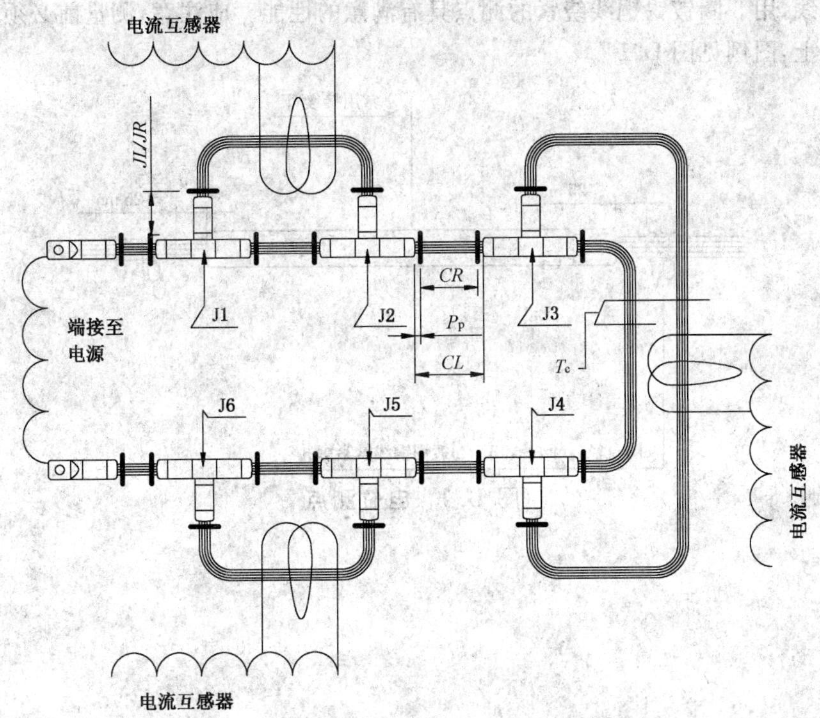

试验回路中允许串入不同型号的接续金具，例如回路中：

J1～J6——T 型线夹；

JL——接续金具长度，mm；

JR——接续金具电阻，$\mu\Omega$；

CR——导线电阻，$\mu\Omega$；

P_p——电位测点。距试件 25 mm，见附录 D；

T_c——参照导线测温点，℃；

CL——参照导线长度，mm，为试件之间的导线直径的 100 倍（最长为 4 m）。

单位长度导线电阻：*CR*/(*CL*-50 mm)；

单位长度金具电阻：*JR*/(*JL*-50 mm)。

图 C.1　B 类电气接续金具的典型试验回路

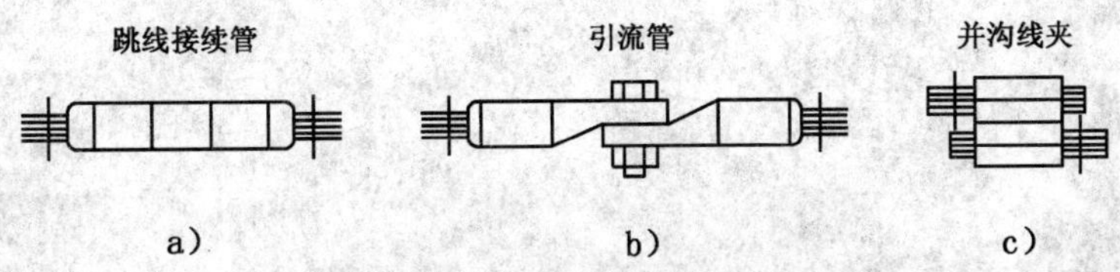

图 C.2　不受拉的接续金具的电位测点

附 录 D
(规范性附录)
电 位 测 点

对于绞合导线,用3圈镀锡铜线绕紧的测点具有满意的性能。应注意,测量前必须保证铜丝紧紧缠绕在测点处导线上,图例见图D.1

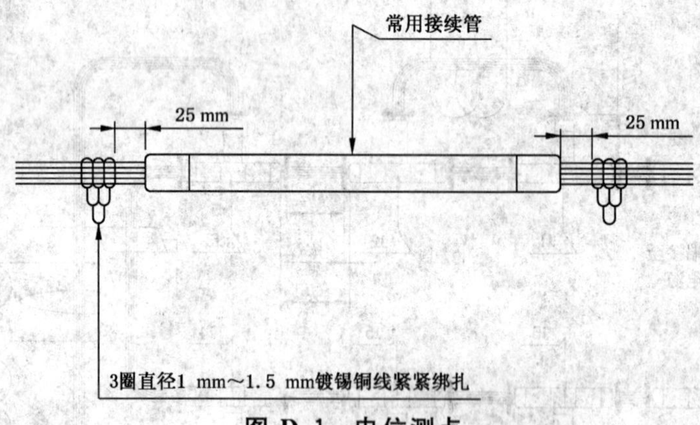

图 D.1 电位测点

附　录　E
（规范性附录）
热循环试验程序图

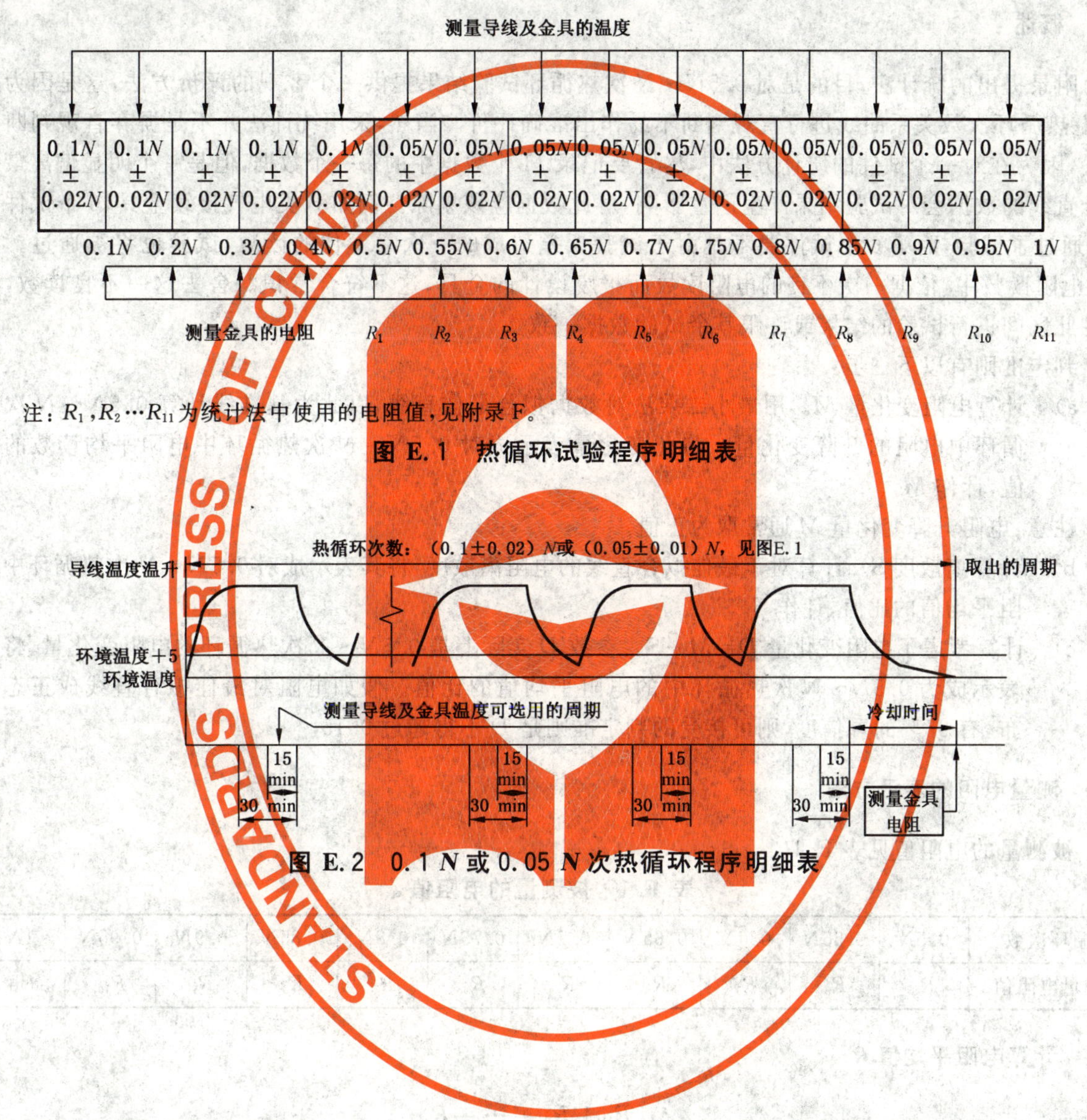

注：R_1，R_2…R_{11}为统计法中使用的电阻值，见附录F。

图 E.1　热循环试验程序明细表

图 E.2　0.1 N 或 0.05 N 次热循环程序明细表

附　录　F
（规范性附录）
统　计　法

F.1　概述

附录提出的统计法，目的是对 0.5N～N 次热循环试验结果提供一个客观的评价方法，这是因为对电阻-热循环次数关系曲线进行直观判断不易作出准确评价。当然，采用统计法并不是摒弃直观判断的方法，因为在对一个试件的统计方法中，尽管要记录 11 个数据中的每一个数据，但是一个明显偏离最佳拟合直线的数据会对试验结果产生严重影响，对此数据应该剔除。例如 B 类电气接续金具，6 个试件中 5 个通过了试验，而第 6 个试件要不是由于试验误差造成的一次靠不住的读数，试验也将被通过。在 6 个电阻读数中，依据一次不良的电阻读数而报废设计的金具，这不符合常识。舍去这一不良读数，继续在此区间进行试验的结果或许跟其余试验数据一致。

判定准则有以下三步：

a）计算电阻变化量 M。用最小二乘法对数据拟合最佳直线，以此为基准线计算 0.5N～N 次热循环中电阻的升降变化量。将此变化量表示成对 0.5N～N 次热循环中电阻平均读数的比值，计作 M。

注意：电阻升降变化量 M 通常取为正值。

b）计算离散度 S。计算对于最佳拟合直线的电阻离散度，将其表示成对 0.5N～N 次热循环中电阻平均值的比值，计作 S。

c）计算考虑了电阻变化量 $D=M+S$。参数 D 实际上是 0.5N～N 次热循环的电阻变化量，将其表示成为 0.5N～N 次热循环中的电阻平均值的比值。假如电阻对最佳拟合直线成正态分布，有 95% 的置信度，则可接受的判定准则是 D 不得超过 0.15。

F.2　测量电阻的表示方法

被测量的电阻值见表 F.1。

表 F.1　被测量的电阻值

循环次数	0.5N	0.55N	0.6N	0.65N	0.7N	0.75N	0.8N	0.85N	0.9N	0.95N	1N
测量电阻值	R_1	R_2	R_3	R_4	R_5	R_6	R_7	R_8	R_9	R_{10}	R_{11}

F.3　计算电阻平均值 *R*

$$R=\frac{R_1+R_2+\cdots+R_{11}}{11} \qquad \text{(F.1)}$$

F.4　计算电阻最佳拟合直线的斜率 *B*

$$B=\frac{-5R_1-4R_2-3R_3-2R_4-R_5+R_7+2R_8+3R_9+4R_{10}+5R_{11}}{110} \qquad \text{(F.2)}$$

F.5　计算电阻变化量 *M*

根据拟合直线的斜率，将其表示成对平均电阻的比值。

$$M=\frac{10B}{R} \qquad \text{(F.3)}$$

F.6　将 *M* 与判定准则相比较

若 $M>0.15$,则试样不合格;

若 $M\leqslant 0.15$,则继续进行 F.7 的计算。

F.7　对拟合直线离散度 *S* 的计算

$$S=\frac{2.07}{R}\sqrt{\frac{A_1^2+A_2^2+\cdots+A_{11}^2}{9}} \quad\cdots\cdots(\text{F.4})$$

式中:

$A_1=R_1-R+5B$

$A_2=R_2-R+4B$

$A_3=R_3-R+3B$

$A_4=R_4-R+2B$

$A_5=R_5-R+B$

$A_6=R_6-R$

$A_7=R_7-R-B$

$A_8=R_8-R-2B$

$A_9=R_9-R-3B$

$A_{10}=R_{10}-R-4B$

$A_{11}=R_{11}-R-5B$

F.8　将 *M*+*S* 与判定准则比较

对于合格试件,$D=M+S\leqslant 0.15$

ICS 29.240.20
K 51

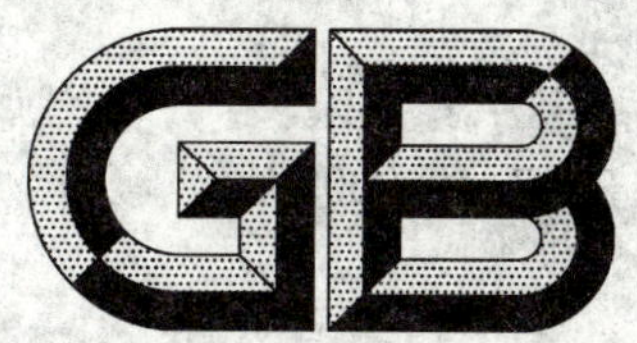

中华人民共和国国家标准

GB/T 2317.4—2008
代替 GB/T 2317.4—2000

电力金具试验方法 第4部分:验收规则

Test method for electric power fittings—
Part 4:Acceptance inspection for electric power fittings

2008-12-30 发布　　　　2009-10-01 实施

中华人民共和国国家质量监督检验检疫总局
中国国家标准化管理委员会　发布

前　言

GB/T 2317《电力金具试验方法》共有4个部分，分别是：

GB/T 2317.1 《电力金具试验方法　第1部分：机械试验》

GB/T 2317.2 《电力金具试验方法　第2部分：电晕和无线电干扰试验》

GB/T 2317.3 《电力金具试验方法　第3部分：热循环试验》

GB/T 2317.4 《电力金具试验方法　第4部分：验收规则》

本部分是GB/T 2317的第4部分。

本部分代替GB/T 2317.4—2000。

本部分与GB/T 2317.4—2000相比，主要有以下差别：

——为便于标准的使用，取消了“标志与包装”一章，将这部分内容划归到GB/T 2314—2008《电力金具通用技术条件》中；

——取消了“定期试验”的内容。

本部分由中国电力企业联合会提出。

本部分由全国架空线路标准化技术委员会归口。

本部分负责起草单位：中国电力科学研究院。

本部分参加起草单位：南京线路器材厂。

本部分主要起草人：薄通、徐乃管、董吉谔、陈宁、刘长青、尤传永、王景朝、周立宪。

本部分所代替标准的历次版本发布情况：

——GB/T 2317—1985、GB/T 2317.4—2000。

电力金具试验方法
第4部分:验收规则

1 范围

本部分规定了电力金具的验收规则。

本部分适用于额定电压10 kV及以上架空电力线路、变电站及电厂配电装置用的电力金具(以下简称金具)。

对低压配电网使用的同类金具可参照使用本部分。对在严重腐蚀、污秽的环境、高海拔地区、高寒地区等条件下使用的金具尚应满足其他标准的有关规定。

2 规范性引用文件

下列文件中的条款通过GB/T 2317的本部分的引用而成为本部分的条款。凡是注日期的引用文件,其随后所有的修改单(不包括勘误的内容)或修订版均不适用于本部分,然而,鼓励根据本部分达成协议的各方研究是否可使用这些文件的最新版本。凡是不注日期的引用文件,其最新版本适用于本部分。

GB/T 2314 电力金具通用技术条件

GB/T 2317.1 电力金具试验方法 第1部分:机械试验

GB/T 2317.2 电力金具试验方法 第2部分:电晕及无线电干扰试验

GB/T 2317.3 电力金具试验方法 第3部分:热循环试验

DL/T 756 悬垂线夹

DL/T 768.7 电力金具制造质量 钢铁件热镀锌层

DL/T 1098 间隔棒技术条件和试验方法

DL/T 1099 防振锤技术条件和试验方法

3 验收规则

3.1 金具由制造厂的技术检验部门检验合格后方能出厂,制造厂应保证所有出厂的金具符合国家标准及图样规定的有关技术条件。

3.2 金具试验分为型式试验、抽样试验和例行试验。

3.3 型式试验

3.3.1 总则

型式试验的目的是确认设计性能,通常在新产品试制定型时进行一次,当设计、材料或工艺更改后需重新进行。

3.3.2 试验项目及数量

金具应按表1进行型式试验,"○"表示进行该项试验。

防振锤、间隔棒、悬垂线夹还需满足DL/T 1099、DL/T 1098、DL/T 756规定的其他试验要求。

3.3.3 合格判定

如果试件全部符合要求,则该种产品为合格。

3.4 抽样试验

3.4.1 总则

抽样试验的目的是证实材料和产品的性能。抽样试验按批进行，在一批金具中随机抽取试验样品。

3.4.2 试验项目及数量

a) 金具应按表1进行抽样试验。受试样品在送交检验的批次中随机选取。需方有选择受试样品的权利；

表1 金具试验的项目及数量

序号	试验项目	悬垂线夹			连接金具			耐张线夹			接续金具			防护金具			型式试验数量	试验方法
		型式	抽样	例行	型式	抽样	例行	型式	抽样	例行	型式	抽样	例行	型式	抽样	例行		
1	外观	○	○	○[a]	○	○	○[a]	○	○	○[a]	○	○	○[a]	○	○	○[a]	3	GB/T 2314
2	尺寸	○	○	○[a]	○	○	○[a]	○	○	○[a]	○	○	○[a]	○	○	○[a]	3	按图样要求
3	组装	○	○		○	○		○	○		○	○		○	○		3	按图样要求
4	热镀锌锌层	○	○		○	○		○	○		○	○		○	○		3	DL/T 768.7
5	非破坏性试验					○[a]	○[a]										3	GB/T 2317.1
6	破坏载荷	○	○		○	○		○[c]	○[a,c]					○			3	GB/T 2317.1
	握力	○						○			○			○			3	GB/T 2317.1
7	电阻							○[b]			○						4	GB/T 2317.3
	温升							○[b]			○						4	GB/T 2317.3
	热循环							○[b]			○						4	GB/T 2317.3
8	电晕和无线电干扰	○[d]						○[b,d]			○[d]			○[d]			3	GB/T 2317.2

a 供需双方商定。

b 仅用于压缩型。

c 仅用于螺栓型及楔型耐张线夹。

d 用于额定电压 330 kV 及以上的金具。

b) 除非另有规定，一批产品不足100件时，不做抽样试验。批量在100件以上时，抽样数量按以下公式计算：

当 $100 \leqslant n < 500$ 时，$p=4$

当 $500 \leqslant n \leqslant 20\,000$ 时，$p=4+1.5n/1\,000$

当 $n > 20\,000$ 时，$p=19+0.75n/1\,000$

式中：

n——金具批量；

p——抽样数量(最接近的整数)。

热镀锌锌层检验的抽样数量按 DL/T 768.7 的规定执行。

3.4.3 验收标准

如果试件全部符合要求，则该批产品为合格。如果有二件或更多的试件不能通过同一项试验，则该批产品为不合格。如果有一件试件有一项试验不符合要求，则在同批产品中抽取原抽样两倍的数量，重做表1中该项试验，如果新试件全部符合要求，则该批产品为合格。如再有一个试件不符合要求，则该批产品为不合格。

3.5 例行试验

3.5.1 总则

例行试验的目的是验证金具是否符合专门的技术要求，在每个金具上进行。试验不应损坏金具。

3.5.2 试验项目、数量及验收标准

a) 经供需双方商定，金具可进行表1列出的例行试验。不符合技术要求的金具应剔除；

b) 球、窝连接的球与窝应逐件进行“过规”及“不过规”检查。

3.6 需方有权按3.4的要求对产品进行抽样试验，并有权要求厂家提供型式试验报告。

UDC 71.040
G 04

中华人民共和国国家标准

GB/T 2366—2008
代替 GB/T 2366—1986

化工产品中水含量的测定 气相色谱法

Determination of water content in industrial chemicals—
Gas chromatographic method

2008-05-14 发布 2008-10-01 实施

中华人民共和国国家质量监督检验检疫总局
中国国家标准化管理委员会 发布

前言

本标准代替 GB/T 2366—1986《化工产品中水分含量的测定 气相色谱法》。

本标准与 GB/T 2366—1986 相比主要变化如下：

——水含量测定范围由 0.05%～1.0%修改为 0.003%～1.0%(见第 1 章)；

——增加了典型化工产品的色谱操作条件和典型色谱图(见附录 A)；

——增加了内加法计算水含量的公式(见 3.8.5.2)；

——增加了正庚烷饱和水溶解度表(见附录 B)。

本标准的附录 A 和附录 B 为资料性附录。

本标准由中国石油和化学工业协会提出。

本标准由全国化学标准化技术委员会有机分会(SAC/TC 63/SC 2)归口。

本标准起草单位:中国石油化工股份有限公司北京燕山分公司化学品事业部、中国石油化工股份有限公司北京化工研究院。

本标准主要起草人:周世旺、赵兵、郭燕玲、陶春生。

本标准于 1980 年首次发布;1986 年 4 月第一次修订。

化工产品中水含量的测定 气相色谱法

1 范围

本标准规定了用气相色谱法测定化工产品中水含量的试验方法。

本标准适用于液体有机物水含量的测定，其中包括醇类、酮类、烃类、卤代烃、酯类等。测定水含量(质量分数)的范围为0.003%～1.0%。

2 规范性引用文件

下列文件中的条款通过本标准的引用而成为本标准的条款。凡是注日期的引用文件，其随后所有的修改单(不包括勘误的内容)或修订版均不适用于本标准，然而，鼓励根据本标准达成协议的各方研究是否可使用这些文件的最新版本。凡是不注日期的引用文件，其最新版本适用于本标准。

GB/T 3723 工业用化学产品采样安全通则

GB/T 6682—1992 分析试验室用水规格和试验方法(neq ISO 3696:1987)

GB/T 8170 数值修约规则

GB/T 9722—2006 化学试剂 气相色谱法通则

3 试验方法

3.1 警示

试验方法规定的一些试验过程可能导致危险情况，操作者应采取适当的安全和健康措施。

3.2 一般规定

除非另有说明，在分析中仅使用确认为分析纯的试剂和GB/T 6682—1992规定的三级水。

3.3 方法提要

用气相色谱法，在选定的工作条件下，将标准样品和适量样品分别注入气相色谱仪使水与其他组分得到分离，用热导检测器检测，测量样品和标样中水的峰高或峰面积，用外标法或内加法定量。

3.4 试剂

3.4.1 载气：氢气或氦气，体积分数不低于99.9%，经硅胶与分子筛干燥、净化；

3.4.2 正庚烷；

3.4.3 苯；

3.4.4 无水有机溶剂：使用外标法测定产品水质量分数大于0.1%时，可使用与样品相同的有机溶剂，该有机溶剂使用分子筛或其他脱水物质脱水后所含的痕量水在表A.1色谱工作条件下测定应无水峰，且该有机溶剂具有与水互溶的特性。使用者也可根据需要，选择其他相关试剂。亦可购买市售标准样品。

3.5 仪器

3.5.1 气相色谱仪：配有热导检测器，整机灵敏度和稳定性应符合GB/T 9722—2006中的有关规定，对第1章中测定范围内所示最低含水量产生峰高应大于噪声的两倍。当分析高沸点样品时仪器需配备反吹装置。

3.5.2 记录仪：色谱数据处理机或色谱工作站。

3.5.3 进样器：微量进样器，1 μL或10 μL。

3.6 推荐的典型色谱操作条件

推荐的典型色谱操作条件参见附录A表A.1。典型色谱图参见附录A.2图A.2.1～图A.2.12。其他能达到同等分离程度的色谱柱和色谱操作条件也可使用。

3.7 采样

按GB/T 3723及相应产品中规定的采样方法采取有代表性的样品供分析用。

3.8 分析步骤

3.8.1 正庚烷-水饱和溶液标准样品和苯-水饱和溶液标准样品的制备

将适量的正庚烷或苯置于分液漏斗中，加入同体积的水振荡，洗去水溶性物质，洗涤次数不少于5次，最后一次充分振荡后连水一起装入500 mL正庚烷或苯-水平衡瓶中（见图1），即为正庚烷或苯-水饱和溶液，静置10 min后可使用。每次使用前需摇匀，静止2 min后再用。必要时，将正庚烷或苯-水平衡瓶至于恒温水浴中。

根据瓶中显示温度（温度计精度应为0.1℃）查饱和水溶解度表（见附录B表B.1和表B.2），得出相应的正庚烷或苯中饱和水含量。

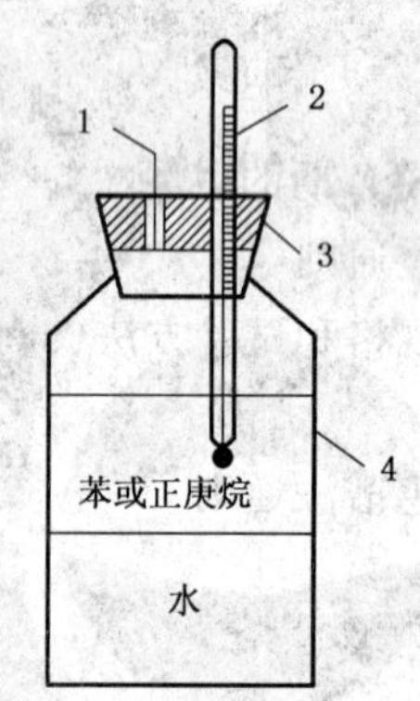

1——抽样孔；
2——温度计；
3——聚四氟乙烯塞子；
4——玻璃瓶。

图1 正庚烷或苯-水平衡瓶

3.8.2 有机溶剂标准样品的制备

在碘量瓶中加入无水有机溶剂，根据被分析样品的大致含水量，加入与被测样品水含量相近的水，精确至0.000 1 g，摇匀，即为标准样品。

3.8.3 设定操作条件

根据仪器操作说明书，在色谱仪上安装并老化色谱柱。调节仪器至表A.1所示的操作条件，待仪器稳定后即可开始测定。

3.8.4 样品的测定

3.8.4.1 校正

在每次试样分析前应按实际情况选择与被测样品水含量相近的标准样品进行校正。当被测样品水的质量分数小于0.05%时，用正庚烷-水饱和溶液标准样品；当被测样品水的质量分数为0.05%～0.1%时，用苯-水饱和溶液标准样品；当被测样品水的质量分数为0.1%～1.0%时，采用与样品相同的有机溶剂配制的标准样品。在表A.1推荐的色谱操作条件下，将适量的标样注入色谱仪，以获得水的峰高或峰面积，重复测定两次，取其平均值供定量计算用。

3.8.4.2 外标法测定

在表A.1推荐的色谱操作条件下，注入与标准样品相同体积的试样于色谱仪，以获得水的峰高或峰面积，重复测定两次，取其平均值供定量计算用。

3.8.4.3 **内加法测定**

将适量样品注入色谱仪，以获得水的峰面积，重复测定两次，取其平均值供定量计算用。

向已称量的碘量瓶中加入被测样品并称量，再向其中加入一定量的水再称量，称量均精确至0.0001 g，得到加水样品。注入与样品等体积的加水样品于色谱仪，以获得水的峰面积，重复测量两次，取其平均值供定量计算用。

3.8.5 **结果计算**

3.8.5.1 外标法测定的水的质量分数 w_1，数值以%表示，按式(1)计算：

$$w_1 = \frac{V_s \cdot \rho_s \cdot h_A \cdot w_s}{V \cdot \rho \cdot h_{As}} \quad \cdots\cdots(1)$$

式中：

V_s——标准样品的体积的数值，单位为微升(μL)；

ρ_s——标准样品有机溶剂的密度的数值，单位为克每立方厘米(g/cm^3)；

h_A——样品中水的峰高或峰面积；

w_s——标准样品中水的以%表示的质量分数；

V——样品的体积的数值，单位为微升(μL)；

ρ——样品的密度的数值，单位为克每立方厘米(g/cm^3)；

h_{As}——标准样品中水的峰高或峰面积。

3.8.5.2 内加法测定的水的质量分数 w_2，数值以%表示，按式(2)计算：

$$w_2 = \frac{A_X}{A_{加} - A_X} \times w_{加} \quad \cdots\cdots(2)$$

式中：

$w_{加}$——样品中加入的水的以%表示的质量分数；

A_X——样品中水的峰面积；

$A_{加}$——加水后样品中水的峰面积。

对于任一试样，分析结果的数值修约按 GB/T 8170 规定进行，并以两次重复测定结果的算术平均值表示其分析结果。结果应精确至0.001%。

4 重复性

在同一实验室，由同一操作员使用相同设备，按相同的测试方法，并在短时间内对同一被测对象相互独立进行测试获得的二次独立测试结果的绝对差值，不应超过下列重复性限 r，以超过重复性限 r 的情况不超过5%为前提。

当水的质量分数≤0.1%时，r 为这两个测定值的算术平均值的20%；当水的质量分数为0.1%～1.0% 时，r 为这两个测定值的算术平均值的10%。

5 试验报告

报告应包括下列内容：

a) 样品名称、批号、采样地点、采样日期及时间等；

b) 本标准代号；

c) 分析结果；

d) 测定中观察到的任何异常现象任何的细节及其说明；

e) 分析人员姓名及分析日期。

附 录 A
（资料性附录）
推荐的典型样品色谱操作条件及典型色谱图

A.1 推荐的典型色谱操作条件(见表 A.1)。

表 A.1 推荐的典型样品色谱操作条件

样品名称	二氯甲烷、三氯甲烷、三氯乙烯	丙酮、异丙醇	四氢呋喃、乙酸乙酯、正丁醇、丙烯酸	丙烯酸甲酯	环氧氯丙烷	丙烯酸乙酯	丙烯酸正丁酯
检测器	热导检测器						
色谱柱	1 m×3 mm	2 m×3 mm					
填充物/μm	GDX-101/250～180					GDX-104/425～250	
填充量/g	3.0	6.0				4.2	
气化室温度/℃	200	170	190				
检测室温度/℃	200	170	190				
柱温/℃	160	160	180				
桥流/mA	90	140					
载气	氢气或氦气						
进样量/μL	10	2		4	2	4	
载气流量/(mL/min)	50	85	90		135	145	
辅助工具	反吹	无					
注：其他液体有机物水含量测定亦可参照本标准推荐的典型样品色谱操作条件。							

A.2 典型色谱图(见图 A.2.1～图 A.2.12)

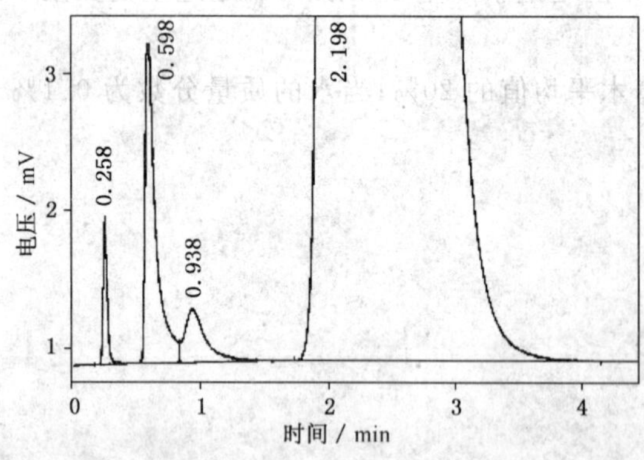

1——空气；
2——水；
3——丙酮。

图 A.2.1 丙酮在 GDX-101 填充柱上典型色谱图

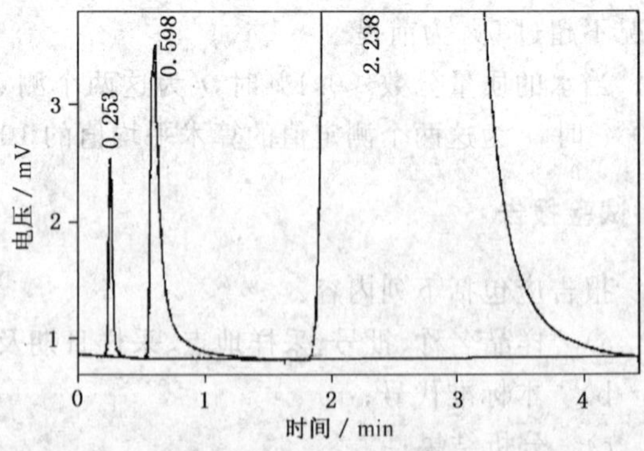

1——空气；
2——水；
3——异丙醇。

图 A.2.2 异丙醇在 GDX-101 填充柱上典型色谱图

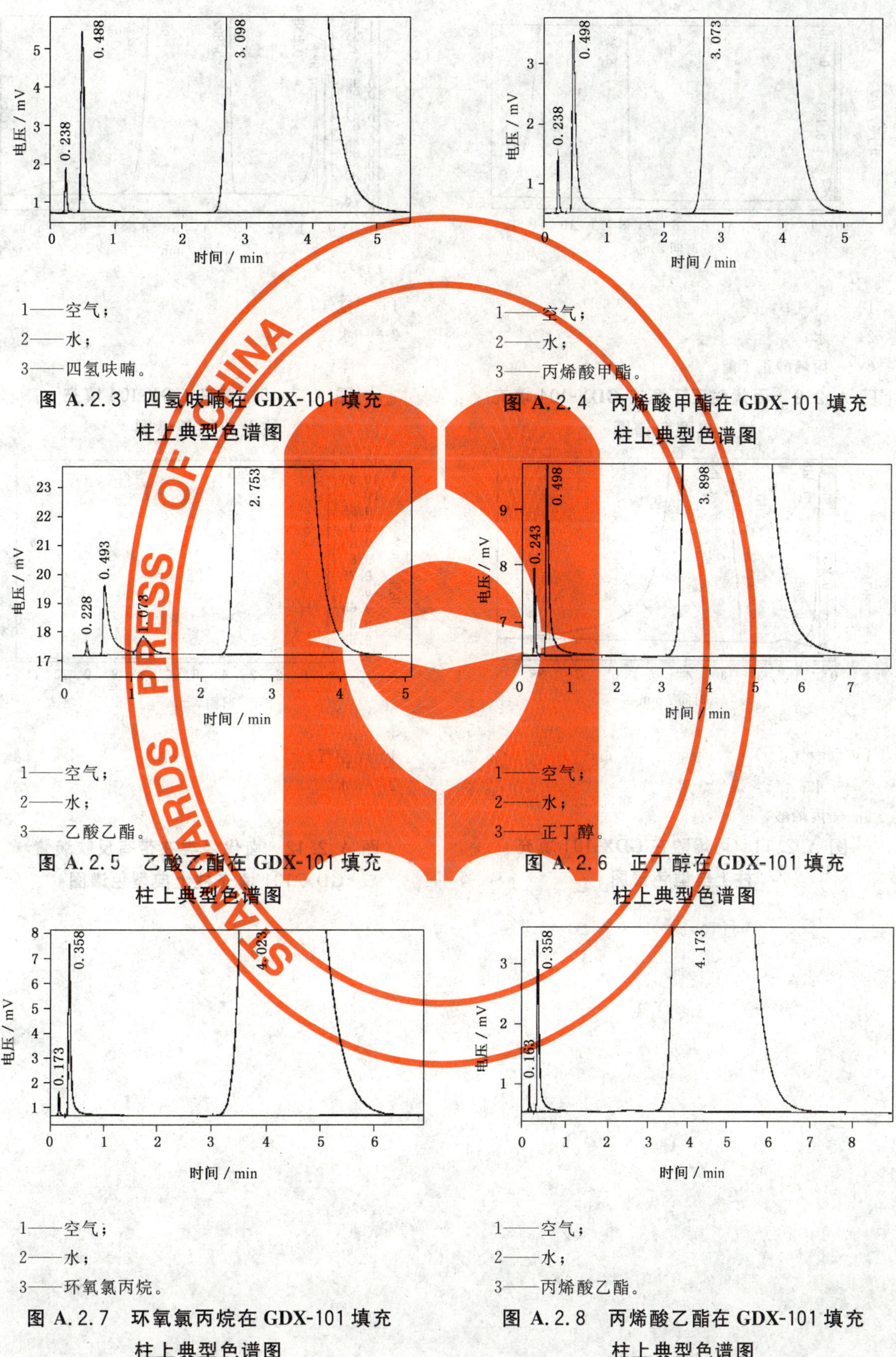

1——空气；
2——水；
3——四氢呋喃。

图 A.2.3　四氢呋喃在 GDX-101 填充柱上典型色谱图

1——空气；
2——水；
3——丙烯酸甲酯。

图 A.2.4　丙烯酸甲酯在 GDX-101 填充柱上典型色谱图

1——空气；
2——水；
3——乙酸乙酯。

图 A.2.5　乙酸乙酯在 GDX-101 填充柱上典型色谱图

1——空气；
2——水；
3——正丁醇。

图 A.2.6　正丁醇在 GDX-101 填充柱上典型色谱图

1——空气；
2——水；
3——环氧氯丙烷。

图 A.2.7　环氧氯丙烷在 GDX-101 填充柱上典型色谱图

1——空气；
2——水；
3——丙烯酸乙酯。

图 A.2.8　丙烯酸乙酯在 GDX-101 填充柱上典型色谱图

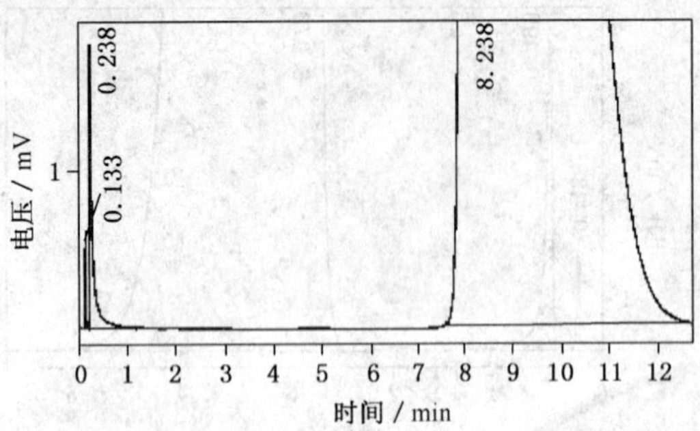

1——空气；

2——水；

3——丙烯酸正丁酯。

图 A.2.9　丙烯酸正丁酯在 GDX-104 填充柱上典型色谱图

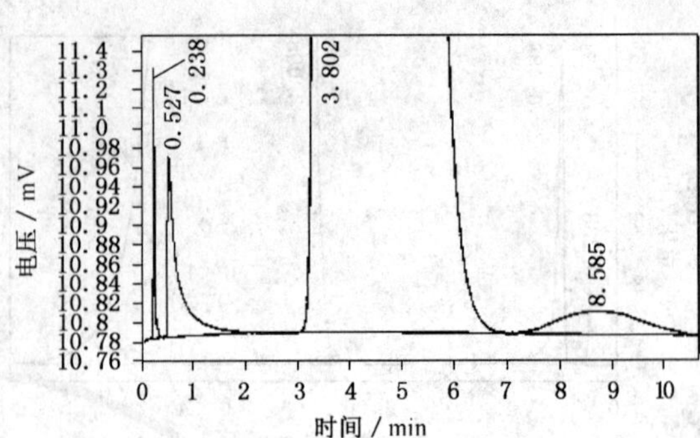

1——空气；

2——水；

3——苯。

图 A.2.10　苯在 GDX-104 填充柱上典型色谱图

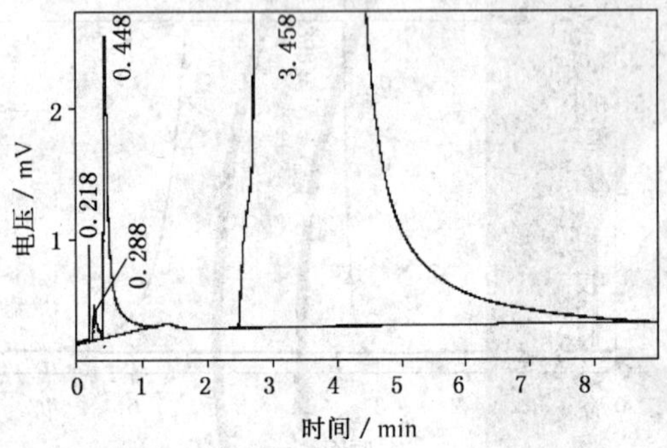

1——空气；

2——水；

3——丙烯酸。

图 A.2.11　丙烯酸在 GDX-101 填充柱上典型色谱图

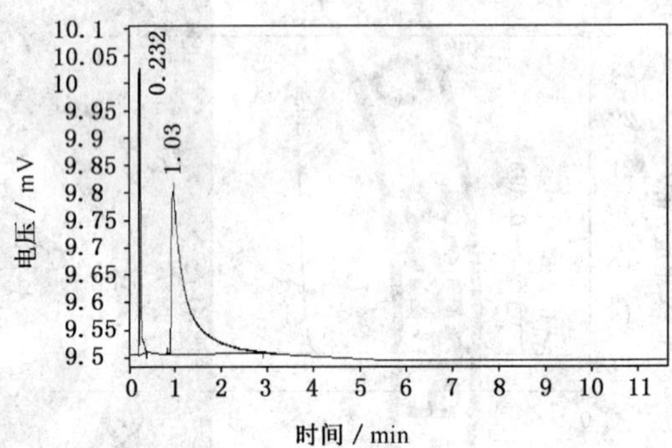

1——空气；

2——水。

图 A.2.12　卤代烃类在带有反吹装置 GDX-101 填充柱上典型色谱图

附　录　B
（资料性附录）
饱和水溶解度表

B.1　正庚烷中饱和水溶解度

表B.1给出了正庚烷在水中10℃～35℃时正庚烷中饱和水溶解度，根据正庚烷-水饱和溶液的温度查表B.1，可得正庚烷在水中的饱和溶解度。

表B.1　正庚烷中饱和水溶解度

温度/℃	水含量/%	温度/℃	水含量/%	温度/℃	水含量/%
10	0.035	19	0.044	28	0.055
11	0.036	20	0.045	29	0.057
12	0.037	21	0.046	30	0.058
13	0.038	22	0.047	31	0.060
14	0.039	23	0.049	32	0.061
15	0.040	24	0.050	33	0.063
16	0.041	25	0.051	34	0.064
17	0.042	26	0.053	35	0.066
18	0.043	27	0.054		

B.2　苯中饱和水溶解度

表B.2给出了在10℃～39℃时苯中饱和水溶解度，根据苯-水饱和溶液的温度查表B.2，可得苯在水中的饱和溶解度。

表B.2　苯中饱和水溶解度

温度/℃	水含量/%	温度/℃	水含量/%	温度/℃	水含量/%
10	0.044 0	20	0.061 4	30	0.085 9
11	0.045 7	21	0.063 5	31	0.088 8
12	0.047 4	22	0.065 5	32	0.091 8
13	0.049 1	23	0.067 6	33	0.094 7
14	0.050 8	24	0.069 6	34	0.097 7
15	0.052 5	25	0.071 6	35	0.100 6
16	0.054 3	26	0.074 5	36	0.105 5
17	0.056 1	27	0.077 3	37	0.110 4
18	0.057 9	28	0.080 2	38	0.115 3
19	0.059 7	29	0.083	39	0.120 2

ICS 83.080
G 31

中华人民共和国国家标准

GB/T 2406.1—2008/ISO 4589-1:1996
代替 GB/T 2406—1993

塑料　用氧指数法测定燃烧行为
第1部分:导则

Plastics—Determination of burning behaviour by oxygen index—Part 1:Guidance

(ISO 4589-1:1996,IDT)

2008-08-04 发布　　2009-04-01 实施

中华人民共和国国家质量监督检验检疫总局
中国国家标准化管理委员会　发布

前　言

GB/T 2406《塑料　用氧指数法测定燃烧行为》共分为三个部分：

——第1部分：导则；

——第2部分：室温试验；

——第3部分：高温试验。

本部分为GB/T 2406的第1部分。

本部分等同采用国际标准ISO 4589-1:1996《塑料——用氧指数法测定燃烧行为——第1部分：导则》(英文版)。

本部分等同翻译ISO 4589-1:1996，在技术内容上完全相同。

为了便于使用，对ISO 4589-1:1996本部分做了下列编辑性修改：

——把"ISO 4589的本部分"改成"GB/T 2406的本部分"或"本部分"；

——删除了ISO 4589-1:1996的前言；

——增加了我国标准的本部分的前言；

本部分代替GB/T 2406—1993《塑料氧指数性能试验方法　氧指数法》，与GB/T 2406—1993相比主要差异如下：

——修改了标准名称，增加了前言和引言及附录A；

——对"范围"、"设备"、"操作"等章内容进行了扩展和补充；

——增加了"原理"、"试验的适用性"、"操作条件"、"结论"章；

——对ISO 4589"室温试验"部分和"高温试验"部分及"薄膜试样制样方法"做了概括性介绍。

本部分的附录A为资料性附录。

本部分由石油和化学工业协会提出。

本部分由全国塑料标准化技术委员会(SAC/TC 15)归口。

本部分负责起草单位：国家合成树脂质量监督检验中心。

本部分参加起草单位：北京燕山石化树脂所、国家塑料制品质检中心(福州)、国家化学建筑材料测试中心(材料测试部)、南京市江宁区分析仪器厂、公安部上海消防研究所、广州金发科技有限公司、山东道恩集团龙口市道恩工程塑料有限公司。

本部分主要起草人：宋桂荣、王建东、陈宏愿、李建军、张正敏、何芃、杨宗林、王富海、张成杰。

本标准所代替标准的历次版本发布情况为：

——GB 2406—1980、GB/T 2406—1993。

引　言

室温下的氧指数试验首先是由 Fenimore 和 Martin[2] 于 1966 年阐述。ASTM D 2863:1970[6] 标准首先使用该方法,此后被许多国家标准和国际标准颁布采用。1984 年颁布的 ISO 4589 现已修订为 ISO 4589-2。ISO 4589-3 规定了高温氧指数的试验。

自 ASTM D2863 成为标准期间,有关此方法的许多文章发表。例如,Werll,Hirschler 等[3] 有关实际火焰位置的相关试验的论述。其他有关阻燃剂的量与氧指数经验公式建议的文章,或设备性能研究情况的文章(见 Kanury[4])。两种不同试验的数据显现出明显的一致性,本指导性文件是为了探讨这两种试验方法设备的使用以及方法的适用性。

塑料 用氧指数法测定燃烧行为 第1部分:导则

1 范围

1.1 GB/T 2406 的本部分为进行 *OI* 试验的指导性文件,它给出了关于 ISO 4589-2 和 ISO 4589-3 试验过程中的指导性信息。

1.2 ISO 4589-2 中描述了在规定试验条件下,通入 23 ℃±2 ℃氧、氮的混合气体,材料恰好维持燃烧所需的最小氧浓度的试验方法。其结果定义为 *OI* 值。为了便于质量控制,也给出了材料 *OI* 值是否高于某些规定值的测定方法及厚度在 20 μm～100 μm 间薄膜的试验方法。

1.3 ISO 4589-3 中描述了在 25 ℃～150 ℃特定温度区间(可至 400 ℃)进行上述测定的方法。其结果定义为试验温度下的 *OI* 值。ISO 4589-3 中还给出了小垂直试样 *OI* 值是 20.9 时温度测定的方法。该温度定义为燃烧温度。ISO 4589-3 中不适用于 23 ℃时 *OI* 值低于 20.9 的材料。

2 规范性引用文件

下列文件中的条款通过 GB/T 2406 的本部分的引用而成为本部分的条款。凡是注日期的引用文件,其随后所有的修改单(不包括勘误的内容)或修订版均不适用于本部分,然而,鼓励根据本部分达成协议的各方研究是否可使用这些文件的最新版本。凡是不注日期的引用文件,其最新版本适用于本部分。

ISO 4589-2:1996 塑料 用氧指数法测定燃烧行为 第2部分:室温试验

ISO 4589-3:1996 塑料 用氧指数法测定燃烧行为 第3部分:高温试验

3 试验原理

3.1 在 ISO 4589-2,无论是刚性材料还是柔性材料在特定的夹具中都可进行试验。夹具安装在以层流方式向上流动的氧、氮混合气体的透明燃烧筒中。试样状态调节后,通常进行室温试验。在顶面点燃时,火焰接触顶面最长时间 30 s,并每隔 5 s 移开一次,观察试样是否燃烧。这可确保试样温度不会过高,而获得较低的 *OI* 值。在扩散式点燃时,火焰接触试样垂直侧面向下约 6 mm。薄膜试验中,将薄膜以 45°缠绕在杆上,移出杆固定试样末端并切除顶端 20 mm。

3.2 在 ISO 4589-3 中,材料试验方法与 ISO 4589-2 相同。只是在通入了加热气流的燃烧筒中进行。在试验开始时,试样和夹具都应在气流中预热 240 s±10 s,以使其温度在试验前达到平衡。施加火焰的时间与 ISO 4589-2 的规定相同。

4 试验的适用性

4.1 本试验用于材料的质量控制,尤其适用于研究改进受试材料的阻燃剂的检验。不适用于本方法以外的燃烧特性的评定及制定安全控制和消费者保护的法规。本试验提供了受控实验室条件下燃烧特性灵敏度。该结果取决于试样的大小、形状和取向。虽然有些限制,但 *OI* 试验仍广泛应用于电缆及阻燃剂制造业也广泛应用于聚合物制造业。

4.2 高温试验(ISO 4589-3)给出了温度范围对 *OI* 值的影响的信息。该试验所获得的值高于室温条件下所测的单点值,对某一温度范围内材料燃烧特性做了更好的解释。检测时,该值很重要,例如:当加入的阻燃剂发生失效时。它也可有效控制在较高温度时增加或减小燃烧趋势而发生的任何化学变化。

4.3 燃烧温度试验(ISO 4589-3,附录 B)给出了在通常环境中评价材料特性 *OI* 值在 20.9 时测定温度的方法。

4.4 ISO 4589-2 和 ISO 4589-3 也可用于比较一组塑料材料的特有燃烧行为。材料的燃烧特性很复杂,而对评价材料特性只进行单次试验是不够的,应进行多次试验,以描述材料的所有的燃烧行为。

4.5 这些小型试验室的试验仅作为材料试验,其主要用于材料的改进、一致性控制和/或材料的预选,但不能作为评价材料在使用中潜在的着火危险性的方法。

4.6 由于不同行业的特殊要求,会发布一些类似的标准,但又不完全相同,这些标准常使用不同燃烧器和点燃方式。不同的燃烧器和点燃方式获得的试验结果不同,当用不同的标准试验时,应谨慎比对这些结果。

5 试样制备

应仔细制备试样。试样表面清洁无任何缺陷,否则会影响燃烧行为。在状态调节时,应避免出现试样缺陷。

6 装置

6.1 概述

现有的个别仪器能满足 ISO 4589-2 和 ISO 4589-3 要求。一些仪器具有流量计、阀或氧分析仪,一些仪器是标准的并可加入加热组件。详细说明在 ISO 4589-2 和 ISO 4589-3 的第 5 章。

6.2 测量装置

测量氧浓度有多种方法。既可用流量计测量,也可用氧分析仪测量。使用前需校准流量计,用标准气体校准氧分析仪。按 ISO 4589-2 规定的时间间隔对整台仪器进行检查,确保系统无泄漏。不能随意拆卸和重装仪器。

6.3 燃烧筒

由于燃烧筒外的空气会进入筒内,室温试验(ISO 4589-2)推荐使用最小 95 mm 带有限流孔的燃烧筒。原因已在 Wharton[5] 的著作中说明。第 3 部分推荐使用最小直径 75 mm 带有限流孔的燃烧筒。由于这种燃烧筒也存在空气进入的问题,没有限流孔对特定材料会导致氧指数值的误差。为消除这种影响,优选的开孔形状和尺寸在 ISO 4589-2 和 ISO 4589-3 给出。

6.4 试样夹

试样夹有两种类型:一种用于刚性试样,一种用于柔性试样。按 ISO 4589-2 试验时,确保试样夹冷至室温,两种试样夹任选其一。

注:高温试验(ISO 4589-3)遇到的问题之一是柔性热塑性材料的试样夹。推荐的丝网支撑(见 ISO 4589-3 的图 7)对某些产品不适用。另一种情况是将试片支在两个玻璃细管之间,用单股镍丝或不锈钢丝(标称直径为 200 μm)捆在一起,夹在小标准夹中,这种非标准的做法应慎用并记录在试验报告中。

7 操作条件

7.1 校准

可按 ISO 4589-2 和 ISO 4589-3 规定的校准程序进行校准。推荐使用特定材料进行常规校准试验,如 PMMA。保存所有校准记录值。如果这些值有任何的变化,应按完整的校准步骤进行校准,以确定引起变化的原因。

注:PMMA 是按照 ISO 7823-1[1] 的规定,以甲基丙烯酸甲酯均聚物为基材非改性的浇铸板材。其他的 PMMA 板材,如甲基丙烯酸甲酯共聚物浇铸板材和挤出或熔融压延 PMMA 板材,可能给出不同的燃烧行为,这取决于共聚单体、构成和分子量,这些特性影响燃烧时的熔融行为。

7.2 火焰施加时间

火焰施加于试样的时间应严格控制。时间越长试样的温度越高,*OI* 值越低。大多数情况,多数材

料温度越高 *OI* 值越低。火焰施加情况应在报告中给出。

7.3 气流

在早期标准中规定室温试验燃烧筒中的层流变化为±25%(即线速度是 40 mm/s±10 mm/s),由于氧浓度需要气流和温度恒定,高温试验时不允许大幅波动,故在 ISO 4589-3 中对气流和温度进行了严格规定,气流控制在±2%以内(即线速度是 40 mm/s±0.8 mm/s),在 ISO 4589-2 气流控制在±5%以内(即就是 40 mm/s±2 mm/s)。

7.4 高温试验程序

每次试验按相同程序进行,当按 ISO 4589-3 试验时,应确保温度完全平衡。试验前装好试样夹,设定正确的温度并检查温度是否在规定的范围内。

7.5 通过/失效的判据

燃烧温度试验(ISO 4589-3 附录 B)给出了在规定温度时评价通过/失效的判据,并广泛用于验证在极限温度下是否获得满意的性能。本方法仅适用于表征材料等级的试验。而在高于燃烧温度时对未知合成材料试验,并观察其表观性能是否满意时,谨慎操作。下列数据是采用 ISO 4589-3 附录 B 的方法对燃烧温度高于 300℃的已知材料进行的测试。

温度/℃	通过/失效
262	通过
272	通过
274	失效
277(i)	通过
277(ii)	失效
277(iii)	通过
284	通过
304	通过
305	通过

280 ℃以上"通过"与聚合物明显降解有关。在点燃前调节温度期间清除燃烧筒中的易燃物。因此,任何常规试验在采用 ISO 4589-3 附录 B 之前都应仔细观察和试验。

8 结论

ISO 4589-2 和 ISO 4589-3 对于质量控制和许多应用中的材料预选及研究合成聚合物中阻燃剂的影响具有特殊价值。在第 4 章描述了试验时应注意的范围。

附 录 A
（资料性附录）
参 考 文 献

［1］ ISO 7823-1:1991 聚甲基丙烯酸甲酯板材——型号、尺寸和特性——第1部分:浇铸板材

［2］ Fenimore 和 Matin. 现代塑料. 43,p. 141(1996).

［3］ Weil,Hirschler. Patel,Said 和 Shakir. 着火和材料. 16(4). p. 159(1992).

［4］ Kanury. 可燃材料着火安全研讨会. 爱丁堡大学. p. 187(1975).

［5］ Wharton. 着火和燃烧. 12,p. 236(1981);着火和材料,8(4), p. 177(1984).

［6］ ASTM D 2863 蜡状支撑塑料最小氧浓度(氧指数)的燃烧测量方法

ICS 83.080.01
G 31

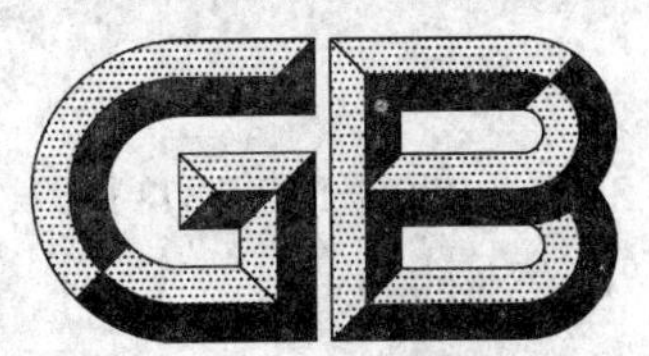

中华人民共和国国家标准

GB/T 2407—2008/ISO 181:1981
代替 GB/T 2407—1980

塑料 硬质塑料小试样与炽热棒接触时燃烧特性的测定

Plastics—Determination of flammability characteristics of rigid plastics in the form of small specimens in contact with an incandescent rod

(ISO 181:1981,IDT)

2008-08-04 发布　　2009-04-01 实施

中华人民共和国国家质量监督检验检疫总局
中国国家标准化管理委员会　发布

前　言

本标准等同采用国际标准 ISO 181:1981《塑料——硬质塑料小试样与炽热棒接触时燃烧特性的测定》(英文版)。

为了便于使用,对 ISO 181:1981 做了如下改动:

——把“本国际标准”改为“本标准”;

——删除了 ISO 181 的前言,增加了国家标准的前言;

——对国际标准第 4、5、6、7、8、9 章做了编辑性修改;

——将国际标准 9.2 改为本标准第 9 章 g);

——用我国的小数点符号“.”代替国际标准中的小数点符号“,”。

——对于 ISO 181:1981 引用的其他国际标准中有被等同采用为我国标准的,本标准用引用我国国家标准代替对应的国际标准,其余未有等同采用为我国标准的国际标准,在本标准中均被直接引用。

本标准代替 GB/T 2407—1980《塑料燃烧性能试验方法炽热棒法》,与 GB/T 2407—1980 相比主要技术内容改变如下:

——更改了标准名称、增加了前言;

——增加了原理,试验意义章;

——更改了试样标线及结果的判定。

本标准由中国石油和化学工业协会提出。

本标准由全国塑料标准化技术委员会(SAC/TC 15)归口。

本标准负责起草单位:国家合成树脂质量监督检验中心。

本标准参加起草单位:北京燕山石化树脂所、国家塑料制品质检中心(福州)、国家化学建筑材料测试中心(材料测试部)、南京市江宁区分析仪器厂、公安部上海消防研究所、广州金发科技有限公司、山东道恩集团龙口市道恩工程塑料有限公司。

本标准主要起草人:宋桂荣、王建东、陈宏愿、李建军、张正敏、何芃、杨宗林、王富海、张成杰。

本标准所代替标准的历次版本发布情况为:GB/T 2407—1980。

塑料　硬质塑料小试样与炽热棒接触时燃烧特性的测定

1　范围

本标准规定了硬质塑料小试样同炽热棒接触时燃烧性能的测定方法。

2　规范性引用文件

下列文件中的条款通过本标准的引用而成为本标准的条款。凡是注日期的引用文件，其随后所有的修改单(不包括勘误的内容)或修订版均不适用于本标准，然而，鼓励根据本标准达成协议的各方研究是否可使用这些文件的最新版本。凡是不注日期的引用文件，其最新版本适用于本标准。

GB/T 5471—2008　塑料　热固性塑料试样的压塑(ISO 295:2004，IDT)

GB/T 9352—2008　塑料　热塑性塑料材料试样的压塑(ISO 293:2004，IDT)

GB/T 17037.1—1997　热塑性塑料材料注塑试样的制备 第1部分：一般原理及多用途试样和长条试样的制备(ISO 294-1:1996，IDT)

ISO 2818:1994　塑料　机械加工法制备试样

3　原理

将试样一端水平地夹持，使试样自由端与加热到955 ℃±15 ℃的炽热棒接触规定时间后，评定试样的燃烧特性。

4　试验意义

本标准不适用于评定使用中可能发生的着火危险性。

在本标准所述条件下对材料所做的试验，对比较各种材料的燃烧特性、检验加工工艺，以及作为材料使用前或使用过程中燃烧性能恶化或改变的量度有较大的价值。本试验是为了质量控制和产品评价设计的，对于非本试验所规定的条件下材料的性能并无意义，它并不能预测材料在实际燃烧情况下的性能。

5　仪器

5.1　试验箱

容积约为1 m^3，带有通风装置及观察窗口。

5.2　试验装置

试验装置包括下列部件(见图1)。

5.2.1　夹具

用以固定试样，如图1(X—X剖面)所示。固定在有滑动基座的直立支架上端，可试验不同长度的试样。

5.2.2　点燃源

带有金属触点的炽热棒，直径8 mm，长约100 mm，可加热到955 ℃±15 ℃。

5.2.3　绝缘(陶瓷或石棉)支架

用于固定炽热棒，确保炽热棒在必要时能与试样分离。

单位为毫米

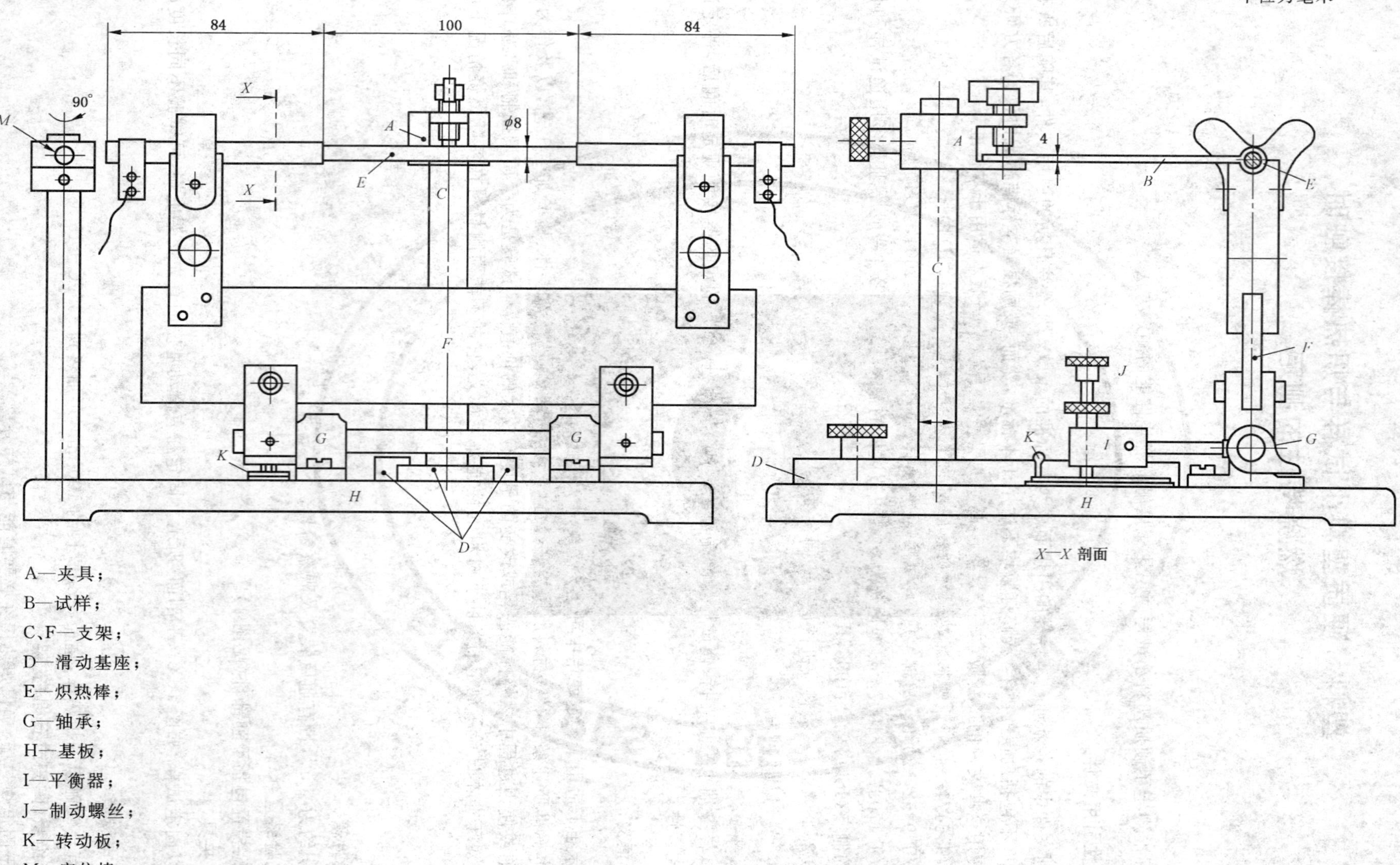

A—夹具；
B—试样；
C、F—支架；
D—滑动基座；
E—炽热棒；
G—轴承；
H—基板；
I—平衡器；
J—制动螺丝；
K—转动板；
M—定位棒。

图 1 试验装置

5.2.4 平衡器

使炽热棒与试样端点接触时施加约 0.3 N 的力。

5.2.5 制动螺丝

在试样烧损约 5 mm 之前，炽热棒能一直保持与试样接触。

5.2.6 定位棒

直径 8 mm，长 150 mm，代替炽热棒调整试样的位置。

5.3 检验炽热棒温度的器具

秒表。

6 试样

试样长 120 mm ～130 mm，宽 10 mm±0.2 mm，厚 4 mm±0.2 mm。试样表面应平整光滑，无气泡、飞边、毛刺等缺陷。每组试验 5 个试样。

每个试样应在距其被烧端 95 mm 处划一标线。试样可按 GB/T 5471—2008、GB/T 9352—2008、GB/T 17037.1—1997 和 ISO 2818:1994 所述方法以压制、注塑或浇铸模塑而成，或由模塑件、板材、管材或棒材机械加工而成。

除非另有规定或商定，试样可不进行状态调节。

7 操作

7.1 安装试样

将装有炽热棒的支架下倾离开正常位置，定位棒转到试验时炽热棒所在的位置，安装试样，使夹具和试样标线间的距离约为 10 mm，调节夹具和直立架，使试样前端与定位棒接触。

7.2 点燃

将炽热棒加热到 955 ℃±15 ℃，并保持恒定，使炽热棒和试样前端接触 3 min 后离开试样。用秒表记录燃烧时间 t，以 s 表示。

燃烧时间从火焰出现开始到火焰熄灭或火焰到达 95 mm 标线止。

7.3 试验终止条件

7.3.1 如果无可见火焰，则在炽热棒移开 30 s 后终止试验。

7.3.2 如果火焰在到达 95 mm 标线前熄灭，则在炽热棒离开 30 s 后终止试验。

7.3.3 如果火焰到达 95 mm 标线，则终止试验并熄灭火焰。

7.4 测量

试验终止后，测量试样标线到烧损痕迹之间最小的未破坏长度，并记录测量的未破坏长度最小值 p，以 mm 表示。

将标线到烧损痕迹的最近距离作为未破坏长度。烧损痕迹包括完全和部分烧毁、烧焦和脆化的区域，不包括熏黑、玷污、变形或变色的区域，也不包括材料离开了热源后收缩或熔融的区域。

8 结果表示

计算

——五个试样的平均燃烧时间 t，单位为秒(s)；

——五个试样的平均破坏长度 L，单位为毫米(mm)。

对于单个试样按式(1)计算：

$$L = 95 - p \qquad (1)$$

式中：

L——每个试样破坏长度，单位为毫米(mm)；

p——每个试样未破坏长度，单位为毫米(mm)。

9 试验报告

试验报告应包括以下内容：

a) 注明采用本标准；

b) 材料的详细鉴别说明，包括：名称、型号、批号、生产厂等；

c) 试样制备方法及状态调节；

d) 平均燃烧时间 t，s；

e) 平均破坏长度 L，mm；

f) 试验过程中现象(试样点燃、烟的形成和颜色变化、是否有熔融、灼烧、带火滴落物，燃烧部分是否下陷或弯曲，以及试样任何异常行为等)；

g) 试验结果仅与本试验特定条件下的试样的行为有关，不能作为材料在使用中可能发生着火危险的评定手段。

ICS 83.080.01
G 31

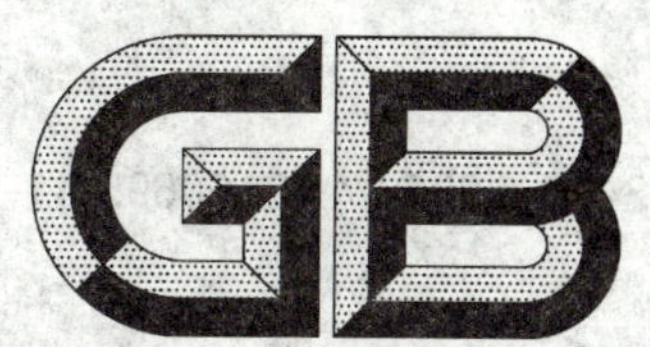

中华人民共和国国家标准

GB/T 2408—2008/IEC 60695-11-10:1999
代替 GB/T 2408—1996

塑料　燃烧性能的测定　水平法和垂直法

Plastics—Determination of burning characteristics—Horizontal and vertical test

(IEC 60695-11-10:1999,Fire hazard testing—Part 11-10:Test flames—50 W horizontal and vertical flame test methods,IDT)

2008-08-04 发布　　2009-04-01 实施

中华人民共和国国家质量监督检验检疫总局
中国国家标准化管理委员会　发布

前　言

本标准等同采用 IEC 60695-11-10:1999《着火危险试验——第 11-10 部分:试验火焰——50 W水平和垂直火焰试验方法》及 2003 年 8 月对 IEC 60695-11-10:1999 发布的修订单。

为便于使用,本标准作了下列编辑性修改:

a) 把"IEC 60695 的本部分"一词改为"本标准";

b) 标准名称由"《着火危险试验——第 11-10 部分:试验火焰——50 W 水平和垂直火焰试验方法》"更改为"《塑料　燃烧性能的测定　水平法和垂直法》";

c) 删除了 IEC 60695-11-10 的前言;

d) 增加了本标准的前言;

e) 用我国的小数点符号"."代替国际标准中的小数点符号",";

f) 对于 IEC 60695-11-10 引用的国际标准中,有被等同采用为我国标准的,本标准用引用我国标准代替国际标准,其余未有等同采用为我国标准的,在标准中均被直接引用。

本标准代替 GB/T 2408—1996《塑料燃烧性能试验方法　水平法和垂直法》,与 GB/T 2408—1996 相比,主要技术内容改变如下:

a) 标准名称由"《塑料燃烧性能试验方法　水平法和垂直法》"更改为"《塑料　燃烧性能的测定　水平法和垂直法》";

b) 明确规定了试验火焰为标称功率 50 W 的小火焰引燃源;

c) 增加了目次、前言;

d) 更改了部分定义,如余焰、余辉等;

e) 提高了对计时装置的精确度要求;

f) 对试样的尺寸有了更加明确的要求;

g) 更改了水平法和垂直法的等级标志。

本标准的附录 A、附录 B 均为资料性附录。

本标准由石油和化学工业协会提出。

本标准由全国塑料标准化技术委员会(SAC/TC 15)归口。

本标准负责起草单位:国家合成树脂质量监督检验中心。

本标准参加起草单位:国家塑料制品质检中心(福州)、中石化北化院国家化学建筑材料测试中心(材料测试部)、南京市江宁区分析仪器厂、公安部上海消防研究所、广州金发科技股份有限公司、山东道恩集团龙口市道恩工程塑料有限公司。

本标准主要起草人:郑宁、宋桂荣、王建东、李建军、张正敏、何芃、杨宗林、王富海、张成杰。

本标准所代替标准的历次版本发布情况为:

——GB/T 2408—1980,GB/T 2408—1996。

塑料　燃烧性能的测定
水平法和垂直法

1　范围

本标准规定了塑料和非金属材料试样处于 50 W 火焰条件下，水平或垂直方向燃烧性能的实验室测定方法。

本标准规定了线性燃烧速率和余焰/余辉时间以及试样的燃烧长度的测定。

本标准适用于按 GB/T 6343 测定的表观密度不低于 250 kg/m³ 的固体以及泡沫材料，不适用于施加火焰后未点燃而产生卷缩的材料；对于薄而软的材料应使用 ISO 9773。

本标准规定了燃烧性能等级（见 8.4 和 9.4），可用于质量保证或产品组成材料的预选。当试样厚度等于材料应用时的最小厚度时可获得可靠的结果。

注：试验结果受材料组分的影响，如颜料、填料和阻燃剂，以及如各向异性及分子量的影响。

2　规范性引用文件

下列文件中的条款通过本标准的引用而成为本标准的条款。凡是注日期的引用文件，其随后所有的修改单（不包括勘误的内容）或修订版均不适用于本标准，然而，鼓励根据本标准达成协议的各方研究是否可使用这些文件的最新版本。凡是不注日期的引用文件，其最新版本适用于本标准。

GB/T 1844.1—2008　塑料及树脂缩写代号　第 1 部分：基础聚合物及其特征性能（ISO 1043.1—2001，IDT）

GB/T 2918—1998　塑料　状态调节和试验的标准环境（idt ISO 291:1997）

GB/T 5169.5—1997　电工电子产品着火危险试验　第 2 部分：试验方法　第 2 篇：针焰试验（idt IEC 60695-2-2:1991）

GB/T 5169.17—2002　电工电子产品着火危险试验　第 17 部分：500 W 火焰试验方法（idt IEC 60695-11-20:1999）

GB/T 5471—2008　塑料　热固性塑料试样的压塑（ISO 295:2004，IDT）

GB/T 6343—1995　泡沫塑料和橡胶　表观（体积）密度测定（ISO 845:1988，IDT）

GB/T 6379.2—2004　测量方法与结果的准确度（正确度与精密度）　第 2 部分：确定标准测量方法

GB/T 9352—2008　塑料　热塑性塑料试样的压塑（ISO 293:2004，IDT）

GB/T 12006.1—1989　聚酰胺黏数测定方法（neq ISO 307:1994）

GB/T 17037.1—1997　热塑性塑料材料注塑试样的制备　第 1 部分：一般原理及多用途试样和长条试样的制备（ISO 294-1:1996，IDT）

GB/T 17037.3—2003　塑料　热塑性塑料材料注塑试样的制备　第 3 部分：小方试片（ISO 294-3:2002，IDT）

GB/T 17037.4—2003　塑料　热塑性塑料材料注塑试样的制备　第 4 部分：模塑收缩率的测定（ISO 294-4:2001，IDT）

ISO 294-2:1996　塑料　热塑性塑料注塑试样　第 2 部分：小拉伸条

ISO 294-5:2001　塑料　热塑性塑料注塑试样　第 5 部分：各向异性标准试样的制备

ISO 9773:1998　塑料　与小火焰引燃源接触的薄而软的垂直试样的燃烧行为的测定

ISO 10093:1998 塑料 燃烧试验 标准引燃源

ISO/IEC 导则 51:1990 标准中含有安全内容的导则

IEC 导则 104:1997 安全出版物的制定和基本安全出版物和分类安全出版物的使用

IEC 60695-11-4:2004 着火危险试验——第 11-4 部分:试验火焰-50 W 火焰-装 置和确认的试验方法

3 术语和定义

下列术语和定义适用于本标准。

3.1

余焰 afterflame

引燃源移去后,在规定条件下材料的持续火焰。

3.2

余焰时间 afterflame time

t_1,t_2

余焰持续的时间。

3.3

余辉 afterglow

在火焰终止后,或者没有产生火焰时,移去引燃源后,在规定的试验条件下,材料的持续辉光。

3.4

余辉时间 afterglow time

t_3

余辉持续的时间。

4 原理

将长方形条状试样的一端固定在水平或垂直夹具上,其另一端暴露于规定的试验火焰中。通过测量线性燃烧速率,评价试样的水平燃烧行为;通过测量其余焰和余辉时间、燃烧的范围和燃烧颗粒滴落情况,评价试样的垂直燃烧行为。

5 试验的意义

5.1 在规定的条件下的材料燃烧试验对比较不同材料的相对燃烧行为、控制制造工艺或评价燃烧特性的变化具有重要意义。获得的试验结果取决于试样的形状、方向和试样周围环境以及引燃条件。

试验的主要特点是将试样水平或垂直放置,试样的放置可以区分材料可燃性的程度。

试验方法 A,水平燃烧(HB),试样处于水平位置,适用于评价燃烧范围和(或)火焰传播速率,如线性燃烧速率。

试验方法 B,垂直燃烧(V),试样处于垂直位置,适用于评价试验火焰移去后燃烧程度。

注 1:水平燃烧(HB)方法和垂直燃烧(V)方法所获得的结果不等效。

注 2:本方法所获得的结果与 GB/T 5169.17—2002 规定的 5 VA 和 5 VB 燃烧试验的所得结果不等效,因为本试验火焰的强度大约低 10 倍。

5.2 按本标准获得的结果,不能用于描述或评价实际着火条件下具体材料或具体形状所出现的着火危险。着火危险的评价需要考虑诸多的因素,诸如燃料分布、燃烧强度(热释放速率)、燃烧产物和环境因素,包括火源的强度、材料暴露的方向和通风条件。

5.3 按本标准测量的燃烧行为受诸多因素,诸如,密度、材料的各向异性和试样的厚度的影响。

5.4 某些试样,在施加火焰后未点燃,可能发生收缩或变形,在这种情况下,要求使用其他的试样以获得有效的结果。如果不能获得有效的结果,这些材料不适宜使用本标准进行评价。

注:对薄而软的试样,以及施加火焰未点燃但有一个以上试样发生收缩,应采用 ISO 9773:1998 进行试验。

5.5 某些塑料的燃烧行为随时间而变化，因此，可进行适当的老化，并对其老化前后进行试验。优选的烘箱条件是 70 ℃±2 ℃处理 7 d，也可以使用有关各方协商一致的其他老化时间和温度，但应在试验报告中注明。

6 设备

设备由下列部分组成。

6.1 实验室通风橱/试验箱

实验室通风橱/试验箱其内部容积至少为 0.5 m^3。试验箱应能观察到试验，同时应无风，但燃烧时空气应能通过试样进行正常的热循环。试验箱的内表面应呈现暗色。当用一个面向试验箱后面的照度计置于试样位置时，记录的照度值应低于 20 lx(勒克斯)。为了安全和方便，试验箱应配有抽风装置(能完全闭合)，如抽气扇，以除去可能有毒的燃烧产物。抽风装置在试验时应关闭，试验后立即打开，以除去燃烧残余物，此时可能需要一个强制关闭的风门。

注：在试验箱中可放一面镜子，以观察试样后面。

6.2 实验室喷灯

实验室喷灯应符合 IEC 60695-11-4:2004 火焰 A、B 或 C 的要求。

注：ISO 10093:1998 对引燃源喷灯 P/PF2(50 W)进行了描述。

6.3 环形支架

环形支架上应有夹持或等效的装置，以调整试样的位置(见图 1 和图 3)。

6.4 计时设备

计时设备至少应有 0.5 s 的分辨率。

6.5 量尺

量尺的分度应为毫米。

6.6 金属丝网

金属丝网应为 20 目(近似每 25 mm 开孔 20 个)，由直径 0.40 mm～0.45 mm 的钢丝制成，并且切成近似 125 mm 的方片。

6.7 状态调节室

状态调节室应能保持 23 ℃±2 ℃和 50%±5%的相对湿度。

6.8 千分尺

千分尺至少有 0.01 mm 的分辨率。

6.9 支撑架

对非自撑试样应使用支撑架(见图 2)。

6.10 干燥试验箱

干燥试验箱内应有无水氯化钙或其他干燥剂，试验箱应能使温度保持在 23 ℃±2 ℃、相对湿度不超过 20%。

6.11 空气循环烘箱

空气循环烘箱应提供 70 ℃±2 ℃的处理温度，除非相关标准另有规定，还应提供每小时不低于五次的换气速率。

6.12 棉花垫

该垫应由 100%的脱脂棉制成。

注：这种棉通常称作外科脱脂棉或脱脂棉。

7 试样

7.1 成品试验

试样应由能代表产品的模塑样品切割而成。也可采用与模塑产品一样的工艺进行制备，或采用其他适宜的方法，例如，按照 GB/T 17037.1—1999 浇铸或注塑、按照 GB/T 9352—2008 或 GB/T 5471—2008 压塑或压铸成需要的形状。

如果上述任一方法都无法制备试样，就应该利用 GB/T 5169.5—1997 针焰试验进行型式试验。

进行任何一种切割操作后，要仔细地从表面上去除灰尘和颗粒；切割边缘应精细地砂磨，使其具有平滑的光洁度。

7.2 材料试验

对不同颜色、厚度、密度、分子量、各向异性或类别，或含有不同添加剂或填充/增强材料的试样进行试验时，其结果可能不同。

采用密度、熔体流动和填充/增强材料含量为极限值的试样，如果试验结果为相同的燃烧试验等级，可认为此试样代表此范围的材料。如果代表此范围材料的试样试验结果不能产生相同的燃烧试验等级，那么此结果仅限于所试验的密度、熔体流动和填料/增强材料含量为极端值的材料。另外，密度、熔体流动和填料/增强材料含量为中间值的试样应试验，以确定每个燃烧等级所代表的范围。

如果试验结果产生相同的燃烧试验的等级，就认为未着色试样和按重量计入的具有最多有机或无机颜料的试样代表了此等级的颜色范围。当某些颜料影响可燃特性时，也应试验含有那些颜料的试样。受试的试样应为：

a) 不含着色剂；

b) 含有最多的有机颜料；

c) 含有最多的无机颜料；

d) 含有对燃烧特性有害的颜料。

7.3 条状试样

条状试样尺寸应为：长 125 mm±5 mm，宽 13.0 mm±0.5 mm，而厚度通常应提供材料的最小和最大的厚度，但厚度不应超过 13 mm。边缘应平滑同时倒角半径不应超过 1.3 mm。也可采用有关各方协商一致的其他厚度，不过应该在试验报告中予以注明(见图 4)。

方法 A 最少应制备 6 根试样，方法 B 应制备 20 根试样。

8 试验方法 A——水平燃烧试验

8.1 状态调节

除非相关标准另有要求，通常采用下列条件：

8.1.1 一组三根条状试样，应在 23 ℃±2 ℃和 50%±5%相对湿度下至少状态调节 48 h。一旦从状态调节箱(见 6.7)中移出试样，应在 1 h 以内(见 GB/T 2918—1998)测试试样。

8.1.2 所有试样应在 15 ℃～35 ℃和 45%～75%相对湿度的实验室环境中进行试验。

8.2 步骤

8.2.1 测量三根试样，每个试样在垂直于样条纵轴处标记两条线，各自离点燃端 25 mm±1 mm 和100 mm±1 mm。

8.2.2 在离 25 mm 标线最远端夹住试样，使其纵轴近似水平而横轴与水平面成 45°±2°的夹角，如图 1 所示。在试样的下面夹住一片呈水平状态的金属丝网(见 6.6)，试样的下底边与金属丝网间的距离为 10 mm±1 mm，而试样的自由端与金属丝网的自由端对齐。每次试验应清除先前试验遗留在金属丝网上的剩余物或使用新的金属丝网。

8.2.3 如果试样的自由端下弯同时不能保持 8.2.2 规定的 10 mm±1 mm 的距离时，应使用图 2 所示的支撑架(见 6.9)。把支撑架放在金属丝网上，使支撑架支撑试样以保持 10 mm±1 mm 的距离，离试样自由端伸出的支撑架的部分近似 10 mm。在试样的夹持端要提供足够的间隙，以使支撑架能在横向自由地移动。

8.2.4 使喷灯的中心轴线垂直，把喷灯放在远离试样的地方，同时调整喷灯(见 6.2)，使喷灯达到稳定的状态。有争议时，使用 A 试验火焰作为参比或仲裁试验火焰。

8.2.5 保持喷灯管中心轴与水平面近似成 45°角同时斜向试样自由端，把火焰加到试样自由端的底边，此时喷灯管的中心轴线与试样纵向底边处于同样的垂直平面上(见图 1)。喷灯的位置应使火焰侵入试样自由端近似 6 mm 的长度。

8.2.6 随着火焰前端(见 8.2.5)沿着试样进展，以近似同样的速率回撤支撑架，防止火焰前端与支撑架接触，以免影响火焰或试样的燃烧。

8.2.7 不改变火焰的位置施焰 30 s±1 s，如果低于 30 s 试样上的火焰前端达到 25 mm 处，就立即移开火焰。当火焰前端达到 25 mm 标线时，重新启动计时器(见 6.4)。

注：把喷灯撤至离试样 150 mm 处便令人满意了。

8.2.8 在移开试验火焰后，若试样继续燃烧，记录经过的时间 t，单位为秒，火焰前端通过 100 mm 标线时，要记录损坏长度 L 为 75 mm。如果火焰前端通过 25 mm 标线但未通过 100 mm 标线的，要记录经过的时间 t，单位为秒，同时还要记录 25 mm 标线与火焰停止前标痕间的损坏长度 L，单位为毫米。

8.2.9 另外再试验两个试样。

8.2.10 如果第一组三个试样(见 7.3)中仅一个试样不符合 8.4.1 和 8.4.2 的判据，应再试验另一组三个试样。第二组所有试样应符合相关级别的判据。

8.3 计算

火焰前端通过 100 mm 标线时，每个试样的线性燃烧速率 v，单位为毫米每秒，采用式(1)计算：

$$v = \frac{60L}{t} \qquad \cdots\cdots (1)$$

式中：

v——线性燃烧速率，单位为毫米每秒(mm/s)；

L——根据 8.2.8 记录的损坏长度，单位为毫米(mm)；

t——根据 8.2.8 记录的时间，单位为秒(s)。

注：线性速率的 SI 单位制为米每秒，而实际使用的单位为毫米每秒。

8.4 分级

根据下面给出的判据，应将材料分成 HB、HB40 和 HB75(HB＝水平燃烧)级。

8.4.1 HB 级材料应符合下列判据之一：

a) 移去引燃源后，材料没有可见的有焰燃烧；

b) 在引燃源移去后，试样出现连续的有焰燃烧，但火焰前端未超过 100 mm 标线；

c) 如果火焰前端超过 100 mm 标线，但厚度 3.0 mm～13.0 mm、其线性燃烧速率未超过 40 mm/min，或厚度低于 3.0 mm 时未超过 75 mm/min；

d) 如果试验的厚度为 3.0 mm±0.2 mm 的试样，其线性燃烧速率未超过 40 mm/min，那么降至 1.5 mm 最小厚度时，就应自动地接受为该级。

8.4.2 HB40 级材料应符合下列判据之一：

a) 移去引燃源后，没有可见的有焰燃烧；

b) 移去引燃源后，试样持续有焰燃烧，但火焰前端未达到 100 mm 标线；

c） 如果火焰前端超过 100 mm 标线，线性燃烧速率不超过 40 mm/min。

8.4.3 HB75 级材料，如果火焰前端超过 100 mm 标线，线性燃烧速率不应超过 75 mm/min。

8.5 试验报告

试验报告应包括下列内容：

a） 注明采用本标准；

b） 标识受试产品的详细说明，包括制造厂名称、号码或代号及颜色；

c） 试样厚度，精确至 0.1 mm；

d） 标称表观密度（仅对硬质泡沫材料）；

e） 相对于试样尺寸的各向异性方向；

f） 状态调节处理情况；

g） 除切削、修剪和状态调节外，试验前的其他处理；

h） 施加火焰后，注明试样是否有连续的有焰燃烧；

i） 注明火焰前端是否通过 25 mm 和 100 mm 标线；

j） 对于火焰前端通过 25 mm 但未通过 100 mm 标线的试样，其燃烧经过的时间和损坏的长度；

k） 对于火焰前端达到或超过 100 mm 标线的试样，平均燃烧速率 v；

l） 注明试样中是否有燃粒或燃滴下落；

m） 注明柔软试样是否使用支撑架；

n） 通过的等级（见 8.4）。

9 试验方法 B——垂直燃烧试验

9.1 状态调节

除非有关标准另有要求，否则应采用下列条件。

9.1.1 一组五根条状试样应在 23 ℃±2 ℃和 50%±5%的相对湿度下至少状态调节 48 h。一旦从状态调节试验箱中移出，试样应在 1 h（见 GB/T 2918—1998）之内试验。

9.1.2 一组五根条状试样应在 75 ℃±2 ℃的空气循环烘箱内老化 168 h±2 h，然后，在干燥试验箱（见 6.10）中至少冷却 4 h。一旦从干燥试验箱中移出，试样应在 30 min 之内试验。

9.1.3 工业层合材料可以在 125 ℃±2 ℃状态调节 24 h，以代替 9.1.2 所述的状态调节。

9.1.4 所有试样应在 15 ℃～35 ℃和 45%～75%相对湿度的实验室环境中进行试验。

9.2 步骤

9.2.1 夹住试样上端 6 mm 的长度，纵轴垂直，使试样下端高出水平棉层（见 6.12）300 mm±10 mm，棉层厚度未经压实，其尺寸近似 50 mm×50 mm×6 mm，最大质量为 0.08 g（见图 3）。

9.2.2 喷灯管的纵轴处于垂直状态，把喷灯放在远离试样的地方，同时调整喷灯（见 6.2），使其产生符合 IEC 60695-11-4:2004 A、B 或 C 的标准 50 W 试验火焰。等待 5 min，以使喷灯状态达到稳定。有争议时，应使用 A 试验火焰作为参比或仲裁试验火焰。

9.2.3 图 6 指明了试样、操作员和喷灯间的排列方位。

9.2.4 使喷灯管的中心轴保持垂直，将火焰中心加到试样底边的中点，同时使喷灯顶端比该点低 10 mm±1 mm，保持 10 s±0.5 s，必要时，根据试样长度和位置的变化，在垂直平面移动喷灯。

注：对于在喷灯火焰作用下长度变化的试样，利用装于喷灯上的一个小指示标尺（见图 5），可以保持喷灯顶端与试样主体部分间 10 mm 的距离，是一种令人满意的办法。

如果在施加火焰过程中，试样有熔融物或燃烧物滴落，则将喷灯倾斜 45°角，并从试样下方后撤足够距离，防止滴落物进入灯管，同时保持灯管出口中心与试样残留部分间距离仍为 10 mm±1 mm，呈线状的滴落物可忽略不计。对试样施加火焰 10 s±0.5 s 之后，立即将喷灯撤到足够距离，以免影响试样，同时用计时设备开始测量余焰时间 t_1，单位为秒，注意并记录 t_1。

注：测量 t_1 时，将喷灯撤离试样 150 mm 的距离是符合要求的。

9.2.5 当试样余焰熄灭后，立即重新把试验火焰放在试样下面，使喷灯管的中心轴保持垂直的位置，并使喷灯的顶端处于试样底端以下 10 mm±1 mm 的距离，保持 10 s±0.5 s。如果需要，如 9.2.3 所述的，移开喷灯清除滴落物。在第二次对试样施加火焰 10 s±0.5 s 后，立即熄灭喷灯或将其移离试样足够远，使之不对试样产生影响，同时利用计时设备开始测量试样的余焰时间 t_2 和余辉时间 t_3，准确至秒。记录 t_2，t_3 及 t_2+t_3。还要注意和记录是否有任何颗粒从试样上落下并且观察是否将棉垫(见 6.12)引燃。

注 1：测量和记录余焰时间 t_2，然后继续测量余焰时间 t_2 和余辉时间 t_3 之总和，即 t_2+t_3，不重调计时设备记录 t_3 是符合要求的。

注 2：测量 t_2 和 t_3 时，把喷灯撤离试样 150 mm 就可以了。

9.2.6 重复该步骤直到按 9.1.1 状态调节过的五根试样及按 9.1.2 状态调节过的五根试样试验完毕。

9.2.7 如果在给定条件下处理的一组五根试样，其中仅一个试样不符合某种分级的所有判据，应试验经受同样状态调节处理的另一组五根试样。作为余焰时间 t_f 的总秒数，对于 V-0 级，如果余焰总时间在 51 s～55 s 或对 V-1 和 V-2 级为 251 s～255 s 时，要外加一组五个试样进行试验。第二组所有的试样应符合该级所有规定的判据。

9.2.8 某些材料当经受这种试验时，由于它们的厚度、畸变、收缩或会烧到夹具，这些材料(倘若试样能适当成型)，可以按照 ISO 9773:1998 进行试验。

注：提供的 V-2 级的 PA66 材料，按 GB/T 12006.1—1989 以 96%硫酸测定的黏度应低于 225 mL/g，或以 90%甲酸测定的黏度应低于 210 mL/g。另外，如果相对黏度分别大于 225 mL/g 或 210 mL/g，模塑试样的相对黏度不应低于所提供类型相对黏度的 70%。

9.3 计算

由两种条件处理的各五根试样，采用式(2)计算该组的总余焰时间 t_f：

$$t_f=\sum_{i=1}^{5}(t_{1,i}+t_{2,i}) \quad\cdots\cdots(2)$$

式中：

t_f——总的余焰时间，单位为秒(s)；

$t_{1,i}$——第 i 个试样的第一个余焰时间，单位为秒(s)；

$t_{2,i}$——第 i 个试样的第二个余焰时间，单位为秒(s)。

9.4 分级

根据试样的行为，按照表 1 所示的判据，把材料分为 V-0、V-1 和 V-2 级(V=垂直燃烧)。

表 1 垂直燃烧级别

判 据	级别		
	V-0	V-1	V-2
单个试样余焰时间(t_1 和 t_2)	≤10 s	≤30 s	≤30 s
任一状态调节的一组试样总的余焰时间 t_f	≤50 s	≤250 s	≤250 s
第二次施加火焰后单个试样的余焰加上余辉时间(t_2+t_3)	≤30 s	≤60 s	≤60 s
余焰和(或)余辉是否蔓延至夹具	否	否	否
火焰颗粒或滴落物是否引燃棉垫	否	否	是
注：如果试验结果不符合规定的判据，材料不能使用本试验方法分级。可采用第 8 章所述的水平燃烧试验方法对材料的燃烧行为分级。			

9.5 试验报告

试验报告应包括下列各部分：

a) 注明参照本标准；

b) 标识受试材料的详细说明，包括制造厂名称、代号以及颜色；

c) 试样厚度，精确至 0.1 mm；

d) 标称表观密度（仅限于硬质泡沫塑料）；

e) 相对于试样尺寸的各向异性的方向；

f) 状态调节处理；

g) 除切割、修整和状态调节外的试验前的其他处理；

h) 每个试样 t_1、t_2、t_3 和 t_2+t_3 的值；

i) 两种状态调节处理（见 9.1.1 和 9.1.2）的每组五个试样的总余焰时间 t_f；

j) 注明是否有颗粒或燃滴从试样上落下以及它们是否引燃棉垫；

k) 注明试样是否燃烧到夹持端；

l) 评出的等级（见 9.4）。

注：如果试样由于较薄，按第 9 条所述的垂直燃烧试验（V）而产生畸变、收缩或烧至夹持端，那么该材料可用第8 条所述的水平燃烧试验代替，或使用 ISO 9773:1998 柔软材料的垂直燃烧试验方法。

单位为毫米

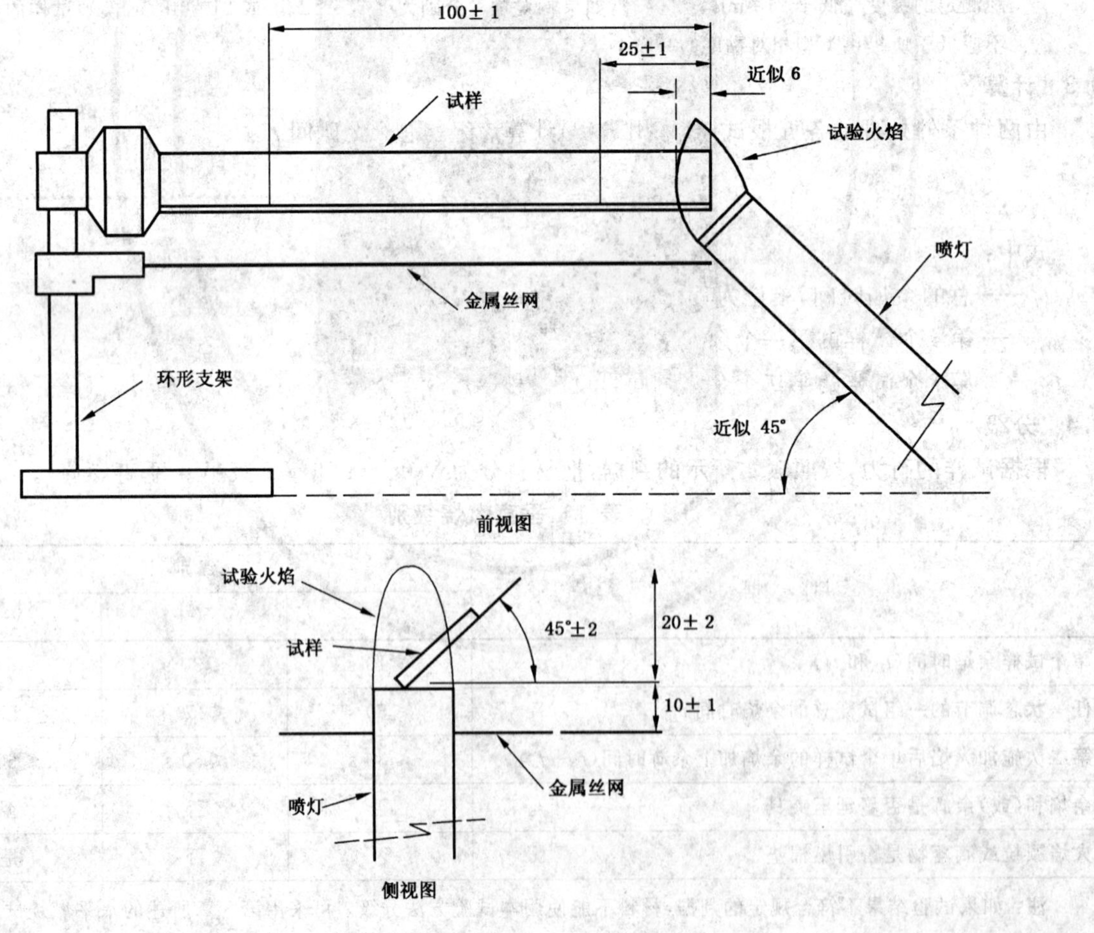

图 1 水平燃烧试验设备

单位为毫米

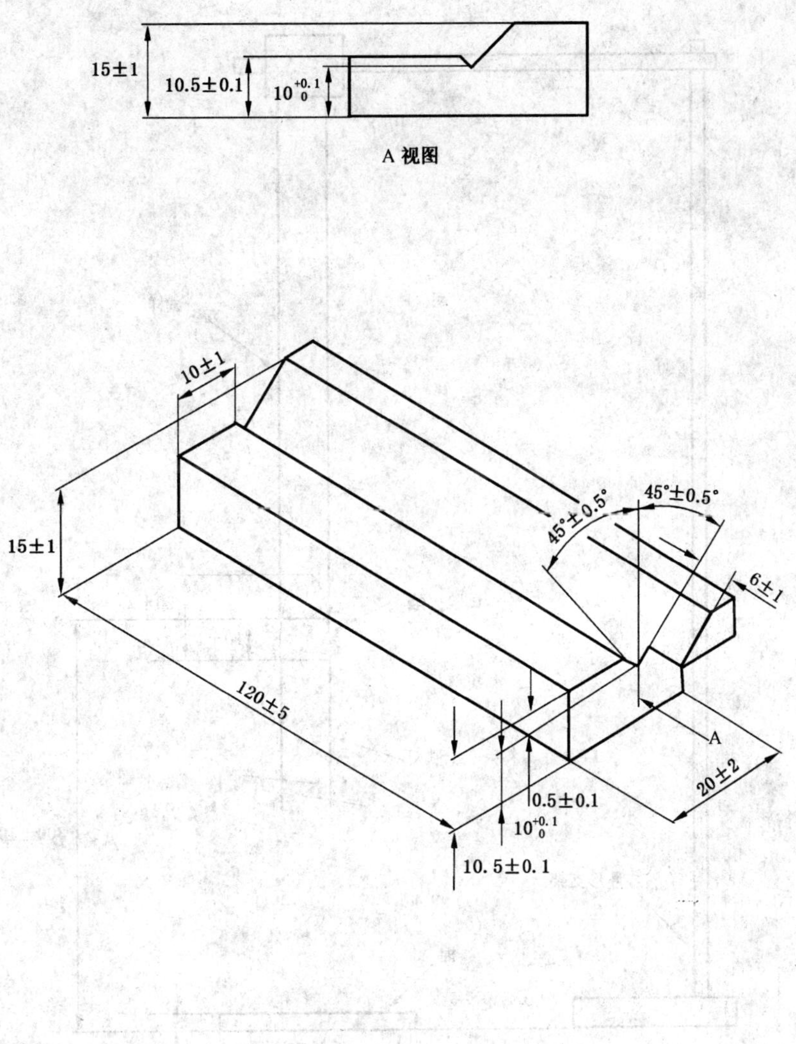

图 2 柔软试样支撑架——方法 A

单位为毫米

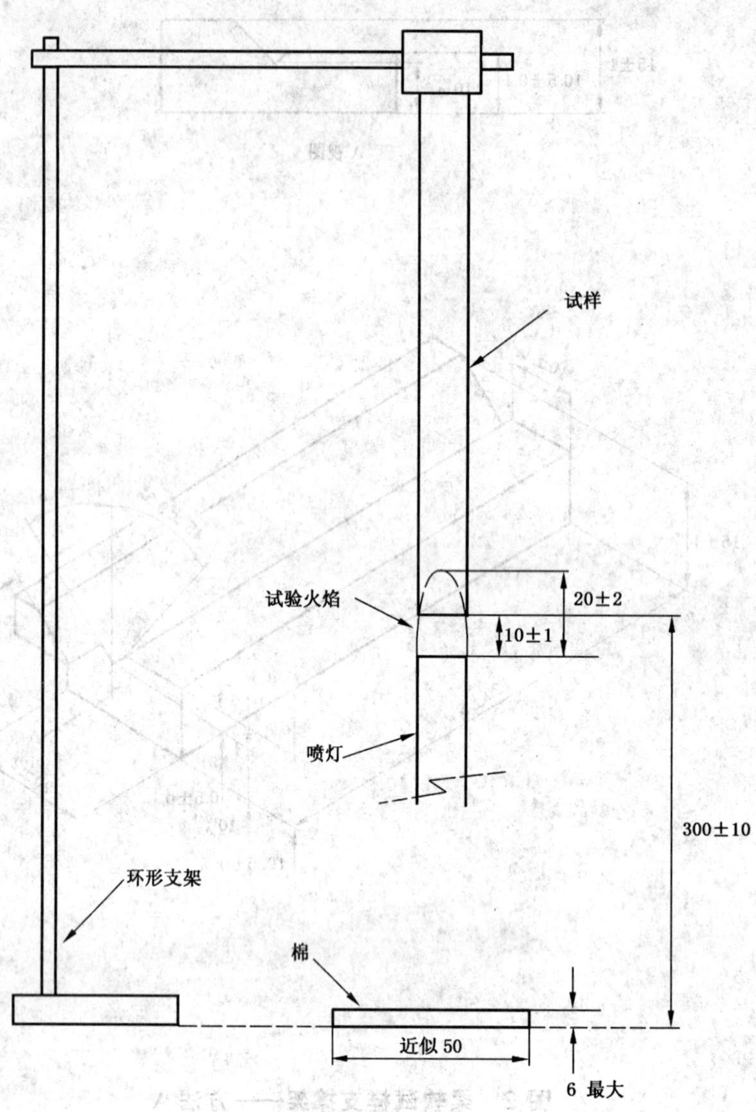

图 3 垂直燃烧试验设备——方法 B

单位为毫米

图4 条状试样

图5 任选的间隙标尺

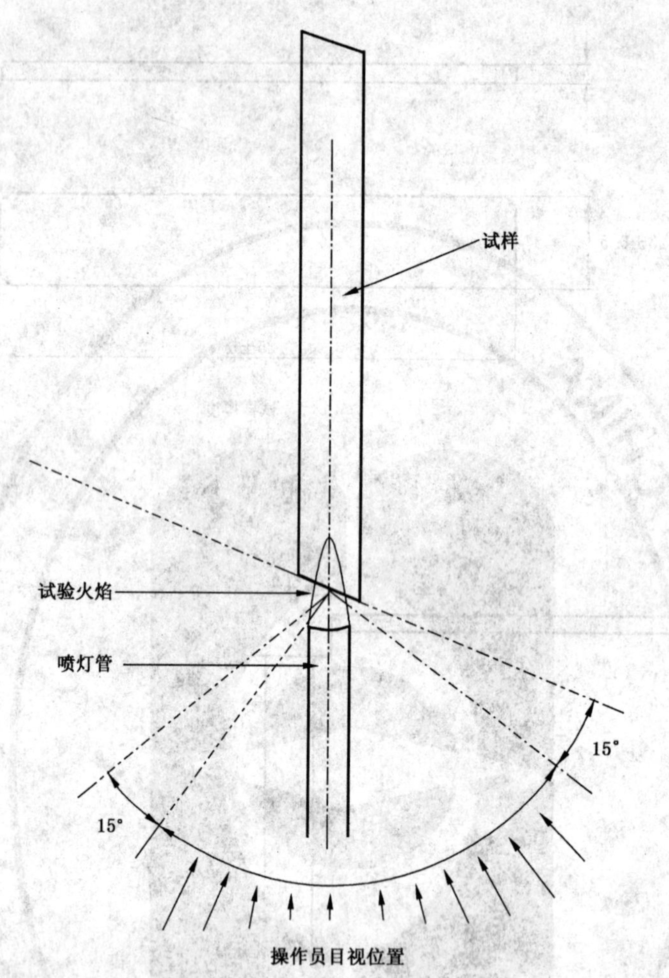

注:操作员视角是60°。

图6 喷灯/操作员/试样的排列方位

附 录 A
(资料性附录)
试验方法 A 的精密度

实验室间试验

1988 年由 10 个实验室对三种材料进行实验室间试验,以确定精密度数据。试验时每种材料重复三次并使用三个数据点的平均值。所有试验都是对厚度为 3.0 mm 的试样进行的。结果按 GB/T 6379.2—2004进行分析并汇总于表 A.1 中。

表 A.1 燃烧速率

单位为毫米每分

参数	PE	ABS	丙烯酸类
平均值	15.1	27.6	29.7
重复性	0.9	2.0	1.9
再现性	1.3	4.1	2.3

注 1:材料的符号是按 GB/T 1844.1—2008 的规定。

注 2:表 A.1 仅仅试图对少数材料,为确定本试验方法近似精密度,而提出的一种有意义的方法。这些数据不能严格地用作材料的接收或拒收的判据,因为这些数据是专指实验室间试验而言的,不能代表其他批、条件、厚度、材料或实验室。

附 录 B
(资料性附录)
试验方法 B 的精密度

实验室间试验

1978 年由四个实验室间对四种材料进行两次重复试验，每种材料取五个数据点的平均值，以确定精密度数据。结果按GB/T 6379.2—2004进行分析，并汇总于表 B.1 中。实验室间的试验是对标称厚度为 3.0 mm 的试样进行的。

表 B.1 余焰和余焰加余辉时间

单位为秒

阶段	测量时间	参数	材料			
			PC	PPE+PS	ABS	PF
第一次施加火焰后	余焰 t_1	平均值	1.7	10.1	0.4	0.8
		重复性	0.4	3.9	0.3	0.3
		再现性	0.6	4.4	0.5	0.6
第二次施加火焰后	余焰加余辉时间 t_1+t_3	平均值	3.6	16.0	1.1	49.3
		重复性	0.5	5.2	0.8	16.3
		再现性	0.9	4.7	0.7	18.1

注 1：材料的缩写符号是按 GB/T 1844.1—2008 的规定。

注 2：表 B.1 仅仅试图对少数材料，为确定本试验方法近似精密度，而提出的一种有意义的方法。这些数据不能严格地用作材料的接收或拒收的判据，因为这些数据是专指实验室间试验而言，不能代表其他批、条件、厚度、材料或实验室。

参 考 文 献

IEC 60695-1-1:1995 着火危险试验——第1部分:评价电工产品着火危险性导则——第1篇:通用导则

IEC 60695-1-3:1986 着火危险试验——第1部分:制定评价电工产品着火危险性的要求和试验规范导则——第3篇:预选程序使用导则

IEC 60695-4:1993 着火危险试验——第4部分:着火试验术语

IEC 60707:1999 固体非金属材料暴露火焰源时的可燃性试验方法一览表

ISO 307:1994 塑料——聚酰胺——粘数测定

ISO 1043-1:1997 塑料——符号和缩写术语——第1部分:基础聚合物和特征性能

ISO 5725-2:1994 测量方法和试验结果精度(准确度和精密度)——第2部分:标准测量方法重复性和再现性测定基本方法

ISO 10093:1998 塑料——着火试验——标准点火源

ISO/TR 10840:1993 塑料——燃烧行为——着火试验开发和应用导则

ICS 83.080.01
G 31

中华人民共和国国家标准

GB/T 2410—2008
代替 GB/T 2410—1980

透明塑料透光率和雾度的测定

Determination of the luminous transmittance and haze of transparent plastics

2008-08-04 发布　　2009-04-01 实施

中华人民共和国国家质量监督检验检疫总局
中国国家标准化管理委员会　发布

前言

本标准修改采用ASTM D 1003:2007《透明塑料雾度和透光率试验方法》,技术内容基本等同,仅在文字上进行了编辑性修改,编写方法完全对应。

本标准代替GB/T 2410—1980《透明塑料透光率和雾度试验方法》,本标准与GB/T 2410—1980相比主要变化如下:

——增加了状态调节;

——试验温度的允差由±5 ℃改为±2 ℃;

——相对湿度的允差由±20%改为±10%;

——增加了A光源;

——修改了试样厚度测量精度;

——增加了分光光度计法;

——增加了附录A"雾度计算公式的推导"。

本标准的附录A为资料性附录。

本标准由中国石油和化学工业协会提出。

本标准由全国塑料标准化技术委员会(SAC/TC 15)归口。

本标准负责起草单位:中石化北化院国家化学建筑材料测试中心(材料测试部)。

本标准参加起草单位:国家合成树脂质量监督检验中心、国家塑料制品质检中心(福州)、广州金发科技股份有限公司。

本标准主要起草人:潘颖、刘畅、刘玉春、郑宁、何芃、蔡彤旻。

本标准所代替标准的历次版本发布情况为:

——GB/T 2410—1980。

透明塑料透光率和雾度的测定

1 范围

本标准规定了透明塑料透光率和雾度的两种测定方法，方法 A 是雾度计法，方法 B 是分光光度计法。

本标准适用于测定板状、片状、薄膜状透明塑料的透光率和雾度。

2 规范性引用文件

下列文件中的条款通过本标准的引用而成为本标准的条款。凡是注日期的引用文件，其随后所有的修改单(不包括勘误的内容)或修订版均不适用于本标准，然而，鼓励根据本标准达成协议的各方研究是否可使用这些文件的最新版本。凡是不注日期的引用文件，其最新版本适用于本标准。

GB/T 2918—1998　塑料试样状态调节和试验的标准环境(idt ISO 291:1997)

3 术语和定义

下列术语和定义适用于本标准。

3.1

雾度　haze

透过试样而偏离入射光方向的散射光通量与透射光通量之比，用百分数表示(对于本方法来说，仅把偏离入射光方向 2.5°以上的散射光通量用于计算雾度)。

3.2

透光率　luminous transmittance

透过试样的光通量与射到试样上的光通量之比，用百分数表示。

4 试样

4.1 要求

试样不能有影响材料性能的缺陷，也不能有对研究造成偏差的缺陷。

4.2 形状和尺寸

试样尺寸应大到可以遮盖住积分球的入口窗，建议试样为直径 50 mm 的圆片，或者是 50 mm×50 mm 的方片。

4.3 试样检查

试样两侧表面应平整且平行，无灰尘、油污、异物、划痕等，并无可见的内部缺陷和颗粒，要求测试这些缺陷对雾度的影响时除外。

4.4 试样数量

无其他特殊要求下，每组三个试样。

5 状态调节

在温度 23 ℃±2 ℃和相对湿度 50%±10%的环境下，按照 GB/T 2918—1989 状态调节不少于 40 h 后，进行试验。特殊情况按材料说明书或按供需双方商定的条件进行状态调节。

6 试验环境

应在与试样状态调节相同环境下进行试验。

7 试验方法

7.1 方法 A:雾度计法

7.1.1 仪器

仪器的几何性能和光学性能应符合本部分的要求。仪器原理如图 1 所示。

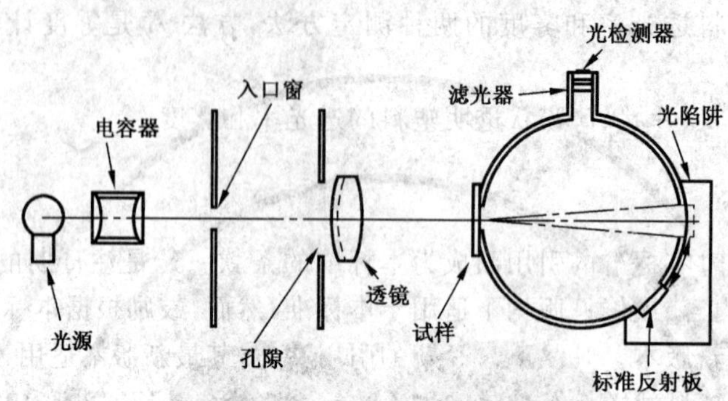

图 1 雾度计示意图

a) 光源

光源和光检测器输出的混合光经过过滤后应为符合国际照明委员会(CIE)1931 年标准比色法测定要求的 C 光源或 A 光源。其输出信号在所用光通量范围内与入射光通量成比例,并具有 1%以内的精度。在每个试样的测试过程中,光源和检流计的光学性能应保持恒定。

b) 积分球

用积分球收集透过的光通量,只要窗口的总面积不超过积分球内反射表面积的 4%,任何直径的球均适用。出口窗和入口窗的中心在球的同一最大圆周上,两者的中心与球的中心构成的角度应不小于 170°。出口窗的直径与入口窗的中心构成角度在 8°以内。当光陷阱在工作位置上,而没有试样时,入射光柱的轴线应通过入口窗和出口窗的中心。光检测器应置于与入口窗呈 90°的球面上,以使光不直接投入到入口窗。在靠近出口窗的内壁的关键性调整是用于反射意义的。球体旋转角为 8.0°±0.5°。

c) 聚光透镜

照射在试样上的光束应基本为单向平行光,任何光线不能偏离光轴 3°以上。光束在球的任意窗口处不能产生光晕。

当试样放置在积分球的入口窗内,试样的垂直线与入口窗和出口窗的中心连线之间的角度不应大于 8°。

当光束不受试样阻挡时,光束在出口窗的截面近似圆形,边界分明,光束的中心与出口窗的中心一致。对应入口窗中心构成的角度与出口窗对入口窗中心构成 1.3°±0.1°的环带。

检查未受阻挡的光束的直径以及出口窗中心位置是否保持恒定,尤其是在光源的孔径和焦距发生变化以后。

注 1:对于雾度度数,环带 0.1°的偏差相当于±0.6%的不确定度,这与评定本试验方法的精密度和偏差有关。

d) 反射面

积分球的内表面、挡板和标准反射板应具有基本相同的反射率并且表面不光滑。在整个可见光波长区具有高反射率。

e) 光陷阱

当试样不在时应可以全部吸收光,否则仪器无需设计光陷阱。

f) 仪器校准

用雾度标准板校准仪器。

7.1.2 试验步骤

7.1.2.1 样品尺寸

测量试样的厚度。厚度小于 0.1 mm 时，至少精确到 0.001 mm；厚度大于 0.1 mm 时，至少精确到 0.01 mm。

7.1.2.2 读取数据

调节雾度计零点旋钮，使积分球在暗色时检流计的指示为零。

当光线无阻挡时，调节仪器检流计的指示为 100，然后按照表 1 操作，读取 T_1、T_2、T_3 和 T_4。

表 1 读数步骤

检流计读数	试样是否在位置上	光陷阱是否在位置上	标准反射板是否在位置上	得到的量
T_1	不在	不在	在	入射光通量
T_2	在	不在	在	通过试样的总透射光通量
T_3	不在	在	不在	仪器的散射光通量
T_4	在	在	不在	仪器和试样的散射光通量

反复读取 T_1、T_2、T_3 和 T_4 的值使数据均匀。

7.1.3 结果计算和表示

7.1.3.1 透光率

对于每个试样，以百分数表示的透光率按式(1)计算：

$$T_t = \frac{T_2}{T_1} \times 100 \qquad \cdots\cdots (1)$$

式中：

T_t——透光率；

T_2——通过试样的总透射光通量；

T_1——入射光通量。

结果取平均值，精确到 0.1%。

7.1.3.2 雾度

对于每个试样，以百分数表示的雾度按式(2)计算：

$$H = \left(\frac{T_4}{T_2} - \frac{T_3}{T_1}\right) \times 100 \qquad \cdots\cdots (2)$$

式中：

H——雾度；

T_4——仪器和试样的散射光通量；

T_2——通过试样的总透射光通量；

T_3——仪器的散射光通量；

T_1——入射光通量。

结果取平均值，精确到 0.1%。

注 2：在使用单光束仪器测量透光率并要达到较高精度时，宜使用用双光束仪器校准过的标准板，因为试样放入单光束仪器改变了积分球的功能。这种变化会导致清晰、无色的试样的读数偏高，并对黑色或高纯色的试样造成明显的数值错误。这种情况下，使用光度计作为比对仪器，该仪器具有与试样相同的已知透光率的标准板。为了得到尽可能高的透光率测量精度，要比较试样的透光率和校准过的标准板的透光率。

7.2　方法 B:分光光度计法

7.2.1　仪器

仪器的几何性能和光学性能应符合本部分要求。其中使用非垂直照明漫射接收的仪器原理如图 2 所示。

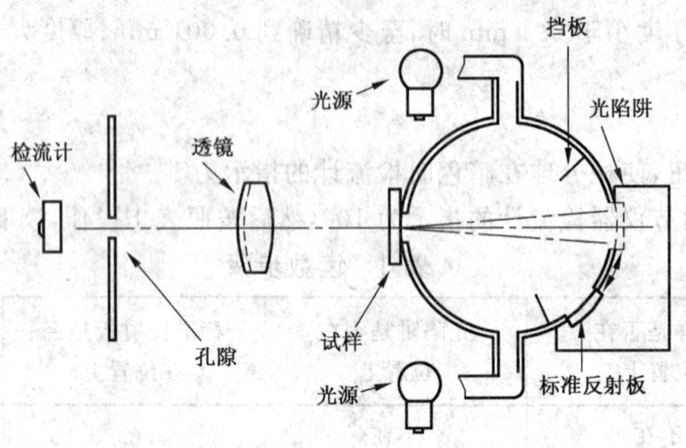

图 2　分光光度计散射示意图

该仪器光源光谱特性应符合计算国际照明委员会(CIE)1931 年表色系的三刺激值以及 CIE 标准中 C 光源或 A 光源的色坐标。

该仪器利用积分球作为测量系统,试样紧靠积分球窗口。积分球的内表面、挡板、标准反射板的内表面均应不光滑,具有基本相同的反射率且在整个可见光波长范围内有较高反射率。

可以使用两种几何条件:非垂直照明漫射接收和漫射照明非垂直接收。采用漫射照明非垂直接收的仪器应符合以下要求:

a)　积分球

用积分球去照射散射试样。只要窗口的总面积不超过积分球内反射表面积的 4.0%,任何直径的球均适用。试样和球体的光陷阱窗中心应在球的同一最大圆周上,两者的中心与球的中心构成的角度应不小于 170°。光陷阱窗与沿着光束方向试样窗口的中心构成的角度在 8°以内。当光陷阱在工作位置上,而没有试样时,入射光柱的轴线应通过试样和光陷阱窗的中心。

b)　聚光透镜

沿着单向光束的轴线观察试样,任何光线不能偏离光轴 3°以上。光束在球的任意窗口处不能产生光晕。

当试样在位置上时,试样法线与试样、光陷阱窗中心连线的角度不超过 8°。

当试样不在位置上时,在出口窗处,光束区域应为近似圆形且边界分明,光束的中心与光陷阱窗的中心一致。对应样品窗中心构成的角度与光陷阱窗对样品窗中心构成 1.3°±0.1°的环带。

c)　光陷阱

当试样不在时应可以全部吸收光,否则仪器无需设计光陷阱。

7.2.2　试验步骤

按 7.1.2 进行,除非有仪器生产厂家的操作说明。

7.2.3　结果计算和表示

按 7.1.3 进行计算,除非仪器可以自动计算出透光率和雾度。

8　试验报告

试验报告应包括下列内容:

a) 注明采用GB/T 2410；

b) 试样来源；

c) 材料的详细鉴别说明，包括试样尺寸和制备方法等；

d) 状态调节和试验环境；

e) 试样数量；

f) 试验仪器；

g) 光源类型；

h) 单个试验结果；

i) 试验结果的平均值；

j) 试验日期。

附 录 A
(资料性附录)
雾度计算公式的推导

A.1

雾度公式由以下两步引出。

A.1.1 透光率

以百分数表示的透光率按式(A.1)计算:

$$T_t = \frac{T_2}{T_1} \times 100 \qquad \cdots\cdots(\text{A.1})$$

式中:

T_t——透光率;

T_2——通过试样的总透射光通量;

T_1——入射光通量。

A.1.2

当仪器散射光通量 T_3 为零时,以百分数表示的散射透光率按式(A.2)计算:

$$T_d = \frac{T_4}{T_1} \times 100 \qquad \cdots\cdots(\text{A.2})$$

式中:

T_d——散射透光率;

T_4——仪器和试样的散射光通量;

T_1——入射光通量。

A.1.3

当仪器散射光通量 T_3 大于零时,总散射光通量 T_4 就大于试样散射光通量,这部分仪器散射光与 T_3 成比例,等于 T_3 倍的 T_2/T_1。因此修正过的试样散射光通量 T'_4 应按式(A.3)计算:

$$T'_4 = T_4 - T_3 \frac{T_2}{T_1} \qquad \cdots\cdots(\text{A.3})$$

式中:

T_4——仪器和试样的散射光通量;

T_3——仪器散射光通量;

T_2——通过试样的总透射光通量;

T_1——入射光通量。

A.1.4

以百分数表示的散射透光率按式(A.4)计算:

$$T_d = \frac{T'_4}{T_1} \times 100 \qquad \cdots\cdots(\text{A.4})$$

式中:

T_d——散射透光率;

T'_4——修正过的试样散射光通量;

T_1——入射光通量。

A.1.5 雾度

以百分数表示的雾度按式(A.5)计算:

$$H = \frac{T_d}{T_t} \times 100 \qquad \cdots\cdots (A.5)$$

式中：

H——雾度；

T_d——散射透光率；

T_t——透光率。

将式(A.1)和式(A.4)代入式(A.5)，得到式(A.6)：

$$H = \left(\frac{T_4}{T_2} - \frac{T_3}{T_1}\right) \times 100 \qquad \cdots\cdots (A.6)$$

式中：

H——雾度(用百分数表示)；

T_4——仪器和试样的散射光通量；

T_2——通过试样的总透射光通量；

T_3——仪器散射光通量；

T_1——入射光通量。

ICS 83.080
G 31

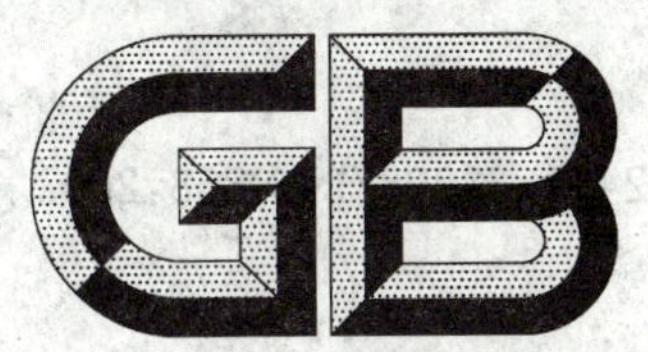

中华人民共和国国家标准

GB/T 2411—2008/ISO 868:2003
代替 GB/T 2411—1980

塑料和硬橡胶 使用硬度计测定压痕硬度(邵氏硬度)

Plastics and ebonite—Determination of indentation hardness by means of a durometer(shore hardness)

(ISO 868:2003,IDT)

2008-08-04 发布　　　　2009-04-01 实施

中华人民共和国国家质量监督检验检疫总局
中国国家标准化管理委员会　发布

前言

本标准等同采用ISO 868:2003《塑料和硬橡胶—使用硬度计测定压痕硬度(邵氏硬度)》(英文版)。

本标准等同翻译ISO 868:2003,在技术内容上完全一致。

为便于使用,本标准做了下列编辑性修改:

a) 把“本国际标准”一词改为“本标准”;

b) 删除了ISO 868:2003的前言;

c) 增加了国家标准的前言;

d) 把“规范性引用文件”一章所列的国际标准用对应的等同采用该文件的国家标准代替;

e) 把标准中涉及到的国际标准换成相应的国家标准。

本标准代替GB/T 2411—1980《塑料邵氏硬度试验方法》。

本标准与GB/T 2411—1980相比主要变化如下:

——更改了标准名称、增加了前言;

——扩大了适用范围,增加了硬橡胶;

——增加了规范性引用文件;

——试样厚度及测量点与试样边缘的距离有所不同;

——硬度计弹簧的校准及装置位于标准正文;

——给出了硬度测定读数时间波动范围;

——试验结果的表示有所不同;

——增加了试验报告的内容;

——删除了附录。

本标准由中国石油和化学工业协会提出。

本标准由全国塑料标准化技术委员会(SAC/TC 15)归口。

本标准负责起草单位:国家合成树脂质量监督检验中心、北京燕山石化树脂所。

本标准参加起草单位:国家化学建筑材料测试中心(材料测试部)、国家塑料制品质检中心(福州)、国家塑料制品质检中心(北京)、国家石化有机原料质检中心、广州金发科技有限公司。

本标准主要起草人:施雅芳、陈宏愿、桑桂兰、何芃、李建军、俞峰、邓燕霞、王秀娴。

本标准所代替标准的历次版本发布情况为:

——GB/T 2411—1980;GB/T 2411—1989(确认)。

塑料和硬橡胶
使用硬度计测定压痕硬度(邵氏硬度)

1 范围

1.1 本标准规定了用两种型号的硬度计测定塑料和硬橡胶压痕硬度的方法，其中A型用于软材料，D型用于硬材料(见8.2的注)。本方法可测量起始压痕硬度或经过规定时间后的压痕硬度或两者都测。

注：本标准规定的硬度计和方法，为邵氏A型和邵氏D型的硬度计及方法。

1.2 本标准作为质量控制的一种试验方法，其测定的压痕硬度和受试材料基本性能之间无简单的对应关系。对软性材料推荐使用GB/T 6031—1998 《硫化橡胶或热塑性橡胶硬度的测定(10 IRHD～100 IRHD)》。

2 规范性引用文件

下列文件中的条款通过本标准的引用而成为本标准的条款。凡是注日期的引用文件，其随后所有的修改单(不包括勘误的内容)或修订版均不适用于本标准，然而，鼓励根据本标准达成协议的各方研究是否可使用这些文件的最新版本。凡是不注日期的引用文件，其最新版本适用于本标准。

GB/T 2918—1998 塑料试样状态调节和试验的标准环境(idt ISO 291:1997)

3 原理

在规定的测试条件下，将规定形状的压针压入试验材料，测量垂直压入的深度。

压痕硬度与相应的压入深度成反比，且依赖于材料的弹性模量和粘弹性。压针的形状，施加的力以及施力时间都会影响试验结果，一种型号的硬度计与另一种型号的硬度计以及硬度计与其他测量硬度的仪器之间没有一种简单关系。

4 装置

A型和D型邵氏硬度计由以下部件构成：

4.1 压座，中心有一直径3 mm±0.5 mm的孔，离压座的任一边至少6 mm。

4.2 压针，直径为1.25 mm±0.15 mm的硬化钢制成，A型硬度计压针的形状尺寸见图1，D型硬度计压针见图2。

4.3 指示装置，可读取压针顶端伸出压座的长度，当压针全部伸出2.50 mm±0.04 mm时定为0，压座和压针与平面玻璃紧密接触，伸出值为0 mm时定为100，方可直接读数。

注：该装置可能包括将负荷施加于压针时所获得的初始压痕的指示值，需要时(见8.1)可由最大值指示器读取瞬时读数的最大值。

4.4 已校准的弹簧，施加于压针上的力按式(1)计算：

$$F = 550 + 75H_A \qquad (1)$$

式中：

F——施加的力，单位为毫牛(mN)；

H_A——A型硬度计硬度读数。

或

单位为毫米

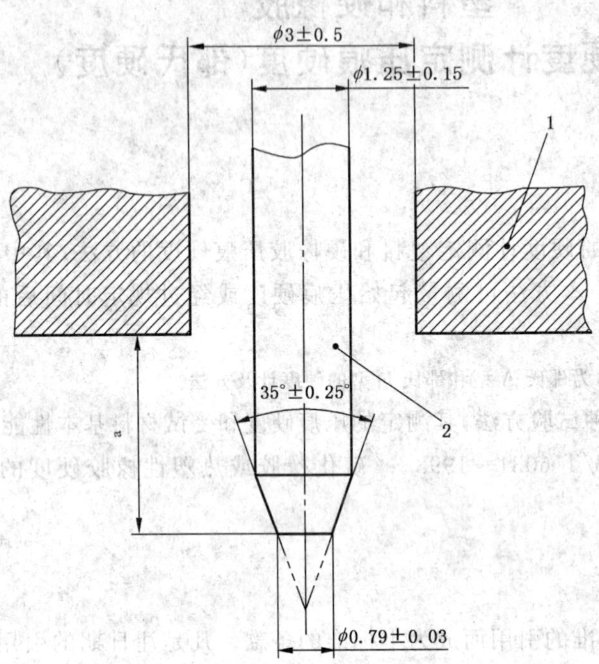

1——压座；
2——压针。
[a] 全部伸出：2.5±0.04

图1 A型硬度计压针

单位为毫米

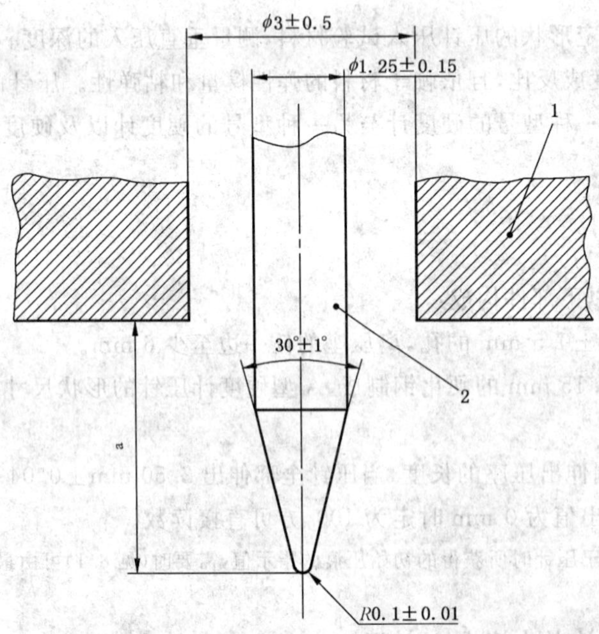

1——压座；
2——压针。
[a] 全部伸出：2.5±0.04

图2 D型硬度计压针

$$F = 445H_D \qquad \cdots\cdots(2)$$

式中：

F——施加的力，单位为毫牛(mN)；

H_D——D型硬度计硬度读数。

5 试样

5.1 试样的厚度至少为4 mm，可以用较薄的几层叠合成所需的厚度。由于各层之间的表面接触不完全，因此，试验结果可能与单片试样所测结果不同。

5.2 试样的尺寸应足够大，以保证离任一边缘至少9 mm进行测量，除非已知离边缘较小的距离进行测量所得结果相同。试样表面应平整，压座与试样接触时覆盖的区域至少离压针顶端有6 mm的半径。应避免在弯曲的、不平或粗糙的表面上测量硬度。

6 校准

校准硬度计的弹簧(4.4)时，为防止压座(4.1)和天平盘间的干扰，将硬度计垂直放置，压针(4.2)顶端静置在天平盘中的一个金属垫上，如图3所示。垫片上有一个高约2.5 mm，直径约1.25 mm的小圆杆，顶部象一小杯，可容纳压针。垫片的质量用天平的另一个秤盘上的砝码来平衡。把砝码加到秤盘上，以平衡压针在各种刻度读数时的力。测得的力值与式(1)计算的力值之差应在±75 mN之内，或与式(2)计算的力值之差应在±445 mN之内。

可用专门的仪器校准硬度计。用于校准的天平或仪器应能在压针顶端施加力并测量，其中A型硬度计在3.9 mN以内，D型硬度计在19.6 mN以内。

图3 校准硬度计弹簧的装置

7 状态调节和试验环境

7.1 材料的硬度与相对湿度无关时，硬度计和试样应在试验温度(见7.2)下状态调节1 h以上。对于硬度与相对湿度有关的材料，试样应按GB/T 2918—1998或按相应的材料标准进行状态调节。

当硬度计由低于室温的地方移至较高温度的地方时，在转移位置前，应将其放在合适的干燥器或气密的容器中，在移入新的环境后继续保持直到硬度计的温度高于空气露点的温度。

7.2 除非相关材料标准中另有规定，试验应在GB/T 2918—1998规定的一种标准环境下进行。

8 操作步骤

8.1 将试样放在一个硬的、坚固稳定的水平平面上，握住硬度计，使其处于垂直位置，同时使压针顶端(4.2)离试样任一边缘至少 9 mm。立即将压座(4.1)无冲击地加到试样上，使压座平行于试样并施加足够的压力，压座与试样应紧密接触。

注：用硬度计台或压针中心轴上加砝码的方法，将压座加到试样上，可获得最好的再现性。A 型硬度计推荐的质量是 1 kg，D 型硬度计是 5 kg。

(15±1)s 后读取指示装置的示值(4.3)。若规定瞬时读数，则在压座与试样紧密接触后 1 s 之内读取硬度计的最大值。

8.2 在同一试样上至少相隔 6 mm 测量五个硬度值，并计算其平均值。

注：当 A 型硬度计的示值高于 90 时，建议用 D 型硬度计进行测量，当 D 型硬度计的示值低于 20 时，建议用 A 型硬度计进行测量。

9 试验报告

试验报告应包括下列内容：

a) 标明采用本标准；

b) 鉴别受试材料所需的详细完整的说明；

c) 试样的描述，包括厚度以及叠加试样的层数；

d) 试验温度，当材料的硬度受湿度影响时，其相对湿度；

e) 使用的硬度计型号(A 或 D)；

f) 如果已知和需要，试样制备后至硬度测量之间的时间；

g) 压痕硬度的单个值以及读数所用的时间间隔；

注：读数可以用邵氏硬度 A/15:45 的形式报告，A 是硬度计的类型，15 是 15 s，它是将压座与试样紧密接触后与读数之间的时间，而 45 是读数值。邵氏硬度 D/1:60，是指在 1 s 之内读取的 D 型硬度计示值为 60，或由最大值指示器得到的读数。

h) 压痕硬度的平均值；

i) 偏离本标准的任何细节以及影响结果的任何细节。

ICS 83.080.20
G 31

中华人民共和国国家标准

GB/T 2412—2008
代替 GB/T 2412—1980

塑料 聚丙烯(PP)和丙烯共聚物热塑性塑料等规指数的测定

Plastics—Polypropylene(PP) and propylene copolymer thermoplastics—Determination of isotactic index

(ISO 9113:1986,MOD)

2008-06-19 发布　　2009-02-01 实施

中华人民共和国国家质量监督检验检疫总局
中国国家标准化管理委员会 发布

前　言

本标准修改采用 ISO 9113:1986《塑料——聚丙烯(PP)和丙烯共聚物热塑性塑料——等规指数测定》(英文版)。

本标准根据 ISO 9113:1986 重新起草。在附录 A 中列出了本标准章条编号与 ISO 9113:1986 章条编号的对照一览表。在附录 B 中给出了这些技术性差异一览表以供参考。

本标准代替 GB/T 2412—1980《聚丙烯等规指数测试方法》。

本标准与 GB/T 2412—1980 相比主要变化如下:

a) 对适用范围进行了修改;

b) 增加了"规范性引用文件"一章;

c) 增加了"原理"一章;

d) 试验步骤中,试样准备时,将"约 2 倍量的干冰放在搪瓷盘中混匀"改为"适量的干冰或液氮混合",并增加"对片、纤维或薄膜,如样品最少有一维尺寸小于 0.6 mm,就不必研磨和过筛。薄膜应切成小片,对带状或小片通过熔融变成易粉碎的形状";

e) 试验步骤中,试样干燥和退火时,将"使氮气余压保持在 180 毫米汞柱,于 140 ℃±2 ℃下干燥 2 h;对于粉料,减压余压 50 毫米汞柱,于 70 ℃±2 ℃下干燥 2 h"改为"使氮气余压保持在 25 kPa 或更小的氮气余压,于 140 ℃±2 ℃下干燥 2 h,粉料试样可于 70 ℃±2 ℃下干燥";

f) 试验步骤中,萃取结束后,"将含有残余聚合物的漏斗置于充氮真空烘箱内,在 100 ℃～105 ℃,余压 50 毫米汞柱干燥 2 h"改为"将含有残余聚合物的漏斗置于充氮真空烘箱内,在 100 ℃～105 ℃,氮气余压保持在 25 kPa 或更小的条件下干燥 2 h";

g) 结果计算中,将公式中的符号作了改变。

本标准的附录 A 和附录 B 为资料性附录。

本标准由中国石油化工集团公司提出。

本标准由全国塑料标准化技术委员会石化塑料树脂产品分会(SAC/TC 15/SC 1)归口。

本标准起草单位:中国石化扬子石油化工有限公司、中国石油石化研究院大庆化工研究中心。

本标准起草单位:中国石化北京燕山分公司树脂应用研究所、中国石化九江分公司、中国石化镇海炼化分公司、中国石化中原石油化工有限责任公司、中国石油兰州石化公司。

本标准主要起草人:吴世斌、王奇坤、许德俊、李景清。

本标准于 1980 年首次发布,本次为第一次修订。

塑料　聚丙烯(PP)和丙烯共聚物热塑性塑料等规指数的测定

1　范围

1.1　本标准规定了在标准测试条件下测定不溶于沸腾正庚烷的聚丙烯质量占试样质量的百分数的方法。

1.2　本标准适用于GB/T 2546.1—2006中描述的丙烯均聚物(PP-H)、丙烯耐冲击共聚物(PP-B)、丙烯无规共聚物(PP-R)。

1.3　本标准适用于常规为粉状、颗粒或碎粒状聚丙烯材料。

1.4　本标准不适用于有着色剂、填料等改性的聚丙烯材料。

2　规范性引用文件

下列文件中的条款通过本标准的引用而成为本标准的条款。凡是注明日期的引用文件，其随后所有的修改单(不包括勘误的内容)或修订版均不适用于本标准，然而，鼓励根据本标准达成协议的各方研究是否可使用这些文件的最新版本。凡是不注明日期的引用文件，其最新版本适用于本标准。

GB/T 2546.1—2006　塑料　聚丙烯(PP)模塑和挤出材料　第1部分：命名系统和分类基础(ISO 1873-1:1995，MOD)

3　原理

将一定量的试样放在索氏萃取器中，用沸腾正庚烷回流萃取，由萃取前后试样的质量，计算不溶于正庚烷的质量分数，即为等规指数。

4　试剂与材料

4.1　正庚烷：分析纯，无芳香成分。

4.2　丙酮：分析纯。

4.3　干冰或液氮。

5　仪器

5.1　粉碎机：能将粒料粉碎成直径为0.3 mm～0.6 mm或有同等效果的设备。

5.2　筛子：孔径0.3 mm和0.6 mm各一个。

5.3　萃取装置，见图1。

5.3.1　索氏萃取器(带圆底烧瓶)，见图2。

5.3.2　冷凝器，见图3。

5.3.3　玻璃砂漏斗：在室温下装满蒸馏水，其流经时间为45 s～90 s，见图4。

5.3.4　带孔玻璃漏斗，见图5。

5.4　带调压装置的电热套：体积250 mL。

5.5　真空烘箱：可分别保持温度在70 ℃±2 ℃和140 ℃±2 ℃，余压保持在25 kPa或更小。

5.6　分析天平：精度0.1 mg。

单位为毫米

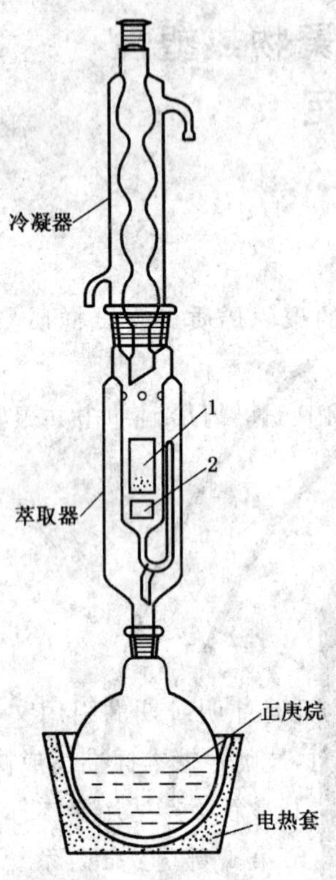

1——玻璃漏斗；

2——玻璃短管。

图 1 萃取装置

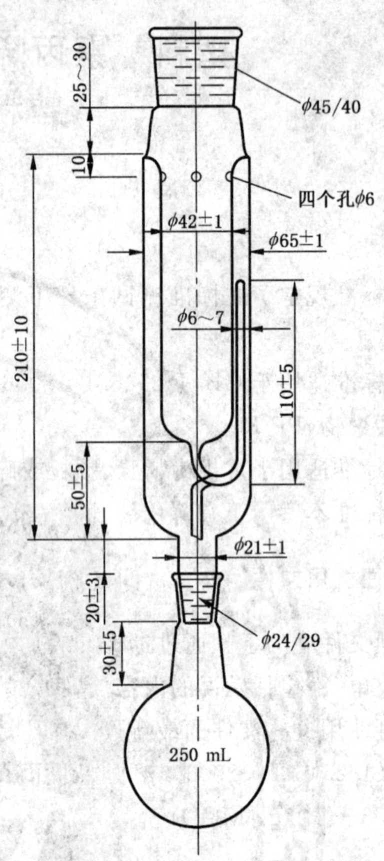

图 2 萃取器

单位为毫米

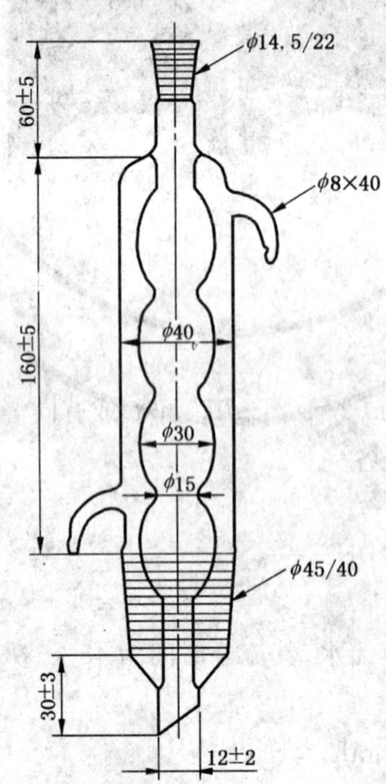

图 3 冷凝器

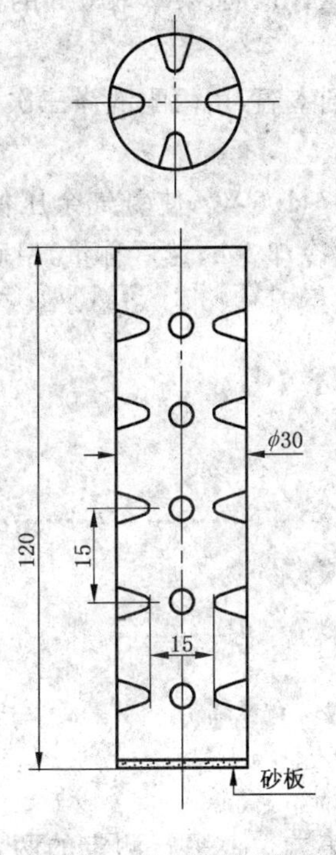

图 4 玻璃砂漏斗

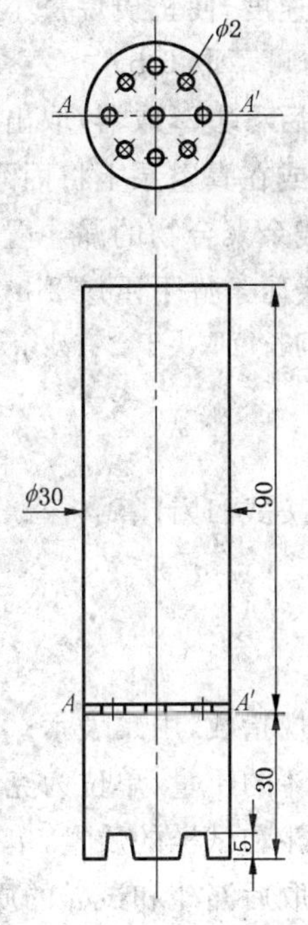

图 5 带孔玻璃漏斗

6 试验步骤

6.1 试样准备

将适量的粒料试样和适量的干冰或液氮混合，然后用粉碎机(5.1)将其粉碎或研磨成小颗粒，粉碎后的试样用筛子(5.2)进行筛分，选取颗粒直径为 0.3 mm～0.6 mm 的试样；对于粉料，可将试样直接进行筛分，选取颗粒直径为 0.3 mm～0.6 mm 的试样；对片、纤维或薄膜，如样品最少有一维尺寸小于 0.6 mm，就不必研磨和过筛。薄膜应切成小片，对带状或小片通过熔融变成易粉碎的形状。

6.2 试样干燥及退火

将适量上述试样放在培养皿中，置于真空烘箱(5.5)内，使氮气余压保持在 25 kPa 或更小的氮气余压，于 140 ℃±2 ℃下干燥 2 h，粉料试样可于 70 ℃±2 ℃下干燥。然后将试样置于干燥器内冷却 1 h。

注：如果未充氮气与充氮气情况下的试验结果一致时，可以不充氮气。

6.3 将洗净的玻璃砂漏斗(5.3.3)或带孔玻璃漏斗(5.3.4)和滤纸筒放在 100 ℃～105 ℃的烘箱内干燥 1.5 h(一般即可恒量)，置于干燥器内冷却 1 h，然后用分析天平(5.6)称量，精确到 0.1 mg(为防止滤纸筒吸湿，称量时可将其置于称量瓶中)。

注 1：粒料用玻璃砂漏斗(5.3.3)，PP-R 不适宜用玻璃砂漏斗。

注 2：粉料可用玻璃砂漏斗(5.3.3)，也可用装有滤纸筒的带孔玻璃漏斗(5.3.4)。

注 3：干燥时间长短取决于漏斗是否恒量。

6.4 将冷却后的试样在天平上称 5 g 移入已精确称量的漏斗内，用分析天平再次称量，精确到 0.1 mg。

6.5 在萃取器(5.3.1)提取阱底部横放一玻璃短管，将称好试样的漏斗置于萃取器内(测试粉料时不放玻璃短管)。

6.6 在圆底烧瓶中，加入 200 mL 正庚烷，放几粒沸石，加热至即将沸腾，装好萃取装置(5.3)，接通冷却水，萃取器用棉布套保温。

6.7 从装好萃取装置到冷凝器(5.3.2)下端滴下第 1 滴的时间应控制在 6 min～10 min 内，从冷凝液滴下第1滴开始计时。

6.8 调节回流速度，使正庚烷每小时抽提20次±5次，连续萃取24 h。如果萃取6 h的试验结果与抽提24 h一致时，可萃取6 h。

6.9 萃取结束后移去萃取器，取出漏斗置于漏斗架上，使其冷却到室温，用丙酮洗涤三次，用氮气吹，使丙酮尽量挥发(或在真空泵上将丙酮抽尽)。

6.10 将含有残余聚合物的漏斗置于充氮真空烘箱内，在100 ℃～105 ℃，使氮气余压保持在25 kPa或更小的氮气余压条件下干燥2 h(一般即可恒量)，置于干燥器内冷却1 h，然后称量，精确到0.1 mg。

注：干燥时间长短取决于含有残余聚合物的漏斗是否恒量。

7 结果计算

7.1 等规指数按式(1)计算：

$$w_{\mathrm{II}} = \frac{m_2 - m_0}{m_1 - m_0} \times 100 \qquad (1)$$

式中：

w_{II}——等规指数，用%表示；

m_0——漏斗的质量，单位为克(g)；

m_1——漏斗和试样的质量，单位为克(g)；

m_2——萃取后漏斗和试样的质量，单位为克(g)。

7.2 对于每个试样的等规指数，进行两次测定，计算至小数点后第二位。平行测定的两个结果之差不大于0.20%。测定结果以平行测定值算术平均值表示，修约至小数点后第一位。

8 试验报告

试验报告应包括以下内容：

a) 注明使用本标准；

b) 标明受试材料的全部资料；

c) 报告等规指数试验结果；

d) 报告试验中异常现象；

e) 注明未在本标准中规定的或作为任选的操作内容；

f) 注明试验日期。

附 录 A
（资料性附录）
本标准章条编号与 ISO 9113:1986 章条编号对照

表 A.1 中给出了本标准章条编号与 ISO 9113:1986 章条编号对照一览表。

表 A.1 本标准章条编号与 ISO 9113:1986 章条编号对照

本标准章条编号	对应的国际标准章条编号
1	1
2	2
3	无
4	无
5	3
6	4
6.1	4.1.1、4.1.2
6.2	4.2.1
6.3	4.2.1
6.4	4.2.1
6.5	4.2.2
6.6	4.2.2
6.7	无
6.8	4.2.3
6.9	4.2.4
6.10	4.2.4
7	5
7.1	5.1
7.2	5.2、6
8	7
附录 A	无
附录 B	无

附 录 B
（资料性附录）
本标准与 ISO 9113:1986 技术差异及其原因

表 B.1 中给出了本标准与 ISO 9113:1986 技术差异及其原因的一览表。

表 B.1 本标准与 ISO 9113:1986 技术差异及其原因

本标准章条编号	技术性差异	原 因
5.2	仪器中，“筛子：筛孔尺寸不大于 1 mm。推荐筛孔尺寸为 0.5 mm±0.1 mm。”修改为“筛子：孔径 0.3 mm 和 0.6 mm 各一个。”	增加可操作性
5.3.1	萃取器图示尺寸与本标准图 2 尺寸有一定差异。	增加可操作性
5.3.3	仪器中，“玻璃纤维或纸筒(套筒)：直径为 30 mm±3 mm，长度为 100 mm±10 mm 。“修改为“标准图 4、图 5 尺寸”，并增加了“玻璃砂漏斗在室温下装满蒸馏水，其流经时间为 45 s～90 s”的规定。	增加可操作性
6.1	试样准备中，“粒子细度能够通过筛子(筛孔 0.5 mm)。”修改为“选取颗粒直径为 0.3 mm～0.6 mm 的试样；对于粉料，可将试样直接进行筛分，选取颗粒直径为 0.3 mm～0.6 mm 的试样。”	增加可操作性
6.3	装样前，“玻璃纤维或纸筒在 140 ℃下干燥到恒重”修改为“将洗净的漏斗放在 100 ℃～105 ℃的烘箱内干燥”。	增加可操作性
6.6	试验步骤中，“在烧瓶中使用 300 mL 正庚烷”修改为“加入 200 mL 正庚烷”。	减少溶剂浪费
6.7	萃取过程中，增加了“从装好萃取装置到冷凝器(5.3.2)下端滴下第 1 滴的时间应控制在 6 min～10 min 内，从冷凝液滴下第 1 滴开始计时。”	易于控制萃取时间
6.8	简化了萃取时间的表述。“如果萃取 6 h 的试验结果与抽提 24 h 一致时，可萃取 6 h。”	增加可操作性
6.10	“残余聚合物的漏斗置于充氮真空烘箱内，在 70 ℃±2 ℃干燥 4 h～6 h”修改为“将含有残余聚合物的漏斗置于充氮真空烘箱内，在 100 ℃～105 ℃干燥 2 h。”	增加可操作性
7.1	对等规指数的计算公式进行了变换。 等规指数按式(1)计算： $$w_{\text{II}}=\frac{m_2-m_0}{m_1-m_0}\times 100 \quad\cdots\cdots(1)$$ 式中：w_{II}——等规指数，用%表示； m_0——漏斗的质量，单位为克(g)； m_1——漏斗和试样的质量，单位为克(g)； m_2——萃取后漏斗和试样的质量，单位为克(g)。	使计算简化
7.2	对于每个试样的等规指数的测定次数以及测定结果的表示方法做了详细的规定。	增加规范性

ICS 65.020.30
B 43

中华人民共和国国家标准

GB/T 2415—2008
代替 GB/T 2415—1981

南　阳　牛

Nanyang cattle

2008-02-01 发布　　2008-04-01 实施

中华人民共和国国家质量监督检验检疫总局
中国国家标准化管理委员会　发布

前　言

本标准对《南阳牛》(GB/T 2415—1981)进行修订，修订内容主要包括肉用性能、泌乳性能、繁殖性能、体尺指标、体重指标，鉴定标准、鉴定规则等。与GB/T 2415—1981的主要差异如下：

——增加了术语与定义；

——提高了肉用性能指标；

——等级鉴定的体尺、体重评分年龄段由7个简化为3个；

——去掉了役用能力评分；

——增加了泌乳性能指标；

——增加了良种登记内容。

本标准自发布之日起代替GB/T 2415—1981。

本标准的附录A、附录B、附录C、附录D均为规范性附录，附录E为资料性附录。

本标准由中华人民共和国农业部提出。

本标准由全国畜牧业标准化技术委员会归口。

本标准主要起草单位：南阳市黄牛良种繁育场、南阳市黄牛研究所、西北农林科技大学。

本标准主要起草人：李敬铎、王冠立、王鹏、孙志和、王玉海、郑应志、昝林森、耿繁军、张玉才、曾庆勇、丁显清、陈冠、刘德奇、王晓。

本标准所代替标准的历次版本发布情况为：

——GB/T 2415—1981。

南　　阳　　牛

1　范围

本标准规定了南阳牛的品种生产性能、种牛等级鉴定、良种登记的基本要求。

本标准适用于南阳牛的品种鉴别和种牛等级鉴定。

2　规范性引用文件

下列文件中的条款通过本标准的引用而成为本标准的条款。凡是注日期的引用文件，其随后所有的修改单(不包括勘误的内容)或修订版均不适用于本标准，然而，鼓励根据本标准达成协议的各方研究是否可使用这些文件的最新版本。凡是不注日期的引用文件，其最新版本适用于本标准。

GB/T 4143　牛冷冻精液

3　术语和定义

下列术语和定义适用于本标准。

3.1

屠宰率　dressing percentage

牛屠宰后去皮、头、尾、内脏(不包括肾脏和肾脂肪)、腕跗关节以下的四肢、生殖器官，称为胴体。胴体重占屠宰前绝食 24 h 后的活体重的百分率为屠宰率。

3.2

净肉率　meat percentage

胴体剔骨后全部肉重(包括肾脏和胴体脂肪)占屠宰前绝食 24 h 后的活体重的百分率。

3.3

眼肌面积　eye muscle area

第 12～13 肋骨间背最长肌的横截面积。

3.4

大理石纹　marbling

肌肉中有许多层脂肪分隔，像大理石纹。

3.5

后裔测定　peogeny testing

根据公牛子女的生产性能评定公牛遗传品质的方法。

3.6

相对育种值　relative breeding;RBV

以群体公牛子女的生产性能平均值为 100，将所测公牛子女的生产性能平均值与群体公牛子女的生产性能平均值进行比较。

4　品种特征

南阳牛因主产河南南阳而得名，被毛黄色、红色或草白色，体躯高大，肉役性能良好。南阳牛体格高大，成年公牛体高 142 cm 以上，母牛 130 cm 以上。结构匀称。一般鬐甲较高，肩部宽厚，胸骨突出，肋间紧密，背腰平直，荐尾略高，四肢端正，蹄质坚实。公牛头部雄壮方正，多微凹，颈短厚，稍呈弓形，颈侧多皱纹，前躯比较发达。母牛头清秀，较窄长、多凸起，颈呈水平状，长短适中，后躯较发达，毛色有黄、红、草白三种，以黄色居多。鼻镜多为肉红色，其中部分有黑点，粘膜多为淡红色。角型种类较多，公牛基角较粗，以萝卜角为主，母牛角较短。

南阳公牛、母牛照片见附录A。

5 生产性能

5.1 肉用性能

48月龄公牛体重670 kg以上，母牛440 kg以上。在育肥条件下，12月龄～24月龄日增重公牛1.0 kg，母牛0.8 kg；屠宰率公牛60%，母牛56%；净肉率公牛50%，母牛48%；眼肌面积公牛90 cm^2，母牛80 cm^2。肉质细嫩、多汁，大理石纹明显。

5.2 泌乳性能

在一般饲养条件下，1胎～2胎泌乳量600 kg以上；3胎以上泌乳量900 kg以上。乳脂率4.5%，乳蛋白质4.0%。

5.3 繁殖性能

母牛的初情期为8月龄～10月龄，初配年龄16月龄～18月龄。公牛出生重28 kg，母牛24 kg。公牛12月龄性成熟，1.5岁开始配种，种公牛精液质量应符合GB 4143要求。

6 种牛等级鉴定

6.1 等级鉴定

种牛等级鉴定分别在12月龄、24月龄、36月龄和48月龄按表C.2执行，繁殖性能正常，符合品种特征。

6.2 外貌

外貌评分按表C.1评出总分。

6.3 体尺

6.3.1 按表C.2评定体尺等级。四项体尺标准，按最低的一项确定等级。体尺测量见附录B。

6.3.2 按表C.3将体尺等级折合成分数。根据体斜长、胸围、坐骨端宽数值确定给分。体尺数值超过等级低限时，按体斜长、胸围、坐骨端宽三项中最低一项在特级给分低限的基础上加分，参考其他两项数值，体斜长每增加1 cm加1.5分，胸围每增加1 cm加1分，坐骨端宽每增加1 cm加3分。

6.4 体重

6.4.1 按表C.4评定体重等级。体重测定见附录B。

6.4.2 按表C.3将体重等级折合为分数。体重在各等级之间的给分多少依体重的实际数值进行评定。体重超过特级低限时，公牛每增加15 kg加1分，母牛每增加10 kg加1分。

6.5 综合评定

6.5.1 后备种公牛和母牛的综合评定指数根据外貌、体尺和体重三项指标，按下列方法进行。

6.5.1.1 各性状依其重要性进行加权，其加权系数 b 为：

外貌(b_1)=0.3；体尺(b_2)=0.3；体重(b_3)=0.4。

6.5.1.2 综合评定指数(I)的计算见式(1)：

$$I = 0.3W_1 + 0.3W_2 + 0.4W_3 \qquad (1)$$

式中：

W_1——外貌评分；

W_2——体尺评分；

W_3——体重评分。

6.5.1.3 按表C.3的规定将综合评定指数换算成综合等级。

6.5.2 种公牛的综合评定：后裔测定之前，按外貌、体尺和体重三项指标进行综合评定。

6.5.2.1 种公牛后裔测定按第D.1章执行。

6.5.2.2 相对育种值计算按第D.2章执行，相对育种值100%以上为良种公牛。

6.5.2.3 根据表D.1确定等级。

6.5.3 进行综合评定时，应参考其父、母等级。如父、母双方总评等级均高于本身总评等级，可将总评等级提升一级。

7 良种登记

7.1 良种登记的条件

良种登记的种牛应符合下列条件：

a) 系谱档案清楚；

b) 综合评定等级为特级、一级；

c) 父、母综合评定等级在一级以上。

7.2 良种登记办法

7.2.1 凡符合上述条件的种牛，公牛年龄应在36月龄以上，母牛在24月龄以上，由各牛场、繁育站、畜牧站填写良种登记申请表(参见附录E)，逐级上报省级主管部门审查。

7.2.2 经审查合格的良种牛，由省级主管部门统一编制良种登记号，并发给良种登记证。

7.2.3 出售的良种牛，应将良种登记证一并转移，如有死亡或淘汰，应及时上报省级主管部门备案。

附　录　A
（规范性附录）
南阳公牛、母牛照片

图 A.1　公牛

图 A.2　母牛

附 录 B
（规范性附录）
体尺、体重测定方法与要求

B.1 体尺测量

B.1.1 测量用具：测量体高及体斜长用测杖，测量胸围用皮尺，测量坐骨端宽用骨盆卡尺。测量前，测量用具应用钢尺加以校正。

B.1.2 牛体姿势：测量体尺时，应使牛只端正地站在平坦、坚实的地面上，前后肢和左右肢分别在一直线上，头部自然前伸（头顶部与鬐甲接近水平）。

B.1.3 测量部位

a） 体高：鬐甲最高点到地面的垂直距离；

b） 体斜长：从肩端前缘到坐骨结节后缘的直线距离；

c） 胸围：由肩胛骨后角处量取胸部的周径。松紧度以能放进两个指头上下滑动为宜；

d） 坐骨端宽：两个坐骨结节外缘之间的宽度。

B.1.4 在坚硬地面测量体高时，应将测得的体高数增加 1 cm（系测杖下端螺丝钉的高度）。

B.2 体重测定

有条件时，应进行实际称重（早饲前空腹称重）；若无条件时，可暂采用式（B.1）进行估算：

$$T = \frac{X^2 \times C}{10\ 800} \qquad \cdots\cdots(B.1)$$

式中：

T——体重，单位为千克（kg）；

X——胸围，单位为厘米（cm）；

C——体斜长，单位为厘米（cm）。

式（B.1）适用于 12 月龄以上南阳牛体重估测，实际测算时，可根据牛只膘情对估测值做 5%上下浮动。

附 录 C
（规范性附录）
南阳牛评定标准

表 C.1 南阳牛外貌评分表

单位为分

项目	给满分条件	公牛		母牛	
		满分	评分	满分	评分
品种特征	品种特征明显，全身被毛呈黄、红或草白色，皮薄富有弹性，毛细光亮，公牛有雄性，母牛俊秀	15		10	
整体结构	体躯长宽而深，结构匀称，体质结实，肉牛体型明显，头型良好，额宽口方，眼大有神，公牛颈较精短，母牛颈长短适中	15		15	
前躯	胸宽而深，前胸突出，肩长而斜，肩胛宽平。公牛鬐甲高而宽，母牛鬐甲平而宽	15		15	
中躯	背腰平直宽广，长适中，结合良好，肋骨弓圆，公牛腹部呈圆筒形，母牛腹大而不下垂	15		15	
后躯	尻宽而长，肌肉发达，大腿肌肉充实。公牛睾丸两侧对称，发育正常，母牛乳房发育良好，乳头整齐，乳静脉粗，分支多	30		35	
肢蹄	肢蹄端正结实，肢势良好，蹄形正，蹄质结实，蹄大致密，蹄圆缝紧	10		10	
合 计		100		100	

表 C.2 南阳牛体尺等级评定表

单位为厘米

年龄	等级	公牛				母牛			
		体高	体斜长	胸围	坐骨端宽	体高	体斜长	胸围	坐骨端宽
48 月龄	特级	146	169	207	34	132	149	178	30
	一级	141	163	200	31	128	144	172	27
	二级	136	157	193	28	124	139	166	25
	三级	131	151	186	25	120	134	160	22
36 月龄	特级	144	160	196	31	128	145	174	27
	一级	139	154	189	28	124	140	168	24
	二级	134	148	182	25	120	135	162	22
	三级	129	142	175	22	116	130	156	19
24 月龄	特级	137	148	182	28	124	139	168	27
	一级	132	142	175	25	120	134	162	24
	二级	127	136	168	23	116	129	156	22
	三级	122	130	161	20	114	124	150	19

表 C.2（续）

单位为厘米

年龄	等级	公牛				母牛			
		体高	体斜长	胸围	坐骨端宽	体高	体斜长	胸围	坐骨端宽
12 月龄	特级	122	128	154	23	118	125	150	22
	一级	118	123	148	21	114	120	144	20
	二级	114	118	142	19	110	115	138	18
	三级	110	113	138	17	106	110	132	16

表 C.3　南阳牛体重等级评定表

单位为千克

年龄	公牛				母牛			
	特级	一级	二级	三级	特级	一级	二级	三级
48 月龄	670	600	540	480	440	400	360	320
36 月龄	570	510	450	400	405	365	325	290
24 月龄	450	400	355	310	360	325	290	260
12 月龄	290	260	230	210	260	230	200	180

表 C.4　南阳牛等级与评分换算表

单位为分

等级	公牛	母牛
特级	85.0 以上	80.0 以上
一级	80.0～84.9	75.0～79.9
二级	75.0～79.9	70.0～74.9

附 录 D
（规范性附录）
种公牛评定办法

D.1 同期同龄比较法

根据综合评定指数定为特级、一级的后备公牛（18 月龄左右），在 2 个月内，随机配孕母牛 50 头，待其后代出生，按 1 岁校正体重计算其相对育种值。

D.2 种公牛相对育种值计算方法

D.2.1 先计算同期同龄比较值 $\sum dW$ 。$\sum dW$ 即是被测公牛与其他公牛的同龄后代的体重加权差数，以 1 岁体重为比较的依据。然后根据其所有有效后代的头数（ $\sum W$ ）计算被测公牛其他公牛后代体重的加权平均差数（DW）。此差数与群体平均数的和，即为被测公牛该项指标的育种值。其育种值与群体平均值的百分比，就是该公牛此项指标的相对育种值。

D.2.2 计算公式

a） 加权平均差数按式（D.1）计算：

$$DW=\frac{\sum dW}{\sum W}=\frac{\sum\left[\frac{N_1\cdot N_2}{N_1+N_2}\cdot(M_x-M_y)\right]}{\sum\frac{N_1\cdot N_2}{N_1+N_2}} \qquad \text{(D.1)}$$

$$d=M_x-M_y \qquad \text{(D.2)}$$

$$W=\sum\frac{N_1\cdot N_2}{N_1+N_2} \qquad \text{(D.3)}$$

式中：

DW——加权平均差数；

d——被测公牛后代体重（M_x）与同期同龄牛体重（M_y）的差数；

W——有效后代的头数，即调和均数；

N_1——被测公牛后代犊牛头数；

N_2——同期同龄公牛后代犊牛头数。

b） 公牛育种值按式（D.4）计算：

$$BV=DW+\overline{M} \qquad \text{(D.4)}$$

式中：

BV——公牛育种值；

$\overline{M}$——群体 1 岁体重的平均值。

c） 公牛相对育种值按式（D.5）计算：

$$RBV=\frac{DW+\overline{M}}{\overline{M}}\times 100 \qquad \text{(D.5)}$$

式中：

RBV——公牛相对育种值，%。

D.3 公牛相对育种值与等级换算

见表 D.1。

表 D.1 公牛相对育种值与等级换算表

相对育种值/%	等级
108.1 及以上	特级
104.1～108.0	一级
100.0～104.0	二级

附 录 E
（资料性附录）
南阳牛良种登记申请表

编号＿＿＿＿＿＿＿＿

<table>
<tr><td colspan="2">种牛所属单位名称</td><td colspan="3"></td><td colspan="2">地址</td><td colspan="2"></td></tr>
<tr><td colspan="2">牛号或牛名</td><td></td><td>性别</td><td></td><td colspan="2">出生日期</td><td colspan="2">年 月 日</td></tr>
<tr><td rowspan="4">血
统
等
级</td><td colspan="4" rowspan="2">牛号：
综合等级：
相对育种值：</td><td>父</td><td>牛号：</td><td colspan="2">等级：</td></tr>
<tr><td>母</td><td>牛号：</td><td colspan="2">等级：</td></tr>
<tr><td colspan="4" rowspan="2">牛号：
综合等级：</td><td>父</td><td>牛号：</td><td colspan="2">等级：</td></tr>
<tr><td>母</td><td>牛号：</td><td colspan="2">等级：</td></tr>
<tr><td rowspan="4">本
身
等
级</td><td>外貌</td><td colspan="7">评分： 主要优缺点：</td></tr>
<tr><td>体尺/cm</td><td colspan="7">评分： 体高： 体长： 胸围： 坐骨端宽：</td></tr>
<tr><td colspan="8">体重/kg 评分：</td></tr>
<tr><td colspan="3">综合评定等级：</td><td colspan="3">相对育种值：</td><td colspan="2">鉴定日期： 年 月 日</td></tr>
<tr><td colspan="9">种
牛
照
片

（5吋左侧全身彩色冲印照片一张）</td></tr>
<tr><td>填报
单位</td><td colspan="2">年 月 日</td><td>初审单
位意见</td><td colspan="2">年 月 日</td><td>复审单
位意见</td><td colspan="2">年 月 日</td></tr>
</table>

ICS 65.020.30
B 43

中华人民共和国国家标准

GB/T 2416—2008
代替 GB/T 2416—1981

东 北 细 毛 羊

Northeast merino

2008-04-09 发布 2008-06-01 实施

中华人民共和国国家质量监督检验检疫总局
中国国家标准化管理委员会 发布

前言

本标准代替 GB/T 2416—1981《东北细毛羊》。

本标准与 GB/T 2416—1981 相比，羊毛长度增加 1.0 cm、剪毛量增加 0.3 kg。

本标准由中华人民共和国农业部提出。

本标准由全国畜牧业标准化技术委员会归口。

本标准起草单位：吉林省农业科学院畜牧分院。

本标准主要起草人：赵玉民、杨德新、付蓉、张明新、张云影、李铭学、褚世玉、陈树春、孙福余。

本标准所代替标准的历次版本发布情况为：

——GB/T 2416—1981。

东 北 细 毛 羊

1 范围

本标准规定了东北细毛羊的品种特性和等级评定。

本标准适用于东北细毛羊的品种鉴定和等级评定。

2 品种特性

2.1 原产地

东北细毛羊的原产地为黑龙江、吉林、辽宁三省。

2.2 外貌特征

公羊多数有螺旋形角、少数无角，母羊无角；公羊鼻梁微隆起，母羊鼻梁呈直线；头部细毛着生到两眼连线，前肢到腕关节，后肢到飞节；体质结实，体格大，体型匀称；皮肤宽松，公羊有1个～2个横皱褶，体躯无皱褶，母羊无皱褶；胸宽深，背平直，体躯长，腹线平直，后躯丰满，肢体端正。

2.3 羊毛品质

被毛同质、白色，闭合良好，中等以上密度，体侧部12月龄自然毛长8.0 cm，细度21.5 μm～25.0 μm，匀度好，弯曲明显，油汗白色或乳白色且含量适中；净毛率40%。

2.4 生产性能

2.4.1 一级羊生产性能

主要有剪毛后体重、毛长、剪毛量、净毛量四个生产性能指标。一级羊的生产性能见表1。

表1 一级羊生产性能

羊 别	剪毛后体重/kg	毛长/cm	剪毛量/kg	净毛量/kg
成年公羊	75.0	9.5	9.3	4.0
成年母羊	45.0	9.0	5.8	2.5
育成公羊	50.0	9.5	7.5	3.0
育成母羊	40.0	9.5	6.5	2.6

2.4.2 产肉性能

成年羯羊屠宰率48%。

2.4.3 繁殖性能

经产母羊产羔率125%～130%。

3 等级评定

3.1 等级评定时间

成年羊的评定时间为2岁，育成羊的评定时间为15月龄。

3.2 等级评定内容

等级评定内容有剪毛后体重、毛长、剪毛量、净毛量。

3.3 等级评定方法

东北细毛羊成年羊分为特级、一级、二级、三级四个等级，育成羊分为一级、二级、三级三个等级。等级评定按表1～表4进行。

3.3.1 **特级羊**

特级羊的生产性能见表 2。

表 2 特级羊生产性能

羊别	剪毛后体重/kg	毛长/cm	剪毛量/kg	净毛量/kg
成年公羊	82.5	10.8	11.2	4.5
成年母羊	49.5	9.6	7.0	2.8

3.3.2 **二级羊**

二级羊的生产性能见表 3。

表 3 二级羊生产性能

羊别	剪毛后体重/kg	毛长/cm	剪毛量/kg	净毛量/kg
成年公羊	75.0	9.0	9.3	4.0
成年母羊	45.0	8.0	5.8	2.5
育成公羊	50.0	9.0	6.5	2.6
育成母羊	40.0	9.0	5.5	2.2

3.3.3 **三级羊**

三级羊的生产性能见表 4。

表 4 三级羊生产性能

羊别	剪毛后体重/kg	毛长/cm	剪毛量/kg	净毛量/kg
成年公羊	70	8.0	8.8	3.8
成年母羊	40	7.0	5.3	2.3
育成公羊	45	8.0	5.5	2.2
育成母羊	35	8.0	5.0	2.0

ICS 65.020.30
B 43

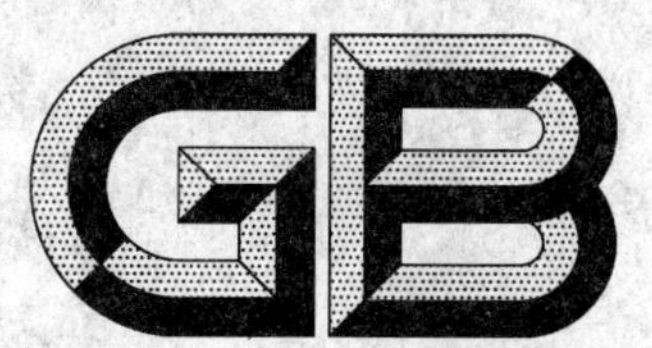

中华人民共和国国家标准

GB/T 2417—2008
代替 GB/T 2417—1981

金 华 猪

Jinhua pig

2008-04-09 发布 2008-06-01 实施

中华人民共和国国家质量监督检验检疫总局
中国国家标准化管理委员会 发布

前言

本标准代替 GB/T 2417—1981《金华猪》。

本标准与 GB/T 2417—1981 的主要技术内容差异是：

——结构中补充了肉质；肥育性能和胴体品质中补充了饲料转化率和眼肌面积；

——肥育猪日增重由 350 g～400 g 修订为 350 g～450 g，屠宰率由 70%～72%修订为 71%，瘦肉率由 40%～45%修订为 46%，腿臀比由 30%～32%修订为 31%。

本标准附录 A、附录 B、附录 C 和附录 D 为规范性附录，附录 E 为资料性附录。

本标准由中华人民共和国农业部提出。

本标准由全国畜牧业标准化技术委员会归口。

本标准起草单位：金华市农业科学研究所、金华市畜牧兽医站、浙江金华加华种猪有限公司(原浙江省金华种猪场)、金华职业技术学院和东阳市良种场。

本标准主要起草人：项云、王伟、骆炳汉、陶志伦、华坚青、谭广潮、吴春金、王世荣。

本标准所代替标准的历次版本发布情况为：

——GB/T 2417—1981。

金华猪

1 范围

本标准规定了金华猪品种特征特性及种猪等级评定标准。

本标准适用于金华猪品种鉴定、选育和种猪等级评定。

2 品种特征特性

2.1 原产地和主要特点

金华猪又称金华两头乌，原产于浙江省金华地区金华县孝顺、澧浦、曹宅，东阳县划水、湖溪，义乌县义亭、上溪和东河等地。金华猪具有性成熟早、繁殖力高、皮薄骨细、肉质细嫩鲜美的特性，是腌制金华火腿的优质原料。

2.2 体型外貌

头颈部和臀尾部为黑色，其余部分为白色，在黑白相交处有黑皮白毛的"晕"带。体型中等，耳中等大，腹大微下垂。乳房发育良好，乳头数 14 个～18 个。

2.3 生长发育

成年公猪体重平均不低于 93 kg，成年母猪体重平均不低于 83 kg。

2.4 繁殖性能

母猪约 105 日龄达性成熟，初配时间约 180 日龄。经产母猪产活仔平均不少于 13 头。

2.5 肥育性能

肥育猪从 15 kg～70 kg，日增重 350 g～450 g，饲料转化率平均不高于 3.7%。

2.6 胴体品质

肥猪平均体重 70 kg 屠宰，屠宰率平均不低于 71%，瘦肉率平均不低于 46%，腿臀比平均不低于 31%，眼肌面积平均不低于 21 cm^2，三点膘厚平均不高于 37mm。

肉色评分 3.0，pH_1 6.5，大理石纹评分 3.0，肌内脂肪 4.0%。

3 种猪等级评定标准

3.1 种猪必备条件

种猪必备条件是各个生长阶段的种猪都必须具备的共同要求。必备条件缺一者，属于失格，不列入评定分级的范围。种猪必备条件如下：

a) 体型外貌符合品种特征；

b) 生殖器官发育正常，有效乳头数 7 对以上；

c) 无遗传疾病，健康状况良好；

d) 系谱清楚。

3.2 种猪评定标准

3.2.1 种用仔猪评定标准

种用仔猪根据 40 日龄体重和断奶同胞数两项进行评定，比分各占 70 分和 30 分。体重 4 kg、断奶同胞 8 头为合格标准。评分标准见附录 A。

3.2.2 6 月龄后备种猪评定标准

后备种猪根据 6 月龄体重、背膘厚和腿臀围三项进行评定，比分各占 60 分、20 分、20 分。公猪体重 36 kg、背膘厚 21 mm、腿臀围 54 cm，母猪体重 38 kg、背膘厚 25 mm、腿臀围 56 cm 为合格标准。评分标准见附录 B。

3.2.3 种公猪(12 月龄)评定标准

种公猪根据同胞测定的日增重、背膘厚和眼肌面积三项进行评定,比分各占 60 分、20 分、20 分。日增重 320 g、背膘厚 41 mm 和眼肌面积 19 cm^2 为合格标准。评分标准见附录 C。

3.2.4 种母猪评定标准

种母猪根据产活仔数和 40 日龄断奶窝重两项进行评定,比分各占 40 分、60 分。产活仔数 10 头,40 日龄断奶窝重 40 kg 为合格标准。评分标准见附录 D。

种母猪第一胎评定,评分标准按表 D.1 第 1 和第 2 两个评分项目递减两个等差,及格标准分别为 8 头和 20 kg。第二胎评定,评分标准按表 D.1 第 1 和第 2 两个评分项目各递减一个等差,产活仔数和断奶窝重及格标准分别为 9 头和 30 kg。三胎以上评定,评分标准按附录 D。

3.3 种猪分级标准

种猪分级以附录 A、附录 B、附录 C 和附录 D 评定时所得总分为依据。各阶段合格种猪均分为四级,分级标准如下:

特级 90 分以上;

一级 80 分～89 分;

二级 70 分～79 分;

三级 60 分～69 分。

附 录 A
（规范性附录）
种用仔猪评分标准

表 A.1 种用仔猪评分标准

<table>
<tr><th>序号</th><th>评定项目</th><th colspan="7">标 准 及 评 分</th></tr>
<tr><td rowspan="2">1</td><td>40日龄体重/kg</td><td>9</td><td>8</td><td>7</td><td>6</td><td>5</td><td>4</td><td rowspan="2">—</td></tr>
<tr><td>评 分</td><td>70</td><td>64</td><td>58</td><td>52</td><td>46</td><td>42</td></tr>
<tr><td rowspan="2">2</td><td>断奶同胞数/头</td><td>14</td><td>13</td><td>12</td><td>11</td><td>10</td><td>9</td><td>8</td></tr>
<tr><td>评 分</td><td>30</td><td>28</td><td>26</td><td>24</td><td>22</td><td>20</td><td>18</td></tr>
</table>

附 录 B
（规范性附录）
6月龄后备种猪评分标准

表 B.1 6月龄后备种猪评分标准

<table>
<tr><th>序 号</th><th colspan="2">评 定 项 目</th><th colspan="5">标 准 及 评 分</th></tr>
<tr><td rowspan="3">1</td><td rowspan="2">体重/kg</td><td>公</td><td>48</td><td>45</td><td>42</td><td>39</td><td>36</td></tr>
<tr><td>母</td><td>51</td><td>48</td><td>45</td><td>42</td><td>39</td></tr>
<tr><td colspan="2">评 分</td><td>60</td><td>54</td><td>48</td><td>42</td><td>36</td></tr>
<tr><td rowspan="3">2</td><td rowspan="2">背膘厚/mm</td><td>公</td><td>13</td><td>15</td><td>17</td><td>19</td><td>21</td></tr>
<tr><td>母</td><td>17</td><td>19</td><td>21</td><td>23</td><td>25</td></tr>
<tr><td colspan="2">评 分</td><td>20</td><td>18</td><td>16</td><td>14</td><td>12</td></tr>
<tr><td rowspan="3">3</td><td rowspan="2">腿臀围/cm</td><td>公</td><td>62</td><td>60</td><td>58</td><td>56</td><td>54</td></tr>
<tr><td>母</td><td>64</td><td>62</td><td>60</td><td>58</td><td>56</td></tr>
<tr><td colspan="2">评 分</td><td>20</td><td>18</td><td>16</td><td>14</td><td>12</td></tr>
</table>

附　录　C
（规范性附录）
种公猪评分标准

表 C.1　种公猪(12 月龄)评分标准

序号	评定项目	标准及评分				
1	日增重/g	480	440	400	360	320
	评　　分	60	54	48	42	36
2	背膘厚/mm	33	35	37	39	41
	评　　分	20	18	16	14	12
3	眼肌面积/cm^2	23	22	21	20	19
	评　　分	20	18	16	14	12

附　录　D
（规范性附录）
种母猪评分标准

表 D.1　种母猪评分标准

序　号	评定项目	标准及评分					
1	产活仔数/头	15	14	13	12	11	10
	评　　分	40	37	34	31	27	24
2	断奶窝重/kg	90	80	70	60	50	40
	评　　分	60	55	50	45	40	36

附　录　E
（资料性附录）
金华猪饲养水平

本标准所规定的种猪生长发育和生产性能标准，是以表E.1的饲养水平为基础的。

表E.1　金华猪生长猪在自由采食情况下日粮中部分氨基酸、矿物质和维生素推荐量(90%干物质)

项　目		体　重					
		3 kg～5 kg	5 kg～10 kg	10 kg～20 kg	20 kg～40 kg	40 kg～60 kg	60 kg～80 kg
该范围的平均体重/kg		4	7.5	15	30	50	70
日粮消化能含量/(MJ/kg)		14.23	14.23	13.39	12.97	12.97	11.72
日粮代谢能含量/(MJ/kg)		13.66	13.66	12.85	12.45	12.45	11.25
消化能摄入量估测值/(MJ/d)		3.58	7.07	8.84	16.08	20.23	16.64
代谢能摄入量估测值/(MJ/d)		3.43	6.79	8.48	15.44	19.42	15.97
采食量估测值/(g/d)		250	500	660	1 240	1 560	1 420
日增重估测值/(g/d)		113	209	309	398	395	350
粗蛋白质/%		26.0	23.7	18	16	14	12
氨基酸(以总氨基酸为基础)/%	赖氨酸	1.50	1.35	1.15	0.85	0.64	0.51
	蛋氨酸	0.40	0.35	0.30	0.22	0.16	0.13
	蛋氨酸+胱氨酸	0.86	0.76	0.65	0.46	0.34	0.27
	苏氨酸	0.98	0.86	0.74	0.52	0.39	0.31
	色氨酸	0.27	0.24	0.21	0.15	0.11	0.09
矿物质元素/%	钙	0.90	0.80	0.70	0.60	0.50	0.45
	总磷	0.70	0.65	0.60	0.50	0.45	0.40
	有效磷	0.55	0.40	0.32	0.23	0.19	0.15
	钠	0.25	0.20	0.15	0.10	0.10	0.10
维生素	维生素A/(IU/kg)	2 200	2 200	1 750	1 300	1 300	1 300
	维生素D_3/(IU/kg)	220	220	200	150	150	150
	维生素E/(IU/kg)	16	16	11	11	11	11
	维生素K/(mg/kg)	0.50	0.50	0.50	0.50	0.50	0.50

表E.2　金华猪公母猪日粮中部分氨基酸推荐量(90%干物质)

项　目	妊娠母猪	泌乳母猪	配种公猪
预期窝仔数	14	13	—
仔猪日增重/(g/d)	—	140	—
泌乳期天数	—	35	—
日粮消化能含量/(MJ/kg)	11.92	12.97	12.97
日粮代谢能含量/(MJ/kg)	11.44	12.45	12.45
消化能摄入量估测值/(MJ/d)	24.90	67.87	25.61
代谢能摄入量估测值/(MJ/d)	23.90	65.16	24.58
采食量估测值/(kg/d)	2.09	5.23	1.97
粗蛋白质/%	11.93	16.4	13

表 E.2(续)

项　　目		妊娠母猪	泌乳母猪	配种公猪
氨基酸(以总氨基酸为基础)/%	赖氨酸	0.51	0.83	0.60
	蛋氨酸	0.13	0.21	0.16
	蛋氨酸+胱氨酸	0.33	0.39	0.42
	苏氨酸	0.39	0.52	0.50
	色氨酸	0.10	0.15	0.12
	缬氨酸	0.33	0.70	0.40

ICS 19.020
A 21

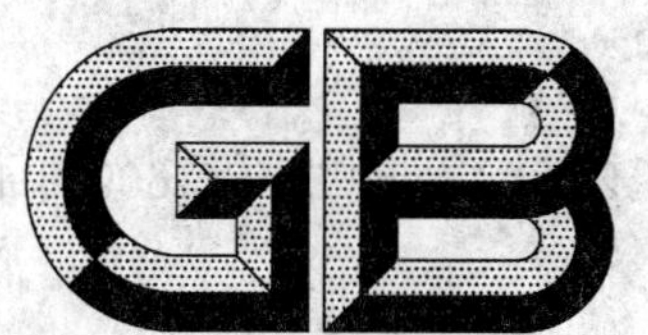

中华人民共和国国家标准

GB/T 2421.1—2008/IEC 60068-1:1988
代替 GB/T 2421—1999

电工电子产品环境试验 概述和指南

Environmental testing for electric and electronic products—General and guidance

(IEC 60068-1:1988,Environmental testing—Part 1:General and guidance,IDT)

2008-12-30 发布

2009-11-01 实施

中华人民共和国国家质量监督检验检疫总局
中国国家标准化管理委员会 发布

前言

GB/T 2421 目前分为如下几部分：

——GB/T 2421.1 电工电子产品环境试验　概述和指南；

——GB/T 2421.2 电工电子产品环境试验　规范编制者用信息　试验概要。

本部分为 GB/T 2421 的第 1 部分。该系列标准相关详细信息见附录 NA。

本部分等同采用了 IEC 60068-1:1988《环境试验　第 1 部分：概述和指南》和修改件 1:1992。

本部分的技术内容与 IEC 60068-1 完全一致，仅做了如下编辑性修改：

——"本标准"改为"本部分"；

——1.3 按字母顺序调整了 X 的位置；

——删除了 1.5 及脚注；

——删除了第 5 章的第一段；

——将 5.2 的表注内容添加到表格中；

——增加了附录 NA。

本部分代替 GB/T 2421—1999《电工电子产品环境试验　第 1 部分：总则》。

本部分与 GB/T 2421—1999 相比，主要差异如下：

——4.6.1 中的"非散热试验样品的环境温度"改成"非散热试验样品"，4.6.2 中的"散热试验样品的环境温度"改成"散热试验样品"；

——增加了附录 NA。

本部分的附录 A、附录 B 和附录 NA 为资料性附录。

本部分由全国电工电子产品环境条件与环境试验标准化技术委员会(SAC/TC 8)提出并归口。

本部分起草单位：广州电器科学研究院。

本部分主要起草人：颜景莲、陈心欣。

本部分所代替标准的历次版本发布情况为：

——GB/T 2421—1981、GB/T 2421—1989、GB/T 2421—1999。

电工电子产品环境试验
概述和指南

1 导言

1.1 概述

本系列标准包括了环境试验及其严酷程度的基础信息，此外，本部分还包括了测量和试验的大气条件的相关信息。

本系列标准供制定某一类产品的(电气、机电、电子设备和装置，及其组件、分组件、元件，以下统称样品)相关规范时使用，以便使该产品的环境试验达到统一而又具再现性。

注：尽管本部分起初是为电工电子产品制定的，但环境试验方法同样适用于其他工业产品。

环境条件试验或者环境试验包括了产品所承受的自然环境条件和人工环境条件，以评价产品在实际使用、运输和贮存过程中的性能。

本系列标准不涉及样品在环境试验期间的性能要求，试验以后的试样性能限值由相关产品标准规定。

在起草有关标准和采购合同时，考虑技术和经济方面的原因，有必要时才规定这些试验。

电工电子产品环境试验由下列几部分组成：

——第1部分：详细介绍了一般导则；

注：参考GB/T 2424.19。

——第2部分：分册出版，每册介绍了一组试验或一项特定试验和应用导则；

注：参考GB/T 2423.43。

——第3部分：分册出版，每册介绍一组试验的背景资料；

——第4部分：为规范的制定者提供资料，分两部分出版，其中第2部分是活页形式，含有所有现行试验的摘要。

1.2 IEC 60068-1的历次版本

第一版(1954)

不仅包括“总则”部分。而且还包括许多单项试验，这些试验现在已经成为系列出版物的一部分。

第二版(1960)

形式改为IEC 68-1“总则”，而试验则作为IEC 68-2系列标准另行出版，所有试验标准中包括严酷等级。

第三版(1968)

降低严酷程度，在1972年12月的第1次修改件中，修改和增加了更多定义，并且介绍了元件的气候类型。恢复条件一项(5.4)是作为正常应用的，因此，除非另有规定所有样品需经受严格控制的条件。1974年12月出版了补充件A，增加了综合试验、组合试验和试验顺序的定义。

第四版(1978)

本版包括了第三版的修改件1和补充件A，并对第三版的原5.4增加了标准恢复条件的修改件，包括温度和湿度更宽容差的恢复条件。

第五版(1982)

本版由第四版的正文(内有第10章量值的意义)和给出了环境试验一般导则的附录组成。

第六版(1988)

本版对第五版进行了大量的编辑性修改，含有将要废止的对IEC 160的技术内容和对第7章与附录A的技术修订。

1.3 背景信息

本系列标准的试验方法用大写字母命名如下：

A:低温

B:高温

C:恒定湿热

D:交变湿热

E:冲撞(例如冲击和碰撞)

F:振动

G:稳态加速度

H:待定(原分配在贮存试验)

J:长霉

K:腐蚀性大气(例如盐雾)

L:砂尘

M:高气压或低气压

N:温度变化

P:待定

Q:密封(包括板密封，容器密封，与防止流体浸入和漏出的密封)

R:水(例如雨水、滴水)

S:辐射(例如太阳辐射，但不包括电磁辐射)

T:锡焊(包括耐焊接热)

U:引出端强度(元件)

V:待定(原分配在噪声，但噪声诱发的振动将归于试验Fg)

W:待定

X:X作为字头与另一大写字母一起用于为新增加的试验方法命名，例如试验XA:在清洗剂中浸渍。

Y:待定

Z:用于表示综合试验和组合试验，方法如下:Z后面跟着一条短斜线和一组与综合试验或组合试验相关的大写字母，例如Z/AM:试验低温和低气压综合试验。

如果适宜，任何试验都可以标明主要用于元件或主要用于设备。

1.4 为了在系列试验范围内进一步扩充试验项目并保持叙述的一致性，每一项目又可分为子项目，用增加另一个小写字母来表示例如：

试验U:引出端和整体安装件的强度

试验Ua:细分为试验拉力和推力

试验Ub:弯曲

试验Uc:扭转

试验Ud:转矩

即使在有关系列中只有一种试验方法且暂时没有制定其他试验方法的打算也能采用该方法。

为了避免与数字混淆不采用字母i、I、o和O。

2 范围

本部分包括了GB/T 2421～GB/T 2424一系列环境试验方法及其严酷等级，并规定了各种测量和试验用大气条件，用于评定样品在预期的运输、贮存以及各种使用环境下的工作能力。

本部分主要为电工电子产品而定,但并不局限于此需要时也可用于其他领域。

专用于个别类型试验样品的其他环境试验方法可以在有关规范中加以规定。

3 目的

本系列标准是为产品规范制定者和产品试验者提供一系列统一和可再现的环境(主要为气候和机械强度)试验方法,并包含了测量和试验用标准大气条件。

这些试验方法是以已有的国际工程经验和鉴定意见为基础,主要用于提供样品的下述性能信息:

a) 在各种环境因素(例如温度、压力、湿度、机械应力等)及其组合的规定限值内的工作能力;

注:GB/T 4796 规定了“环境参数分类及其严酷程度分级”,GB/T 4797 规定了“自然环境条件”,GB/T 4798 规定了“应用环境条件”。

b) 耐贮存和运输条件的能力。

本系列标准的试验方法可用于比较抽样产品的性能。为了评定给定生产批量的产品的质量或有效寿命,应按照相应的抽样方案使用这些方法,如需要还可以用适当的辅助试验予以补充。

为了提供适用于不同环境条件强度的试验,有些试验程序有许多严酷等级,这些不同的严酷等级是通过单独或综合地改变时间、温度、气压或一些其他决定因素得到的。

本部分应与规定了试验方法、每一项试验要求的严酷等级、试验顺序以及允许的性能极限(需要时)的相关规范一起使用。

4 术语和定义

为了确定一项试验或一系列试验对样品的影响,本部分所包括的试验是由一系列的操作组成。下列术语和定义适用于本部分。

4.1

试验 test

试验是指一系列完整的操作过程如需要通常包括下列各项:

a) 预处理;

b) 初始检测;

c) 条件试验;

d) 恢复;

e) 最后检测。

注1:在条件试验和恢复期间可以要求中间检测。

注2:当样品条件试验时测得的温度湿度与预处理规定的温度湿度相同时,预处理和条件试验可合并,预处理的检测可代替条件试验检测。

4.1.1

预处理 pre-conditioning

为消除或部分消除试验样品以前经历的各种效应,在条件试验前对试验样品所做的处理。

注1:如果有预处理要求,它就是试验程序的第一过程。

注2:预处理可使样品经受有关规范要求的气候电气或其他条件作用,以便在检测和试验前稳定试验样品的性能。

4.1.2

条件试验 conditioning

把试验样品暴露在试验环境中,以确定这些条件对试验样品的影响。

注:条件试验要测量样品的定义见4.15。

4.1.3

恢复 recovery

在条件试验之后最后检测之前,为使试验样品的性能稳定所做的处理。

4.2

试验样品 specimen

要进行环境试验的产品的样本，包括使该产品功能完整的任何辅助部件和系统，如冷却、加热和机械减震器、隔震器等。

4.3

散热试验样品 heat-dissipating specimen

在自由空气条件和试验用标准大气条件规定的大气压力下，在温度稳定后测得的表面最热点温度与环境温度之差大于5 ℃的试验样品。

注：为了证明试验样品是非散热的，可在测量和试验用标准大气条件下进行测量，但必须小心不使外界因素例如通风和阳光影响测量，对于大的或复杂的试样有必要测量几个点。

4.4

自由空气条件 free air condition

无限大空间内的条件，在该空间内空气的运动只受散热试验样品本身的影响，试验样品辐射的能量由周围空气全部吸收。

4.5

相关规范 relevant specification

试验样品要满足的一组技术要求及用来判定这些要求是否被满足的检测方法。

4.6

环境温度 ambient temperature

根据以下两种情形定义的空气温度。

注：应用这些定义时应从中寻求指导。

4.6.1

非散热试验样品 non-heat-dissipating specimen

非散热试验样品周围的空气温度。

4.6.2

散热试验样品 heat-dissipating specimen

在自由空气条件下，散热试验样品周围可忽略其散热影响处的空气的温度。

注：在实际操作中，环境温度采用在试验样品之下0 mm～50 mm的一个水平面上且与试验样品和试验箱壁等距离处的若干点，或者距离试样品1 m处若干点的温度二者取温度值小的平均值，应采取适当措施防止热辐射影响这些温度的测量。

4.7

表面温度 surface temperature

外壳温度 case temperature

在试验样品表面规定点个或多个上测得的温度。

4.8

热稳定 thermal stability

试验样品各部分的温度与其最后温度之差在3 ℃，或相关规范规定的其他值以内时的状态。

注1：对于非散热性试验样品，最后温度就是放置试验样品的试验箱当时的平均温度；对于散热试验样品，最后温度需要重复测量以确定温度变化3 ℃或相关规范规定的其他值的时间间隔，当相邻两段时间间隔之比大于1.7时则认为达到了热稳定状态。

注2：当试验样品的热时间常数小于在给定温度中暴露的持续时间时，则不需要测量。当试验样品的热时间常数与暴露持续时间为同一数量级时，则应进行检查非散热试验样品，以确定：

——非散热性样品是否处于规定的平均环境温度范围内；

——散热试验样品重复测量温度变化3 ℃或相关规范规定的其他值所需要的时间间隔，确定相邻两段时间间隔之比是否大于1.7；

——本部分提供了散热试验样品和非散热试验样品的有关资料。

注3：实践中，或许不可能直接测量试验样品的内部温度，此时可测量某些与温度有已知函数关系的其他参数进行检查。

4.9

试验箱　chamber

能够达到规定的试验条件的某部分封闭体或空间。

4.9.1

工作空间　working space

试验箱中能将规定的试验条件维持在规定的容差范围内的那部分空间。

4.10

综合试验　combined test

两种或多种试验环境同时作用于试验样品的试验。

注：测量通常在试验开始时和结束时进行。

4.11

组合试验　composite test

把试验样品依次连续暴露到两种或多种试验环境中的试验。

注1：各次暴露之间的时间间隔可能对试验样品有显著影响应准确地予以规定。

注2：各次暴露之间一般不进行预处理恢复和稳定。

注3：检测工作通常在第一次暴露前和最后暴露结束后进行。

4.12

试验顺序　sequence of tests

试验样品被依次暴露到两种或两种以上试验环境中的顺序。

注1：各次暴露之间的时间间隔通常对试验样品不产生明显影响。

注2：各次暴露之间通常要进行预处理和恢复。

注3：通常在每次暴露之前和之后进行检测前一项暴露的最后检测就是下项暴露的初始检测。

4.13

基准大气　reference atmosphere

任何条件下测得的大气值通过计算修止后的大气。

4.14

仲裁测量　referee measurement

当用以调节大气条件敏感参数达到标准的基准大气的校正系数未知时，以及在推荐的周围大气条件范围内进行的测量未达到满意效果时，在精准控制的大气条件下所进行的重复测量。

4.15

(待测样品)条件试验　conditioning(of a specimen for measurement)

将试验样品暴露于规定相对湿度的大气条件下，或者完全浸渍在水中或其他液体中，在规定的温度下持续一段规定时间的过程。

注：根据实际情况，用于条件试验的空间可以是能够将规定条件维持在规定容差范围内的整个实验室，也可以是一特定试验箱。

5　标准大气条件

5.1　基准标准大气条件

温度：20 ℃

气压：101.3 kPa

注：由于相对湿度不能通过计算来校正，因此不予规定。

如果要测量的参数是随温度或气压变化的,且其变化规律已知,则应按 5.3 中规定的条件测量参数值。如有必要可通过计算校正到上述的基准标准大气参数值。

5.2 仲裁测量和试验用标准大气

如被测参数取决于温度、气压和湿度,且变化的规律未知时,则大气条件应从表 1 中选取:

表 1 仲裁测量和试验用标准大气

温度/℃			相对湿度[a]/%		气压[a]	
标称值	较小容差	较大容差	较窄范围	较宽范围	kPa	mb
20	±1	±2	63~67	60~70	86~106	860~1 060
23	±1	±2	48~52	45~55	86~106	860~1 060
25	±1	±2	48~52	45~55	86~106	860~1 060
27	±1	±2	63~67	60~70	86~106	860~1 060

注 1:以上的取值包括之前出版的 IEC 160 和 IEC 68-1(第五版)以及 ISO 554 和 ISO 3205 的取值。

注 2:温度 25 ℃主要用于半导体装置和集成电路试验。

注 3:较小容差可用于仲裁测量,较大容差仅当相关规范允许方可使用。

注 4:当相对湿度不影响试验结果时可忽略相对湿度。

a 包括首尾两项在内的范围值。

5.3 测量和试验用标准大气条件

5.3.1 进行测量和试验用标准大气条件范围如表 2。

表 2 进行测量和试验用标准大气条件

温度	相对湿度[a,b]	气压[a]
15 ℃~35 ℃	25%~75%	86 kPa~106 kPa

注 1:作为样品试验的一部分,在进行系列测量期间应使温度和相对湿度的变化量保持最小。

注 2:对于较大样品或在试验箱内难以保持温度在上述规定范围内,当有关规范允许时,其范围可适当放宽下限为 10 ℃,上限可延至 40 ℃。

a 包括首尾两项在内的范围值。

b 绝对湿度≤22 g/m³。

5.3.2 如果有关规范认为在这些标准大气条件下测量不可行,则应将实际测量条件记录在试验报告中。

注:如果对试验结果没有影响相对湿度可以忽略。

5.4 恢复条件

在条件试验之后和最后测量之前,试验样品应在测量时的环境温度下稳定。

当试验样品的电气参数受吸湿或表面状况的影响或变化很快时,则应该用本部分所规定的受控恢复条件(见 5.4.2),例如样品从潮湿箱取出约 2 h 内,绝缘电阻大大升高。

当试验样品的电气参数受吸湿或表面状况的影响变化不快时,则可在 5.3 规定的试验标准大气条件下进行恢复。

当恢复和测量不在同一试验箱进行时,将试验样品转入测量箱内时样品表面上不应出现凝露。

大部分试验方法中都有规定了恢复条件和持续时间,除非有关规范中另有规定应使用这些规定的条件。

5.4.1 受控恢复条件

受控恢复条件如下:

温度:实际的试验室温度±1 ℃,如果在5.3规定的范围内,即在+15 ℃～+35 ℃之间;

相对湿度:73%～77%;

空气压力:86 kPa～106 kPa;

恢复时间:如果与GB/T 2423系列标准规定不同时,应在有关规范内加以规定。

在特定情况下如需要不同的恢复条件有关规范应加以规定。

注:控制的恢复条件也可用于预处理。

5.4.2 恢复程序

条件试验后10 min内,把试验样品放入恢复箱。如果有关规范要求恢复后立即进行测量,则应该在试验样品从恢复箱中取出后30 min内测完并且应先测量那些变化最快的参数。

恢复箱内温度与实验室温度之差不应超过1 ℃,以免试验样品在恢复箱内取出时吸潮或干燥。恢复箱必须具有良好的导热性并能严格控制箱内湿度。

5.5 标准的干燥条件

测量前如果要求对试验样品进行干燥,除非有关规范另有规定,应在表3所列条件下干燥。

表3 标准的干燥条件

温度	相对湿度[a]	气压[a]
55 ℃±2 ℃	不超过20%	86 kPa～106 kPa
[a] 包括首尾两项在内的范围值		

如果难以在标准的干燥条件下干燥,则应把实际干燥条件记入试验报告内。

当规定的高温试验温度低于55 ℃时,应采用较低的温度进行干燥。

6 试验方法的应用

按照有关规范的规定,这些试验方法可用于定型试验鉴定试验质量检查试验或任何相关的目的。

7 气候试验顺序

气候试验的顺序主要适用于各类元件,为了在有要求时加以使用,一般认为低温、高温、低气压和交变湿热试验之间有一定的联系并称之为气候顺序。进行这些试验的顺序如下:

——高温;

——交变湿热(上限温度为55 ℃的试验的第1个循环);

——低温;

——低气压(有要求时);

——交变湿热(上限温度为55 ℃的试验的其余各个循环)。

这些试验之间的时间间隔应不大于3 d,但交变湿热试验第1循环与低温试验之间的时间间隔除外,这一时间间隔包括恢复时间在内应不大于2 h,除非另有规定,测量通常只在气候顺序的开始和结束时进行。

8 元件的气候分类

元件采用气候分类时,应依附录A中的一般原则为基础。

9 试验的应用

附录B给出了环境试验的导则。

相关规范应规定试验是否应在通电或不通电的条件下进行,如果认为包装是样品的一部分时,相关规范也可以规定对带包装样品进行试验。

当试验样品过大或过重不能用整个样品进行试验时,可分别对主要部件进行试验,相关规范应给出要采用的试验方法的细节。

注:本方法只适用于互不影响的部件,除非能考虑到这些影响。

10 量值的数值意义

在环境试验方法中提供了各种试验参数(温度、湿度、应力、持续时间等)的定量数值,这些数值按各个试验要求可用不同方式表示,最常用的两种情况是:

——表示为带有容差的标称值;

——表示为数值范围。

对于这两种情况数值的意义讨论如下:

10.1 带有容差的标称值

两种表示方式例子如下:

a) (40±2)℃;

(2±0.5)s;

b) $(93^{+2}_{-3})\%$。

以带容差的标称值表示量值时,要求试验应在规定值进行,规定容差主要是考虑以下因素:

a) 试验设备调节装置难于将试验参数精确地调节在规定值上,而且此调节值在试验过程中会产生漂移;

b) 仪器误差;

c) 放置试样的工作空间内的环境参数不均匀,没有规定专门容差。

规定容差的目的并不是允许试验空间内的参数值可在这一范围内调节,所以使用带有容差的标称值时,应将试验装置调节到该标称值上以便考虑仪器误差。

原则上,即使试验设备误差很小以致可确保不超过限值,也不应将试验设备调节到并维持在限值上。例如,如果定量值为100±5,则考虑到仪器误差的情况下将试验设备调节到并保持在100,任何情况下都不应调节到并保持在95或105的目标值上。

注1:为避免试验样品在试验时间超过任何限值,在某些情况下有必要把试验设备调整至接近某一容差限值。

注2:在特殊情况下当一个量表示为带有单边容差的标称值时(一般来说不赞成这样表示,除非证明这些特殊情况合理),在考虑测量的不准确度情况下,应将试验装置尽可能准确地设定到该标称值,该标称值也是一个容差极限,这取决于试验所用的装置(包括测量这些参数值的仪表)。

举例:如用数值将量表示为$100^{\ 0}_{-5}$,试验装置的总不准确度能将该参数控制在±1,则调节该试验装置将目标值维持在99,从另一方面来说,如果总不准确度是±2.5,则应将目标值保持在97.5。

10.2 以数值范围表示的定量值

例如:

温度:15 ℃~35 ℃;

相对湿度:80%~100%;

时间:1 h~2 h。

注:数值范围表示量值可能引起误解,例如80%~100%,有些人认为不包括80%和100%,而有些人认为包括该值。

使用符号,例如>80%或者≥80%,通常不会造成误解,因而可优先采用。

以数值范围表示量值的意义是表示试验设备所调整到的那个值对试验结果的影响很小。

如参数控制的不准确度(包括仪表误差)允许,则可选择给定范围内的任何期望值,例如规定温度15 ℃~35 ℃,则可使用该范围内的任一值(但并应不意味着要使该温度在整个范围内变化),事实上试验方法编写者的意图是试验宜在正常环境温度下进行。

附 录 A
（资料性附录）
元件气候类型

试验和严酷等级可以搭配出许多组合，在有关元件标准中，为减少组合数量可以选择少量的标准组合，为了编制一组合理的适用于元件的气候条件的基本代码，建议如下：

气候类型用斜线隔开的三组数字表示，分别代表元件能承受的低温试验、高温试验的温度和湿热恒定试验天数。

第一组：用两位数字表达元件工作的最低环境温度（低温试验），如温度在 0 ℃以上且为一位数则在前面加“+”号，如为负温度且为一位数则在前面加“0”，以补够两位数。

第二组：用三位数字表达元件工作的最高环境温度（高温试验），如为两位数则应在前面加“0”补够三位数。

第三组：用两位数字表达恒定湿热试验的天数，如试验天数只有一位数则应在前面加“0”补够两位数，如不要求将元件曝露于恒定湿热环境则用数字“00”表示。

为将元件归入某一类型，该元件在接受该类型所规定的全套试验时，必须符合相关规范的要求。

归入 55/100/56 类的元件至少应符合下述试验要求：

低温：−55 ℃

高温：+100 ℃

湿热恒定：56 d

归入 25/085/04 类的元件至少应符合下述试验要求：

低温：−25 ℃

高温：+85 ℃

湿热恒定：4 d

归入 10/070/21 类的元件至少应符合下述试验要求：

低温：−10 ℃

高温：+70 ℃

湿热恒定：21 d

归入+5/055/00 类的元件至少应符合下述试验要求：

低温：+5 ℃

高温：+55 ℃

湿热恒定：无要求

附 录 B
（资料性附录）
环境试验的一般导则

B.1 概述

环境试验的目的是通过模拟真实的环境条件或再现环境条件的影响，在一定程度上证明样品在特定环境条件下保持完好和正常工作。

GB/T 2423 中的各项试验有以下两个目的：

——确定样品寿命期间在规定环境条件下对贮存、运输和使用环境条件的适应性；

——提供有关产品设计或生产质量的资料。

要从 GB/T 2423 中选取与已知环境应力相符合的试验严酷等级甚至部分地选取试验本身都可能是困难的，虽然不能给出一个普遍适用的规则使试验条件与实际环境条件相互关联起来，但在某些情况下建立这种关联还是可能的。

因此，本导则仅限于列举在选择试验和试验严酷等级时须考虑的基本要点，应该强调指出试验样品进行试验的顺序是重要的。

对于某些试验，在 GB/T 2423 的各项试验方法中包含了试验导则。

B.2 基本要求

需要进行环境试验时，除非 GB/T 2423 无适用试验方法，通常应毫无例外地采用 GB/T 2423 中的试验方法，其理由如下：

——需要达到预期的重复性和再现性；

——在设计 GB/T 2423 各项试验方法时已尽可能考虑试验方法与样品种类无关，因此适用于各种类型的样品，样品不一定是电工产品；

——在不同实验室得到的试验结果可以进行比较；

——可以避免细微差别的试验和设备的增多；

——使用同一试验方法可使获得的结果与试验样品早期试验结果进行比较以获得样品的使用性能资料。

应尽可能按试验参数规定试验，而不是按描述试验设备来规定，然而就某些试验而言必须对试验设备做出具体的规定。

在选择试验方法时，规范制定者一定要考虑经济方面的问题，尤其是在有两种不同试验方法但又能提供同样详尽资料时。

当连续使用两种或两种以上的单一环境参数的环境试验而不能获得所需的资料时，则应采用综合试验或组合试验。GB/T 2423 中列出了最重要的几种综合和组合试验方法。

在某些情况下，只要获得的资料明显优于应用试验顺序所获得的资料，就可以选用其他环境参数综合，但要考虑下述可能的困难：

——试验的描述和进行；

——试验结果的解释。

B.3 实际环境条件与试验条件间的关系

为了叙述试验，首先必须确定试验样品承受的环境条件的具体类型。但是要再现变化规律不清楚的实际环境条件几乎不可能的，而且试验所需的时间可能与试验样品的预期寿命一样长。

注：GB/T 4797 给出了可能在实际中遇到的环境条件的重要资料，GB/T 2423 的某些单项试验导则提出了合理选择严酷等级的建议。

此外工作条件并不总是很明确的，因此，在多数情况下为了较快获得结果，环境试验一般都采用加大实际应力的加速试验。

试验的加速因子与受试样品有关，目前尚未完全掌握缩短试验时间和加大应力之间的关系，因此难以对加速因子规定一个数值。

在选用加速因子时应避免引入与实际不符合的失效机理。

B.4 环境参数的主要影响

环境参数对样品的主要影响有腐蚀开裂脆化潮气的吸附或吸收氧化等这些影响可导致材料的物理或化学性质的变化。

表 B.1 中列出了某些单一环境参数的主要影响及引起的典型故障，未列入的环境参数有核辐射和长霉等。

表 B.1 单一环境参数的主要影响

环境参数	主要影响	引起的典型故障
高温	热老化： ——氧化 ——开裂 ——化学反应 软化融化升华 粘度降低蒸发 膨胀	绝缘损坏，机械故障，增加机械应力，由于膨胀丧失润滑性能或运动部件磨损增大
低温	脆化 结冰 粘度增大和固化 机械强度的减低 物理性收缩	绝缘损坏，开裂，机械故障，由于收缩或机械强度降低和润滑性能的减少，增大了运动的磨损，密封和密封片的失效损坏
高相对湿度	潮气吸收或吸附 膨胀 机械强度减低 化学反应 腐蚀 电蚀 绝缘体的导电率增加	物理性损坏，绝缘损坏，机械故障
低相对湿度	干燥 脆化 机械强度降低 收缩 动触点间的磨损增大	机械故障开裂
高气压	压缩变形	机械故障，泄漏，密封损坏

表 B.1(续)

环境参数	主要影响	引起的典型故障
低气压	膨胀 空气的电气强度降低 电晕和臭氧的形成 冷却速度降低	机械故障,泄漏,密封失效,闪络过热
太阳辐射	化学物理和光化学的反应 表面恶化 脆化 变色产生臭氧 加热 不均匀加热和机械应力	绝缘损坏 参见高温
砂尘	磨损和侵蚀作用 卡住 阻塞 导热性减低 静电效应	磨损增加,电气故障过热
腐蚀性大气	化学反应 腐蚀 电蚀 表面劣化 导电率增加 接触电阻增大	磨损增大,机械故障,电气故障

B.5 用元件试验和用其他样品试验的差异

B.5.1 元件试验

通常,在设计某个元件时,这个元件的具体使用环境是未知的。此外,它可能被应用在各种各样产品中,而产品内部的环境条件又不同于产品本身承受的环境条件。

元件试验常常可以使用数量足够的试样,允许从不同生产批次中抽样进行不同的试验,所用试样数量可以实现对试验结果的统计分析。通常可对元件进行破坏性试验。

B.5.2 其他样品的试验

因试验样品昂贵,往往只能是用少量样品,常见的情况是复杂的设备和其他产品常常只有一个样品可用于试验,它或是整机或仅是组件的一部分。因而通常不可能进行破坏性试验,试验顺序就特别重要。在某些情况下,可利用元件、组件和分组件所得的试验结果省略设备所要求的其他试验。

B.6 试验顺序

B.6.1 说明

如果一个试验参数对样品的作用受到前一个暴露条件的影响时,则必须将试验样品按规定顺序暴露到不同的试验环境中。

在顺序试验中,不同暴露之间的时间间隔通常对试验样品无重大影响。如果时间间隔对试验样品确有影响,则应采用对时间间隔有精确规定的组合试验。

注:例子

a) 组合试验:试验 Z/AD

b) 试验顺序:首先试验 T
接着试验 Na
最后试验 Ea

B.6.2 试验顺序的选择

按预期目的选择试验顺序要多方面考虑有时可能是矛盾的。表 B.2 列出一些试验顺序的目的和主要应用。

表 B.2 试验顺序的目的和应用

目的	主要应用
为了从试验顺序的前几项试验获得有关故障趋势的资料先从最严酷的试验开始但要将能导致试验样品无法承受进一步试验的试验项目放在顺序的最后	试制品试验通常用于研究样机的性能
为了在试验样品损坏前取得尽可能多的资料试验顺序应以最不严酷的试验开始如非破坏性试验	研究性试验通常用于研究样机的性能适用于有限数量试验样品
采用能给出最严酷影响的试验顺序某些试验可暴露前一些试验所引起的损坏	元件和设备标准化的鉴定试验
采用的试验顺序能模拟实际上最可能出现的环境的顺序	在使用条件已知时设备和整套系统的鉴定试验

B.6.3 元件的试验顺序

由于制定适用于所有元件的通用试验顺序的标准非常困难,所以相关规范应各自给出适当的试验顺序,在选择试验顺序时应考虑以下几点:

首先,进行温度剧变试验。

其次,进行引出端强度和锡焊包括耐焊接热试验。

然后,进行全部或部分的机械试验,以便强化由温度剧变可能产生的故障,以及引起新故障,例如开裂和泄漏。这类故障可以通过试验顺序最后的气候试验很容易地检查出来。除非另有规定,这些气候试验应是本部分第 7 章气候顺序中规定的试验。

为了查出温度的短期影响,在气候试验顺序中应把高温和低温试验排在前面,交变湿热会使湿气进入裂缝,低温试验和低气压试验加强这种影响。继续进行交变湿热,会使更多湿气进入裂缝,恢复之后,测其电气参数变化可以证实这种影响。

有时,可用密封试验快速检测开裂和泄漏。

为确定元件在潮湿大气中的长期性能,恒定湿热试验常排在环境试验顺序的最后进行或不包括在试验顺序内,用另一批试验样品进行试验。

本部分的试验顺序内通常不包括腐蚀、跌落和倾倒、太阳辐射试验。如果需要,用不同的样品分别做这些试验。

B.6.4 其他样品的试验顺序

B.6.4.1 顺序的选择

只要有可能,应以使用条件的资料为基础确定试验顺序。

如果没有使用条件的资料,建议采用能给出最严酷影响的试验顺序。

本附录给出适用于大多数类型样品的试验顺序。

但要强调的是只应使用与预期使用有显著关系的那些试验。

能给出的表中最显著影响的一般试验顺序。

B.6.4.2　对产品影响最大的一般试验顺序

表B.3给出了一个适用于大多数设备的试验顺序的例子：

表B.3　一般试验顺序举例

试验	说明
低温 高温 温度剧变	可产生机械应力，这种应力使试验样品对其后的试验更为敏感
冲击 振动	产生机械应力，这种应力可使试验样品立即损坏或使它对其后的试验更为敏感
气压 交变湿热 恒定湿热 腐蚀	应用这些试验会揭示上述热和机械应力试验的影响
砂尘	进行这些试验可加重上述热和机械应力试验的影响
固体物质的浸入 水例如雨的侵入	宜采用试验L和试验R
注：应尽可能用不同试验样品分别进行恒定湿热和腐蚀试验。	

B.6.4.3　特殊用途的试验

只有产品在使用中可能经受这些特殊环境参数的影响才规定进行以下试验：

——恒加速度；

——长霉，应尽可能使用不同样品进行长霉试验；

——太阳辐射；

——臭氧，目前本系列标准还没有此方法；

——结冰，目前本系列标准还没有此方法。

附　录　NA
（资料性附录）
相关国家标准系列

NA.1　GB/T 2423 系列标准如下：

GB/T 2423.1—2008　电工电子产品环境试验　第2部分:试验方法　试验A:低温(IEC 60068-2-1:2007,IDT)

GB/T 2423.2—2008　电工电子产品环境试验　第2部分:试验方法　试验B:高温(IEC 60068-2-2:2007,IDT)

GB/T 2423.3—2006　电工电子产品环境试验　第2部分:试验方法　试验Cab:恒定湿热试验(IEC 60068-2-78:2001,IDT)

GB/T 2423.4—2008　电工电子产品环境试验　第2部分:试验方法　试验Db 交变湿热(12 h+12 h循环)(IEC 60068-2-30:2005,IDT)

GB/T 2423.5—1995　电工电子产品环境试验　第2部分:试验方法　试验Ea和导则:冲击(idt IEC 60068-2-27:1987)

GB/T 2423.6—1995　电工电子产品环境试验　第2部分:试验方法　试验Eb和导则:碰撞(idt IEC 60068-2-29:1987)

GB/T 2423.7—1995　电工电子产品环境试验　第2部分:试验方法　试验Ec和导则:倾跌与翻倒(主要用于设备型样品)(idt IEC 60068-2-31:1982)

GB/T 2423.8—1995　电工电子产品环境试验　第2部分:试验方法　试验Ed:自由跌落(idt IEC 60068-2-32:1990)

GB/T 2423.10—2008　电工电子产品环境试验　第2部分:试验方法　试验Fc:振动(正弦)(IEC 60068-2-6:1995,IDT)

GB/T 2423.15—2008　电工电子产品环境试验　第2部分:试验方法　试验Ga和导则:稳态加速度(IEC 60068-2-7:1986,IDT)

GB/T 2423.16—2008　电工电子产品环境试验　第2部分:试验方法　试验J和导则:长霉(IEC 60068-2-10:2005,IDT)

GB/T 2423.17—2008　电工电子产品环境试验　第2部分:试验方法　试验Ka:盐雾(IEC 60068-2-11:1981,IDT)

GB/T 2423.18—2000　电工电子产品环境试验　第2部分:试验方法　试验Kb:盐雾,交变(氯化钠溶液)(idt IEC 60068-2-52:1996)

GB/T 2423.21—2008　电工电子产品环境试验　第2部分:试验方法　试验　M:低气压试验方法(IEC 60068-2-13:1983,IDT)

GB/T 2423.22—2002　电工电子产品环境试验　第2部分:试验方法　试验N:温度变化(IEC 60068-2-14:1984,IDT)

GB/T 2423.23—1995　电工电子产品环境试验　试验Q:密封

GB/T 2423.24—1995　电工电子产品环境试验　第2部分:试验方法　试验Sa:模拟地面上的太阳辐射(idt IEC 60068-2-5:1975)

GB/T 2423.25—2008　电工电子产品环境试验　第2部分:试验方法　试验2/AM:低温低气压综合试验(IEC 60068-2-40:1976,IDT)

GB/T 2423.26—2008　电工电子产品环境试验　第2部分:试验方法　试验Z/BM:高温/低气压综合试验(IEC 60068-2-41:1976,IDT)

GB/T 2423.27—2005 电工电子产品环境试验 第2部分:试验方法 试验Z/AMD:低温/低气压/湿热连续综合试验(IEC 60068-2-39:1976,IDT)

GB/T 2423.28—2005 电工电子产品环境试验 第2部分:试验方法 试验T:锡焊(IEC 60068-2-20:1979,IDT)

GB/T 2423.30—1999 电工电子产品环境试验 第2部分:试验方法 试验XA和导则:在清洗剂中浸渍(idt IEC 60068-2-45:1993)

GB/T 2423.32—2008 电工电子产品环境试验 第2部分:试验方法 试验Ta:润湿称量法可焊性(IEC 60068-2-54:2006,IDT)

GB/T 2423.33—2005 电工电子产品环境试验 第2部分:试验方法 试验Kca:高浓度二氧化硫试验

GB/T 2423.34—2005 电工电子产品环境试验 第2部分:试验方法 试验Z/AD:温度/湿度组合循环试验(IEC 60068-2-38:1974,IDT)

GB/T 2423.35—2005 电工电子产品环境试验 第2部分:试验方法 试验Z/AFc:散热和非散热试验样品的低温/振动(正弦)综合试验(IEC 60068-2-50:1983,IDT)

GB/T 2423.36—2005 电工电子产品环境试验 第2部分:试验方法 试验Z/BFc:散热和非散热试验样品的高温/振动(正弦)综合试验(IEC 60068-2-51:1983,IDT)

GB/T 2423.37—2006 电工电子产品环境试验 第2部分:试验方法 试验L:沙尘试验(IEC 60068-2-68:1994,IDT)

GB/T 2423.38—2008 电工电子产品环境试验 第2部分:试验方法 试验R:水试验方法和导则(IEC 60068-2-18:2000,IDT)

GB/T 2423.39—2008 电工电子产品环境试验 第2部分:试验方法 试验Ee:弹跳(IEC 60068-2-55:1987,IDT)

GB/T 2423.40—1997 电工电子产品环境试验 第2部分:试验方法 试验Cx:未饱和高压蒸汽恒定湿热(idt IEC 60068-2-66:1994)

GB/T 2423.41—1994 电工电子产品基本环境试验规程 风压试验方法

GB/T 2423.43—2008 电工电子产品环境试验 第2部分:试验方法 振动、冲击和类似动力学试验样品的安装(IEC 60068-2-47:2005,IDT)

GB/T 2423.45—1997 电工电子产品环境试验 第2部分:试验方法 试验Z/ABDM:气候顺序(idt IEC 60068-2-61:1991)

GB/T 2423.47—1997 电工电子产品环境试验 第2部分:试验方法 试验Fg:声振(idt IEC 60068-2-65:1993)

GB/T 2423.48—2008 电工电子产品环境试验 第2部分:试验方法 试验Ff:振动-时间历程法(IEC 60068-2-57:1999,IDT)

GB/T 2423.49—1997 电工电子产品环境试验 第2部分:试验方法 试验Fe:振动-正弦拍频法(idt IEC 60068-2-59:1990)

GB/T 2423.50—1999 电工电子产品环境试验 第2部分:试验方法 试验Cy:恒定湿热主要用于元件的加速试验(idt IEC 60068-2-67:1996)

GB/T 2423.51—2000 电工电子产品环境试验 第2部分:试验方法 试验Ke:流动混合气体腐蚀试验(idt IEC 60068-2-60:1995)

GB/T 2423.52—2003 电工电子产品环境试验 第2部分:试验方法 试验77:结构强度与撞击(IEC 60068-2-27:1999,IDT)

GB/T 2423.53—2005 电工电子产品环境试验 第2部分:试验方法 试验Xb:由手的磨擦造成标记和印刷文字的磨损(IEC 60068-2-70:1995,IDT)

GB/T 2423.54—2005 电工电子产品环境试验 第2部分:试验方法 试验Xc:流体污染(IEC 60068-2-74:1999,IDT)

GB/T 2423.55—2006 电工电子产品环境试验 第2部分:环境测试 试验Eh:锤击试验(IEC 60068-2-75:1997,IDT)

GB/T 2423.56—2006 电工电子产品环境试验 第2部分:试验方法 试验Fh:宽带随机振动(数字控制)和导则(IEC 60068-2-64:1993,IDT)

GB/T 2423.57—2008 电工电子产品环境试验 第2-81部分:试验方法 试验Ei:冲击 冲击响应谱合成(IEC 60068-2-81:2003,IDT)

GB/T 2423.58—2008 电工电子产品环境试验 第2-80部分:试验方法 试验Fi:振动 混合模式(IEC 60068-2-80:2005,IDT)

GB/T 2423.59—2008 电工电子产品环境试验 第2部分:试验方法 试验2/ABMFh:温度(低温高温)/低气压/振动(随机)综合

GB/T 2423.60—2008 电工电子产品环境试验 第2部分:试验方法 试验u:引出端及整体安装件强度(IEC 60068-2-21:2006,IDT)

GB/T 2423.101—2008 电工电子产品环境试验 第2部分:试验方法 试验:倾斜和摇摆

GB/T 2423.102—2008 电工电子产品环境试验 第2部分:试验方法 试验:温度(低温、高温)/低气压/振动(正弦)综合

NA.2 GB/T 2424系列标准如下:

GB/T 2424.1—2005 电工电子产品环境试验 高温低温试验导则(IEC 60068-3-1:1974,IDT)

GB/T 2424.2—2005 电工电子产品环境试验 湿热试验导则(IEC 60068-3-4:2001,IDT)

GB/T 2424.5—2006 电工电子产品环境试验 温度试验箱性能确认(IEC 60068-3-5:2001,IDT)

GB/T 2424.6—2006 电工电子产品环境试验 温度/湿度试验箱性能确认(IEC 60068-3-6:2001,IDT)

GB/T 2424.7—2006 电工电子产品环境试验 试验A和B(带负载)用温度试验箱的测量(IEC 60068-3-7:2001,IDT)

GB/T 2424.10—1993 电工电子产品基本环境试验规程 大气腐蚀加速试验的通用导则(eqv IEC 60355:1971)

GB/T 2424.13—2002 电工电子产品环境试验 第2部分:试验方法 温度变化试验导则(IEC 60068-2-33:1971,IDT)

GB/T 2424.14—1995 电工电子产品环境试验 第2部分:试验方法 太阳辐射试验导则(IEC 60068-2-9:1975,IDT)

GB/T 2424.15—2008 电工电子产品环境试验 第2部分:试验方法 温度/低气压综合试验导则(IEC 60068-3-2:1976,IDT)

GB/T 2424.17—1995 电工电子产品环境试验 第2部分:试验方法 试验T:锡焊试验导则(IEC 60068-2-44:1995)

GB/T 2424.19—2005 电工电子产品环境试验 模拟贮存影响的环境试验导则(IEC 60068-2-48:1982,IDT)

GB 2424.22—1986 电工电子产品基本环境试验规程 温度(低温、高温)和振动(正弦)综合试验导则(eqv IEC 60068-2-53:1984)

GB/T 2424.25—2000 电工电子产品环境试验 第3部分:试验导则 地震试验方法(IEC 60068-3-3:1991,IDT)

GB/T 2424.26—2008 电工电子产品环境试验 第3部分:支持文件和导则 振动试验选择(IEC 60068-3-8:2003,IDT)

NA.3 GB/T 4797 系列标准如下：

GB/T 4797.1—2005 电工电子产品自然环境条件 温度和湿度(IEC 60721-2-1:2002,MOD)

GB/T 4797.2—2005 电工电子产品自然环境条件 第2部分：海拔与气压、水深与水压(IEC 60721-2-3:1987,MOD)

GB/T 4797.3—1986 电工电子产品自然环境条件 生物

GB/T 4797.4—2006 电工电子产品自然环境条件 太阳辐射和温度(IEC 60721-2-4:2002,IDT)

GB/T 4797.5—2008 电工电子产品环境条件分类 自然环境条件 降水和风(IEC 60721-2-2:1988,MOD)

GB/T 4797.6—1995 电工电子产品自然环境条件 尘、沙、盐雾(neq IEC 60721-2-5:1991)

GB/T 4797.7—2008 电工电子产品环境条件分类 自然环境条件 天然地震振动和冲击(IEC 60721-2-6:1990,IDT)

GB/T 4797.8—2008 电工电子产品环境条件分类 自然环境条件 火灾暴露(IEC 60721-2-7:1987,IDT)

NA.4 GB/T 4798 系列标准如下：

GB/T 4798.1—2005 电工电子产品应用环境条件 贮存(IEC 60721-3-1:1997,MOD)

GB/T 4798.2—2008 电工电子产品应用环境条件 运输(IEC 60721-3-2:1997,MOD)

GB/T 4798.3—2007 电工电子产品应用环境条件 有气候防护场所固定使用(IEC 60721-3-3:2002,MOD)

GB/T 4798.4—2007 电工电子产品应用环境条件 无气候防护场所固定使用(IEC 60721-3-4:1995,MOD)

GB/T 4798.5—2007 电工电子产品应用环境条件 地面车辆使用(IEC 60721-3-5:1997,MOD)

GB/T 4798.6—1996 电工电子产品应用环境条件 船用(IEC 60721-3-6:1985,MOD)

GB/T 4798.7—2007 电工电子产品应用环境条件 携带和非固定使用(IEC 60721-3-7:2002,MOD)

GB/T 4798.10—2006 电工电子产品应用环境条件 导言(IEC 60721-3-0:2002,IDT)

ICS 19.040
A 21

中华人民共和国国家标准

GB/T 2421.2—2008/IEC 60068-4:1987

电工电子产品环境试验 规范编制者用信息 试验概要

Environmental testing for electric and electronic products—Information for specification writers—Test summaries

(IEC 60068-4:1987, Basic environmental testing procedures—Part 4:Information for specification writers—Test summaries, IDT)

2008-12-30 发布　　　　2009-11-01 实施

中华人民共和国国家质量监督检验检疫总局
中国国家标准化管理委员会　发布

前　言

GB/T 2421 目前分为如下几部分：

——GB/T 2421.1　电工电子产品环境试验　概述和指南；

——GB/T 2421.2　电工电子产品环境试验　规范编制者用信息 试验概要。

本部分是 GB/T 2421 的第 2 部分。

本部分等同采用 IEC 60068-4:1987《基本环境试验规程　第 4 部分:规范编制者用信息　试验概要》(英文版)及其修订 1:1992 和修订 2:1994。

为便于使用,本部分对 IEC 60068-4:1987 仅做下列编辑性修改：

——为与新版 IEC 60068 的标题名称一致,本部分标题名称由“基本环境试验规程”改为“电工电子产品环境试验”；

——“IEC 60068-4:1987 本部分”修改为“GB/T 2421.2—2008 的本部分”；

——删除了 IEC 60068-4:1987 的前言和序；

——增加了国家标准的前言；

——增加了规范性引用文件,引用了与国际标准有对应关系的国家标准；

——增加了图题和表题,并依先后顺序编号；

——增加了资料性附录 NA“国家标准《电工电子产品环境试验》的组成部分”。

本部分所有试验方法均采用与 IEC 标准原文一致的最新国家标准,除非新版国家标准与 IEC 标准原文不一致,则采用与其一致的旧版国家标准。如 GB/T 2423.38 试验 R,2008 年版的标准与 IEC 60068-4:1987 存在很大差异,故本部分仍然采用 1990 年版的标准。

本部分的附录 NA 为资料性附录。

本部分由全国电工电子产品环境条件与环境试验标准化技术委员会(SAC/TC 8)提出并归口。

本部分由广州电器科学研究院起草。

本部分主要起草人:胡利芬。

电工电子产品环境试验
规范编制者用信息　试验概要

1　目的

当不需要提供完整标准时，为规范编制者和其他人员提供 GB/T 2423 中每个环境试验的概要。

试验人员应注意，试验概要并不能完全代替标准。

2　概述

在 GB/T 2421.1 中可以找到 GB/T 2423 中每个环境试验标准涉及的主要内容，包括定义和导则。这些标准对试验所用方法作出了解释，以区别不同试验。

概要中省略了容差，容差在 GB/T 2423 系列标准中。

2.1、2.2 和 2.3 中的信息适用于主要概要，不适用于所有概要。

2.1　导则

GB/T 2423 的许多标准包含试验程序应用导则，许多导则对于规范编制者和其他不需要详细了解试验的人特别有价值。对于这些标准，概要将不特别提及导则。

有另外的情况，试验导则在 GB/T 2423 的其他标准中，或在 GB/T 2424 系列标准中描述成背景信息，如太阳辐射试验(GB/T 2423.24)的导则在 GB/T 2424.14 中。在这些情况下，为了在规范中充分表明试验所需详细信息的来源，不论参考标准与规范编制者的相关程度如何，概要中都会指出相关参考标准。这类标准将在第 5 章中列出。

2.2　贮存

GB/T 2424.19 给出了 GB/T 2423 系列标准中模拟短期至长期贮存影响的试验导则，适用情况下应参照该导则。

2.3　安装

GB/T 2423.43 的目的是为在概要中提及的冲击(GB/T 2423.5 Ea)、碰撞(GB/T 2423.6 Eb)、正弦和随机振动(GB/T 2423.10 Fc 和 GB/T 2423.11 Fd、GB/T 2423.12 Fda、GB/T 2423.13 Fdb、GB/T 2423.14 Fdc)和稳态加速度(GB/T 2423.15 Ga)等试验中的试验样品提出安装要求，相关规范中应注意这些要求。当然，这些要求也适用于第 3 章中规定的“综合”或“组合”试验(包括一种或多种试验)。

3　术语和定义

下面列出的一些通用术语参照 GB/T 2421.1，经过了一些编辑。其他术语参照 GB/T 2421.1 和 GB/T 2423。

3.1

试验　test

试验是指一系列完整的操作过程，如需要，通常包括下列各项：

a)　预处理；

b)　初始检测；

c） 条件试验；

d） 恢复；

e） 最后检测。

注：条件试验和恢复期间可以要求中间检测。

3.1.1

预处理 pre-conditioning

为消除或部分消除试验样品以前经历的各种效应，在条件试验前对试验样品所作的处理。

3.1.2

条件试验 conditioning

将试验样品暴露在试验环境中，以确定这些条件对试验样品的影响。

3.1.3

恢复 recovery

在条件试验后，最后检测前，为使试验样品的性能稳定所作的处理。

3.2

试验样品 specimen

依据程序进行环境试验的产品样本。

注：样本包括使产品功能完整的任何辅助部件和系统，如冷却和加热系统。

3.2.1

散热试验样品 heat-dissipating specimen

在自由空气条件和试验用标准大气条件规定的大气压力下，在温度稳定后测得的表面最热点温度与环境温度之差大于5 ℃的试验样品。

3.2.2

非散热试验样品 non-heat-dissipating specimen

3.2.1定义的其他样品。

3.3

相关规范 relevant specification

试验样品要满足的一组技术要求及用来判定这些要求是否被满足的检测方法。

3.4

严酷等级 severity

试验样品进行条件试验所用的一组参数值。

3.5

综合试验 combined test

两种或更多试验环境同时作用于试验样品的试验。

3.6

组合试验 composite test

试验样品依次连续暴露在两种或更多试验环境中的试验。

4 试验概要目录

为方便查找，各概要分别以数字和字母顺序在4.1和4.2中列出，每个概要所在页以字母顺序存档。

注：本部分可参考不同版本标准和修订稿，标准和修订稿的版本可依据相应试验概要所在页上的日期进行识别。

4.1 数字目录

标准	标题	索引码
GB/T 2423.1	试验 A:低温	A/B-1
GB/T 2423.2	试验 B:高温(包括第一次补充件)	A/B-1
GB/T 2423.3	试验 Ca:恒定湿热试验	C-1

注:GB/T 2423.3 与 GB/T 2423.9 合并为 GB/T 2423.3 试验 Cab。

标准	标题	索引码
GB/T 2423.24	试验 Sa:模拟地面上的太阳辐射	S-1
GB/T 2423.10	试验 Fc 和导则:振动(正弦)	F-1
GB/T 2423.15	试验 Ga 和导则:稳态加速度	G-1
GB/T 2423.16	试验 J 和导则:长霉	J-1
GB/T 2423.17	试验 Ka:盐雾试验方法	K-1
GB/T 2423.21	试验 M:低气压试验方法	M-1
GB/T 2423.22	试验 N:温度变化	N-1
GB/T 2423.23	试验 Q:密封	Q-1～Q-8
GB/T 2423.38	试验 R 和导则:水试验方法和导则	R-1～R-4
GB/T 2423.28	试验 T:锡焊	T-1,T-3,T-4,T-5
GB/T 2423.29	试验 U:引出端及整体安装件强度	U-1～U-6
GB/T 2423.5	试验 Ea 和导则:冲击	E-1
GB/T 2423.6	试验 Eb 和导则:碰撞	E-2
GB/T 2423.4	试验 Db 和导则:交变湿热(12h+12h 循环)	D-1
GB/T 2423.7	试验 Ec:倾跌与翻倒(主要用于设备型样品)	E-3
GB/T 2423.8	试验 Ed:自由跌落	E-4
GB/T 2423.11	试验 Fd:宽频带随机振动——一般要求	F-2
GB/T 2423.12	试验 Fda:宽频带随机振动——高再现性	F-2
GB/T 2423.13	试验 Fdb:宽频带随机振动——中再现性	F-2
GB/T 2423.14	试验 Fdc:宽频带随机振动——低再现性	F-2

注:GB/T 2423.11、GB/T 2423.12、GB/T 2423.13、GB/T 2423.14 均已废止。

标准	标题	索引码
GB/T 2423.34	试验 Z/AD:温度/湿度组合循环试验	Z-1
GB/T 2423.27	试验 Z/AMD:低温/低气压/湿热连续综合试验	Z-4
GB/T 2423.25	试验 Z/AM:低温/低气压综合试验	Z-3
GB/T 2423.26	试验 Z/BM:高温/低气压综合试验	Z-3
GB/T 2423.19	试验 Kc:触点和连接件的二氧化硫试验	K-3
GB/T 2423.20	试验 Kd:触点和连接件的硫化氢试验	K-3

注:GB/T 2423.19、GB/T 2423.20 均已废止。

标准	标题	索引码
GB/T 2423.30	试验 XA 和导则:在清洗剂中浸渍	X-1
GB/T 2423.35	试验 Z/AFc:散热和非散热试验样品的低温/振动(正弦)综合试验	Z-2
GB/T 2423.36	试验 Z/BFc:散热和非散热试验样品的高温/振动(正弦)综合试验	Z-2
GB/T 2423.18	试验 Kb:盐雾,交变(氯化钠溶液)	K-2
GB/T 2423.32	试验 Ta:锡焊,润湿称量法可焊性试验方法	T-2
GB/T 2423.39	试验 Ee 和导则:弹跳试验方法	E-5
GB/T 2423.9	试验 Cb:设备用恒定湿热试验	C-2

注:GB/T 2423.9 与 GB/T 2423.3 合并为 GB/T 2423.3 试验 Cab。

GB/T 2423.48	试验 Ff:振动-时间历程法	F-4
IEC 60068-2-58	试验 Td:可焊性,金属熔化抗性和表面固定装置(SMD)的焊接热量	T-5

注:目前没有等同的国家标准。

GB/T 2423.49	试验 Fe:振动-正弦拍频法	F-3
GB/T 2423.45	试验 Z/ABDM:气候顺序	Z-5
GB/T 2423.46	试验 Ef:摆锤式撞击	E-6
GB/T 2423.44	试验 Eg:弹簧锤撞击	E-7

注:GB/T 2423.44、GB/T 2423.46 均已废止。

GB/T 2423.56	试验 Fh:宽频随机振动(数字控制)和导则	F-6
GB/T 2423.47	试验 Fg:声振	F-5

4.2 字母目录

试验名称	标准	标题	索引码
A,Aa,Ab,Ad	GB/T 2423.1	试验 A:低温	A/B-1
B,Ba,Bb,Bc,Bd	GB/T 2423.2	试验 B:高温(包括第一次补充件)	A/B-1
Ca	GB/T 2423.3	试验 Ca:恒定湿热试验	C-1
Cb	GB/T 2423.9	试验 Cb:恒定湿热试验(主要用于设备)	C-2

注:GB/T 2423.3、GB/T 2423.9 合并为 GB/T 2423.3 试验 Cab。

Db	GB/T 2423.4	试验 Db 和导则:交变湿热(12 h+12 h 循环)	D-1
Ea	GB/T 2423.5	试验 Ea 和导则:冲击	E-1
Eb	GB/T 2423.6	试验 Eb 和导则:碰撞	E-2
Ec	GB/T 2423.7	试验 Ec:倾跌与翻倒(主要用于设备型样品)	E-3
Ed	GB/T 2423.8	试验 Ed:自由跌落	E-4
Ee	GB/T 2423.39	试验 Ee 和导则:弹跳试验方法	E-5
Ef	GB/T 2423.46	试验 Ef:摆锤式撞击	E-6
Eg	GB/T 2423.44	试验 Eg:弹簧锤撞击	E-7

注:GB/T 2423.44、GB/T 2423.46 均已废止。

Fc	GB/T 2423.10	试验 Fc 和导则:正弦振动	F-1
Fd	GB/T 2423.11	试验 Fd:宽频带随机振动——一般要求	F-2
Fda	GB/T 2423.12	试验 Fda:宽频带随机振动——高再现性	F-2
Fdb	GB/T 2423.13	试验 Fdb:宽频带随机振动——中再现性	F-2
Fdc	GB/T 2423.14	试验 Fdc:宽频带随机振动——低再现性	F-2

注:GB/T 2423.11、GB/T 2423.12、GB/T 2423.13、GB/T 2423.14 均已废止。

Fe	GB/T 2423.49	试验 Fe:振动——正弦拍频法	F-3
Ff	GB/T 2423.48	试验 Ff:振动——时间历程法	F-4
Fg	GB/T 2423.47	试验 Fg:声振	F-5
Fh	GB/T 2423.56	试验 Fh:宽频随机振动(数字控制)和导则	F-6
Ga	GB/T 2423.15	试验 Ga 和导则:稳态加速度	G-1
J	GB/T 2423.16	试验 J 和导则:长霉	J-1
Ka	GB/T 2423.17	试验 Ka:盐雾试验方法	K-1
Kb	GB/T 2423.18	试验 Kb:盐雾,交变(氯化钠溶液)	K-2
Kc	GB/T 2423.19	试验 Kc:触点和连接件的二氧化硫试验	K-3
Kd	GB/T 2423.20	试验 Kd:触点和连接件的硫化氢试验	K-3

注:GB/T 2423.19、GB/T 2423.20 均已废止。

M	GB/T 2423.21	试验 M:低气压试验方法	M-1
N,Na,Nb,Nc	GB/T 2423.22	试验 N:温度变化	N-1
Q	GB/T 2423.23	试验 Q:密封	Q-1
Qa		试验 Qa:衬套、心轴和垫圈的气密性	Q-2
Qc		试验 Qc:容器密封和气体漏泄	Q-3
Qd		试验 Qd:容器密封和液体漏泄	Q-4
Qf		试验 Qf:浸水	Q-5
Qk		试验 Qk:示踪气体用质谱仪	Q-6
Ql		试验 Ql:加压浸渍	Q-7
Qm		试验 Qm:示踪气体内部预先加压	Q-8
R	GB/T 2423.38	试验 R 和导则	R-1
Ra		滴水	R-2
Rb		冲水	R-3
Rc		浸水	R-4
Sa	GB/T 2423.24	试验 Sa:模拟地面上的太阳辐射	S-1
T		试验 T:锡焊	
Ta	GB/T 2423.28	试验 Ta:导线和引出端的可焊性	T-1
	GB/T 2423.32	试验 Ta:锡焊,润湿称量法可焊性试验方法	T-2
Tb	GB/T 2423.28	试验 Tb:耐焊接热性	T-3
Tc	GB/T 2423.28	试验 Tc:印制板和复铜箔层压板的可焊性	T-4
Td	IEC 60068-2-58	试验 Td:可焊性,金属熔化抗性和表面固定装置(SMD)的焊接热量	T-5

注：目前没有等同的国家标准。

U	GB/T 2423.29	试验 U:引出端及整体安装件强度	
Ua1		试验 Ua1:拉力试验	U-1
Ua2		试验 Ua2:推力试验	U-2
Ub		试验 Ub:弯曲试验	U-3
Uc		试验 Uc:扭转试验	U-4
Ud		试验 Ud:转矩试验	U-5
Ue		试验 Ue:安装状态下的表面组装元器件(适用表面组装元器件)	U-6
Xa	GB/T 2423.30	试验 Xa 和导则:在清洗剂中浸渍	X-1
Z/ABDM	GB/T 2423.45	试验 Z/ABDM:气候顺序	Z-5
Z/AD	GB/T 2423.34	试验 Z/AD:温度/湿度组合循环试验	Z-1
Z/AFc	GB/T 2423.35	试验 Z/AFc:散热和非散热试验样品的低温/振动(正弦)综合试验	Z-2
Z/AM	GB/T 2423.25	试验 Z/AM:低温/低气压综合试验	Z-3
Z/AMD	GB/T 2423.27	试验 Z/AMD:低温/低气压/湿热连续综合试验	Z-4
Z/BFc	GB/T 2423.36	试验 Z/BFc:散热和非散热试验样品的高温/振动(正弦)综合试验	Z-2
Z/BM	GB/T 2423.26	试验 Z/BM:高温/低气压综合试验	Z-3

5 导则文件目录

4.1和4.2中提及的许多标准都包含执行或应用试验程序的导则。在某些情况下，一些标准仅包含导则，5.1和5.2中列出了这些标准。

注：本部分可参考不同版本标准和修订稿，标准和修订稿的版本可依据相应试验概要所在页上的日期进行识别。

5.1 数字目录

标准	试验名称	标题	索引码
GB/T 2424.14	Sa	太阳辐射试验导则	S-1
GB/T 2424.2	Ca,Db,Z/AD	湿热试验导则	C-1,D-1,Z-1
GB/T 2424.13	N	温度变化试验导则	N-1
GB/T 2424.17	T	试验T导则:锡焊试验导则	T-1,T-3,T-4
GB/T 2424.12	Kd	试验Kd导则:触点和连接件的硫化氢试验	K-3
GB/T 2424.11	Kc	试验Kc导则:触点和连接件的二氧化硫试验	K-3

注：GB/T 2424.11、GB/T 2424.12均已废止。

标准	试验名称	标题	索引码
GB/T 2424.22	Z/AFc和Z/BFc	试验Z/AFc和Z/BFc导则:温度(低温、高温)和振动(正弦)综合试验导则	Z-2
GB/T 2424.1	A和B	高温低温试验导则	A/B-1
GB/T 2424.1	A和B	第一次补充件	A/B-1
GB/T 2424.15	Z/AM和Z/BM	温度/低气压综合试验导则	Z-3
IEC 60260	(Ca和Db)	恒定相对湿度非注入式试验箱	(C-1,D-1)

注：目前没有与IEC 60260等同的国家标准。

标准	试验名称	标题	索引码
GB/T 2424.10	(Kb,Kc,Kd)	大气腐蚀加速试验的通用导则	(K-2,K-3)

5.2 字母目录

试验名称	标准	标题	索引码
A和B	GB/T 2424.1	高温低温试验导则	A/B-1
Ca	GB/T 2424.2	湿热试验导则	C-1
(Ca)	IEC 60260	恒定相对湿度非注入式试验箱	(C-1)
Db	GB/T 2424.2	湿热试验导则	D-1
(Db)	IEC 60260	恒定相对湿度非注入式试验箱	(D-1)

注：目前没有与IEC 60260等同的国家标准。

试验名称	标准	标题	索引码
(Kb,Kc,Kd)	GB/T 2424.10	大气腐蚀加速试验的通用导则	(K-2,K-3)
Kc	GB/T 2424.11	试验Kc导则:触点和连接件的二氧化硫试验	K-3
Kd	GB/T 2424.12	试验Kd导则:触点和连接件的硫化氢试验	K-3

注：GB/T 2424.11、GB/T 2424.12均已废止。

试验名称	标准	标题	索引码
N	GB/T 2424.13	温度变化试验导则	N-1
R	GB/T 2424.23	试验R和导则:水试验方法和导则	R-1

注：GB/T 2424.23已废止。

试验名称	标准	标题	索引码
Sa	GB/T 2424.14	太阳辐射试验导则	S-1
T	GB/T 2424.17	试验T导则:锡焊试验导则	T-1,T-3,T-4
Z/AD	GB/T 2424.2	湿热试验导则	Z-1
Z/AFc	GB/T 2424.22	试验Z/AFc和Z/BFc导则:温度(低温、高温)	Z-2

		和振动(正弦)综合试验导则	
Z/AM	GB/T 2424.15	温度/低气压综合试验导则	Z-3
Z/BFc	GB/T 2424.22	试验 Z/AFc 和 Z/BFc 导则:温度(低温、高温)和振动(正弦)综合试验导则	Z-2
Z/BM	GB/T 2424.15	温度/低气压综合试验导则	Z-3

6 试验概要

本章中每个概要所在页以字母识别,并以字母顺序存档,页及发表日期依存档顺序列在下面。添加新概要或修改、删除概要时,所在页连同第6章中介绍性的句子,将重新公布。

索引码	标准发表日期	试验名称	标准
A/B-1	2008	试验 A 和	GB/T 2423.1
	2008	试验 B	GB/T 2423.2
C-1	1991	试验 Ca	GB/T 2423.3
C-2	1991	试验 Cb	GB/T 2423.9

注:GB/T 2423.3、GB/T 2423.9 合并为 GB/T 2423.3 试验 Cab。

D-1	2008	试验 Db	GB/T 2423.4
E-1	1995	试验 Ea	GB/T 2423.5
E-2	1995	试验 Eb	GB/T 2423.6
E-3	1995	试验 Ec	GB/T 2423.7
E-4	1995	试验 Ed	GB/T 2423.8
E-5	2008	试验 Ee	GB/T 2423.39
E-6	1997	试验 Ef	GB/T 2423.46
E-7	1995	试验 Eg	GB/T 2423.44

注:GB/T 2423.44、GB/T 2423.46 均已废止。

F-1	2008	试验 Fc	GB/T 2423.10
F-2	1997	试验 Fd	GB/T 2423.11
		试验 Fda	GB/T 2423.12
		试验 Fdb	GB/T 2423.13
		试验 Fdc	GB/T 2423.14

注:GB/T 2423.11、GB/T 2423.12、GB/T 2423.13、GB/T 2423.14 均已废止。

F-3	1997	试验 Fe	GB/T 2423.49
F-4	2008	试验 Ff	GB/T 2423.48
F-5	1997	试验 Fg	GB/T 2423.47
F-6	2008	试验 Fh	GB/T 2423.56
G-1	2008	试验 Ga	GB/T 2423.15
J-1	2008	试验 J	GB/T 2423.16
K-1	2008	试验 Ka	GB/T 2423.17
K-2	2000	试验 Kb	GB/T 2423.18
K-3	1982	试验 Kc 和	GB/T 2423.19
	1981	试验 Kd	GB/T 2423.20

注:GB/T 2423.19、GB/T 2423.20 均已废止。

M-1	2008	试验 M	GB/T 2423.21
N-1	2002	试验 N	GB/T 2423.22

Q-1	1995	试验 Q	GB/T 2423.23
Q-2	1995	试验 Qa	GB/T 2423.23
Q-3	1995	试验 Qc	GB/T 2423.23
Q-4	1995	试验 Qd	GB/T 2423.23
Q-5	1995	试验 Qf	GB/T 2423.23
Q-6	1995	试验 Qk	GB/T 2423.23
Q-7	1995	试验 Ql	GB/T 2423.23
Q-8	1995	试验 Qm	GB/T 2423.23
R-1	1990	试验 R	GB/T 2423.38
R-2	1990	试验 Ra	GB/T 2423.38
R-3	1990	试验 Rb	GB/T 2423.38
R-4	1990	试验 Rc	GB/T 2423.38
S-1	1995	试验 Sa	GB/T 2423.24
T-1	2005	试验 Ta	GB/T 2423.28
T-2★	2008	试验 Ta★	GB/T 2423.32
T-3	2005	试验 Tb	GB/T 2423.28
T-4	2005	试验 Tc	GB/T 2423.28
T-5	1989	试验 Td	IEC 60068-2-58
注：目前没有等同的国家标准。			
U-1	1999	试验 Ua1	GB/T 2423.29
U-2	1999	试验 Ua2	GB/T 2423.29
U-3	1999	试验 Ub	GB/T 2423.29
U-4	1999	试验 Uc	GB/T 2423.29
U-5	1999	试验 Ud	GB/T 2423.29
U-6	1999	试验 Ue	GB/T 2423.29
X-1	1999	试验 XA	GB/T 2423.30
Z-1	2005	试验 Z/AD	GB/T 2423.34
Z-2	2005	试验 Z/AFc 和 Z/BFc	GB/T 2423.35 GB/T 2423.36
Z-3	2008	试验 Z/AM 和 Z/BM	GB/T 2423.25 GB/T 2423.26
Z-4	2005	试验 Z/AMD	GB/T 2423.27
Z-5	1997	试验 Z/ABDM	GB/T 2423.45

★ 索引码 T-1 包括 GB/T 2423.28 中试验 Ta 的方法 1,2,3。

低温:试验 A——GB/T 2423.1—2008 A

高温:试验 B——GB/T 2423.2—2008 B

又见:GB/T 2424.1—2005:高温低温试验导则

1. 介绍

本部分所涉及的低温/高温试验适用于散热和非散热试验样品。

试验方法分成温度突变和温度渐变两种。

本试验目的是确定元件、设备及其他产品在低温或高温环境条件下使用或存贮的适应性。该试验不能用来评价试验样品对温度变化的耐抗性和在温度变化期间的工作能力。在这种情况下,应当采用试验 N:温度变化试验。

本试验方法通常用于条件试验期间能达到温度稳定的试验样品。

试验 Aa、试验 Ba、试验 Bc 适用于温度突变对试验样品不产生损伤时的情况。

低温和高温试验分类框图如下:

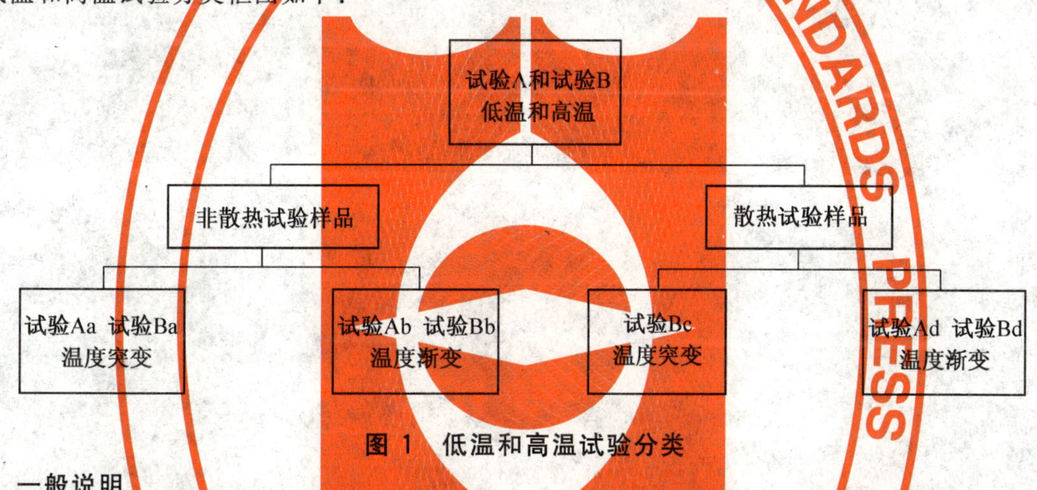

图 1 低温和高温试验分类

2. 一般说明

将具有室温的试验样品放入试验箱内。温度突变试验中试验箱温度符合相关规范规定的严酷等级;温度渐变试验中试验箱处于室温,然后再调至相关规范规定严酷等级的温度。

在试验样品达到温度稳定后,在该条件下暴露规定的持续时间。

试验中非散热试验样品通常处于不工作状态下,且通常采用强迫空气循环。对于散热试验样品,相关规范说明了受试样品的功能。试验中优先选用无强迫空气循环的方法,但当没有强迫空气循环就难于或不可能满足试验规定的条件时,可以使用强迫空气循环。GB/T 2423 中给出了该条件供选择的方法。

3. 严酷等级

表 1 低温和高温试验严酷等级

试验 A:低温		试验 B:高温	
温度/℃	持续时间/h	温度[a]/℃	持续时间/h
−65 −10	2	+200 +100 +40	2
−55 −5	16	+175 +85 +30	16
−40 +5	72	+155 +70	72
−25	96	+125 +55	96

[a] 不考虑其他因素,200 ℃~1 000 ℃之间的温度应从下述数值中选取:250 ℃,315 ℃,400 ℃,500 ℃,630 ℃,800 ℃,1 000 ℃。

4. 相关规范中给出的信息

相关规范应指明下列项目的细节。

a） 预处理；

b） 初始检测；

c） 安装或支撑的情况；

d） 条件试验期间试验样品(包括冷却系统)的状态；

e） 严酷等级(温度和试验持续时间)；

f） 条件试验期间的测量和/或负载；

g） 恢复(如不是标准条件下)；

h） 最后检测；

i） 供需双方同意的对试验程序的任何更改。

恒定湿热试验:试验 Ca——GB/T 2423.3—1991 Ca

注:GB/T 2423.3—1991 与 GB/T 2423.9—1991 合并为 GB/T 2423.3—2006 试验 Cab。

又见:GB/T 2424.2—2005:湿热试验导则和 IEC 60260:恒定相对湿度非注入式试验箱

注:目前没有与 IEC 60260 等同的国家标准。

1. 介绍

本试验的目的是确定元件、设备及其他产品在高湿度的条件下使用和贮存的适应性。

本试验主要用以观察试验样品在恒定温度和高湿度条件下暴露规定时间所受的影响。

2. 一般说明

试验样品暴露在温度为 40 ℃,相对湿度为 93%的湿热环境中。

3. 严酷等级

暴露时间从下述数值中选取:4 d,10 d,21 d,56 d。

4. 相关规范中给出的信息

a) 预处理;

b) 试验前的电子和机械检测;

c) 试验样品放入试验箱时的状态;

d) 严酷等级;

e) 条件试验期间负载;

f) 条件试验期间的电子和机械检测,检测应在哪一阶段进行;

g) 去除试验样品表面湿气应采取的特殊措施;

h) 不同于本部分的恢复条件;

i) 试验最后的电子和机械检测,先检测哪些参数以及允许检测这些参数的最长时间。

设备用恒定湿热试验:试验 Cb——GB/T 2423.9—1991 Cb

注:GB/T 2423.9—1991 与 GB/T 2423.3—1991 合并为 GB/T 2423.3—2006 试验 Cab。

1. 介绍

本试验的目的是确定电子产品,主要是设备在高湿条件下使用和贮存的适应性。

本试验主要用以观察试验样品在恒定温度和高湿度、无凝露条件下暴露规定时间所受的影响。

本试验特别适用于大型设备或试验时可能与试验箱外的测试装置有复杂联接的设备。这种联接需要一定的装配时间。在安装期间,可以不用预热或维持特定的试验条件。

2. 一般说明

试验样品暴露在湿热环境中。

3. 严酷等级

温度和相对湿度的组合可从下列数值中选取:

30 ℃±2 ℃	93%±3% R. H.
30 ℃±2 ℃	85%±3% R. H.
40 ℃±2 ℃	93%±3% R. H.
40 ℃±2 ℃	85%±3% R. H.

推荐的试验时间:2 d,4 d,10 d,21 d。

4. 相关规范中给出的信息

a) 必要的特殊安装结构;

b) 试验严酷等级:

——温度;

——相对湿度;

——试验时间;

c) 初始检测;

d) 条件试验;

e) 中间检测;

f) 恢复条件;

g) 最后检测。

交变湿热(12 h+12 h 循环):试验 Db——GB/T 2423.4—2008 Db

又见:GB/T 2424.2—2005:湿热试验导则和 IEC 60260:恒定相对湿度非注入式试验箱

注:目前没有与 IEC 60260 等同的国家标准。

1. 介绍

本试验的目的是确定元件、设备及其他电子产品在高湿度与温度循环变化组合且通常会在试验样品表面产生凝露的条件下使用和贮存的适应性。

2. 一般说明

本试验包含 25 ℃和高温之间的一个或多个温度循环,循环期间维持较高相对湿度。

本试验给出了两种循环,除了降温阶段不同外,其余部分完全一样。在降温阶段中,方法 2 允许相对湿度和温度下降速率有较大的容差。

3. 严酷等级

从下列组合中选取严酷等级:

a) 高温温度:40 ℃
   循环次数:2,6,12,21,56;

b) 高温温度:55 ℃
   循环次数:1,2,6。

4. 相关规范中给出的信息

a) 严酷等级;

b) 初始检测;

c) 条件试验期间样品状态;

d) 安装或支撑情况;

e) 方法 1 还是方法 2;

f) 中间检测;

g) 恢复条件;

h) 去除样品表面湿气应采取的特殊措施;

i) 试验最后的电子和机械检测,先检测哪些参数以及允许检测这些参数的最长时间(最后检测)。

冲击:试验 Ea——GB/T 2423.5—1995 Ea

1. 介绍

本试验的目的是揭示应用中会经受非重复性机械冲击的试验样品机械弱点和/或性能下降情况,它也可用来确定样品的结构完好性,或作为质量控制手段。本试验是用来模拟设备和元器件在使用或运输期间可能经受到的少数非重复性冲击的效应。

2. 一般说明

在条件试验期间,样品应安装在夹具上或冲击试验机台面上经受冲击脉冲(加速度-时间曲线)。相关规范中指出脉冲波形可能是半正弦形(最常用),后峰锯齿形或梯形(基本不用于元器件型样品)。

3. 严酷等级

表 2 冲击试验严酷等级

峰值加速度		相应的标称脉冲持续时间/ms
g_n	(相当于 m/s^2)	
5	(50)	30
15	(150)	11
<u>30</u>	<u>(300)</u>	<u>18</u>
30	(300)	11
30	(300)	6
<u>50</u>	<u>(500)</u>	<u>11</u>
50	(500)	3
100	(1 000)	11
<u>100</u>	<u>(1 000)</u>	<u>6</u>
200	(2 000)	6
200	(2 000)	3
<u>500</u>	<u>(5 000)</u>	<u>1</u>
1 000	(10 000)	1
<u>1 500</u>	<u>(15 000)</u>	<u>0.5</u>
3 000	(30 000)	0.2

上面表格中带下划线的是峰值加速度和相应的标称脉冲持续时间的优先组合。

4. 相关规范中给出的信息

a) 脉冲波形;

b) 特殊情况下的容差;

c) 特殊情况下的速度变化;

d) 特殊情况下的横向运动;

e) 安装方法;

f) 严酷等级;

g) 预处理;

h) 初始检测;

i) 仅在特殊情况下的冲击方向和次数;

j) 工作方式和功能监测;

k) 接受和拒收判据;

l) 恢复;

m) 最后检测;

n) 高截止频率。

碰撞:试验 Eb——GB/T 2423.6—1995 Eb

1. 介绍

本试验的目的是揭示由重复冲击所引起的累积损伤和/或性能下降情况,也可用来确定样品的结构完好性。本试验是用来模拟设备和元器件在使用或运输期间可能经受到的类似重复性冲击的效应。

本试验主要是针对非包装样品,以及在运输箱中其包装可以看作产品本身一部分的样品。

2. 一般说明

在条件试验期间,样品应安装在夹具上或碰撞试验机台面上经受重复半正弦脉冲波碰撞。相关规范中已经给出碰撞次数、峰值加速度和脉冲持续时间。

3. 严酷等级

严酷等级由峰值加速度、脉冲持续时间和碰撞次数的组合确定,每个方向的碰撞次数从 100,1 000,4 000 中选择。

表 3 碰撞试验严酷等级

峰值加速度		相应的标称脉冲持续时间/ms
g_n	(相当于 m/s^2)	
10	(100)	16
15	(150)	6
25	(250)	6
40	(400)	6
100	(1 000)	2

4. 相关规范中给出的信息

a) 特殊情况下的容差;

b) 特殊情况下速度变化;

c) 特殊情况下的横向运动;

d) 安装方法;

e) 严酷等级;

f) 预处理;

g) 初始检测;

h) 仅在特殊情况下的碰撞方向和次数;

i) 工作方式和功能监测;

j) 接受和拒收判据;

k) 恢复;

l) 最后检测。

倾跌与翻倒(主要用于设备型样品):试验 Ec——GB/T 2423.7—1995 Ec

1. 介绍

本试验(主要用于设备型样品)的目的是模拟试验样品在工作台或实验台进行维修操作或野蛮搬运时可能产生的敲击和撞击对试验样品所产生的效应。

本试验方法也可用于评定安全要求的最低强度等级。

本试验方法主要适用于非包装的试验样品,以及装在可看作试验样品本身的一部分的包装箱内的试验样品。

2. 一般说明

本试验包括三种不同的方法:

a) 面倾跌;

b) 角倾跌;

c) 翻倒(或推倒)。

相关规范应指明所用的方法,考虑样品重力中心的尺寸和位置。

3. 严酷等级

a) 面倾跌

试验样品的一边抬高至与试验台面距离为 25 mm、50 mm 或 100 mm(按相关规范规定),或使样品底面与试验台面成 30°夹角,两者取较小者。然后,使样品自由倾跌。

试验样品分别围绕四条底边各进行一次倾跌试验。

b) 角倾跌

试验样品一个角下放置一根 10 mm 高的木柱,在其邻边的另一个角下放置一根 20 mm 高的木柱。与 10 mm 木柱相邻的另一个角抬高到 25 mm、50 mm 或 100 mm(按相关规范规定),或使样品底面与试验台面成 30°夹角,两者均取较小者。然后,使样品自由倾跌。

试验样品的四个底角各进行一次倾跌试验。

c) 翻倒(或推倒)

试验样品绕着一条底边倾斜直到处于不稳定位置,然后样品倾跌。

试验样品应沿着四条底边各进行一次翻倒试验。

4. 相关规范中给出的信息

a) 初始检测;

b) 条件试验;

c) 电缆和盖子等的安装;

d) 试验过程中样品是否运行;

e) 试验用底边数(多于四条底边时);

f) 面倾跌的高度;

g) 角倾跌的高度;

h) 最后检测。

自由跌落:试验 Ed——GB/T 2423.8—1995 Ed

1. 介绍

本试验分为两种方法:

方法 1:自由跌落;

方法 2:重复自由跌落。

方法 1 通常用来模拟非包装状态的产品在搬运期间可能经受到的自由跌落。方法 2 通常用来模拟附在电缆上的连接器、小型遥控装置等在使用中可能经受的重复自由跌落,它是通过使用合适的设备,例如滚筒来实现的。

2. 一般说明

2.1 自由跌落

试验样品从规定的高度自由跌落到混凝土或钢制成的平滑、坚硬的钢性表面上。

2.2 重复自由跌落

试验样品从 500 mm 高度按规定的次数重复跌落到平滑、坚硬的钢性表面上,跌落频率约为 10 次/min。除相关规范另有规定外,试验表面是用 10 mm～19 mm 厚的木材垫衬着 3 mm 厚的钢板。使用旋转器或滚筒可以满足这些要求。

3. 严酷等级

3.1 自由跌落

跌落高度应从下列数值中选择:25 mm,50 mm,100 mm,250 mm,500 mm,1 000 mm,底部划线的数值是优选值。重型设备不宜经受较高的严酷等级。

3.2 重复自由跌落

跌落次数可从下列数值中选择:50,100,200,500,1 000。

4. 相关规范中给出的信息

4.1 自由跌落

a) 试验表面,如果不是混凝土或钢质的;

b) 跌落高度;

c) 初始检测;

d) 试验样品开始跌落时的姿态;

e) 跌落次数(如果不是 2 次),除非相关规范另有规定,试验样品应按每一个指定姿态跌落 2 次;

f) 最后检测。

4.2 重复自由跌落

a) 初始检测;

b) 跌落次数;

c) 最后检测;

d) 要连接的电缆型号。

弹跳试验方法:试验 Ee——GB/T 2423.39—2008 Ee

1. 介绍

本试验的目的是确定样品在散装运输时经受随机冲击所引起的弹跳的适应性,也可用于确定产品的结构完好性。

注:本试验实际上主要用于设备型样品。

本试验主要适用于准备运输的产品,并且其运输箱或运输框架可以看作产品本身的一部分。

2. 一般说明

带或不带运输箱或框架准备运输的样品,在条件试验期间应自由地(不加固定)放在弹跳试验机的台面上。台面的运动方式可能是同步圆周运动(方法 A)或非同步运动(方法 B),并且非同步运动在线性垂直运动和摇动之间循环变化。

在条件试验期间,产品通常不需要进行工作和功能检查。

3. 严酷等级

除恢复时间外,条件试验持续时间(以 min 计)从下面值中选择:180,60,15,5。上述持续时间应在每一规定的试验位置上平均分配。

4. 相关规范中给出的信息

a) 接受和拒收判据;
b) 试验方法和台面的运动;
c) 带或不带运输箱的试验;
d) 试验设备尺寸;
e) 严酷等级;
f) 预处理;
g) 初始检测;
h) 试验轴线和方向;
i) 堆积要求;
j) 最后检测。

E-5 2008 年

摆锤式撞击:试验 Ef——GB/T 2423.46—1997 Ef

注:GB/T 2423.46 已废止。

1. 介绍

本试验的目的是确定试验样品承受规定值撞击的能力,在评定产品安全性时,该方法主要用来论证可承受的强度等级,特别像开关和灯座类电子附件。

2. 一般说明

撞击元件水平撞击安装在装置上的试验样品,撞击能量为 0.15 J～0.50 J。

相关规范应该说明试验样品在撞击试验时是否应工作,是否要求功能检测。

3. 严酷等级

撞击试验的严酷等级由撞击次数和跌落高度来确定。除相关规范另有规定外,试验样品每种状态均应撞击 5 次;应按相关规范的要求,从下列数值中选择跌落高度:75 mm,100 mm,150 mm,200 mm,250 mm。

4. 相关规范中给出的信息

特别注意标有(＊)号的条款,因为这些资料是必不可少的。

a) 安装方法(直接安装除外);

b) 跌落高度＊;

c) 每种状态的撞击次数(5 次除外);

d) 预处理;

e) 初始检测;

f) 状态和撞击位置＊;

g) 运行方式和功能检测＊;

h) 接收和拒收判据＊;

i) 恢复;

j) 最后检测＊。

弹簧锤撞击:试验 Eg——GB/T 2423.44—1995 Eg

注:GB/T 2423.44 已废止。

1. 介绍

本试验的目的是确定试验样品承受规定严酷等级撞击的能力。在评定产品安全性时,该方法主要用来论证可承受的强度等级,特别像家用及类似用途设备、附件等。

2. 一般说明

手持弹簧锤撞击试验设备用于产生规定次数的撞击,撞击能量大小规定了样品承受撞击的位置。相关规范应该说明试验样品在撞击试验时是否应工作,是否要求功能检测。

试验样品依常规方法安装或依靠在钢性的支撑面上;相关规范应说明样品撞击前底座、盖子和类似元件的紧固要求。

3. 严酷等级

撞击试验的严酷等级由撞击次数和撞击能量来确定。除相关规范另有规定外,撞击次数为 5 次,撞击能量从下列数值中选择:0.20J,0.35 J,0.50 J,0.70 J,1.00 J。

4. 相关规范中给出的信息

特别注意标有(*)号的条款,因为这些资料是必不可少的。

a) 安装方法;

b) 撞击能量*;

c) 撞击次数(5 次除外);

d) 预处理;

e) 初始检测*;

f) 撞击位置*;

g) 底座、盖子和类似元件的紧固要求(当有规定时);

h) 运行方式和功能检测*;

i) 接收和拒收判据*;

j) 恢复条件(当有规定时);

k) 最后检测*。

振动(正弦):试验 Fc——GB/T 2423.10—2008 Fc

1. 介绍

本试验的目的是确定样品在使用或运输期间可能经受谐波形式的振动时机械薄弱环节和(或)性能下降情况,振动主要由发生在轮船,飞机,车辆,旋翼飞机和太空工具上的旋转力、脉动力或摆动力产生,也可能由机械或地震现象引起。

本试验可用来确定样品的结构完好性和(或)研究它们的动态特性。

2. 一般说明

相关规范应该描述是否进行振动响应检查,并应从下面选择合适的耐久程序:

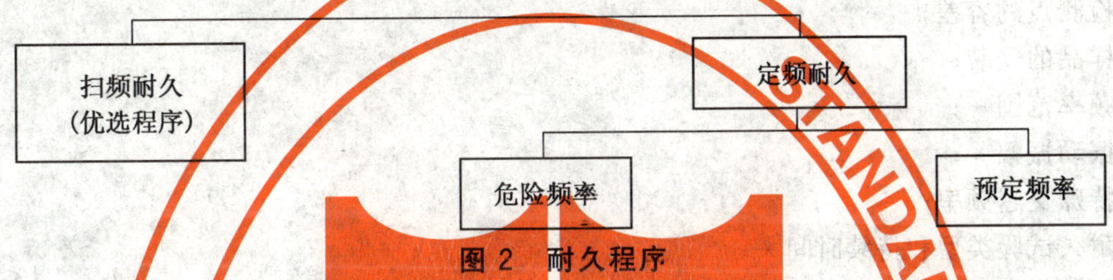

图 2 耐久程序

样品在指定频率范围或离散频率处经受正弦振动一定时间。在一定情况下,相关规范可能需要在耐久试验完成时进行额外的响应检查。

3. 严酷等级

振动的严酷等级由频率范围、振动振幅和耐久持续时间(按扫频循环数或时间给出,如从 10 Hz~150 Hz~10 Hz)的组合确定。

表 4 频率范围和振动振幅(峰值)

推荐的频率范围/Hz
1~35
1~100
10~55
10~150
10~500
10~2 000
10~5 000
55~500
55~2 000
55~5 000
100~2 000

推荐的振动振幅(交越频率)							
8 Hz~9 Hz:较低交越频率				57 Hz~62 Hz:较高交越频率			
注 1		注 2		注 1		注 2	
mm	(in)	m/s²	(g_n)	mm	(in)	m/s²	(g_n)
0.35	(0.014)	0.98	(0.1)	0.035	(0.001 4)	4.9	(0.5)
0.75	(0.03)	1.96	(0.2)	0.075	(0.003)	9.8	(1.0)
1.5	(0.06)	4.9	(0.5)	0.15	(0.006)	19.6	(2.0)
3.5	(0.14)	9.8	(1.0)	0.35	(0.014)	49	(5.0)
7.5	(0.30)	19.6	(2.0)	0.75	(0.03)	98	(10)
10	(0.40)	29.4	(3.0)	1.0	(0.04)	147	(15)
15	(0.60)	49	(5.0)	1.5	(0.06)	196	(20)
				2.0	(0.08)	294	(30)
				3.5	(0.14)	490	(50)
注 1:交越频率下的转换振幅。 注 2:交越频率上的加速振幅。							

推荐的振动转换振幅(仅适用于频率范围在 10 Hz 之上的振动)	
转换振幅	
mm	in
10	(0.40)
35	(1.4)
75	(3.0)
100	(4.0)

耐久试验持续时间

a) 扫频耐久 每一条轴线上的耐久试验持续时间以扫频循环数给出,并从下述值中选取:1,2,5,10,50,100。

b) 危险频率下的耐久 由振动响应检查所发现的每一适当轴线中的每一频率上进行的耐久试验持续时间应从下述值中选取:10 min,30 min,90 min,10 h。

c) 预定频率下的耐久 持续时间对每一个规定的频率和轴线的组合应进行上限为 10^7 循环的试验。

4. 相关规范中给出的信息

特别注意标有(*)号的条款,因为这些资料是必不可少的。

a) 检测点;
b) 横向运动;
c) 失真;
d) 控制信号的导出;
e) 检测点的容差;
f) 样品的安装;
g) 频率范围*;
h) 振动振幅*;
i) 特殊交越频率;
j) 耐久试验类型和持续时间*;
k) 预处理;
l) 初始检测*;
m) 振动轴线;
n) 力的限制;
o) 进行试验的步骤和顺序*;
p) 性能和功能检查*;
q) 振动响应检查后所采取的措施;
r) 最后的响应检查发现响应频率改变时将采取的措施;
s) 预定频率;
t) 样品装上减振器后的共振频率上的条件试验;
u) 最后检测*。

宽频带随机振动—— 一般要求:试验 Fd——GB/T 2423.11—1997 Fd
高再现性:试验 Fda——GB/T 2423.12—1997 Fda
中再现性:试验 Fdb——GB/T 2423.13—1997 Fdb
低再现性:试验 Fdc——GB/T 2423.14—1997 Fdc

注:GB/T 2423.11、GB/T 2423.12、GB/T 2423.13、GB/T 2423.14 均已废止。

1. 介绍

本试验的目的是确定样品经受随机振动等条件试验时机械弱点和(或)性能下降情况。

2. 一般说明

"再现性"指不同人在不同场合进行试验时所得结果的一致性。相关规范的编制者选取的再现性不要高于试验样品推荐应用时所必要的再现性。只有当绝对必要时才要求采用高再现性试验。

相关规范应指定适用于试验所需的再现性。

如果相关规范要求,宽频带随机振动试验包括采用正弦振动进行的初始和最后共振检查。对于高再现性和中再现性试验,样品也需用正弦振动来进行频率响应的测量。

3. 严酷等级

频率范围,加速度谱密度(A.S.D)等级和条件试验持续时间(来自 GB/T 2423.11)的组合规定了振动的严酷等级。

频率范围:20 Hz~150 Hz
20 Hz~500 Hz
20 Hz~2 000 Hz
20 Hz~50 000 Hz

加速度谱密度等级(g^2/Hz):0.000 5　　0.1
0.001　　0.2
0.002　　0.5
0.005　　1
0.01　　2
0.02　　5
0.05　　10

条件试验全部持续时间(将在规定方向之间平均分配):30 s,90 s,3 min,9 min,30 min,90 min,3 h,9 h,30 h。

4. 相关规范中给出的信息

特别注意标有(*)号的条款,因为这些资料是必不可少的。

a)~e) 试验样品安装方法(包括磁干扰,温度和重力影响,减震器特性和补充试验);

f) 基准点和控制点;

g) 频率范围*;

h) 加速度谱密度等级*;

i) 条件试验持续时间*;

j) 再现性*;

k) 共振检查;

l) 频率响应测量用的加速度上限;

m) 初始检测*;

n) 条件试验时的功能检测*;

o) 最后检测*。

振动-正弦拍频法:试验 Fe——GB/T 2423.49—1997　　Fe

1. 介绍

本试验的目的是确定试验样品经受如地震、爆炸现象或机器振动所引起的短持续时间的脉冲或振荡力后的机械薄弱环节和/或性能下降情况。

本试验也可用来确定试验样品的机械强度,研究它们的动态特性。

2. 一般说明

相关规范应该说明是否需要进行正弦振动响应检查来确定危险频率。

除非相关规范另有规定,试验样品应进行时间正弦函数的基本运动,并且应在三条优选试验轴线中的每条轴线上进行振动。

3. 严酷等级

严酷等级由下列参数组合确定:试验频率范围、试验量值、正弦拍频循环次数和正弦拍频数。

试验频率和试验频率范围:试验频率是由振动响应检查确定的危险频率,任何预定频率或这两种频率。如果在振动响应检查期间未发现危险频率,相关规范没有规定确定试验频率的方法,则从下表给出的数值中选出下限和上限频率作为试验频率范围,以不大于二分之一倍频程为一频率点的频率上进行试验。

表 5　试验频率

低频/Hz
0.1
1
5
10

高频/Hz
10
20
35
55
100

推荐频率范围/Hz
0.1～10
1～35
1～100
5～35
10～100

试验量值:相关规范应对每一轴线规定试验量值的峰值。低于交越频率的峰值是以恒定位移来规定,高于交越频率峰值是以恒定加速度来规定。对不同交越频率(0.8 Hz,1.6 Hz 和 8 Hz)时的推荐试验量值列在下表中。

表 6　试验量值

低于交越频率的位移幅值/mm			高于交越频率的加速度幅值/(mm/s^2)		
0.8 Hz	1.6 Hz	8 Hz	0.8 Hz	1.6 Hz	8 Hz
40	10	0.4	1	1	1
80	20	0.8	2	2	2
120	30	1.2	3	3	3
200	50	2.0	5	5	5
	100	4.0		10	10
	200	8.0		20	20
		12.0			30
		20.0			50

正弦拍频循环次数:相关规范应根据下列数值规定正弦拍频循环次数:3,5,10,20。

正弦拍频数:相关规范应根据下列系列规定正弦拍频数:1,2,5,10,20,50,…。

低周高应力疲劳效应:相关规范可以规定所需大于规定应力值的高应力周期数。

4. 相关规范中给出的信息

特别注意标有(＊)号的条款,因为这些资料是必不可少的。

a) 固定点＊;
b) 横向运动;
c) 旋转运动;
d) 测量点;
e) 加速度失真;
f) 振幅容差;
g) 样品的安装＊;
h) 试验频率＊;
i) 试验频率范围＊;
j) 试验量值＊;
k) 正弦拍频循环次数＊;
l) 正弦拍频数＊;
m) 高应力循环数;
n) 预处理;
o) 初始检测＊;
p) 优选试验轴线;
q) 驱动力限制;
r) 振动响应检查;
s) 性能和功能检查;
t) 单轴线或双轴线试验＊;
u) 中间检测;
v) 恢复;
w) 最后检测(接收和拒收判据)＊。

振动-时间历程法:试验 Ff——GB/T 2423.48—2008 Ff

1. 介绍

本试验的目的是确定试验样品经受如地震、爆炸或某些运输情况所引起的短持续时间的随机形式的动态力作用时机械薄弱环节和/或性能降低情况。

本试验也可用来确定试验样品的机械强度,研究它们的动态特性。

2. 一般说明

相关规范应该说明是否需要进行正弦振动响应检查来确定危险频率,必要时确定阻尼比。

试验样品经受(a)自然时间历程或(b)在所规定的频率范围内用频率合成法合成的时间历程。在某些情况下,相关规范可以要求在完成了时间历程条件试验后再进行附加的振动响应检查。

3. 严酷等级

严酷等级由下列参数组合确定:试验频率范围、要求的响应谱、时间历程数和持续时间、高应力循环数(如果适用)。

表 7 试验频率范围

推荐的试验频率范围/(Hz)	
0.1～10	10～100
1～35	10～500
1～100	10～2 000
5～35	55～2 000

要求的响应谱:相关规范应该规定响应谱的形状与量值,包括零周期加速度值,若样品所有轴线不相同时,还应规定施加响应谱的样品轴线。

时间历程数:除非另有规定,相关规范应指明对每条轴线所施加的时间历程数应从下列系列中选择:…1,2,5,10,20,50,…。

时间历程持续时间:相关规范应该规定每一时间历程的持续时间,以 s 为单位的推荐值以下列系列给出:…1,2,5,10,20,50,…。

时间历程强烈部分的持续时间:除依据要求排除高应力循环数,并且相关规范另有规定时,应从下列总持续时间的百分比中选择时间历程强烈部分的值:25%,50%,75%。

高应力循环数:相关规范可以规定导致大于规定应力值的高应力循环数。除非相关规范另有规定时,应从下列系列中选择高应力循环次数:…4,8,16,32…,正和负交变循环应大体平均分布。这些高应力循环应该用位于所需响应谱强烈部分中的特殊危险频率的所需响应谱的百分数来表示,应从 50%,70%(优选值),90%中选择。

4. 相关规范中给出的信息

特别注意,标有(*)号的项目是必须给出的资料:

a) 固定点*;

b) 横向运动;

c) 旋转运动;

d) 测量点;

e) 加速度失真;

f) 振幅容差;

g) 阻尼比;

h) 样品的安装*;

i) 试验频率范围*;

j) 要求响应谱*;

k) 时间历程次数＊；

l) 时间历程持续时间＊；

m) 时间历程强部持续时间；

n) 高应力循环次数；

o) 预处理；

p) 初始检测＊；

q) 优选试验轴线；

r) 驱动力限制；

s) 振动响应检查；

t) 性能和功能检测；

u) 单轴线、双轴线、三轴线试验＊；

v) 中间检测；

w) 恢复；

x) 最后检测(接收和拒收判据)＊。

声振:试验 Fg——GB/T 2423.47—1997 Fg

1. 介绍

本试验的目的是确定试验样品在噪声场中经受高强度噪声时的机械弱点和/或性能衰退,噪声场由喷气发动机或其他航空系统、火箭发动机、大马力气体循环泵等产生。

2. 一般说明

相关规范需要规定设备类型,检测点的数量与位置,控制试验频谱的方法和试验样品在总声压级环境中的暴露持续时间。

3. 严酷等级

声场严酷等级由总声压级、谱形和暴露持续时间组成。

——总声压级和暴露持续时间,见表8:

表8 总声压级和暴露持续时间

总声压级/dB	暴露持续时间/min
120±1	60
130±1	60
140±1	30
150±1	30
160±1	30
170±1	2

——谱形从 GB/T 2423.47 的三个图中选择。

4. 相关规范中给出的信息

特别注意标有(*)号的条款,因为这些资料是必不可少的。

a) 滤波器的带宽*;
b) 设备类型*;
c) 安装*;
d) 测试传感器;
e) 检测点位置和数量*;
f) 1/3 倍或 1 倍频程分析*;
g) 谱形*;
h) 分析积分时间*;
i) 频带内声压级的最大允许变化;
j) 1/3 倍频程分析谱;
k) 总声压级*;
l) 最小暴露持续时间*;
m) 预处理;
n) 初始检测*;
o) 加速试验程序,如果有必要时;
p) 中间检测;
q) 恢复;
r) 最后检测*;
s) 接收和拒收判据*。

宽频随机振动(数字控制):试验 Fh——GB/T 2423.56—2008 Fh

1. 介绍

本试验的目的是确定样品在运输或工作环境中经受随机振动时的机械弱点和/或性能下降情况,如在飞机,太空飞船及地面交通工具中。

2. 一般说明

本试验提供了两个标准试验方法。方法 1 通常仅用随机振动,方法 2 在随机振动之前进行振动响应检查,并将此作为必不可少的程序,因此具有更好的再现性。

如果相关规范要求方法 1 在随机振动前或者前后进行振动响应检查,则也可要求方法 2 在随机振动后进行振动响应检查。

两种方法中试验样品均经受规定严酷等级的宽频振动。

3. 严酷等级

严酷等级由频率范围、加速度谱密度值和谱形、试验持续时间组成。

表 9 试验频率范围

试验频率范围/Hz	
f_1	f_2
1 5 20 50	100 500 2 000 5 000

加速度谱密度值$(m/s^2)^2/Hz$:0.05,0.1,0.5,1.0,5.0,10.0,50.0,100.0。

加速度谱密度谱形:谱形通常在 GB/T 2423.56 中给出。特殊情况下,相关规范可以规定供选择的谱形,该谱形有从国标中选出的不同加速度谱密度值及相关频率。

每一轴向的试验持续时间:1 min,3 min,10 min,30 min,100 min,300 min。

4. 相关规范中给出的信息

特别注意标有(*)号的条款,因为这些资料是必不可少的。

a) 初始振动响应检查,方法 1;
(正弦或随机振动)

b) 采用正弦或随机振动进行的振动响应检查,方法 2*;

c) 最后振动响应检查,方法 1 和 2;

d) 固定点*;

e) 横向运动;

f) 振幅因子*;

g) 振动容差;

h) 允许偏差(方法 2)*;

i) 安装*;

j) 试验频率范围*;

k) 加速度谱密度值*;

l) 加速度谱密度谱形;

m) 暴露持续时间*;

n) 预处理;

o) 初始检测*;

p) 方法 1 或方法 2*;

q） 多点控制；

r） 试验轴和试验顺序；

s） 响应点，方法 2；

t） 加速度谱密度的多重检测；

u） 中间检测；

v） 恢复；

w） 最后检测和接收标准 * 。

稳态加速度:试验 Ga——GB/T 2423.15—2008 Ga

1. 介绍

本试验的目的是确定样品在经受稳态加速度环境所产生的力,如运行的车辆、空中运载工具、旋转机械和抛射体所产生的力的作用下,结构的适应性和性能是否良好,以及评定一些元器件的结构完好性。

2. 一般说明

试验样品通常安装在离心机内,在每一主轴相反的两个方向经受指定峰值的加速度值。加速度值取决于样品试验时是必须工作,还是在试验后能正常工作。

3. 严酷等级

表 10 加速度值

加速度(m/s²)
30
50
100
200
500
1 000
2 000
5 000
10 000
20 000
50 000
100 000
200 000
300 000
500 000

4. 相关规范中给出的信息

a) 试验设备型号;

b) }
c) } 样品安装方法;

d) 加速度等级;

e) 加速度的轴线和方向;

f) 初始检测;

g) 试验持续时间;

h) 试验时样品的功能及经受住的条件;

i) 检查顺序;

j) 最后检测。

长霉:试验 J——GB/T 2423.16—2008 J

1. 介绍

无论已装配的样品是否由抗霉材料构成,本试验的目的在于通过相关规范已明确严酷等级的试验方法 1 和/或方法 2 来查找已装配样品未预见的劣化原因。

2. 一般说明

a) 试验方法 1:培养 28 d 后评定霉菌生长程度和由此产生的任何物理损害;如相关规范有要求,则在培养时间延长到 84 d 后检查对样品性能的影响。

b) 试验方法 2:先用营养液对样品进行预处理,培养 28 d 后评定霉菌生长程度和由此产生的任何物理损害,并检查对样品性能的影响。

表 11 试验菌种

序号	名称	菌株定名人	典型菌种 (仅供参考)	性　　质
1	黑曲霉	V. Tieghem	ATCC,6275	在许多材料上大量生长,对铜盐有抵抗性
2	土曲霉	Thom.	PQMD,82j	侵蚀塑料
3	出芽短梗霉	(DeBarry)Arnaud	ATCC,9348	侵蚀涂料与蜡克漆
4	宛氏拟青霉	Bainier	IAM,5001	侵蚀塑料与皮革
5	绳状青霉	Thom.	IAM,7013	侵蚀许多材料,尤其是纺织品
6	赭色青霉	Biourge	ATCC,9112	对铜盐有抵抗性,侵蚀塑料与纺织品
7	光孢短柄帚霉	(Sacc.)Bain Var. Glabra Thom.	IAM,5146	侵蚀橡胶
8	绿色木霉	Pers. Ex. Fr	IAM,5061	侵蚀纤维织物与塑料

3. 严酷等级

每种试验方法的试验严酷等级由试验持续时间来确定。

试验方法 1:规定两种严酷等级:28 d 和 84 d;

试验方法 2:规定一种严酷等级:28 d。

4. 相关规范中给出的信息

a) 试验方法 1 或试验方法 2;

b) 严酷等级:试验持续时间;

c) 条件试验前的电子与机械性能检测(仅当性能劣化需要被确定时);

d) 预处理;

e) 条件试验;

f) 试验后的电子与机械性能检测(仅当性能劣化需要被确定时);

g) 样品是否必须检查、检测和/或照相;

h) 试验后是否需要进行电子和机械性能检测,若需要时是在潮湿状态下还是在恢复后进行,或者在这两种情况下都进行;

i) 恢复后检测。

盐雾试验:试验 Ka——GB/T 2423.17—2008 Ka

1. 介绍

本试验的目的是考核材料及其防护层的抗盐雾腐蚀能力,以及相似防护层的工艺质量比较。

应该考虑下面的要求:

a) 本试验不适用作为通用腐蚀试验方法;

b) 本试验也不适用评价在盐雾气氛中使用的单个样品。

对于设备和元件,试验 Kb 提供了更实际的条件,并提供了单个样品的评价方法。对于特殊情况,相关规范要求:考虑到条件限制,试验 Ka 应该用于单个样品,此时样品应该作为整体设备的部分被检测。

2. 一般说明

样品应暴露在 35 ℃的盐雾箱中,盐溶液采用氯化钠溶解在水中的方法配制。

3. 严酷等级

相关规范应从下列时间中选取试验持续时间:16 h,24 h,48 h,96 h,168 h,336 h 或 672 h。

4. 相关规范中给出的信息

a) 初始检测;

b) 预处理;

c) 试验期间样品的位置;

d) 严酷等级;

e) 恢复;

f) 最后检测。

交变盐雾:试验 Kb——GB/T 2423.18—2000 Kb

又见:GB/T 2424.10—1993:大气腐蚀加速试验的通用导则

1. 介绍

本试验适用于预定耐受盐雾气氛的元件或设备。盐能够降低金属零件和/或非金属零件的性能。

除腐蚀影响外,本试验还可以显示某些非金属材料因吸收盐而劣化的程度。试验中喷射盐溶液的时间是足以充分润湿整件试样,由于这种润湿在湿热条件下贮存后重复进行,因此可以较有效地重现自然环境的效应。

2. 一般说明

试验程序分成若干个规定的喷雾周期,每个喷雾周期后接一个湿热贮存周期;喷雾温度在 15 ℃～35 ℃之间,贮存条件为温度 40 ℃、相对湿度 93%。

试验在非散热条件下进行。

3. 严酷等级

严酷等级(1):4 个喷雾周期,每个 2 h,每个喷雾周期后有一个为期 7 d 的湿热贮存周期;

严酷等级(2):3 个喷雾周期,每个 2 h,每个喷雾周期后有一个为期 20 h～22 h 的湿热贮存周期。

4. 相关规范中给出的信息

a) 盐溶液;

b) 初始检测;

c) 预处理;

d) 严酷等级;

e) 恢复;

f) 最后检测。

触点和连接件的二氧化硫试验:试验 Kc——GB/T 2423.19—1981　Kc

触点和连接件的硫化氢试验:试验 Kd——GB/T 2423.20—1981　Kd

注:GB/T 2423.19、GB/T 2423.20 均已废止。

又见:GB/T 2424.11—1982:试验 Kc 导则,GB/T 2424.12—1982:试验 Kd 导则和 GB/T 2424.10—1993:大气腐蚀加速试验的通用导则。

注:GB/T 2424.11、GB/T 2424.12 均已废止。

1. 介绍

这些试验方法特别适用于比对试验,不能作为通用的腐蚀试验,因为这些试验可能不能预测触点和连接件在工业大气中的耐腐蚀性能。

主要根据暴露于试验环境中引起的接触电阻的变化值进行评价。

试验 Kc(SO_2) 提供了加速试验方法,来评定受二氧化硫污染的大气对触点和连接件的腐蚀作用。

本试验的目的是确定含二氧化硫的大气对贵金属制的或有贵金属镀层的触点(银和某些银合金除外)接触特性的影响,本试验还检查包式的或卷式的连接件的紧密性和有效性。

试验 Kd(H_2S) 提供了加速试验方法,来评定用于触点和连接件的银和银合金变色的影响。

本试验的目的是确定含硫化氢的大气对触点接触特性的影响,触点材料:银或银合金,带其他保护层的银,用银或银合金覆盖的金属。本试验还检查用上述材料做成的包式的或卷式的连接件的紧密性和有效性。

2. 一般说明

试验开始前,应进行适当的测量以确定二氧化硫或硫化氢的浓度、温度和相对湿度等条件已经达到稳定。

试验样品暴露时触点应按相关规范的规定断开或闭合。

试验样品是否负载或运行由相关规范规定。

试验箱中气体的组成必须满足下述条件:

二氧化硫:25×10^{-6}(体积比);

硫化氢:$10\times10^{-6}\sim15\times10^{-6}$(体积比);

温度:25 ℃;

相对湿度:75%;

相对湿度尽可能接近 75%,但不能超过 80%或低于 70%。

3. 严酷等级

试验样品应根据相关规范在指定气氛下连续暴露 4 d、10 d 或 21 d。

4. 相关规范中给出的信息

a) 试验前进行的测量、检查和机械耐久性试验;

b) 试验期间触点的状态是闭合还是打开;

c) 试验期间试验样品是否负载或运行;

d) 严酷等级;

e) 试验结束后进行的测量、检查和外观检查。

低气压试验方法:试验 M——GB/T 2423.21—2008 M

1. **介绍**

本试验的目的是确定元件、设备或其他产品在低气压条件下贮存或使用的适应性。

2. **一般说明**

试验箱温度应处于试验标准大气条件规定的温度范围内。

对非工作性试验,试验样品应是在不包装、不通电、“准备使用”状态,按其正常位置(除非另有规定)放入试验箱内。

将试验箱中的气压降低到符合规定严酷等级的值。若有关规范有要求时,气压变化速率应不大于10 kPa/min。

进行工作性试验时,试验样品应通电或加电气负载,应检查确定试验样品是否能满足有关规范规定的功能,试验样品可按规定的持续时间保持在运行状态,或是按有关规范中的要求断开电源。

如果相关规范要求中间测量时,则应进行中间测量。

对散热试验样品,相关规范可要求对试验样品通电,并在降低气压以前或以后使其有足够的时间达到稳定,及进行功能试验和/或测量。

气压应按规定的持续时间予以保持。

气压恢复至常态,若有关规范有要求时,气压变化速率应不大于 10 kPa/min。

3. **严酷等级**

表 12 低气压试验严酷等级

气压		近似海拔高度/m (参见 ISO 2533)
kPa	mbar	
1	10	31 200
2	20	26 600
4	40	22 100
8	80	17 600
15	150	13 600
25	250	10 400
40	400	7 200
55	550	4 850
70	700	3 000
84	840	见注 2
注 1:86 kPa~106 kPa 的标准气压,包括海拔 1 000 m 以下的高度; 注 2:适用于试验样品要求在标准气压值较低的试验。		

相关规范应规定气压,并优先选用下列试验持续时间:5 min,30 min,2 h,4 h 或 16 h。

4. **相关规范中给出的信息**

a) 预处理;

b) 初始检测;

c) 条件处理时试验样品状态;

d) 严酷等级;

e) 压力变化速率的限制;

f) 条件试验期间热稳定测量和/或负荷检查;

g) 恢复;

h) 最后检测。

温度变化:试验 N——GB/T 2423.22—2002 N

又见:GB/T 2424.13—2002:温度变化试验导则

1. 介绍

温度变化试验是确定一次或连续多次温度变化对试验样品的影响。本试验不能用来考核仅由高温或低温所引起的影响,对这种影响,应使用高温或低温试验。

本试验包括三种试验方法:

试验 Na:规定转换时间的快速温度变化;

试验 Nb:规定温度变化速率的温度变化;

试验 Nc:两液槽法温度快速变化。

2. 一般说明

三种试验方法间的主要差异是:

Na:试验样品从一个试验箱转移至另一个试验箱,产生适中的温度冲击。转移方法可以是手动或自动;

Nb:试验样品保留在同一个试验箱中,箱中温度从低温至高温逐渐变化;

Nc:两液槽法产生急剧的热冲击,适用于玻璃-金属组成的密封件和类似的试验样品。

3. 严酷等级

表 13 温度变化试验严酷等级

		试验 Na	试验 Nb	试验 Nc
温度	T_A	低温温度或相关规范	低温温度或相关规范	低温液体
	T_B	高温温度或相关规范	高温温度或相关规范	高温液体
暴露时间 t_1		10 min,30 min,1 h,2 h 或 3 h	10 min,30 min,1 h,2 h 或 3 h	5 min$\leqslant t_1 \leqslant$20 min 15 s$\leqslant t_1 \leqslant$5 min
转变时间 t_2		2 min$\leqslant t_2 \leqslant$3 min $t_2<$30 s(自动转换)	—	8 s 或 2 s
温度变化速率		—	1 ℃/min 3 ℃/min 5 ℃/min 或相关规范	—
循环次数		5 次或相关规范	2 次或相关规范	10 次或相关规范

4. 相关规范中给出的信息

试验 Na

a) 试验样品的安装和支撑(若另有规定);

b) 低温 T_A/高温 T_B;

c) 循环次数(如果不是 5 次);

d) 初始检测;

e) 试验样品放进试验箱时的状态;

f) 暴露时间 t_1(如果不是 3 h);

g) 若转换时间小于 30 s,可使用自动转换试验设备;

h) 持续时间的延长;

i) 恢复;

j) 最后检测。

试验 Nb

a) 试验样品的安装和支撑(若另有规定);

b) 低温 T_A/高温 T_B;

c) 温度变化速率;

d) 循环次数(如果不是 2 次);

e) 初始检测;

f) 试验样品放进试验箱时的状态;

g) 暴露时间 t_1(如果不是 3 h);

h) 条件试验期间电气和机械性能检测,以及几个循环后进行检测;

i) 恢复;

j) 最后检测。

试验 Nc

a) 持续时间:第一组或第二组参数,t_1 值;

b) 循环次数(如果不是 10 次);

c) 低温槽温度(如果不是 0 ℃);

d) 高温槽温度(如果不是 100 ℃);

e) 使用的液体;

f) 初始检测;

g) 恢复;

h) 最后检测。

密封:试验 Q——GB/T 2423.23—1995 Q

1. 介绍

下列框图表明了 GB/T 2423 中试验 Q 各种密封试验方法间的相互关系。同类的其他试验方法——雨水试验包含在试验 R 中。

2. 试验

试验 Q 按它们所用检测方法的不同,分为下列两组,即:

——内部检测:测量经漏泄处进入试验样品的试验介质(液体或气体)所引起的电性能变化;

——外部检测:借助于观察经漏泄处而逸出的试验介质。

内部检测的两个试验 Qf 和 Ql 非常相似,它们对于某些元件非常有效,如塑料薄膜电容器;但对于大多数半导体元件,因为半导体表面钝化,它们的电性能只有在长时间以后(如试验结束后)才可能变得显著,则不推荐使用该方法。

外部检测试验,根据它们的应用可进一步细分。Qa 是冒泡试验,用于确定衬套、心轴和衬垫的气密性,其他试验 Qc,Qd,Qk 和 Qm 用于确定小容器(金属外壳、防护罩等)的漏泄。Qc 是冒泡试验,又包括具有不同灵敏度的三种方法。Qk 和 Qm 是该系列试验中最灵敏的方法。Qk 使用氦气和质谱仪。Qm 通过累积测量细漏或通过探测一种将试样内腔预先加压的示踪气体来确定漏隙,如硫化六氟化合物或其他卤素气体。Qd 是液体漏泄试验,适用于在制造中充有液体或在试验温度下可变成液体的试验样品。

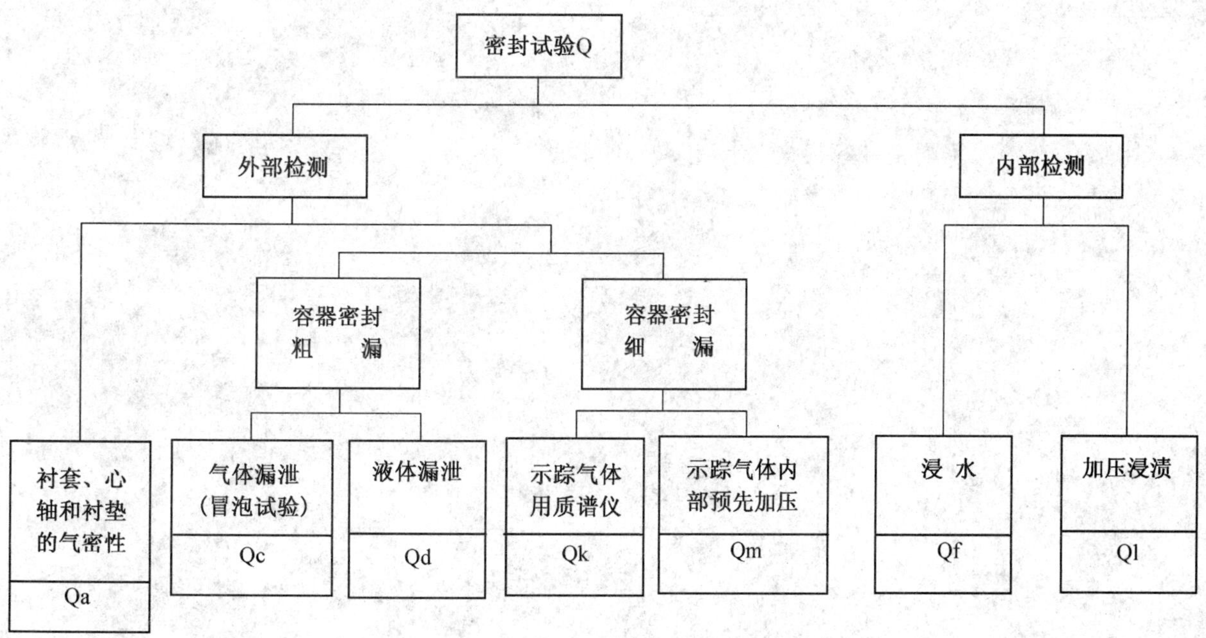

图 3 密封试验系列分支

衬套、心轴和衬垫的密封:试验 Qa——GB/T 2423.23—1995　　Qa

1. 介绍

本试验目的是确定衬套、心轴和类似部件的密封性能。

2. 一般说明

将试验样品安装在浸于液体中的增压试验箱盖上。若样品漏泄,可以收集漏泄处逸出的气体,气体漏泄量的度量用每单位时间内收集的气体量表示。

3. 严酷等级

若无其他规定,应对每一个密封件或同时对一组组合装配密封施加下述规定的气压差。

A 型:在相关规范规定的方向上,施加压强为 100 kPa(10 N/cm²)～110 kPa(11 N/cm²);

B 型:在所有方向上,施加压强为 100 kPa(10 N/cm²)～110 kPa(11 N/cm²);

在要求较高压力的地方,压强应为 340 kPa(34 N/cm²)～360 kPa(36 N/cm²)。

4. 相关规范中给出的信息

a) 严酷等级;

b) 施加压差的方向;

c) 条件试验的机械操作;

d) 漏率要求。

容器的密封，漏气：试验 Qc——GB/T 2423.23—1995 Qc

1. 介绍

本试验目的是确定包含充气空间的试验样品(如未完全充满填充剂的试验样品)的密封性能。

2. 一般说明

将试验样品浸渍在适当的液体中，在控制条件下，通过观察试验样品表面释放的气泡来检验粗漏。

采用下述试验方法之一，使试验样品内部产生正压力：

试验方法 1(灵敏度：10 Pa·cm³/s)(10^{-4} bar·cm³/s)

在真空中进行试验，借此而增加试验样品密封处两侧的压差。

试验液体应具有下述性质：

20 ℃时的运动粘度：25×10^{-6} m²/s(25cSt)；

50 ℃时的运动粘度：9×10^{-6} m²/s(9cSt)；

周围水汽压力：<10 Pa(10^{-4} bar)；

一种适用的液体是进行过脱气处理的油。

试验方法 2(灵敏度：100 Pa·cm³/s)(10^{-3} bar·cm³/s)

将处于 15 ℃～35 ℃的试验样品浸入高温试验液体中。

当试验温度低于 90 ℃时，可用加有润湿剂的水。对于较高的试验温度，合适的液体在试验温度下的运动粘度约为 0.3×10^{-6} m²/s(0.3 cSt)。在后一种情况，通常使用的液体是氟碳化合物。

试验方法 3(灵敏度：1 Pa·cm³/s)(10^{-5} bar·cm³/s)

该方法包括两步骤：试验样品在一种沸点较试验温度低的液体(注入容器)中浸渍之后，再浸入试验液体中。

注入的液体在室温的运动粘度为 0.4×10^{-6} m²/s(0.4 cSt)，沸点约 60 ℃，在沸点时具有低的蒸气热，以使进行第二步时在试验样品内快速产生蒸气。通常使用的液体是氟碳化合物。

然后在下述条件下对试验样品加压：

表 14 试验样品加压条件

内腔体积	最小压强(绝对值)	最小浸渍时间
≤0.1 cm³	600 kPa(6 bar)	1 h
>0.1 cm³	300 kPa(3 bar)	2 h

对步骤 2，若无其他规定，试验温度为 125 ℃的方法 2 是适用的。

3. 严酷等级

没指定。

4. 相关规范中给出的信息

a) 试验方法；

b) 推荐的液体；

c) 试验方法 1：压强和时间(如果不是 1 kPa(10 mbar)和 1 min)；

d) 试验方法 2：液体温度(如果不比最大室温高 1 ℃～5 ℃)；

e) 试验方法 2：浸渍时间(如果不是 10 min)；

f) 晾干时间(如果不是 3 min)；

g) 试验方法 3：步骤 2 的温度(如果不是 125 ℃)。

容器的密封,漏液:试验 Qd——GB/T 2423.23—1995 Qd

1. 介绍

本试验目的是确定充液试验样品的密封性能。

本试验也可用于填充物在室温下是固态,但在试验温度下为液体的试验样品。

2. 一般说明

本试验用于检验当温度稍高于试验样品最高工作温度时,可能出现漏泄情况的试验样品。

3. 严酷等级

严酷等级由保持在试验温度下的时间来决定。相关规范应从下列时间中选取适用的严酷等级:10 min,1 h,4 h,24 h,48 h。

4. 相关规范中给出的信息

a) 试验温度;

b) 严酷等级;

c) 检测漏泄的方法。

浸水:试验 Qf——GB/T 2423.23—1995　　Qf

1. 介绍

本试验的目的是测试元件、设备或其他产品在规定压强和时间下浸渍的水密性。

2. 一般说明

将试验样品浸渍在水容器中规定的深度或置于高压水箱中,对试验样品施加规定的压强。在条件试验后,检测渗入试验样品的水并检验其可能发生的性能变化。

3. 严酷等级

依据相关规范要求,试验样品应能经受下表所给定的水位值或相应的压差值之一。

表 15　水位及相应压差

水位/m	25 ℃时相应压差/kPa
0.15	1.47
0.40	3.91
1	9.78
1.50	14.7
4	39.1
6	58.7
10	97.8
15	147.0

优选持续时间是 30 min,2 h,24 h。

4. 相关规范中给出的信息

a) 条件试验前的电气和机械性能检查;

b) 预处理方法;

c) 条件试验过程中的位置状态;

d) 是否用去湿润剂;

e) 水位或压差;

f) 条件试验的持续时间;

g) 恢复后的电气和机械性能检查。

用质谱仪的示踪气体法:试验 Qk——GB/T 2423.23—1995 Qk

1. 介绍

本试验的目的是通过用示踪气体(常用氦气)和质谱仪测量其漏率的方法来证实样品的密封性能。

该方法能检测小于 1 Pa·cm³/s(10^{-5} bar·cm³/s)的漏率,但小于 10^{-3} Pa·cm³/s(10^{-8} bar·cm³/s)的漏率,应该十分注意试验结果的解释。

2. 一般说明

试验方法 1:将预先经过仔细清洁和干燥过的试验样品用加压氦气充压。经过给定时间后,用质谱仪测量真空下样品的漏率,换算为等效标准漏率。除非探测前经过适当处理,否则该方法仅适于小体积样品,样品表面不应因吸收太多氦气而影响试验结果(如编织物、焊接点、有机材料、油漆等)。

除省去加压浸渍外,试验方法 2 与方法 1 相同,主要用于在制造过程中已用含有大量氦气的混合气体填充的试样,试验通常应在封装后 30min 内完成。对于一般密封性试验,例如其他环境试验后进行的密封性试验,不适合用这种方法。

试验方法 3(喷枪和气罩法):用于安装在舱壁和平板上的样品。

试验方法 3 仅用于能够承受高真空,并不需要额外脱气的试验样品。

试验方法 3 是将样品的一面对着连接有质谱仪的真空室适当大小的孔上,然后用充有氦气的密封罩将样品的可见面覆盖住(方法 a)或用一个细的氦喷枪喷吹(方法 b)。

替代方法 a:若有漏泄,氦罩中的氦气就会进入真空室,根据质谱仪的读数就可以确定其大小(但不能确定位置);

替代方法 b:当氦枪通过密封缺陷时,仪器就可测到氦气,根据质谱仪的读数就可确定漏泄的部位和大小。

3. 严酷等级

表 16 试验严酷等级

浸渍压强(绝对值) Pa·10^4 bar	浸渍时间(最小) t_1 min	严酷等级 6 h $\theta=2\times10^4$ s		严酷等级 60 h $\theta=2\times10^5$ s		严酷等级 600 h $\theta=2\times10^6$ s		严酷等级 1 000 h $\theta=2\times10^6$ s		等效标准漏率 L Pa·cm³/s (bar·cm³/s)
		内部体积 V cm³	测量漏率(最大) R Pa·cm³/s (bar·cm³/s)	内部体积 V cm³	测量漏率(最大) R Pa·cm³/s (bar·cm³/s)	内部体积 V cm³	测量漏率(最大) R Pa·cm³/s (bar·cm³/s)	内部体积 V cm³	测量漏率(最大) R Pa·cm³/s (bar·cm³/s)	
2 3 4 5 8	70 45 30 30 20					0.01 ~ 0.1	10^{-5} (10^{-10})	0.02 ~ 0.2	10^{-5} (10^{-10})	5×10^{-4}~ 1.5×10^{-3} (5×10^{-9}~ 1.5×10^{-8})
2 3 4 5 8	70 45 30 30 20			0.01 ~ 0.1	10^{-3} (10^{-8})	0.1 ~ 1.0	10^{-4} (10^{-9})	0.2 ~ 2.0	10^{-4} (10^{-9})	5×10^{-3}~ 1.5×10^{-2} (5×10^{-8}~ 1.5×10^{-7})

表 16（续）

浸渍压强（绝对值） Pa·10^4 bar	浸渍时间（最小） t_1 min	严酷等级 6 h $\theta=2\times10^4$ s 内部体积 V cm^3	严酷等级 6 h $\theta=2\times10^4$ s 测量漏率（最大） R Pa·cm^3/s (bar·cm^3/s)	严酷等级 60 h $\theta=2\times10^5$ s 内部体积 V cm^3	严酷等级 60 h $\theta=2\times10^5$ s 测量漏率（最大） R Pa·cm^3/s (bar·cm^3/s)	严酷等级 600 h $\theta=2\times10^6$ s 内部体积 V cm^3	严酷等级 600 h $\theta=2\times10^6$ s 测量漏率（最大） R Pa·cm^3/s (bar·cm^3/s)	严酷等级 1 000 h $\theta=2\times10^6$ s 内部体积 V cm^3	严酷等级 1 000 h $\theta=2\times10^6$ s 测量漏率（最大） R Pa·cm^3/s (bar·cm^3/s)	等效标准漏率 L Pa·cm^3/s (bar·cm^3/s)
2 3 4 5 8	70 45 30 30 20	0.01 ～ 0.1	0.1 (10^{-6})	0.1 ～ 1.0	10^{-2} (10^{-7})	1.0～ 10	10^{-3} (10^{-8})	2.0～ 20	10^{-3} (10^{-8})	0.05～0.15 (5×10^{-7}～ 1.5×10^{-6})
2 3 4 5 8	240 160 120 90 60	0.1 ～ 1.0	2 (2×10^{-5})	1.0 ～ 10	0.5 (5×10^{-6})	10 ～100	0.05 (5×10^{-7})	20 ～ 200	10^{-2} (10^{-7})	0.5～1.5 (5×10^{-6}～ 1.5×10^{-5})
2 3 4 5 8	480 320 240 190 120		5 (5×10^{-5})		1 (10^{-5})		0.1 (10^{-6})		0.05 (5×10^{-7})	0.5～1.5 (5×10^{-6}～ 1.5×10^{-5})

4. 相关规范中给出的信息

a） 试验方法

试验方法 1

b） 严酷等级；

c） 试验参数；

d） 试验参数（特殊情况）；

e） 该类器件所允许的最大浸渍压强；

f） 粗漏：使用的检验方法。

试验方法 2

g） 时间常数；

h） 粗漏：使用的检验方法。

试验方法 3

i） 安装条件（若必要）；

j） 替代方法 a）或 b）；

k） 氦压；

l） 接收标准。

加压浸渍试验:试验 Ql——GB/T 2423.23—1995　　Ql

1. 介绍

本试验的目的是确定由于液体渗透而影响其电性能的试验样品的密封性能。

注:本试验不推荐作为100%检测方法。

2. 一般说明

本试验要点是让一种试验液体通过漏泄处渗透到被试样品内部。本方法通常称为加压浸渍试验。

试验液体必须具备使试验样品产生可探测到的电性能变化的特性。漏泄的确定是通过测量那些由于试验液体(如适当的酒精)的渗透而影响指定的电参数来达到。在试验液中加入颜料,则在打开试验过的试验样品后即可显示出渗透的通路。由于从试验液体的渗透到影响电参数需要一定时间,可能需要短期存放隔开的反复测量。

本方法最大灵敏度限制在约 1 Pa·cm^3/s(10^{-5} bar·cm^3/s),不能得到漏率的定量数据。

3. 严酷等级

相关规范应指明压强和持续时间。

最大压强主要取决于试验样品的结构。通常不应超过 500 kPa(50 N/cm^2);250 kPa(25 N/cm^2)在许多情况都适用。

条件试验的持续时间通常不超过 16 h,在特殊情况下,即当使用较低压强时,持续时间可延长到 24 h。

4. 相关规范中给出的信息

a)　条件试验前的检测;

b)　试验液体的类型;

c)　试验液体的温度;

d)　试验容器内的压强;

e)　条件试验持续时间;

f)　清洗及液体类型;

g)　恢复持续时间;

h)　恢复后的检测;

i)　重复性恢复和重复性检测。

内部预先加压的示踪气体密封试验:试验 Qm——GB/T 2423.23—1995　Qm

1. 介绍

本试验通过累积测量细漏的方法或通过探测一种容易从空气中分离出来的示踪气体来确定漏隙,例如硫化六氟化合物或另外的卤素气体。

本试验适用于任何能够承受内部预先加压的样品,可以探测出大于 10^{-8} Pa·cm^3/s (10^{-7} bar·cm^3/s)的漏率。

2. 一般说明

一次测试可以确定其总的漏率,但不能同时给出漏隙的数目和部位,因此有必要将“总体方法”与“定位方法”区分开来,总体方法可以测出总的漏泄量,定位方法在需要进行维修时可以确定单个漏孔部位。例如,累积测试是一种“总体方法”,探针测试是一种“定位方法”。

另一种可能是一种“中间方法”,从样品的一个部分进行累积测出漏率(总体方法),然后将这个方法应用到样品的每个部分。

试验方法 1:累积试验

用一种示踪气体将待测样品内腔预先加压。

经过规定时间使漏率达到稳定,用密封罩将整个样品(或它表面的一部分)罩住,在测试期间,从任何缺陷处漏出的气体聚集在密封罩内,然后测量采集到的气体并计算出漏率。

漏率测量灵敏度随测量容积和两次浓度测量间的间隔时间而变。

用这种方法测出的漏率其正确度为±50%。

试验方法 2:探针试验

用一种示踪气体将待测样品内腔预先加压。

经过规定时间使漏率达到稳定,将探漏器探针靠近样品并在其表面上移动,如果示踪气体浓度达到探漏器阈值就给出一个信号,这样就可找出漏泄部位。

测试灵敏度与探针移动速度和针头离开样品表面的距离有关。探针移动速度在距离不大于 5 mm 情况下不应大于 10 mm/s。

3. 相关规范中给出的信息

a) 用试验方法 2 是否可估计漏率;

b) 附加的预处理;

c) 采用的方法(方法 1 或方法 2 或“中间方法”);

d) 样品是否工作等;

e) 试验压力和试验气体稳定的时间;

f) 最大允许漏率。

水试验方法和导则:试验 R——GB/T 2423.38—1990 R

1. 介绍

本试验的主要目的是考核产品外壳和遮盖物等密封件在标准滴水场或浸水试验后或试验期间能否保证设备和元件良好的工作性能。

下面的结构图表明了不同试验方法间的相互关系,并介绍了其他水试验。

2. 试验

水试验由三类方法构成。

Ra“滴水”——用人工模拟降雨方法进行的试验。适用于在运输、贮存或使用期间可能遭受垂直降水的产品,降水来自如自然降雨、渗漏或冷凝水。

Rb“冲水”——高强度滴水场或喷射水流以一定的力冲击被试样品,滴水场可以任意角度冲向被试样品。本试验适用于在运输、贮存或使用期间可能受到冲水的产品。这些水来自大暴雨、风吹大雨、洒水系统、车轮溅水、冲水或猛烈海浪。

Rc“浸水”——试件样品在规定深度的水箱中承受规定的压力。适用于按防水要求设计并在运输或使用期间可以部分或全部浸入水中的产品。

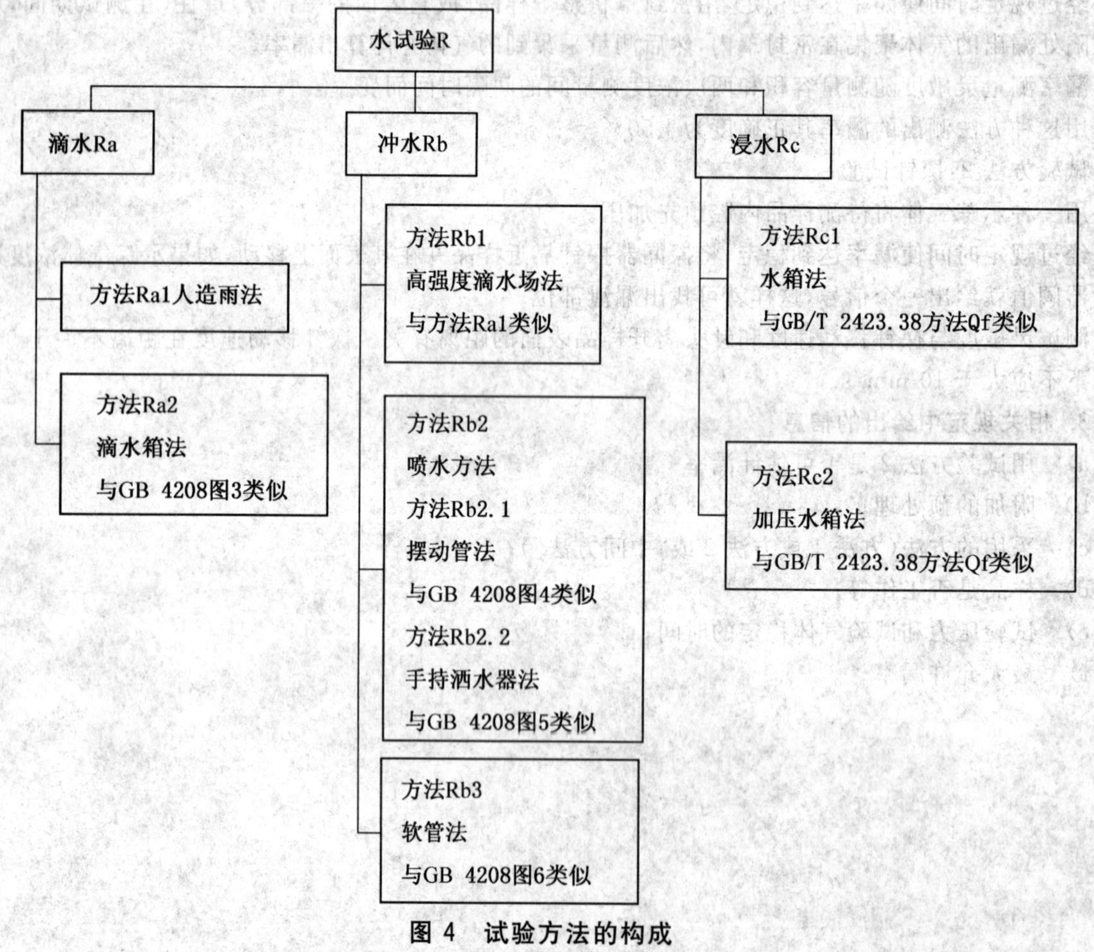

图 4 试验方法的构成

水试验方法和导则:试验 R——GB/T 2423.38—1990 Ra

1. **介绍**

试验 Ra:滴水,包括两种试验方法。

方法 Ra1:人造雨法,适用于放置在户外遭受自然降水的产品。

方法 Ra2:滴水箱法,适用于那些不遭受自然降水,但可能遭受上表面冷凝或渗漏而形成降水的滴水试验。

供选择的试验方法和严酷等级代表了正常情况下所能预料的最严酷的暴露条件。

2. **一般说明**

方法 Ra1:人造雨法

试验样品安装在合适的固定装置上,承受模拟自然降雨的滴水。试验用水应是清洁自来水。

方法 Ra2:滴水箱法

试验样品安装在滴水箱下面的合适装置上,承受模拟因冷凝或渗漏而降落的滴水。试验用水应是清洁自来水。

3. **严酷等级**

表 17 试验 Ra 严酷等级

方法 Ra1——人造雨法

降雨强度 R/mm/h	水滴尺寸 D_{50}/mm	持续时间/min	喷射或倾斜角 α/(°)
10±5	1.9±0.2	10	0
100±20	2.9±0.3	30	15
400±50	3.8±0.4	60	30
		120	60
			90

方法 Ra2——滴水箱法

水滴降落高度/m	倾斜角 α/(°)	持续时间/min
0.2±0.1	0	3
2.0±0.5	15	10
	30	30
	45	60

4. **相关规范中给出的信息**

方法 Ra1:人造雨法

a) 严酷等级:

——试验样品倾斜角;

——试验持续时间;

——降雨强度和水滴尺寸分布;

b) 预处理;

c) 初始检测;

d) 试验样品的安装;

e) 条件试验期间试验样品的位置;

f) 条件试验期间试验样品的状态;

g) 中间检测;

h) 最后检测。

方法 Ra2:滴水箱法

a) 严酷等级:

——水滴降落高度;

——试验样品倾斜角;

——试验持续时间；

b) 预处理；

c) 初始检测；

d) 试验样品的安装；

e) 条件试验期间试验样品的位置；

f) 条件试验期间试验样品的状态；

g) 中间检测；

h) 最后检测。

水试验方法和导则:试验 R——GB/T 2423.38—1990 Rb

1. **介绍**

试验 Rb:冲水,包括三种试验方法。

方法 Rb1:高强度滴水场法,适用于热带地区置于户外并遭受如风吹大雨或大暴雨等自然降雨作用的电工电子产品。

方法 Rb2:摆动管法和手持洒水器法,适用于可能遭受洒水系统或车轮溅水等水作用的电工电子产品。

方法 Rb3:软管法,适用于可能遭受冲洗或猛烈海浪等水作用的电工电子产品。

供选择的试验方法和严酷等级代表了正常情况下最严酷的暴露条件。

如果选择方法 Rb2,倘若试验样品的尺寸和形状合适,使用摆动管法时管半径不超过 1.6 m,则选择摆动管法,若要求管半径超过 1.6 m,则应使用手持洒水器法。

2. **一般说明**

方法 Rb1:高强度滴水场法

试验样品安装在适当的固定装置上,然后承受高强度滴水场。试验用水应是清洁自来水。

方法 Rb2:摆动管法和手持洒水器法

两个供选择的试验方法——摆动管法和手持洒水器法适用于本试验。试验样品安装在适当的固定装置上承受由半圆形弯管产生的冲水试验,如果试验样品太大,不宜采用摆动管法时,则使用手持洒水器法。试验用水应是清洁自来水。

方法 Rb2-1:摆动管法

方法 Rb2-2:手持洒水器法

本法用于那些尺寸太大不能采用摆动管法的试验样品。

方法 Rb3:软管法

试验样品安装在固定装置上,承受模拟车轮溅水、冲水或猛烈海浪等水的作用。试验用水应是清洁自来水。

3. **严酷等级**

表 18 试验 Rb 严酷等级

方法 Rb1

降雨强度 R/(mm/h)	持续时间/min	倾斜角 α/(°)
1 000±150 2 000±300 4 000±600	10 30 60	0 15 30 60 90

方法 Rb2-1

喷嘴角度 α/(°)	管子摆动角 β/(°)	持续时间/min
60° 90°	±60° 接近±180°	3 10 30 60

喷嘴口径/mm	每个喷嘴水流量/dm^3/min	近似水流压力/kPa
0.40	0.10±0.005	80
0.80	0.60±0.03	400

表 18（续）

方法 Rb2-2

试验时间/min/mm²	最少持续时间/min
1	5
3	15
6	30

方法 Rb3

水流量/dm³/min	近似水流压力/kPa	喷嘴口径/mm
12.5±1	30	6.3
75±5	1 000	6.3
10±5	100	12.5

试验时间/min/m²	最小持续时间/min	备注
0.3	1	仅适用于喷嘴口径6.3 mm，喷嘴水流压力为1 000 kPa
1	3	
3	10	
10	30	

4. 相关规范中给出的信息

方法 Rb1：高强度滴水场法

a) 严酷等级：

——试验样品倾斜角；

——试验持续时间；

——降雨强度；

b) 预处理；

c) 初始检测；

d) 试验样品的安装；

e) 条件试验期间试验样品的位置；

f) 条件试验期间试验样品的状态；

g) 中间检测；

h) 最后检测。

方法 Rb2-1：摆动管法

a) 严酷等级：

——喷嘴角度；

——每个喷嘴水流量；

——管子摆动角度；

——试验持续时间；

b) 预处理；

c) 初始检测；

d) 条件试验；

e) 中间检测；

f) 最后检测。

方法 Rb2-2：手持洒水器法

a) 严酷等级：

——喷射试验样品表面，如果不是全部表面；

——是否使用挡板；

——试验持续时间；

b) 预处理；

c) 初始检测；

d) 条件试验；

e) 中间检测；

f) 最后检测。

方法 Rb3：软管法

a) 严酷等级：

——喷嘴口径；

——冲水距离；

——试验持续时间；

——喷嘴到试验样品距离，如果不是 2.5 mm±0.5 mm；

b) 预处理；

c) 初始检测；

d) 条件试验；

e) 中间检测；

f) 最后检测。

水试验方法和导则:试验 R——GB/T 2423.38—1990 Rc

1. **介绍**

试验 Rc:浸水,包括两种试验方法。

方法 Rc1:水箱法和方法 Rc2:加压水箱法,适用于运输或使用过程中可能遭受部分或全部浸水的电工电子产品。

2. **一般说明**

试验用水通常采用清洁自来水,如有海水试验,则应在相关规范中说明,并说明所用海水的特性。

为了便于显示和分析漏泄,允许在水中加入可溶性染料,如荧光素。

方法 Rc1:水箱法

试验样品在规定深度的水箱中承受规定的浸水压力。

方法 Rc2:加压水箱法

试验样品在加压水箱中承受规定的浸水压力。

3. **严酷等级**

表 19 试验 Rc 严酷等级

方法 Rc1——水箱法

浸水深度/m	持续时间/h
0.15	0.5
0.40	2.0
1.00	24.0
2.00	
5.00	

方法 Rc2——加压水箱法

高压/kPa	等效浸水深度/m	持续时间/h
20	2	2
50	5	24
100	10	168
200	20	
500	50	
1 000	100	
2 000	200	
5 000	500	
10 000	1 000	

4. **相关规范中给出的信息**

方法 Rc1:水箱法

a) 海水;

b) 严酷等级:

——浸水深度;

——试验持续时间;

c) 预处理;

d) 初始检测;

e) 试验样品的安装;

f) 条件试验期间样品的状态;

g) 中间检测;

h) 恢复;

i) 最后检测。

方法 Rc2[1):加压水箱法

1) IEC 原文错误,应为 Rc2,不应为 Rc2-1。

a） 海水；

b） 严酷等级：

——水箱压力；

——试验持续时间；

c） 预处理；

d） 初始检测；

e） 试验样品的安装；

f） 条件试验期间样品的状态；

g） 中间检测；

h） 恢复；

i） 最后检测。

模拟地面上的太阳辐射:试验 Sa——GB/T 2423.24—1995 Sa

又见:GB/T 2424.14—1995:太阳辐射试验导则

1. 介绍

本试验的目的是确定地面太阳辐射对设备和元件产生的影响(热、机械、化学、电气等)。

2. 一般说明

样品经受规定光谱分布且辐射强度为 1.120 kW/m^2 的辐照。

程序 A

以 24 h 为一个循环,照射 8 h,停照 16 h,按要求重复进行试验(每个循环的总辐射量为 8.96 kWh/m^2,相当于最严酷的自然条件)。

程序 B

以 24 h 为一个循环,照射 20 h,停照 4 h,按要求重复进行试验(每个循环的总辐射量为 22.4 kWh/m^2)。

程序 C

依据要求作连续辐照。

3. 严酷等级

优选的持续时间如下:

a) 3 个循环即 3 d;

b) 10 个循环即 10 d;

c) 56 个循环即 56 d。

4. 相关规范中给出的信息

a) 预处理程序;

b) 试验前进行的电气和机械性能检测;

c) 放置试验样品的垫托物或支架、试验样品的状态,照射测量平面的相对位置和入射辐射方向(不是垂直向下的话)的说明;

d) 试验目的和由此选定的试验程序(是 A、B 或 C);

e) 辐照期间要求的箱内温度(40 ℃或 55 ℃);

f) 箱内允许的最大气流速度;

g) 相关的湿度条件,如有要求时;

h) 试验持续时间;

i) 条件试验期间要求的工作性能检测和温度检测;

j) 恢复条件;

k) 试验后进行的电气和机械性能检测;

l) 任何其他有关细节。

锡焊:试验 T——GB/T 2423.28—2005 Ta

导线和引出端的可焊性:试验 Ta

又见:GB/T 2423.32—2008:试验 Ta:锡焊-润湿称量法可焊性试验方法

GB/T 2424.17—1995:锡焊试验导则

1. 介绍

本试验的目的是确定导线和引出端上需要被焊料润湿区域的可焊性,若有要求的话,还要确定弱润湿。

2. 一般说明

本试验提供了三种不同的试验方法:

方法 1:235 ℃焊槽;

方法 2:350 ℃烙铁;

方法 3:235 ℃焊球。

在时间和温度方面作适当改变以后用方法 1 可确定弱润湿情况。

应在相关规范中指明所采用的试验方法。焊槽法是一种最接近实际中常用的焊接程序的模拟试验方法;然而尚不能定量的表达试验结果。

焊球法,一个圆导线引出端试验样品平分一个给定重量的熔融焊料小球。这一方法较易使用,它以焊接时间作为检查标准。

除非相关规范有其他要求,试验中采用非活性焊剂。

以上两种方法不能实行时,可以采用烙铁法。

如果相关规范要求在试验进行之前要先作加速老化时,相关规范将规定下列老化程序之一:

老化方法 1a:1 h 蒸汽老化;

老化方法 1b:4 h 蒸汽老化;

老化方法 2:10 d 恒定湿热试验(试验 Ca——GB/T 2423.3);

老化方法 3:155 ℃条件下做 16 h 高温试验(试验 Ba——GB/T 2423.2)。

3. 严酷等级

<u>方法 1</u>

焊槽温度:235 ℃;

浸渍速度:25 mm/s;

浸渍时间:2 s;

对于具有大的热容量的元件,相关规范可以规定浸渍时间为 5s。

<u>方法 2</u>

烙铁头温度:350 ℃;

使用烙铁时间:2 s~3 s;

相关规范将规定使用的烙铁类型,即:

A 号,烙铁头直径:8 mm;

B 号,烙铁头直径:3 mm。

<u>方法 3</u>

焊接时间是导线切开焊球到焊料流至导线周围并把导线覆盖住所经过的时间,相关规范应规定焊接时间的最大值。

<u>弱润湿</u>

相关规范应规定是否需要进行弱润湿试验。

焊槽温度:260 ℃;

浸渍速度:5 mm/s;

浸渍时间:10 s(2 个 5 s 周期)。

4. 相关规范中给出的信息

a) 是否需要去油污;

b) 初始检测;

c) 老化方法(如果有要求);

d) 试验方法;

e) 是否使用活性焊剂;

f) 方法 1 的浸渍深度和时间(如果不是 2 s);

g) 是否使用热挡板;

h) 烙铁的号码(A 号或 B 号);

i) 试验区域离开元件本体的距离或所用的散热器;

j) 引出端的几何形状关系所要求的不同试验条件;

k) 烙铁的位置;

l) 使用烙铁的时间(如果不是 2s～3s);

m) 焊接时间;

n) 是否要求进行弱润湿试验;

o) 浸渍深度(弱润湿试验);

p) 最后检测。

锡焊:试验 Ta——GB/T 2423.32—2008 Ta

润湿称量法可焊性试验方法

又见:T-1 涉及 GB/T 2423.28 的试验 Ta 的方法 1、方法 2 和方法 3

1. 介绍

本试验的目的是确定元件任何形状的引出端的可焊性,特别适合作仲裁试验和不能用其他方法作定量试验的元件引出端的可焊性评定。

2. 一般说明

试验样品悬吊在灵敏天平上,将其边缘浸入保持规定温度的熔融焊料中至规定深度。

作用于浸渍试验样品上的浮力和表面张力在垂直方向上的合力被连续测量和记录下来,然后将此曲线与一个能完全湿润的类似试验样品所得到的曲线进行比较。

GB/T 2423.32 仅仅考虑“固定模式”,试验研究样品上特殊位置的可焊性。

注:“扫描模式”,用于研究样品表面延展区域可焊性的均匀性,仍在考虑中。

如果相关规范要求在试验前先作加速老化,应该采用 T-1 第 2 节最后规定的程序之一。

3. 严酷等级

焊槽温度:235 ℃;

浸渍和收回速度:20 mm/s;

浸渍持续时间:依据相关规范要求。

4. 相关规范中给出的信息

a) 是否需要去油污;

b) 老化方法(如果有要求);

c) 使用焊剂类型;

d) 在试验样品上进行测试的部位;

e) 浸渍深度;

f) 浸渍持续时间;

g) 在曲线上测量的参数;

h) 测试参数可接收的值。

锡焊:试验 T——GB/T 2423.28—2005　　　　　　　　　　　　　　　　　　　Tb

元件耐焊接热试验:试验 Tb

又见:GB/T 2424.17—1995:锡焊试验导则

1. 介绍

本试验的目的是确定试验样品承受由焊接产生的热应力的能力。

2. 一般说明

本试验提供了三种不同的试验方法:

试验方法 1A:温度为 260 ℃的焊槽;

试验方法 1B:温度为 350 ℃的焊槽;

试验方法 2:温度为 350 ℃的烙铁;

试验方法 1A 和试验方法 1B 与试验 Ta 方法 1 相同(见 T-1),不过使用了不同的浸渍时间和温度。

方法 2 与试验 Ta 方法 2 相同,不过在试验表面使用烙铁的时间是 5 s 或 10 s。

3. 严酷等级

试验方法 1A

焊槽温度:260 ℃;

浸渍深度:离元器件本体或安装面 2.0 mm～2.5 mm;

浸渍持续时间:5 s 或 10 s。

试验方法 1B

焊槽温度:350 ℃;

浸渍深度:离元器件本体或安装面 2.0 mm～2.5 mm;

浸渍持续时间:3.5 s。

试验方法 2

按试验 Ta(见 T-1)中烙铁的规定;

使用烙铁时间:5 s 或 10 s。

4. 相关规范中给出的信息

a) 初始检测;

b) 所用的试验方法;

c) 浸渍深度,如果离开元器件本体的距离不同于 2.0 mm～2.5 mm 时;

d) 浸渍持续时间;

e) 是否不用热挡板,如果有要求时规定散热器的细节;

f) 烙铁的号码(A 号或 B 号);

g) 元器件本体与试验区域之间的距离或者使用特定的散热器;

h) 最后检测。

锡焊:试验 T——GB/T 2423.28—2005 Tc

印制板和复铜箔层压板的可焊性:试验 Tc

又见:GB/T 2424.17—1995:锡焊试验导则

1. 介绍

本试验的目的是确定在下列物品上要求可焊区域的可焊性和弱润湿特性。

a) 单面或双面复铜箔层压板;

b) 带或不带金属化孔的单面或双面印制电路板;

c) 多层印制电路板。

2. 一般说明

印制电路板组件的成批焊接是在整个工业中广泛应用的制造工序,方法之一是使用射流焊接或波峰焊,其做法是将印制板固定在移动的传送带上,以便使它通过一个熔融焊料的驻波,下面描述的试验程序提供一个在任意特定的复铜箔板上获得好的焊接表面的难易程度的评定方法,本试验程序具有较好的再现性。

先在从复铜箔层压板或从单面或双面印制电路板上切割下来的矩形试验样品上涂上焊剂然后在围绕水平轴线的循环式的传送带上以恒定速度传递,以使被试表面与熔融焊料相接触,试验样品与焊料接触的时间用一个定时装置来控制。试验样品的润湿或弱润湿特性按有关专业标准的规定来评定。

3. 严酷等级

润湿与弱润湿中试验样品与熔融焊料接触保持按有关专业标准规定的合适时间。

4. 相关规范中给出的信息

a) 焊槽中焊料的温度;

b) 焊剂的类型;

c) 若有要求,规定加速老化方法;

d) 试验样品的清洁程序。

可焊性,金属熔化抗性和表面组装元器件(SMD)耐焊接热性:试验 Td——IEC 60068-2-58(1989) Td

注:目前没有等同的国家标准。

又见:GB/T 2424.17—1995:锡焊试验导则

1. 介绍

试验 Td 适用于表面组装元器件。

本试验提供了一个标准程序测试金属熔化抗性和表面组装元器件的耐焊接热性。该程序使用焊槽,仅适用于能抵抗短期浸入软焊料的试验样品。

2. 一般说明

将试验样品浸入焊剂,抽回后立即浸渍或漂浮到指定条件的焊槽中。浸渍速度应在 20 mm/s～25 mm/s 之间。两种浸渍试验方法标准化:

方法 A:对大多数试验样品,测试面积应该以纵轴线方向浸渍到焊槽中至少 2 mm 深。

方法 B:对某些试验样品,只有测试耐焊接热时,试验样品可能漂浮在焊槽中。

如果相关规范没有指明方法,则采用方法 A。

如果相关规范要求在试验前先作加速老化,应该采用 T-1 第 2 节最后规定的程序之一。

3. 严酷等级

除非相关规范有其他说明,浸渍时间和温度应从下面表格中选择。

表 20 试验严酷等级

测试性质	严酷等级				
	(3±0.3)s (215±3)℃	(2±0.2)s (235±5)℃	(5±0.5)s (260±5)℃	(10±1)s (260±5)℃	(30±1)s (260±5)℃
润湿	×	×	—	—	—
不润湿	—	—	×	—	—
抗金属熔化性	—	—	—	—	×
耐焊接热性	—	—	—	×	—
注:×表示采用。					

4. 相关规范中给出的信息

特别注意标有(*)号的条款,因为这些资料是必不可少的。

a) 预处理;

b) 对焊剂的要求*;

c) 是否要求预热,以及预热持续时间和温度;

d) 是否要求润湿的浸渍条件为 3 s/215 ℃或 2 s/235 ℃;

e) 耐焊接热试验的浸渍时间,如果少于 10 s;

f) 抗金属熔化性的试验持续时间,如果少于 30 s;

g) 耐焊接热试验中是否指明方法 A 或方法 B;

h) 润湿后指定的检测区域以及外观检查要求*;

i) 耐焊接热试验后的测试和外观检查要求*。

引出端及整体安装件强度：试验 U——GB/T 2423.29—1999 Ua1

拉力试验：Ua1

1. 介绍

确定引出端以及引出端与试验样品主体的连接在正常装配或修理过程中承受轴向拉力的能力。

2. 一般说明

将试验样品主体固定，使其引出端处于正常位置，将拉力沿轴向施加到引出端上，并作用在离开试验样品主体的方向。

该拉力应逐渐施加(没有任何冲击)，然后保持 10 s。

3. 严酷等级

a) 线状引出端(圆截面或带状)或插头

依据引出端尺寸所施加的拉力数值应符合表 21 中的规定：

表 21 试验严酷等级

标称截面积/ mm^2	相应的圆截面引出端直径/ mm	拉力/ N
$S \leqslant 0.05$	$d \leqslant 0.25$	1
$0.05 < S \leqslant 0.1$	$0.25 < d \leqslant 0.35$	2.5
$0.1 < S \leqslant 0.2$	$0.35 < d \leqslant 0.5$	5
$0.2 < S \leqslant 0.5$	$0.5 < d \leqslant 0.8$	10
$0.5 < S \leqslant 1.2$	$0.8 < d \leqslant 1.25$	20
$S > 1.2$	$d > 1.25$	40

b) 其他类型的引出端(签状引出端、螺栓、螺钉、接头等)

施加拉力的数值由相关规范规定。

4. 相关规范中给出的信息

a) 预处理方法；

b) 初始检测；

c) 引出端超过 3 个时，受试引出端的数日；

d) 拉力(具有非标准尺寸的引出端和其他引出端)；

e) 剥除绝缘、焊接或打结操作的细节要求(必要时)；

f) 最后检测。

引出端及整体安装件强度:试验 U——GB/T 2423.29—1999 Ua_2

推力试验:Ua_2

1. 介绍

确定引出端以及引出端与试验样品主体的连接在正常装配或修理过程中承受外加推力的能力。

本试验只适用于尺寸小、质量轻的元器件,而设备和部件不包括在内。

本试验不适用于柔软的引出端。

2. 一般说明

固定试验样品主体,使试验样品引出端处于正常位置,推力应尽可能在接近试验样品主体处施加到引出端上,但是在试验样品主体和施力装置的最近点之间应有 2 mm 的距离。

推力应逐渐施加(没有任何冲击),然后保持 10 s。

3. 严酷等级

a) 线状引出端(圆截面或带状)或插头

依据引出端尺寸所施加的推力数值应符合表 22 中的规定:

表 22 试验严酷等级

标称截面积/ mm^2	相应的圆截面引出端直径/ mm	推力/ N
$S \leqslant 0.05$	$d \leqslant 0.25$	0.25
$0.05 < S \leqslant 0.1$	$0.25 < d \leqslant 0.35$	0.5
$0.1 < S \leqslant 0.2$	$0.35 < d \leqslant 0.5$	1
$0.2 < S \leqslant 0.5$	$0.5 < d \leqslant 0.8$	2
$0.5 < S \leqslant 1.2$	$0.8 < d \leqslant 1.25$	4
$S > 1.2$	$d > 1.25$	8

b) 其他类型的引出端(签状引出端、螺栓、螺钉、接头等)

施加推力的数值由相关规范规定。

4. 相关规范中给出的信息

a) 预处理方法;

b) 初始检测;

c) 本试验是否适用;

d) 引出端超过 3 个时,受试引出端的数目;

e) 施力方向;

f) 剥除绝缘层的细节要求(必要时);

g) 对线状引出端或插头以外的其他引出端,所施加推力的数值;

h) 最后检测。

引出端及整体安装件强度:试验 U——GB/T 2423.29—1999 Ub

弯曲试验:Ub(仅适用于可弯曲的引出端)

1. 介绍

确定引出端以及引出端与试验样品主体的连接在正常装配或修理过程中承受弯曲力的能力。

为了确定试验样品是否具有弯曲性能,应采用下述条件:

a) 在 2a 和 2c 中规定的试验:

在试验过程中,引出端应承受相对于初始位置至少 30°的弯曲。

b) 在 2b 中规定的试验:

引出端应能用手指弯曲。

2. 一般说明

a) 带状或线状引出端弯曲试验:

固定试验样品主体,使引出端处于试验样品正常使用位置,其引出端的轴向处在垂直方向,然后在试验样品引出端的末端悬挂施加弯曲力的砝码。

将试验样品主体在垂直平面内倾斜大约 90°,然后使其恢复到初始位置,此操作即为一次弯曲。

方法 1:在相反方向弯曲两次或多次;

方法 2:在同一方向弯曲两次或多次。

b) 签状引出端弯曲试验:

可用手指弯曲的签状引出端应弯曲 45°后再恢复到其初始位置,此操作即为一次弯曲。

方法 1:在相反方向弯曲两次;

方法 2:在同一方向弯曲两次。

c) 线上几个引出端的同时弯曲试验:

应在距引出端与试验样品主体封接点 3 mm 处用夹具将试样一侧所有引出端夹紧,然后将一砝码加到夹具上,使其引出端下垂。

将试验样品主体倾斜 45°,然后使其恢复到初始位置,此项试验应在相反的两方向上进行。

3. 严酷等级

依据引出端尺寸所施加的弯曲力数值应符合表 23 中的规定(截面系数 Z_x):

表 23 试验严酷等级

截面系数/ mm^3	相应的圆截面引线直径/ mm	弯曲力/ N
$Z_x \leqslant 1.5\times10^{-3}$	$d \leqslant 0.25$	0.5
$1.5\times10^{-3} < Z_x \leqslant 4.2\times10^{-3}$	$0.25 < d \leqslant 0.35$	1.25
$4.2\times10^{-3} < Z_x \leqslant 1.2\times10^{-2}$	$0.35 < d \leqslant 0.5$	2.5
$1.2\times10^{-2} < Z_x \leqslant 0.5\times10^{-1}$	$0.5 < d \leqslant 0.8$	5
$0.5\times10^{-1} < Z_x \leqslant 1.9\times10^{-1}$	$0.8 < d \leqslant 1.25$	10
$1.9\times10^{-1} < Z_x$	$1.25 < d$	20

4. 相关规范中给出的信息

a) 预处理方法;

b) 初始检测;

c) 本试验是否适用;

d) 引出端超过 3 个时,受试引出端的数目;

e) 弯曲次数超过两次时,弯曲的方法和次数;

f) 应用的方法和具体细节;

g) 最后检测。

引出端及整体安装件强度:试验 U——GB/T 2423.29—1999 Uc

扭转试验:Uc(仅适用于轴向线状引出端)

1. 介绍

本试验的目的是确定引出端以及引出端与试验样品主体的连接在正常装配或拆卸过程中承受扭力的能力。

2. 一般说明

每一引出端在距引出点 6 mm～6.5 mm 处弯曲成 90°,在距弯曲处 1.2 mm 处夹紧引出端的自由端。

连续旋转应以每 5 s 旋转一次的速度交替进行。

方法 A——将试验样品主体夹紧,围绕引出端原来的轴旋转,同时弯曲端的夹具被固定。

方法 B——对于主体不宜夹住(例如:其直径小于 4 mm)和在每端有同样的轴向引出端的试验样品,两个引出端被弯曲和夹紧。一个引出端围绕原来的轴旋转,另一个被固定。

3. 严酷等级

方法 A——试验样品主体被夹住

严酷等级 1:360°三转;

严酷等级 2:180°二转。

方法 B——两个引出端被夹住

180°二转。

4. 相关规范中给出的信息

a) 预处理方法;

b) 初始检测;

c) 本试验是否适用;

d) 引出端超过 3 个时,受试引出端的数目;

e) 严酷等级(方法 A);

f) 最后检测。

引出端及整体安装件强度:试验 U——GB/T 2423.29—1999 Ud

转矩试验:Ud

1. 介绍

本试验的目的是确定引出端以及引出端与试验样品主体的连接及其整体安装件在正常装配或修理过程中,承受转矩的能力。

2. 一般说明

对于具有螺栓或螺钉的引出端,对正常装配在每个引出端上的螺钉或每个螺母,按相关规范规定的严酷等级施加下表规定的力矩保持 10 s~15 s。

本试验中,应在螺钉头部和它的紧固面之间放置垫圈或放置对螺钉具有正常开孔的金属板。

对其他型式的引出端,相关规范应规定所要求的方法。

3. 严酷等级

表 24 试验严酷等级

螺纹标称直径/mm		2.6	3.0	3.5	4.0	5.0	6.0
转矩/N·m	严酷等级 1	0.4	0.5	0.8	1.2	2.0	2.5
	严酷等级 2	0.2	0.25	0.4	0.6	1.0	1.25

对于某些试验样品,例如:半导体器件,可能需要差异很大的转矩数值,必要时,这些数值应在相关规范中规定。

当直径大于 6 mm 时,其转矩值应由相关规范规定。

4. 相关规范中给出的信息

a) 预处理方法;

b) 初始检测;

c) 本试验是否适用;

d) 引出端超过 3 个时,受试引出端的数目;

e) 严酷等级;

f) 螺纹直径大于 6 mm 时或其他原因而有必要时,另行规定的转矩值;

g) 其他类型引出端的试验方法;

h) 最后检测。

引出端及整体安装件强度:试验 U——GB/T 2423.29—1999 Ue

安装状态下的表面组装元器件:试验 Ue

1. 介绍

本试验的目的是利用规定的方法确定安装于基板上的表面组装元器件引出端的机械强度。引出端由短的局部扁平的金属件构成,如一般的引出端一样。

2. 一般说明

试验 Ue 有三种单独的试验方法,相关规范应规定适用的方法。三种试验方法如下:

试验 Ue1:弯曲试验——本试验适用于各种表面组装元器件,但仅安装于硬质基板上的表面组装元器件例外。

将装好试样的试验基板置于弯曲装置中,并逐渐弯曲使深度达到 1 mm、2 mm、3 mm 或 4 mm,容差值应由相关规范规定。如相关规范对试验基板维持弯曲状态的时间未予规定,则维持 5 s±1 s,然后松开。

试验 Ue2:拉脱试验——本试验适用于安装在硬质基板上的表面组装元器件。

将试验基板固定住,对试样沿轴向在 5°范围内施加拉力,拉力逐渐增大到相关规范规定的值,并在松开拉力前保持规定的时间。

试验 Ue3:剪切试验

试样的类型和外形尺寸允许时,应利用适当的推力器具对试样施加推力。将推力器具与试样无冲击地相接触,然后逐渐匀速加大推力,直至达到相关规范的规定值,并在松开推力前保持规定的时间。

如果相关规范有规定,则应在试验样品保持弯曲的整个过程(试验 Ue1)或施加力的整个过程中(试验 Ue2 和 Ue3)对关键参数进行监测。

相关规范应提出试样合格与否的判据。

3. 相关规范中给出的信息

a) 试验方法以及进行试验 Ue2 和 Ue3 时有关试验基板的要求细节和其他细节,包括试样可否为非有效元器件,是否需要进行最后处理;

b) 要求试样的数量;

c) 试验基板上焊接区的尺寸;

d) 安装方法;

e) 规定进行弯曲试验(Ue1)时弯曲的深度;维持弯曲状态的时间不是 5 s 时,保持弯曲的时间;以及是否需要进行任何监测;

f) 进行拉脱试验(Ue2)时的拉力值、时间以及是否需要进行任何监测;

g) 进行剪切试验(Ue3)时的推力值、时间以及是否需要进行任何监测;

h) 接收或拒收判据。

在清洁剂中浸渍:试验 XA——GB/T 2423.30—1999　XA

1. 介绍

本试验是确定安装于印制电路板上的电子元器件或其他零件经受下面规定的清洁剂浸渍时,受清洁剂影响的程度。

本试验不模拟装配的影响。

2. 一般说明

在规定的温度下,在规定的时间内,将试验样品浸渍在清洁溶剂中。

注:试验结果良好并不意味着能耐受其他溶剂。

本试验规定了两种常用的清洁溶剂:

a) 70%(质量百分比)1,1,2-三氯三氟乙烷和30%(质量百分比)异丙醇混合物,应用工业纯等级。

b) 电阻率不小于500 Ω·m(相当于2 mS/m的电导率)的软水或蒸馏水。

在进行技术鉴定的场合,当相关规范有规定时,可以应用与规定的溶剂活性相似的其他溶剂。

规定了两个方法,即:

——方法1　经过擦拭;

——方法2　不经过擦拭。

采用方法1时,试验样品从溶剂中取出后,让样品至少干燥5 min,然后用脱脂棉或薄卷纸擦拭标志区域。

3. 严酷等级

溶剂温度:在2a)中规定的溶剂:23 ℃或48.6 ℃~50.5 ℃(沸点温度);

在2b)中规定的溶剂:55 ℃。

浸渍持续时间:5 min。

4. 相关规范中给出的信息

a) 所用溶剂;

b) 溶剂温度;

c) 初始检测(若有的话);

d) 条件试验(方法1或方法2);

e) 擦拭材料(脱脂棉或薄卷纸);

f) 恢复时间(若不是1 h~2 h);

g) 最后检测。

温度/湿度组合循环试验:试验 Z/AD——GB/T 2423.34—2005 Z/AD

又见:GB/T 2424.2—2005:湿热试验导则(和 IEC 60260:恒定相对湿度非注入式试验箱)

注:目前没有与 IEC 60260 等同的国家标准。

1. 介绍

本试验提供了一种组合试验方法,主要用于元器件类试验样品,以加速方式来确定试验样品在高温、高湿和低温劣化作用下的耐受性能。

2. 一般说明

本试验采用了高相对湿度下的温度循环,并产生水气进入部分密封试验样品的“呼吸”作用。

本试验还包括低温暴露,以测定周期性结冰对试验样品的影响。

在 1.5 h～2.5 h 内,温度可在 25 ℃～65 ℃之间上升或下降。

在恒温或升温期间,相对湿度能保持在 93%,而在降温期间能保持为 80%～96%。

3. 严酷等级

除另有规定外,24 h 循环的次数应为 10 次。如果不是 10 次,则应在相关规范中规定循环次数和低温循环在试验循环中的顺序位置。

4. 相关规范中给出的信息

a) 条件试验期间试验样品的状态(例如电气、机械负载或极化电压);

b) 不同于“标准的干燥条件”的预处理程序;

c) 不同于标准大气条件的初始检测环境条件;

d) 条件试验前必须进行的电性能和机械性能检测;

e) 如果需要,条件试验期间进行的电性能和机械性能检测及检测的时间;

f) 条件试验后进行的电性能和机械性能检测,首先检测的参数,以及有别于标准的完成参数检测的时间。

低温/振动(正弦)综合试验方法:试验 Z/AFc——GB/T 2423.35—2005 Z/AFc

高温/振动(正弦)综合试验方法:试验 Z/BFc——GB/T 2423.36—2005 Z/BFc

又见:A/B-1,F-1,GB/T 2424.1—2005:高温低温试验导则和 GB/T 2424.22—1986:试验 Z/AFc 和 Z/BFc 导则:温度(低温、高温)和振动(正弦)综合试验导则

1. 介绍

本试验适用于散热和非散热试验样品的低温或高温/振动(正弦)综合试验,基本上是试验 Fc 和导则:振动(正弦)(GB/T 2423.10)和试验 A:低温(GB/T 2423.1)或试验 B:高温(GB/T 2423.2)的综合。

低温和高温试验分类框图如下:

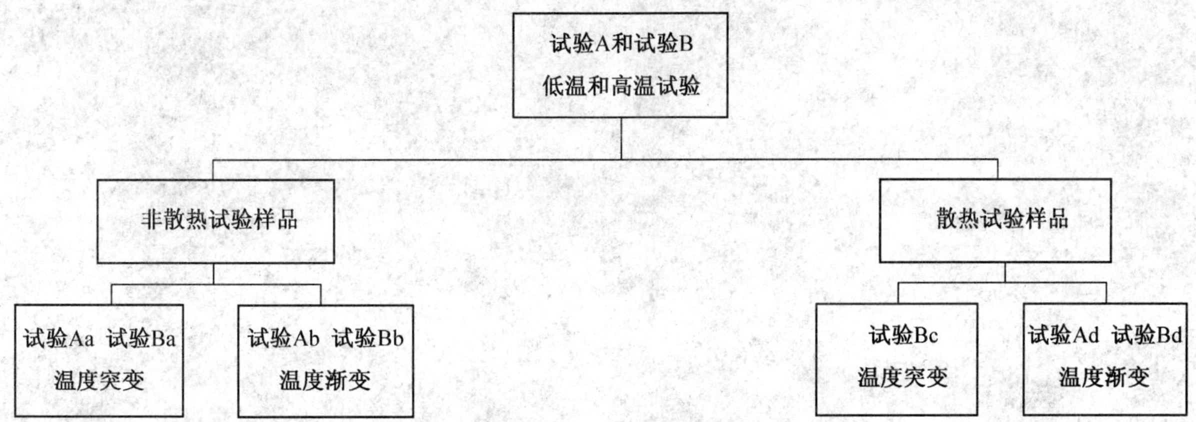

图 5 低温和高温试验分类

本试验程序通常用于试验样品在低温或高温条件下达到温度稳定的情况。

2. 一般说明

试验 Ab、试验 Bb,试验 Bd 要求条件试验的升温和降温过程中温度变化速率不超过 1 K/min (5 min 平均)。对于经受热冲击的试验样品(通常是指能经受试验 Aa 或试验 Ba,并能经受试验 Na 或试验 Nc 快速温度变化的试验样品),不受最大温度变化速率 1 K/min 的限制。对于这些试验样品,可以使用能满足试验 Aa、试验 Ba 或试验 Bc(温度突变)条件的试验箱。

试验样品除非已进行过试验 A/试验 B 和试验 Fc(并记录其试验结果),否则应首先在试验室温度条件下进行振动试验,而后经受低/高温试验,达到温度稳定后,试验样品再经受振动和低/高温综合试验。振动环境可以从以下选择:耐久扫频试验(优选);振动响应检查,以及由振动响应检查得出的频率上的耐久试验;预定频率上的耐久试验。这些综合试验中不包括耐久条件试验之后的振动响应检查。

3. 严酷等级

频率范围,振动振幅和耐久持续时间(扫描循环或时间)的严酷等级,应从试验 Fc(GB/T 2423.10)所给出的数值中选取,温度值应从试验 A(GB/T 2423.1)或试验 B(GB/T 2423.2)所给出的数值中选取。

4. 相关规范中给出的信息

a) 温度变化速率:突变(试验 Aa、试验 Ba 或试验 Bc)或渐变(试验 Ab 或试验 Ad,试验 Bb 或试验 Bd);

b) 安装和/或支撑的情况;

c) 严酷等级;

d) 预处理;

e) 初始检测;

f) 振动轴向;

g) 条件试验期间样品的状态;

h) 性能检测;

i) 振动试验程序(耐久扫频试验,或在响应频率上的耐久试验,或在预定频率上的耐久试验);

j) 非标准的恢复;

k) 条件试验期间的检测和负荷;

l) 最后检测;

m) 失效判据。

低温/低气压综合试验:试验 Z/AM:GB/T 2423.25—2008　Z/AM

高温/低气压综合试验:试验 Z/BM:GB/T 2423.26—2008　Z/BM

又见:A/B-1,M-1,GB/T 2424.1—2005:高温低温试验导则和 GB/T 2424.15—2008:温度/低气压综合试验导则

1. 介绍

本试验的目的是确定元件、设备和其他产品在高/低温和低气压综合环境下贮存和使用的适应性。

本综合试验通常只有在试验样品进行单一环境试验不能揭示综合环境影响时使用,并且只适用于在试验期间能够达到温度稳定的样品。

本试验一次只能试验一个散热试验样品。

2. 一般说明

试验样品首先经受相关规范中规定的适当严酷等级的高温或低温试验。如果试验过程中试验样品要工作,则要对其进行检测,以保证试验样品能够正常工作。在温度保持在规定值的情况下,将试验箱压力降到相关规范规定的适当严酷等级的值。将此温度、压力条件保持规定的时间。

根据试验 Ad(低温)或试验 Bd(高温)规定,散热样品优先在无强迫空气循环的试验箱中进行试验。如果用于试验的试验箱体积足够大,能够满足试验 Ad 或试验 Bd 规定的条件,但试验箱的冷却或加热过程只能通过强迫空气循环完成,则可使用试验 Ad 或试验 Bd 的方法 A 进行试验。

非散热试验样品可在有或无强迫空气循环的试验箱中进行试验。

3. 严酷等级

表 25　试验 Z/AM 严酷等级

试验 Z/AM			
温度/ ℃	空气压力		持续时间/ h
	kPa	mbar	
−55	4	40	2
−55	15	150	2
−55	25	250	2
−55	40	400	2
−40	55	550	2,16
−25	55	550	2,16
−40	70	700	2,16

表 26　试验 Z/BM 严酷等级

试验 Z/BM			
温度/ ℃	空气压力		持续时间/ h
	kPa	mbar	
85,155	4	40	2
55,85,155	15	150	2
55	25	250	2
55	40	400	2
55	55	550	2,16
55	70	700	2,16
40	55	550	2

温度,低气压值,容差和持续时间应符合试验 M 和试验 Ab 或试验 Ad 或试验 Bb 或试验 Bd 中的规定。

4. 相关规范中给出的信息

a） 预处理;

b） 初始检测;

c） 安装架或支撑件详细要求(适用于散热试验样品);

d） 试验样品状态(包括冷却系统);

e） 严酷等级:条件试验期间的温度、压力和暴露持续时间;

f） 降压前低温或高温时应进行的检测项目;

g） 低温或高温/低气压条件试验期间检查,测量和/或加载要求;

h） 恢复期间载荷状况;

i） 最后检测。

低温/低气压/湿热连续综合试验方法:试验 Z/AMD——GB/T 2423.27—2005　　Z/AMD

又见:A/B-1 和 M-1

1. 介绍

本试验提供了由低温、低气压和湿热所组成的标准环境试验程序。首先低温和低气压结合在一起,其次升温,然后与湿热条件结合在一起。本试验应用了试验 A 和试验 M,虽然未完全按照试验 D 引入湿度,但用“Z/AMD”来表示本试验最恰当和最具提示性。

2. 一般说明

本试验主要用于飞行器上的元器件和设备。试验模拟飞行器在升降期间,未增压而温度又未控制的部位所遇到的环境条件。装有弹性密封的非散热元器件(例如带插头座的连接器)变冷时,会使密封件硬化和材料收缩,当周围气压降低时这种密封可能损坏,造成内压的损失。当飞行器降入潮湿大气时而气压又回升时,低温的元器件会遭受霜冻,潮湿大气本身或融霜形成的游离水由于压差可进入元器件内,在元器件恢复正常弹性时,水分就留在元器件内。对于配有封盖而又不带排泄孔的非密封设备,同样也可能发生积水现象。

试验箱中的气温和压强降到规定值。压强维持在低值,气温升高,同时加入水气使之在试验样品上结霜。当温度到达室温时,相对湿度应保持在 95%以上。

3. 严酷等级

表 27 试验严酷等级

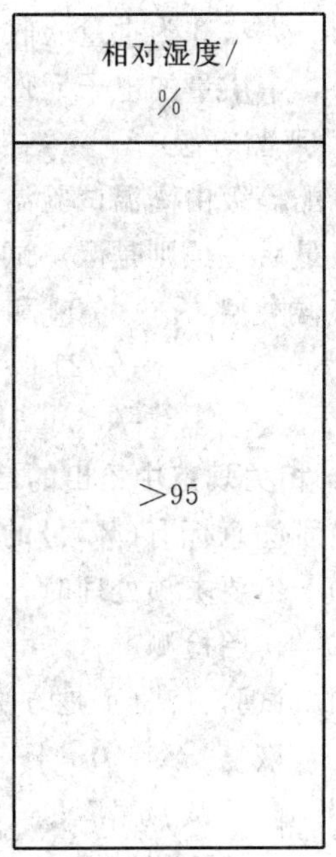

试验 A:低温	试验 M:低气压值		相对湿度/%
温度/℃	气压		
	kPa	mbar	
−65	1	10	>95
−55	2	20	
−40	4	40	
−25	8	80	
−10	15	150	
−5	25	250	
+5	40	400	
	55	550	
	70	700	
	84	840	

4. 相关规范中给出的信息

a) 严酷等级:低温值和低气压值(从试验 A 和试验 M 中选取);

b) 预处理程序;

c) 条件试验前应进行的电气和机械检测;

d) 试验箱中样品的安装方式和任何特殊的要求;例如,带插头座连接器的插接和连线;

e) 低温、低气压条件时要进行的电气和机械性能检测;

f) 最高温和高湿条件时要进行的电气和机械性能检测;

g) 低温/低气压/湿热的循环次数;

h) 恢复后要进行的电气和机械性能检测。

气候顺序:试验 Z/ABDM——GB/T 2423.45—1997 Z/ABDM

又见 A/B-1,Db 和 M

1. 介绍

为确定试验样品,特别是元器件在承受依次由温度、湿热和低气压(必要时)等环境应力组成的环境条件时的环境适应性提供一种标准的组合试验方法。

施加应力的次序与试验步骤转换时的环境条件已经选定,以便加速并强化与自然气候条件相同的劣化机理。

本试验常被安排在涉及机械应力有关的其他试验如端子强度试验、可焊性试验和振动试验后进行,以作为确定试验样品的密封性是否损坏的方法。

2. 一般说明

有三种标准化的试验方法。其中方法 1 最佳,应一直使用,除非相关规范另有规定。

——方法 1 包括五个试验步骤,其中一个步骤(低气压)是非强制性的。在方法 1 中,先将样品暴露于高温,然后在湿热条件下暴露 1 周期,之后立即进行低温试验,使进入样品内或进入样品密封表面裂纹中的水汽冻结,引起样品进一步损坏。然后,在低气压试验(供选用)之后再暴露于交叉湿热条件下(气候类型-/-/04 和-/-/10 除外)以完成对试验样品密封的检查;

——方法 2 是一种更严酷的试验,这种试验在最后每个湿热周期之间插进一次低温试验(仅适用于气候类型-/-/56);

——方法 3 为批量验收试验提供了一种较短的气候顺序,当相关规范有规定时,可适用于验收已评审质量的电子元件。

3. 严酷等级

严酷等级由高温试验温度、低温试验温度、气压和暴露持续时间决定。如要求选用低气压试验,严酷等级最后一项则是湿热试验周期数,试验周期数如相关规范无另外规定,应按以下气候类型确定:

气候类型	-/-/04 和-/-/10	不适用
	-/-/21	1 周期
	-/-/56	5 周期

4. 相关规范中给出的信息

特别注意标有(*)号的条款,因为这些资料是必不可少的。

a) 不要求预处理时;

b) 初始检测 *;

c) 试验方法(不是方法 1 时需给出);

d) 恢复;

e) 高温试验温度;

f) 中间检测;

g) 湿热试验的要求,交变方式和交变温度;

h) 低温试验温度 *;

i) 要求低气压试验时;

j) 低气压试验的严酷等级;

k) 要求电气强度试验时,试验条件;

l) 湿热试验周期数;

m) 最后检测 *;

n) 延长恢复时间。

附 录 NA
（资料性附录）
国家标准《电工电子产品环境试验》的组成部分

GB/T 2421 标准：

GB/T 2421.1—2008 电工电子产品环境试验 概述和指南(IEC 60068-1:1988,IDT)

GB/T 2421.2—2008 电工电子产品环境试验 规范编制者用信息 试验概要(IEC 60068-4:1987,IDT)

GB/T 2422—1995 电工电子产品环境试验 术语(eqv IEC 60068-5-2:1990)

GB/T 2423 标准：

GB/T 2423.1—2008 电工电子产品环境试验 第2部分:试验方法 试验A:低温(IEC 60068-2-1:2007,IDT)

GB/T 2423.2—2008 电工电子产品环境试验 第2部分:试验方法 试验B:高温(IEC 60068-2-2:2007,IDT)

GB/T 2423.3—2006 电工电子产品环境试验 第2部分:试验方法 试验Cab:恒定湿热试验(IEC 60068-2-78:2001,IDT)

GB/T 2423.4—2008 电工电子产品环境试验 第2部分:试验方法 试验Db 交变湿热(12 h+12 h循环)(IEC 60068-2-30:2005,IDT)

GB/T 2423.5—1995 电工电子产品环境试验 第二部分:试验方法 试验Ea和导则:冲击(idt IEC 60068-2-27:1987)

GB/T 2423.6—1995 电工电子产品环境试验 第二部分:试验方法 试验Eb和导则:碰撞(idt IEC 60068-2-29:1987)

GB/T 2423.7—1995 电工电子产品环境试验 第二部分:试验方法 试验Ec和导则:倾跌与翻倒(主要用于设备型样品)(idt IEC 60068-2-31:1982)

GB/T 2423.8—1995 电工电子产品环境试验 第二部分:试验方法 试验Ed:自由跌落(idt IEC 60068-2-32:1990)

GB/T 2423.10—2008 电工电子产品环境试验 第2部分:试验方法 试验Fc:振动(正弦)(IEC 60068-2-6:1995,IDT)

GB/T 2423.15—2008 电工电子产品环境试验 第2部分:试验方法 试验Ga和导则:稳态加速度(IEC 60068-2-7:1986,IDT)

GB/T 2423.16—2008 电工电子产品环境试验 第2部分:试验方法 试验J和导则:长霉(IEC 60068-2-10:2005,IDT)

GB/T 2423.17—2008 电工电子产品环境试验 第2部分:试验方法 试验Ka:盐雾(IEC 60068-2-11:1981,IDT)

GB/T 2423.18—2000 电工电子产品环境试验 第2部分:试验方法 试验Kb:盐雾,交变(氯化钠溶液)(IEC 60068-2-52:1996,IDT)

GB/T 2423.21—2008 电工电子产品环境试验 第2部分:试验方法 试验M:低气压试验方法(IEC 60068-2-13:1983,IDT)

GB/T 2423.22—2002 电工电子产品环境试验 第2部分:试验方法 试验N:温度变化(IEC 60068-2-14:1984,IDT)

GB/T 2423.23—1995 电工电子产品环境试验 试验 Q:密封

GB/T 2423.24—1995 电工电子产品环境试验 第 2 部分:试验方法 试验 Sa:模拟地面上的太阳辐射(idt IEC 60068-2-5:1975)

GB/T 2423.25—2008 电工电子产品环境试验 第 2 部分:试验方法 试验方法 Z/AM:低温低气压综合试验(IEC 60068-2-40:1976,IDT)

GB/T 2423.26—2008 电工电子产品环境试验 第 2 部分:试验方法 试验 Z/BM:高温/低气压综合试验(IEC 60068-2-41:1976,IDT)

GB/T 2423.27—2005 电工电子产品环境试验 第 2 部分:试验方法 试验 Z/AMD:低温/低气压/湿热连续综合试验(IEC 60068-2-39:1976,IDT)

GB/T 2423.28—2005 电工电子产品环境试验 第 2 部分:试验方法 试验 T:锡焊(IEC 60068-2-20:1979,IDT)

GB/T 2423.30—1999 电工电子产品环境试验 第 2 部分:试验方法 试验 XA 和导则:在清洗剂中浸渍(idt IEC 60068-2-45:1993)

GB/T 2423.32—2008 电工电子产品环境试验 第 2 部分:试验方法 试验 Ta:润湿称量法可焊性(IEC 60068-2-54:2006,IDT)

GB/T 2423.33—2005 电工电子产品环境试验 第 2 部分:试验方法 试验 Kca:高浓度二氧化硫试验

GB/T 2423.34—2005 电工电子产品环境试验 第 2 部分:试验方法 试验 Z/AD:温度/湿度组合循环试验(IEC 60068-2-38:1974,IDT)

GB/T 2423.35—2005 电工电子产品环境试验 第 2 部分:试验方法 试验 Z/AFc:散热和非散热试验样品的低温/振动(正弦)综合试验(IEC 60068-2-50:1983,IDT)

GB/T 2423.36—2005 电工电子产品环境试验 第 2 部分:试验方法 试验 Z/BFc:散热和非散热试验样品的高温/振动(正弦)综合试验(IEC 60068-2-51:1983,IDT)

GB/T 2423.37—2006 电工电子产品环境试验 第 2 部分:试验方法 试验 L:沙尘试验(IEC 60068-2-68:1994,IDT)

GB/T 2423.38—2008 电工电子产品环境试验 第 2 部分:试验方法 试验 R:水试验方法和导则(IEC 60068-2-18:2000,IDT)

GB/T 2423.39—2008 电工电子产品环境试验 第 2 部分:试验方法 试验 Ee:弹跳(IEC 60068-2-55:1987,IDT)

GB/T 2423.40—1997 电工电子产品环境试验 第 2 部分:试验方法 试验 Cx:未饱和高压蒸汽恒定湿热(idt IEC 60068-2-66:1994)

GB/T 2423.41—1994 电工电子产品基本环境试验规程 风压试验方法

GB/T 2423.43—2008 电工电子产品环境试验 第 2 部分:试验方法 振动、冲击和类似动力学试验样品的安装(IEC 60068-2-47:2005,IDT)

GB/T 2423.45—1997 电工电子产品环境试验 第 2 部分:试验方法 试验 Z/ABDM:气候顺序(idt IEC 60068-2-61:1991)

GB/T 2423.47—1997 电工电子产品环境试验 第 2 部分:试验方法 试验 Fg:声振(IEC 60068-2-65:1993,IDT)

GB/T 2423.48—2008 电工电子产品环境试验 第 2 部分:试验方法 试验 Ff:振动-时间历程法(IEC 60068-2-57:1999,IDT)

GB/T 2423.49—1997 电工电子产品环境试验 第 2 部分:试验方法 试验 Fe:振动-正弦拍频法

(idt IEC 60068-2-59:1990)

GB/T 2423.50—1999 电工电子产品环境试验 第2部分:试验方法 试验Cy:恒定湿热主要用于元件的加速试验(idt IEC 60068-2-67:1996)

GB/T 2423.51—2000 电工电子产品环境试验 第2部分:试验方法 试验Ke:流动混合气体腐蚀试验(IEC 60068-2-60:1995,IDT)

GB/T 2423.52—2003 电工电子产品环境试验 第2部分:试验方法 试验77:结构强度与撞击(IEC 60068-2-27:1999,IDT)

GB/T 2423.53—2005 电工电子产品环境试验 第2部分:试验方法 试验Xb:由手的摩擦造成标记和印刷文字的磨损(IEC 60068-2-70:1995,IDT)

GB/T 2423.54—2005 电工电子产品环境试验 第2部分:试验方法 试验Xc:流体污染(IEC 60068-2-74:1999,IDT)

GB/T 2423.55—2006 电工电子产品环境试验 第2部分:环境测试 试验Eh:锤击试验(IEC 60068-2-75:1997,IDT)

GB/T 2423.56—2006 电工电子产品环境试验 第2部分:试验方法 试验Fh:宽带随机振动(数字控制)和导则(IEC 60068-2-64:1993,IDT)

GB/T 2423.57—2008 电工电子产品环境试验 第2-81部分:试验方法 试验Ei:冲击 冲击响应谱合成(IEC 60068-2-81:2003,IDT)

GB/T 2423.58—2008 电工电子产品环境试验 第2-80部分:试验方法 试验Fi:振动 混合模式(IEC 60068-2-80:2005,IDT)

GB/T 2423.101—2008 电工电子产品环境试验 第2部分:试验方法 试验:倾斜和摇摆

GB/T 2423.102—2008 电工电子产品环境试验 第2部分:试验方法 试验:温度(低温、高温)/低气压/振动(正弦)综合

GB/T 2423.59—2008 电工电子产品环境试验 第2部分:试验方法 试验U:引出端及整体安装件强度(IEC 60068-2-21: 2006,IDT)

GB/T 2423.60—2008 电工电子产品环境试验 第2部分:试验方法 试验Z/ABMFh:温度(低温、高温)/低气压/振动(随机)综合

GB/T 2424标准:

GB/T 2424.1—2005 电工电子产品环境试验 高温低温试验导则(IEC 60068-3-1:1974,IDT)

GB/T 2424.2—2005 电工电子产品环境试验 湿热试验导则(IEC 60068-3-4:2001,IDT)

GB/T 2424.5—2006 电工电子产品环境试验 温度试验箱性能确认(IEC 60068-3-5:2001,IDT)

GB/T 2424.6—2006 电工电子产品环境试验 温度/湿度试验箱性能确认(IEC 60068-3-6:2001,IDT)

GB/T 2424.7—2006 电工电子产品环境试验 试验A和B(带负载)用温度试验箱的测量(IEC 60068-3-7:2001,IDT)

GB/T 2424.10—1993 电工电子产品基本环境试验规程 大气腐蚀加速试验的通用导则(eqv IEC 60355:1971)

GB/T 2424.13—2002 电工电子产品环境试验 第2部分:试验方法 温度变化试验导则(IEC 60068-2-33:1971,IDT)

GB/T 2424.14—1995 电工电子产品环境试验 第2部分:试验方法 太阳辐射试验导则(IEC 60068-2-9:1975,IDT)

GB/T 2424.15—2008 电工电子产品环境试验 第3部分:温度/低气压综合试验导则

(IEC 60068-3-2:1976,IDT)

GB/T 2424.17—2008 电工电子产品环境试验 第2部分:试验方法 试验T:锡焊试验导则(IEC 60068-2-44:1995)

GB/T 2424.19—2005 电工电子产品环境试验 模拟贮存影响的环境试验导则(IEC 60068-2-48:1982,IDT)

GB 2424.22—1986 电工电子产品基本环境试验规程 温度(低温、高温)和振动(正弦)综合试验导则(eqv IEC 60068-2-53:1984)

GB/T 2424.25—2000 电工电子产品环境试验 第3部分:试验导则 地震试验方法(IEC 60068-3-3:1991,IDT)

GB/T 2424.26—2008 电工电子产品环境试验 第3部分:支持文件和导则 振动试验选择(IEC 60068-3-8:2003,IDT)

ICS 19.040
K 04

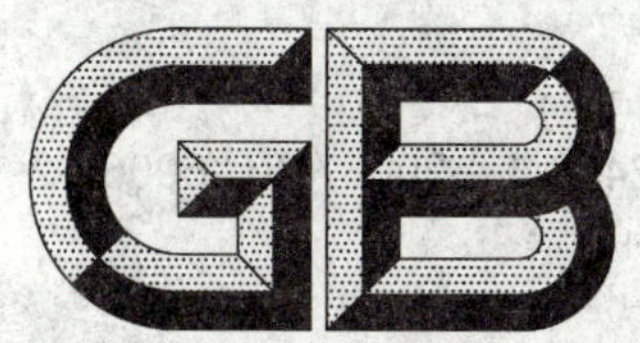

中华人民共和国国家标准

GB/T 2423.1—2008/IEC 60068-2-1:2007
代替 GB/T 2423.1—2001

电工电子产品环境试验 第2部分:试验方法 试验A:低温

Environmental testing for electric and electronic products—Part 2:Test methods—Tests A:Cold

(IEC 60068-2-1:2007,Environmental Testing—Part 2-1:Tests—Test A:Cold,IDT)

2008-12-30 发布　　2009-10-01 实施

中华人民共和国国家质量监督检验检疫总局
中国国家标准化管理委员会　发布

前　言

GB/T 2423.1是GB/T 2423标准的第1部分,GB/T 2423标准的组成部分见资料性附录NA。

本部分等同采用IEC 60068-2-1:2007《环境试验　第2-1部分:试验　试验A:低温》(英文版)。

本部分与IEC 60068-2-1:2007相比,主要做了下列编辑性修改:

——本部分的名称改为:《电工电子产品环境试验　第2部分:试验方法　试验A:低温》;

——"本标准"一词改为"本部分";

——删除了IEC 60068-2-1:2007前言;

——删除了IEC 60068-2-1:2007引言,将其内容转化为增加的资料性附录NB的内容;

——增加了资料性附录"GB/T 2423标准的组成部分"(见附录NA);

——增加了资料性附录"试验A:低温和试验B:高温的分类代号小写字母之间的关系"(见附录NB);

——删除了第1章第1段中的"对于非散热试验样品,";

——第1章中最后两段的内容移到4.1中;

——4.3标题"非散热试验样品"改为"非散热试验样品的试验";

——6.2最后一段原文为正文,本部分改为注。

为清晰起见,上述修改已在正文相应位置加了脚注。

本部分代替GB/T 2423.1—2001《电工电子产品环境试验　第2部分:试验方法　试验A:低温》,与之相比,主要变化如下:

——删除了试验Aa:非散热试验样品温度突变的低温试验;

——删除了附录A、附录B、附录C、附录D、附录E;

——增加了试验Ae:散热试验样品温度渐变的低温试验——试验样品在整个试验过程通电。

本部分的附录NA、附录NB为资料性附录。

本部分由全国电工电子产品环境条件与环境试验标准化技术委员会(SAC/TC 8)提出并归口。

本部分由广州电器科学研究院负责起草。

本部分主要起草人:张志勇。

本部分所代替标准的历次版本发布情况为:

——GB/T 2423.1—1981、GB/T 2423.1—1989、GB/T 2423.1—2001。

电工电子产品环境试验
第2部分:试验方法 试验A:低温

1 范围

GB/T 2423的本部分规定的低温试验适用于非散热和散热试验样品。试验Ab和试验Ad与早期版本无实质性的差异[1],增加试验Ae的目的主要是检测那些要求在整个试验过程包括降温调节期间都要通电运行的设备。

本低温试验的目的仅限于用来确定元件、设备或其他产品在低温环境下使用、运输或贮存的能力。

本低温试验不能用来评价试验样品耐温度变化的能力和在温度变化环境下的运行能力,在这种情况下,应采用GB/T 2423.22。

本低温试验方法细分为以下几种:

——非散热试验样品低温试验:

- 试验Ab,温度渐变。

——散热试验样品低温试验:

- 试验Ad,温度渐变;
- 试验Ae,温度渐变,试验样品在整个试验过程通电。

本部分给出的试验方法通常用于试验期间能达到温度稳定的试验样品。

2 规范性引用文件

下列文件中的条款通过GB/T 2423的本部分的引用而成为本部分的条款。凡是注日期的引用文件,其随后所有的修改单(不包括勘误的内容)或修订版均不适用于本部分,然而,鼓励根据本部分达成协议的各方研究是否可使用这些文件的最新版本。凡是不注日期的引用文件,其最新版本适用于本部分。

GB/T 2421 电工电子产品环境试验 第1部分:总则(GB/T 2421—1999,idt IEC 60068-1:1988)

GB/T 2422 电工电子产品环境试验 术语(GB/T 2422—1995,eqv IEC 60068-5-2:1990)

GB/T 2423.22 电工电子产品环境试验 第2部分:试验方法 试验N:温度变化(GB/T 2423.22—2002,IEC 60068-2-14:1984,IDT)

GB/T 2424.1 电工电子产品环境试验 高温低温试验导则(GB/T 2424.1—2005,IEC 60068-3-1:1974,IDT)

GB/T 2424.5 电工电子产品环境试验 温度试验箱性能确认(GB/T 2424.5—2006,IEC 60068-3-5:2001,IDT)

GB/T 2424.7 电工电子产品环境试验 试验A和试验B(带负载)用温度试验箱的测量(GB/T 2424.7—2006,IEC 60068-3-7:2001,IDT)

IEC 60721(所有部分) 环境条件分级

3 术语和定义

GB/T 2422确立的以及下列术语和定义适用于本部分。

---

1) IEC 60068-2-1:2007原文在句前有“对于非散热试验样品,”。

3.1

工作空间低气流速度 low air velocity in the working space

指工作空间的调节气流速度,能维持设定的条件,但也足够低,以致试验样品上任意点的温度不会由于空气循环的影响而降低 5 K 以上(如果可能,不大于 0.5 m/s)。

3.2

工作空间高气流速度 high air velocity in the working space

指工作空间的调节气流速度,为了维持设定的条件,同时使得试验样品上任意点的温度由于空气循环的影响而降低 5 K 以上。

4 非散热试验样品与散热试验样品试验方法应用对比

4.1 总则

温度试验箱的制造和确认按照 GB/T 2424.5 和 GB/T 2424.7 的规定进行。[2)]

高温和低温试验导则见 GB/T 2424.1,总则见 GB/T 2421。[3)]

只有在以下情况下,才认为试验样品是散热的:当温度达到稳定时(见 GB/T 2421 中相应内容),在自由空气的条件下(例如,低气流速度循环)测量的试验样品表面最热点的温度超过试验样品周围空气温度 5 K 以上。当相关规范要求进行贮存或运输试验,或未指定在试验期间施加负载,低温试验 Ab 是适用的。

4.2 工作空间是高气流速度或是低气流速度的确定

在测量和试验的标准环境条件下(见 GB/T 2421),以及气流速度<0.2 m/s,按照待试验的低温条件下的规定给试验样品通电或加电气负载。

当试验样品的温度达到稳定,应使用合适的监测装置测量试验样品上或其周围若干个有代表性的位置的温度。之后,每一个位置的温升应予以记录。

开启试验箱的通风装置使空气循环,当温度达到稳定时,重新测量上述位置处的温度。如果此次测得的温度与上次无空气流动时测得的温度相差超过 5 K(或相关规范规定的其他值),应在检测报告中记录这些温度值,并且认为该试验箱具有高气流速度循环。然后给试验样品断电,并去掉任何负载条件。

4.3 非散热试验样品的试验

在温度渐变试验 Ab 中,试验样品放入处于试验室温度的试验箱中,然后慢慢降低试验箱中温度,防止由于温度改变而对试验样品产生有害作用。建议采用高气流速度循环,因为这样可以减少达到温度稳定所需要的时间。

4.4 散热试验样品的试验[4)]

试验 Ad 和试验 Ae 描述了散热试验样品在低气流速度循环下的试验程序。这允许试验样品的局部发热点在其内部扩展的情况,类似于安装后的产品在应用中发生的情况。

4.5 温度监控

应使用温度传感器来测量试验箱里的空气温度,温度传感器的位置离试验样品的距离应确保其受热扩散的影响可忽略不计。应适当注意以避免热辐射影响这些测量,更多信息见 GB/T 2424.5。

4.6 包装

对于贮存和运输试验,设备可以带包装进行试验。然而,由于本部分规定的低温试验是稳态试验,设备最终将稳定在试验箱温度,所以,应去掉包装进行试验,除非相关规范要求带包装,或者发热元件是

2) 该段在 IEC 60068-2-1:2007 原文中位于第 1 章。

3) 该段在 IEC 60068-2-1:2007 原文中位于第 1 章。

4) IEC 60068-2-1:2007 原文为“散热试验样品”。

与包装合为一体的。

4.7 图示

为了便于试验方法的选择，图1给出了几种不同试验方法的图示。

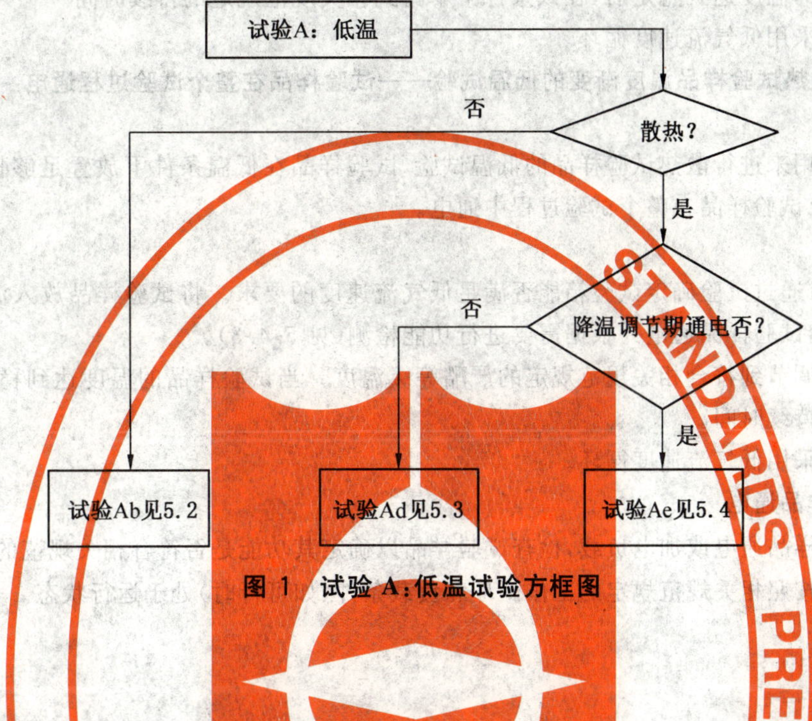

图1 试验A:低温试验方框图

5 试验描述

5.1 总则

试验Ab、试验Ad和试验Ae是相似的，差异见5.2.2、5.3.2和5.4.2，从第6章开始的其他部分是这些试验共同的。试验箱内的温度变化速率不应超过1 K/min(不超过5 min时间的平均值)。相关规范应规定试验样品试验时的功能要求。

应注意试验样品的任何冷却装置要符合相关规范的要求。

5.2 试验Ab:非散热试验样品温度渐变的低温试验

5.2.1 目的

本试验方法用来进行非散热试验样品的低温试验，试验样品在低温条件下放置足够长时间以达到温度稳定。

5.2.2 概述

将试验样品放入温度为试验室温度的试验箱中，然后将温度调节到符合相关规范规定的严酷等级温度。当试验样品温度达到稳定后，在该条件下暴露到规定的持续时间。对于试验时需要通电运行的试验样品(即使它们不属于散热试验样品)，应在试验样品温度达到稳定后通电，根据需要进行功能检测。这种情况下，可能还需要一段时间达到温度稳定，然后试验样品在该低温条件下暴露到相关规范规定的持续时间。

试验样品通常在非工作状态下进行试验。

本试验通常采用高气流速度循环。

5.3 试验Ad:散热试验样品温度渐变的低温试验——试验样品在温度开始稳定后通电

5.3.1 目的

本试验方法用来进行散热试验样品的低温试验，试验样品在低温条件下放置足够长时间以达到温度稳定。

5.3.2 概述

如果需要，可通过试验确定试验箱能否满足低气流速度的要求。将试验样品放入温度为试验室温度的试验箱中,然后将温度调节到符合相关规范规定的严酷等级温度。

给试验样品通电或加电负载,检查试验样品以确定其功能是否符合相关规范的要求。试验样品应按照相关规范规定的工作循环和负载条件(如可行时)处于运行状态。

当试验样品的温度达到稳定后,在该条件下暴露到相关规范规定的持续时间。

本试验通常采用低气流速度循环。

5.4 试验 Ae:散热试验样品温度渐变的低温试验——试验样品在整个试验过程通电

5.4.1 目的

本试验方法用来进行散热试验样品的低温试验,试验样品在低温条件下放置足够长时间以达到温度稳定,并且要求试验样品在整个试验过程中通电。

5.4.2 概述

如果需要,可通过试验确定试验箱能否满足低气流速度的要求。将试验样品放入温度为试验室温度的试验箱中,给试验样品通电并根据需要进行功能检测(见 5.4.3)。

然后将温度调节到符合相关规范规定的严酷等级温度。当试验样品的温度达到稳定后,在该条件下暴露到规定的持续时间。

本试验通常采用低气流速度循环。

5.4.3 给试验样品通电

然后给试验样品通电或加电负载,检查试验样品以确定其功能是否符合相关规范的要求。

试验样品应按照相关规范规定的工作循环和负载条件(如可行时)处于运行状态。

6 试验程序

6.1 性能确认

GB/T 2424.5 给出了温度试验箱的性能确认指南。GB/T 2424.1 给出了试验 A 和试验 B 的一般操作指南。

与散热试验样品的尺寸和数量相比,试验箱应该足够大。

6.2 工作空间

试验样品应能完全容纳入试验箱的工作空间内。

稳定状态时,流向试验样品的空气温度应处于试验严酷等级温度的±2 K 范围内。工作空间的空气温度应按照 4.5 来测量。

注:当由于试验箱尺寸的原因,不能维持上述容差时,容差可以放宽,试验温度大于等于−25 ℃时为±3 K;试验温度大于等于−65 ℃,但小于−25 ℃为±5 K。当采用了上述容差,则应在试验报告中指明。[5)]

6.3 热辐射

应尽可能限制试验样品通过热辐射方式传热的能力,这通常是采取遮挡试验样品的发热或冷却元件,以及确保构成试验箱内壁各部件的温度与调节空气的温度无明显差异的方式来实现。

6.4 带人工冷却装置的试验样品

相关规范应规定试验样品的冷却介质的特性。当冷却介质是空气时,应注意使空气不受到污染,并保持足够干燥,避免潮湿方面的问题。

6.5 安装

试验样品安装和连接时的热传导和其他相关特性应在有关规范中规定。当试验样品使用时是安装在特定的装置中时,在试验时应使用这些装置。

---

5) IEC 60068-2-1:2007 原文中该段为正文,考虑到该段的内容是对放宽温度容差情况的附加说明,应为注。在 IEC 60068-2-2:2007 原文中相应的内容即为注。

6.6 严酷等级

相关规范应规定由温度和试验持续时间表示的试验严酷等级,严酷等级应:

a) 从6.6.1和6.6.2所给的数值中选取;

b) 从已知的环境得出,如果该环境给出显著差异的数值;

c) 引自其他知名的相关数据源(例如IEC 60721)。

6.6.1 温度

- −65 ℃
- −55 ℃
- −50 ℃
- −40 ℃
- −33 ℃
- −25 ℃
- −20 ℃
- −10 ℃
- −5 ℃
- +5 ℃

6.6.2 持续时间

- 2 h
- 16 h
- 72 h
- 96 h

当本试验方法结合耐久性和可靠性相关的试验使用时,应注意相关标准或规范给出的关于此类试验持续时间的特定建议。

6.7 预处理

预处理按相关规范的要求进行。

6.8 初始检测

试验样品的初始状态可通过目视检查和(或)按相关规范要求进行功能检测获得。

6.9 条件试验

试验样品应按相关规范的详细规定在低温条件下暴露至规定的持续时间。

对于试验样品不能达到温度稳定的例外情况,试验持续时间是从试验样品通电时开始计算的。典型地,这种情况是由那些具有长时间工作循环的样品引起的。

6.10 中间检测

相关规范可能要求在条件试验中间或条件试验结束时(试验样品仍在试验箱中)进行加负载和(或)测量。如果要求进行这种测量,相关规范应对这种测量的内容及时间间隔进行规定。对于这种测量,试验样品不应移出试验箱。

注:如果要求知道某种试验样品在规定的试验持续时间结束之前的性能,应该为每一不同的试验持续时间准备一个单独批次的试验样品。每一批次的样品应单独进行恢复和最后检测。

6.11 最后的线性升温

如果试验样品在试验期间保持在运行状态或负载条件下,应在温度上升前断电或卸掉负载,但试验Ae除外,因为该试验要求试验样品在整个恢复期间保持通电运行状态。

当规定的试验持续期结束时,试验样品应保持在试验箱内,然后将温度慢慢升至试验标准条件的温度偏差范围内。试验箱内的温度变化应不超过1 K/min(不超过5 min时间的平均值)。

6.12 恢复

试验样品应在试验箱内经过恢复过程或其他合适过程。应采取合适的步骤按要求去除水滴,并不损害试验样品。

试验样品在标准环境条件下进行恢复,恢复时间应足够使温度达到稳定,至少 1 h。

如果相关规范要求,试验样品应在恢复期间连续通电或加载并测量。

如果上述标准条件不适合待检测的试验样品,相关规范可要求其他的恢复条件。

6.13 最后检测

应对试验样品进行目视检查以及相关规范要求的性能检测。

7 相关规范应给出的信息

当相关规范包含试验 A:低温时,应给出下列适用项目的细节:

a) 试验类型;

b) 预处理;

c) 初始检测;

d) 安装和支撑的详细描述;

e) 试验样品(包含冷却系统)在条件试验期间的状态;

f) 严酷等级,即温度和试验持续时间;

g) 温度变化速率;

h) 条件试验期间的测量和(或)加负载;

i) 恢复(如果是非标准条件);

j) 最后检测;

k) 供需双方同意的对试验程序的任何偏离;

l) 不能获得低气流速度时(见 4.2)的温度差异。

8 试验报告中应给出的信息

试验报告中应至少给出下列信息:

a) 客户(名称和地址);

b) 检测实验室(名称和地址,如果有,还包括合格认可的详细信息);

c) 检测日期;

d) 试验类型(Ab,Ad,Ae);

e) 试验目的(开发、质量鉴定等);

f) 试验标准,版本(注日期对本部分的引用);

g) 相关试验室检测程序(代号和发行号);

h) 试验样品描述(工程图、照片、数量、结构、状态等);

i) 试验箱标识(制造商、型号、唯一性标识符等);

j) 试验箱的性能(设定温度点控制、气流等);

k) 气流速度和方向(流向试验样品的空气流速和方向);

l) 测量系统的不确定度;

m) 校准日期(最近一次校准和下一次应校准的日期);

n) 初始、中间和最后检测;

o) 要求的严酷等级(从试验规范中);

p) 试验的严酷等级(测量点、数据等);

q) 试验样品的性能(功能检测的结果等);

r) 试验期间的观察结果及采取的措施;

s) 试验总结;

t) 分发。

注:宜为每一项试验填写一份日志,该日志可附在报告中。

附　录　NA
（资料性附录）
GB/T 2423 标准的组成部分

除本部分外，GB/T 2423 标准的其他组成部分如下：

GB/T 2423.2—2008　电工电子产品环境试验　第2部分：试验方法　试验B：高温（IEC 60068-2-2:2007，IDT）

GB/T 2423.3—2006　电工电子产品环境试验　第2部分：试验方法　试验Cab：恒定湿热试验（IEC 60068-2-78:2001，IDT）

GB/T 2423.4—2008　电工电子产品环境试验　第2部分：试验方法　试验Db　交变湿热（12 h+12 h循环）（IEC 60068-2-30:2005，IDT）

GB/T 2423.5—1995　电工电子产品环境试验　第2部分：试验方法　试验Ea和导则：冲击（idt IEC 60068-2-27:1987）

GB/T 2423.6—1995　电工电子产品环境试验　第2部分：试验方法　试验Eb和导则：碰撞（idt IEC 60068-2-29:1987）

GB/T 2423.7—1995　电工电子产品环境试验　第2部分：试验方法　试验Ec和导则：倾跌与翻倒（主要用于设备型样品）（idt IEC 60068-2-31:1982）

GB/T 2423.8—1995　电工电子产品环境试验　第2部分：试验方法　试验Ed：自由跌落（idt IEC 60068-2-32:1990）

GB/T 2423.10—2008　电工电子产品环境试验　第2部分：试验方法　试验Fc：振动（正弦）（IEC 60068-2-6:1995，IDT）

GB/T 2423.15—2008　电工电子产品环境试验　第2部分：试验方法　试验Ga和导则：稳态加速度（IEC 60068-2-7:1986，IDT）

GB/T 2423.16—2008　电工电子产品环境试验　第2部分：试验方法　试验J和导则：长霉（IEC 60068-2-10:2005，IDT）

GB/T 2423.17—2008　电工电子产品环境试验　第2部分：试验方法　试验Ka：盐雾（IEC 60068-2-11:1981，IDT）

GB/T 2423.18—2000　电工电子产品环境试验　第2部分：试验方法　试验Kb：盐雾，交变（氯化钠溶液）（idt IEC 60068-2-52:1996）

GB/T 2423.21—2008　电工电子产品环境试验　第2部分：试验方法　试验M：低气压试验方法（IEC 60068-2-13:1983，IDT）

GB/T 2423.22—2002　电工电子产品环境试验　第2部分：试验方法　试验N：温度变化（IEC 60068-2-14:1984，IDT）

GB/T 2423.23—1995　电工电子产品环境试验　试验Q：密封

GB/T 2423.24—1995　电工电子产品环境试验　第2部分：试验方法　试验Sa：模拟地面上的太阳辐射（idt IEC 60068-2-5:1975）

GB/T 2423.25—2008　电工电子产品环境试验　第2部分：试验方法　试验Z/AM：低温/低气压综合试验（IEC 60068-2-40:1976，IDT）

GB/T 2423.26—2008　电工电子产品环境试验　第2部分：试验方法　试验Z/BM：高温/低气压综合试验（IEC 60068-2-41:1976，IDT）

GB/T 2423.27—2005　电工电子产品环境试验　第2部分：试验方法　试验Z/AMD：低温/低气压/湿热连续综合试验（IEC 60068-2-39:1976，IDT）

GB/T 2423.28—2005 电工电子产品环境试验 第2部分:试验方法 试验T:锡焊(IEC 60068-2-20:1979,IDT)

GB/T 2423.30—1999 电工电子产品环境试验 第2部分:试验方法 试验XA和导则:在清洗剂中浸渍(idt IEC 60068-2-45:1993)

GB/T 2423.31-1985 电工电子产品基本环境试验规程 倾斜和摇摆试验方法

GB/T 2423.32—2008 电工电子产品环境试验 第2部分:试验方法 试验Ta:润湿称量法可焊性(IEC 60068-2-54:2006,IDT)

GB/T 2423.33—2005 电工电子产品环境试验 第2部分:试验方法 试验Kca:高浓度二氧化硫试验

GB/T 2423.34—2005 电工电子产品环境试验 第2部分:试验方法 试验Z/AD:温度/湿度组合循环试验(IEC 60068-2-38:1974,IDT)

GB/T 2423.35—2005 电工电子产品环境试验 第2部分:试验方法 试验Z/AFc:散热和非散热试验样品的低温/振动(正弦)综合试验(IEC 60068-2-50:1983,IDT)

GB/T 2423.36—2005 电工电子产品环境试验 第2部分:试验方法 试验Z/BFc:散热和非散热试验样品的高温/振动(正弦)综合试验(IEC 60068-2-51:1983,IDT)

GB/T 2423.37—2006 电工电子产品环境试验 第2部分:试验方法 试验L:沙尘试验(IEC 60068-2-68:1994,IDT)

GB/T 2423.38—2008 电工电子产品环境试验 第2部分:试验方法 试验R:水试验方法和导则(IEC 60068-2-18:2000,IDT)

GB/T 2423.39—2008 电工电子产品环境试验 第2部分:试验方法 试验Ee:弹跳(IEC 60068-2-55:1987,IDT)

GB/T 2423.40—1997 电工电子产品环境试验 第2部分:试验方法 试验Cx:未饱和高压蒸汽恒定湿热(idt IEC 60068-2-66:1994)

GB/T 2423.41—1994 电工电子产品基本环境试验规程 风压试验方法

GB/T 2423.42—1995 电工电子产品环境试验 低温/低气压/振动(正弦)综合试验方法

GB/T 2423.43—2008 电工电子产品环境试验 第2部分:试验方法 振动、冲击和类似动力学试验样品的安装(IEC 60068-2-47:2005,IDT)

GB/T 2423.45—1997 电工电子产品环境试验 第2部分:试验方法 试验Z/ABDM:气候顺序(idt IEC 60068-2-61:1991)

GB/T 2423.47—1997 电工电子产品环境试验 第2部分:试验方法 试验Fg:声振(idt IEC 60068-2-65:1993)

GB/T 2423.48—2008 电工电子产品环境试验 第2部分:试验方法 试验Ff:振动-时间历程法(IEC 60068-2-57:1999,IDT)

GB/T 2423.49—1997 电工电子产品环境试验 第2部分:试验方法 试验Fe:振动——正弦拍频法(idt IEC 60068-2-59:1990)

GB/T 2423.50—1999 电工电子产品环境试验 第2部分:试验方法 试验Cy:恒定湿热主要用于元件的加速试验(idt IEC 60068-2-67:1996)

GB/T 2423.51—2000 电工电子产品环境试验 第2部分:试验方法 试验Ke:流动混合气体腐蚀试验(idt IEC 60068-2-60:1995)

GB/T 2423.52—2003 电工电子产品环境试验 第2部分:试验方法 试验77:结构强度与撞击(IEC 60068-2-27:1999,IDT)

GB/T 2423.53—2005 电工电子产品环境试验 第2部分:试验方法 试验Xb:由手的磨擦造成标记和印刷文字的磨损(IEC 60068-2-70:1995,IDT)

GB/T 2423.54—2005 电工电子产品环境试验 第2部分:试验方法 试验Xc:流体污染(IEC 60068-2-74:1999,IDT)

GB/T 2423.55—2006 电工电子产品环境试验 第2部分:环境测试 试验Eh:锤击试验(IEC 60068-2-75:1997,IDT)

GB/T 2423.56—2006 电工电子产品环境试验 第2部分:试验方法 试验Fh:宽带随机振动(数字控制)和导则(IEC 60068-2-64:1993,IDT)

GB/T 2423.57—2008 电工电子产品环境试验 第2-81部分:试验方法 试验Ei:冲击 冲击响应谱合成(IEC 60068-2-81:2003,IDT)

GB/T 2423.58—2008 电工电子产品环境试验 第2-80部分:试验方法 试验Fi:振动 混合模式(IEC 60068-2-80:2005,IDT)

GB/T 2423.101—2008 电工电子产品环境试验 第2部分:试验方法 试验:倾斜和摇摆

GB/T 2423.102—2008 电工电子产品环境试验 第2部分:试验方法 试验:温度(低温、高温)/低气压/振动(正弦)综合

附 录 NB
（资料性附录）
试验 A:低温和试验 B:高温的分类代号小写字母之间的关系

试验 A:低温和试验 B:高温的分类代号小写字母之间的关系见表 NB.1。

表 NB.1 试验 A:低温和试验 B:高温的分类代号小写字母之间的关系

后缀字母	试验 A:低温			试验 B:高温		
	样品类型	温度变化	气流速度	样品类型	温度变化	气流速度
a	废止			废止		
b	非散热	渐变	高速(优先)	非散热	渐变	高速(优先)
c	废止			废止		
d	散热	渐变	低速(优先)	散热	渐变	低速(优先)
e	散热,整个试验过程通电	渐变	低速(优先)	散热,整个试验过程通电	渐变	低速(优先)

ICS 19.040
K 04

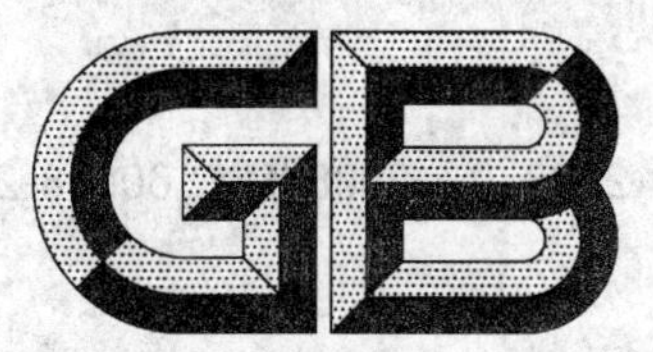

中华人民共和国国家标准

GB/T 2423.2—2008/IEC 60068-2-2:2007
代替 GB/T 2423.2—2001

电工电子产品环境试验
第2部分:试验方法
试验B:高温

Environmental testing for electric and electronic products—
Part 2: Test methods—Tests B: Dry heat

(IEC 60068-2-2:2007, Environmental testing—
Part 2-2: Tests—Test B: Dry heat, IDT)

2008-12-30 发布　　2009-10-01 实施

中华人民共和国国家质量监督检验检疫总局
中国国家标准化管理委员会　发布

前　言

GB/T 2423.2 是 GB/T 2423 标准的第 2 部分，GB/T 2423 标准的组成部分见资料性附录 NA。

本部分等同采用 IEC 60068-2-2:2007《环境试验　第 2-2 部分：试验　试验 B：干热》(英文版)。

本部分与 IEC 60068-2-2:2007 相比，主要做了下列编辑性修改：

——本部分的名称改为：《电工电子产品环境试验　第 2 部分：试验方法　试验 B：高温》；

——“本标准”一词改为“本部分”；

——删除了 IEC 60068-2-2:2007 前言；

——删除了 IEC 60068-2-2:2007 引言，将其内容转化为增加的资料性附录 NB 的内容；

——增加了资料性附录“GB/T 2423 标准的组成部分”(见附录 NA)；

——增加了资料性附录“试验 A：低温和试验 B：高温的分类代号小写字母之间的关系”(见附录 NB)；

——删除了第 1 章第 1 段中的“对于非散热试验样品，”；

——第 2 章规范性引用文件一览表增加了对 GB/T 2423.22 的引用；

——4.3 标题“温度突变与温度渐变试验应用对比”改为“温度渐变试验”；

——6.8.2 标题“绝对湿度”改为“湿度”。

为清晰起见，上述修改已在正文相应位置加了脚注。

本部分代替 GB/T 2423.2—2001《电工电子产品环境试验　第 2 部分：试验方法　试验 B：高温》，与之相比，主要变化如下：

——删除了试验 Ba：非散热试验样品温度突变的高温试验；

——删除了试验 Bc：散热试验样品温度突变的高温试验；

——删除了附录 A、附录 B、附录 C、附录 D、附录 E、附录 F；

——增加了试验 Be：散热试验样品温度渐变的高温试验——试验样品在整个试验过程通电。

本部分的附录 NA、附录 NB 为资料性附录。

本部分由全国电工电子产品环境条件与环境试验标准化技术委员会(SAC/TC 8)提出并归口。

本部分由广州电器科学研究院负责起草。

本部分主要起草人：张志勇。

本部分所代替标准的历次版本发布情况为：

——GB/T 2423.2—1981、GB/T 2423.2—1989、GB/T 2423.2—2001。

电工电子产品环境试验
第2部分:试验方法
试验B:高温

1 范围

GB/T 2423的本部分规定的高温试验适用于非散热和散热试验样品。试验Bb和试验Bd与早期版本无实质上的差异[1)]。

本高温试验的目的仅限于用来确定元件、设备或其他产品在高温环境下使用、运输或贮存的能力。

本高温试验不能用来评价试验样品耐温度变化的能力和在温度变化环境下的运行能力,在这种情况下,应采用GB/T 2423.22。

本高温试验方法细分为以下几种:

——非散热试验样品高温试验:

- 试验Bb,温度渐变。

——散热试验样品高温试验:

- 试验Bd,温度渐变;
- 试验Be,温度渐变,试验样品在整个试验过程通电。

本部分给出的试验方法通常用于试验期间能达到温度稳定的试验样品。

2 规范性引用文件

下列文件中的条款通过GB/T 2423的本部分的引用而成为本部分的条款。凡是注日期的引用文件,其随后所有的修改单(不包括勘误的内容)或修订版均不适用于本部分,然而,鼓励根据本部分达成协议的各方研究是否可使用这些文件的最新版本。凡是不注日期的引用文件,其最新版本适用于本部分。

GB/T 2421 电工电子产品环境试验 第1部分:总则(GB/T 2421—1999,idt IEC 60068-1:1988)

GB/T 2422 电工电子产品环境试验 术语(GB/T 2422—1995,eqv IEC 60068-5-2:1990)

GB/T 2423.22 电工电子产品环境试验 第2部分:试验方法 试验N:温度变化(GB/T 2423.22—2002,IEC 60068-2-14:1984,IDT)

GB/T 2424.1 电工电子产品环境试验 高温低温试验导则(GB/T 2424.1—2005,IEC 60068-3-1:1974,IDT)

GB/T 2424.5 电工电子产品环境试验 温度试验箱性能确认(GB/T 2424.5—2006,IEC 60068-3-5:2001,IDT)

GB/T 2424.7 电工电子产品环境试验 试验A和试验B(带负载)用温度试验箱的测量(GB/T 2424.7—2006,IEC 60068-3-7:2001,IDT)

IEC 60721(所有部分) 环境条件分级

3 术语和定义

GB/T 2422确立的以及下列术语和定义适用于本部分。

---

1) IEC 60068-2-2:2007原文在句前有“对于非散热试验样品”。

3.1

工作空间低气流速度　low air velocity in the working space

指工作空间的调节气流速度，能维持设定的条件，但也足够低，以致试验样品上任意点的温度不会由于空气循环的影响而降低 5 K 以上（如果可能，不大于 0.5 m/s）。

3.2

工作空间高气流速度　high air velocity in the working space

指工作空间的调节气流速度，为了维持设定的条件，同时使得试验样品上任意点的温度由于空气循环的影响而降低 5 K 以上。

4　非散热试验样品与散热试验样品试验方法应用对比

4.1　总则

温度试验箱的制造和确认应按照 GB/T 2424.5 和 GB/T 2424.7 的规定进行。

高温和低温试验导则见 GB/T 2424.1，总则见 GB/T 2421。

只有在以下情况下，才认为试验样品是散热的：当温度达到稳定时（见 GB/T 2421 中相应内容），在自由空气的条件下（例如，低气流速度循环）测量的试验样品表面最热点的温度超过试验样品周围空气温度 5 K 以上。当相关规范要求进行贮存或运输试验，或未指定在试验期间施加负载，高温试验 Bb 是适用的。

4.2　工作空间是高气流速度或是低气流速度的确定

在测量和试验的标准环境条件下（见 GB/T 2421），以及气流速度＜0.2 m/s，按照待试验的高温条件下的规定给试验样品通电或加电气负载。

当试验样品的温度达到稳定，应使用合适的监测装置测量试验样品上或其周围若干个有代表性的位置的温度。之后，每一个位置的温升应予以记录。

开启试验箱的通风装置使空气循环，当温度达到稳定时，重新测量上述位置处的温度，如果此次测得的温度与上次无空气流动时测得的温度相差超过 5 K（或相关规范规定的其他值），应在检测报告中记录这些温度值，并且认为该试验箱具有高气流速度循环。然后给试验样品断电，并去掉任何负载条件。

4.3　温度渐变试验[2)]

在温度渐变试验 Bb、试验 Bd 和试验 Be 中，试验样品放入处于试验室温度的试验箱中，然后慢慢升高试验箱中温度，防止由于温度改变而对试验样品产生有害作用。

4.4　散热试验样品的试验

试验 Bd 和试验 Be 描述了散热试验样品在低气流速度循环下的试验程序。这允许试验样品的局部发热点在其内部扩展的情况，类似于安装后的产品在应用中发生的情况。

4.5　温度监控

应使用温度传感器来测量试验箱里的空气温度，温度传感器的位置离试验样品的距离应确保其受热扩散的影响可忽略不计。应适当注意以避免热辐射影响这些测量，更多信息见 GB/T 2424.5。

4.6　包装

对于贮存和运输试验，设备可以带包装进行试验。然而，由于本部分规定的高温试验是稳态试验，设备最终将稳定在试验箱温度，所以，应去掉包装进行试验，除非相关规范要求带包装，或者发热元件是与包装合为一体的。

4.7　图示

为了便于试验方法的选择，图 1 给出了几种不同试验方法的图示。

---

2)　IEC 60068-2-2:2007 原文为“温度突变与温度渐变试验应用对比”。

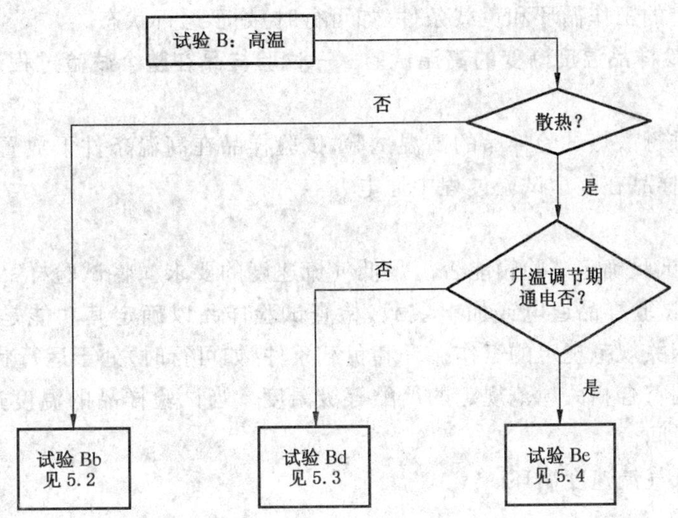

图 1　试验 B:高温试验方框图

5　试验描述

5.1　总则

试验 Bb、试验 Bd 和试验 Be 是相似的,差异见 5.2.2、5.3.2 和 5.4.2,从第 6 章开始的其他部分是这些试验共同的。试验箱内的温度变化速率不应超过 1 K/min(不超过 5 min 时间的平均值)。相关规范应规定试验样品试验时的功能要求。

应注意试验样品的任何冷却装置要符合相关规范的要求。

5.2　试验 Bb:非散热试验样品温度渐变的高温试验

5.2.1　目的

本试验方法用来进行非散热试验样品的高温试验,试验样品在高温条件下放置足够长时间以达到温度稳定。

5.2.2　概述

将试验样品放入温度为试验室温度的试验箱中,然后将温度调节到符合相关规范规定的严酷等级温度。当试验样品温度达到稳定后,在该条件下暴露到规定的持续时间。对于试验时需要通电运行的试验样品(即使它们不属于散热试验样品),应在试验样品温度达到稳定后通电,根据需要进行功能检测。这种情况下,可能还需要一段时间达到温度稳定,然后试验样品在该高温条件下暴露到相关规范规定的持续时间。

试验样品通常在非工作状态下进行试验。

本试验通常采用高气流速度循环。

5.3　试验 Bd:散热试验样品温度渐变的高温试验——试验样品在升温调节期不通电

5.3.1　目的

本试验方法用来进行散热试验样品的高温试验,试验样品在高温条件下放置足够长时间以达到温度稳定。

5.3.2　概述

如果需要,可通过试验确定试验箱能否满足低气流速度的要求。将试验样品放入温度为试验室温度的试验箱中,然后将温度调节到符合相关规范规定的严酷等级温度。给试验样品通电(见 5.3.3)。

当试验样品的温度达到稳定后,在该条件下暴露到相关规范规定的持续时间。

本试验通常采用低气流速度循环。

5.3.3　给试验样品通电

然后,给试验样品通电或加电负载,检查试验样品以确定其功能是否符合相关规范的要求。试验样品应按照相关规范规定的工作循环和负载条件(如可行时)处于运行状态。

5.4 试验 Be:散热试验样品温度渐变的高温试验——试验样品在整个试验过程通电

5.4.1 目的

本试验方法用来进行散热试验样品的高温试验,试验样品在高温条件下放置足够长时间以达到温度稳定,并且要求试验样品在整个试验过程中通电。

5.4.2 概述

如果需要,可通过试验确定试验箱能否满足低气流速度的要求。将试验样品放入温度为试验室温度的试验箱中,然后给试验样品通电或加电负载,检查试验样品以确定其功能是否符合相关规范的要求。试验样品应按照相关规范规定的工作循环和负载条件(如可行时)处于运行状态。

然后将温度调节到符合相关规范规定的严酷等级温度。当试验样品的温度达到稳定后,在该条件下暴露到规定的持续时间。

本试验通常采用低气流速度循环。

6 试验程序

6.1 性能确认

GB/T 2424.5 给出了温度试验箱的性能确认指南。GB/T 2424.1 给出了试验 A 和试验 B 的一般操作指南。

与散热试验样品的尺寸和数量相比,试验箱应该足够大。

6.2 工作空间

试验样品应能完全容纳入试验箱的工作空间内。

稳定状态时,流向试验样品的空气温度应处于试验严酷等级温度的±2 K 范围内。工作空间的空气温度应按照 4.5 来测量。

注:当由于试验箱尺寸的原因,不能维持上述容差时,容差可以放宽。试验温度小于等于 100 ℃时为±3 K;试验温度大于 100 ℃,但小于等于 200 ℃时为±5 K;试验温度大于 200 ℃,但小于等于 315 ℃时为±10 K。当采用了上述容差,则应在试验报告中指明。使用者也应规定试验温度超过 315 ℃时的容差。

6.3 热辐射

应尽可能降低试验样品通过热辐射方式传热的能力,这通常是采取遮挡试验样品的发热或冷却元件,以及确保构成试验箱内壁各部件的温度与调节空气的温度无明显差异的方式来实现。

6.4 安装

试验样品安装和连接时的热传导和其他相关特性应在有关规范中规定。当试验样品使用时是安装在特定的装置中时,在试验时应使用这些装置。

6.5 严酷等级

6.5.1 总则

相关规范应规定由温度和试验持续时间表示的试验严酷等级,严酷等级应:

a) 从 6.5.2 和 6.5.3 所给的数值中选取;

b) 从已知的环境得出,如果该环境给出显著差异的数值;

c) 引自其他知名的相关数据源(例如 IEC 60721)。

6.5.2 温度

- +1 000 ℃
- +800 ℃
- +630 ℃
- +500 ℃
- +400 ℃

- +315 ℃
- +250 ℃
- +200 ℃
- +175 ℃
- +155 ℃
- +125 ℃
- +100 ℃
- +85 ℃
- +70 ℃
- +65 ℃
- +60 ℃
- +55 ℃
- +50 ℃
- +45 ℃
- +40 ℃
- +35 ℃
- +30 ℃

6.5.3 持续时间

- 2 h
- 16 h
- 72 h
- 96 h
- 168 h
- 240 h
- 336 h
- 1 000 h

当本试验方法结合耐久性和可靠性相关的试验使用时，应注意相关标准或规范给出的关于此类试验持续时间的特定建议。

6.6 预处理

预处理按相关规范的要求进行。

6.7 初始检测

试验样品的初始状态可通过目视检查和(或)按相关规范要求进行功能检测获得。

6.8 条件试验

6.8.1 稳态条件

试验样品应在高温条件下暴露至相关规范规定的持续时间。

对于试验样品不能达到温度稳定的例外情况，试验持续时间是从试验样品通电时开始计算的。典型地，这种情况是由那些具有长时间工作循环的样品引起的。

6.8.2 湿度[3)]

绝对湿度不应超过 20 g/m³(约相当于温度 35 ℃时，相对湿度 50%)，相对湿度不超过 50%。

6.9 中间检测

相关规范可能要求在条件试验中间或条件试验结束时(试验样品仍在试验箱中)进行加负载和(或)

3) IEC 60068-2-2:2007 原文为“绝对湿度”。

测量。如果要求进行这种测量,相关规范应对这种测量的内容及时间间隔进行规定。对于这种测量,试验样品不应移出试验箱。

注:如果要求知道某种试验样品在规定的试验持续时间结束之前的性能,应该为每一不同的试验持续时间准备一个单独批次的试验样品。每一批次的样品应单独进行恢复和最后检测。

6.10 最后的线性降温

如果试验样品在试验期间保持在运行状态或负载条件下,应在温度下降前断电或卸掉负载,但试验Be除外,因为该试验要求试验样品在整个恢复期间保持通电运行状态。

当规定的试验持续期结束时,试验样品应保持在试验箱内,然后将温度慢慢下降至试验标准条件的温度偏差范围内。试验箱内的温度变化应不超过1 K/min(不超过5 min时间的平均值)。

6.11 恢复

试验样品应在试验箱内经过恢复过程或其他的合适过程。

试验样品在标准环境条件下进行恢复,恢复时间应足以使温度达到稳定,至少1 h。

如果相关规范要求,试验样品应在恢复期间连续通电或加载并测量。

如果上述标准条件不适合待检测的试验样品,相关规范可要求其他的恢复条件。

6.12 带人工冷却装置的试验样品

相关规范应规定试验样品的冷却介质的特性。当冷却介质是空气时,应注意使空气不受到污染,并保持足够干燥,避免潮湿方面的问题。

6.13 最后检测

应对试验样品进行目视检查以及相关规范要求的性能检测。

7 相关规范应给出的信息

当相关规范包含本试验时,应给出下列适用项目的细节:

a) 预处理;

b) 初始检测;

c) 安装和支撑的详细描述;

d) 试验样品(包含冷却系统)在条件试验期间的状态;

e) 严酷等级,即温度和试验持续时间;

f) 温度变化速率;

g) 条件试验期间的测量和(或)加负载;

h) 恢复(如果是非标准条件);

i) 最后检测;

j) 供需双方同意的对试验程序的任何偏离;

k) 不能获得低气流速度时(见4.2)的温度差异。

8 试验报告中应给出的信息

试验报告中应至少给出下列信息:

a) 客户(名称和地址);

b) 检测实验室(名称和地址,如果有,还包括合格认可的详细信息);

c) 检测日期;

d) 试验类型(Bb,Bd,Be);

e) 试验目的(开发、质量鉴定等);

f) 试验标准,版本(注日期对本部分的引用);

g) 相关试验室检测程序(代号和发行号);

h) 试验样品描述(唯一性标识符、工程图、照片、数量、结构、状态等);

i) 试验箱标识(制造商、型号、唯一性标识符等);

j) 试验箱的性能(设定温度点控制、气流等);

k) 气流速度和方向(流向试验样品的空气流速和方向);

l) 测量系统的不确定度;

m) 校准日期(最近一次校准和下一次应校准的日期);

n) 初始、中间和最后检测;

o) 要求的严酷等级(从试验规范中);

p) 试验的严酷等级(测量点、数据等);

q) 试验样品的性能(功能检测的结果等);

r) 试验期间的观察结果及采取的措施;

s) 试验总结;

t) 分发。

注:宜为每一项试验填写一份日志,该日志可附在报告中。

附 录 NA
（资料性附录）
GB/T 2423 标准的组成部分

除本部分外，GB/T 2423 标准的其他组成部分如下：

GB/T 2423.1—2008 电工电子产品环境试验 第2部分：试验方法 试验A：低温（IEC 60068-2-1:2007,IDT）

GB/T 2423.3—2006 电工电子产品环境试验 第2部分：试验方法 试验Cab：恒定湿热试验（IEC 60068-2-78:2001,IDT）

GB/T 2423.4—2008 电工电子产品环境试验 第2部分：试验方法 试验Db 交变湿热（12 h+12 h 循环）（IEC 60068-2-30:2005,IDT）

GB/T 2423.5—1995 电工电子产品环境试验 第2部分：试验方法 试验Ea和导则：冲击（idt IEC 60068-2-27:1987）

GB/T 2423.6—1995 电工电子产品环境试验 第2部分：试验方法 试验Eb和导则：碰撞（idt IEC 60068-2-29:1987）

GB/T 2423.7—1995 电工电子产品环境试验 第2部分：试验方法 试验Ec和导则：倾跌与翻倒（主要用于设备型样品）（idt IEC 60068-2-31:1982）

GB/T 2423.8—1995 电工电子产品环境试验 第2部分：试验方法 试验Ed：自由跌落（idt IEC 60068-2-32:1990）

GB/T 2423.10—2008 电工电子产品环境试验 第2部分：试验方法 试验Fc：振动（正弦）（IEC 60068-2-6:1995,IDT）

GB/T 2423.15—2008 电工电子产品环境试验 第2部分：试验方法 试验Ga和导则：稳态加速度（IEC 60068-2-7:1986,IDT）

GB/T 2423.16—2008 电工电子产品环境试验 第2部分：试验方法 试验J和导则：长霉（IEC 60068-2-10:2005,IDT）

GB/T 2423.17—2008 电工电子产品环境试验 第2部分：试验方法 试验Ka：盐雾（IEC 60068-2-11:1981,IDT）

GB/T 2423.18—2000 电工电子产品环境试验 第2部分：试验方法 试验Kb：盐雾，交变（氯化钠溶液）（idt IEC 60068-2-52:1996）

GB/T 2423.21—2008 电工电子产品环境试验 第2部分：试验方法 试验M：低气压试验方法（IEC 60068-2-13:1983,IDT）

GB/T 2423.22—2002 电工电子产品环境试验 第2部分：试验方法 试验N：温度变化（IEC 60068-2-14:1984,IDT）

GB/T 2423.23—1995 电工电子产品环境试验 试验Q：密封

GB/T 2423.24—1995 电工电子产品环境试验 第2部分：试验方法 试验Sa：模拟地面上的太阳辐射（idt IEC 60068-2-5:1975）

GB/T 2423.25—2008 电工电子产品环境试验 第2部分：试验方法 试验Z/AM：低温/低气压综合试验（IEC 60068-2-40:1976,IDT）

GB/T 2423.26—2008 电工电子产品环境试验 第2部分：试验方法 试验Z/BM：高温/低气压综合试验（IEC 60068-2-41:1976,IDT）

GB/T 2423.27—2005 电工电子产品环境试验 第2部分：试验方法 试验Z/AMD：低温/低气压/湿热连续综合试验（IEC 60068-2-39:1976,IDT）

GB/T 2423.28—2005 电工电子产品环境试验 第2部分:试验方法 试验T:锡焊(IEC 60068-2-20:1979,IDT)

GB/T 2423.30—1999 电工电子产品环境试验 第2部分:试验方法 试验XA和导则:在清洗剂中浸渍(idt IEC 60068-2-45:1993)

GB/T 2423.31—1985 电工电子产品基本环境试验规程 倾斜和摇摆试验方法

GB/T 2423.32—2008 电工电子产品环境试验 第2部分:试验方法 试验Ta:润湿称量法可焊性(IEC 60068-2-54:2006,IDT)

GB/T 2423.33—2005 电工电子产品环境试验 第2部分:试验方法 试验Kca:高浓度二氧化硫试验

GB/T 2423.34—2005 电工电子产品环境试验 第2部分:试验方法 试验Z/AD:温度/湿度组合循环试验(IEC 60068-2-38:1974,IDT)

GB/T 2423.35—2005 电工电子产品环境试验 第2部分:试验方法 试验Z/AFc:散热和非散热试验样品的低温/振动(正弦)综合试验(IEC 60068-2-50:1983,IDT)

GB/T 2423.36—2005 电工电子产品环境试验 第2部分:试验方法 试验Z/BFc:散热和非散热试验样品的高温/振动(正弦)综合试验(IEC 60068-2-51:1983,IDT)

GB/T 2423.37—2006 电工电子产品环境试验 第2部分:试验方法 试验L:沙尘试验(IEC 60068-2-68:1994,IDT)

GB/T 2423.38—2008 电工电子产品环境试验 第2部分:试验方法 试验R:水试验方法和导则(IEC 60068-2-18:2000,IDT)

GB/T 2423.39—2008 电工电子产品环境试验 第2部分:试验方法 试验Ee:弹跳(IEC 60068-2-55:1987,IDT)

GB/T 2423.40—1997 电工电子产品环境试验 第2部分:试验方法 试验Cx:未饱和高压蒸汽恒定湿热(idt IEC 60068-2-66:1994)

GB/T 2423.41—1994 电工电子产品基本环境试验规程 风压试验方法

GB/T 2423.42—1995 电工电子产品环境试验 低温/低气压/振动(正弦)综合试验方法

GB/T 2423.43—2008 电工电子产品环境试验 第2部分:试验方法 振动、冲击和类似动力学试验样品的安装(IEC 60068-2-47:2005,IDT)

GB/T 2423.45—1997 电工电子产品环境试验 第2部分:试验方法 试验Z/ABDM:气候顺序(idt IEC 60068-2-61:1991)

GB/T 2423.47—1997 电工电子产品环境试验 第2部分:试验方法 试验Fg:声振(idt IEC 60068-2-65:1993)

GB/T 2423.48—2008 电工电子产品环境试验 第2部分:试验方法 试验Ff:振动-时间历程法(IEC 60068-2-57:1999,IDT)

GB/T 2423.49—1997 电工电子产品环境试验 第2部分:试验方法 试验Fe:振动——正弦拍频法(idt IEC 60068-2-59:1990)

GB/T 2423.50—1999 电工电子产品环境试验 第2部分:试验方法 试验Cy:恒定湿热主要用于元件的加速试验(idt IEC 60068-2-67:1996)

GB/T 2423.51—2000 电工电子产品环境试验 第2部分:试验方法 试验Ke:流动混合气体腐蚀试验(idt IEC 60068-2-60:1995)

GB/T 2423.52—2003 电工电子产品环境试验 第2部分:试验方法 试验77:结构强度与撞击(IEC 60068-2-27:1999,IDT)

GB/T 2423.53—2005 电工电子产品环境试验 第2部分:试验方法 试验Xb:由手的磨擦造成标记和印刷文字的磨损(IEC 60068-2-70:1995,IDT)

GB/T 2423.54—2005　电工电子产品环境试验　第 2 部分:试验方法　试验 Xc:流体污染(IEC 60068-2-74:1999,IDT)

GB/T 2423.55—2006　电工电子产品环境试验　第 2 部分:环境测试　试验 Eh:锤击试验(IEC 60068-2-75:1997,IDT)

GB/T 2423.56—2006　电工电子产品环境试验　第 2 部分:试验方法　试验 Fh:宽带随机振动(数字控制)和导则(IEC 60068-2-64:1993,IDT)

GB/T 2423.57—2008　电工电子产品环境试验　第 2-81 部分:试验方法　试验 Ei:冲击　冲击响应谱合成(IEC 60068-2-81:2003,IDT)

GB/T 2423.58—2008　电工电子产品环境试验　第 2-80 部分:试验方法　试验 Fi:振动　混合模式(IEC 60068-2-80:2005,IDT)

GB/T 2423.101—2008　电工电子产品环境试验　第 2 部分:试验方法　试验:倾斜和摇摆

GB/T 2423.102—2008　电工电子产品环境试验　第 2 部分:试验方法　试验:温度(低温、高温)/低气压/振动(正弦)综合

附　录　NB
（资料性附录）
试验A:低温和试验B:高温的分类代号小写字母之间的关系

试验A:低温和试验B:高温的分类代号小写字母之间的关系见表NB.1。

表NB.1　试验A:低温和试验B:高温的分类代号小写字母之间的关系

后缀字母	试验A:低温			试验B:高温		
	样品类型	温度变化	气流速度	样品类型	温度变化	气流速度
a	废止			废止		
b	非散热	渐变	高速(优先)	非散热	渐变	高速(优先)
c	废止			废止		
d	散热	渐变	低速(优先)	散热	渐变	低速(优先)
e	散热,整个试验过程通电	渐变	低速(优先)	散热,整个试验过程通电	渐变	低速(优先)

ICS 19.040
K 04

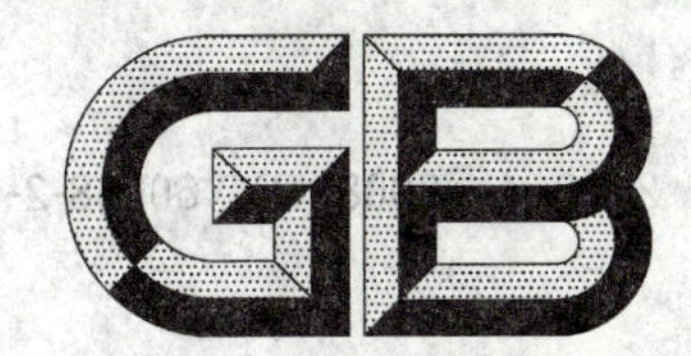

中华人民共和国国家标准

GB/T 2423.4—2008/IEC 60068-2-30:2005
代替 GB/T 2423.4—1993

电工电子产品环境试验 第2部分:试验方法 试验Db:交变湿热(12 h+12 h 循环)

Environmental testing for electric and electronic products—Part 2: Test method—Test Db: Damp heat, cyclic (12 h+12 h cycle)

(IEC 60068-2-30:2005, Environmental testing—Part 2-30: Tests—Test Db: Damp heat, cyclic(12 h+12 h cycle), IDT)

2008-05-19 发布　　　　2009-01-01 实施

中华人民共和国国家质量监督检验检疫总局
中国国家标准化管理委员会　发布

前言

本部分为GB/T 2423的第4部分。

本部分等同采用IEC 60068-2-30:2005《环境试验　第2-30部分:试验方法　试验Db:交变湿热(12 h+12 h循环)》(英文版)。主要做了以下编辑性修改:

——删除了国际标准的前言和引言;

——增加了国家标准前言;

——引用了采用国际标准的国家标准。

本部分代替GB/T 2423.4—1993,与其相比,主要不同之处有:

——图2改为图2a)和图2b);

——在降温阶段中,方法2允许相对湿度和温度下降速率有较大的容差;

——恢复条件相对湿度由原来的"(75±3)%"改为"(75±2)%",温度由"实验室温度±2 K"改为"实验室温度±1 K";

——增加了附录A。

本部分的附录A为资料性附录。

本部分由全国电工电子产品环境条件与环境试验标准化技术委员会提出并归口。

本部分起草单位:中国电器科学研究院、上海工业自动化仪表研究所。

本部分主要起草人:颜景莲、王捷。

本部分所代替标准的历次版本发布情况为:GB/T 2423.4—1981、GB/T 2423.4—1993。

电工电子产品环境试验
第2部分:试验方法 试验Db:
交变湿热(12 h+12 h循环)

1 范围

本部分适用于确定元件、设备或其他产品在高湿度与温度循环变化组合且通常会在试验样品表面产生凝露的条件下使用、运输和贮存的适应性。如果本试验用于检验带包装样品在运输和贮存过程中的性能时,应带包装一起进行试验。

对于小的,质量轻的样品使用本试验,在样品表面产生凝露可能比较困难;用户应考虑使用其他替代试验,如GB/T 2423.34—2005。

2 规范性引用文件

下列文件中的条款通过GB/T 2423的本部分的引用而成为本部分的条款。凡是注日期的引用文件,其随后所有的修改单(不包括勘误的内容)或修订版均不适用于本部分,然而,鼓励根据本部分达成协议的各方研究是否可使用这些文件的最新版本。凡是不注日期的引用文件,其最新版本适用于本部分。

GB/T 2421—1999 电工电子产品环境试验 第1部分:总则(idt IEC 60068-1:1988)

GB/T 2422—1995 电工电子产品环境试验 术语(eqv IEC 60068-5-2:1990)

GB/T 2423.34—2005 电工电子产品环境试验 第2部分:试验方法 试验Z/AD:温度/湿度组合循环试验(IEC 60068-2-38:1974,IDT)

GB/T 2424.6—2006 电工电子产品环境试验 温度/湿度试验箱性能确认(IEC 60068-3-6:2001,IDT)

3 一般说明

本试验包含了相对湿度维持在较高水平下的一个或多个温度循环。

本部分给出了两种循环,除了降温阶段不同外,其余部分完全一样;在降温阶段中,方法2允许相对湿度和温度下降速率有较大的容差。

温度循环的上限和循环次数(见第5章)决定了试验的严酷程度。

试验过程见图1、图2a)、图2b)和图3。

本部分中述及的容差没有考虑测量不确定度。

4 试验箱——构造要求

4.1 温度能在25℃±3 K和规定的高温之间循环变化,且其容差和变化速率符合7.3,图2a)或图2b)的规定。

总的温度容差±3 K是考虑到了测量的绝对误差、温度的缓慢变化以及工作空间内的温度变化而确定的。但是,为了维持相对湿度在规定的容差范围内,在任意时刻工作空间内任何两点之间的温度差必须维持在一个较小的范围内。如果温度差超过1 K,湿度条件就达不到要求。为了维持规定的湿度,温度短时波动必须维持在±0.5 K范围内。

4.2 工作空间的相对湿度能够保持在7.3图2a)或图2b)(当适用时取可用的)所给定的限度以内。

4.3 注意确保箱内工作空间各点条件均匀,并且应与适当放置的温、湿度传感装置附近的条件尽可能接近。试验箱应满足 GB/T 2424.6—2006 中相应的性能要求。

4.4 受试样品不应受到来自试验箱调节过程的热辐射的影响。

4.5 用于保持箱内湿度的水,其电阻率应不小于 500 Ωm。

箱内凝结水应及时排出,在纯化处理前不得再使用。

应采取措施保证冷凝水不会滴落在试验样品上。

4.6 受试样品的大小、性质或电气负载不允许明显地影响到箱内条件。

5 严酷程度

5.1 高温和循环次数的组合决定了试验的严酷程度。

5.2 严酷程度应从下列数值中选择:

a) 高温:40℃;循环次数:2,6,12,21,56。

b) 高温:55℃;循环次数:1,2,6。

6 初始检测

试验样品应按有关标准进行外观检查并进行电气和机械性能检测。

7 条件试验

试验样品应在不包装、不通电、准备使用状态或按有关标准的其他规定放入试验箱中。

如没有规定特定的安装架,那么安装架的热传导应尽可能低,使得实际上对所有的试验样品都是绝热的。

7.1 温度容差

总的温度容差±2 K 或±3 K 是考虑到了测量的绝对误差、温度的缓慢变化以及工作空间内的温度变化而确定的。但是,为了维持相对湿度在规定的容差范围内,在任意时刻工作空间内任何两点之间的温度差必须维持在一个较小的范围内。如果温度差超过 1 K,湿度条件就达不到要求。为了维持规定的湿度,温度短时波动应维持在±0.5 K。

7.2 稳定期

试验样品的温度应稳定在 25℃±3 K(GB/T 2421—1999 和 GB/T 2422—1995 中给出了温度稳定的定义)。通过以下方法达到稳定:

a) 在把试验样品放入试验箱里之前,先把试验样品放置在另一个箱子里,或者,

b) 把试验样品放入试验箱之后,将箱温调至 25℃±3K,并保持到该试验样品达到温度稳定为止。

不论采用何种方法,达到温度稳定期间,其相对湿度必须在规定的试验用的标准大气条件的限值内。

样品在试验箱内稳定之后,箱内的相对湿度应升到不小于 95%,环境温度为 25℃±3K。

7.3 24 小时循环

7.3.1 箱内温度应升到有关标准所规定的合适高温值。在 3 h±30 min 之内应该达到高温,其温升速率应保持在图 2a)和图 2b)中阴影区域的界限内。

该阶段的相对湿度应不小于 95%,最后 15 min 内的相对湿度应不小于 90%。

在上升温度阶段,试验样品上可能出现凝露。

注:出现凝露条件意味着试验样品表面温度在箱内空气露点温度之下。

7.3.2 温度应保持在规定的高温限值±2K 内,直至从循环开始的 12 h±30 min 为止。

本阶段的最初和最后 15 min 内,相对湿度应在 90%~100%,其余时间相对湿度应在(93±3)%。

7.3.3 温度可按照以下给定的两种方法的一种降低:

方法 1(见图 2a))

温度应在 3 h～6 h 内降到 25℃±3 K。在最初 1.5 h 的降温速率应按图 2a)所示,在 3 h±15 min 内温度达到 25℃±3 K。在最初 15 min 相对湿度应不小于 90%外,其余时间的相对湿度应不小于 95%。

注:方法 1 的适用样品描述见附录 A。

方法 2(见图 2b))

温度应在 3 h～6 h 内降到 25℃±3 K,但没有类型 1 中最初 1.5 h 的附加要求。相对湿度应不小于 80%。

注:方法 2 的适用样品描述见附录 A。

7.3.4 温度应保持在 25℃±3 K,同时相对湿度不小于 95%,直至 24 小时一个循环结束。

8 中间检测

有关标准可以要求在条件试验过程中进行性能检测。

注:在恢复前进行的要求试验样品取出箱外的测量,在条件试验时是不允许的。如果希望进行中间测量,那么有关标准应规定测量项目和在条件试验期间哪个阶段后进行。

9 恢复

有关标准应规定恢复过程是在试验用的标准大气条件下(GB/T 2421—1999 中 5.3)还是在受控的恢复条件下(GB/T 2421—1999 中 5.4.1)进行。

如果要求用受控的恢复条件(见图 3),试验样品可以转移到另一箱中,或也可留在湿热箱中进行恢复。

前一种情况,转换时间应尽可能的短,并不能超过 10 min。

后一种情况,在 1 h 之内,将相对湿度降到(75±2)%,然后再在另外的 1 h 将温度调整到实验室温度±1 K。对大件试验样品,有关标准可以允许有较长的转换时间。

恢复时间的计算(1 h～2 h)是从规定的恢复条件达到时算起。

如果试验样品具有大的热时间常数,可以允许有一个足够的使温度达到稳定(GB/T 2421—1999 中第 4 章)的恢复时期。

有关标准应说明是否要用任何特殊措施除去试验样品表面的湿气。

10 最终检测

样品应当根据相关规范进行目视检查以及性能测试。

测量应当在恢复期结束之后马上进行,并且对相对湿度最敏感的参数要最先测量。除非有相关规定,所有参数的测量应当在 30 min 之内完成。

11 相关规范中应给出的信息

当相关规范中包含该试验时,应当尽可能提供以下信息:

	条款
a) 严酷程度:温度和循环次数	5.2
b) 初始检测	第 5 章
c) 条件试验中样品的状态	第 7 章
d) 安装架或者支撑物的情况	第 7 章
e) 方法 1 还是方法 2	7.3.3
f) 中间检测	第 8 章
g) 恢复条件	第 9 章

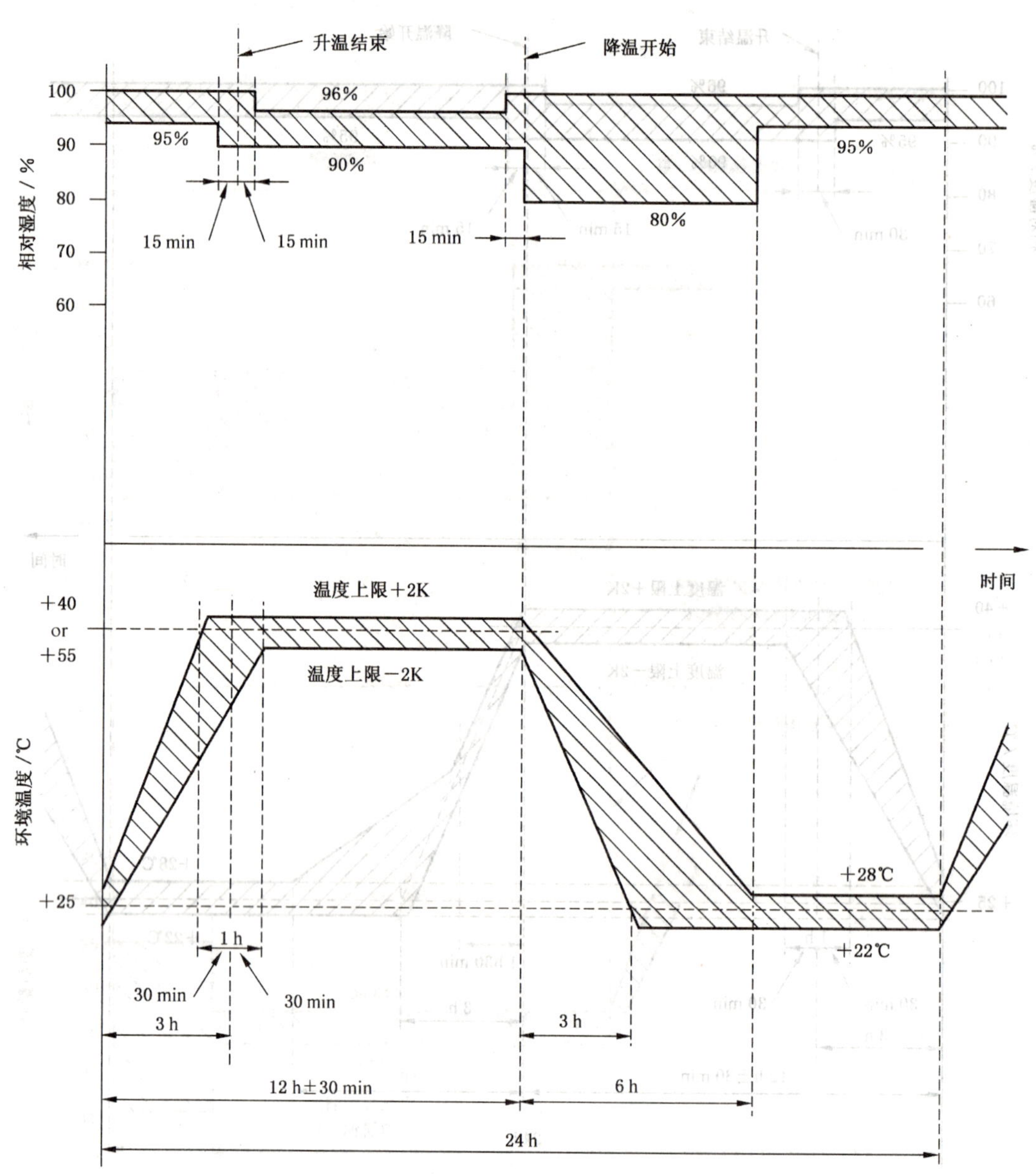

图 2b) 试验 Db——试验循环——方法 2

图3 试验Db——受控条件下的恢复

附 录 A
（资料性附录）
导 则

本试验中提供了两种降温方法。

方法 1，开始 90 min，温度下降速率应当严格控制，相对湿度不应低于 95%，除了开始的 15 min 不低于 90%以外。该方法要求特制的试验箱。

方法 1 特别适合于由于呼吸作用引起的湿汽渗透的样品，例如在内表面形成凝露的内空的样品。

方法 2 对于其他样品有很好的重现性。

有关湿热试验包括稳态和交变试验的进一步信息，可以从 GB/T 2424.2—2005 中获得。

ICS 19.040
K 04

中华人民共和国国家标准

GB/T 2423.10—2008/IEC 60068-2-6:1995
代替 GB/T 2423.10—1995

电工电子产品环境试验
第2部分:试验方法
试验Fc:振动(正弦)

Environmental testing for electric and electronic products—

Part 2:Tests methods

Test Fc: Vibration(sinusoidal)

(IEC 60068-2-6:1995,IDT)

2008-03-24 发布　　　　2008-10-01 实施

中华人民共和国国家质量监督检验检疫总局
中国国家标准化管理委员会　发布

前　言

GB/T 2423《电工电子产品环境试验　第2部分:试验方法》按试验方法分为若干部分。

本部分为GB/T 2423的第10部分。

本部分等同采用IEC 60068-2-6:1995《环境试验　第2部分:试验方法　试验Fc:振动(正弦)》。

本部分等同采用的IEC 60068-2-6:1995由IEC导则104确定为安全性基础标准。

为便于使用,本部分做了下列编辑性修改:

a) “IEC 60068的本部分”一词改为“GB/T 2423的本部分”或“本部分”;

b) 用小数点“.”代替作为小数点的逗号“,”;

c) 删除国际标准的前言;

d) 为了与现有GB/T 2423其他各部分的名称一致,将本部分改为当前名称。

本部分引用的规范性文件中有一部分目前尚未转化为等同采用的国家标准,在引用这些规范性文件时仍以IEC/ISO的编号列出。

本部分代替GB/T 2423.10—1995《电工电子产品环境试验　第2部分:试验Fc:振动(正弦)》,与其相比,本部分增加了数字信号控制和数字滤波方面的技术内容。对原有的内容也有删改和补充。

IEC 60068-2-34、IEC 60068-2-35、IEC 60068-2-36和IEC 60068-2-37目前已经停止使用,在本部分修订时不再引用。

本部分的附录A、附录B和附录C为资料性附录。

本部分由上海市质量监督检验技术研究院提出。

本部分由中国电工电子产品环境条件与环境试验标准化技术委员会归口。

本部分起草单位:信息产业部电子第五研究所、上海市质量监督检验技术研究院、广州大学、北京航空航天大学、上海市航天808所、信息产业部电子第四研究所。

本部分主要起草人:卢兆明、纪春阳、徐忠根、吴飒、胡京平、王群健、赵明磊、林佳怡、王德言。

本部分所代替标准的历次版本发布情况为:

——GB/T 2423.10—1981首次发布;

——GB/T 2423.10—1995第一次修订。

引 言

GB/T 2423 的本部分给出的振动(正弦)试验方法,适用于在运输或使用期间可能在船舶、航空飞行器、陆用车辆、旋翼飞行器空间应用,以及因机械或地震现象导致旋转、脉动或摆动力产生共振的元件、设备和其他产品(简称样品)。

本试验让样品承受一段给出频率的正弦振动,或承受在一定的时间周期内处于离散的频率的正弦振动。用规定振动响应的检查以确定样品的危险频率。

有关规范应指出样品在振动时是否工作;或在振动后是否应该能继续工作。

必须强调指出,振动试验总是需要一定的工程判断,供需双方应充分认识这一点。无论如何,正弦振动试验是一个确定的,相对简单的过程,因而适用于诊断和使用寿命试验。

本部分的正文部分首先论述了用模拟技术或数字技术在规定点控制试验的方法,详细给出了试验程序,并且对振动的要求、严酷度等级(频率范围、振幅和持续时间)的选择作出规定。有关规范的编写者应选择适用于该样品及其使用要求的试验程序和严酷度等级。

第 3 章给出的术语和定义适用于本部分。

附录 A 给出了本试验的导则,而附录 B 和附录 C 提供了对元件和设备严酷度的选择。

电工电子产品环境试验
第2部分:试验方法
试验Fc:振动(正弦)

1 范围

本部分给出了一个标准的试验方法过程,用以确定元件、设备和其他产品(下文称样品)经受规定严酷度正弦振动的能力。

本试验的目的是确定样品的机械薄弱环节和(或)特性降低情况。用这些资料,结合有关规范用以判定样品是否可以接收。在某些情况下,本试验方法可用于论证样品的机械结构完好性和(或)研究它们的动态特性。也可根据经受本试验不同严酷等级的能力来划分元器件等级。

2 规范性引用文件

下列文件中的条款通过GB/T 2423的本部分的引用而成为本部分的条款。凡是注日期的引用文件,其随后所有的修改单(不包括勘误的内容)或修订版均不适用于本部分。然而,鼓励根据本部分达成协议的各方研究是否可使用这些文件的最新版本。凡是不注日期的引用文件,其最新版本适用于本部分。

GB/T 2421—1999 电工电子产品环境试验 第1部分:总则(idt IEC 60068-1:1988)

GB/T 2423.43—1995 电工电子产品环境试验 第2部分:试验方法 元件、设备和其他产品在冲击(Ea)、碰撞(Eb)、振动(Fc和Fd)和稳态加速度(Ca)等动力学试验中的安装要求和导则(idt IEC 60068-2-47:1982)

GB/T 2423.56—2006 电工电子产品环境试验 第2部分:试验方法 试验Fh:宽频带随机振动(数控)和导则(IEC 60068-2-64:1993,IDT)

GB/T 4796—2008 电工电子产品环境条件分类 第1部分:环境参数及其严酷程度(IEC 60721-1:2002,IDT)

IEC 60050(721):1991 国际电工词汇(IEV)721 电报 传真通讯 数据通讯

ISO 2041:1990 振动和冲击 词汇

3 术语和定义

定义索引

实际运动	actual motion	3.7
基本运动	basic motion	3.6
中心共振频率	centred reesonanc frequencies	3.10
检测点	check point	3.2.1
危险频率	critical frequencies	3.9
阻尼	damping	3.8
虚拟参考点	fictitious reference point	3.2.2.1
固定点	fixing point	3.1
g_n		3.12
测量点	measuring point	3.2

多点控制	multipoint control	3.3.2
参考点	reference point	3.2.2
有限扫描频率	restricted frequencies	3.11
信号容差	signal tolerance	3.5
单点控制	single point control	3.3.1
扫频循环	sweep cycle	3.4

专用名词通常按 ISO 2041 和 GB/T 2421，但扫频循环(3.4)和信号容差(3.5)是由本部分特殊定义的。

以下专用名词的描述与 ISO 2041 或 GB/T 2421 的定义不同，或未被定义在内。

3.1

固定点 fixing point

样品与夹具或振动台面接触的部分，在使用中通常是固定样品的地方。如果是实际安装结构的一部分作夹具使用，则应取安装结构和振动台面接触的部分作固定点，而不应取样品和振动台面接触的部分作固定点。

3.2

测量点 measuring point

试验中采集数据的某些特定点具有两种形式，下面给出其定义。

注：为了评价样品的性能，可以在样品的许多点上进行测量。但在本部分中，这种情况不作为测量点看待，对这方面更详细的叙述见附录 A.2.1。

3.2.1

检测点 check point

位于夹具、振动台或样品上的点。并且要求尽可能接近于一个固定点，而且在任何情况下都要和固定点刚性连接。

注1：试验的要求是通过若干检测点的数据来保证的。

注2：如果存在 4 个或 4 个以下的固定点，则每个都用作检测点。如果存在 4 个以上的固定点，则有关规范应规定 4 个具有代表性的固定点作检测点用。

注3：在特殊情况下，例如对大型或复杂的样品，如果要求检测点在其他地方(不紧靠固定点)，则应在有关规范中规定。

注4：当大量的小样品安装在一个夹具中时，或当一个小样品具有许多固定点时，为了导出控制信号，可选用单个检测点(即参考点)，但该点应选自样品和夹具的固定点而不应选自夹具和振动台的固定点。这仅当夹具装上样品等负载后的最低共振频率充分高过试验频率的上限时才是可行的。

3.2.2

参考点 reference point

从检测点中选定的点，为了满足本部分的要求，该点上的信号用于控制试验。

3.2.2.1

虚拟参考点 fictitious reference point

为满足本部分的要求，从多个用人工或自动的方法合成的参考点。

3.3

控制点 control point

3.3.1

单点控制 single point control

单点控制是通过使用来自参考点上传感器的信号，使该参考点保持在所规定的振动量级上来实现的(见 4.1.4.1)。

3.3.2

多点控制 multipoint control

多点控制是将来自各检测点上每个传感器的信号,按有关规范的要求,进行连续的算术平均或采用比较技术处理来实现的(见 4.1.4.1)。

3.4

扫频循环 sweep cycle

在每个方向按规定的频率范围往返。例如,10 Hz 到 150 Hz 到 10 Hz。

注:数字正弦控制系统生产厂商提供的手册经常以 f_1 到 f_2 表示扫频循环,而不是 f_1 到 f_2 到 f_1。

3.5

信号容差 signal tolerance

$$T=\left(\frac{NF}{F}-1\right)\times 100\%$$

式中:

NF——未经滤波的信号 r.m.s 值;

F——经滤波的信号 r.m.s 值。

注:指用于控制试验的信号如加速度、速度、位移(见 A.2.2)。

3.6

基本运动 basic motion

在参考点振动驱动频率上的运动(见 4.1.1)。

3.7

实际运动 actual motion

由参考点传感器返回的宽带信号所描述的运动。

3.8

阻尼 damping

描述能量在系统结构中的耗散。实际上阻尼取决于许多参数,诸如结构系统、振动模态、应变、作用力、速度、材料、连接滑移等。

3.9

危险频率 critical frequencies

下列情况下的频率:

——由振动引起的,样品呈现出不正常和(或)性能变坏。

——机械共振和(或)其他作用的响应,如颤动。

3.10

中心共振频率 centred resonance frequencies

来自振动响应检查,实际上共振频率自动集中的频率。

3.11

有限扫描频率 restricted frequencies

覆盖危险频率的 0.8 倍至 1.2 倍频率扫描范围。

3.12

g_n

由地球引力产生的标准加速度,它是随海拔高度和地理纬度而变化的。

注:本部分为了便于使用,将 g_n 值圆整到 10 m/s^2 的整数值。

4 试验设备

4.1 特性要求

由功率放大器、激振器、试验夹具、样品和控制系统组成完整的振动系统要求的特性。

4.1.1 基本运动

基本运动应为时间的正弦函数，样品的各固定点应基本上同相位并沿平行直线运动，并符合4.1.2和4.1.3限定的要求。

4.1.2 寄生运动

4.1.2.1 横向运动

垂直于规定振动轴线的检测点上的最大振幅。当频率低于或等于500 Hz时，不大于规定振幅的50%；超过500 Hz时，不大于规定振幅的100%。横向运动的测量仅需在规定的频率范围内进行。在特殊情况下，例如对小样品，有关规范可以规定允许横向运动的振幅不大于25%。

在某些情况下，对于大尺寸、大质量的样品或在某些频率上要达到上面的要求是困难的。有关规范应指出下列适用的一条：

a) 在报告中指出并记录超过上面要求的任何横向运动。

b) 已知横向运动无害于样品，不监控。

4.1.2.2 旋转运动

在装载大尺寸或大质量样品的情况下，应重视振动台产生寄生的旋转运动。因此，有关规范应规定一个允许的量值。实测量值应记录在试验报告中(见A.2.4)。

4.1.3 信号容差

除非有关规范另有规定，应对加速度信号容差进行测量。测量应在参考点进行，其频率覆盖范围应取5 000 Hz或5倍的驱动频率的较小者。如果有关规范另有规定，此最高分析频率可能延伸到或超过扫频试验频率上限。除非有关规范另有规定，信号容差应不超过5%(见3.5)。

如有关规范规定，可使用跟踪滤波器将处于基本驱动频率的控制信号的加速度幅值恢复到规定值(见A.4.4)。

对大或复杂的样品，在频率范围的某一部分信号不能满足规定的容差，且使用跟踪滤波器不可行时，加速度幅值不需要恢复。但信号容差应记录在报告中(见A.2.2)。

注：如果未使用跟踪滤波器且信号容差超过5%，选择数字控制或模拟控制系统将会使可再现性受到较大影响(见A.4.5)。

无论使用跟踪滤波器与否，有关规范可要求将信号容差及受影响的频率范围记录在试验报告中(见A.2.2)。

4.1.4 振幅容差

在所要求轴线上的检测点和参考点上的基本运动幅值应等于规定值，并应在下列容差范围内。这些容差包括仪器误差。有关规范可要求在试验报告中给出测量不确定度评估及其置信度水平。

对较低频率或者大尺寸样品或大质量的样品达到要求的容差也许是困难的。在这种情况下需要较宽的容差或采用可替代的方法。应在有关规范中规定，并记录在试验报告中。

4.1.4.1 参考点

参考点的控制信号容差：±15% (见A.2.3)。

有关规范应规定是采用单点控制还是采用多点控制。如果采用多点控制，应明确是将各检测点上信号的平均值控制到所规定值，还是将所选择的一个点(例如最大振幅点)上的信号控制到所规定的值(见A.2.3)。

注：如不可能采用单点控制，则采用平均值进行多点控制或对多个检测点中极大值点控制。在这种多点控制的情况下，这个点就是设定的参考点。这种方法应记录在试验报告中。

4.1.4.2 检测点

在每个检测点上：

低于或等于 500 Hz： ±25%；

高于 500 Hz： ±50%；

(见 A.2.3)。

4.1.5 频率容差

提供下列频率容差。

4.1.5.1 扫频耐久

低于或等于 0.25 Hz： ±0.05 Hz；

从 0.25 Hz 到 5 Hz： ±20%；

从 5 Hz 到 50 Hz： ±1 Hz；

高于 50 Hz： ±2%。

4.1.5.2 定频耐久

a) 固定频率： ±2%；

b) 近固定频率：

低于或等于 0.25 Hz： ±0.05 Hz；

从 0.25 Hz 到 5 Hz： ±20%；

从 5 Hz 到 50 Hz： ±1 Hz；

高于 50 Hz： ±2%。

4.1.5.3 危险频率的测量

在比较耐久性试验前后的危险频率时(见 8.1)，即在振动响应检查期间，采用下列容差：

低于或等于 0.5 Hz： ±0.05 Hz；

从 0.5 Hz 到 5 Hz： ±10%；

从 5 Hz 到 100 Hz： ±0.5 Hz；

高于 100 Hz： ±0.5%。

4.1.6 扫频

扫频应是连续的，且频率应随时间按指数规律变化(见 A.4.3)。扫频的速率应为每分钟一个倍频程，容差为±10%。这可能因为振动响应检查而有所不同(见 8.1)。

注：由于数字控制系统扫频的“连续性”不是绝对准确的，但这种误差并无很大的实际意义。

4.2 安装

除非有关规范另有规定，样品应按 GB/T 2423.43 的要求安装于试验设备上。对通常安装在减振器上的样品还可见 8.2.2 的注、A.3.1、A.3.2 和 A.5。

5 严酷等级

振动试验的严酷等级由三个参数共同确定。即频率范围、振动幅值和耐久试验的持续时间(按扫频循环数或时间给出)。

对每一个参数，有关规范应从下面所列出的数值中选取。或者从其他已知来源得到的有关数据(例如 GB/T 4796)。如果与已知的环境有实质性差异，有关规范应做出相关的规定。

在实际环境条件已知的情况下，为使试验有一定的灵活性，可规定加速度幅频特性曲线的形状，在这种情况下，有关规范应以频率函数描述曲线的形状。应尽可能在本部分给出的数值中选定不同的量级和相应的频率范围，即拐点。

附录 B 给出了元件的严酷等级示例，附录 C 给出了设备的严酷等级示例(见 A.4.1 和 A.4.2)。

5.1 频率范围

有关规范应从表1中选取一个下限频率，并从表2中选取一个上限频率来确定频率范围。推荐的频率范围见表3。

B.1，C.1和C.2给出了特殊用途的严酷等级示例。

表1 下限频率

f_1/Hz
0.1
1
5
10
55
100

表2 上限频率

f_2/Hz
10
20
35
55
100
150
300
500
2 000
5 000

表3 推荐频率范围

从 f_1 到 f_2/Hz		
1	到	35
1	到	100
10	到	55
10	到	150
10	到	500
10	到	2 000
10	到	5 000
55	到	500
55	到	2 000
55	到	5 000
100	到	2 000

5.2 振动幅值

有关规范应规定振动幅值(位移幅值或加速度幅值，或两者都要)。

交越频率以下规定为定位移，交越频率以上规定为定加速度。表4和表5给出了不同交越频率时的位移和加速度幅值的推荐值。

每一个位移幅值都有一相对应的加速度幅值(示于表4和表5的同一横格线上)。因此在交越频率上振动量值是相同的(见A.4.1)。

当规定的交越频率在技术上不适用时，有关规范可以另行规定交越频率以及与其对应的位移—加速度幅值。有某些情况下也可规定一个以上的交越频率。

注：振幅与频率的关系见图1、图2、图3。但在用于低频区域时应考虑A.4.1给出的内容。

上限频率仅到 10 Hz 的试验，通常在整个频率范围采用定位移幅值的方法。因此在表 6 和图 3 中仅给出了位移幅值。

5.3 耐久试验的持续时间

有关规范应从下面给出的推荐值中选取耐久试验的持续时间。如果规定的持续时间导致在每个轴线或频率上等于或大于 10 h，则可分成几个单独的试验周期进行，但不应减少样品所受的应力(见 A.1 和 A.6.2)。

5.3.1 扫频耐久

在每一轴线上的耐久试验持续时间以扫频循环数(见 3.4)给出，有关规范可从下面给出的数值中选取：

1,2,5,10,20,50,100。

当需要更多的扫频循环数时，应采用与上述诸值相同的数值系列(见 A.4.3)。

表 4 低交越频率(8 Hz 到 10 Hz)推荐振动幅值

低于交越频率的位移幅值		高于交越频率的加速度幅值	
mm	(in)	m/s^2	(g_n)
0.35	(0.014)	1	(0.1)
0.75	(0.03)	2	(0.2)
1.5	(0.06)	5	(0.5)
3.5	(0.14)	10	(1.0)
7.5	(0.30)	20	(2.0)
10	(0.40)	30	(3.0)
15	(0.60)	50	(5.0)

注 1：表中所列全部数值均为峰值振幅。

注 2：供参考的英寸值是从毫米值导出的近似值，g_n 值也是为参考而给出的近似值。

注 3：表中 15 mm 的位移幅值主要适用于液压振动台选取。

表 5 高交越频率(58 Hz 到 62 Hz)推荐振动幅值

低于交越频率的位移幅值		高于交越频率的加速度幅值	
mm	(in)	m/s^2	(g_n)
0.035	(0.001 4)	5	(0.5)
0.075	(0.003)	10	(1.0)
0.15	(0.006)	20	(2.0)
0.35	(0.014)	50	(5.0)
0.75	(0.03)	100	(10)
1.0	(0.040)	150	(15)
1.5	(0.06)	200	(20)
2.0	(0.08)	300	(30)
3.5	(0.14)	500	(50)

注 1：表中所列全部数值均为峰值振幅。

注 2：供参考的英寸值是从毫米值导出的近似值，g_n 值也是为参考而给出的近似值。

表 6 仅适用于频率范围的上限到 10 Hz 的位移幅值的推荐值

位移幅值	
mm	(in)
10	(0.40)
35	(1.4)
75	(3.0)
100	(4.0)

注 1:表中所列全部数值均为峰值振幅。

注 2:供参考的英寸值是从毫米值导出的近似值。

注 3:大于 10 mm 的位移幅值主要适用于液压振动台选取。

5.3.2 定频耐久

5.3.2.1 在危险频率上

有关规范可以在下面给出的数值中选择时间,用作为振动响应检查(见 8.1)中在每一轴向上找到的各个危险频率上的耐久振动持续时间,其容差为$^{+5\%}_{0}$(见 A.1 和 A.6.2)。

10 min,30 min,90 min,10 h。

近固定频率耐久的情况见 A.1。

5.3.2.2 在预定频率上

有关规范在规定持续时间时应考虑到样品在全部工作寿命期间可能经受到的振动的总时间。应对每一规定频率和轴线的组合应进行上限为 10^7 次的应力循环(见 A.1 和 A.6.2)。

6 预处理

有关规范可要求预处理并规定条件(见 GB/T 2421—1999)。

7 初始检查

有关规范应规定对样品进行外观、尺寸和功能检查(见 A.9)。

8 试验

有关规范应规定样品经受振动的轴线数和相对位置。如果有关规范未作规定,样品应在三个互相垂直的轴上线依次经受振动,而且轴向的选择应选最可能暴露故障的方向。

参考点的控制信号应从各检测点的信号导出,并用于单点或多点控制(见 A.4.5)。

有关规范应在下列给出的步骤选择适用的试验程序,附录 A 给出了选择的导则。通常,试验步骤是在同一个轴向上依次进行,然后在其他轴向上重复进行(见 A.3)。

对通常带减振器工作的样品需除去减振器进行试验时,必须规定特殊的措施(见 A.5)。

有关规范有要求时,控制规定的振动幅值要限制振动系统的最大驱动力。有关规范应规定限制最大驱动力的方法(见 A.7)。

8.1 振动响应检查

为了研究在振动条件下样品的响应特性,有关规范可以要求在定义的频率范围进行振动响应检查。一般应按耐久性试验相同的条件进行一个以上扫频循环(见 8.2)。如采用低于规定的振动幅值和扫频速率,可以更精确地确定响应特性。但应避免使样品承受过长的时间和过应力(见 A.3.1)。

如果有关规范有要求,样品在振动响应检查期间应工作。若因样品工作而不能评价其机械振动特性时,应将样品处于不工作状态进行附加的响应检查。

在振动响应检查期间,为了确定危险频率应对样品的特性和振动响应数据进行检查。这些频率、幅值和样品的特性应记录在试验报告中(见 A.1)。有关规范应规定对此采取的措施。

若采用数字控制，在响应曲线的图表上确定危险频率时，应注意到每次扫频的数据采样点数或者控制系统在显示屏分辨率都是有限的(见 A.3.1)。

在某种情况下，有关规范可以要求在耐久程序结束后再进行一次附加的振动响应检查，以便对试验前后的危险频率进行比较。如果危险频率发生的任何变化，有关规范应规定对此采取相应的措施。基本的要求是试验前后的两次振动响应检查实际上应在相同的振幅下以相同的方式进行(见 4.1.5.3 和 A.3.1)。

8.2 耐久试验

有关规范应规定采用下列两种耐久程序中的哪一种。

8.2.1 扫频耐久试验 endurance by sweeping

这种耐久程序应优先选用。

应按有关规范选择的频率范围、幅值和持续时间进行扫频(见 5.3.1)。必要时可将频率范围分成几段分别进行，但不能因此而减少样品所受的应力。

8.2.2 定频耐久试验 endurance at fixed frequencies

用下列两种频率之一进行耐久试验：

a) 8.1 给出的振动响应检查出危险频率，用下列方法之一：

1) 固定频率

——中心共振频率。

施加的频率应始终保持在实际危险频率上。

2) 近固定频率

——在有限的频率范围内扫描。

如果实际危险频率不是很清晰，例如出现颤动或有多个独立的样品同时进行试验时，为保证充分激励的效果，比较方便的是在危险频率 0.8 倍至 1.2 倍的频率范围内扫频。这种方法也可用于非线性共振的情况(见 A.1)。

b) 有关规范规定的预定频率。

试验应按有关规范应提供的振幅和持续时间进行(见 A.3.2)。

注：对装有减振器的样品，有关规范应规定是否应对装有减振器后的共振频率进行耐久试验(见 A.5)。

9 中间检测

当有关规范有要求时，样品在条件试验期间应工作，并进行性能检测。其工作和检测时间按规定总时间的百分比来确定(见 A.3.2 和 A.8)。

10 恢复

当有关规范有要求时，在条件试验后最后检测前给出一段恢复时间，使样品处于与初始检测时相同的条件，例如在温度方面。有关规范应为恢复规定确切的条件。

11 最后检测

有关规范可规定对样品进行外观、尺寸和功能检查。

有关规范应提供接收或拒收样品的判据(见 A.9)。

12 有关规范应给出的规定

	章或条
a) 检测点的选择	3.2.1
b) 控制点的选择*	3.3.2
c) 横向运动	4.1.2.1

d） 旋转运动	4.1.2.2
e） 信号容差	4.1.3
f） 振幅容差	4.1.4
g） 置信水平	4.1.4
h） 单点或多点控制★	4.1.4.1
i） 安装	4.2
j） 严酷等级，实际环境（如果已知）	5
k） 频率范围★	5.1
l） 振动幅值★	5.2
m） 特殊的交越频率	5.2
n） 耐久试验的持续时间	5.3,8.2
o） 预处理	6
p） 初始检测★	7
q） 振动的轴线★	8
r） 力的限制	8
s） 进行试验的步骤和顺序★	8,8.1,8.2
t） 功能和功能检查★	8.1,9
u） 振动响应检查后所采取的措施★	8.1
v） 在最后响应检查时，如果发现共振频率变化时所采取的措施★	8.1
w） 预定频率	8.2.2
x） 样品装上隔振器后在共振频率上的条件试验	8.2.2
y） 恢复	10
z） 最后检测★	11
aa） 接收或拒收判据★	11

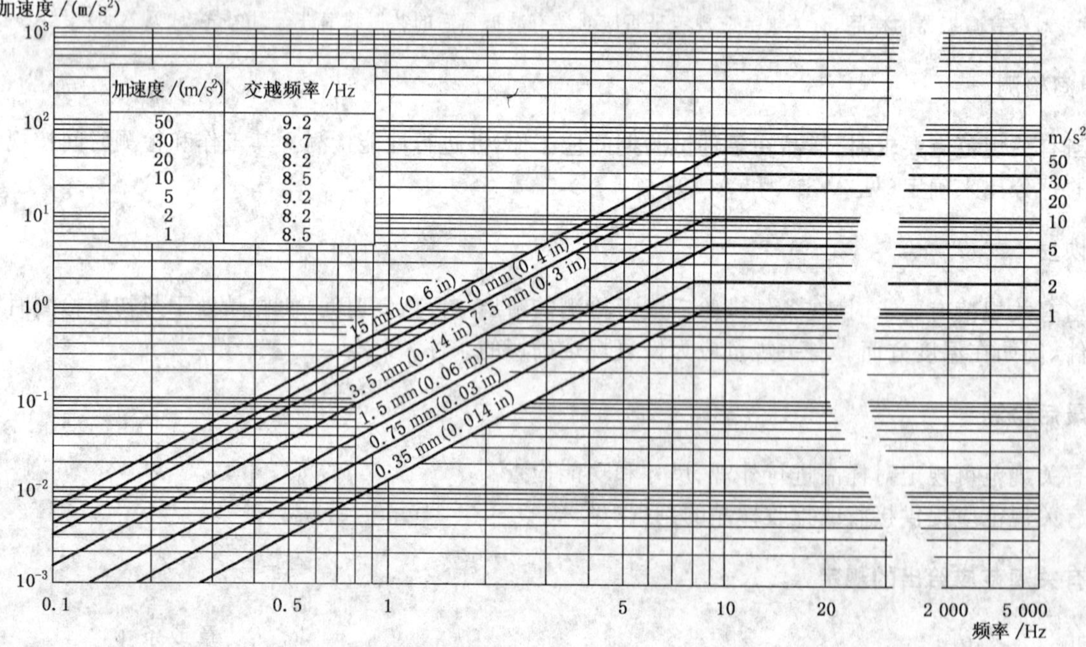

注：本图不是严酷等级中频率与幅值的精确图解。

图 1 采用较低交越频率（8 Hz～10 Hz）时的振动幅值

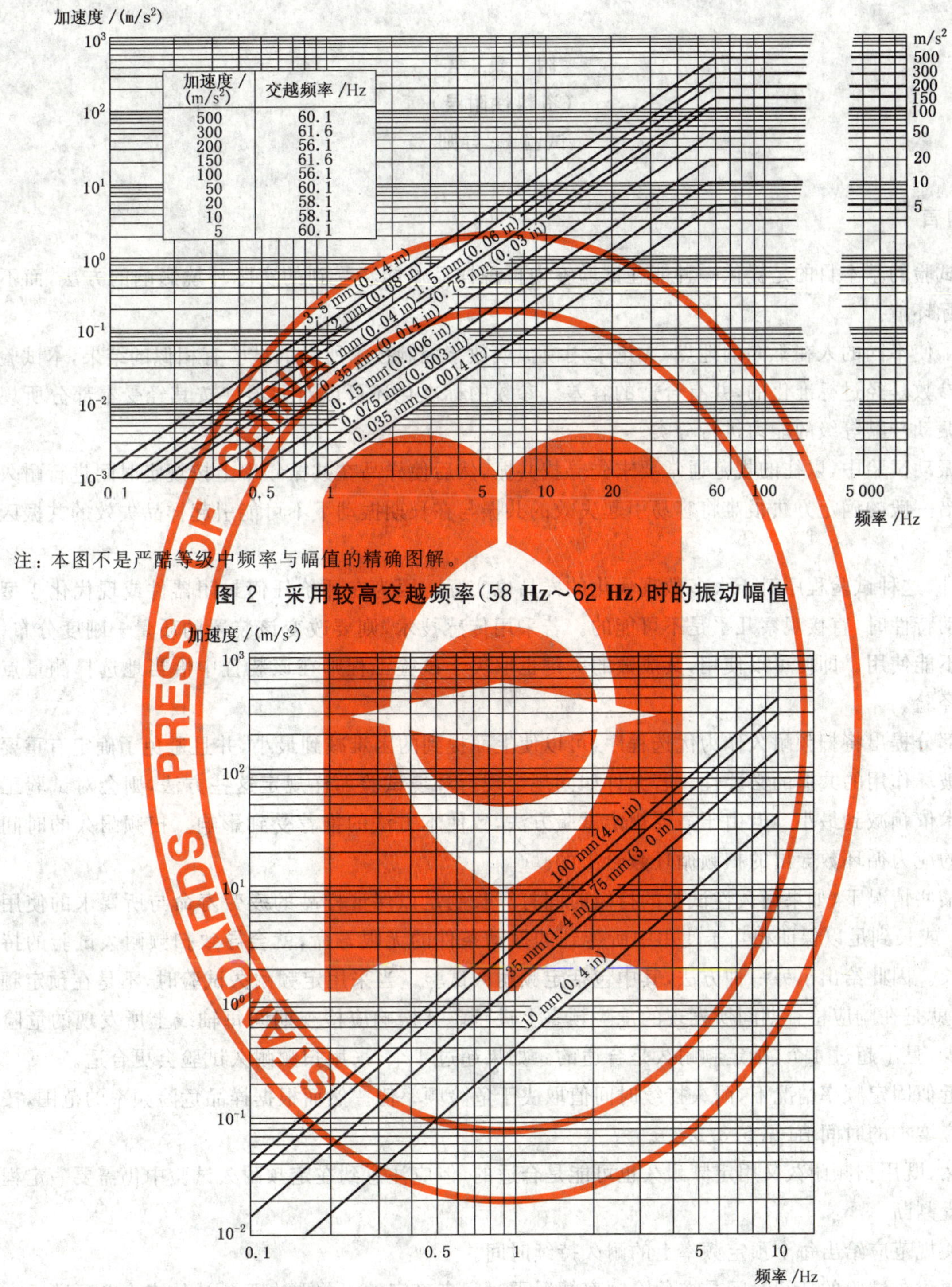

注：本图不是严酷等级中频率与幅值的精确图解。

图2　采用较高交越频率(58 Hz～62 Hz)时的振动幅值

注：本图不是严酷等级中频率与幅值的精确图解。

图3　振动位移幅值(仅用于上限频率为10 Hz)的频率范围

附 录 A
（资料性附录）
试验 Fc 导则

A.1 引言

本试验的基本目的是提供一种能在试验室内再现样品可能经受到的实际环境影响的方法，而不是再现实际环境。

为了使不同的人在不同的地点，无论采用模拟或数字控制技术所做的试验有相似的结果，本试验所给出的参数是经过标准化的，并有合适的容差。参数的标准化还可以对元器件按其经受本部分所规定的某种振动严酷等级的能力进行分类。

在振动试验中，以往的规范通常要求先寻找共振，然后使样品在共振频率上按规定时间进行耐久试验。可惜一般的确定方法很难将容易引起失效的共振与在长期振动下不可能引起样品失效的共振区别开来。

此外，这种试验程序对于大多数现代化的样品也实际。因为在评价任何封闭器件或现代化小型装置的振动特性时，直接观察几乎是不可能的。若采用传感技术，则要改变该装置的质量—刚度分布，所以通常不能使用。即使可以使用，其成败的关键也取决于试验工程师在该装置中恰当地选择测量点的技巧和经验。

本部分提出将扫频耐久作为优选程序，可以使上面提到的困难减到最小，并且避免了确定有重要影响或有破坏作用的共振的必要性。若允许如同规定现行环境试验那样规定这些方法，则会对试验工程师的技术依赖减到最小。但由于需要规定试验方法，致使本方法的推荐受到影响。扫频耐久的时间是从有关的应力循环数导出的扫频循环数给出的。

在某些情况下，如果耐久性试验的持续时间打算长到足以保证样品的疲劳寿命与所要求的使用时间相当；或长到足以保证相当于使用中所受到的振动条件的无限寿命，就会导致扫频耐久试验的持续时间过长。因此给出了另一种方法，其中包括定频耐久试验。当采用定频耐久试验时，不是在预定频率上进行；就是在响应检查期间所发现的危险频率上进行。共振响应检查期间每轴线上所发现的危险频率点较少，且不超过 4 个，则定频耐久是合适的。如果超过 4 个，采用扫频耐久试验会更合适。

在近似固定频率情况下，耐久持续时间值取决于危险频率值。然而根据样品危险频率的范围，按比例确定应增加的时间值(见 5.3.2.1)。

当然，既用扫频耐久又用定频耐久也可能是合适的，但应注意到在定频耐久试验中仍需要一定程度上的工程判断。

有关规范应给出每个预定频率上的耐久持续时间。

定频耐久试验的持续时间是按危险频率情况下时间来确定的。并取决于预计的应力循环数。由于材料种类繁多，不可能给出应力循环的统一数据。对一般的振动试验，引用 10^7 作为上限数据而不需要超过它(见 5.3.2.1 和 5.3.2.2)。

在某些情况下，由随机的或复杂振动所构成的本底振动量级较高，采用正弦振动试验是不充分的，因此，在这种特殊情况下是否只做正弦试验由使用者确定。

如果知道实际环境基本上是随机振动，只要经济条件允许，耐久性试验就应采用随机振动方式进行。这种做法对设备类样品特别适用。对一些结构简单的元件型样品通常采用正弦试验就足够了。关于随机(数控)振动试验可参阅 GB/T 2423.56—2006。

A.2 测量和控制

A.2.1 测量点

在第3章中定义了两种主要类型的测量点，但必要时可能要测量样品内局部响应情况，以便证实这些测量点上经受的振动不会引起损坏。在某些情况下，如在设计阶段，为了避免严重破坏样品，甚至必须把这些测量点上的信号合并后输入到控制回路。应当指出，本部分不推荐这种技术，因为这是不可能被标准化的(见3.2)。

A.2.2 信号容差引起的误差

当信号容差小于5%时，实际运动和基本运动没有明显的差异。

当小尺寸或小质量的样品装在大的振动台上时，通常不会因信号容差而出现问题。实际上，即使振动系统是新安装的，并具备信号容差的原始测量值，试验人员应意识到因为装载大型样品可能会存在问题。

当信号容差大的情况下，测量系统将显示出不正确的振动量级，因为它包含了所需的频率和许多不想要的频率。这就导致在所需频率上产生低于规定值的幅值。但其容差在4.1.3所规定的范围内是允许的。然而当超过时，就必须把基频振级恢复到所要求的幅值。有许多方法可以做到这一点。推荐使用跟踪虑波器。如果基频振级被恢复，则样品将在所需的频率下经受预定的应力。

在此条件下，不需要的频率也将随之增加，其结果导致对样品的某些附加应力。如果由此而产生不切合实际的高应力，则放弃有关规范的信号容差的要求更合适(见4.1.3)。

在数字控制系统中，未经滤波的宽带控制信号的附加信息可以通过将信号输入频谱分析仪获得。在规定的频率范围内进行频谱分析，可以给出诸如由颤动和冲击产生的基频、谐波频率和其他噪声分量。

注：下式给出了失真 D 和信号容差 T 的关系：

$$\frac{D}{100}=\sqrt{\left(\frac{T}{100}\right)^{2}+\frac{2\times T}{100}}$$

其中 D 和 T 用百分比值表示。

(当信号容差 $T=5$ 代入上述公式，结果失真 $D=32$)

A.2.3 控制信号的导出

控制信号的导出有多种方法。

如果规定用多点平均控制信号，即从算术平均导出，就是调整与每一检测点上峰值加速度成比例的直流电压来获得平均信号。

多路分时(见IEC 60050(721)中721-04-11)方法是通过分配器对测量通道在各个检测点间进行切换。为保证在任一个通道被选通时至少可拾取一个周期的信号，其切换频率不得高于振动信号频率。例如，当布置4个检测点上，驱动信号频率为100 Hz时，每个检测点切换停留时间不应小于0.01 s。当系统和跟踪滤波器一起使用时，可能会出现一些问题，需要予以特别的注意。

当试验必须进行定位移控制时，抽样数据系统可能会引起一些问题。原因是由于抽样信号间的相位差所引起的失真，使加速度信号二次积分后与位移幅值不成比例(见3.3.2)。

重要的是整个振动系统具有较低的本底噪声，以便在试验期间采用本部分规定的最大容差(见4.1.4.1)。振动系统噪声0.6 m/s^2，一般是可以接受的。

A.2.4 旋转运动(见4.1.2.2)

大尺寸或高质心的样品会因为正弦激励而产生倾覆力矩，是因为刚性质量偏离振动台的推力轴线形成惯性力偏矩以及惯性力之间互相作用引起的。此倾覆力矩可引起在任何与基本运动正交的平面上横向地围绕轴线旋转的运动。倾覆力矩会使样品承受附加的应力，甚至会给样品增加一个大到不符合实际情况的应力。这样就应适当地减少旋转运动，或至少要知道它的量级。在试验前一般无法预知样品的固有频率和相关模态,这些特性参数一般性的假设也是困难的。

通过考虑样品的质量 m,振动台的活动部分加上夹具的质量 m_t,样品的质心与振动台延伸轴线的距离 d 和样品质心到振动台水平推力轴线的高度 h,可以得到一些有用的近似判据。

理论上刚性样品最大预计倾覆力矩 M_0 可以用最大激励加速度 A 计算出:

——带偏心质量的刚体:$M_0 = m \times d \times A$

——水平激励下,高质心的刚体:$M_0 = m \times h \times A$

当样品处在规定的频率范围内共振时,上述公式同样是有效的。m 是共振质量,A 是预计加速度响应的最大值。要注意上述二式中在使用时量纲的协调一致是很重要的。

电动的和液压振动试验设备有最大倾覆力矩的限制。就这二种型式的单个激振器而言,生产商都会说明最大容许倾覆力矩,以免损坏激振器。

具有多个激振器的振动台应有一个平衡倾覆力矩的最大能力,还能抵御包括振动台的一些旋转运动(倾斜或翻滚)。

可采用下列判据:

如果 m/m_t 值小于 0.2,不需检查。否则应进行下列检查。

对于单个振动试验设备(带或不带水平滑台)以及机械导向设备,倾覆力矩是由弹性元件或轴承来平衡的。当样品倾覆力矩大于试验设备倾覆力矩最大允许的50%时才需要测量旋转运动。

对于多个激振器以及具有多自由度的试验设备,倾覆力矩是通过一个控制系统控制各个激振器来平衡的。因此,只有当样品的倾覆力矩大于试验设备抗倾覆力矩的最大能力时,才需要测量旋转运动。

A.3 试验程序

A.3.1 振动响应检查(见 8.1)

振动响应检查用于多种目的,特别是预知样品将经历诸如船、飞机和旋转机械等周期振动。当认为考核样品动态性能以及评估疲劳强度重要时,振动响应检查也是有用的。

在响应检查时,应仔细考虑与样品动态特性的线性相关的幅值,因为仅在试验某个量级上出现的工作异常和颤振。

耐久性试验前后的振动响应检查可以用来确定共振频率和在某些响应频率所发生的变化。频率的变化可能标志着疲劳的出现,并说明样品不适用于该工作环境。

当规定振动响应检查时,有关规范应明确规定试验期间以及试验所采取的措施:

——动态放大值超过任何特定值时,应要求做扫频耐久试验;

——频率变化试验;

——不可接受的响应等级试验;

——电噪声试验。

重要的是在振动响应检查期间,为了探测样品内部部件所受到的影响而采取的任何措施,都不应明显地改变整个样品的动态特性。应该记住,在非线性共振的情况下,样品可能随扫描方向改变而有不同的响应。在正弦扫频的上升和下降部分确定危险频率,如果样品具有平稳(稳定)的结构可以在上升部分被确定。

如果怀疑存在非线性环节软化或硬化现象,扫频起始频率应该由 f_2 替代 f_1。用上扫和下扫所确定的危险频率是有区别的。

当采用数字控制时,为了足以描述每个共振峰,从而确定样品的每个危险频率,在 f_1 到 f_2 区间有足够数量的数据点是很重要的。没有足够的数据点会使确定危险频率出现误差,特别当具有低阻尼比的样品在低频区间时。通常情况下,共振点的 −3 dB 带宽内,最少有 3 个(有条件时 5 个)数据点就足够了。如果获得的数据不够充分时,但有存在着共振峰的显著迹象,响应检查就需要重复进行。在这种情况下,也可能有必要在更窄的频率范围进行扫频。

当采用数据的图形表示法来确定危险频率时,会产生进一步的误差,因为有些系统能力有限,不能精确地显示所有数据。因此,有必要在危险频率周围扩展图形以解决这一问题。

当有关规范要求振动响应检查时,所用减振器的有效性是很重要的。如果样品装用减振器,初始检查通常是在去除或锁住减振器情况下进行的,以便确定样品本身的危险频率。

在第一步,为了进行估算减振器的传递特性需要用不同的振动幅值(见图 A.1)。然后进行第二步检查,即反复装上和去除减振器进行振动响应检查,以便确定减振器的影响。

如果不装用减振器,见 A.5.1。

A.3.2 耐久试验(见 8.2)

扫频耐久试验最适合于模拟样品在使用中所经受到的应力响应(见 8.2.1)。

定频耐久试验适合有限范围使用的样品,例如工作场地受到机械振动影响,或局限于在一种或几种类型车辆或飞机上安装的样品。在这种情况下,主要的频率通常是已知的或是可以预测的。为了证实诸如在机动运输环境中由于激励而引起的疲劳影响,定频耐久试验对迅速积累的重复应力也是适用的(见 8.8.2)。

在某些情况下,研究在某些离散频率上可能出现的疲劳问题,以及确定样品经受振动的一般能力是很重要的。在这些情况下,先进行定频试验,接着进行扫频试验将是合适的。这样可在尽可能短的时间内提供所需的数据。

对于小元件,若确信在 55 Hz 或 100 Hz 以下不存在共振,可以根据情况从这些频率上开始进行耐久性试验。

对通常装有减振器的设备,耐久试验时一般应装上减振器进行。若不能使用合适的减振器进行试验,例如被试设备和其他设备一道安装在一个公共的安装装置中,则可在有关规范中规定的不同严酷等级上进行不带减振器的试验。其幅值应根据减振器在该试验中的每一根试验轴线上的传递特性来决定。当减振器的特性未知时,见本附录 A.5.1。

为了确定是否已达到可接收的最低结构强度,有关规范可以要求对具有可拆除或锁住的外部的减振器样品进行附加试验。在这种情况下,有关规范应规定所采用的严格等级。

A.4 试验严酷等级(见第 5 章)

A.4.1 试验严酷等级的选择

为了能包括各种应用情况,本部分所给出的频率和幅值已经过选择。如果已知一个设备仅作一种用途时,最好根据实际环境的振动特性来确定严酷等级。如果设备的实际环境下振动特性未知时,应从附录 C 中选择合适的试验严酷等级。

当确定试验的严酷度时,规范的编写者应当考虑在 IEC 60721(见第 5 章)给出的信息。

由于位移幅值和相应的加速度幅值在交越频率上的振动量级是相同的。所以可在频率范围内连续扫描,在交越频率时从定位移变到加速度或相交变化。本部分给出了 8 Hz 到 10 Hz 和 58 Hz 到 62 Hz 两种交越频率。

若需要模拟已知的实际环境,可采用标准交越频率以外的交越频率。如果由此而引出高的交越频率,则必须考虑到激振器的能力。重要的是所选择的位移幅值在低频区并不对应于能与振动系统本底噪声电平相比较的加速度幅值。如果有必要可以用跟踪虑波器,所有试验都在低频率时,可在控制回路中使用位移传感器克服这个问题(见 5.2)。

A.4.2 元件试验严酷等级的选择

在许多情况下,由于不知道元件将要安装于何种设备内,也不知道要安装将经受何种应力,所以元件试验严酷等级的选择是复杂的。即使知道元件要用于某一设备的特定部位,也应该考虑到,由于结构、设备、分装置等的动态响应。元件要经受的振动环境还可能不同于设备要经受的振动环境。因此在选择与设备试验严酷等级有关的元件试验严酷等级时应谨慎并应对这些响应的影响留有余地。

当元件以防振方式安装在设备中时,采用设备的试验严酷等级和低于设备的试验严酷等级是合适的。

选择元器件试验严酷等级的另一种途径是按规定的严酷等级对元件进行试验和分类。以便设备的设计者可以选择他们适用的元件。

应考虑附录B给出的在各种应用情况下试验严酷等级示例。

A.4.3 扫频

扫频时，频率须随时间按数据规律变化，即：

$$\frac{f}{f_1} = e^{kt}$$

式中：

f——频率；

f_1——扫频下限频率；

k——决于扫频速率的因素；

t——时间。

对本试验，如果时间以分钟计算，扫频速率是每分钟一个倍频程(见4.1.6)，则 $k = \ln 2 = 0.693$。

为了确定一个扫频循环的倍频程数，采用下列公式：

$$X = 2\log_2\left(\frac{f_2}{f_1}\right) = \frac{2}{\lg 2}\lg\left(\frac{f_2}{f_1}\right) = 6.644\lg\left(\frac{f_2}{f_1}\right)$$

式中：

X——倍频程数；

f_1——扫频的下限频率；

f_2——扫频的上限频率。

利用上式得出的数值列在表A.1中，并给出了与推荐的扫频循环数及频率范围内有关的整数时间(见5.3.1)。

对于一个数字式系统，正弦波输出可以由外部模拟信号合成器产生或者在内部用一帧包含正弦信号的数据产生。

第一种情况，产生的是连续的纯正弦波，这样模拟式系统与数字式系统没什么不同。

第二种情况，由D/A转换器产生的模拟驱动信号并不光滑，信号是由许多小的台阶组成，需要用平滑滤波器将发出信号中的小台阶变得光滑，产生基本上纯净的正弦波形。重要的是帧与帧之间要连续以产生光滑的正弦波。

表A.1 每个轴向上的扫频循环数和相应的持续时间

频率范围/Hz	扫频循环数						
	1	2	5	10	20	50	100
1～35	10 min	21 min	50 min	1 h 45 min	3 h 30 min	9 h	17 h
1～100	13 min	27 min	1 h 05 min	2 h 15 min	4 h 30 min	11 h	22 h
10～55	5 min	10 min	25 min	45min	1 h 45 min	4 h	8 h
10～150	8 min	16 min	40 min	1 h 15 min	2 h 30 min	7 h	13 h
10～500	11 min	23 min	55 min	2 h	3 h 45 min	9 h	19 h
10～2 000	15 min	31 min	1 h 15 min	2 h 30 min	5 h	13 h	25 h
10～5 000	18 min	36 min	1 h 30 min	3 h	6 h	15 h	30 h
55～500	6 min	13 min	30 min	1 h	2 h	5 h	11 h
55～2 000	10 min	21 min	50 min	1 h 45 min	3 h 30 min	9 h	17 h
55～5 000	13 min	26 min	1 h 05 min	2 h 15 min	4 h 15 min	11 h	22 h
100～2 000	9 min	17 min	45 min	1 h 30 min	3 h	7 h	14 h

注1：表中列出的持续时间以1 oct/min的扫频速率计算出来的，并圆整到整数。其误差不超过10%。

注2：带下划线的数据是从附录B和附录C中得来的。

可通过下列公式来计算应力循环数的估计值 N、倍频程数 X 和一个扫频循环($f_1 \rightarrow f_2 \rightarrow f_1$)的持续时间 T。

$$N = \frac{(f_2 - f_1) \times 60 \times 2}{\ln 2 \times SR} \qquad \text{(应力循环)}$$

$$X = \frac{\ln\left(\dfrac{f_2}{f_1}\right) \times 2}{\ln 2} \qquad \text{(倍频程)}$$

$$T = \frac{X}{SR} = \frac{\ln\left(\dfrac{f_2}{f_1}\right) \times 2}{\ln 2 \times SR} \qquad \text{(分钟)}$$

式中：

f_2——扫频上限频率；

f_1——扫频下限频率；

SR——扫频速率，单位为倍频程/分钟(oct/min)。

这种估算应力循环次数的方法对表 B.1，表 C.1 和表 C.2 也是有效的。

A.4.4 跟踪滤波器

A.4.4.1 模拟滤波器

可以是等带宽(CB)或等百分比带宽(CPB)，在每一种情况下响应时间(T_r)由下式给出：

$$T_r = \frac{1}{BW}$$

式中：

T_r——响应时间，单位为秒(s)；

BW——带宽，单位为赫(Hz)。

例如：

对 10 Hz 带宽的等带宽滤波器(CB)，

$T_r = \frac{1}{10} = 100$ ms 并恒定覆盖全部调谐范围。

对带宽为 10% 调谐频率 f 的等百分比带宽波率器(CPB)设定在的

$BW = 0.1 f$；

$T_r = \frac{1}{BW} = 10$ 调谐频率周期。

当控制回路使用了跟踪滤波器时，响应时间是非常重要的。较长的响应时间会降低总的控制响应时间并可能导致不稳定，甚至失控。此外，响应时间可能会限制正弦扫频试验中的扫描速率，特别是等百分比带宽滤波器(CPB)在低频段 T_r 可以是数十秒(见 4.1.3)。

因此许多跟踪滤波器要么在多个 CB 设置之间根据调谐频率自动切换，要么从低频到某个设定的频率区间内使用 CB 响应，高于这个频率时使用 CPB 响应。

在通常情况下，跟踪滤波器的响应至少应比控制器压缩速度快 5 倍，以避免相互间的影响和控制不稳定性。滤波器带宽总是小于工作调谐频率。

响应时间见表 A.2 和表 A.3。

表 A.2 CB 响应时间

带宽/ Hz	时间/ s
0.1	10
0.5	2
1	1
5	0.2
10	0.1

表 A.3 CPB 响应时间

频率/Hz	带宽/%		
	1	5	10
	时间/s	时间/s	时间/s
5	20	4	2
10	10	2	1
50	2	0.4	0.2
100	1	0.2	0.1
500	0.2	0.04	0.02
1 000	0.1	0.02	0.02
2 000	0.05	0.01	0.005

A.4.4.2 数字滤波器

数字系统采用数字算法技术来再现一个等效的模拟跟踪滤波器。在基波信号的提取上最终效果没什么不同。但是,这种数字控制的代价是增加了回路响应时间,在较高频段可能会影响控制精度。

A.4.5 控制信号测量

数字系统在将数据数字化前采用了抗混滤波器。这种滤波器像扫频过程一样沿频率范围逐步渐进并有效地消除高频分量。其结果是,数字式系统看上去会有较低的均方根值,其结果在与一个等效的模拟控制系统比较时,有数字系统控制的试验具有较高的量值。在数字式控制系统和模拟式控制系统中使用跟踪滤波器就可以克服这个问题。

A.5 通常带减振器的设备

A.5.1 减振器的传递特性

对通常应安装在减振器上的样品而没有减振器,并且减振器的特性也未知,有关规范又未提供其位置时,则必须对样品提供一个更真实的振动输入方法来修改规定的振动量级。这个修改的振动量级建议在图 A.1 所给的曲线上求出,其说明如下:

a) 曲线 A 适用于当仅考虑单自由度系统时,其固有频率不超过 10 Hz 具有高回跳特性的有载减振器。

b) 曲线 B 适用于当仅考虑单自由度系统时,其固有频率为 10 Hz～20 Hz 具有中回跳特性的有载减振器。

c) 曲线 C 适用于当仅考虑单自由度系统时,其固有频率为 20 Hz～35 Hz 具有低回跳特性的有载减振器。

曲线 B 是根据在典型机载设备上所作的振动测量得出的。这种设备装有高阻尼金属机架,其固有频率在考虑的自由度系统时约为 15 Hz。

曲线 A 和曲线 C 所代表的减振器,其可利用的数据很少,而且这些数据是分别考虑 8 Hz 和 25 Hz 的固有频率从曲线 B 外推出来的。

为了包括各种联接型式的安装中可能出现的传递特性,对传递曲线进行了估计。因此,采用这种曲线考虑了由于平移和旋转运动的综合效应在样品周围产生的振动量值。

应从图 A.1 中选取最合适的传递曲线,并将规定的振动量级按该曲线选取的值增大到覆盖所要求的频率范围。试验工程师可能无法在试验室内重现这些试验量级。在这种情况下,试验工程师应该调整量级,以使在整个频率范围内总是能获得可能的最大量级。最重要的是应记录所采用的实际值。

A.5.2 温度效应

应该指出,许多减振器包含有温度敏感材料。如减振器上样品的基本共振频率在试验频率范围内,应谨慎地确定所有耐久试验时间参数。然而，在某些情况下采用连续激励而不允许恢复可能是不合理的。如果该基本共振频率的激励时间分布已知，则应设法模拟它。如果实际的时间分布未知，则可通过工程判断的方法来限制激励时间以免过热，见5.3。

A.6 持续时间

A.6.1 基本概念(见5.3.1)

现行的许多规范都是根据持续时间来描述振动试验的扫频耐久状态。如果它们的试验频率范围不同，就不可能把一个共振样品的性能和另一共振样品的性能联系起来，因为所受的共振激励次数不同。例如，通常会认为在加速度和持续时间都相同的情况下，频率范围宽的比频率范围窄的更为严酷。但事实却恰恰相反。作为耐久参数的扫频循环数概念可以解决这一问题，因为此时共振可按相同的次数被激励，而不考虑频率范围。

A.6.2 试验

如果试验仅用于证实一个样品在合适振幅下经受住振动和(或)在合适振幅下工作的能力，则该试验需连续进行。其试验时间应长到足以证实在规定的频率范围内满足这种要求。如果要证实一个设备经受振动累积效应的能力，例如疲劳和机械变形时，试验应有足够的持续时间以累积必需的应力循环。为了证实无限疲劳寿命，通常认为总数为10^7的应力循环是合适的。

A.7 动态响应

试验样品内部产生的动态应力是造成损坏的主要原因。其经典的例子是把一个简单的质量-弹簧系统连接到一个惯性比该系统大的振动物体上时，在该质量-弹簧系统中所产生的是动态应力。在共振频率上，弹簧内的应力将随着该质量-弹簧系统响应幅度的增大而增大。在这样的共振频率上进行耐久试验，需要进行许多工程判断。困难主要在于确定哪一种共振是重要的，另一个问题是如何使驱动频率保持在共振频率上。

特别在高频范围内，共振现象可能不十分明显，但仍然会出现局部的高应力。虽然有些规范试图用一个任意的放大值来规定共振频率的严酷等级，本部分没有采用这种方法。

本试验给出的程序是将振动幅值(位移或加速度)保持在与样品动态响应无关的规定值上。这与适合标准化要求的一般振动技术是一致的。

众所周知，当一个样品在其共振频率上被激励时，其视在质量可以高于它的工作安装结构质量。在这种情况下，应考虑样品的反作用。由于驱动力和结构的机械阻抗通常是未知的，所以对这些参数进行一般性的假设通常是非常困难的。

可以预见，借助于力的控制是减少上述问题的一种方法。因为目前还不可能给出程序、测量和容差方面的资料，所以未包含在本部分中。当有关规范要求这样进行试验时，可以用力传感器或依靠对驱动电流的测量来进行。后一种方法有某种缺点，因为驱动电流在本试验所规定的频率范围内的部分频率上可能与驱动力不成比例。然而，如果有好的工程判断方法，就能采用驱动电流的方法，特别是对有限的频率范围尤其是这样。

因此，当这种力控制试验具有吸引力时，必须注意它的使用。当然，在某些情况下，例如元件，采用幅值控制方法将会更加合适(见第8章)。

A.8 性能评价

如果适用，可在整个试验期间或试验过程中的适当阶段上，设备应按其典型的功能条件进行工作。在耐久试验的适当阶段上及其试验结束前，建议对样品进行功能检查。

对振动可能影响其开关特性的样品(例如干扰继电器的工作)，应反复试验这些功能，以验证样品在试验频率内或可能引起干扰的频率上能满意地工作。

如果试验仅仅是为了验证样品能否经受住振动，则样品功能特性的评价应在耐久振动完成后进行（见 8.2）。

A.9 初始和最后检测

初始和最后检测的目的是为了比较特定的参数，以便评价振动对样品的影响。

除视觉检查外，检测应包括电气和（或）机械工作特性、尺寸等（见第 7 章和第 11 章）。

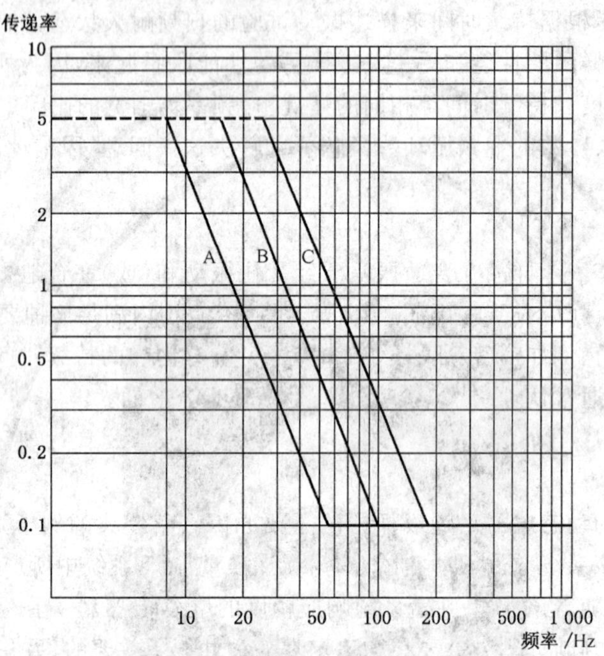

图 A.1 减振器的一般传递特性曲线

附 录 B
（资料性附录）
主要用于元件应用的严酷等级示例

在第5章提供的严酷等级可能很多。为了简化使用，本附录表B.1给出了从第5章所推荐的耐久参数中选出来主要用于元件应用的严酷等级示例。其试验条件按本部分的规定。

表 B.1 扫频耐久——高交越频率示例

幅值[a] 频率范围/Hz	在每一轴线方向上的扫频循环数			应用示例
	0.35 mm 或 50 m/s^2	0.75 mm 或 100 m/s^2	1.5 mm 或 200 m/s^2	
10～55	10	10	—	大型工业电厂；重型旋转机械；轧钢机；大型商船或军舰
10～500	10	10	—	通用陆上基地和陆上运输；快速小型海上飞机(海军用或民用)以及一般用途飞机
10～2 000		10	10	空间发射器(200 m/s^2)；安装于飞机发动机处的元件
55～500	10	10	—	按10 Hz～500 Hz的应用示例，但是指55 Hz以下无共振的小型刚性元件
55～2 000	—	10	10	按10 Hz～2 000 Hz的应用示例，但是指55 Hz以下无共振的小型刚性元件
100～2 000	—	10	10	按55 Hz～2 000 Hz的应用示例，但是指非常小且又非常坚固的元件，例如密封的晶体管；二极管；电阻器和电容器
注：在一个频率范围内多于一个幅值时，只能用其中的一个。				
a 指交越频率以下的位移和交越频率以上的加速度幅值。交越频率在58 Hz和62 Hz之间(见5.2和表5)。				

估算应力循环数的方法见A.4.3。

固定频率的耐久性试验：

在每个危险频率每个轴向上典型的耐久性试验持续时间是10 min、30 min、90 min和10 h。

近似固定频率见A.1。

在预定的频率点上，耐久性试验时间应将在每个频率和轴向上的组合都按施加10^7应力循环作为上限。当环境条件已知时，在固定频率上耐久性试验的持续时间可基于存在的自然寿命期间的应力循环的次数。

附 录 C
（资料性附录）
主要用于设备应用的严酷等级示例

当设备实际所受到的严酷等级已知时，可选择本附录（见 A.4.1）。当设备实际所受到的严酷等级未已知时，则需按本附录给出的应用示例，选择类似的通用严酷等级。

下面给出若干主要供设备和其他产品用的，由频率范围、振动幅值、耐久时间组合的严酷等级示例（见表 C.1 和表 C.2）。它们是从本部分第 5 章为耐久性试验规定的推荐参数中选出来的，并认为已包括了振动试验较一般的应用示例。本部分并不打算列出一个应有尽有的清单，因此，本附录示例未能包括的要求，应从本部分推荐的其他严酷等级中选取，并应在有关规范中规定。

在某些应用中，采用扫频耐久也许不合实际，可能要在危险频率上进行试验。这种试验应根据本部分的适用条文，并用本附录作为导则，由有关规范中来规定。

表 C.1 扫频耐久——低交越频率示例

加速度/(m/s^2) 频率范围/Hz	在每一轴线方向上的扫频循环数			应用示例
	5	10	20	
10～150	50	—	—	固定设备，如长期暴露在振动条下的大型计算机和轧钢设备
10～150	20	—	—	固定设备，如长期间歇暴露在振动条下的大型发射机和空调设备
10～150	—	20	20	打算按装在轮船、火车、陆用车辆上的设备或由这些运输工具运输的设备
注：在一个频率范围内多于一个幅值时，只能用其中的一个。				

估算应力循环的方法见 A.4.3。

固定频率的耐久性试验：

在每个危险频率每个轴向上典型的耐久性试验持续时间是 10 min；30 min；90 min 和 10 h。

近似固定频率见 A.1。

在预定的频率耐久性试验时间时，应将分配在每个频率和轴向上组合都按施加 10^7 应力循环作为上限。当环境条件已知时，在固定频率上耐久性试验的持续时间可基于存在的自然寿命期间的应力循环的次数。

表 C.2 扫频耐久——高交越频率示例

幅值[a] 频率范围 Hz	在每一轴线方向上的扫频循环数				应用示例
	0.15 mm 或 20 m/s^2	0.35 mm 或 50 m/s^2	0.75 mm 或 100 m/s^2	1.5 mm 或 200 m/s^2	
1～35[b]	—	100	100	—	安装在重型旋转机械附近的设备
10～150[b]	10 20 100	— 20 —	— — —	— — —	大型电厂及通用工业设备

表 C.2（续）

幅值[a] 频率范围 Hz	在每一轴线方向上的扫频循环数				应用示例
	0.15 mm 或 20 m/s^2	0.35 mm 或 50 m/s^2	0.75 mm 或 100 m/s^2	1.5 mm 或 200 m/s^2	
10～150	10 20 100	— 20 —	— — —	— — —	振动成分超过 55 Hz 的大型电厂及通用工业设备
10～500	10	10	—		一般飞机用设备较高值应用于接近但不处于发动机舱内的设备
10～2 000	—	10	10	— 10	高速飞机用设备较高值应用于接近但不处于发动机舱内的设备 飞行器发动机舱
注：在一个频率范围内多于一个幅值时，只能用其中的一个。					
a 指交越频率以下的位移和交越频率以上的加速度幅值。交越频率在 58 Hz 和 62 Hz 之间(见 5.2 和表 5)。 b 定位移试验。					

估算应力循环的方法见 A.4.3。

固定频率的耐久性试验：

在每个危险频率每个轴向上典型的耐久性试验持续时间是 10 min;30 min;90 min 和 10 h。

近似固定频率见 A.1。

在预定的频率耐久性试验时间时，应将分配在每个频率和轴向上组合都按施加 10^7 应力循环作为上限。当环境条件已知时，在固定频率上耐久性试验的持续时间可基于存在的自然寿命期间的应力循环的次数。

ICS 19.040
K 04

中华人民共和国国家标准

GB/T 2423.15—2008/IEC 60068-2-7:1986
代替 GB/T 2423.15—1995

电工电子产品环境试验 第2部分:试验方法 试验Ga和导则:稳态加速度

Environmental testing for electric and electronic products— Part 2:Tests methods— Test Ga and guidance: Acceleration,steady

(IEC 60068-2-7:1986,IDT)

2008-03-24 发布　　2008-10-01 实施

中华人民共和国国家质量监督检验检疫总局
中国国家标准化管理委员会　发布

前言

GB/T 2423《电工电子产品环境试验　第2部分:试验方法》按试验方法分为若干部分。

本部分为GB/T 2423的第15部分。

本部分等同采用IEC 60068-2-7:1986(Ed2.1)《环境试验　第2部分:试验　试验Ga和导则:稳态加速度》。

为便于使用,相对IEC标准本部分做了下列编辑性修改:

a) “IEC 60068的本部分”一词改为“GB/T 2423的本部分”或“本部分”;

b) 用小数点“.”代替作为小数点的逗号“,”;

c) 删除国际标准的前言;

d) 为了与现有GB/T 2423其他各部分的名称一致而将本部分改为当前名称。

本部分代替GB/T 2423.15—1995《电工电子产品环境试验　第2部分:试验方法　试验Ga和导则:稳态加速度》(idt IEC 60068-2-7:1986 Ed2.1)。

本次修订是对GB/T 2423—1995的编辑性修改,在技术内容上没有改动。修订后的章条安排和格式与其他部分保持一致。具体的编辑性修改是:

a) 将原目的和一般说明两章合为第一章的两个独立的条款;

b) 将原IEC前言中对引用标准的介绍编入第2章规范性引用文件中。

本部分的附录A是规范性附录,附录B是资料性附录。

本部分由上海市质量监督检验技术研究院提出。

本部分由中国电工电子产品环境条件与环境试验标准化技术委员会归口。

本部分起草单位:上海市质量监督检验技术研究院、信息产业部电信技术第一研究所、北京航空航天大学、信息产业部电子第五研究所。

本部分主要起草人:卢兆明、魏蓓、赵明磊、常少莉、凌巍、沈康静、燕乐纬。

本部分所代替标准的历次版本发布情况为:

——GB/T 2423.15—1981首次发布;

——GB/T 2423.15—1995第一次修订。

电工电子产品环境试验
第2部分:试验方法
试验Ga和导则:稳态加速度

1 范围

1.1 目的

用于确定元器件、设备和其他电工电子产品(以下简称"样品")经受稳态加速度环境所产生的力(重力除外),如运行的车辆、空中运载工具、旋转机械和抛射体所产生的力的作用下,结构的适应性和性能是否良好,以及评定一些元器件结构完好性。

1.2 一般说明

安装在运动体内的样品将经受到稳态加速度所产生的力,虽然在某些情况下,地面运输工具的加速度也是相当大的。然而,这种环境在空中运载工具及转动机械内最为明显。

一般说来,样品在使用时所经受到的加速度值沿运动体的每一主轴线是不同的。此外,在每一主轴线相反的两个方向加速度值往往也不相同。

如果样品的方位相对于运动体不是确定的,有关规范在考虑了运动体在不同轴上的最大加速度值后,规定样品的每一主轴线的两个相反方向的稳态加速度等级。

2 规范性引用文件

下列文件中的条款通过GB/T 2423的本部分的引用而成为本部分的条款。凡是注日期的引用文件,其随后所有的修改单(不包括勘误的内容)或修订版均不适用于本部分,然而,鼓励根据本部分达成协议的各方研究是否可使用这些文件的最新版本。凡是不注日期的引用文件,其最新版本适用于本部分。

GB/T 2421—1999 电工电子产品环境试验 总则(idt IEC 60068-1:1988)

GB/T 2423.43—1995 电工电子产品环境试验 第2部分 试验方法 元件、设备和其他产品在冲击(Ea)、碰撞(Eb)、振动(Fc和Fd)和稳态加速度(Ga)等动力学试验中的安装要求和导则(idt IEC 60068-2-47:1982)

GB/T 4796—2008 电工电子产品环境条件分类 第1部分:环境参数及其严酷程度(IEC 60721-1:2002,IDT)

3 试验条件

3.1 试验设备的描述

3.1.1 概述

当采用离心机产生稳态加速度时,加速度的方向是指向旋转系统中心的。在某些特殊情况下,由于某些样品对回转力偶可能敏感,而只能采用一种能够产生直线加速度的机器进行这种试验时,有关规范应对此加以说明。

3.1.2 切线加速度

当离心机的转速从零增加到规定值,或从规定值降低到零时,离心机的控制应使样品所经受的切线加速度不大于所规定的稳态加速度值的10%。

3.1.3 加速度梯度

离心机相对样品的尺寸应使样品的任何部分(悬空引线除外)都不会经受到容差超过3.1.4规定的

稳态加速度值。

3.1.4 加速度容差

如果样品的线性尺寸小于10 cm时,样品的任何部分(悬空引线除外)应在规定的稳态加速度值的±10%以内。

在其他情况下,规定的稳态加速度容差为−10% ～ +30%。

3.2 安装

应按GB/T 2423.43—1995的规定将样品安装在试验设备上。

注:为了安全,应当防止安装附件损坏时样品被抛出。而且所用的任何安全装置在试验期间不应引入附加应力。

4 严酷等级

有关规范应规定试验的加速度值,可能时应从下列标准值中选取。必要时应规定所施加的加速度相对于样品轴线的角度。

注:规定加速度值时,应考虑试验目的,是为了检查样品的结构完好性,还是评定样品经受运载工具或旋转机械所产生的力的能力。

试验的标准等级为:

表 1

加速度/(m/s^2)	加速度/(m/s^2)
30 50 100 200 500 1 000 2 000 5 000	10 000 20 000 50 000 100 000 200 000 300 000 500 000
注:如果有关规范的编写者仍然要以"g_n"的形式给出加速度,在选取本标准中的加速度值时"g_n"应圆整到最接近的整数,即10 m/s^2。	

5 初始检测

应按有关规范的规定对样品进行外观、尺寸及功能检测。

6 条件试验

用离心机的试验程序:

6.1 除有关规范另有规定外,应依次对样品的三个相互垂直轴线的两个相反方向都进行试验。

6.2 离心机应能产生规定加速度值所需的转速。

6.3 所需的转速达到后,应保持不少于10 s或按有关规范规定的时间。

6.4 有关规范应规定下列在相应的加速度等级必须满足的功能条件或经受的加速度等级(A.2章)。

a) 样品应在有关规范的性能极限内工作;

b) 样品不一定在有关规范规定的性能极限内工作,但不得产生永久性错乱;

c) 样品不需要工作,但不得产生永久性错乱;

d) 样品虽然可能永久性损坏或错乱,但不得松散。

6.5 有关规范应规定6.4中规定的检查项目的检查顺序(A.2章)。

7 最后检测

应按有关规范的规定对样品进行外观、尺寸及功能检测。

8 有关规范应给出的内容

有关规范采用本试验方法时，应规定下列详细内容；

	条款
a) 试验设备的型号	3.1
b) 样品的安装方法	3.2
c) 加速度等级	4,A.2 和 B.2
d) 加速度轴线和方向	4,7 和 A.1
e) 初始检测	5
f) 试验持续时间	6.3
g) 试验时样品的功能及可承受的条件	6.4,B.1
h) 检查顺序	6.5
i) 最后检测	7

附 录 A
（规范性附录）
导 则

A.1 样品的试验方向

在许多情况下，特别在航空方面，运动由加速度产生的力总是复杂的。但是在任何瞬间总可以把它看作为一个简单的力。这个力可用对运动体三条主轴的夹角方向表示出来。为了设计目的，运动体特定运动的最大加速度值可以相对运动体的每一主轴进行分解和规定。

如果样品相对给定运动体有已知的固定方位，而且必须同时模拟加速度三个分量时，则这些分量可以合并，而且样品只经受在幅值和方向上等于三个分量合成的单一加速度值，但这样做需要非常复杂的夹具，才能使样品相对试验机有这样一个方位，即沿着合成方向施加稳态加速度。除非保持总的合成加速度与样品之间的角度关系非常重要，则可简化为沿含有三个规定分量值中最高分量的那条主轴施加合成加速度值，其余轴则施加适当的加速度值。

当试验样品对运动体的方位未知时，则应沿样品三条主轴中的每一轴的两个相反方向依次施加最大的合成加速度。

A.2 加速度严酷等级

本标准第4章所列加速度严酷等级中有些是代表实际环境，另一些（特别是高等级）是对某些电子元器件进行结构完好性试验所采用的人为环境。由于旋转机械内可能产生很高的加速度值。为某些目的规定的实际加速度等级可能与为其他目的的而规定的人为等级相重叠。

航空设备的设计定型要求在不同的加速度等级下依次进行功能和耐受试验。功能与耐受要求之间有一个确定的因子相关联。这些试验的要求应规定在航空设备的设计要求中，一般需要满足的有以下四点：

a) 验收合格或工作级：一般来说，要求样品能在这个等级上工作，而且性能不低于规定的极限；
b) 较高的补充级：可以要求工作，但性能不一定在规定的极限内；
c) 结构或极限级：一种检查样品抗结构变形的较高加速度等级；
d) 其他级：该等级是以稳态加速度试验为手段，检查试验样品安装连接的牢固程度。并在紧急情况下不会破裂松脱，以免直接造成或因备用引出端串扰等原因发生人身事故。

有关规范应规定上述条件中应当满足条件，应当采用的加速度等级，以及必须满足的工作情况（见6.4、6.5）。

在某些应用实例中，有关规范的编写者不可能总是规定与上述a)～d)相符的各个等级，而仅仅是规定一个等级。它是根据对运动体实测与计算的最大加速度，以及双方同意的安全系数而加以规定的。当规定这种试验时，有关规范应规定所有要求的性能类别（见6.4、6.5）。

在选择加速度等级时，有关规范应考虑到就是在已知的方向上，运动体内各处的最大加速度值可能也相差很大。

某些元器件，特别是半导体器件，应采用非常高的加速度来检查结构的完好性（坚固的机械装配）。虽然这种等级与实际使用条件无关，但可作为对样品施加高应力的一种简单手段，用以暴露可能存在的结构弱点。

在使用离心机对装有旋转部件（如陀螺仪）的样品进行试验时，由于部件的旋转与离心机的旋转的耦合作用会使试验产生困难。在这种情况下有规范应提出适当的试验方法，并应规定样品在试验时的相应工作条件及可以接受的性能容差的变化。

附 录 B
（资料性附录）
补 充 导 则

B.1 试验目的

稳态加速度试验的目的是为了模拟样品安装在旋转部件，抛射体和运行车辆，特别是空间运载工具上经受稳态加速度的影响。

就结构完好性而言，本试验也可作为确定元器件设计和生产优劣的一种方法。

有关规范应明确规定样品在经受试验时是必须工作，还是仅要求其结构能经受住稳态加速度的作用，在试验后能正常工作。无论哪一种情况，有关规范都应按 6.4 的要求规定出可接受的性能容差和所容许的错乱以供确定样品是否合格。

B.2 试验严酷等级的选择（第 4 章、第 6 章、第 8 章的 c）和 f））

参见 A.2 章的严酷等级。

凡采用本试验方法的规范编写者应参照第 8 章，将所有必要的内容写入有关规范中。

只要可能，施加于试验样品的严酷等级应与试验样品在运输或工作期间将会经受到预期条件相关，如果该资料是可利用的，应从第 4 章的给定值中选取合适的严酷等级。

当严酷等级不适用时，有关规范可在表 B.1 所列的不同用途的典型严酷等级中选取最合适严酷等级。

注：GB/T 4796—2008 中的各个部分与实际遇到的稳态加速度有关，这个标准的目的是使标准化了的试验的数值能与实际环境产生相同的影响。

表 B.1 不同用途的典型试验等级示例

	加 速 度 a/(m/s^2)
	$30 \leqslant a \leqslant 100$
	$50 \leqslant a \leqslant 200$
	$100 \leqslant a \leqslant 1\ 000$
	$a \geqslant 5\ 000$

B.3 容差要求（见 3.1.2 、3.1.4）

当样品的线性尺寸较小时，例如小于 10 cm 时，本试验方法具有高的再现性。对于较大的样品，再现性则较低。这取决于样品与离心机的相对尺寸。

ICS 19.020
K 04

中华人民共和国国家标准

GB/T 2423.16—2008/IEC 60068-2-10:2005
代替 GB/T 2423.16—1999

电工电子产品环境试验 第2部分:试验方法 试验J及导则:长霉

Environmental testing for electric and electronic products—Part 2:Test methods—Test J and guidance:Mold growth

(IEC 60068-2-10:2005, Environmental testing—Part 2-10:Tests—Test J and guidance: Mould growth, IDT)

2008-12-30 发布 2009-10-01 实施

中华人民共和国国家质量监督检验检疫总局
中国国家标准化管理委员会 发布

前　言

GB/T 2423.16 是 GB/T 2423 标准的第 16 部分。GB/T 2423 标准的组成部分见资料性附录 NA。

本部分等同采用 IEC 60068-2-10:2005《环境试验　第 2 部分:试验方法　试验 J 及导则:长霉》(英文版),主要做了以下编辑性修改:

——删除了 IEC 标准的前言;

——增加了国家标准前言;

——增加了规范性引用文件一览表的引导语;

——引用了与国际标准有对应关系的国家标准;

——在 6.1 表 1 中增加了试验菌种相应的中国微生物研究所菌种保藏号;

——IEC 原文附录 C 的条编号有遗漏,现补上,并增加脚注说明;

——在 D.2 中增加了脚注说明:2)IEC 原文为"压力 10 kPa(1 bar)"。因 1 bar 为 100 kPa,原文有误,在此给予更正。

本部分代替 GB/T 2423.16—1999《电工电子产品环境试验　第 2 部分:试验方法　试验 J 及导则:长霉》,与上之相比主要变化有:

——增加了图片 B.1;

——由另二种试验真菌代替二种试验真菌;

——规定了单一试验真菌的孢子浓度;

——通过湿热贮存来规定样品的初始状态;

——孢子悬浮液的超声波雾化作为一种推荐性接种方式;

——培养持续时间由 84 d 缩短到 56 d;

——长霉程度等级 2 划分为 2 a 和 2 b 二等级;

——附录 B 给出详细的接种方式;

——附录 E 的内容由原来的"流程图"改为"试验霉菌";

——增加了资料性附录"GB/T 2423 标准的组成部分"(见附录 NA)。

本部分的附录 B 为规范性附录,附录 A、附录 C、附录 D、附录 E、附录 F、附录 NA 均为资料性附录。

本部分由全国电工电子产品环境条件和环境试验标准化技术委员会(SAC/TC 8)提出并归口。

本部分起草单位:广州电器科学研究院、广东省微生物研究所。

本部分主要起草人:黄开云、颜景莲、耿舒、谢小保、欧阳友生。

本部分所代替标准的历次版本发布情况为:

——GB/T 2423.16—1990、GB/T 2423.16—1999;

——GB/T 2424.9—1990。

电工电子产品环境试验 第2部分:试验方法 试验J及导则:长霉

1 范围

GB/T 2423的本部分规定了确定电子产品上长霉程度和长霉对产品特性及其他相关性能影响的试验方法。

由于长霉条件包括高的相对湿度,本试验也可以用于评价电子产品在潮湿条件下一段时期的运输、贮存以及使用的适应能力。

2 规范性引用文件

下列文件中的条款通过GB/T 2423的本部分的引用而成为本部分的条款。凡是注日期的引用文件,其随后所有的修改单(不包括勘误的内容)或修订版均不适用于本部分,然而,鼓励根据本部分达成协议的各方研究是否可使用这些文件的最新版本。凡是不注日期的引用文件,其最新版本适用于本部分。

GB/T 27025—2008 检测和校准实验室能力的通用要求(ISO/IEC 17025:2005,IDT)

ISO 846:1997 塑料——微生物作用评价

MIL-STD-810 F:2000 方法508.5真菌

实验室生物安全手册(第二版 WHO 1993,ISBN 924 1544503)

3 一般说明

本试验涵盖了霉菌孢子的接种,以及在适宜条件的培养。

本部分给出了两种实验方法。方法1是在无培养基的情况下,霉菌孢子直接在样品上接种。方法2则在有促其生长的培养悬浮液预先处理的情况下接种。

推荐使用诸如ISO 846中制定的针对塑料的试验规程来评定所使用的结构材料的抗霉能力。

注:对工业产品开展微生物试验的实验室应当通过GB/T 27025认可,更多信息参见附录F。

灰尘、污迹、冷凝挥发营养物质或油脂形式的表面污染可能沉积在样品上。这些污染可能在产品直接暴露于大气或者是在无防护条件下的使用、贮存和运输中造成。这种表面污染能引起霉菌植入的增加,可能导致霉菌进一步的生长和破坏。污染的影响可由试验方法2来评定。

由于在一个很大的试验箱内难于维持必要的条件,大型整机产品可分作若干零部件试验。若几个零部件结构相似,为了节约试验费用,试验其一即可。

4 对操作者的健康危害

本试验规程要求使用活的霉菌孢子并提供促进霉菌生长的环境条件。

在接触霉菌菌种或进行以下试验步骤之前,学习本部分的附录非常重要。

附录A——对操作人员的危害

附录B——接种方法

附录C——推荐防护措施

附录D——去除污染的规程

针对处理霉菌的背景读物有：

实验室生物安全手册(第二版，WHO 1993，ISBN 92 4 1544503)包括实验室处理霉菌安全方面的通用背景读物。

5 试验方法

5.1 试验方法 1

经过 28 d 培养以后，确定：

——外观检查确定霉菌生长程度；

——长霉引起的物理损伤；

——长霉条件下对功能和/或电性能的影响，如果相关规范中有要求。

如果相关规范要求检查功能和/或测量电性能，培养期应延长至 56 d。

5.2 试验方法 2

用营养液对样品预处理后，进行为期 28 d 的培养，确定：

——外观检查确定霉菌生长程度；

——长霉引起的物理损伤；

——长霉条件下对功能和/或电性能的影响，如果相关规范中有要求。

通过使用营养液来模拟污染未长霉的样品，会降低样品表面的防霉性能。如果检查功能和/或测量电气性能，应当考虑该影响。

使用营养液就会发生长霉；如果没有长霉，应当考虑防霉剂的影响。

6 试剂和材料

6.1 菌种或孢子——供应和条件

采用下列菌种进行试验(见表 1)。列出每种菌种预期的侵染性能以供参考。不管样品的性质如何，混合悬浮液应当使用所有这些菌种孢子。

表 1 试验菌种

序号	名 称	菌种编号[c]	侵染性能	注释
1	Aspergillus niger 黑曲霉	ATCC 6275	许多材料	a,b
2	Aspergillus terreus 土曲霉	ATCC 10690	塑料	a,b
3	Chaetomium globosum 球毛壳霉	ATCC 6205	纤维素	a,b
4	hormoconis resinae 树脂子囊菌	DSM 1203	碳氢化合物为主的润滑剂	—
5	Paecilomyces variotii 宛氏拟青霉	ATCC 18502	塑料和皮革	a,b
6	Penicillium funiculosum 绳状青霉	ATCC 36839	许多材料特别是织物	a,b
7	Scopulariopsis brevicaulis 短帚霉	ATCC 36840	橡胶	a,b
8	Trichoderma virens 绿色木霉	ATCC 9645	纤维素、织物以及塑料	b

[a] 参见 ISO 846 中的规定。

[b] 参见 MIL-STD-810 F 表 508.5Ⅰ。

[c] 参见附录 E。有关菌种相应的中国微生物研究所菌种保藏号：黑曲霉 AS 3.3928、土曲霉 AS 3.3935、球毛壳霉 AS3.963、宛氏拟青霉 AS 3.4253、绳状青霉 AS 3.3875、短帚霉 AS 3.3985、绿色木霉 AS 3.2942。

菌种和冷冻干孢子应从已认可的真菌菌种保藏中心获取。将它们放在标有接种日期的容器中。

应当有证明说明它们与表 1 或者附录 E 中的菌种和菌种编号一致。

菌种和冷冻干孢子应按照供应者推荐的方式以及本部分的相关规范进行操作和贮存。应在接种容器上标明由冷冻干孢子制备成菌种的接种日期。

菌种培养物充分形成孢子后，制备孢子悬浮液。大多数情况下，在(29±1)℃下经过 7 d～14 d 培养就可以形成孢子。

注：菌种或冷冻干孢子供应者可以推荐其他条件培养菌种。

如果菌不立即使用，应保藏在 5 ℃～10 ℃冰箱内，连续保藏时间不超过六周。用于保藏的菌种从接种容器上标明的接种日期算起，接种后培养时间不少于 14 d 但不超过 28 d，然后进行保藏。

在制备霉菌孢子悬浮液前，不应取下装有菌种的容器塞子。一个打开的菌种容器应只制备一次孢子悬浮液。每批制备的孢子悬浮液应使用另一个容器来盛装。

6.2 孢子悬浮液的制备

6.2.1 概述

首先用无菌蒸馏水制备悬浮液，其中添加浓度为 0.005%～0.01%的润湿剂。基于 N—甲基牛磺酸或二辛基硫代丁二酸钠的溶剂比较合适。润湿剂中不应含有促进或抑制霉菌生长的物质。

向各菌管缓慢加入含有润湿剂的无菌水 10 mL。将铂丝或者镍铬丝在火焰上烧至赤红以消毒并冷却，用其轻轻刮菌种表面以释放出孢子。

轻轻振荡液体以使孢子分散而不分离出菌丝碎片。将悬浮液通过无菌玻璃纤维薄层或者孔径为 40 μm～100 μm 的微过滤器过滤到一个无菌离心管。

过滤后的孢子悬浮液离心分离后，去掉上层清液。用不少于 10 mL 的无菌蒸馏水将沉淀物再悬浮、离心。如此清洗孢子三次。

6.2.2 试验方法 1 的准备

选用下列溶液稀释孢子沉淀物：

——如果有关规定要求外观检查(见 5.1)，用 6.3 中的无机盐溶液，但不含蔗糖。

——如果相关规范要求检查性能或测量电性能(见 5.1)，则选用无菌蒸馏水。

用显微计数法或浊度法将孢子浓度稀释到 1×10^6/mL～2×10^6/mL 之间。

按照相关接种规程，将相同体积的单一孢子溶液混合制备成最终孢子接种悬浮液。用无机盐溶液配置的要在 48 h 内使用。无菌蒸馏水配置的要求在 6 h 内使用。

注：喷洒接种要制备 100 mL；浸渍或涂刷接种要制备 500 mL。

6.2.3 试验方法 2 的准备

根据 6.3 用营养溶液稀释孢子沉淀物，调整孢子浓度到 1×10^6/mL～2×10^6/mL 之间。

按照相关接种规程，将相同体积的单一孢子溶液混合制备成最终孢子接种悬浮液。孢子接种悬浮液要求在 6 h 内使用。

注：见 6.2.2。

6.3 对照条

对照条应由白色滤纸或未经处理棉织品制成。

制备对照条的营养液成分如下：

试剂	g/L	试剂	g/L
磷酸二氢钾(KH_2PO_4)	0.7	氯化钾(KCl)	0.5
磷酸氢二钾(K_2HPO_4)	0.3	硫酸亚铁($FeSO_4\cdot7H_2O$)	0.01
硫酸镁($MgSO_4\cdot7H_2O$)	0.5	蔗糖	30.0
硝酸钠($NaNO_3$)	2.0		

20 ℃下营养液 pH 值应为 6.0～6.5，如果有需要可以用 0.01 mol 的 NaOH 溶液调节，然后放在高压蒸汽锅中(120±1)℃下灭菌 20 min。

对照条用营养液浸泡，接种前，从营养液中取出、滴干(见 11.2)。

7 试验设备要求

7.1 喷洒接种

应当使用医疗护理吸气用的超声雾化器，并与接种箱安全柜(见附录 B)连接。

7.2 小试样的接种

应采用带盖子的、有放置或悬挂样品及对照条装置的玻璃或者塑料容器。

容器的大小和形状要保证底部有足够敞露的水表面积，以保持容器内的相对湿度大于 90%。

悬挂装置应保证放置的试样不浸在水中或溅到水滴。

容器放入试验箱中以培养样品和对照条，试验箱内整个工作空间的温度应均匀保持在 28 ℃～30 ℃范围内的。控温器运作引起的温度周期循环变化不应超过 1 ℃/h。

7.3 大样品的接种

对于 7.2 规定的较大的样品，应采用合适的具有良好的密封门的湿度试验箱，以防止箱内和实验室之间的空气交换。

整个工作空间的相对湿度应保持大于 90%，不允许有冷凝水从试验箱顶部或壁上滴到样品和对照条上。整个工作空间的温度应均匀保持在 28 ℃～30 ℃范围内，控温器运作引起的温度变化不应超过1 ℃/h。

为了使整个工作空间达到规定的均匀的温度和湿度，可以使箱内空气强迫循环，样品表面的空气流速不应超过 1 m/s。

8 严酷等级

每种实验方法的严酷等级取决于培养周期。

方法 1——严酷等级 1　28 d

——严酷等级 2　56 d

方法 2　28 d

9 初始检测

应根据相关规范对样品应进行外观检查，电气及机械性能检测。

10 预处理

10.1 清洁处理

试样应维持接收时的状态，通常不应进行任何清洁处理。

如果相关规范有要求，样品一半用酒精或者含有洗涤剂的蒸馏水清洗，然后用不含洗涤剂的去离子水漂洗，另一半则维持接收时的状态。通过这种方法，可以把因选材不当与表面污染引起霉菌生长区别开来。

如果相关规范要求 0 级(方法 1)，应当考虑清洗样品，因为污染物的存在可能会促进长霉。

10.2 湿热贮存

在接种前，样品应当在温度(29±1)℃、相对湿度 90%～100%的条件下至少贮存 4 h。

11 条件试验

11.1 应用

相关规范中使用该实验方法，应按照下面描述的方法进行：

11.1.1 试验方法 1

如果相关规范要求检查性能和/或检测电气性能，则涉及以下二组样品：

——第一组 孢子悬浮液接种并培养的样品；

——第二组 依据第一组接种方法，喷涂或者是浸入无菌蒸馏水的阴性对照样品，在相同的温度和湿度下培养，但是在无菌环境中进行。

如果相关规范不要求检查性能和/或检测电气性能，只用第一组。

11.1.2 试验方法 2

涉及以下二组样品：

——第一组 孢子悬浮营养液接种并培养的样品；

——第二组 同方法 1 中的第二组。

注：阴性对照样品应暴露在单独的试验箱中，并保持与接种的试样相同的条件。为了保证在阴性对照样品上不长霉，试验箱应按照附录 D 中的 D.1.1 给出的方法之一进行灭菌。如果阴性对照样品没有长霉，本试验是有效的。

11.2 接种

除非相关规范另有规定，应当采用喷洒的方法对试样和对照条(见 6.3)进行接种孢子悬浮液(见 6.2)。

试样的尺寸、设计或者其他性质不适合于喷雾接种时，可以根据相关规范采用浸渍或喷涂方法进行接种。

注：使用医疗护理吸气用的超声喷雾设备并与安全接种箱(见附录 B)连接接种时，可以使孢子悬浮液均匀的分布在样品表面，试验结果的再现程度高。该方法是推荐的接种方法。

11.3 培养

培养条件是温度(29±1)℃、相对湿度 90%～100%。装小样品的容器(见 7.2)以及装大样品的容器(见 7.3)均应维持在该条件下。

接种以后，小样品和至少三个对照条一起放在容器内，并有一定的间隔，对设定要求的相对湿度无限制。容器放在培养箱内。

阴性对照样品应放在与试样相似的但无菌的容器中，不放对照条。容器放在培养箱中。

对于大样品，合适数量的对照条和样品一起放在培养箱内，阴性对照样品应当放在单独的专用的刚刚消过毒的试验箱中(见附录 D)。

容器或湿度试验箱在下列情况下打开：

——7 d 后检查对照条、确定孢子的活性以及培养条件；

——每 7 d 为容器提供一次氧气，直至规定的培养期结束；

——根据 11.3 目测，进行中间检查。

开放时间只能持续几分钟。

培养 7 d 后，在每个对照条上用肉眼可以观察到不同霉菌的生长。否则，该试验无效，需要重新开始。此时可以使用相同的样品。

如果相关规范有规定，仅仅对于外观检查培养中断是允许的，且每次不超过 10 min。在整个培养期间，外观检查不得超过 2 次。相关规范应当规定外观检查的时间。

12 最后检测

12.1 外观检查

试样取出后应立即按照 12.3 进行检查或拍照(按照相关规范)，因为长霉会由于干涸而改变外观。

见附录C推荐安全处理措施。

外观检查并评定实际长霉程度以后，用70%的酒精小心去除表面的菌丝，然后通过显微镜检查评定样品的侵染性质和程度。去除菌丝时，见附录C推荐安全处理措施。

12.2 长霉影响

当相关规范要求在潮湿的状态下(培养后)检测机械或电性能时，在检测期间样品周围的相对湿度不能过低，小试样在有盖容器内的水面上进行检测，大试样仍然在湿度试验箱内检测。

注：如必须打开容器盖或试验箱的门进行样品上的电气接线时，应考虑到操作者的安全，见附录C操作安全措施。应当仔细学习制造商提供的在湿热环境下运行要求手册。

用霉菌孢子悬浮液接种和无菌水接种的样品应做同样的检测。在这二者之间任何显著差别认为是由于高湿度下霉菌生长所引起的。

检测之后，样品应取出，按照12.1进行外观检查，并且确定侵染程度。

如果相关规范要求恢复后检测时，则样品应从容器或试验箱内取出，然后按照12.1进行外观检查，然后置于规定的条件下恢复24 h，再进行检查。

12.3 长霉程度

首先用肉眼检查样品，若有必要可用立体显微镜放大50倍左右进行检查。

按下述等级评定和描述长霉程度：

等级：

0　在放大50倍下，没有发现明显长霉。

1　显微镜下看到长霉痕迹。

2a　肉眼看到稀疏长霉或者显微镜下看到分散、局部长霉，长霉面积不超过测试面积的5%。

2b　肉眼明显看到很多地方或多或少均匀长霉，长霉面积不超过测试面积的25%。

3　肉眼明显看到长霉，长霉面积超过了测试面积的25%。

注：当试样由不同等级的零部件组成时，应当分别对它们进行评定。对于方法2，只要求检查抑制真菌生长效力时，才规定0等级。

13 相关规范中应给出的信息

当相关规范包含该部分时，应给出以下细则：

	章或条款
a) 试验方法1或方法2	第5章，11.1
b) 试验方法1培养时间(严酷等级)	第5章，第8章
c) 最初机械\电性能以及功能检查(只有要求测定性能损害时)	第5章，第9章，11.1
d) 清洗预处理	10.1
e) 接种方法(不喷洒时)	11.2
f) 外观检查时的培养中断	11.3
g) 最后检测	第12章
h) 允许长霉程度	12.3

14 试验报告中至少应给出的信息

a) 实验室(名称、地址、认可)

b) 客户(名称、地址)

c) 样品描述

d) 试验标准、版本、方法

e) 试验方法1的严酷等级

f) 试验霉菌(如果不是本部分中规定的霉菌)

g) 最初、中间、最终检查结果(详细)

h) 样品清洁(如果采用的话)

i) 接种方法

j) 培养条件(如果没有按照本部分规定的条件)

k) 对照条上的长霉情况(经过7 d培养以后)

l) 试验结果(包括特殊观测)

m) 试验合格判据(允许的长霉等级,如果有规定)

n) 性能评价(以试验合格判据为基础)

附　录　A
（资料性附录）
对操作人员的危害

A.1　总则

按真菌学家和病理学家的观点，长霉试验会危害人体健康，除非采取特殊防护措施。

附录A、附录B、附录C和附录D的防护措施是在微生物学和专用设备的基础上制定的。设备操作人员必须经过微生物试验培训。

要提供一个专用的房间来做长霉试验。

试验过程中的某些部分推荐使用微生物安全箱(MSC)。

空气中的霉菌孢子不断地从口和鼻进入人体，一般对身体不会产生严重的危害。但是某些敏感的人由于反复吸入某些孢子，包括本试验中应用的孢子，而受到影响，因此进行试验时应当注意采取防护措施。附录C提出了防护措施的大纲。在培养过程中，培养地点或样品上可能会生长其他霉菌或微生物，作为意外的入侵者。其中一些可能对人体有害。

对于要求承担本试验的人员，应当通知医师或其他医生。应当根据医疗人员的意见决定是否参与该试验。

应对试验人员说明可能面对的与当前健康状况相关的潜在危险。

应当遵守国家安全规定。

A.2　医务人员应当掌握的事项

进行本试验时，吸入孢子或伤口植入孢子会产生一定的危害。

附录C提供的安全措施，能把这种危害性降到最低。

对于易感人群会产生特定的危害：

——特异敏感性患者，他们一般对花粉、灰尘、动物的皮屑等过敏，或者是患有鼻炎、哮喘或其他过敏症。危害是可能患霉菌孢子Ⅰ型过敏，在某些环境中可能发展成为Ⅱ型(农业肺病型)；

——慢性肺部疾病(即支气管炎、慢性气管炎、结核病、肉样瘤病等)患者，一旦遇到霉菌孢子在肺腔中沉淀和发芽繁殖，其肺部会形成霉菌球或曲霉状瘤。特别是烟曲霉会造成这种危害，结核病治愈后的病灶，更容易受到侵害，会构成严重的霉菌生长点；

——经常接受广谱抗菌素治疗的病人，尤其是同时接受免疫抑制药物，包括皮质酮及其他规定的化学制剂，由于呼吸道及肠胃道里正常的细菌区系被消灭了，会促使真菌广泛繁殖，免疫抑制可以使个别人对霉菌感染更敏感。

虽然按照规定程序进行试验危险性较低，但凡是属于以上类型的人员不应参加本试验。

附 录 B
（规范性附录）
接种方法

B.1 总则

开始接种前，应先学习附录C“推荐安全措施”。比较适当的方法是在样品和对照条上喷洒孢子悬浮液。

B.2 采用喷雾接种方法(AIM)喷洒

B.2.1 总则

采用AIM方法比采用喷枪在样品表面喷洒接种分布更为均匀。

使用AIM方法时，由于孢子在样品表面分布均匀，试验结果的重复性和再现性明显要好。

使用AIM方法适用于表面很难被孢子悬浮液润湿的样品。

安全接种箱的适当尺寸为500 mm×500 mm×500 mm。箱体的材料应当为聚甲基丙烯酸甲酯。

B.2.2 方法描述

AIM方法见图B.1。

孢子悬浮液采用超声喷雾设备①进行雾化。

为了测定孢子悬浮液的数量，在雾化室内的超声喷雾设备中引入一个有分级注射器②。

含有孢子的雾化液由超音速喷雾设备产生的轻微气流经一个管道③带入接种箱。

雾化液经由一个装在接种箱顶部的带孔漏斗④分散在箱内。

样品放在漏斗下面的箱底上，主测试面面向漏斗。

箱内的气压由2个对称安装在通气孔中的微生物过滤器⑤进行补偿。

雾化和喷雾结束后，利用超声喷雾设备产生的气流经由安装在箱底⑥的阀门和微生物过滤器的管道给箱内进行通风。

在接种箱的门(在工作时，该门是密封的)打开之前，应停止超声雾化设备产生的气流。

B.2.3 去除污染和净化

取出试样后，应当立即关上接种箱的门，整个系统应当用消毒液喷雾去除污染，例如过乙酸溶液。

对于相似的孢子悬浮液，不经去污可以进行超过一次的接种操作。

如果孢子悬浮液用矿物盐溶液(方法1，见6.2.2)或者矿物盐营养液(方法2，见6.2.3)配制，雾化设备、超声雾化器与接种箱之间的连接管、分配漏斗以及接种箱的内表面，在去污之后应当用蒸馏水冲洗。

B.2.4 AIM系统的校准

落在规定表面上的孢子悬浮液的数量取决于超声雾化器的调节性能以及其他因素，可以通过分析天平测量培养皿暴露于接种箱前后的质量变化来测定。将无机盐溶液(见6.3)雾化，而不是孢子悬浮液。

注：推荐沉积浮质量为(100±20)mg/dm^2。

B.3 通过浸渍接种小样品

对于小样品，如果孢子能粘附在其表面上，将其浸入孢子悬浮液是一种快速、有效的接种方法。

B.4 通过喷洒或涂刷接种大样品

对于可以分拆为单元的大样品，参照第3章。

如果样品对于MSC或者安全接种箱来说太大的话，应当考虑在样品上安装一个临时排气通风装置。应达到与MSC规定相同的气流条件、安装相同的微生物排放系统。另外，将大样品放在培养箱中，然后涂刷孢子悬浮液是可以的。尽管该方法不能产生喷雾，但在接种期间运行推荐的排气通风系统。通过喷洒方法接种时，应关闭排气系统以避免多余的空气运动，并且关上门以减少孢子释散。

由于能形成雾化，推荐使用MSC进行接种。

在用AIM方法时，用安全接种箱(图B.1)代替MSC。

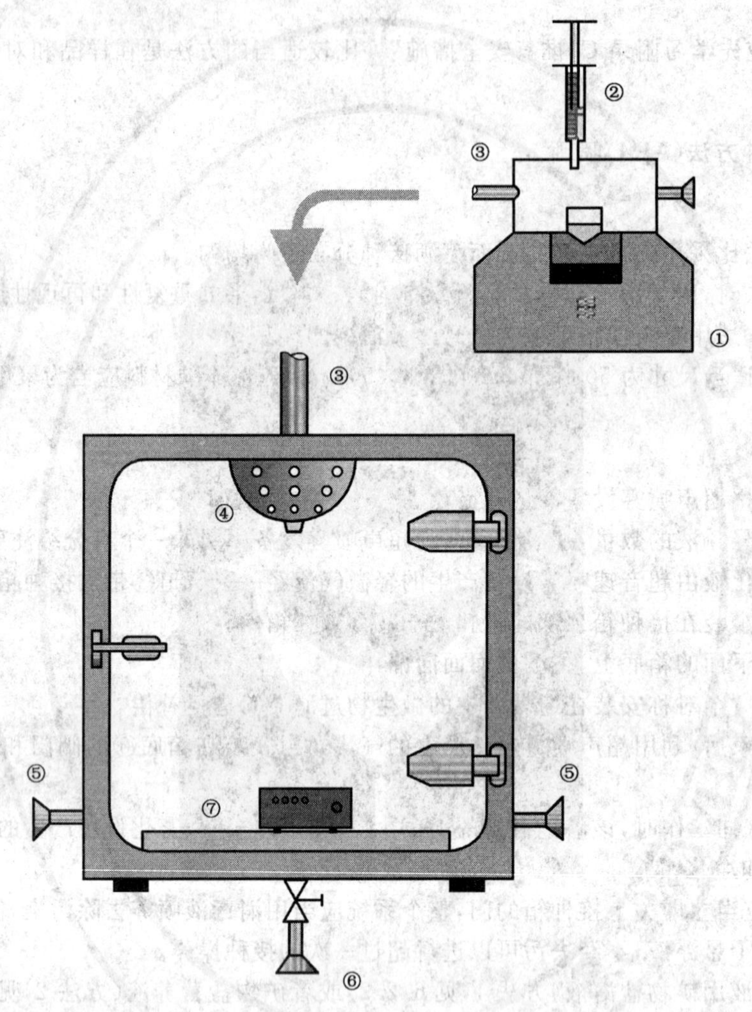

①——超声喷雾设备；
②——分级注射器；
③——管道；
④——带孔漏斗；
⑤——过滤器；
⑥——箱底；
⑦——样品。

图B.1 浮质雾化方式(AIM)

附 录 C
（资料性附录）
推荐安全措施

C.1 安全措施应以操作人员吸入和皮肤接触霉菌孢子，特别是手指甲周围最少为原则。[1)]

C.2 当移动或检查样品和对照条时，扰动样品周围的空气时可能吸入霉菌孢子，例如开闭试验箱门及容器盖，当长霉干燥时，小的菌丝碎片更容易散布在空气导致危险增加；采用喷雾接种霉菌孢子时，危险性较大，除非采用接种箱（见附录 B）进行 AIM 接种。

C.3 直接的保护方法是使用经认证用于过滤直径范围在 1 mm～10 mm 范围内灰尘的口罩或者是防止生物危害和防止辐射危害的口罩，用纱布或疏松面罩达不到充分保护作用。最理想的方法是使用 MSC。

C.4 为减少霉菌跟皮肤接触的危险，在接种时和培养后，应该带防护手套处理菌种、接种以及试样。用过的手套应进行处理，在处理前应进行去污。

C.5 孢子悬浮液的制备、样品和对照条的接种（如果不在接种箱内进行）等所有涉及打开霉菌容器的操作过程以及对接种样品的检测都要在 MSC 中完成，并采取以下防护措施：

a) 制备孢子悬浮液时，使用规定的润湿剂（见 6.2.1）；

b) 培养容器从 MSC 中取出转送到保温箱时，需用 70％的酒精擦洗容器外表面；

c) 试验结束以后，仍然在 MSC 中用 70％的酒精擦洗试样，除去样品外面生长的霉菌，达到最终去污和处理；

d) 使用 AIM 方法时，接种箱的设计和运行应按照附录 B 中的规定进行以防止含有孢子的雾滴外散。

C.6 试样对于单独容器来说太大时，必须在湿度试验箱培养，当开关箱门时，由于空气的扰动可能会使空气传播霉菌孢子。箱门打开时，带有微生物过滤器的排气系统可防止霉菌孢子外逸。当箱门关闭时，应当关闭排气系统以避免空气运动或者箱内保持负压。

C.7 培养结束后，微生物过滤器应当进行去污或替换。在打开箱门之前，应当关闭排气扇以减少孢子分散。

C.8 进入步入式培养室时，必须穿保护服及带有 C.3 规定有呼吸器的完整的头罩或用一个合适的管道将空气通向头罩。

C.9 长霉试验用到的所有试验箱和器械使用后，应照附录 D 立即进行去污。

C.10 试验结束后，样品和对照条上可能长满了霉，应注意处理。在最后处理掉前，对照条应浸渍在装有次氯酸钠溶液的容器中（见附录 D）。在选用附录 D 中给定的去污方法之前，样品应当先按照 C.5 的 c）进行处理。

C.11 如果去除污染超过 28 d，而怀疑试验箱和设备又不太清洁，建议在临试验前再次去清除污染。

C.12 实验室内不允许吸烟和吃东西。

C.13 长霉实验室内穿的防护服不应穿到外面。

---

1) IEC 原文附录 C 的条编号有遗漏，现补上。

附　录　D
（资料性附录）
去污规程

用于培养霉菌生长的潮湿箱和湿度容器，可能被试验霉菌和外面侵入的霉菌污染，因此去污染程度是必需的，该程序对防止试验菌及侵入菌二者均有效；它不应留下去污染剂的残余物，残余物很可能会干扰试验期间接种霉菌的生，该程序对使用者带来的危险也必须最小。

D.1　推荐去污规程

D.1.1　应用化学活性溶液

用次氯酸钠溶液冲洗或者浸没，溶液中含有 $500\times10^{-6}\sim1\,000\times10^{-6}$ 的有效氯。

污染的培养空间、容器或者设备用此溶液润湿，如果可能的话，浸没于溶液中，确保溶液渗透到各个缝隙里边，时间不少于 30 min，然后用清水彻底冲洗。

把气候箱的温度由 60 ℃提高到 70 ℃，维持 1 h～2 h 去污。然后用次氯酸钠溶液冲洗干净。

30 min 后，溶液的残余物应当通过冲洗，清扫以去污。

次氯酸钠具有强的漂白作用。因此，对于某些材料，可能不太合适。除次氯酸钠以外，另外一种有效的杀菌剂是以有机氮化合物为基础的，如：醋酸苄乙胺或甲基醋酸苄乙胺。

只有杀菌效果和生物毒理安全性经过认证的杀菌剂才能使用。

D.1.2　高压蒸汽灭菌

该方法适用于耐高温的小样品和菌群。高压蒸汽锅设定条件为：压力 100 kPa[2]（1 bar），温度 121 ℃，消毒时间 20 min。

D.1.3　用体积浓度 70%的酒精溶液喷淋擦洗

跟孢子或孢子悬浮液小液滴接触的所有表面，用 70%的酒精溶液充分润湿，作用时间不少于 15 min。

D.1.4　应用挥发性杀菌剂

应避免应用挥发性的杀菌剂，如：甲醛。甲醛蒸汽是有效的杀菌剂，但是杀菌后很难清除残余蒸汽，并能在周围环境中引发更多的甲醛蒸汽，这样会抑制试验霉菌的生长。而且，甲醛是有毒的物质。

其他挥发性杀菌剂也是可以的，但可能存在爆炸和/或有毒等安全问题，特别是涉及到大的箱（室）时。大多数情况下，0.5%的醋酸溶液可能就是合适的去污方法。

D.2　处理

在处理掉已污染材料，剩余的菌群、孢子悬浮液等之前，应当用 D.1.1 和 D.1.2 的方法去污。

注：长满菌种的培养基应当用高压蒸汽灭菌。洒落的孢子悬浮液、打碎的试管玻璃以及其他失落的废弃材料在处理之前，应当用沾满次氯酸钠溶液或 D.1.1 中给出的其他消毒剂的棉纱覆盖几个小时进行消毒。

---

2)　IEC 原文为“压力 10 kPa (1 bar)”。因 1 bar 为 100 kPa，原文有误，在此给予更正。

附 录 E
（资料性附录）
试验霉菌

E.1 霉菌清单

序号	名称	菌种菌号	相同菌种[a]
1	Aspergillus niger 黑曲霉	ATCC 6275	CBS 131.52;CMI 45551;DSM 1957;NBRC 6341 NRRL 334;QM 324;QM 458;IAM 3001
2	Aspergillus terreus 土曲霉	ATCC 10690	CBS 377.64;CMI 45543;DSM 1958;IFO 6346;NRRL 571;QM 82j;IAM 3004
3	Chaetomium lobosum 球毛壳霉	ATCC 6205	CBS 148.51;CMI 45550;DSM 1962;NRRL 1870;QM 459;IAM 8059
4	Hormoconis resinae 子囊菌	DSM 1203	NRRL 2778;NBRC 100535
5	Paecilomyces variotii 宛氏拟青霉	ATCC 18502	CBS 284.48;CMI 40025;DSM 1961;NRRL 1115;QM 6764;IAM 5001; NBRC 33284;IAM 13426
6	Penicillium funiculosum 绳状青霉	ATCC 36839	CBS 631.66;CMI 114933;DSM 1944;IAM 7013;NBRC 33285;JCM 5594
7	Scopulariopsis brevicaulis 短帚霉	ATCC 36840	CMI 49528;DSM 9122;QM 9958;NBRC 100536
8	Trichoderma virens 绿色木霉	ATCC 9645	DSM 1963;IAM 5061;NBRC 6355

[a] 也可以使用其他相同菌种。

E.2 推荐培养基

所有的琼脂培养基应当用高压蒸汽(120±1)℃消毒15 min。

序号	试验真菌	培养基
1	Aspergillus niger 黑曲霉	用于微生物培养的麦芽提取物 25 g/L 蒸馏水 并添加 15 g/L～20 g/L 琼脂
2	Aspergillus terreus 土曲霉	
4	Hormoconis resinae 树脂子囊菌	
5	Paecilomyces variotii 宛氏拟青霉	
6	Penicillium funiculosum 绳状青霉	
3	Chaetomium lobosum 球毛壳霉	符合6.3[a]要求的矿物盐—葡萄糖—琼脂溶液 并添加 15 g/L～20 g/L 琼脂
7	Scopulariopsis brevicaulis 短帚霉	
8	Trichoderma virens 绿色木霉	

[a] 表面上盖有无菌滤纸的Chaetomium lobosum。

接种试验霉菌孢子、并且进行培养的培养基可以用于验证其7 d的生存能力。

但是不能够用于断定培养箱内的温度和相对湿度条件是否能够充分支持长霉，就像用对照条(见6.3)进行一样。

附 录 F
（资料性附录）
导 则

F.1 感染的机理

真菌生长在土壤里和许多种普通材料中/上。它们通过产生孢子传播，孢子从母体上分裂开，然后发芽再生长。

孢子非常小(1 μm～10 μm)，很容易被流动的空气携带。它们还可能粘附在尘粒上，随之进入设备。

因此，设备的所有能透过空气的部分都可能被孢子感染。感染也可能由接触引起，孢子在指印中携带。

感染的另一途径是侵入了体内带有孢子的螨虫，螨虫可以进入小至 25 μm 的狭缝。

螨虫的尸体和排泄物为霉菌的繁殖提供了水分和营养。

F.2 发芽和生长

水分是孢子萌发的必要条件，在表面上有灰层或其他亲水性物质存在的地方，孢子可以从大气中吸收充足的水分。

当相对湿度低于 65%，孢子不会萌芽和生长。相对湿度超过 65%越多，霉菌生长越快。孢子能在相对湿度很低的情况下存活较长时间，即使大部分长霉已经死亡。一旦遇到适宜的相对湿度，它们就会再萌芽、生长。

除了高湿度以外，孢子还要求表面上形成一层吸水层。一旦形成潮湿层，大多数有机材料就能提供足够营养至少维持少许霉菌生长。有机灰尘自身包含长霉需要的充足养分。空气不流通、不通风的地方有利于长霉。

对于能对设备引起问题的大多数真菌来说，最佳萌发的温度是 20 ℃～30 ℃，少数种类在 0 ℃以下或 40 ℃也能萌发。许多孢子长期暴露于 0 ℃以下或 80 ℃也不会受到破坏。

F.3 长霉影响

F.3.1 原发性影响

霉菌可以在大多数有机材料中生存，但其中有些材料更容易受到侵染。只有那些暴露在空气中的表面才长霉，吸湿性的表面更容易受到侵染。

即使对材料发生了轻微的有害性侵染，由于潮湿菌丝层的存在而在表面上形成了导电通路，可能会大大降低电导体之间的绝缘性。

当潮湿的菌丝生长在有严格调控电路的电磁场中时，可能会引起回路的频率-阻抗特性的重大改变。

很容易受侵染的材料有皮革、木材、棉纤维、纤维、丝以及其他天然材料。大多数塑料感染性较低，但也会被侵染。

塑料材料中可能含有未聚合的单体、低聚体和或添加剂，这些物质可能会渗透到材料表面作为真菌的营养物质，霉菌可能会大量的生长。

材料长霉导致机械强度降低和/或其他物理性质的改变。

某些塑料材料的性质取决于增塑剂，如果增塑剂能被真菌消化，材料就会脆化。

F.3.2 继发性影响

长霉产生酸性代谢产物及其他物质会对材料造成继发性侵染。

这种侵染能造成电解和老化,玻璃失去透明度。如果有霉菌代谢酶的话,则会促进氧化和分解。

F.3.3 对设备设计的影响

由于标准化设计及许多设备的内在联系,设备局部的长霉可能会对其他不允许长霉的零部件带来很大影响。

当评定对零部件的主要或次级影响时,应评定对整体性能可能造成的影响。

应当注意,任何有助于标识材料和设备的物件如标签、标志等,应当采取与产品本身相同程度的保护。

F.4 预防长霉

采取以下步骤防止长霉:

F.4.1 所有的绝缘材料要选择尽可能强的抗长霉材料,这样可以最大限度延长菌丝生长时间,减少长霉对材料造成的损害。

F.4.2 为了获得某些性能和持久性,产品经常会用到润滑剂、清漆、涂料等。选择这些材料时应当考虑到抗霉能力。即使润滑剂等不支持长霉,但它可能聚集一层灰尘,有助于长霉。为了保护某些材料,推荐使用含杀菌剂的产品。

F.4.3 在组装设备时,可能会形成水阱,其中可能会长霉,应当避免。不明显的水阱,例如,不密封塞子与接口之间或印刷回路与边缘连接器之间。

F.4.4 把设备彻底密封在干燥清洁的空气中是预防长霉的最有效的方法。

F.4.5 在持续散热场所中保证相对低的湿度能预防长霉。

F.4.6 设备在一个适当控制的环境中工作时,可以防止有害真菌的生长。

F.4.7 经常更新干燥剂的地方能够保证较低的相对湿度,避免长霉。

F.4.8 周期性,仔细地清除长霉和灰尘(营养层)在检查中会产生危害。

F.4.9 诸如油漆中的杀真菌剂,包括药片或直接喷洒的,都只能一时阻止长霉,杀菌剂使用见F.7。

F.4.10 在设备材料和性能允许的情况下,紫外辐射或者臭氧可用于杀菌。

F.4.11 流速足够大的气流流过设备部件时,可以阻止该部分长霉。

F.4.12 杀螨剂可以用来控制螨虫活动。

F.4.13 在印刷线路板上应用诸如环氧树脂、硅树脂、丙烯酸树枝或对聚二甲苯等防护层,可以减少表面冷凝水蒸气形成的湿度,抑制长霉,如果防护层本身抗霉。

F.5 长霉试验的适用性

由于对整个设备的长霉试验非常昂贵或者会产生可疑的结果,设备的长霉试验一般用于检验设备零部件以及选材的合适性。

从对材料、零部件、组分、小部件等的试验中,很容易得到大量的精确的需求信息。

测试材料的抗霉性能应根据如ISO 846 塑料——微生物作用评定进行,且应当制定给能够胜任的实验室。

注:技术产品的微生物实验室应当通过GB/T 27025认可。

设计过程中,选择测试过的材料或没预料到有显著污染的情况下,试验方法1可用于全面检查。

在可能发生污染的情况下,为了评定污染和未污染样品的性能,方法1和方法2都可以进行。

这些试验不能代替一个适当的材料选择过程,不可能设计出简单的试验来代替材料的预试验和专家评定结果。

设计在潮湿环境中工作的产品时,选择以前经过测试的材料是一项重要的预防措施。

在绝缘面不发生严重污染的情况下,该预防措施对大多数产品来说已经足够了,但不是最严酷的条件。

对于运行环境仅利于长霉的某一阶段的设备应采取防护措施,例如密封或持续的加热降低内部的相对湿度时,如果选材适当,应用正确的建构原则,就没有必要进行长霉试验。

如果不采用这些原则,试验J不足以发现所有的可能存在的问题。

作为最后的全面检查,试验J仅采用一小部分侵染该材料的菌群,该材料具有相当的抗霉性能。

在设计良好的产品中应当标明可能遇到问题。

对于设计较差、选材不当的产品,长霉试验并不能检查出所有的缺陷。

F.6 基本影响类型

F.6.1 28 d 培养后的长霉和侵染程度

F.6.1.1 方法1

本试验是常用的一种试验方法。用检查长霉程度来检验是否使用了抗霉材料。长霉部分预示了该产品可能长霉的地方,该地方需要进行最好的清洁和活动。

表面侵染表明了最容易受到长霉引起的物理性损伤的地方。

F.6.1.2 方法2

即使材料具有抗霉性,表面污染也能引起长霉。

在这种情况下,可能发生继发性影响,例如长霉产生的代谢物侵染或者真菌菌丝体的物理渗透。

当长霉是由于严重的表面污染引起时,应当采用方法2评定长霉对材料的二次影响以及对产品性能的影响。

方法2也可以用来评定防霉剂对产品处理的效果(见F.7.2)。

方法2不适于用于模拟非常密集的表面污染,例如表面存在大量的有机灰尘和昆虫尸体。

为了确信样品采用了抗霉材料和良好的设计,经方法2检验的样品应当满足方法1的要求。

此时,应当用单独的样用方法1进行试验。

F.6.2 28 d 培养后(方法2)或 28 d/56 d 培养后(方法1)仍保持潮湿状态时对产品性能的影响

该过程表明了在长霉条件下运行的产品预期的性能改变的多少和性质。

潮湿本身就会导致产品性能的改变,因此有必要进行二种检测,一是采用没有长霉的样品另一个采用有长霉的样品。二者之间的差异就是长霉引起的影响。

方法2需要的营养液的组分本身也可能影响样品的性能,例如降低表面抗性。

由于没有接种的样品(阴性对照样品)也可能长霉,一开始就感染孢子或者试验中感染孢子的,精确评定之间的差别非常困难。

为了避免自发长霉,应当采取特别的预防措施。

F.6.3 24 h 恢复后对样品性能的影响

该过程表明了由于高相对湿度下长霉然后在低相对湿度下干涸的样品性能的改变的多少和性质。

该过程适用于诸如产品在长霉条件下贮存,然后在有空调的房间使用的情况。

为了区别潮湿引起的性能改变和长霉引起的性能改变,也需要进行二套试验。

F.7 防霉剂的使用

为增强设备的抗霉性,经常使用的方法是采用防霉剂抑制和预防长霉。

F.7.1 使用限制

当选择一种杀菌剂密封在设备中时,应当谨记以下原则:

防霉剂不应引起空气有毒危害操作人员。有机金属化合物作为防霉剂是有毒的,例如挥发性的有机汞化合物。

防霉剂的挥发性组分不应危害设备的零部件，例如对金属部件的电解腐蚀，降低绝缘体表面的绝缘性，在开关等的表面沉积一层绝缘膜。

当设备中存在光敏感元件时，例如光电池，防霉剂的挥发性组分不能够在这些元件的窗口上形成一层光吸收层。

F.7.2　防霉剂的性能

在设备承受的最高温度下，防霉剂应当稳定持久。

在设备内表面反复出现凝露的情况下，防霉剂不应当浸出。

挥发性不应当太强，不应在保护期未完之前就全部挥发掉了。

如果需要持久的防霉效果，在任何地方的长霉可能引起危害时，防霉剂蒸汽应当能够维持足够大的浓度。

即使一种防霉剂用于长期保护，正常的进化则会选择出对该防霉剂具有抗性的变异菌种，因此当需要永久保护时，防霉剂应当定期更新，应当用另外一种类型的防霉剂代替。

F.7.3　保护和试验周期

防霉剂可能用于几个月的潮湿环境运输中起到短期防护作用或者达到长期防护作用。当防霉剂用于短期保护时，应当在有防霉剂的情况下按照方法1进行试验。当需要长期保护时和/或预期会出现表面污染时，应该按照方法2进行试验。

为了检测防霉剂的性能，在进行长霉试验前，应当对防霉剂进行高温和/或高相对湿度试验。当该过程必需时，应当在相关规范中说明。

附　录　NA
（资料性附录）
GB/T 2423 标准的组成部分

除本部分外，GB/T 2423 标准的组成部分如下：

GB/T 2423.1—2008　电工电子产品环境试验　第2部分：试验方法　试验 A：低温(IEC 60068-2-1:2007,IDT)

GB/T 2423.2—2008　电工电子产品环境试验　第2部分：试验方法　试验 B：高温(IEC 60068-2-2:2007,IDT)

GB/T 2423.3—2006　电工电子产品环境试验　第2部分：试验方法　试验 Cab：恒定湿热试验(IEC 60068-2-78:2001,IDT)

GB/T 2423.4—2008　电工电子产品环境试验　第2部分：试验方法　试验 Db：交变湿热(12 h＋12 h 循环)(IEC 60068-2-30:2005,IDT)

GB/T 2423.5—1995　电工电子产品环境试验　第2部分：试验方法　试验 Ea 和导则：冲击(idt IEC 60068-2-27:1987)

GB/T 2423.6—1995　电工电子产品环境试验　第2部分：试验方法　试验 Eb 和导则：碰撞(idt IEC 60068-2-29:1987)

GB/T 2423.7—1995　电工电子产品环境试验　第2部分：试验方法　试验 Ec 和导则：倾跌与翻倒(主要用于设备型样品)(idt IEC 60068-2-31:1982)

GB/T 2423.8—1995　电工电子产品环境试验　第2部分：试验方法　试验 Ed：自由跌落(idt IEC 60068-2-32:1990)

GB/T 2423.10—2008　电工电子产品环境试验　第2部分：试验方法　试验 Fc：振动(正弦)(IEC 60068-2-6:1995,IDT)

GB/T 2423.15—2008　电工电子产品环境试验　第2部分：试验方法　试验 Ga 和导则：稳态加速度(IEC 60068-2-7:1986,IDT)

GB/T 2423.17—2008　电工电子产品环境试验　第2部分：试验方法　试验 Ka：盐雾(IEC 60068-2-11:1981,IDT)

GB/T 2423.18—2000　电工电子产品环境试验　第2部分：试验方法　试验 Kb：盐雾，交变(氯化钠溶液)(idt IEC 60068-2-52:1996)

GB/T 2423.21—2008　电工电子产品环境试验　第2部分：试验方法　试验 M：低气压(IEC 60068-2-13:1983,IDT)

GB/T 2423.22—2002　电工电子产品环境试验　第2部分：试验方法　试验 N：温度变化(IEC 60068-2-14:1984,IDT)

GB/T 2423.23—1995　电工电子产品环境试验　试验 Q：密封

GB/T 2423.24—1995　电工电子产品环境试验　第2部分：试验方法　试验 Sa：模拟地面上的太阳辐射(idt IEC 60068-2-5:1975)

GB/T 2423.25—2008　电工电子产品环境试验　第2部分：试验方法　试验 Z/AM：低温/低气压综合试验(IEC 60068-2-40:1976,IDT)

GB/T 2423.26—2008　电工电子产品环境试验　第2部分：试验方法　试验 Z/BM：高温/低气压综合试验(IEC 60068-2-41:1976,IDT)

GB/T 2423.27—2005　电工电子产品环境试验　第2部分：试验方法　试验 Z/AMD：低温/低气压/湿热连续综合试验(IEC 60068-2-39:1976,IDT)

GB/T 2423.28—2005 电工电子产品环境试验 第2部分:试验方法 试验T:锡焊(IEC 60068-2-20:1979,IDT)

GB/T 2423.30—1999 电工电子产品环境试验 第2部分:试验方法 试验XA和导则:在清洗剂中浸渍(idt IEC 60068-2-45:1993)

GB/T 2423.31—1985 电工电子产品基本环境试验规程 倾斜和摇摆试验方法

GB/T 2423.32—2008 电工电子产品环境试验 第2部分:试验方法 试验Ta:润湿称量法可焊性(IEC 60068-2-54:2006,IDT)

GB/T 2423.33—2005 电工电子产品环境试验 第2部分:试验方法 试验Kca:高浓度二氧化硫试验

GB/T 2423.34—2005 电工电子产品环境试验 第2部分:试验方法 试验Z/AD:温度/湿度组合循环试验(IEC 60068-2-38:1974,IDT)

GB/T 2423.35—2005 电工电子产品环境试验 第2部分:试验方法 试验Z/AFc:散热和非散热试验样品的低温/振动(正弦)综合试验(IEC 60068-2-50:1983,IDT)

GB/T 2423.36—2005 电工电子产品环境试验 第2部分:试验方法 试验Z/BFc:散热和非散热试验样品的高温/振动(正弦)综合试验(IEC 60068-2-51:1983,IDT)

GB/T 2423.37—2006 电工电子产品环境试验 第2部分:试验方法 试验L:沙尘试验(IEC 60068-2-68:1994,IDT)

GB/T 2423.38—2008 电工电子产品环境试验 第2部分:试验方法 试验R:水试验方法和导则 (IEC 60068-2-18:2000,IDT)

GB/T 2423.39—2008 电工电子产品环境试验 第2部分:试验方法 试验Ee:弹跳(IEC 60068-2-55:1987,IDT)

GB/T 2423.40—1997 电工电子产品环境试验 第2部分:试验方法 试验Cx:未饱和高压蒸汽恒定湿热(idt IEC 60068-2-66:1994)

GB/T 2423.41—1994 电工电子产品基本环境试验规程 风压试验方法

GB/T 2423.42—1995 电工电子产品环境试验 低温/低气压/振动(正弦)综合试验方法

GB/T 2423.43—2008 电工电子产品环境试验 第2部分:试验方法 振动、冲击和类似动力学试验样品的安装(IEC 60068-2-47:2005,IDT)

GB/T 2423.45—1997 电工电子产品环境试验 第2部分:试验方法 试验Z/ABDM:气候顺序(idt IEC 60068-2-61:1991)

GB/T 2423.47—1997 电工电子产品环境试验 第2部分:试验方法 试验Fg:声振(idt IEC 60068-2-65:1993)

GB/T 2423.48—2008 电工电子产品环境试验 第2部分:试验方法 试验Ff:振动-时间历程法(IEC 60068-2-57:1999,IDT)

GB/T 2423.49—1997 电工电子产品环境试验 第2部分:试验方法 试验Fe:振动-正弦拍频法(idt IEC 60068-2-59:1990)

GB/T 2423.50—1999 电工电子产品环境试验 第2部分:试验方法 试验Cy:恒定湿热主要用于元件的加速试验(idt IEC 60068-2-67:1996)

GB/T 2423.51—2000 电工电子产品环境试验 第2部分:试验方法 试验Ke:流动混合气体腐蚀试验(idt IEC 60068-2-60:1995)

GB/T 2423.52—2003 电工电子产品环境试验 第2部分:试验方法 试验77:结构强度与撞击(IEC 60068-2-27:1999,IDT)

GB/T 2423.53—2005 电工电子产品环境试验 第2部分:试验方法 试验Xb:由手的摩擦造成标记和印刷文字的磨损(IEC 60068-2-70:1995,IDT)

GB/T 2423.54—2005 电工电子产品环境试验 第2部分:试验方法 试验Xc:流体污染(IEC 60068-2-74:1999,IDT)

GB/T 2423.55—2006 电工电子产品环境试验 第2部分:环境测试 试验Eh:锤击试验(IEC 60068-2-75:1997,IDT)

GB/T 2423.56—2006 电工电子产品环境试验 第2部分:试验方法 试验Fh:宽带随机振动(数字控制)和导则(IEC 60068-2-64:1993,IDT)

GB/T 2423.57—2008 电工电子产品环境试验 第2-81部分:试验方法 试验Ei:冲击 冲击响应谱合成(IEC 60068-2-81:2003,IDT)

GB/T 2423.58—2008 电工电子产品环境试验 第2-80部分:试验方法 试验Fi:振动 混合模式(IEC 60068-2-80:2005,IDT)

GB/T 2423.101—2008 电工电子产品环境试验 第2部分:试验方法 试验:倾斜和摇摆

GB/T 2423.102—2008 电工电子产品环境试验 第2部分:试验方法 试验:温度(低温、高温)/低气压/振动(正弦)综合

ICS 19.020
K 04

中华人民共和国国家标准

GB/T 2423.17—2008/IEC 60068-2-11:1981
代替 GB/T 2423.17—1993

电工电子产品环境试验 第2部分:试验方法 试验Ka:盐雾

Environmental testing for electric and electronic products—
Part 2: Test methods—Test Ka: Salt mist

(IEC 60068-2-11:1981, Basic environmental testing procedures—
Part 2: tests—Test Ka: Salt mist, IDT)

2008-05-19 发布　　2009-01-01 实施

中华人民共和国国家质量监督检验检疫总局
中国国家标准化管理委员会　发布

调节 pH 值。

每一批新配置的溶液都应测量 pH 值。

pH 值可能需要调节，在上述规定范围内，满足第 6 章的要求。

3.1.3 喷雾后的溶液不能再次使用。

3.2 空气供给

进入喷雾装置的压缩空气应不含任何杂质，如油、灰尘等。

应采取措施使压缩空气的湿度和温度达到运行条件的要求。空气压力应当适于产生细小、潮湿、密集的雾。

为了防止盐沉积堵塞喷雾装置，推荐喷嘴处的空气相对湿度至少为 85%。一种可行的方法如下：让气流以非常小的气泡形式通过自动维持恒定的热水塔，水温至少为 35℃。

允许的水温随着空气流量的增加以及试验箱及其环境热绝缘的降低而增加。

水温不应过高，以免带入试验箱过多水分，也不能超过规定的运行温度。

4 初始检测

试样应进行目视检查，如必要，应按相关标准进行电气和机械性能检测。

5 预处理

相关标准应规定试验前对试样所采用的清洁程序，同时规定是否需要移除保护性涂层。

注：清洁方法不应影响盐雾对试样的腐蚀影响，且不能引入任何的二次腐蚀。

试验前应尽量避免手接触试样表面。

6 条件试验

6.1 根据相关规范，试样应按正常使用状态进行试验。因此，试样应分为多个批次，每个批次按照一种使用状态进行试验。

试样之间不应有接触，也不能与其他金属部件接触，因此试样应安放好以消除部件之间的影响。

注：试样在试验箱内的位置（即试样表面跟竖直平面的倾斜角）非常重要，位置上非常小的差别可能会导致结果差别比较大，取决于试样的形状。

6.2 试验箱的温度应维持在(35±2)℃。

6.3 所有的暴露区域都应维持盐雾条件，用面积为 80 cm^2 的器皿在暴露区域的任何一点连续收集至少 16 h 的雾化沉积溶液，平均每小时收集量应在 1.0 mL～2.0 mL 之间。至少应采用两个收集器皿，器皿放置的位置不应受试样的遮挡，以避免收集到试样上凝结的溶液，器皿内的溶液可用于测试 pH 值和浓度。

溶液的收集可以按照 6.5 的规定在试验前或者试验中进行。

6.4 按照 6.3 收集到的溶液，在(35±2)℃测量时，浓度和 pH 值应分别符合 3.1.1 和 3.1.2 的要求。

6.5 浓度和 pH 值的测量应当在下列时间内进行：

a) 对于连续使用的试验箱，每次试验后都应对试验过程中收集到的溶液进行测量；

b) 对于不连续使用的试验箱，在试验开始前应进行 16 h～24 h 的试运行。试运行结束后，在试样开始试验之前立即进行测量。为了保证稳定的试验条件，还应按照 a)的规定进行测量。

6.6 相关规范应规定试验周期：16 h、24 h、48 h、96 h、168 h、336 h、672 h。

7 恢复

试验结束后，除非有相反规定，小试样应在自来水下冲洗 5 min，然后用蒸馏水或者去离子水冲洗，然后晃动或者用气流干燥去掉水滴。

清洗用水的温度不应超过35℃。

如有必要，相关规范应规定较大试样的清洗和干燥方法。

试样应在标准恢复条件下放置，不少于1 h，且不超过2 h。

8 最终检测

试样应进行目视检查，如有必要应按照相关规范进行电气和机械性能检测，记录试验结果。

注：应注意保证剩余的盐沉积不能破坏测量结果的重现性。

9 试验报告

报告中应包括比较试样所需要的信息。另外，还应包括试样暴露周期和在试验箱内的位置。

报告中还应包括浓度和pH值的测量值。

10 相关规范中应给出的细节

	条款
初始检测	第4章
预处理	第5章
试验中试样的放置状态	6.1
试验周期	6.6
恢复	第7章
最终检测	第8章

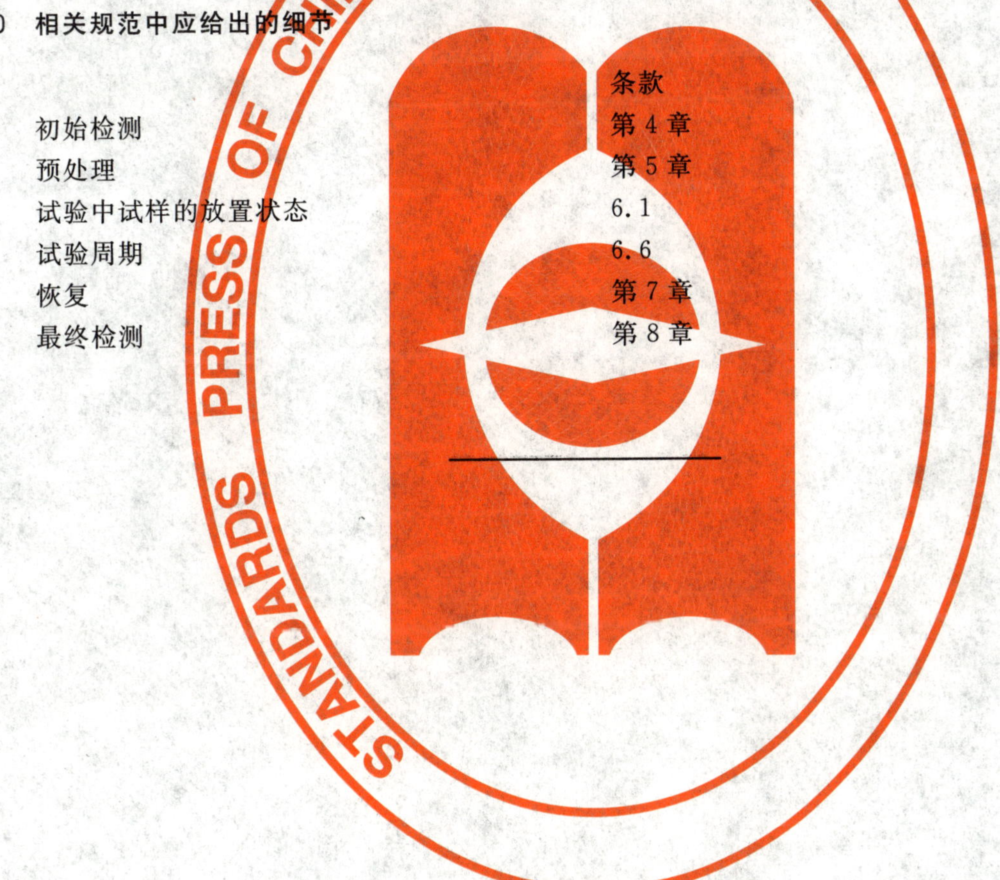

ICS 19.040
K 04

中华人民共和国国家标准

GB/T 2423.21—2008/IEC 60068-2-13:1983
代替 GB/T 2423.21—1991

电工电子产品环境试验
第2部分:试验方法
试验M:低气压

Environmental testing for electric and electronic products—Part 2:Test methods—Test M: Low air pressure

(IEC 60068-2-13:1983,Basic environmental testing procedures—Part 2:Test M: Low air pressure,IDT)

2008-12-30 发布　　2009-10-01 实施

中华人民共和国国家质量监督检验检疫总局
中国国家标准化管理委员会　发布

前　言

GB/T 2423.21是GB/T 2423标准的第21部分,GB/T 2423标准的组成部分见资料性附录NA。

本部分等同采用IEC 60068-2-13:1983(第1版)《基本环境试验规程　第2部分:试验　试验M:低气压》(英文版),技术内容上与IEC 60068-2-13:1983相同,编写格式上做了下列编辑性修改:

——为与新版IEC 60068的标题名称一致,本部分标题名称由"基本环境试验规程"改为"电工电子产品环境试验";

——"本标准"一词改为"本部分";

——删除了IEC标准的前言和序,增加了本部分的前言;

——增加了资料性附录"GB/T 2423标准的组成部分"(见附录NA);

——在规范性引用文件中,引用了与国际标准有对应关系的国家标准,并增加了在正文中引用到的标准;

——对4.1中的表格增加了表格编号和表题,并将注1和注2的位置调整至表格当中。

本部分替代GB/T 2423.21—1991《电工电子产品基本环境试验规程　试验M:低气压试验方法》。

本部分与GB/T 2423.21—1991相比主要变化如下:

——为与IEC原文编写格式一致,将GB/T 2423.21—1991的章条顺序,按照IEC 60068-2-13:1983的结构形式进行了调整。

本部分的附录NA为资料性附录。

本部分由全国电工电子产品环境条件与环境试验标准化技术委员会(SAC/TC 8)提出并归口。

本部分起草单位:广州电器科学研究院、广州威凯检测技术研究所、重庆银河试验仪器有限公司。

本部分主要起草人:钟志刚、刘功桂、王华斌。

本部分所代替的历次标准版本发布情况为:

——GB/T 2423.21—1981、GB/T 2423.21—1991。

电工电子产品环境试验
第2部分:试验方法
试验M:低气压

1 导言

1.1 范围

本部分适用于室温条件下的低气压试验。

本试验的目的是用于确定元件、设备或其他产品在低气压条件下贮存、运输或使用的适应性。

注:在高温和低气压综合或低温和低气压综合环境下贮存、运输或使用的产品,这种综合环境对于施加于产品上的应力或失效机理的影响是十分重要的,应按下列标准进行试验:

——GB/T 2423.25 电工电子产品环境试验 第2部分:试验方法 试验Z/AM:低温/低气压综合试验

——GB/T 2423.26 电工电子产品环境试验 第2部分:试验方法 试验Z/BM:高温/低气压综合试验

1.2 规范性引用文件

下列文件中的条款通过GB/T 2423标准的本部分的引用而成为本部分的条款。凡是注日期的引用文件,其随后所有的修改单(不包括勘误的内容)或修订版均不适用于本部分,然而,鼓励根据本部分达成协议的各方研究是否可使用这些文件的最新版本。凡是不注日期的引用文件,其最新版本适用于本部分。

GB/T 2421 电工电子产品环境试验 第1部分:总则(GB/T 2421—1999,IEC 60068-1:1988,IDT)

GB/T 2423.25 电工电子产品环境试验 第2部分:试验方法 试验Z/AM:低温/低气压综合试验(GB/T 2423.25—2008,IEC 60068-2-40:1983,IDT)

GB/T 2423.26 电工电子产品环境试验 第2部分:试验方法 试验Z/BM:高温/低气压综合试验(GB/T 2423.26—2008,IEC 60068-2-41:1983,IDT)

ISO 2533 标准大气

2 一般说明

将试验样品放入试验箱(室),然后将箱(室)内气压降低到相关规范规定的值,并保持规定持续时间的试验。

3 试验设备

试验箱(室)应具有能保持本部分第4章所规定的低气压条件的能力。

在恢复气压至正常时,应注意避免发生由于辅助设备、装置及导入不清洁的空气而使箱内空气发生污染的情况。

当对散热试验样品进行试验时,相关规范可根据GB/T 2423.26的要求对试验箱(室)进行适当的规定。

4 严酷等级

相关规范应当规定气压和试验持续时间的严酷等级,其值应从4.1和4.2的规定中优先选择。

4.1 气压

在试验箱(室)中应能保持表1中的气压,其容差为±5%或±0.1 kPa(取较大值),在严酷等级为84 kPa时的容差为±2 kPa。

表1 气压试验严酷等级

气压		近似海拔高度/m (见ISO 2533)
kPa	mbar	
1	10	31 200
2	20	26 600
4	40	22 100
8	80	17 600
15	150	13 600
25	250	10 400
40	400	7 200
55	550	4 850
70	700	3 000
84	840	(见注1、注2)
注1:从86 kPa～106 kPa的标准大气条件,覆盖了海拔1 000 m以下的高度。 注2:84 kPa的严酷等级适用于要求在标准大气条件的下限值对样品进行的试验。		

4.2 试验持续时间

相关规范应优先选用下列试验持续时间之一:

——5 min;

——30 min;

——2 h;

——4 h;

——16 h。

5 预处理

可根据相关规范的要求进行预处理。

6 初始检测

应按相关规范要求对样品进行视检及电气与机械性能检测。

7 条件试验

7.1 试验箱(室)内的温度应在规定的试验标准大气条件温度范围内。

当不要求样品在运行状态下进行试验时,样品应在不包装、不通电、"准备使用"状态,按其正常位置(除非另有规定)放入试验箱(室)内。

7.2 将试验箱(室)内的气压降低到符合规定严酷等级的值,如有需要,相关规范可规定气压变化速度不大于10 kPa/min。

7.3 当要求样品在运行状态下进行试验时,样品应通电或加电气负载,应检查确定试验样品是否能满足相关规范规定的功能。试验样品可按规定的持续时间保持在运行状态,或是按相关规范的要求断开电源。

若相关规范要求中间检测时,则应进行中间检测。

对散热试验样品,相关规范可要求在降低气压以前或以后对试验样品通电足够长的时间,使其达到热稳定,并进行功能试验和(或)检测。

7.4 气压应保持规定的持续时间。

7.5 使气压恢复到常压,若相关规范有要求时,气压变化的速度应不超过 10 kPa/min。

8 恢复

若相关规范无其他规定,试验样品应保持在标准大气条件下进行恢复,时间不少于 1 h,但也不超过 2 h。

9 最后检测

应按相关规范的要求,对试验样品进行视检及电气与机械性能检测。

10 相关规范应给的资料

相关规范应用本试验方法时,应尽量给出下列适用的细节:

a) 预处理(见第 5 章);

b) 初始检测(见第 6 章);

c) 条件试验时试验样品状态(见 7.3);

d) 严酷等级:试验气压和持续时间(见第 4 章);

e) 对采用压力变化速度的限制(见 7.2 和/或 7.5);

f) 条件试验期间热稳定、检测和(或)负载检查(见 7.1 或 7.3);

g) 恢复(见第 8 章);

h) 最后检测(见第 9 章)。

附 录 NA
（资料性附录）
GB/T 2423 标准的组成部分

除本部分外，GB/T 2423 标准的其他组成部分如下：

GB/T 2423.1—2008 电工电子产品环境试验 第2部分：试验方法 试验A：低温(IEC 60068-2-2:2007,IDT)

GB/T 2423.2—2008 电工电子产品环境试验 第2部分：试验方法 试验B：高温(IEC 60068-2-2:2007,IDT)

GB/T 2423.3—2006 电工电子产品环境试验 第2部分：试验方法 试验Cab：恒定湿热试验(IEC 60068-2-78:2001,IDT)

GB/T 2423.4—2008 电工电子产品环境试验 第2部分：试验方法 试验Db 交变湿热(12 h+12 h循环)(IEC 60068-2-30:2005,IDT)

GB/T 2423.5—1995 电工电子产品环境试验 第二部分：试验方法 试验Ea和导则：冲击(idt IEC 60068-2-27:1987)

GB/T 2423.6—1995 电工电子产品环境试验 第二部分：试验方法 试验Eb和导则：碰撞(idt IEC 60068-2-29:1987)

GB/T 2423.7—1995 电工电子产品环境试验 第二部分：试验方法 试验Ec和导则：倾跌与翻倒(主要用于设备型样品)(idt IEC 60068-2-31:1982)

GB/T 2423.8—1995 电工电子产品环境试验 第二部分：试验方法 试验Ed：自由跌落(idt IEC 60068-2-32:1990)

GB/T 2423.10—2008 电工电子产品环境试验 第2部分：试验方法 试验Fc：振动(正弦)(IEC 60068-2-6:1995,IDT)

GB/T 2423.15—2008 电工电子产品环境试验 第2部分：试验方法 试验Ga和导则：稳态加速度(IEC 60068-2-7:1986,IDT)

GB/T 2423.16—2008 电工电子产品环境试验 第2部分：试验方法 试验J和导则：长霉(IEC 60068-2-10:2005,IDT)

GB/T 2423.17—2008 电工电子产品环境试验 第2部分：试验方法 试验Ka：盐雾(IEC 60068-2-11:1981,IDT)

GB/T 2423.18—2000 电工电子产品环境试验 第2部分：试验方法 试验Kb：盐雾，交变(氯化钠溶液)(idt IEC 60068-2-52:1996)

GB/T 2423.22—2002 电工电子产品环境试验 第2部分：试验方法 试验N：温度变化(IEC 60068-2-14:1984,IDT)

GB/T 2423.23—1995 电工电子产品环境试验 试验Q：密封

GB/T 2423.24—1995 电工电子产品环境试验 第二部分：试验方法 试验Sa：模拟地面上的太阳辐射(idt IEC 60068-2-5:1975)

GB/T 2423.25—2008 电工电子产品环境试验 第2部分：试验方法 试验Z/AM：低温/低气压综合试验(IEC 60068-2-40:1976,IDT)

GB/T 2423.26—2008 电工电子产品环境试验 第2部分：试验方法 试验Z/BM：高温/低气压综合试验(IEC 60068-2-41:1976,IDT)

GB/T 2423.27—2005 电工电子产品环境试验 第2部分：试验方法 试验Z/AMD：低温/低气压/湿热连续综合试验(IEC 60068-2-39:1976,IDT)

GB/T 2423.28—2005 电工电子产品环境试验 第2部分:试验方法 试验T:锡焊(IEC 60068-2-20:1979,IDT)

GB/T 2423.30—1999 电工电子产品环境试验 第2部分:试验方法 试验XA和导则:在清洗剂中浸渍(idt IEC 60068-2-45:1993)

GB/T 2423.31—1985 电工电子产品基本环境试验规程 倾斜和摇摆试验方法

GB/T 2423.32—2008 电工电子产品环境试验 第2部分:试验方法 试验Ta:润湿称量法可焊性(IEC 60068-2-54:2006,IDT)

GB/T 2423.33—2005 电工电子产品环境试验 第2部分:试验方法 试验Kca:高浓度二氧化硫试验

GB/T 2423.34—2005 电工电子产品环境试验 第2部分:试验方法 试验Z/AD:温度/湿度组合循环试验(IEC 60068-2-38:1974,IDT)

GB/T 2423.35—2005 电工电子产品环境试验 第2部分:试验方法 试验Z/AFc:散热和非散热试验样品的低温/振动(正弦)综合试验(IEC 60068-2-50:1983,IDT)

GB/T 2423.36—2005 电工电子产品环境试验 第2部分:试验方法 试验Z/BFc:散热和非散热试验样品的高温/振动(正弦)综合试验(IEC 60068-2-51:1983,IDT)

GB/T 2423.37—2006 电工电子产品环境试验 第2部分:试验方法 试验L:沙尘试验(IEC 60068-2-68:1994,IDT)

GB/T 2423.38—2008 电工电子产品环境试验 第2部分:试验方法 试验R:水试验方法和导则(IEC 60068-2-18:2000,IDT)

GB/T 2423.39—2008 电工电子产品环境试验 第2部分:试验方法 试验Ee:弹跳(IEC 60068-2-55:1987,IDT)

GB/T 2423.40—1997 电工电子产品环境试验 第2部分:试验方法 试验Cx:未饱和高压蒸汽恒定湿热(idt IEC 60068-2-66:1994)

GB/T 2423.41—1994 电工电子产品基本环境试验规程 风压试验方法

GB/T 2423.42—1995 电工电子产品环境试验 低温/低气压/振动(正弦)综合试验方法

GB/T 2423.43—2008 电工电子产品环境试验 第2部分:试验方法 振动、冲击和类似动力学试验样品的安装(IEC 60068-2-47:2005,IDT)

GB/T 2423.45—1997 电工电子产品环境试验 第2部分:试验方法 试验Z/ABDM:气候顺序(idt IEC 60068-2-61:1991)

GB/T 2423.47—1997 电工电子产品环境试验 第2部分:试验方法 试验Fg:声振(idt IEC 60068-2-65:1993)

GB/T 2423.48—2008 电工电子产品环境试验 第2部分:试验方法 试验Ff:振动-时间历程法(IEC 60068-2-57:1999,IDT)

GB/T 2423.49—1997 电工电子产品环境试验 第2部分:试验方法 试验Fe:振动-正弦拍频法(idt IEC 60068-2-59:1990)

GB/T 2423.50—1999 电工电子产品环境试验 第2部分:试验方法 试验Cy:恒定湿热主要用于元件的加速试验(idt IEC 60068-2-67:1996)

GB/T 2423.51—2000 电工电子产品环境试验 第2部分:试验方法 试验Ke:流动混合气体腐蚀试验(idt IEC 60068-2-60:1995)

GB/T 2423.52—2003 电工电子产品环境试验 第2部分:试验方法 试验77:结构强度与撞击(IEC 60068-2-27:1999,IDT)

GB/T 2423.53—2005 电工电子产品环境试验 第2部分:试验方法 试验Xb:由手的磨擦造成标记和印刷文字的磨损(IEC 60068-2-70:1995,IDT)

GB/T 2423.54—2005 电工电子产品环境试验 第2部分:试验方法 试验Xc:流体污染(IEC 60068-2-74:1999,IDT)

GB/T 2423.55—2006 电工电子产品环境试验 第2部分:环境测试 试验Eh:锤击试验(IEC 60068-2-75:1997,IDT)

GB/T 2423.56—2006 电工电子产品环境试验 第2部分:试验方法 试验Fh:宽带随机振动(数字控制)和导则(IEC 60068-2-64:1993,IDT)

GB/T 2423.57—2008 电工电子产品环境试验 第2-81部分:试验方法 试验Ei:冲击 冲击响应谱合成(IEC 60068-2-81:2003,IDT)

GB/T 2423.58—2008 电工电子产品环境试验 第2-80部分:试验方法 试验Fi:振动 混合模式(IEC 60068-2-80:2005,IDT)

GB/T 2423.101—2008 电工电子产品环境试验 第2部分:试验方法 试验:倾斜和摇摆

GB/T 2423.102—2008 电工电子产品环境试验 第2部分:试验方法 试验:温度(低温、高温)/低气压/振动(正弦)综合